Hendrik Radatz
Wilhelm Schipper
Rotraut Dröge
Astrid Ebeling

Handbuch für den Mathematikunterricht

2. Schuljahr

Schroedel

Autoren:

Dr. Hendrik Radatz †, Professor für Didaktik der Mathematik

Dr. Wilhelm Schipper, Professor für Didaktik der Mathematik

Rotraut Dröge, Schulleiterin

Astrid Ebeling, Grundschullehrerin

CIP-Kurztitelaufnahme der Deutschen Bibliothek

Handbuch für den Mathematikunterricht / Hendrik Radatz
Hannover: Schroedel
(Anregungen zur Unterrichtspraxis)
Schuljahr 2. - Dr. A,1. - 1998
ISBN 3-507-34051-8

Druck B 7 / 2010
Alle Drucke der Serie BN sind im Unterricht parallel verwendbar.

Druck und Bindung: westermann druck GmbH, Braunschweig

ISBN 978-3-507-**34051**-0

Inhaltsverzeichnis

Vorbemerkung

Das vorliegende Handbuch für den Mathematikunterricht im 2. Schuljahr ist das zweite in einer Reihe, die in den nächsten Jahren fortgesetzt wird. Die Handbücher sind bewusst praxisorientiert, ausgerichtet an den Bedürfnissen der Lehrerinnen und Lehrer, die Mathematik in der Grundschule unterrichten.

Drei Inhaltsbereiche bestimmen den Mathematikunterricht in der Grundschule:
- die Arithmetik (das Rechnen),
- die Geometrie,
- das Sachrechnen und der Umgang mit Größen.

Diese drei Bereiche bestimmen auch die Gliederung des vorliegenden Handbuches.

Beim Rechenlehrgang kommt es uns insbesondere darauf an, die Möglichkeiten und die Notwendigkeiten des Förderns zu betonen. Fördern bedeutet Fördern und Fordern aller Kinder, nicht nur der rechenschwachen Schüler bzw. Schülerinnen, sondern auch der so genannten durchschnittlichen und der guten Rechner. Daher findet die Leserin sowohl in den Anregungen für die Erarbeitung eines Themas als auch in den Übungsangeboten zahlreiche Hinweise auf Differenzierungsmöglichkeiten. Zusätzlich gehen Unterkapitel auf Lernschwierigkeiten und mögliche Schülerfehler bzw. auf Förderanregungen für schnelle Rechner ein.

Die Geometrie führt leider in den meisten Grundschulklassen ein stiefmütterliches Dasein, obwohl geometrisches Denken und geometrisches Wissen für die kognitive Entwicklung wie auch für die Erschließung und Strukturierung der Umwelt mindestens so wichtig sind wie das Rechnenkönnen. Geometrische Aufgabenstellungen im alltäglichen und im beruflichen Leben werden auch künftig nicht durch elektronische „Taschengeometer" abgenommen werden. Über die Gründe für die Vernachlässigung der Geometrie durch die Lehrer/die Lehrerinnen (kaum eigene Erfahrungen zur anschaulichen Geometrie, Geometrie spiegelt sich nicht in der Zensurengebung wider, Geometrie erzeugt mehr Unruhe in der Klasse, Geometrie kann nicht über ein Schulbuch, sondern nur materialintensiv gelehrt bzw. gelernt werden, Geometrie kann aus Zeitgründen bequem als Kompaktkurs gekürzt werden u. a.) soll hier nicht diskutiert werden. Das Handbuch betont bewusst die Bedeutung geometrischer Unterrichtserfahrungen für fachübergreifende und fachinterne Ziele des Mathematikunterrichts und bietet vielfältige Unterrichtsanregungen, die Mut machen sollen, intensiver als bisher auch geometrische Fragestellungen zu behandeln.

Das Sachrechnen und der Umgang mit Größen werden in den meisten Schulbüchern als Anhängsel der arithmetischen Themen angeboten. Sie sind oft nicht mehr als Übungsformen in künstlich konstruierten Aufgabenstellungen, die nichts mit der Komplexität der Realität, den Sacherfahrungen der Kinder sowie deren Sachinteressen gemein haben. Über die vier Schuljahre verteilt wird in den Handbüchern versucht, eine „Sachrechenkultur" zu konzipieren, die selbstverständlich enge Bezüge zur Arithmetik und auch zur Geometrie aufweist, die aber zugleich die Eigenständigkeit und die Bedeutung des Sachrechnens hervorhebt, insbesondere im Dienste der Umwelterschließung durch die Kinder.

Zu den Prinzipien und Gesichtspunkten, die uns bei der Entwicklung der Handbücher anregen und leiten, sei auf die Ausführungen in der Vorbemerkung des Handbuches für das 1. Schuljahr verwiesen. Besonders hervorheben möchten wir die folgende Leitidee, die durch die Heterogenität der Schülerleistungen zunehmend wichtiger wird: Ein offener oder differenzierender Mathematikunterricht in der Grundschule kann nicht bestimmt sein durch ein geschlossenes Bild vom Mathematiklernen. In der Mathematik gibt es selbstverständlich sogenannte Allaussagen („Für alle ... gilt: ..."). Derartige Allaussagen sind für den Unterricht jedoch nicht möglich. Die Lehrerin sollte gegenüber einem Lehrgang bzw. einem Schulbuch besonders skeptisch sein, wenn einseitig Lernformen oder unterrichtliche Prinzipien herausgestellt bzw. betont werden, etwa in der Form: „Für alle Kinder (in einer Unterrichtssituation, beim Unterrichtsthema ...) ist kleinschrittiges Lernen (oder aktiv-entdeckendes Lernen oder ganzheitliches Lernen oder operatives Üben oder sonst ein Lernen/Üben) am besten." Die Erfahrungen und Traditionen des schulischen Lehrens und Lernens machen deutlich, dass die meisten Lern- und Übungsformen (nach den jeweiligen didaktischen Prinzipien) in bestimmten Unterrichtssituationen durchaus sinnvoll sein können, sinnvoller als das durchgängige Anwenden einer einzigen Lehr-Lernform auf alle Unterrichtssituationen. Daher wollen die Handbücher nicht *die eine* Theorie anbieten, sie sind in ihren Anregungen relativ offen, orientieren sich dabei aber an den unterrichtlichen Möglichkeiten, den inhaltlichen Zielen des Mathematikunterrichts und insbesondere an den unterschiedlichen Fähigkeiten der Kinder.

Die Handbücher sind damit insbesondere drei Leitideen verpflichtet:
- Sie sollen zur Öffnung des Mathematikunterrichts im inhaltlichen, methodischen und sozialen Bereich beitragen.
- Sie sollen dazu beitragen, dass die Prozessorientierung im Unterricht so wichtig wird wie die Produkt- bzw. Ergebnisorientierung.

- Sie sollen Lehrerinnen und Lehrern bei der Planung und Durchführung eines Unterrichts helfen, der von der Idee der Handlungsorientierung geleitet wird.

Neben Anregungen zu den drei Inhaltsbereichen und den darauf zugeschnittenen Kopiervorlagen findet die Leserin auch Hinweise auf ausgewählte Literatur zum Weiterlesen und zur eigenen Orientierung einen Stoffplan für das 1. und 2. Schuljahr.

Auf einen eigenständigen Abschnitt zur Matheecke wurde in diesem Handbuch verzichtet. Die empfohlenen Materialien aus dem Handbuch zum 1. Schuljahr (S. 16 ff.) können/sollen ergänzt werden für die Rechenstation, die Experimentier- und Forscherstation, die Schreib- und Bastelstation sowie die Lesestation. Dazu werden Anregungen in den einzelnen inhaltlichen Abschnitten gegeben.

Bitte schreiben Sie uns Ihre Meinung, Ihre Kritik oder Ihre Erfahrungen zum vorliegenden Handbuch für das 2. Schuljahr.

Im Frühjahr 1997

H. Radatz
W. Schipper
R. Dröge
A. Ebeling

1. Zu einigen allgemeinen Themen des Mathematikunterrichts

1.1 Leistungsmessung und Leistungsbewertung, Leistungskontrolle und Leistungsbeobachtung

Kaum ein anderes Thema ist in den letzten Jahrzehnten so intensiv diskutiert worden wie die schulische Leistungsmessung und Leistungsbewertung. Leicht ließen sich über 1000 Publikationstitel zum Problemfeld auflisten. Hinzu kommt, dass die „Erlasslage" sowie die rechtlichen Rahmenbedingungen in den 16 Bundesländern recht unterschiedlich sind. Daher beschränkt sich dieses Kapitel nur auf einige Grundsätze, die sowohl im Mathematikunterricht an oberbayerischen als auch an nordfriesischen Grundschulen gleichermaßen wichtig sind. Das Handbuch kann nicht die Vielfalt der Vorschläge und der Vorschriften in 16 Bundesländern reduzieren. Bewusst verzichtet wird auf eine Diskussion der zahlreichen Theoriebeiträge. Verzichtet wird auch auf eine Diskussion, ob ein Ziffernzeugnis oder ein Gutachten sinnvoller ist. Beide Methoden haben ihre Schwächen und die Entscheidung darüber kommt letztlich einem Glaubensbekenntnis nahe.

Begrifflich müssen die folgenden Aspekte unterschieden werden (vgl. Bartnitzky/Christiani 1981):

- Die Leistungsmessung ist an sich ein völlig wertfreier Begriff. Gemeint ist damit der Vorgang einer quantitativen und qualitativen Feststellung von individuellen Lernprozessen und Lernergebnissen.
- Die Leistungsbewertung in der Schule ist von einer besonderen Problematik, weil hier Leistung im Verhältnis zu einem bestimmten Maßstab gesetzt wird. Es sind drei Bewertungsnormen möglich, an denen die Beurteilung ausgerichtet werden kann (Leistungsvergleich):
  - die individuelle (auch personenbezogene) Bewertungsnorm, bei der ein persönlicher Lernfortschritt des Kindes beurteilt wird. Die Lehrerin richtet ihr Augenmerk auf das Kind, auf seine Fortschritte oder auch Schwierigkeiten, indem Leistung mit den vorhergegangenen Leistungen verglichen wird.

    Beispiel: Am Ende des 2. Schuljahres werden Aufgaben des Typs 62-27, 84-59 ... gerechnet. Tanja hat davon einige wenige Aufgaben richtig lösen können. Bisher konnte das Mädchen nur volle Zehnerzahlen subtrahieren und - mit einigen Schwierigkeiten - Subtraktionsaufgaben ohne Zehnerüberschreitungen. Bewertung: Tanja hat einen relativ großen Lernfortschritt gemacht. Ihre individuelle Leistung ist gut.

  - die sozialbezogene (auch rangplatzorientierte) Bewertungsnorm, bei der die Leistung eines Kindes mit der von anderen Kindern verglichen und beurteilt wird. Unabhängig von den Unterrichtszielen und von der individuellen Lernanstrengung werden die Kinder nach ihrem Lernergebnis in eine Leistungshierarchie gebracht, die sich durch Zensuren oder auch Rangplätze ausdrücken kann.

    Beispiel: Tanjas Leistung wie oben. Nur ein Kind in der Klasse zeigt noch schwächere Leistungen. Bewertung: Tanjas Leistung ist deutlich unter dem Durchschnitt. Die Leistung ist im Vergleich zu den anderen Kindern mangelhaft.

  - die anforderungsorientierte (auch ziel- oder kriteriumbezogene) Bewertungsnorm, bei der die Leis-tung mit einem in der Sache liegenden Maßstab, einem Lehr-Lernziel verglichen wird. Die Lehrerin beurteilt den Leistungs- oder den Entwicklungsstand eines Kindes in Bezug auf die gesteckten Unterrichtsziele.

    Beispiel: Tanjas Leistung wie oben. Damit hat das Mädchen das gesteckte Lernziel am Ende des 2. Schuljahres nicht erreicht. Beurteilung: nicht ausreichende Leistung.

  Diese drei Bewertungsmaßstäbe erfüllen sehr unterschiedlich die pädagogischen Ziele der Grundschule. Insbesondere die individuelle Bewertungsnorm wird zu selten in der Praxis des Mathematikunterrichts realisiert, obwohl gerade sie Bestätigung für individuelle Anstrengung, Ermutigung zum weiteren Lernen, aber auch Hinweise auf mögliche Schwierigkeiten und somit Hilfen ermöglicht. Jede Lehrerin muss bewusst für sich entscheiden, welcher Bewertungsnorm sie für ihren Unterricht/für ihre Ziele von Unterricht die Priorität gibt. Administrativ wird die zweite Variante (rangplatzorientierte Bewertungsnorm) überbetont.
- Die Leistungskontrolle kann jede Art von mündlicher oder schriftlicher Überprüfung umfassen, die auf Leis-tungsergebnisse (Produktorientierung) ausgerichtet ist.
- Der Leistungsbeobachtung (auch Lernbeobachtung) einzelner Schüler kommt eine zentrale Bedeutung im Grundschulunterricht zu, weil sie nicht auf die Produkte einer Leistung ausgerichtet ist, sondern auf eine Erfassung des Leistungs- bzw. Lernprozesses (Prozessorientierung) abzielt. In vielen Lehrplänen ist die Leistungsbeobachtung insbesondere für die ersten sechs Wochen nach der Einschulung vorgeschrieben (Schülereingangsdiagnostik), wichtig ist jedoch auch die kontinuierliche Beobachtung während der gesamten Grundschulzeit. Diese Beobachtung sollte nicht zufällig und nur situativ erfolgen, sondern bewusst geleitet sowie planmäßig und methodisch durchgeführt werden. Dazu als Anregung am Schluss dieses Kapitels das Modell eines Beobachtungsbogens.

Im Mathematikunterricht wird in nahezu jeder Unterrichtsstunde Leistung gefordert und auch bewertet, nicht selten unbewusst. Das Benoten, Bewerten oder Beurteilen von Schülerleistungen durch Lehrerinnen scheint ein wesensbestimmendes Merkmal von Schule geworden zu sein. Wenn in einem physikalisch-technischen Bereich etwas gemessen wird (Länge, Temperatur, Geschwindigkeit, Leistung ...), dann wirkt sich dieses Messen und Vergleichen nicht auf die gemessenen Gegenstände aus. Das Gemessene, die Messinstrumente und die Messkriterien verändern sich dabei in der Regel nicht. Ganz anders in der Schule. Wenn Schülerleistungen gemessen und beurteilt werden, dann kann sich diese Bewertung sehr stark auf die Motivation der Schüler auswirken, auf ihr Selbstkonzept, ihr Lernverhalten, sogar auf ihre Grundeinstellung zum Fach Mathematik. Aber auch die Lehrerinnen selber können sich durch solche Beurteilungen verändern, vor allem ihre Einstellungen und Erwartungen gegenüber Schülern, ihre Beurteilungskriterien u. v. a. m. Diese psychologischen und pädagogischen Aspekte der Leistungsbewertung sollten uns bewusst sein.

Leistungsmessung in der Schule ist nicht perfektionierbar, weil die „Messer" und die zu „Messenden" Menschen sind und keine genormten Messinstrumente bzw. naturwissenschaftlichen Phänomene. Umso wichtiger ist es, die pädagogische Dimension der Leistungsbewertung zu betonen und somit auch den Leistungsbegriff zu erweitern bzw. zu revidieren. Dazu gehören u. a. nach Kaszemek (1986) die folgenden Aspekte einer pädagogisch orientierten Leistungsbewertung:

- eine Entscheidung über die Normalverteilung der Leistungen oder eine lernzielorientierte Leistungsbewertung
- das Schaffen beurteilungsfreier Räume im Mathematikunterricht
- die Transparenz der Leistungsbewertung insbesondere im mündlichen Bereich
  (Diese sollte sich auf Kriterien stützen und nicht allein auf zufällige Beobachtungen oder erinnerte Eindrücke zurückgeführt werden.)
- schließlich ein verändertes Rollenverständnis der Lehrerin als notwendige Voraussetzung für eine pädagogisch orientierte Leistungsbewertung

> Es gibt keine Objektivität der Leistungsbeurteilung, es gibt nur Ansätze einer Kultivierung der schulischen Praxis.

In den Schulen - und gerade im Mathematikunterricht - herrscht immer noch ein vorwiegend ergebnis- bzw. produktorientiertes Leistungsverständnis vor, das primär abhebt auf Resultate und Ergebnisse gelöster oder nicht ge-löster Aufgaben- bzw. Problemstellungen. Die im Glauben einer mehr oder minder großen Objektivität beurteilten Klassenarbeiten oder schriftlichen Lernkontrollen bestimmen weitgehend die Leistungsbeurteilung. Zumindest gleichberechtigt eingehen sollten in die Leistungsbewertung jedoch die Ergebnisse des Lernprozesses (dynamischer Leistungsbegriff nach Klafki), indem verstärkt die geistigen Prozesse der Kinder zur Grundlage der Leis-tungsbewertung gemacht werden, etwa der Vollzug der Kommunikation, die Entwicklung einer Erkenntnis oder auch einer Kritik, das Beschreiben und Begründen eines Lösungsweges, das Problembewusstsein, die Fähigkeit zum Finden von Lösungswegen, das Erkennen und Überwinden von Fehlern, die Selbstständigkeit beim Bearbeiten von Aufgaben u. a.

Über das Lernverhalten, die Lernfortschritte und die Leistungen einzelner Kinder im Mathematikunterricht kann die Lehrerin demnach aus drei Bereichen Aufschlüsse gewinnen:

- aus mündlich gelösten Aufgaben und schriftlich bearbeiteten Problemstellungen während des Unterrichts oder speziell entworfenen schriftlichen Lernkontrollen (ergebnisorientierte Leistungsbewertung)
  Die Beurteilung von Hausaufgaben ist in diesem Rahmen aus verschiedenen Gründen kritisch zu sehen (Hilfen der Eltern, Benutzen eines Taschenrechners u. a.; vgl. auch Schütte 1996).
- aus der unmittelbaren Beobachtung der Kinder während des Mathematikunterrichts in sachgebundenen sprachlichen Auseinandersetzungen, bei Problemlöseprozessen oder bei fachspezifischen Aktivitäten (prozessorientierte Leistungsbewertung)
- aus der Analyse besonders guter Lösungen, aber auch der Schülerfehler und Schwierigkeiten über Einzelgespräche mit einem Kind oder durch „lautes Denkenlassen" (diagnoseorientierte Leistungsbewertung)

Mündliche Leistungen sind somit nicht nur Reproduktionsleistungen oder das mündliche Nennen von Aufgabenlösungen, sondern auch die individuellen Beiträge zu einer Problemlösung in der Gruppe und die individuellen Lernprozesse selbst. Der Lernerfolg wie auch der Lernmisserfolg zeichnen sich frühzeitig in den Phasen des Lernprozesses ab und nicht erst in der Klassenarbeit. Hier kann es oft schon zu spät sein, um einem Kind beim Überwinden einer Lernhürde zu helfen. Die Kinder sollten immer wieder dazu angehalten werden, nicht nur ein Endergebnis zu nennen, sondern vor allem den Lösungsweg und die Interpretation des Ergebnisses darzustellen, wobei sich interessante Gesprächsanlässe in der Lerngruppe bzw. im Klassenverband anbieten.

> Die Diskussion (und auch die Bewertung) der Lern- und Lösungswege ist wichtiger als das Sammeln (und Bewerten) von Ergebnissen bzw. Aufgabenlösungen.

Im Mathematikunterricht beschränken sich die Lehrerinnen häufig nur auf die Bewertung der Lernergebnisse, weil die Beurteilung prozessualer mündlicher Leistungen wenig objektiv und zudem schwieriger erscheint. Doch: Auch die Bewertung der Lernergebnisse genügt keinen

Testgütekriterien, sie ist ebenfalls subjektiv. Lassen Sie einmal in einer Fachkonferenz eine Klassenarbeit von mehreren Kolleginnen unabhängig voneinander beurteilen. Die unterschiedlichen Bewertungen werden überraschen. Was bedeuten eigentlich in einem Berichtszeugnis, das aufgrund der skizzierten Messinstrumente erstellt wurde, die folgenden Aussagen: „Luise kann Aufgaben des kleinen Einmaleins lösen." - „Sven kann Geldbeträge abzählen und auf verschiedene Weisen darstellen." - „Rosi kann Zahlen schreiben und Ziffernfolgen erkennen." - „Marcel braucht noch Hilfe bei den Zehnerübergängen."?

Neben eine Bewertung der Lernergebnisse tritt das Beobachten und das Bewerten des Lernverhaltens und der Lernprozesse, sodass in die Lernkontrolle auch die Schritte zu einer Lösung, die Lösungsversuche, die Lösungsstrate-gien, mögliche Zeichnungen und andere Einzelleistungen eingehen. Dabei wäre zu berücksichtigen, dass sich die Leistungen in Mathematik nicht nur auf die Arithmetik/das Rechnen beschränken, sondern dass in die Gesamtbeurteilung auch die Leistungen in Geometrie, im Sachrechnen und beim Umgehen mit Größen eingehen müssen. Beispiele zu prozessorientierten Formen der Leistungsbewertung finden Sie u. a. im Themenheft 63/1993 *Die Grundschulzeitschrift* sowie in den Kapiteln des vorliegenden Handbuches. - Es ist mehr als verwunderlich, dass rahmenrichtlinienkundige Lehrer/Eltern so selten für ihre Kinder darauf bestehen.

Voraussetzung für eine mündliche Leistungsbewertung sind Beobachtungs- und Bewertungskriterien. Dazu kann und sollte es keinen bundesweiten Normvorschlag geben. Jede Fachkonferenz Mathematik an einer Grundschule ist angehalten einen Beobachtungsbogen für die mündliche Zensurengebung zu entwickeln und in der Gesamt- bzw. Schulkonferenz zur Diskussion zu stellen. Nachfolgend als Beispiel der Entwurf einer niedersächsischen Grundschule. Diskutiert werden dazu im Kollegium die folgenden Fragen/ Probleme:

- Wie sind die Leistungen der „stillen" Kinder zu erkennen und zu beurteilen?
- Sollten die einzelnen Kriterien nicht näher definiert werden oder engt das ein?
- Wann ist der Beobachtungsbogen auszufüllen: während des Unterrichts, nach einer Unterrichtsstunde, nach einer Unterrichtseinheit?
- Wie sind die Anteile der mündlichen und der schriftlichen Beurteilungen für die Gesamtbeurteilung zu gewichten?
- Sind drei Beurteilungsaspekte (+ für gute Leistungen, o für durchschnittliche Leistungen und – für nicht zufriedenstellende Leistungen) sinnvoller als eine feinere Einteilung (etwa von 1 bis 6)?

Nur selten ist im Unterricht etwas perfekt. Thematisieren Sie „Beobachtungsbögen für mündliche Leistungen" in Ihrer schulinternen Lehrerfortbildung, nicht nur zum Fach Mathematik.

Beobachtungsbogen Mathematik

(ggf.: Thema der Unterrichtseinheit)

Klasse: ________ **Jahr:**__________ **Halbjahr:** _____

+ gute Leistungen
o durchschnittliche Leistungen
– nicht zufriedenstellende Leistungen

Name	Problem-löse-verhalten	eigene Ideen, Kreativität	Abstraktions-fähigkeit	Transfer-fähigkeit, Anwenden	Argumen-tieren	Arbeits-verhalten	reproduk-tives Lernen	Arbeit mit Partnern/in Gruppen		Lernfort-schritte	mündliche Zensur

1.2 Differenzieren und Integrieren im Mathematikunterricht

Gerade in Integrationsklassen, in denen Kinder mit verschiedenen Behinderungen gemeinsam mit anderen unterrichtet werden, ist aufgrund des individuell geprägten Förderbedarfs dieser Kinder und der sehr unterschiedlichen Lernausgangslagen in den Klassen ein stark differenzierender Mathematikunterricht notwendig.

In den niedersächsischen Rahmenrichtlinien für die Schule für Lernbehinderte heißt es zum Differenzieren im Mathematikunterricht u. a.:

- „Die Lehrerin oder der Lehrer geht von den Stärken und Interessen der einzelnen Schülerin und des einzelnen Schülers aus, um durch Erfolgserlebnisse die Einstellung zum Fach Mathematik positiv zu verändern und die Bereitschaft zu entwickeln, sich auf - frühere - Versagensbereiche neu einzulassen.
- Alle Schülerinnen und Schüler setzen den mathematischen Lernprozess an der Stelle fort, an der sie stehen. (...)
- Inhalte und Ziele werden auf unterschiedlichem Abstraktions- und Reflexionsniveau, auf verschiedenen Lernwegen, mit mehr oder weniger Lehrerhilfe und in längerer oder kürzerer Zeit erarbeitet.
- Leistungsschwächere Schülerinnen und Schüler benutzen bei Aufgaben, die sie im Kopfrechnen nicht mehr lösen können, Rechenhilfen wie Einmaleinstabellen oder Taschenrechner. (...)" (1992, S. 3 f.)

Diese Aussagen bzw. Grundsätze haben allgemeine Gültigkeit, nicht nur für die Sonderschulen (für Lernbehinderte, Geistigbehinderte, Körperbehinderte ...), auch für die Integrationsklassen oder für Kinder mit einer ausgeprägten Rechenschwäche in einer Grundschulklasse, sie sollten für den Mathematikunterricht in jeder „normalen" Grundschulklasse gelten.

In Integrationsklassen muss der Mathematikunterricht im Hinblick auf vier Aspekte (die Ziele, die Methoden, die Einstiege und die Inhalte des Unterrichts betreffend) deutlich differenziert werden:

1. Die Ziele des Mathematikunterrichts können/müssen differenzieren, weil die „integrierten Kinder" (und auch manche andere) einige inhaltlichen Ziele der Grundschule nur selten in der zur Verfügung stehenden Zeit erreichen können. Zieldifferenter Unterricht kann sich auch ausdrücken durch Differenzierungen beim Stoffumfang, beim Zeitaufwand und beim Komplexitätsgrad innerhalb einer Unterrichtseinheit.

2. Bei den unterrichtlichen Methoden (Phasen des Lernens mit Materialien, Phasen unterschiedlicher Übungsformen, ganzheitliches oder kleinschrittiges Vorgehen u. a.) und bei den didaktischen Prinzipien (Variation der Veranschaulichungen, operatives Durcharbeiten, exemplarisches Lernen u. a.) muss differenziert werden. Methodendifferenter Unterricht kann sich auch ausdrücken durch die Art der methodischen Zugänge, durch die Art und die Anzahl der notwendigen Erarbeitungs- und Übungsphasen oder die Notwendigkeit gezielter Hilfen.

Gerade im Teilbereich Arithmetik des Mathematikunterrichts kommt ein dritter Differenzierungsaspekt hinzu. Im Vergleich zur Geometrie oder zum Umgehen mit den Größen wie auch zu den meisten anderen Unterrichtsfächern ist der Rechenlehrgang gestuft bzw. spiralig aufgebaut. Neue Unterrichtsthemen (wie zum Beispiel das halbschriftliche Addieren/Subtrahieren mit Zehnerüberschreitung im Hunderterraum, etwa 83 - 57 = ☐) setzen ausreichende Kenntnisse und Fähigkeiten in den zuvor behandelten Unterrichtsthemen voraus (am Beispiel: Einsichten in den Aufbau des Zahlenraumes, in dekadische Analo-gien, in operative Beziehungen, in verschiedene Lösungsstrategien bei Additions- und Subtraktionsaufgaben, das Beherrschen der Grundaufgaben bis 20 u. a. m.). Diese Voraussetzungen sind bei Kindern mit Lernstörungen nur selten ausreichend entwickelt. In Integrationsklassen kann demnach nicht immer gemeinsam mit den anderen Kindern ein neues oder anspruchsvolleres Thema begonnen werden. Daher erstreckt sich in der Arithmetik eine Differenzierung auch auf die Themen des Rechenlehrgangs sowie auf das gemeinsame Beginnen mit einem neuen Unterrichtsthema. Die Vorstellung, dass in einer Integrationsklasse alle Kinder auf ihrem jeweiligen Entwicklungsniveau und Wissensstand im Rahmen eines gemeinsamen Unterrichtsthemas bzw. an einem gemeinsamen Unterrichtsgegenstand lernen, ist im Arithmetikunterricht kaum realisierbar. Daraus ergeben sich die beiden folgenden Aspekte:

3. Auch bei den Ausgangspunkten und den Themen der Arithmetik selber muss in Integrationsklassen häufig differenziert werden. Im Rechenlehrgang ist spätestens im 2. Schuljahr nur noch selten eine Integration in das aktuelle Arithmetikthema der Klasse sinnvoll bzw. möglich. Ein anfangsdifferenter Mathematikunterricht kann sich ausdrücken durch die Art und das Problemniveau einer Einstiegsphase und durch die Berücksichtigung der sehr unterschiedlichen Qualitäten der Vorerfahrungen, die notwendig sind, um mit einem neuen Thema des Rechenunterrichts zu beginnen.

4. Ein inhaltsdifferenter Mathematikunterricht bedeutet, dass nicht alle Kinder in einer Integrationsklasse alle Themen des Grundschulcurriculums bearbeiten können, zumindest nicht zum gleichen Zeitpunkt.

Die didaktischen Fördermaßnahmen (methodische Maßnahmen, Passung der verwendeten Mittel und Prinzipien usw.) unterscheiden sich in Integrationsklassen nicht von den Fördermaßnahmen für rechenschwache Kinder in anderen Grundschulklassen bzw. für Schüler in Sonderschulklassen. Anregungen dazu finden Sie in den nachfolgenden Kapiteln zu den einzelnen Unterrichtsthemen und in den Büchern von Ellrott/Aps-Ellrott (1995), Lorenz/Radatz (1993) und Schulz (1995).

1.3 Vom Lernen und Lehren

Einige psychologische Theorien des Lernens haben in den letzten Jahrzehnten die Gestaltung schulischer Lehrmaterialien, die Formulierung didaktischer Prinzipien des (Mathematik-)Unterrichts, die Entwicklung von Schülerbüchern und somit das Lehren und Lernen selbst mehr oder minder stark beeinflusst. Diese Lerntheorien werden zunächst in aller Kürze skizziert und ihre möglichen Folgen für die Unterrichtspraxis aufgezeigt, wobei es im Rahmen dieses Kapitels nicht möglich (und nicht notwendig) ist, die einzelnen Verzweigungen innerhalb und zwischen diesen Theorien im Detail zu beschreiben. Zudem sind die Ansätze, Positionen und Erkenntnisse einer jeden „Theorieschule“ wenig einheitlich, es gibt jeweils auch interne Widersprüche und Gegensätze. Auf andere, zum Teil jüngere Theorieansätze zum menschlichen Lernen (Kybernetik, Neuropsychologie, Konstruktivismus u. a.) soll nicht näher eingegangen werden.

Seit dem Ende des 19. Jahrhunderts bis zum heutigen Tag sind die Annahmen des sog. Behaviorismus auf das schulische Lehren und Lernen besonders einflussreich. Dazu eine Kurzübersicht (vgl. Lefrancois 1976):

Repräsentanten des Behaviorismus	Bedeutsame Variablen	einige Schlüsselbegriffe
WATSON THORNDIKE GUTHRIE SKINNER	- Reize (Stimuli) - Reaktionen - Verstärkung	- Konditionieren - Reflexe - Auswirkung - Annäherung - Übungen - Versuch und Irrtum - Verstärkungen

Obwohl die meisten Experimente der Behavioristen an Tieren durchgeführt wurden, übertrug man die Resultate im Allgemeinen auch auf das menschliche Lernen. Lefrancois (1976, S. 73) beschreibt diese Übertragung humorvoll und kritisch zugleich wie folgt: „Es ist tatsächlich nicht unzutreffend, eine Analogie zwischen einem Klassenzimmer und einer Skinnerbox zu ziehen. In dieser Analogie ist der Lehrer der Versuchsleiter, d. h. er kontrolliert die Verabreichung von Reizen, von Verstärkung und Bestrafung. Auf der anderen Seite sind die Schüler die Ratten in der Skinnerbox. Als Versuchsleiter kann der Lehrer von dem Wissen profitieren, dass Verstärkungen Verhaltensänderungen herbeiführen können, dass Verstärkungspläne vorteilhaft angewendet werden können, dass Bestrafung keinen sehr wirksamen Einfluss auf den Lernprozess hat und dass einige Verstärker besser als andere sind.“ Ergänzt wurde die behavioristische Theorie durch den sog. Neobehaviorismus mit der neuen Variablen „vermittelnde Prozesse“ und den Versuchen einer Formalisierung des menschlichen Verhaltens und Lernens.

Die folgenden mathematikdidaktischen Prinzipien haben zum Teil auch ältere Wurzeln, ihre wissenschaftlichen Begründungen lassen sich jedoch auf den Behaviorismus bzw. Neobehaviorismus zurückführen:
- Prinzip der Isolierung der Schwierigkeiten
- Prinzip der Stufung der Schwierigkeiten bzw. Inhalte
- Prinzip des Lehrens und Lernens in kleinen und kleinsten Schritten
- Prinzip der Verstärkung durch gestuftes, gleichartiges, automatisierendes Üben u. Ä.

Diese Prinzipien bestimmen auch heute noch weitgehend die Praxis des Mathematikunterrichts, wobei die Lehrerin oft die Aufgaben des Präsentierens, des Anreizens, des kleinschrittigen Aufbereitens, des detaillierten Planens usw. übernimmt, während die Rolle des Schülers im Lernprozess eher passiv gesehen wird im Sinne eines Sender-Empfänger-Modells. Auf diesem theoretischen Hintergrund sind auch die typischen Seiten eines Mathematikschülerbuches für die Grundschule zu sehen: ein Einführungsbild/eine Sachsituation als Motivation (Reiz) für ein neues Thema, das Herausarbeiten eines Standardverfahrens bzw. einer Musterlösung für das Problem über didaktische Materialien bzw. didaktische Darstellungen, einige erste Anwendungsaufgaben und schließlich zahlreiche, nach angenommenen Schwierigkeiten gestufte Übungsaufgaben. Dabei sind die einzelnen Abschnitte selten ganzheitlich und wenig auf die Eigenaktivitäten der Schüler ausgerichtet. Die Kinder sollen bzw. müssen die vorgeplanten didaktischen Stufen nachvollziehen.

Die zentrale Kritik am Behaviorismus zielt ab auf die Mechanisierung des menschlichen Lernens und Verhaltens, ohne Berücksichtigung von Variablen wie Bewusstsein, Gefühle, Interaktionen, individuelle Erfahrungen, soziale und kommunikative Komponenten des Lehr-Lern-Prozesses, Offenheit der Lernsituation u. Ä.

Eine weitere Theorie des Lernens wird unter dem Oberbegriff Kognitivismus gefasst. Auch dieser hat Einfluss auf die schulische Praxis gewonnen, wie die unten aufgelisteten Prinzipien deutlich machen.

Eine Kurzübersicht (vgl. wiederum Lefrancois 1976):

Repräsentanten des Kognitivismus	Bedeutsame Variablen	einige Schlüsselbegriffe
GESTALT-PSYCHOLOGEN AUSUBEL BRUNER PIAGET	- Wahrnehmung - Informationsverarbeitung - Problemlösen - Aufmerksamkeit - Gedächtnis - individuelle Entscheidungsprozesse - Interaktionen	- Ganzheit - Feld - bedeutungsvolles Lernen - Repräsentationsebenen - Struktur - Strategie - Stadien - Operationen - Assimilation - Akkomodation

Folgende (mathematik-)didaktische Prinzipien sind auf kognitivistische Theorieansätze zurückführbar:

- Prinzip des ganzheitlichen Zugangs
- Prinzip des bedeutungsvollen (sinnhaften) Lernens
- Prinzip des aktiv-entdeckenden Lernens
- Prinzip des sozialen Lernens
- Prinzip des individuellen Lernens
- Prinzip der unterschiedlichen Repräsentation eines Begriffes

Insbesondere einige Erkenntnisse von Bruner (inter- und intramodaler Transfer bezogen auf die Repräsentations-ebenen enaktiv-ikonisch-symbolisch ...) und von Piaget (Lernen durch Aktivitäten bzw. Handlungen im Grundschulalter, Einsichten in operative Beziehungen ...) spiegeln sich im gegenwärtigen Mathematikunterricht wider, sie werden jedoch häufig deutlich überlagert bzw. sogar konterkariert durch behavioristische Lernprinzipien.

Ergänzt werden die obigen Theorien durch jüngere fachdidaktische Ansätze, die ältere mathematikdidaktische Vorschläge (Gerlach, Kühnel, J. Wittmann) aufnehmen und gezielt abheben auf das schulische Lernen unter fachlichen und fachdidaktischen Fragestellungen. Über die einzelnen Unterrichtsfächer hinweg und weitgehend unabhängig von „didaktischen Schulen" werden gegenwärtig folgende Thesen für ein sinnvolles Lernen formuliert, wobei insbesondere die Bezüge zu den Theorieansätzen Piagets erkennbar sind:

- Kinder lernen an für sie bedeutsamen Aufgaben und Problemstellungen, wobei didaktische Vereinfachungen und Zubereitungen durchaus stören können.
- Kinder lernen auf individuellen Wegen, es gibt keine Einheitlichkeit des Lernweges und des Lerntempos.
- Kinder lernen ganzheitlich, selbstständig und vor allem auch aus Fehlern und weniger aus kleinschrittig aufbereiteten Aufgabensequenzen.
- Kinder lernen durch aktives Entdecken, wobei eine zu große „Didaktisierung" etwa im Sinne einer Isolierung der Schwierigkeiten hinderlich sein kann.
- Kinder lernen von- und miteinander (soziales Lernen).
- Kinder lernen durch Verstehen, durch Einsichten und nicht über Automatismen.

Ein derartiges Lernen im Mathematikunterricht hat vier Voraussetzungen (vgl. auch Gallin/Ruf 1990):

1. Die Mathematik darf nicht als ein fertiges Produkt bzw. eine Menge von zu vermittelndem Wissen angesehen werden, sondern als eine produktive Tätigkeit bzw. eine Verhaltensweise (eine Geisteshaltung).

2. Eine veränderte Grundhaltung der Lehrerin gegenüber dem Mathematikunterricht ist anzustreben, die gekennzeichnet ist durch:
   - eine Konzentration auf die (mathematischen) Kernideen und ein exemplarisches Lernen
   - ein Einlassen auf und Hineinversetzen in die Gedanken und Lösungsstrategien (auch Fehler) der Kinder
   - eine eigene Faszination der Lehrerin vom Stoff bzw. von der Mathematik
   - ein Ermuntern der Schüler zum Finden eigener Lösungen
   - ein Berücksichtigen der individuellen Vorkenntnisse durch Differenzierungsmaßnahmen
   - eine stärkere Beachtung der Lösungswege und Lernprozesse als der Endprodukte (Ergebnisse von Aufgabenlösungen)

   u. a.

3. Eine veränderte Grundhaltung der Kinder selber ist anzustreben, die nur unter Mitarbeit der Eltern erreichbar ist. Zu dieser Grundhaltung gehören:
   - ein mathematisches Problem lösen wollen
   - probieren, experimentieren und keine Angst vor Fehlern haben (auch nicht bei den Hausaufgaben!)
   - interessiert sein an den Lösungen der Mitschüler
   - der Lehrerin, den Mitschülern und den Eltern eine Lösungsidee erklären wollen

   u. a.

4. Schließlich kommt dem Schulbuch eine andere Rolle zu. In einem veränderten Mathematikunterricht können/sollten Schulbücher anregende Aufgaben- und Problemsammlungen sein, aus denen die Lehrerin und die Schüler auswählen, nicht aber die Grundlage für ein einheitliches Lernen aller Schüler (Lern- und Übungsbuch) und zugleich Unterrichtsplanungsbuch entsprechend den Lehrplänen für die Lehrerin (Widerspiegelung von Unterrichtsstunden und -einheiten). Diesem doppelten Anspruch bzw. dieser Zwitterrolle können und konnten Grundschulmathematikbücher niemals gerecht werden.

Diese Ansätze sind sicher sehr anspruchsvoll, sie sind aber überaus erfolgversprechend und zugleich grundlegend für einen offenen Mathematikunterricht, der sich nicht nur auf methodisch-technische Maßnahmen oder das Abarbeiten von kopierten Arbeitsblättern beschränkt. Dass die derzeitige, immer noch durch behavioristische Annahmen geprägte Praxis des Mathematikunterrichts unbefriedigend ist, haben Gallin & Ruf (1990, S. 20) einleuchtend wie folgt beschrieben: „Der Lehrer ist überfordert, wenn er sich ernsthaft bemüht, der gängigen Vorstellung der Stoffdidaktik zu genügen. Auf der einen Seite steht der Stoffberg, auf der anderen Seite stehen zwanzig (Autorenanmerkung: Hier handelt es sich um Schweizer Verhältnisse!) Schüler. Der Lehrer soll nun Stück für Stück von diesem Stoffberg abtragen, schülergerecht präparieren und in Portionen verabreichen, die zwanzig verschiedenen Mägen bekömmlich sind. Dieser Auftrag ist unlösbar: Selbst wenn er alle Kräfte mobilisiert, kann der Lehrer weder dem Stoff noch den Schülern gerecht werden."

Die vorliegenden Handbücher für den Mathematikunterricht der einzelnen Grundschuljahre bieten Hilfen und Kriterien für eine sinnvolle Auswahl und eine effektive sowie differenzierende Gestaltung des Unterrichts. Dabei bilden nicht einseitig die Annahmen nur einer Lerntheorie den Hintergrund, sondern versucht wird die Integration verschiedener Ansätze im Sinne vertretbarer Kompromisse.

1.4 Taschenrechner in der (Grund-)Schule?

Taschenrechner (TR) sind in den letzten Jahrzehnten sehr leistungsstarke und preiswerte Gebrauchsgegenstände geworden, die allen Kindern bekannt sind. Nun kann nicht jeder Gebrauchsgegenstand, jede technische Entwicklung ein Thema oder Medium des Unterrichts werden. Anerkannte pädagogisch-didaktische Ziele dürfen nicht verletzt werden. Oder: Das Erreichen bestehender Ziele sollte auch über Neuerungen möglich sein.

Das Hauptargument von Lehrern und Eltern gegen den TR im Unterricht ist, dass bei Gebrauch des Rechners die Rechenfähigkeit der Schüler nicht ausreichend entwickelt werde bzw. gar leide. Gegen diese Annahme sprechen andere Argumente:

- Es liegen keine empirischen Untersuchungen vor, die das obige Hauptargument stützen.
- Der TR macht zwar Mängel in der Rechenfertigkeit der Schüler deutlich, er erzeugt sie aber nicht. Die Ursachen für rechnerische Schwächen in allen Schulstufen sind andere.
- Der TR wird zu eng nur als Rechenhilfsmittel gesehen, andere wichtige didaktische Funktionen und Möglichkeiten (s. u.) werden nicht bedacht.
- Es gibt eine ganze Reihe von Themen des Mathematikunterrichts an Grund- und Sonderschulen, zu denen sich Lehrer und Schüler sehr aufwendig und zeitraubend bemühen, oft ohne große Lernerfolge bei allen Schülern. Könnten nicht sehr viele Unterrichtsstunden für wesentlich sinnvollere mathematische Themen und Problemstellungen gewonnen werden, wenn der TR frühzeitig und differenziert eingesetzt würde?

> Es ist in Zweifel zu ziehen, dass das Rechnenlernen und das Anwenden von Taschenrechnern zeitlich getrennt werden müssen.

In einer Befragung von Grundschülern, Eltern und Lehrern haben Franke u. a. (1994) die Nutzung von Taschenrechnern untersucht. Nachfolgend werden nur drei Ergebnisse vorgestellt und somit die außerschulische Realität zur Diskussion gestellt.

- Anzahl der TR zu Hause
  In 74% der Haushalte gibt es mehrere Rechner, in 22% nur einen. TR sind in nahezu allen Haushalten selbstverständliche Gebrauchsgegenstände und den meisten Grundschülern jederzeit zugänglich (vgl. Franke u. a. 1994, S. 115).
- Erlaubnis für Grundschüler zur Benutzung eines TRs zu Hause
  Hier unterscheiden sich die Aussagen der befragten Schüler und Eltern deutlich. 65% der Schüler antworten mit „immer" (Eltern: 22%), 18% mit „nur im Beisein der Eltern" (Eltern: 50%) und 17% mit „nie" (Eltern: 28%). Die Gründe für diese unterschiedlichen Antworten sind offensichtlich, sie brauchen hier nicht diskutiert zu werden. Auch wenn Eltern die Benutzung des TRs nicht erlauben, wird der Rechner nur selten verschlossen aufbewahrt. Es ist vermutlich wie beim Fernsehen oder Video: Verbote führen oft zum heimlichen Tun. Die Häufigkeit der Benutzung eines TRs nimmt von Klasse 1 bis Klasse 4 stark zu. 60% der Viertklässler benutzen nach ihren Aussagen den TR zu Hause ein- bis dreimal pro Woche (vgl. Franke u. a. 1994, S. 116).
- Benutzung des TRs durch Eltern und durch Lehrer
  30% der Eltern gaben an, einen Rechner täglich zu benutzen, nur 4% der Grundschullehrerinnen benutzen dagegen den TR täglich. Für diese erstaunlichen Unterschiede sind wohl zwei Gründe verantwortlich: Zu Mathematikschulbüchern gibt es Lösungshefte, die das Berechnen der Aufgaben durch die Lehrerinnen leider unnötig machen. Eine vergleichbare Erleichterung gibt es in anderen Berufen nicht. Und aus den Antworten wird eine innere Einstellung zum TR, wenn nicht sogar eine Angst der Lehrerin vor diesem Gerät deutlich (vgl. Franke u. a. 1994, S. 115 f.).

Der TR wird in der Grundschule bisher nicht zum Gegenstand des Unterrichts gemacht, gleichzeitig wird er von sehr vielen Grundschülern außerhalb der Schule unkontrolliert benutzt. Diese gegenwärtige Praxis ist unbefriedigend. Schüler sollten frühzeitig und systematisch den TR als alltäglichen Gebrauchsgegenstand kennen und beherrschen lernen, zumal mit ihm sehr vielfältig gearbeitet werden kann.

Didaktische Möglichkeiten mit dem Taschenrechner

In Anlehnung an Lörcher/Rümmele (1987) und ergänzend werden nachfolgend einige didaktische Möglichkeiten des Einsatzes von TRn im (Mathematik-)Unterricht aufgelistet und durch wenige Beispiele verdeutlicht. Diese Möglichkeiten beschränken sich nicht nur auf die Grundschule, sie bieten auch sinnvolle Lernchancen in den anderen Schulstufen.

TR als Experimentiergerät

Mit dem TR kann man als Schüler experimentieren, probieren, Entdeckungen machen ..., ohne die drohende Beurteilung möglicher Fehler. Durch Experimente und Untersuchungen entdecken die Kinder Gesetzmäßigkeiten und Beziehungen der Zahlen bzw. Operationen, aber auch das Verständnis des Aufbaues und der Darstellung von Zahlen wird vertieft.

Bei den nachfolgenden Beispielen werden Sie/werden die Kinder Unterschiede zwischen sog. wissenschaftlichen TRn und einfachen TRn feststellen.

- Zahlenfolgen: Drücke immer wieder die Taste mit dem Gleichheitszeichen.

  [1] [+] [2] [=] [=] [=] [=] [=] [=]
  [2] [+] [2] [=] [=] [=] [=] [=] [=]
  [2] [X] [2] [=] [=] [=] [=] [=] [=]
  [2] [:] [2] [=] [=] [=] [=] [=] [=]

  [6] [0] [-] [6] [=] [=] [=] [=] [=]
  [2] [+] [3] [+] [4] [=] [=] [=] [=]
  [2] [+] [1] [+] [0] [=] [=] [=] [=]
  [9] [+] [9] [=] [=] [=] [=] [=] [=]

- Zahlenfolgen: Welche Tasten musst du drücken, um mit dem Gleichheitszeichen nacheinander alle Zahlen der Siebener-, der Zehner-, der Achter-, der Neunundneunziger-Reihe zu bekommen?

- Tippe nacheinander ein:

  [6] [+] [:] [2] [=]
  [6] [:] [+] [2] [=]

  [1] [0] [:] [X] [5] [=]
  [1] [0] [X] [:] [5] [=]

  [3] [+] [-] [3] [=]
  [3] [-] [+] [3] [=]

- Aufgabenserien

  [1] [2] [:] [3] [=]
  [1] [2] [:] [4] [=]
  [1] [2] [:] [5] [=]
  [1] [2] [:] [6] [=]
  ...
  [1] [2] [:] [1] [2] [=]
  [1] [2] [:] [1] [3] [=]
  ...

- Zielzahlen:
  - Erreicht werden soll die Zahl 24; erlaubte Tasten:
    [2], [+], [-], [X], [:], [=]
  - Erreicht werden soll die Zahl 17; erlaubte Tasten:
    [5], [+], [-], [X], [:], [=]
  - Erreicht werden sollen alle Zahlen zwischen 10 und 20; erlaubte Tasten:
    [3], [7], [+], [-], [X], [=]

    Kannst du sogar alle Zahlen von 1 bis 50 mit diesen Tasten erreichen?
  - Erreicht werden sollen alle Zahlen von 1 bis 10 (bis 20, bis 100); erlaubt sind die Tasten
    [2], [3], [5], [8], [+], [-], [=]

    Beispiele:

    [8] [-] [5] [-] [2] [=] 1
    [5] [-] [3] [=] 2
    [5] [3] [-] [3] [2] [=] 21
    [3] [2] [-] [5] [-] [5] [=] 22

- Produkte aufeinander folgender Zahlen:
  Multipliziere 2 aufeinander folgende Zahlen miteinander. Das Ergebnis soll 132 (240, 12, 110, 380 ...) sein.

- Diese Zahlen darfst du benutzen:
  [3], [4], [5], [6], [7], [8]

  Multipliziere 3 Zahlen miteinander. Das Ergebnis soll möglichst nahe bei 125 (zwischen 200 und 250 ...) liegen.

TR als Differenzierungsgerät

Die angestrebte Integration von Kindern mit sehr unterschiedlichen Lernvoraussetzungen in der Grundschule macht eine verstärkte innere Differenzierung gerade im Mathematikunterricht sinnvoll und notwendig. Nicht alle Kinder einer Klasse werden in vertretbarer Zeit bestimmte Fähigkeiten und Fertigkeiten erwerben (z. B. das Rechnen im Kopf mit Zehner- und Hunderterüberschreitungen, die schriftliche Division). TR bieten diesen Kindern Möglichkeiten, für sie schwierige Probleme zu lösen und komplexere Sachaufgaben zu bearbeiten. Selbstverständlich bietet der TR auch zahlreiche Anregungen und Differenzierungsmöglichkeiten für die leistungsstärkeren Grundschüler.

TR als Kontrollgerät
Bei vielen im Mathematikunterricht oder zu Hause gerechneten Aufgaben fehlt den Kindern (die in der Regel kein Lösungsheft haben) eine Möglichkeit, die Richtigkeit der eigenen Lösungen zu kontrollieren. Das können bereits die Grundschüler mit Hilfe eines TRs eigenständig durchführen (Selbstkontrolle).

TR als Spielgerät
Beim Spielen mit dem TR wird probiert, werden Fehler korrigiert, Lösungsstrategien entdeckt, es wird motiviert „gerechnet", kurz: Alle Vorteile des spielerischen Lernens können auch in Verbindung mit dem TR zum Tragen kommen.

- Beispiel NIM-Spiel (vgl. auch S. 73):
  Zwei Kinder arbeiten an einem TR. Abwechselnd wird eine der Ziffern 1, 2 oder 3 und das + gedrückt. Gewonnen hat, wer nach Drücken von + genau die Zahl 21 erreicht.
  Variante: 39 (oder 50 oder 100 oder ...) erreichen mit den Ziffern 1 bis 5 (oder mit allen Ziffern oder ...)

TR als Übungsgerät
TR sind Übungshilfsmittel zum Aufbau und zur Festigung rechnerischer Fertigkeiten, gerade solcher, die im Mathematikunterricht oft zu kurz kommen wie das Kopfrechnen, das Überschlagsrechnen, das Zahlgefühl, das Zahlenraumverständnis u. a. Die Kinder verlernen über den TR nicht das Rechnen. Durch einen sinnvollen Gebrauch kann die Rechenfertigkeit sogar deutlich verbessert werden.

- Beispiel in Anlehnung an Lörcher/Rümmele (1987, S. 20 f.):

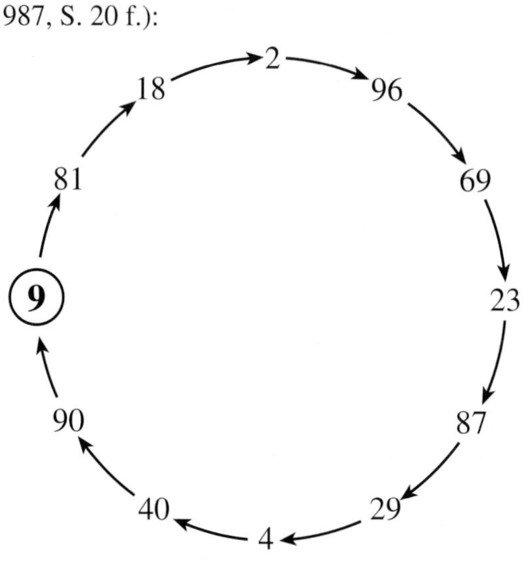

Starte bei der 9 und gehe den Pfeilen nach zur nächsten Zahl. Rechne mit dem Taschenrechner. Wähle eine Addition/Subtraktion (oder eine Multiplikation/ Division), sodass du genau die nächste Zahl triffst.

TR als Rechengerät
Diese Funktion wird dem TR oft ausschließlich zugemessen. Ist der TR ein Rechenhilfsmittel, dann können sich die Schüler auf die Auswahl, die richtige Reihenfolge der Zwischenschritte und auf den Sachinhalt einer Problemstellung konzentrieren. So bekommt das Sachrechnen seine eigentliche Bedeutung als Anwendung mathematischer Mittel auf Sachsituationen sowie die Möglichkeit der Reflexion und Diskussion der Sachzusammenhänge, indem die Durchführung der Rechnung in den Hintergrund tritt. Sachrechnen wäre mehr als nur Übungsanhängsel irgendwelcher arithmetischer Fertigkeiten. Weitere Vorteile bei dem Einsatz des TRs als Rechenhilfsmittel: Erfolge auch für rechenschwache Schüler, Verkürzung der Rechenzeiten, Lösbarkeit komplexerer Sach- oder Geometrieaufgaben ...

Ein paar praktische Hinweise zum Taschenrechner

Bereits in der Grundschule sollten die elementaren Grundfunktionen des TRs erarbeitet bzw. geklärt werden wie:

- das richtige Eingeben der Ziffern und Zeichen
  Hier hilft der Taschenrechner z. B. bei der zu beobachtenden Technik einiger Kinder beim Schreiben größerer Zahlen „wie man spricht" (27 erst die 7 und dann die 2), die spätestens im 3./4. Schuljahr zu Schwierigkeiten führt (z. B. die Zahl 41217 zu schreiben „wie man spricht", nämlich 14271).
- das richtige Löschen am TR (C oder CE) erproben
- die Hierarchie der Rechenoperationen am Taschenrechner erkunden
  Einfachrechner arbeiten in der eingegebenen Reihenfolge (3 + 4 x 5 = 35),
  während wissenschaftliche Rechner die algebraische Logik einhalten (3 + 4 x 5 = 23).
- das richtige Arbeiten mit Konstanten erkunden
  Grundschul-TR sollten bei allen vier Grundrechenarten die Konstantenfunktion haben.

Besonders hilfreich ist es, wenn ab dem 2./3. Schuljahr ein Klassensatz zur Verfügung steht, damit alle Kinder an den gleichen Rechnern arbeiten können. So bietet etwa die Firma Texas Instruments mit dem MatheMate einen speziell für die Primarstufe konzipierten TR an mit großen Tasten, einer Farbgebung der Tasten nach ihren Funktionen, wenigen ausgewählten Grundoperationen, Solarzellen ... Dafür hat er sinnvollerweise keine Wurzelfunktion, keine Winkelfunktionen und auch nicht die an allen Taschenrechnern überflüssige Prozenttaste.

Das Tabu brechen!

Der TR kann und soll die Ausbildung elementarer Rechenfertigkeiten nicht ersetzen! Es gibt jedoch viele didaktische Möglichkeiten und Argumente dafür, den TR bereits in der Grundschule bewusst einzusetzen, erst recht unter dem Gesichtspunkt einer Öffnung des Unterrichts. Die Lehrpläne bzw. Rahmenrichtlinien der einzelnen Bundesländer gehen durchweg nicht auf den Taschenrechner in der Grundschulzeit ein. Das sollte die Lehrerin kreativ nutzen: Was in Rahmenrichtlinien nicht erwähnt oder gar ausdrücklich verboten ist, das darf u. E. unterrichtlich thematisiert werden, um die allgemeinen und fachspezifischen Ziele der Grundschularbeit anzustreben. Im Falle des TRs überwiegen ganz eindeutig die positiven Möglichkeiten in der Unterrichtspraxis.

Ein Tipp zum Schluss:

Lassen Sie die Kinder Ihrer Klasse einmal 20 Minuten lang in Zweiergruppen mit Taschenrechnern „spielen“. Anschließend schreiben bzw. malen die Kinder auf, was sie entdeckt haben. Sie werden über die Vielzahl unterschiedlicher Entdeckungen überrascht sein, vielleicht auch darüber, was für die Kinder berichtenswerte Entdeckungen sind, von denen wir annahmen, sie seien Selbstverständlichkeiten.

2. Arithmetik

Ein zentrales Ziel des Arithmetikunterrichts (nicht nur) im 2. Schuljahr ist die Erweiterung und Vertiefung des Zahlverständnisses. Damit ist mehr gemeint als die Fähigkeit bzw. Fertigkeit, Rechenoperationen nach mehr oder weniger standardisierten Verfahren durchführen zu können. Eine präzise Beschreibung des Begriffes „Zahlverständnis“ fällt jedoch häufig schwer. Tatsächlich gibt es auch keine einfache Beschreibung. Zahlverständnis ist eine aspektenreiche, komplexe Fähigkeit, die sich aus verschiedenen Komponenten zusammensetzt (vgl. Burton 1993; McChesney/Biddulph 1995; Sowder 1992). Das Wissen um diese Komponenten ist eine wichtige Voraussetzung für einen Mathematikunterricht, der sich dem Ziel der Förderung des Zahlverständnisses verpflichtet fühlt. Fünf Aspekte dieses facettenreichen Begriffs sollen hier näher dargestellt werden.

Aspekte von Zahlverständnis

Zahldarstellung und ihre Interpretation
Wissen ist bekanntlich in drei Repräsentationsmodi darstellbar, nämlich enaktiv (durch Handlungen), ikonisch (in Form von Bildern) und symbolisch (mit Hilfe von Zeichen). Zu einem entwickelten Zahlverständnis gehört die Fähigkeit, flexibel zwischen diesen drei Ebenen hin und her wechseln zu können (intermodaler Transfer), die arithmetischen Aspekte konkreter Sachsituationen in Bilder und Zeichenketten (z. B. 13 + 8 = 21) übersetzen zu können, zu einer vorgegebenen Rechenaufgabe eine Rechengeschichte erfinden, ein Bild malen zu können u. v. a. m. Deshalb reicht im Unterricht das vielfach praktizierte Einbahnstraßenverfahren – von einer konkreten Sachsituation über ein Bild hin zur schriftlichen Gleichung – eben nicht aus. Ganz bewusst müssen die Übersetzungen von einem Repräsentationsmodus in einen anderen in alle Richtungen immer wieder herausgefordert werden.

Aufgaben zum intermodalen Transfer müssen ergänzt werden durch solche zum intramodalen Transfer: Zahl- und Operationsdarstellungen müssen auf einer Repräsentationsebene variiert werden. Dies ist kein Plädoyer für den Einsatz beliebig vieler Arbeits- und Veranschaulichungsmittel (vgl. Kap. 2.1.3 in diesem Band und Kap. 3 in Band 1), sondern der Hinweis darauf, Zahldarstellungen und Rechenoperationen zwischen den wenigen, bewusst ausgewählten Veranschaulichungsmitteln übertragen zu lassen. Dies beginnt mit einfachen Übungen zur Darstellung einer Zahl am Rechenrahmen und der „Übersetzung“ dieser Darstellung auf die Hunderter-Tafel, auf die leere Hunderter-Tafel und den Zahlenstrahl und führt hin zu der Fähigkeit die beiden Gleichungen

$$50 - 20 = \square \text{ und } 20 + \square = 50$$

als unterschiedliche Notationen des gleichen Sachverhalts interpretieren zu können.

Das Verständnis für Zahldarstellungen und Rechenoperationen an solchen Arbeitsmitteln stellt sich nicht von allein ein. Diese Materialien haben keine selbsterklärende Funktion im Lehrgang, vielmehr müssen sie selbst zum Gegenstand des Unterrichts gemacht werden. Die Struktur der Hunderter-Tafel offenbart sich Kindern nicht durch schlichtes Anschauen. Deshalb sind Unterrichtsaktivitäten notwendig, die darauf abzielen, den Kindern diese Struktur zunehmend bewusster zu machen (vgl. Kap. 2.1.3 und 2.1.4). Nur dann, wenn ihre Struktur erkannt ist, können Arbeitsmittel den weiteren Lernprozess stützen.

Die Fähigkeit, Zahlen, Beziehungen und Operationen in konkreten Sachsituationen, in Modellen und Zeichnungen interpretieren und umgekehrt, vorgegebene Zahlen mit Hilfe von Handlungen und Bildern repräsentieren zu können, ist ein wichtiges Merkmal von Zahlverständnis. Sie fördert die Kompetenz, Zahlen in Alltagssituationen verstehen und verwenden zu können und schlägt damit eine Brücke zwischen Alltags- und Schulmathematik.

Verinnerlichung der operativen Struktur der Zahlen
Mit dieser Bezeichnung ist die Binnenstruktur der Zahlen im Gegensatz zu den Beziehungen der einzelnen Zahl zu anderen Zahlen (vgl. den nächsten Punkt) angesprochen. Konkretisierungen haben bereits im 1. Schuljahr eine große Rolle gespielt, indem Zahlen auf vielfältige Weise zerlegt („Das Haus der 8“) und wieder zusammengesetzt wurden.

Eine herausragende Rolle spielen im 2. Schuljahr die Bündelungsidee und die Stellenwertschreibweise der Zahlen, die Zusammensetzung von Zahlen aus Zehnern und Einern und die Möglichkeit, zweistellige Zahlen in Zehner und Einer zu zerlegen, um auf diese Weise z. B. Rechenoperationen leichter durchführen zu können. Allerdings dürfen solche, an der dezimalen Struktur orientierten Übungen zum Zerlegen und Zusammensetzen nicht zu einem starren Schematismus werden. Auch andere Formen des Zerlegens und Zusammensetzens, insbesondere das Halbieren und Verdoppeln, sind auch weiterhin wichtige Aktivitäten zur Förderung eines flexiblen Umgangs mit Zahlen und Rechenoperationen. Wichtig ist, dass die Kinder die Zahlen nicht als starre Einheiten sehen, sondern mit jeder Zahl ein ganzes Netz von operativen Beziehungen verbinden.

Beziehungsvielfalt von Zahlen
Dieser Aspekt steht in einem komplementären Zusammenhang mit dem gerade beschriebenen, hebt im Gegensatz zu diesem jedoch auf die Beziehungen von Zahlen zu anderen Zahlen, also auf die Zahlbeziehungen untereinander ab. Damit sind nicht etwa nur formale Übungen („Schreibe zu jeder Zahl ihren Vorgänger und Nachfolger

auf!") gemeint, sondern alle solche Aktivitäten, die eine Zahl in einem reichen Beziehungsgeflecht zu anderen erscheinen lassen. So ist z. B. die Zahl 27 kleiner als 28 oder 72, größer als 25, das Dreifache von 9, um 73 von 100 entfernt, eine ungerade Zahl; 27 cm sind ungefähr ein Viertelmeter, fast die Länge eines Schullineals, etwa zwei Handspannen eines Kindes u. v. a. m.

Einsichten in die Beziehungsvielfalt von Zahlen und in deren operative Struktur tragen ganz wesentlich zur Vertiefung und Erweiterung des Zahlverständnisses bei und schaffen so die Voraussetzungen, diese Beziehungsvielfalt flexibel und kreativ für Rechenoperationen nutzen zu können. Verbunden mit Übungen an Darstellungsmodellen von Zahlen (Rechenrahmen, Hunderter-Tafel, Zahlenstrahl) tragen sie dazu bei, die Beziehung einer Zahl zu anderen „sehen" zu können, ihre Größe im Vergleich zu anderen abschätzen und vorteilhafte Rechenverfahren anwenden zu können.

Bewusstsein der Auswirkung von Rechenoperationen
Wenn das Rechnen von einem solchen Netz von Zahlbeziehungen getragen wird, dann sind die Kinder auch in der Lage, die Auswirkung von Rechenoperationen einschätzen zu können. Dies versetzt sie in die Lage grobe Fehler als solche zu erkennen, weil z. B. das Ergebnis von der Größenordnung her nicht zu der Aufgabe passen kann.

Fähigkeit, „weiche" Lösungsverfahren anzuwenden
Einen Fehler als solchen identifizieren zu können, weil das Ergebnis von der Größenordnung her nicht richtig sein kann, hängt eng mit einem Aspekt von Zahlverständnis zusammen, der hier seiner Bedeutung wegen gesondert angeführt werden soll. Gemeint ist die Fähigkeit, Zahlen und Maße schätzen und Überschlagsrechnungen durchführen zu können. Kinder müssen ein „Gefühl" für die Größe von Zahlen, für Längen- und Gewichtsmaße, für Zeitspannen und andere Größen entwickeln. Dies ist nicht möglich im Zusammenhang mit nur formalen Rundungsübungen und Überschlagsrechnungen im Kontext mit den schriftlichen Rechenverfahren. Außerdem wären erste Übungen zu diesen Themen des 3. und 4. Schuljahres viel zu spät angesetzt, weil sich dann die „Herrschaft harter Rechenverfahren" schon durchgesetzt hätte. Vertraute Alltagssituationen bieten die Möglichkeit, Aufgaben zu stellen, die auf „weiche Verfahren" des Schätzens und überschlagenden Rechnens abzielen. Anregungen dazu sind in dem Abschnitt 4.2.1 „Ganzheitliche Zugänge zu den ersten Zahlen" bereits in Band 1 (S. 51 ff.) vorgestellt worden, weitere Ideen für die Praxis finden Sie in diesem Band in dem Abschnitt 2.1.1.

Förderung von Zahlverständnis

Schriftliche Rechenverfahren oder andere Algorithmen können notfalls auch unverstanden eingeübt werden. Zahlverständnis ist durch Vor- und Nachmachen jedoch nicht zu vermitteln. Die Förderung dieser wichtigen Fähigkeit, und es sei betont, dass sie entwickel- und förderbar ist, setzt eine bestimmte Unterrichtsatmosphäre, eine „Unterrichtskultur" (Heymann 1996) voraus. Drei Merkmale dieser Unterrichtskultur werden im Folgenden näher ausgeführt. Darüber hinaus enthält bereits die Beschreibung der verschiedenen Aspekte vom Zahlverständnis einige Hinweise auf konkrete unterrichtliche Maßnahmen.

Reduzierung der Produktorientierung zugunsten der Prozessorientierung
Das Lösen von Aufgaben nimmt im Mathematikunterricht traditionell einen großen Raum ein. Auch ohne dies zu beabsichtigen, wird, z. B. durch die Korrekturen oder die Besprechungen der Lösungen, den Produkten mehr Aufmerksamkeit geschenkt als dem Prozess der Lösung selbst. Das wesentliche Ziel des Mathematikunterrichts, nämlich das Lösen mathematischer Probleme, rückt dadurch, nicht zuletzt auch in den kindlichen Gewichtungen, in den Hintergrund.

Sicher sind auch in Zukunft richtige Lösungen wichtig. Die Dominanz der Ergebnis- bzw. Produktorientierung muss jedoch zugunsten einer stärkeren Beachtung der kindlichen Lösungsprozesse reduziert werden. Dafür sind z. B. sog. Strategiekonferenzen geeignet, in denen die Besprechung des Lösungsprozesses im Mittelpunkt steht. Wichtige Fragen in diesem Zusammenhang sind z. B.:

- Wie hast du deine Aufgabe gelöst? Erkläre deinen Weg.
- Wie hat Maik diese Aufgabe gelöst? Kannst du auch seinen Weg erklären?
- Warum hat er diese Aufgabe wohl so gelöst?
- Wer hat noch einen anderen Weg gewählt? Was ist daran anders?
- Wodurch unterscheiden sich Karins und Elkes Lösungen? Was ist an ihnen gleich?
- Wo steckt der Fehler in dieser Lösung? Wie ist der Fehler wohl entstanden?

Offene Aufgaben
Die überwältigende Mehrheit aller Aufgaben aus Schulbüchern, Arbeitsheften, Kopiervorlagen usw. fordert die Berechnung einer Lösung auf genau einem vorgeschriebenen Weg. Entdeckendes Lernen und Entwicklung von Problemlösefähigkeit sind mit solchen Aufgaben nicht möglich; die Kinder werden vielmehr zu Rechenautomaten degradiert.

Der Ausweg besteht nun nicht darin, auf solche Aufgaben ganz zu verzichten, den gesamten Mathematikunterricht von einem auf Entdeckungen ausgerichteten Ansatz her entwickeln zu wollen. Auf automatisierendes Üben mit dem Ziel der Festigung von Kenntnissen und Verfahren kann auch heute, bezogen auf bestimmte Teilbereiche (z. B. kleines 1+1, 1x1), nicht verzichtet werden. Vielmehr geht es darum, das Übermaß an solchen geschlossenen Aufgaben zu reduzieren zugunsten offener Fragestellungen.

Damit sind Aufgaben gemeint,

- die komplexer, ganzheitlicher, herausfordernder Art sind, keine Rechen-, sondern Problemaufgaben darstellen, zu denen Kinder sich ggf. noch Informationen beschaffen müssen (*Offenheit der Vorgaben*);
- für die die Kinder keine fertigen Lösungsverfahren und keine festgeschriebenen Notationsformen haben (*Offenheit der Lösungswege und Notationsformen*);
- die Lösungen auf unterschiedlich abstraktem Niveau erlauben, vielleicht sogar mehrere Lösungen haben - oder keine (*Offenheit der Ergebnisse*).

Beispiele finden Sie in diesem Handbuch an vielen Stellen, gehäuft in dem Abschnitt 2.1.1 „Ganzheitliche Zugänge".

Toleranz gegenüber Fehlern
Es gibt einen Teufelskreis, der gerade Kinder mit Lernschwierigkeiten in immer größere Probleme geraten lässt: Misserfolgserlebnisse führen zu einer zunehmenden Angst vor Fehlern. Wenn zudem die eigenen Klassenkameraden ein solches Kind auslachen, wird es sich bald gar nichts mehr zutrauen.

Fehler gehören notwendig zum Lernprozess dazu, sie sind der Ausgangspunkt für weiteres Lernen. Diese Grundeinsicht muss nicht nur bei der Lehrerin, sondern auch bei den Kindern der Klasse tief verankert sein. Nur dann wird eine Lernatmosphäre herrschen, in der jedes einzelne Kind Mut hat, an mathematische Probleme heranzugehen.

Dabei dürfen Fehler nicht tabuisiert, als „nicht so wichtig" oder auf andere Weise in ihrer Bedeutung heruntergespielt werden. Sie müssen vielmehr, z. B. in den schon erwähnten Strategiekonferenzen, zum Thema des Unterrichts gemacht werden. Wichtig ist dabei, dass solche Fehler nicht als individuelle Defizite der kindlichen Persönlichkeit interpretiert werden können, sondern als andere Lösungswege, denen wir auf die Schliche kommen müssen, um sie künftig vermeiden zu können.

Eine Möglichkeit, Fehler von der Gebundenheit an das einzelne Kind zu lösen, besteht darin, Fehler selbst vorzugeben, von den Kindern beschreiben und analysieren zu lassen.
Beispiel:
Hier sind 3 Aufgaben, die auf die gleiche Weise falsch gelöst wurden:

72 - 25 = 53

81 - 48 = 47

56 - 39 = 23

Wie heißen die richtigen Lösungen? Wer kann den Fehler beschreiben? Kannst du die Aufgabe 64-28 nach dem gleichen falschen Verfahren berechnen? Wie heißt hier die richtige Lösung? Warum macht ein Kind wohl solche Fehler? Warum rechnet das gleiche Kind die Aufgabe 68-24 richtig? Wie würdest du dem Kind helfen? Kannst du selbst einen neuen Fehler erfinden? Rechne mit diesem Fehler 3 andere Aufgaben. Wer kann herausbekommen, wie du gerechnet hast?

2.1 Zahlenraumerweiterung bis 100

Die Erweiterung des Zahlenraums bis 100 und das Rechnen in diesem neuen Zahlenraum werden in diesem Handbuch aus systematischen Gründen gesondert in den Kapiteln 2.1 und 2.2 dargestellt. Diese getrennte Darstellung soll nicht zu einer getrennten Behandlung dieser beiden Themen im Unterricht führen. Inhaltlich sind beide Themen eng miteinander verzahnt; sie sind daher auch im Unterricht so zu behandeln, dass sie sich wechselseitig stützen. Die Vertiefung der Kenntnis der Zahlen geht einher mit der zunehmenden Fähigkeit immer differenziertere Aufgaben mit ihnen rechnen zu können. Diese Fähigkeit wiederum trägt zu einer Vertiefung des Zahlverständnisses bei.

2.1.1 Ganzheitliche Zugänge zu den Zahlen bis 100

Bereits im Band 1 dieser Handbuchreihe (S. 51 ff.) sind ganzheitliche Zugänge zu den ersten Zahlen vorgestellt worden, die teilweise den Zahlenraum bis 20 überschreiten. Viele der dort gegebenen Anregungen können im 2. Schuljahr erneut aufgegriffen, vertieft, erweitert und systematisiert werden. Wichtige Aspekte bei vielen dieser Aufgaben sind das Sammeln von Daten und deren übersichtliche Darstellung in Form von Diagrammen, in der Regel Streifen- oder Säulendiagrammen. Die Arbeit mit ihnen soll im 2. Schuljahr behutsam zu abstrakteren Darstellungen und deren Interpretation führen.

Beobachten, Erkunden und Untersuchen

Das für das 1. Schuljahr vorgeschlagene Vorgehen, mit den Beobachtungs-, Erkundungs- und Untersuchungsaufgaben in der eigenen Klasse zu beginnen und den Fragehorizont in Form konzentrischer Kreise über Schule, Familie, Stadtteil bzw. Dorf allmählich zu erweitern, soll auch für das 2. Schuljahr den Rahmen vorgeben.

Unsere Klasse und die Parallelklassen
Die Namenslisten mit Geburtsdatum und Anschrift der eigenen und der Parallelklasse(n) sind Ausgangspunkt unterschiedlicher Gruppenaktivitäten.

Schülerverzeichnis Klasse 2b		
Name, Vorname	*Geb. Datum*	*Anschrift*
Bachmann, Heinz	01.03.1989	Marktplatz 11
	…88	Hauptstr. 12
	…89	Grasweg 33
	…88	Am Wall 5

Schülerverzeichnis Klasse 2a		
Name, Vorname	*Geb. Datum*	*Anschrift*
Bollmann, Ruth	03.07.1989	Am Graben 24
Heinze, Jörg	07.05.1989	Hauptstr. 126
Hischer, Marianne	16.06.1989	Hauptstr. 83
Klaracic, Deniz	28.10.1988	Mauerstr. 25

- Eine Gruppe ermittelt für jedes Kind der 2a das Alter und entwickelt dazu ein Streifen- oder Säulenbild.

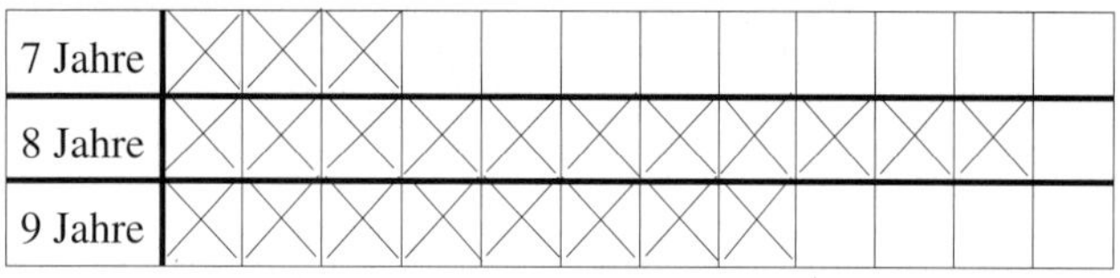

- Mit Hilfe eines Taschenrechners kann das Alter auch in Monaten ausgerechnet und in einer differenzierteren Grafik dargestellt werden.
- Andere Gruppen bearbeiten die gleichen Aufgaben für die Parallelklassen.
- Eine weitere Gruppe dokumentiert in einem Diagramm, in welchen Straßen die Kinder wohnen.
- Wieder andere Kinder interessieren sich für die Länge der Vornamen. Wie viele Vornamen haben 3, 4, 5 ... Buchstaben? Zunächst übertragen die Kinder ihre Zählergebnisse in eine Tabelle, übersetzen sie dann in ein Säulenbild.
- Mit den fertigen Gruppenarbeiten ist die Arbeit für die Klasse noch nicht beendet. Die Gruppen stellen ihre Produkte aus. Wer kann sie „lesen"? In welchen Teilen der verschiedenen Tabellen findest du dich selbst wieder, wo deine Freundin aus der Parallelklasse? Lies aus dem Säulenbild ab, wie viele Kinder einen Vornamen mit 6 Buchstaben haben; vergleiche dein Ergebnis mit der Eintragung in der Tabelle.

Autos an der Kreuzung
Viel zu viele Autos fahren unmittelbar an der Schule vorbei. Vom Klassenzimmerfenster aus können die Kinder die Kreuzung genau beobachten. Sie haben verschiedene Tabellen für Strichlisten erstellt.

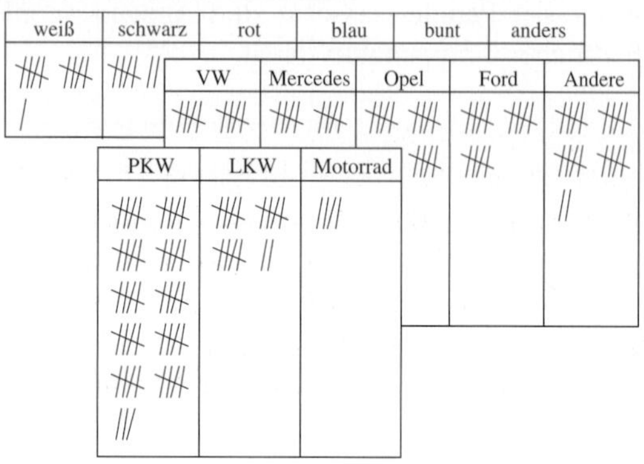

Diese Listen werden ausgezählt, in Tabellen und Diagramme übersetzt. Ein Brief an den Bürgermeister führt vielleicht dazu, ernsthaft über ein die Schule entlastendes Verkehrskonzept nachzudenken.

Lesen Kinder heute wirklich nicht mehr?
Die drei Parallelklassen bereiten ein gemeinsames Projekt vor. Zunächst wird in jeder Klasse einzeln untersucht, welches Lieblingsbuch jedes Kind hat. Jeder bringt es mit in die Schule. Die Auszählung kann nach verschiedenen Kriteriensystemen erfolgen, z. B.

- Bilderbuch, Märchen, Sachbuch, Abenteuer, Comic usw.
- Sport, Reisen, Hobby usw.
- Tiere, die im Buch vorkommen: Pferde, Katzen, Hunde, Dinos usw.
- Taschenbuch, Heft, fester Einband usw.

Die Daten werden in Tabellen und Diagrammen zusammengefasst, diese mit den Ergebnissen der parallelen Klassen verglichen. Wer kann alle Daten für alle drei Klassen zusammenfassen?

Einige Alternativen zum Thema Lesen:
- Lieblings-Fernsehsendung
- Lieblingssänger/in bzw. -gruppe
- Hobbys
- liebste Sportart

u. v. a. m

Zahlen in Zeitungen und Zeitschriften
Alte Zeitungen und Zeitschriften sind voll von Zahlen. In Gruppen machen die Kinder sich auf die Suche. Wer findet Zahlen, wer kann sie schon lesen? Was bedeuten die Buchstaben „m", „€", „cm", „kg" ... hinter den Zahlen?

Weitere Suchaufgaben:
- Finde eine Längenangabe, eine Telefonnummer, eine Uhrzeit, eine Gewichts- oder Temperaturangabe, eine Hausnummer ...
- Finde Preise von Speisen und Getränken. Was bedeutet „2,99 €"? Gibt es zu den gleichen Sachen verschiedene Preise? Warum?
- Finde eine Zahl mit möglichst vielen Stellen. Wer kann sie schon lesen? Wer findet eine Zahl, die als Wort ausgeschrieben ist?

Zahlen um uns herum

Achte morgen auf deinem Schulweg ganz genau auf Zahlen, die du unterwegs siehst. Hier einige mögliche Beispiele:

Ganz besondere Zahlen schreibst du auf. Erzähle von „deinen" Zahlen im Morgenkreis. Wer kann seine Zahlengeschichte sogar als Rätsel erzählen? Was bedeuten die Zahlen?

Große Zahlen im Spiel: Ein Zahlenroulette

Dieses Zahlenroulette (erhältlich u. a. bei Wehrfritz unter dem Namen „Roulette") ist ein beliebtes Gesellschaftsspiel. In eine zur Mitte hin sich vertiefende Holzschale werden mehrere Kugeln gegeben; ein drehender Kreisel „schießt" diese Kugeln in Vertiefungen bzw. in Außenschalen, die mit Punkten bewertet sind. Wer hat in einer Runde das beste Ergebnis erzielt? Wer ist der Sieger nach mehreren Runden.

Für Kinder im 2. Schuljahr scheint dieses Spiel nicht geeignet zu sein, weil die Größe der Zahlen und Summen bei weitem den Zahlenraum bis 100 überschreitet. Tatsächlich entwickeln Kinder jedoch ihre eigenen Strategien, die Summe der Punkte einer Spielrunde und die von mehreren Runden zu ermitteln. Ein Beispiel zeigt die folgende Lösung von Kindern einer 2. Klasse. Eine Kontrolle mit dem Taschenrechner hätte sie sicher auch die zwei Rechenfehler entdecken lassen.

Super-Roulette

Regel:	Dreht den Kreisel. Rechnet plus mit allen Zahlen, an denen Kugeln liegen.

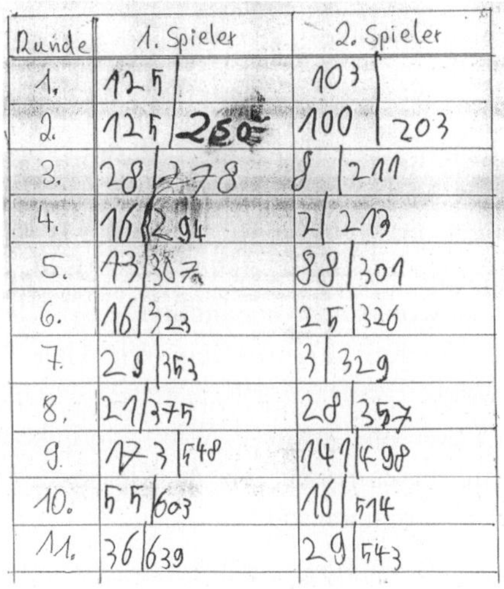

Runde	1. Spieler		2. Spieler	
1.	125		103	
2.	125	250	100	203
3.	28	278	8	211
4.	16	294	2	213
5.	13	307	88	301
6.	16	323	25	326
7.	29	353	3	329
8.	21	375	28	357
9.	173	548	141	498
10.	55	603	16	514
11.	36	639	29	543

Die Regentonne erzählt eine Geschichte

Über 8 Wochen lang hat Martin zusammen mit seinem Vater jeden Sonntag gemessen, wie hoch das Wasser in der Regentonne steht. Die Ergebnisse haben die beiden in eine Tabelle übertragen.

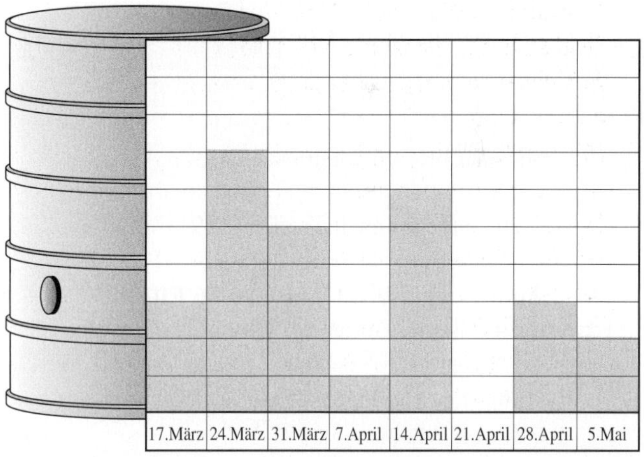

Was erzählt uns die Tabelle? Wann hat es viel geregnet, wann wenig oder gar nicht? Wann mussten die Blumen besonders intensiv gegossen werden? Einmal hat Martin beim Spielen die Regentonne umgeschüttet. Wann war das wohl?

Ein paar herausfordernde Fragen

Herausfordernde Fragen der im Folgenden (und im Kap. 4 „Sachrechnen und Größen") dargestellten Art haben die Funktion, vor der Einführung bestimmter Inhalte bzw. Verfahren die „natürlichen" Lösungsstrategien der Kinder herauszufordern. Wichtig ist, dass den Kindern die Benutzung verschiedener Hilfsmittel ermöglicht wird, um die

Aufgaben auf unterschiedlich konkretem bzw. abstraktem Niveau zu lösen. Wichtig ist weiterhin, dass diese Arbeit in Gruppen erfolgt, dass die Kinder ausreichend Zeit haben und dass die Gruppen einander ihre Verfahren (nicht nur die Ergebnisse!) vorstellen. Ziel dieser herausfordernden Fragen ist es nicht, Unterrichtsstoffe vorzuziehen; Ziel ist es auch nicht, Lösungen unter allen Umständen erreichen zu wollen, erst recht nicht, für diese komplexen Probleme fertige Lösungsverfahren vorzugeben. Die Kinder sollen bewusst mit einem Problem konfrontiert werden, das für sie neu ist und jenseits der bisher gezeigten Leistungen liegt. Dass einfühlsam mit den Schwierigkeiten und evtl. sogar mit dem Scheitern der Kinder umgegangen wird, ist wohl selbstverständlich.

- Jessica ist 7 Jahre alt geworden. Wie viele Monate sind das wohl?
- In einem Paket sind 8 Kekse. Wie viele Pakete brauchen wir für die 25 Kinder unserer Klasse, wenn jeder einen Keks bekommen soll?
- Auf dem Lehrerparkplatz stehen 12 Autos. Wie viele Räder haben sie?
- Wer von uns hat wohl den kürzesten/den längsten Schulweg? Wie können wir das feststellen?
- Zum Elternabend haben sich 22 Eltern angemeldet. Die Lehrerin will für jeden 2 Tassen Kaffee vorbereiten. In eine Kanne passen 8 Tassen.
- Acht Kinder kommen zu Marens Geburtstag. Ob ein Kasten Saft wohl für alle reicht?
- Wie viele Kinder sind in diesem Jahr neu eingeschult worden?

Ein Beispiel für eine herausfordernde Aufgabe und für Lösungen auf unterschiedlich abstraktem Niveau (nach Treffers 1991)

Zum Elternabend kommen 26 Eltern. Immer 4 Eltern können an einem Tisch sitzen.

- Lösung durch konkretes Durchspielen mit den Kindern der Klasse
- zeichnerische Lösungen

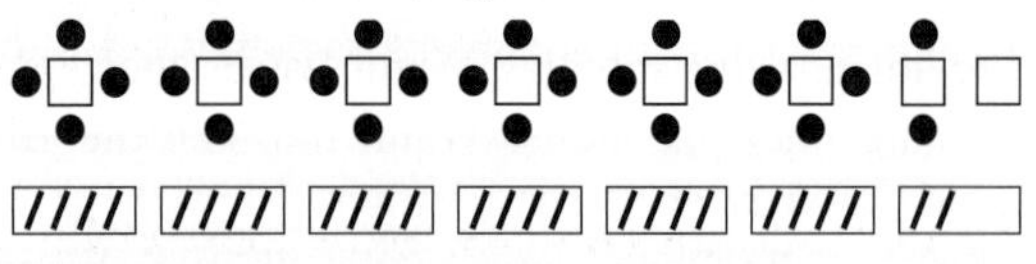

- zeichnerisch-symbolische Lösungen
  ④ ④ ④ ④ ④ ④ ②
- symbolische Lösungen
  4, 4, 4, 4, 4, 4, 2
  4, 8, 12, 16, 20, 24, 26
  $5 \cdot 4 = 20, 24, 26$
  $6 \cdot 4 + 2 = 26$
  $26 : 4 = 6$ Rest 2 bzw. $26 : 4 = 6 + 2 : 4$

- Meine Lieblingszahlen zwischen 10 und 100 und was ich alles von ihnen weiß
  Jedes Kind schreibt eine Zahl seiner Wahl auf ein Blatt Papier und notiert alles, was es über diese Zahl schreiben kann (vgl. auch die Idee des Zahlenalbums in Band 1, S. 20 ff. und die des Zahlensteckbriefs im Abschnitt 2.2.6 in diesem Band).

Rund um den Kalender

An jedem Schultag wird frühmorgens von der Lehrerin oder, besser noch, von einem Kind das Datum an die Tafel geschrieben. Dies kann zum Anlass vieler weiterer Fragen rund um den Kalender genommen werden (vgl. auch die Anregungen im Abschnitt 2.2.6).

- Die Wochentage
  - Heute ist Mittwoch, der 21. August. Welcher Wochentag war gestern, welcher wird morgen sein? Welchen Wochentag haben wir in 2, 3, 4 ... Tagen, welchen hatten wir vor 2, 3, 4 ... Tagen?
  - Etwas systematischer und zugleich anspruchsvoller: Welcher Wochentag ist in 7, 14, 21 Tagen? Wie viele Tage vergehen bis zum Mittwoch in 4, 5, 6 ... Wochen?
  - Wer weiß, welcher Wochentag in 50 Tagen ist, welcher in 57 Tagen? Ob wohl jemand herausbekommen kann, welcher Wochentag in 100 Tagen ist?

Wichtig ist, dass Kinder in Gruppen an diesen Fragen arbeiten, dass ihnen alle Hilfsmittel zur Verfügung stehen, die sie benötigen und dass die Lösungsverfahren der verschiedenen Gruppen einander vorgestellt werden, ohne dass einzelne Verfahren als besser, andere als schlechter dargestellt werden. Zählende Vorgehensweisen ohne und mit Kalenderhilfe sind ebenso zulässig wie Zählen in Schritten. Besonders schnell sind natürlich Überlegungen, die die Gleichheit von Resten bei der Division durch 7 nutzen, auch wenn die Formulierungen der Kinder dies erst auf den zweiten Blick offenbaren: „In 7, 14, ..., 49 Tagen ist wieder Mittwoch. In 50 Tagen also Donnerstag. Die nächsten Donnerstage sind dann in 57 Tagen, in 64 Tagen, in ... Tagen." - „In 70 Tagen ist wieder Mittwoch, ebenso in 77, 84, 91, 98 Tagen. Also ist in 100 Tagen ein Freitag."

- Das Datum
  - Heute ist Mittwoch, der 21. August. Welches Datum hatten wir gestern, vorgestern, vor 7 Tagen, vor 10 Tagen, welches haben wir morgen, übermorgen, in einer Woche?
  - Welches Datum hatten wir am Dienstag der letzten Woche, welches werden wir am Freitag der nächsten Woche haben?

- Welches Datum haben wir in 10 Tagen? Wie viele Tage hat der August? An den Fingerknöcheln kannst du dir gut merken, welche Monate wie viele Tage haben. Welches Datum haben wir in 11 Tagen?
- Kann wohl jemand herausbekommen, wie viele Tage es noch bis Weihnachten sind?

• Geburtstage
  - In welchen Monaten sind die Kinder dieser Klasse geboren? Jeder kreuzt ein entsprechendes Kästchen an. Beschreibe, was dieses Streifenbild dir sagt.

Januar	X	X			
Februar					
März	X	X	X		
April	X				
Mai	X				
Juni	X	X	X	X	
Juli	X	X			
August	X	X	X		
September					
Oktober	X	X	X	X	X
November	X	X			
Dezember	X				

  - Jedes Kind fragt seine Eltern, an welchem Wochentag es geboren ist. Mit diesen Informationen kann ein entsprechendes Streifen- oder Säulendiagramm für die Wochentage erstellt werden.

• Entdeckungen auf dem Kalenderblatt
  - In jedem Klassenraum hängt ein Kalenderblatt mit möglichst großen Zahlen. Das Blatt wird mit einer Klarsichtfolie abgedeckt. Darauf werden je 2 von 4 Zahlen im Quadrat über Kreuz miteinander verbunden.

August						
SO	MO	DI	MI	DO	FR	SA
				1	2	3
4	5	6	7	8	9	10
11	12	13	14	15	16	17
18	19	20	21	22	23	24
25	26	27	28	29	30	31

  - Berechne die Summe der verbundenen Zahlen.
    8 + 16 = 24 11 + 19 = 30
    9 + 15 = 24 12 + 18 = 30
    Was fällt auf? Gilt das immer?
  - Was geschieht, wenn 6 von 9 Zahlen in einem Neunerquadrat auf die gleiche Weise über Kreuz miteinander verbunden werden? Nimm den Taschenrechner, wenn du die Aufgaben noch nicht rechnen kannst (vgl. dazu auch die Entdeckungen auf der Hunderter-Tafel im Abschnitt 2.2.6).

Schätzen, Zählen, strukturiertes Zählen

Bereits für das 1. Schuljahr sind Schätz- und Zählaufgaben vorgeschlagen worden (Band 1, S. 54 ff.), die jetzt mit dem Ziel der Vertiefung des Zahlverständnisses erneut aufgegriffen werden können. Während es im 1. Schuljahr vorrangig darauf ankam, die Zahlwortreihe in Gebrauch zu nehmen, steht im 2. Schuljahr die genauere Betrachtung der Zehner-/Einerstruktur der Zahlen im Mittelpunkt. Es ist Wert darauf zu legen, dass der Prozess des Auszählens großer Anzahlen von Gegenständen mit Strukturierungen in Zehnerbündel und Einer verbunden wird. Dieser Bündelungsvorgang ist ein konstituierendes Element für das Verständnis der dezimalen Struktur unserer Zahlen (vgl. auch das folgende Kap. 2.1.2).

Kastanien

Die Kinder haben Kastanien in einem Schuhkarton gesammelt. Wie viele sind es wohl? Bevor gezählt wird, gibt jeder schriftlich eine Schätzung ab.

Immer 10 Kastanien kommen in einen Beutel, um die restlichen werden einzeln Bindfäden geschlungen und mit der Kastanie verklebt.

8 volle Beutel und 4 einzelne, zusammen 84 Kastanien. Das Ergebnis wird auf verschiedene Weise aufgeschrieben.

Kastanien	
10er-Beutel	Einzelne
8	4

Zehner	Einer
8	4

Z	E
8	4

84

vierundachtzig

Wer hat am besten geschätzt? Wer hat die größte, wer die kleinste Schätzung abgegeben? Wie viele Beutel und wie viele einzelne wären das? In welchem Beutel ist die 25. Kastanie, in welchem die 60., die 61. usw.?

Die Schätzaufgabe der Woche

Die Schätzaufgabe der Woche wird jeweils am Montag auf den Tisch in der Mathe-Ecke gestellt:

- eine Schachtel mit Murmeln
- ein Glas mit Erbsen, Bohnen, Linsen o. Ä.
- ein Stapel Papier
- eine Dose mit Zahnstochern

Diese Aufgaben werden am besten in Gruppen bearbeitet. Auf einem vorbereiteten Blatt an der Pinnwand tragen die Kindergruppen zunächst ihre Schätzungen ein. Dann ermitteln sie im Laufe der Woche die genaue Anzahl und notieren auf einem großen Blatt dieses Ergebnis und möglichst auch die Art und Weise, wie sie es ermittelt haben: Immer 10 Murmeln, Erbsen, Bohnen ... haben sie in eine Schachtel gelegt, immer 10 Zahnstocher mit einem Gummiband gebündelt, immer 10 Blatt Papier zusammengelegt u. a.

Am Freitag wird der Sieger ermittelt. Wie viele Bündel und wie viele einzelne sind es wirklich? Hat jede Gruppe die richtige Anzahl ermittelt? Kannst du aus dem Protokoll ersehen, wie sie es gemacht haben?

Wer hat am besten geschätzt? Wie viele Bündel und einzelne hätten es sein müssen, wenn eure Schätzung richtig gewesen wäre?

Erweiterung der Größenvorstellung

Ganz wichtig ist, dass die Kinder die Zahlen nicht nur formal unterscheiden können, dass sie nicht nur wissen, dass 28 aus 2 Zehnern und 8 Einern besteht. Sie sollen vielmehr mit den einzelnen Zahlen auch Größenvorstellungen verbinden, z. B. wissen, dass 28 etwa in der Mitte zwischen 0 und 50, 82 dagegen näher bei 100 als bei 50 liegt. Systematische Übungen dazu werden in den Abschnitten 2.1.3 und 2.1.4 vorgestellt.

Die gleiche Intention mit weniger systematischem Charakter verfolgen die folgenden Fragen:

- Wie alt ist wohl unsere Schulleiterin?
  Auf diese Frage ist mit z. T. abenteuerlichen Antworten zu rechnen. Ein paar Zusatzinformationen können den Kindern zu besseren Schätzungen verhelfen, z. B.:
  - Ihre Mutter ist 68 Jahre alt.
  - Sie hat Kinder im Alter von 12 und 16 Jahren.
- Wie lang ist unser Schulgebäude, der Schulhof, der Zaun um unseren Schulhof?
- Wie viele Schritte benötigen wir, um einmal längs, einmal quer durch die Turnhalle zu gehen? Wie kommt es, dass Jessica und Hussein unterschiedliche Ergebnisse haben?
- Wie groß sind Katja, Henning, unsere Lehrerin? Wie schwer sind sie?
- Schneide ein Stück Wollfaden so ab, dass er möglichst genau 65 cm lang ist. Miss anschließend nach. Wie lang ist er wirklich? Wie groß ist der Unterschied?
- Male eine Linie an die Tafel, die möglichst genau 50 cm lang ist. Wer hat das am besten gekonnt?
- Suche einen Gegenstand, der möglichst genau 100 g wiegt. Wie viel wiegt er tatsächlich, wie groß ist der Unterschied?
- Wie schwer ist wohl ein Blatt Papier, eine Büroklammer, eine Briefmarke? Kann man sie überhaupt noch wiegen? 100 Briefmarken kann man wiegen. Kannst du dann herausbekommen, wie schwer eine ist?
- Nimm eine Stoppuhr. Zwischen dem ersten und zweiten Drücken sollen möglichst genau 30 Sekunden vergehen. Wer kommt mit geschlossenen Augen am nächsten an 30 Sekunden heran?
- Wer kann möglichst genau 30 Sekunden lang auf einem Bein stehen, die Luft anhalten, im Liegestütz stehen ...? Der Partner kontrolliert mit einer Stoppuhr.

- Wie weit kannst du in 30 Sekunden zählen, wie weit von 100 an rückwärts zählen?

Ergänzt werden können diese Übungen zur Entwicklung und Festigung von Größenvorstellungen durch sog. Kapitänsaufgaben, die deutlich machen, dass nicht alle Beziehungen proportional zueinander sind.

- Karin ist 8 Jahre alt. Sie trinkt jeden Tag 2 Flaschen Milch. Wie viel Milch trinkt sie wohl, wenn sie doppelt so alt ist?
- Torstens Vater ist 30 Jahre alt und fast 2 m groß. Wie groß ist er wohl, wenn er 60 Jahre alt ist?
- Ines besucht die 2. Klasse. Für ihren Schulweg benötigt sie 10 Minuten. Wie lange braucht sie, wenn sie in der 4. Klasse ist?

Muster, Strukturen und Zahlen

Mathematik ist die Wissenschaft von den Strukturen. Die spielerisch-kreative Entwicklung, Untersuchung und Fortsetzung von Mustern ist daher keine überflüssige Zeitverschwendung, sondern ein Prozess, der durchaus mit den Forschungsaktivitäten von Mathematikern vergleichbar ist. Sicher ist er für die Entwicklung einer auf Kreativität, Erfindungsreichtum und Entdeckerfreude ausgerichteten Einstellung zur Mathematik fruchtbarer als das Bearbeiten von Rechenpäckchen.

Im Folgenden werden konkrete Handlungen mit Materialien und zeichnerische Aktivitäten auf Quadrat- und Dreieckgittern vorgeschlagen. Zunächst einmal sollen die Kinder diese Muster spielerisch entwickeln, Gesetzmäßigkeiten entdecken und mit ihrer Hilfe die Muster fortsetzen. Die in ihnen verborgenen arithmetischen Strukturen erschließen sich sicher nicht allen Kindern in gleicher Weise. Entsprechend werden auch nicht an alle Kinder die gleichen Anforderungen gestellt. Es gibt aber Verfahren, die helfen können, diese Strukturen offenkundiger zu machen. Besonders wichtig ist der schrittweise Aufbau des Musters.

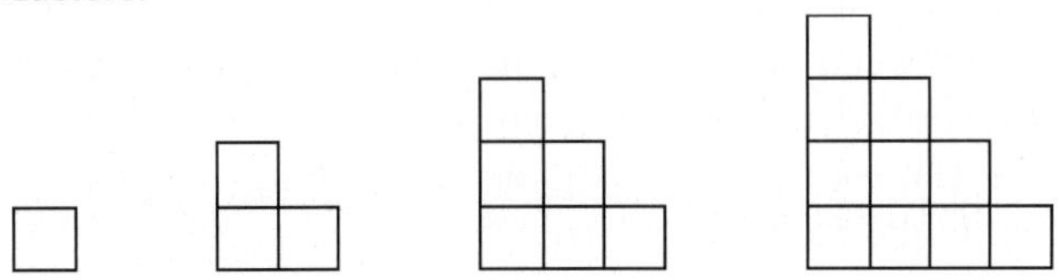

1 3 6 10

Insbesondere dann, wenn das Muster aus zwei Grundelementen besteht, ist eine Tabelle hilfreich.

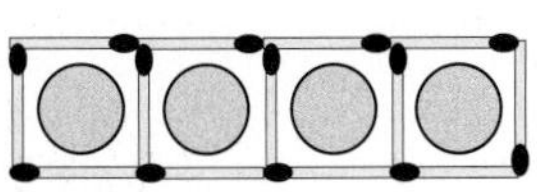

	4	7	10	
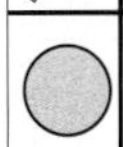	1	2	3	

Manchmal führen verschiedene Muster zur gleichen Zahlenfolge. Woran liegt das? Was ist an beiden Mustern gleich, was ist anders?

Hier einige „Verwandte" der genannten Muster:

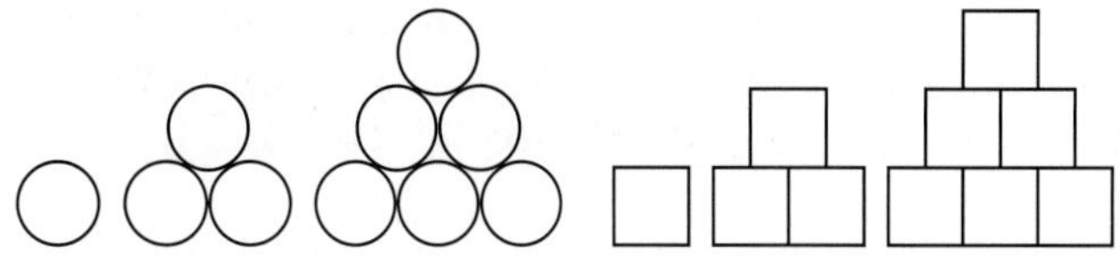

1 3 6 1 3 6

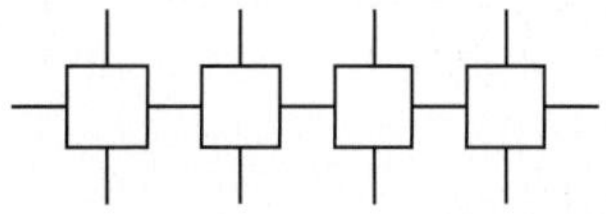

/	4	7	10	
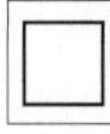	1	2	3	

Weitere Muster:

- Das wachsende „Z"

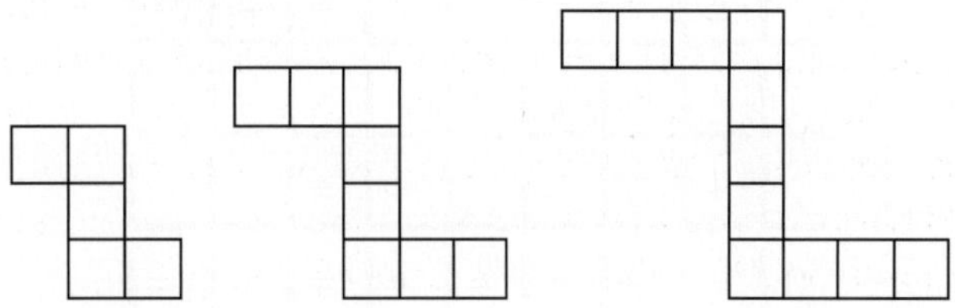

5 8 11

- Andere Buchstaben, die immer größer werden.

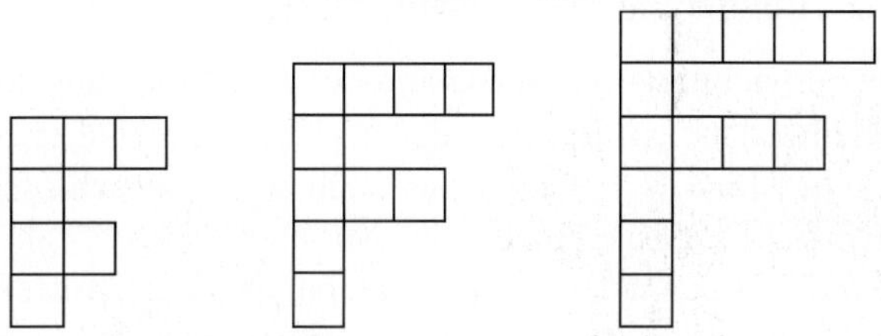

7 10 13

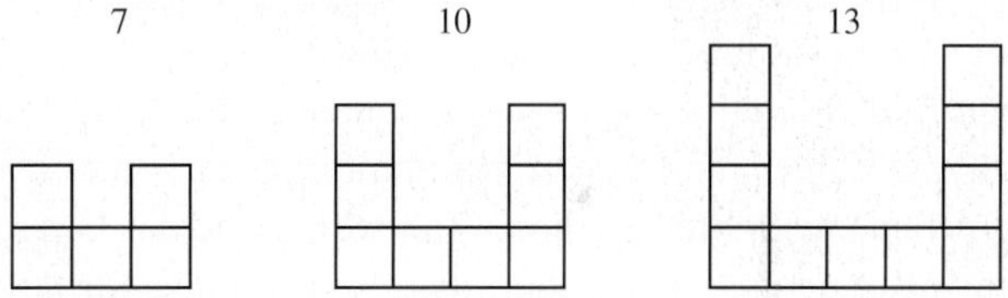

5 8 11

- Bilderrahmen

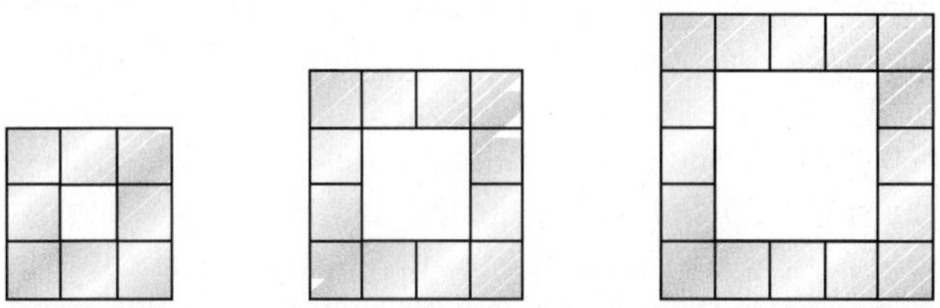

8 12 16

- Wachsende Dreiecke/Wachsende Quadrate
  Hierfür eignet sich die Kopiervorlage A 2 aus Band 1.

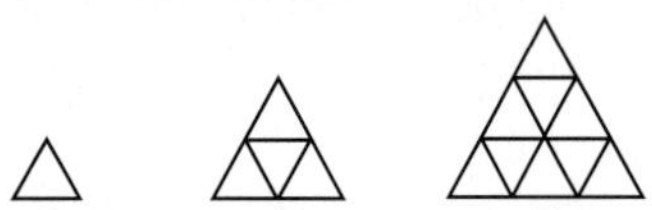

1 4 9

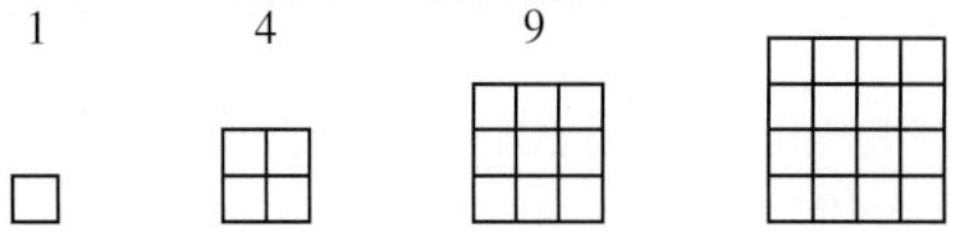

1 4 9 16

- Verbindungslinien

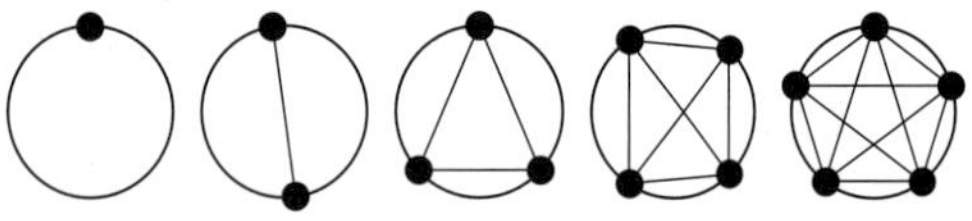

●	1	2	3	4	5
／	0	1	3	6	

- Muster auf dem Taschenrechner

1 + 1 = = = = = =
+ 5 = = = = = = =
1 + 5 = = = = = =
2 + 5 = = = = = =
0 + 3 = = = = = =

2.1.2 Bündelung und Stellenwert

Die Entwicklung des Verständnisses für Bündelung und Stellenwert ist ein Prozess, der im Kindergartenalter beginnt und im 4. Schuljahr sicher noch nicht abgeschlossen ist. Erste Erfahrungen mit der Struktur unserer Zahlen sammeln die Kinder beim Erlernen der Zahlwortreihe über 10 hinaus: „elf" und „zwölf" scheinen noch von der gleichen Sorte wie „fünf" und „sechs" zu sein, ab „dreizehn" wird auch in der Zahlwortbildung deutlich, dass größere Zahlen aus Teilen zusammengesetzt sind. Das Sprechen und Schreiben dieser Zahlwörter und das Umgehen mit einem Arbeitsmittel, das die dezimale Struktur unserer Zahlen verkörpert (z. B. 20er-Rechenrahmen), stellen ein In-Gebrauch-Nehmen unserer dezimal strukturierten Zahlen dar. Ein Verständnis für diese Struktur ist damit noch nicht gewährleistet. So führt die fehlende Einsicht in die Besonderheit der Zahl 10 als „Schwellenzahl" bei dem Versuch der Thematisierung des Zehnerübergangs im 1. Schuljahr regelmäßig zu Misserfolgserlebnissen. Anders als für uns ist es für Erstklässler eben nicht selbstverständlich, gerade bis 10 zu rechnen, sodass mit scheinbar kindgemäßen Einkleidungen (vgl. Steinbring 1994) die Zehnerschwelle künstlich erzeugt werden muss.

Im 2. Schuljahr besteht mit der Erweiterung des Zahlenraums bis 100 erstmals die Chance, die Besonderheiten unserer Zahlwortbildung im Unterricht zu thematisieren. Erst dieser größere Zahlenvorrat mit strukturell gleichem Aufbau (... 28, 29, 30, 31, 32, ..., 38, 39, 40, 41, 42 ...) stellt die Erfahrungsgrundlage bereit, auf der die Kinder zu strukturellen Einsichten gelangen können. Die Erweiterung des Zahlenraums ist also nicht etwa nur eine kontinuierliche Weiterführung der im Zahlenraum bis 20 gewonnenen Erfahrungen. Sie ist vielmehr mit einer deutlichen Anhebung des Anspruches an die kognitiven Leistungen der Kinder verbunden, weil nun auch das Reflektieren über die Zahlen und ihre Aufbaugesetzlichkeit von den Kindern gefordert wird. Die Zahl 23 ist nicht mehr nur eine Zahl in der fortlaufend aufgesagten Zahlwortreihe, auch nicht mehr nur Nachfolger von 22 oder Vorgänger von 24, sondern eine aus 2 Zehnern und 3 Einern zusammengesetzte Zahl. Ein Zehner muss dabei von den Kindern als Zusammenfassung von zehn einzelnen Objekten verstanden werden, also als eine neue Einheit, mit der im Folgenden wie mit einzelnen Objekten operiert wird.

Zwei zentrale Arbeitsmittel im 2. Schuljahr, nämlich der Hunderter-Rechenrahmen und die Hunderter-Tafel (vgl. Kap. 2.1.3 und 2.1.4) verkörpern in besonderer Weise die dezimale Struktur. Auch aus diesem Grunde sind sie für das 2. Schuljahr so wichtig. Übungen zum Verständnis unseres dezimalen Stellenwertsystems dürfen jedoch nicht auf den Umgang mit diesen „didaktischen" Materialien beschränkt werden, weil sie die fertigen Strukturen vorgeben, für den Lernprozess der Kinder aber die Entwicklung, die Erarbeitung dieser Struktur notwendig ist. Die Kinder müssen also zunächst selbst Bündelungen durchführen.

Im Zusammenhang mit Übungen zum strukturierten Zählen (Band 1, S. 54 ff.; Band 2, S. 23 ff.) haben die Kinder schon Erfahrungen mit der übersichtlichen Darstellung größerer Anzahlen sammeln können. Diese werden nun aufgegriffen und vertieft. Um die Grundideen der Bündelung, des Stellenwertbegriffs und der Stellenwertschreibweise von Zahlen (vgl. den Kasten „Sachinformativer Einschub") deutlicher werden zu lassen, ist es günstig, zunächst auch andere Bündelungsregeln (Basen) als 10 zuzulassen. Die von den Kindern selbst gewählten Bündelungsverfahren werden im Unterricht thematisiert. Auf diese Weise kann auf der Grundlage der verschiedenen Bündelungsverfahren der Kinder die allgemeine Idee des Bündelns und der Stellenwertschreibweise erarbeitet werden, um dann deutlich werden zu lassen, dass es für die Schreibweise der Zahlen in unserem (dezimalen) System von Vorteil ist, die Gegenstände nach der Zehner-Regel zu bündeln, weil das Ergebnis des Bündelungsvorgangs direkt in die Stellenwertschreibweise unserer Zahlen übersetzt werden kann. Wer das Bündeln und die Stellenwertschreibweise nach anderen Bündelungsregeln (Basen) intensiver behandeln möchte, findet dafür Anregungen in Schulbüchern der 70er Jahre.

Sachinformativer Einschub

Die Bündelungsregel (Basis) gibt die Regel für das systematische und fortgesetzte Zusammenfassen von einzelnen Elementen bzw. (beim fortgesetzten Bündeln) von Bündeln höherer Ordnung an.
Beispiel:
Bündelungsregel 1: Fasse immer 3 zusammen! (Basis 3)

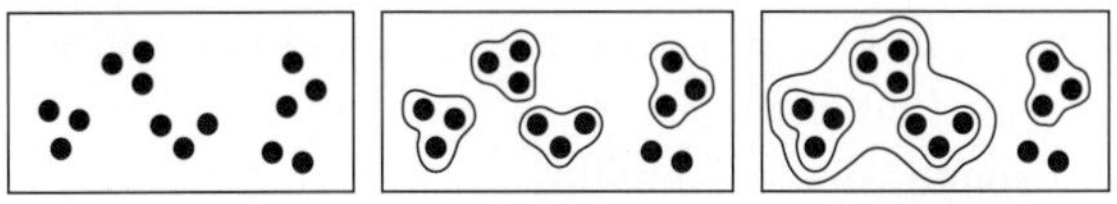

Ausgangsmenge | 1. Bündelung | 2. Bündelung

Bündelungsregel 2: Fasse immer 10 zusammen! (Basis 10)

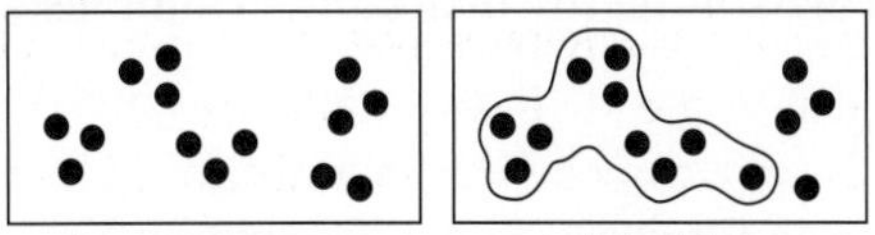

Ausgangsmenge | 1. Bündelung

Die Anzahl der Bündel wird, sortiert nach Bündelungsart, in einer Stellentafel notiert. Dabei haben die Ziffern an der jeweiligen Stelle (Einzelne, Bündel erster, zweiter ... Ordnung) einen ganz spezifischen Wert (Stellenwert).

Beispiel:

zur Bündelungsregel 1 (Basis 3)

Bündelung 2. Stufe	Bündelung 1. Stufe	E
1	1	2

zur Bündelungsregel (Basis 10)

Bündelung 1. Stufe	E
1	4

Einige Vorschläge für Bündelungsaktivitäten

Tischtennisbälle und Eierkartons
Ein großer Kasten mit Tischtennisbällen: Wie viele sind es wohl? Jeder schreibt seine Schätzung auf. Dann werden immer 10 Bälle in einen Eierkarton gelegt. Hier ist das Ergebnis:

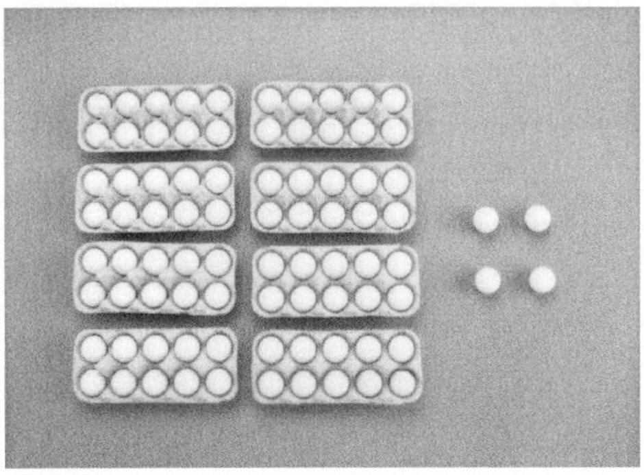

Das Ergebnis wird auf unterschiedliche Weise versprachlicht:
- 8 volle Kartons und 4 einzelne Bälle
- 8 Zehnerpackungen und 4 einzelne Bälle
- 8 Zehner und 4 einzelne Bälle
- zusammen 84 Tischtennisbälle

Auch für die zeichnerische bzw. symbolische Notation gibt es verschiedene Möglichkeiten; einige zeigt die folgende Abbildung:

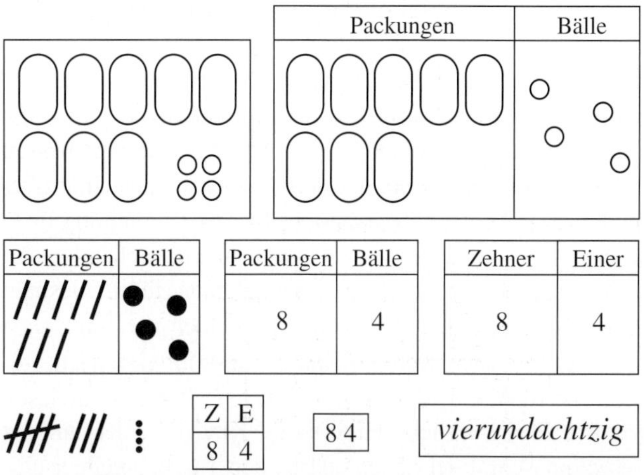

Diese unterschiedlich abstrakten Darstellungen und ihre sprachlichen Beschreibungen sind Gegenstand des Unterrichts. Übersetzungen von einer Darstellungsform in eine andere und zugehörende Versprachlichungen tragen zu einem vertieften Verständnis der neuen Einheit „Zehner“ und der Notation von Zahlen mit Hilfe von Zehnern und Einern bei. Diesem Ziel dienen auch folgende Fragestellungen im Anschluss an die oben beschriebenen Bündelungsaktivitäten:
- Ist dein Schätzergebnis größer oder kleiner als das tatsächliche Ergebnis?
- Wie groß ist der Unterschied?
- Du hast 62 geschätzt. In welchem Karton liegt der 62. Ball?
- Male zu deiner Schätzzahl ein Bild.

Büroklammern, Kastanien, Zahnstocher und vieles mehr
Zahlreiche Materialien eignen sich zum Bündeln:
- Immer 10 Knöpfe kommen in eine Streichholzschachtel oder werden auf eine Schnur aufgefädelt.
- Immer 10 Büroklammern werden zu einer Zehnerkette verbunden.
- Immer 10 Kastanien werden in einem Beutel verpackt (vgl. S. 23/24).
- Je 10 Zahnstocher (oder weniger spitze Holzstäbe) werden mit einem Gummiband gebündelt.
- Immer 10 Schrauben kommen in ein Fach eines Kleinteile-Magazins.
- Immer 10 Sammelbilder werden auf eine Seite geklebt

u. v. a. m.

Die Ergebnisse dieser Bündelungsvorgänge bleiben selbstverständlich einige Zeit im Klassenraum ausgestellt.

Ein wichtiger Hinweis
Wichtig ist im Zusammenhang mit den konkreten Bündelungen und ihren ikonischen und symbolischen Darstellungen die spezifisch deutsche Sprechweise der Zahlen zu

thematisieren. Das deutsche Zahlwort einer zweistelligen Zahl beginnt mit der Einerstelle. Die Zahl „84" wird also (unverständlicherweise) nicht „achtzigundvier", sondern „vierundachtzig" ausgesprochen. Auf diese besondere Problematik der Diskrepanz zwischen Schreib- und Sprechreihenfolge, eine spezifisch deutsche Konvention, müssen die Kinder hingewiesen werden. Die vermeintliche Hilfe, die Schreibweise der Zahlen an ihre Sprechweise anzupassen („Schreibe die Zahlen so, wie du sie sprichst."), ist ein großer didaktischer Fehler, der spätestens bei der Erarbeitung dreistelliger Zahlen bei manchen Kindern zu erheblichen Konfusionen und damit zu Lernschwierigkeiten führt. Deshalb muss als feste Regel gelten, dass die Zahlen von links nach rechts geschrieben werden. Darauf muss im Unterricht geachtet werden und da-rauf müssen auch Eltern hingewiesen werden. Eine mögliche Hilfe ist es, Kinder Zahlen auf der Schreibmaschine schreiben oder in den Taschenrechner eintippen zu lassen bzw. sie (eine Zeit lang) mit übertriebener Betonung des „Z" sprechen zu lassen: „vierZehn", „sechsundZwanzig".

Die Centrechenmaschine
Diese Anregung (Floer 1996) führt zu einem selbst erstellten Modell des Hunderter-Feldes. Immer 10 Centstücke werden (z. B. mit Tesafilm) auf Kartonstreifen geklebt.
10 solcher Streifen können zu einem Hunderter-Feld zusammengelegt werden.

Längenmessung
Zur Unterstützung der Bündelungsidee werden Längenmessungen mit Zehner- und Einerstäben durchgeführt. Gut geeignet sind dafür die Cuisenaire-Stäbe. Zur Förderung der Größenvorstellung werden auch hier zunächst Schätzungen abgegeben.

	Breite des Schultisches	
	Zehner	Einer
geschätzt	6	5
gemessen	5	2

	Breite des Arbeitsheftes	
	Zehner	Einer
geschätzt	3	0
gemessen	2	9

Stellentafel
Zahldarstellungen mit Plättchen in der Stellentafel sind abstrakter als solche mit Zehner- und Einerstangen oder mit Groschen und Pfennigen. In der Stellentafel ist der Wert eines Plättchens nur noch an seiner Lage in der Zehner- bzw. Einerspalte ablesbar. Die folgenden Übungen haben den Zweck, diesen Sachverhalt bewusst zu machen.

- Lege die Zahl 56 mit Plättchen in der Stellentafel.

Zehner	Einer
● ● ● ● ●	● ● ● ● ● ●

Was geschieht, wenn
– ein, zwei ... Einer dazugelegt/entfernt werden,
– ein, zwei ... Zehner dazugelegt/entfernt werden,
– ein Plättchen aus der Zehnerspalte in die Einerspalte verschoben wird,
– umgekehrt ein Plättchen aus der Einerspalte in die Zehnerspalte verschoben wird?

2.1.3 Arbeitsmittel für den Zahlenraum bis 100

Kriterien

Im Handbuch für das 1. Schuljahr sind im Kapitel 2 ausführlich didaktische und weitere Kriterien für die Auswahl von Arbeitsmitteln entwickelt worden. Die dort vorgestellten Grundüberlegungen gelten uneingeschränkt auch für Arbeitsmittel im Arithmetikunterricht in Klasse 2.

Im Einzelnen sind für diesen Unterricht im 2. Schuljahr vor allem die folgenden Kriterien wichtig:

- Erlaubt das Material ein schnelles Finden der Zahlen, einen schnellen Überblick über den Zahlenraum bis 100 und einfach und schnell durchzuführende Handlungen als Modelle für arithmetische Operationen?
- Unterstützt das Material die Ablösung vom zählenden Rechnen?
- Erlaubt das Material den Kindern das Entdecken bzw. Entwickeln vielfältiger Lösungswege für Additions- und Subtraktionsaufgaben bis 100, insbesondere die Entwicklung heuristischer bzw. operativer Strategien des Rechnens?
- Sind das Material und die mit ihm durchgeführten Handlungen zeichnerisch leicht darstellbar?
- Ist das Material eine Weiterführung des in Klasse 1 eingesetzten Materials bzw. ist es als solches leicht einführbar und gibt es eine Weiterführung für den Zahlenraum bis 1000?
- Erfüllt das Material wichtige unterrichtspraktische Kriterien, z. B. schnelles Bereitstellen und Wegräumen, leichte Handhabbarkeit und Haltbarkeit?

Drei zentrale Arbeitsmittel

Der Hunderter-Rechenrahmen
Für Klassen, die im 1. Schuljahr mit dem Zwanziger-Rechenrahmen gearbeitet haben, bietet sich als direkte Weiterführung der Hunderter-Rechenrahmen („Russische Rechenmaschine") mit der vom 1. Schuljahr her bekannten Fünfergliederung an. Diese Gliederung bezieht

sich jetzt auch auf die vollen Zehner, sodass der Hunderter-Rechenrahmen farblich in vier 5x5-Felder aufgeteilt ist.

Der Hunderter-Rechenrahmen

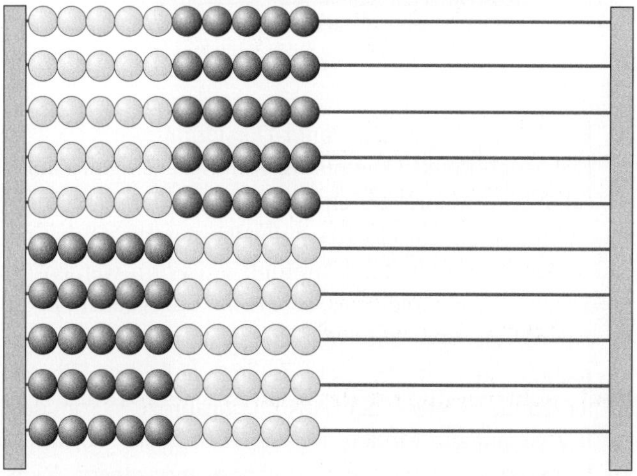

Solche Rechenrahmen können im Lehrmittelhandel (z. B. bei Betzold) als Arbeitsmittel für Kinder und als Demonstrationsmaterial bezogen werden. Da es diesen Rechenrahmen in verschiedenen Ausführungen gibt, muss darauf geachtet werden, dass der Rahmen in der hier dargestellten Ausführung mit den vier 5x5-Feldern bestellt wird.

Die Hunderter-Tafel
Weitere zentrale Arbeitsmittel im 2. Schuljahr sind die Hunderter-Tafel mit aufgedruckten Zahlen und die mit leerer Rückseite. Auch hier ist darauf zu achten, dass diese Arbeitsmittel durch Farbgebung bzw. durch eine entsprechende Graurasterung eine klar erkennbare Fünferstruktur aufweisen.

Die Hunderter-Tafel/Vorderseite

1	2	3	4	5	6	7	8	9	10
11	12	13	14	15	16	17	18	19	20
21	22	23	24	25	26	27	28	29	30
31	32	33	34	35	36	37	38	39	40
41	42	43	44	45	46	47	48	49	50
51	52	53	54	55	56	57	58	59	60
61	62	63	64	65	66	67	68	69	70
71	72	73	74	75	76	77	78	79	80
81	82	83	84	85	86	87	88	89	90
91	92	93	94	95	96	97	98	99	100

Die Hunderter-Tafel/Rückseite

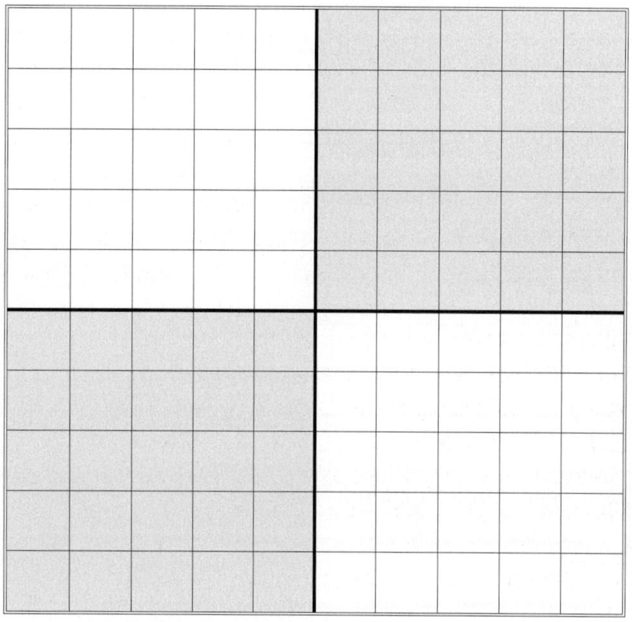

Am Rechenrahmen sind noch konkrete Handlungen des Verschiebens von Perlen möglich. Die Tätigkeiten auf der Hunderter-Tafel sind dagegen abstrakterer Natur:

- Einzelne Zahlen werden gezeigt bzw. mit dem Finger oder einem Stift markiert.
- Anzahlen werden durch Einfärben von Zeilen und Punktieren weiterer Zahlen gekennzeichnet.
- Rechenoperationen können mit Hilfe eines Abdeckblattes oder, noch abstrakter, mit Pfeilen auf der Hunderter-Tafel dargestellt werden (vgl. Abschnitt 2.2.4).

Der mit diesen Medien verbundene Wechsel von konkreten Handlungen zu zeichnerischen und symbolischen Notationen ist gewollt. Letztlich sollen die Kinder auch ohne Materialien eine gute Zahlvorstellung haben und rechnen können. Allerdings ist dies nicht so zu verstehen, dass die Hunderter-Tafel zu einem bestimmten Zeitpunkt den Rechenrahmen vollständig ablöst. Beide Materialien können und sollen nebeneinander verwendet werden, um so die strukturelle Verwandtschaft beider Modelle immer wieder deutlich zu machen, aber auch, um die je spezifischen Vorteile nutzen zu können. Wichtig sind in diesem Zusammenhang Übersetzungsübungen von einem Modell in das andere sowohl im Zusammenhang mit Zahldarstellungen als auch mit Rechenoperationen.

Zahldarstellungen
Eine Zahl wird am Rechenrahmen dargestellt. Zeichne sie auf die leere Hunderter-Tafel, übertrage die Darstellung in die Strich-Punkt-Form und zeige sie auf der Zahlenseite.

Die Zahl 67 am Rechenrahmen ...

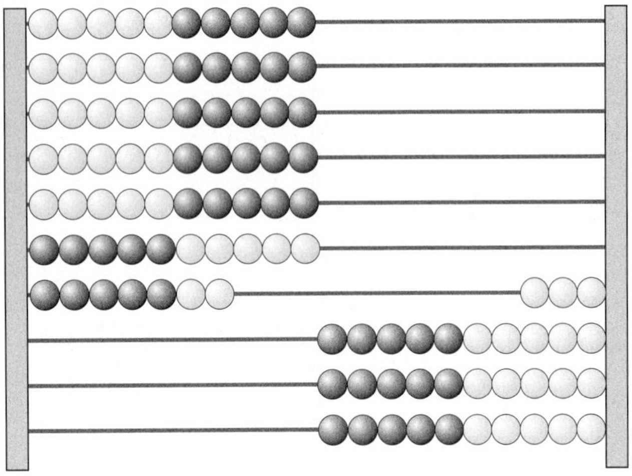

... auf der leeren Hunderter-Tafel ...

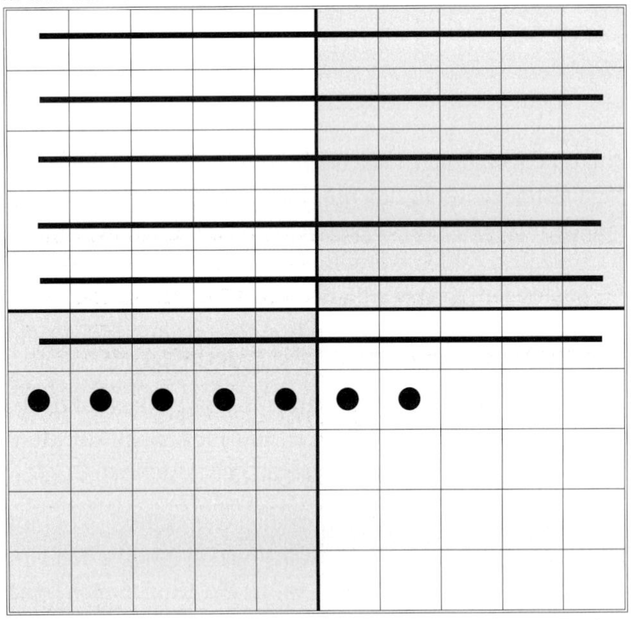

... auf der Ziffernseite der Hunderter-Tafel ...

1	2	3	4	5	6	7	8	9	10
11	12	13	14	15	16	17	18	19	20
21	22	23	24	25	26	27	28	29	30
31	32	33	34	35	36	37	38	39	40
41	42	43	44	45	46	47	48	49	50
51	52	53	54	55	56	57	58	59	60
61	62	63	64	65	66	67	68	69	70
71	72	73	74	75	76	77	78	79	80
81	82	83	84	85	86	87	88	89	90
91	92	93	94	95	96	97	98	99	100

... und in Strich-Punkt-Darstellung.

- Erläuterung zur Strich-Punkt-Darstellung
  Die Strich-Punkt-Darstellung von zweistelligen Zahlen (und die Quadrat-Strich-Punkt-Darstellung von dreistelligen) ist in Grundschulbüchern weit verbreitet. Anders als in der hier empfohlenen Form werden die Striche jedoch meistens senkrecht angeordnet. Diese Anordnung steht aber im Widerspruch zu der waagerechten Anordnung der Zahlen auf der Hunderter-Tafel, sodass der Abstraktionsprozess von dem letztgenannten Modell in die abstraktere Form der Strich-Punkt-Darstellung zugleich mit einem Richtungswechsel und damit mit einem Umlernprozess verbunden ist. Aus diesem Grunde empfehlen wir die waagerechte Anordnung dieser Darstellung. Zur besseren Übersicht wird auch bei ihr die Fünfer-Struktur durch entsprechende Farbgebung hervorgehoben.

Am Beispiel der obigen Abbildungen wird eine besondere Problematik der unterschiedlichen Darstellungsformen deutlich, die zu Schwierigkeiten bei der Handhabung der Modelle und bei der Interpretation der an ihnen dargestellten Zahlen und Operationen führen kann. Die Zahl 67 tritt am Rechenrahmen eindeutig und auf der leeren Hunderter-Tafel vorrangig als Kardinalzahl, als Anzahl von 67 Kugeln bzw. 67 Feldern auf. Eine mögliche Maßzahlinterpretation der Felder auf der leeren Hunderter-Tafel ist von eher nachrangiger Bedeutung. Auf der bezifferten Seite der Hunderter-Tafel wird mit der Zahl 67 in der Regel nur das Feld 67, genauer: das 67. Feld identifiziert, die kardinale Verwendung also durch eine vorrangig ordinale ersetzt.

Eine kardinale Interpretation der Hunderter-Tafel ist dennoch möglich, wenn das Augenmerk auf die Anzahl der Kästchen gelegt wird. Die aufgedruckten Zahlen repräsentieren jedoch eher die ordinale Verwendung. Diese Doppelgesichtigkeit der Hunderter-Tafel macht ihre Leistungsfähigkeit aus, weil je nach Bedarf einer der beiden Aspekte als für die konkrete Aufgabe wichtig bzw. günstig ausgewählt werden kann. Welcher Aspekt dies ist, ergibt sich zumeist aus dem Kontext. Genau dies kann aber auch die Ursache für Verständnisschwierigkeiten sein, weil einzelne Kinder die durch den Kontext stillschweigend vorgegebene Konzentration auf einen Aspekt nicht verstanden haben, sich ihr Denken auf den anderen Aspekt konzentriert. Deshalb ist es im Unterricht wichtig, durch einen eindeutigen Sprachgebrauch zu verdeutlichen, welcher Aspekt gemeint ist. Mit „67 Felder" ist der kardinale Aspekt angesprochen, mit „Feld 67" bzw. „das 67. Feld" der ordinale Aspekt.

Rechenoperationen

Die konkrete Lösung einer Additionsaufgabe am Rechenrahmen wird übersetzt in eine Zeichnung auf der leeren Hunderter-Tafel, auf der Ziffernseite und in Pfeilbilder auf dieser Seite. Auch hier führen die unterschiedlichen Verwendungen der natürlichen Zahlen als Kardinalzahlen (Rechenrahmen und leere Seite der Hunderter-Tafel) bzw. als Ordinalzahlen (Ziffernseite der Hunderter-Tafel) zu verschiedenen Darstellungen von Addition und Subtraktion, einerseits im Kardinalzahlmodell, andererseits als Operatoren (Pfeilbilder) auf Ordinalzahlen. Die unterschiedlichen Vorgehens- und Darstellungsweisen sollen an dem schwierigsten Beispiel der Addition mit Zehnerüberschreitung dargestellt werden.

Beispiel: 36 + 45 = 81

... am Rechenrahmen

1. Schritt: Darstellung der 36

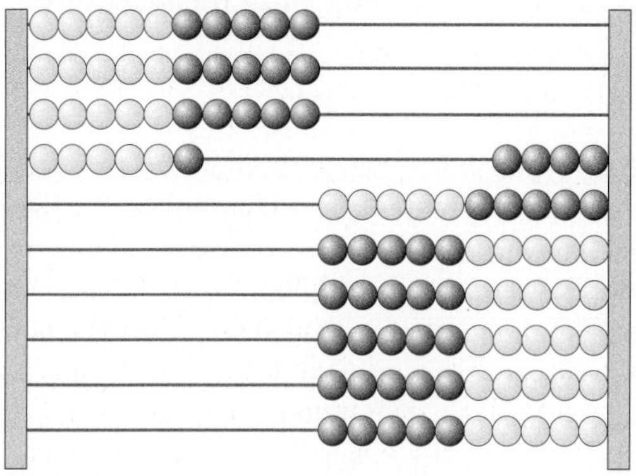

2. Schritt: 40 hinzufügen

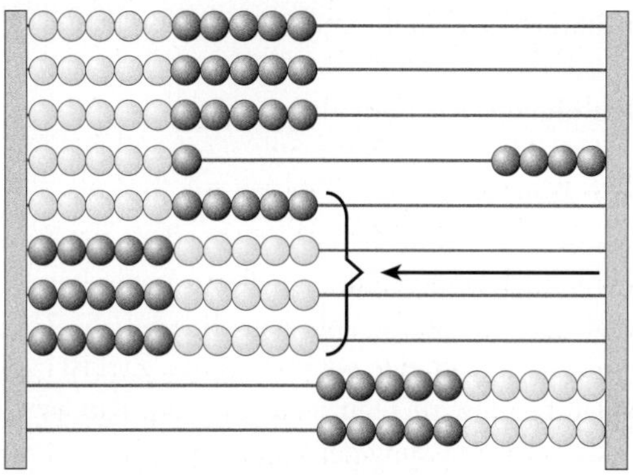

3. Schritt: 5 als 4 + 1 hinzufügen

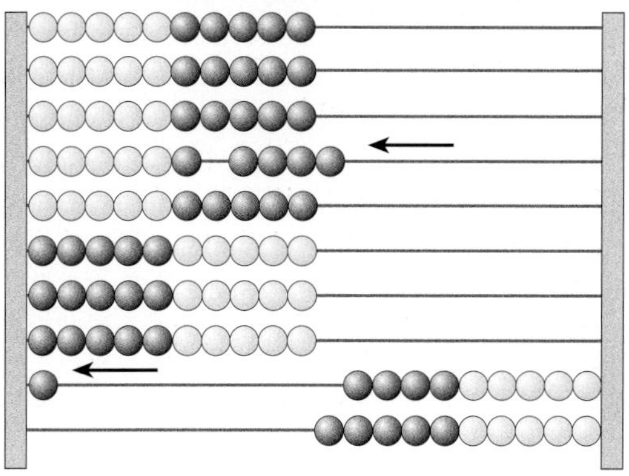

... auf der Rückseite der Hunderter-Tafel

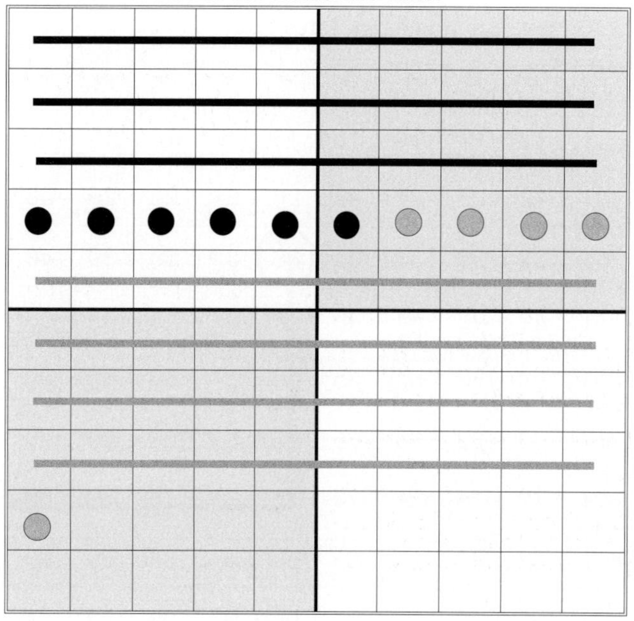

... im Kardinalzahlmodell auf der Vorderseite der Hunderter-Tafel

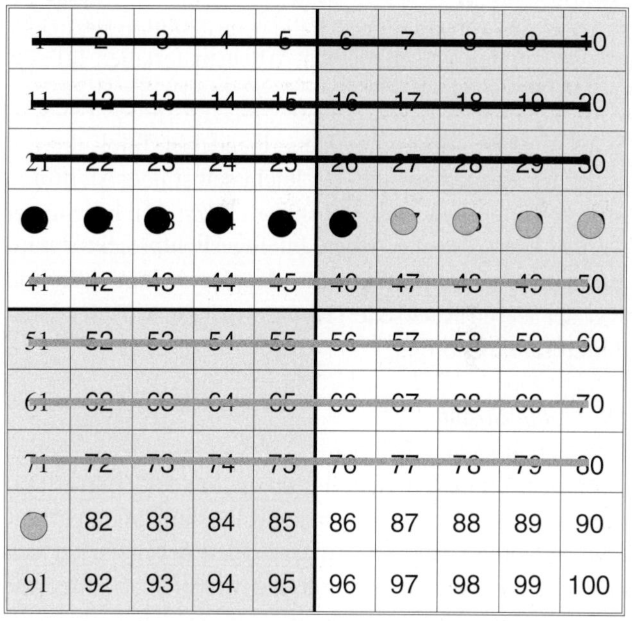

... oder, in ordinaler Interpretation, als Pfeilbilder auf der Vorderseite der Hunderter-Tafel

1	2	3	4	5	6	7	8	9	10
11	12	13	14	15	16	17	18	19	20
21	22	23	24	25	26	27	28	29	30
31	32	33	34	35	36	37	38	39	40
41	42	43	44	45	46	47	48	49	50
51	52	53	54	55	56	57	58	59	60
61	62	63	64	65	66	67	68	69	70
71	72	73	74	75	76	77	78	79	80
81	82	83	84	85	86	87	88	89	90
91	92	93	94	95	96	97	98	99	100

Ausführlicher wird die Frage der Durchführung und Darstellung der verschiedenen Fälle von Addition und Subtraktion an den verschiedenen Arbeitsmaterialien im Abschnitt 2.2.4 behandelt.

Jedes Kind benötigt eine eigene Hunderter-Tafel, die mit Hilfe der **Kopiervorlage A 1** leicht selbst hergestellt und mit Fettstiften bzw. wasserlöslichen Filzstiften beschriftet werden kann. Für die Arbeit am Tageslichtprojektor wird eine Folie von der Ziffernseite (**Kopiervorlage A 2**) und von der leeren Rückseite (**Kopiervorlage A 3**) der Hunderter-Tafel benötigt.

Der Zahlenstrahl

Rechenrahmen und Hunderter-Tafel repräsentieren (neben der dargestellten ordinalen Interpretation der Ziffernseite) vorrangig die Idee der dezimalen Bündelung und der Stellenwertschreibweise. Über diese beiden Arbeitsmittel hinaus wird ein weiteres benötigt, das vor allem die Idee der linearen Anordnung der natürlichen Zahlen verkörpert, der Zahlenstrahl. Bekannt sind Modelle des Zahlenstrahls mit vollständiger Einteilung.

Wir plädieren dafür, dieses für viele Kinder sehr schwierige Modell nicht fertig vorzugeben, sondern aus einem leeren Zahlenstrahl durch zunehmende Verfeinerung der Skalierung zu entwickeln.

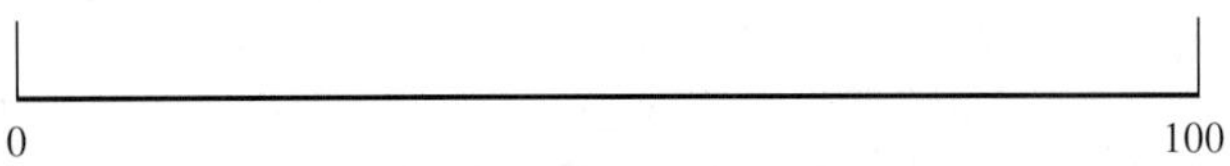

Konkrete Anregungen zur Erarbeitung dieses leeren Zahlenstrahls, auch Rechenstrich genannt, und zur Arbeit mit ihm (Übungen zum Zahlverständnis und zum Rechnen) finden Sie, ebenso wie weitere Anregungen zur Förderung des Zahlverständnisses mit Hilfe der anderen Arbeitsmittel, im nächsten Kap. 2.1.4 und im Kap. 2.2.6.

2.1.4 Förderung des Zahlverständnisses mit Hilfe von Arbeitsmitteln

Anregungen zur Förderung des Zahlverständnisses in Sachkontexten und mit Zähl- und Schätzübungen sind im Kap. 2.1.1 beschrieben worden, Übungen zum Bündeln und zur Stellenwertschreibweise in 2.1.2. In diesem Kapitel werden Übungen zur Vertiefung des Zahlverständnisses vorgestellt, die sich auf die drei in Kap. 2.1.3 beschriebenen zentralen Arbeitsmittel beziehen, nämlich auf

- den Hunderter-Rechenrahmen,
- die Hunderter-Tafel (Vor- und Rückseite),
- den Zahlenstrahl, insbesondere auch den leeren Zahlenstrahl bzw. Rechenstrich.

Alle drei Typen von Arbeitsmitteln haben eine spezifische Struktur, die wichtige Eigenschaften (z. B. Bündelung und Stellenwert, Linearität) verkörpern. Jedoch sind weder diese Strukturen noch die mit ihnen veranschaulichten Eigenschaften für Kinder offensichtlich. Arbeitsmittel sind nicht selbstredend, sie sind didaktische Codierungen, die von den Kindern erst entschlüsselt werden müssen. Aus diesem Grunde ist das Arbeiten mit diesen Materialien keine Zeitvergeudung, vielmehr trägt es wesentlich gerade durch die Entdeckung der in den Materialien verborgenen Strukturen zu einem tieferen Zahlverständnis bei.

Der Hunderter-Rechenrahmen

Schnelle Zahlauffassung

Die aus dem 1. Schuljahr bekannten, dort am Zwanziger-Rechenrahmen durchgeführten tachistoskopischen Übungen zur schnellen Zahlauffassung (vgl. Band 1, S. 71) spielen auch im 2. Schuljahr eine wichtige Rolle. Ziel ist es, zählende Zahlauffassung zu reduzieren und die Kinder zur quasi-simultanen Auffassung der Zahlen bis 100 zu führen.

Zunächst muss geklärt werden, welche Stellung der Perlen 0, welche 100 bedeutet. Empfohlen wird, der Konvention in diesem Handbuch zu folgen. Alle Perlen nach rechts geschoben bedeutet 0, alle nach links bedeutet 100. Dann wird hinter einem Sichtschirm verborgen am Rechenrahmen eine Zahl dargestellt. Der Sichtschirm wird für sehr kurze Zeit entfernt, dann sofort wieder vor den Rechenrahmen gestellt. Welche Zahl hast du erkannt? Wie viel fehlen bis zum nächsten vollen Zehner? Wie heißt dieser? Wie viel fehlen bis 100?

Für diese Art Aufgabenstellung gibt es inzwischen ein auf DOS-Rechnern lauffähiges Computer-Programm (Quelle: D. u. J. Wohlrab, Große Oker 34, 38707 Altenau) mit dem

Namen „Schnelles Sehen". Ein Ausschnitt aus einem Hunderter-Feld mit der vom Rechenrahmen her bekannten Fünfergliederung wird für sehr kurze Zeit am Bildschirm präsentiert. Die Kinder tippen die Antwort ein. Bei einem Fehler wird die gleiche Zahldarstellung noch einmal gezeigt, nun aber von Fehler zu Fehler mit zunehmender Darbietungszeit. Versuche haben gezeigt, dass selbst eine Darbietungszeit von nur 0,5 Sekunden ausreicht, die Zahldarstellung zu erkennen. Auch Kinder, die manifeste zählende Rechner sind, können nach kurzer Einübungszeit Zahldarstellungen mit einer derartig kurzen Präsentation quasi-simultan erkennen. Im Verbund mit weiteren unterrichtlichen Maßnahmen scheint hier eine Chance zu bestehen, die Kinder von zählenden Strategien wegzuführen.

Blinde Zahldarstellung und -auffassung

Die ersten Übungen zur Zahldarstellung werden selbstverständlich mit geöffneten Augen durchgeführt. Das Ergebnis eines Bündelungsvorgangs, eine gesprochene oder eine an die Tafel geschriebene Zahl wird von jedem Kind an „seinem" Rechenrahmen dargestellt. Dabei ist unbedingt auf die Art der Handlungen der Kinder zu achten. Volle Zehner werden grundsätzlich je mit einem „Fingerstreich" verschoben und auch die Einer sollen nicht einzeln abzählend, sondern quasi-simultan überblickend ebenfalls mit einem „Fingerstreich" dargestellt werden. Solche Übungen eignen sich auch gut für die Partnerarbeit.

Weitaus schwieriger sind Zahldarstellungen und -auffassungen mit verbundenen Augen. Ein Kind trägt eine Augenbinde, das andere diktiert eine Zahl. Gelingt es auch so, die Zahl richtig darzustellen? Bei den Einern muss hier notgedrungen gezählt werden.

Noch mehr Fingerspitzengefühl wird bei der blinden Zahlauffassung verlangt. Wer kann, ohne die Perlen zu verschieben, die vom Partner dargestellte Zahl allein durch Tasten ermitteln?

Variationen der Darstellung einer Zahl

Die Standarddarstellung einer Zahl am Rechenrahmen setzt sich aus vollen Zehnern und zusätzlichen Einern zusammen. Diese Form gibt die dezimale Struktur unserer Zahlen gut wieder. Sie ist jedoch nicht die einzig mögliche Form. Variationen der Darstellung der gleichen Zahl können verschiedene Eigenschaften deutlich werden lassen. Um diesen Prozess bewusst zu machen, reicht es jedoch nicht, die Zahlen nur darzustellen. Wichtig ist, dass die Kinder jeweils ihre Darstellung erläutern. Hier einige Beispiele für unterschiedliche Darstellungen der Zahl 45.

Verschiedene Eigenschaften der Zahl 45, dargestellt am Rechenrahmen.

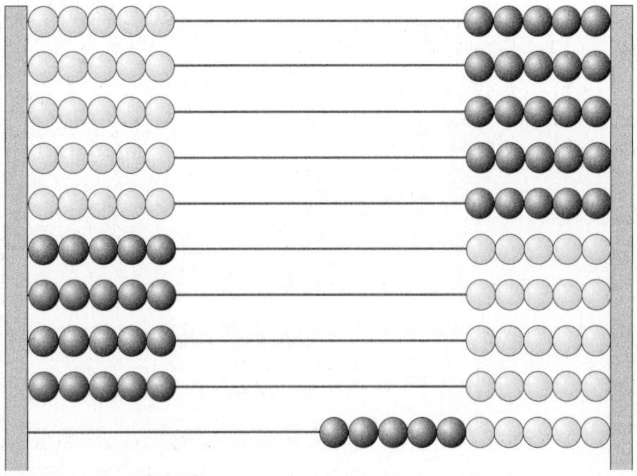

„Neun mal die Fünf"
„Fünf weniger als die Hälfte von 100"

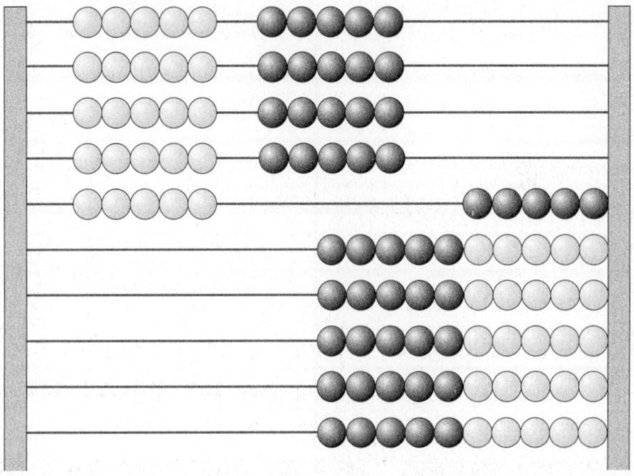

„Fünf mal fünf plus vier mal fünf" - „Fünfundzwanzig plus zwanzig" - „Vier Zehner und ein Fünfer"

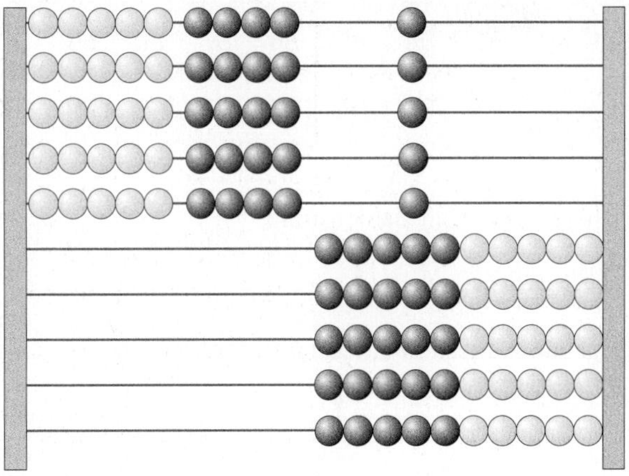

„Fünf weniger als fünfzig"
„Fünf mal die neun"

Variationen zwischen den Darstellungen

Auch bei bewusster Reduzierung der Anzahl der Veranschaulichungen ist auf ein Mindestmaß von Darstellungsvariationen nicht zu verzichten. Die Übersetzung von einer Darstellungsart in eine andere ist bewusst zu üben: „Stelle die Zahl 45 auf verschiedene Arten dar." Die folgenden Abbildungen zeigen einige Möglichkeiten.

Verschiedene Darstellungsweisen der Zahl 45

Rechenrahmen

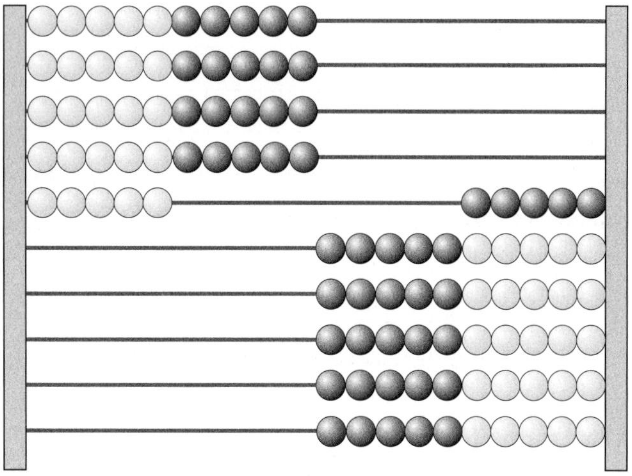

Das Feld auf der Hunderter-Tafel

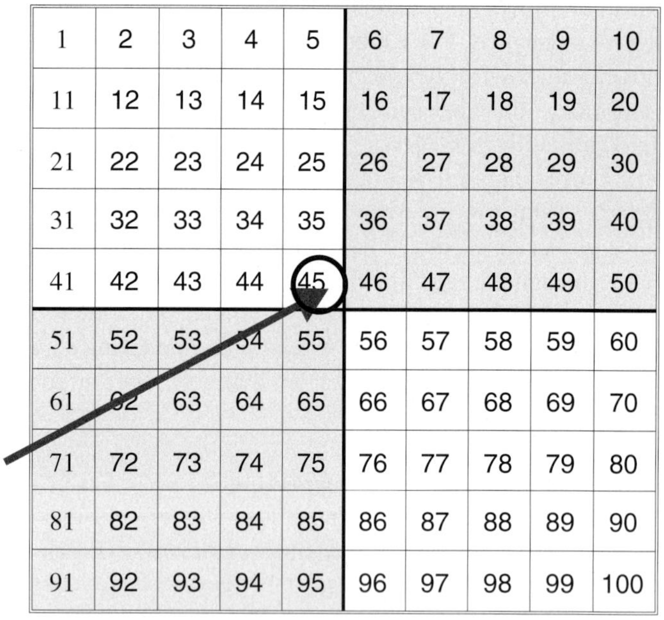

Kardinale Darstellung auf der Hunderter-Tafel

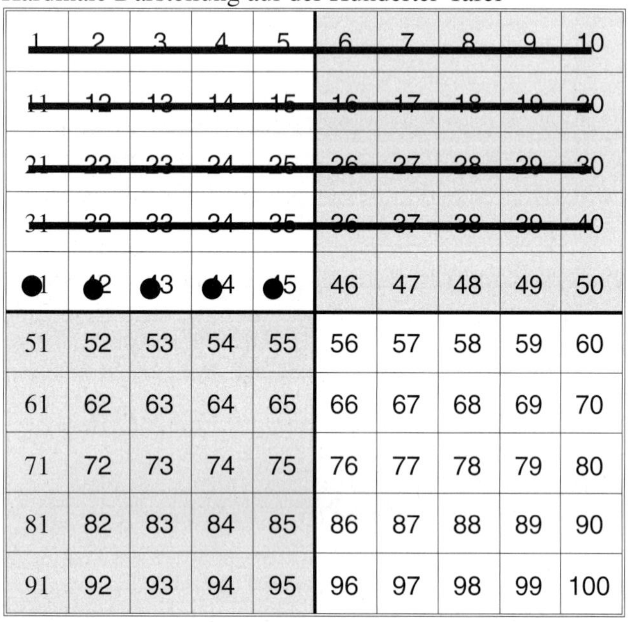

Rückseite der Hunderter-Tafel

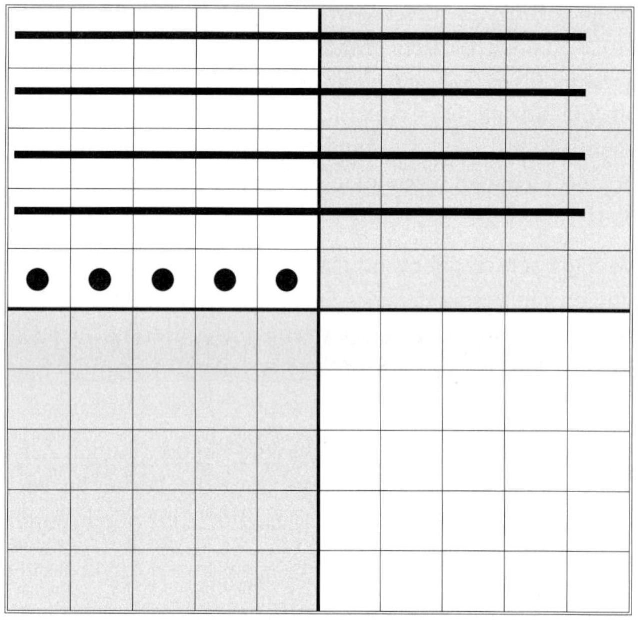

Geschätzt am leeren Zahlenstrahl

oder genau dargestellt am Zahlenstrahl mit Markierungen

In Strich-Punkt-Darstellung

In der Stellentafel

Z	E
4	5

In Ziffern

45

Als Zahlwort

fünfundvierzig

In Römischer Schrift
XXXXV bzw. VL

Muster am Rechenrahmen
Manche Kinder werden durch den Rechenrahmen zur spielerischen Darstellung von Mustern herausgefordert. Nicht selten enthalten diese zumeist symmetrischen Darstellungen arithmetische Strukturen von hohem Reiz. Solche Muster werden auf Karopapier übertragen. Einige Beispiele zeigt die folgende Abbildung:

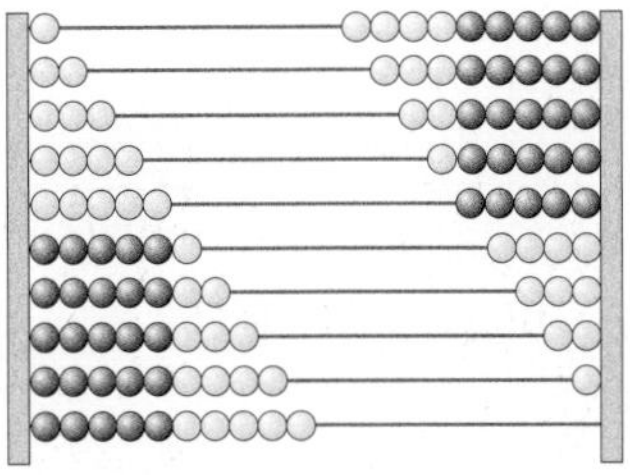

Sind links genau so viele wie rechts? Links sind 55, rechts 45. Wo versteckt sich der Zehnerunterschied?

9+8+7+6+5+4+3+2+1= ☐

1+2+3+4+5+6+7+8+9+10+ ☐ =100

1+2+3+4+5+6+7+8+9+10= ☐

1+2+3+4+5+6+7+8+9+10= ☐

1+2+3+4+5+6+7+8+9+10+9+8+7+6+5+4+3+2+1= ☐

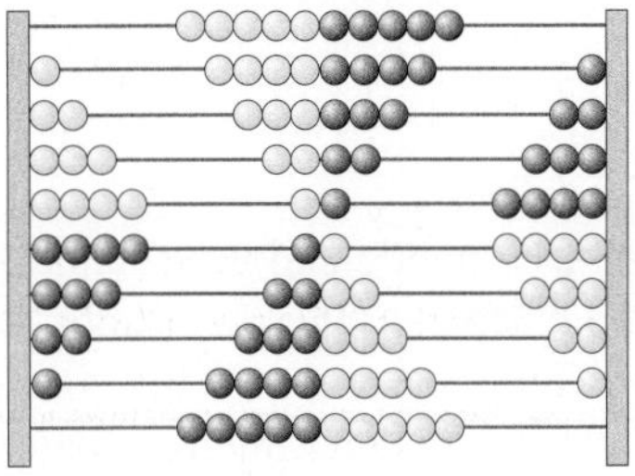

10+8+6+4+2+2+4+6+8+10= ☐

1+2+3+4+4+3+2+1= ☐

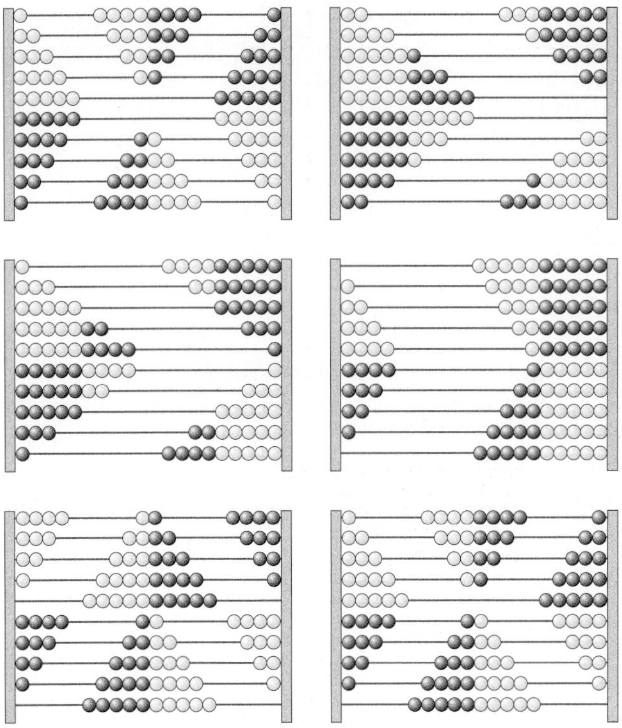

Die fertigen Muster sind Ausgangspunkt für arithmetische Entdeckungen, für das Abschätzen von Anzahlen, für Zählen und strukturiertes Zählen, für geschicktes Zusammenfassen und für Begründungen eigener Entdeckungen:

Auf der linken Seite des Rechenrahmens (der oberen Darstellung links) sind mehr Perlen als auf der rechten Seite,

- weil links mehr weiße Perlen als rechts sind,
- weil es links Reihen von 1 bis 10, rechts aber nur Reihen von 1 bis 9 gibt,
- weil die linke Zehner-Reihe auf der rechten Seite keinen Partner hat,
- weil 1+2+....+10 genau 10 mehr sind als 1+2+ ... +9.

Für manche Kinder wird das Darstellen solcher Muster und das Erfinden weiterer leichter sein, wenn ein Muster als Zeichnung zunächst vorgegeben wird mit der Aufforderung, es am Rechenrahmen darzustellen. Nach dieser Erfahrung gelingen Mustervariationen sicher eher.

Die Hunderter-Tafel

Die Hunderter-Tafel verkörpert in prägnanter Weise die dezimale Struktur unseres Zahlensystems und hilft Einsichten zu gewinnen in Analogien, die auf dieser Struktur beruhen. Addition und Subtraktion im Zahlenraum bis 100 lassen sich als Wege auf der Hunderter-Tafel darstellen; jeder Schritt nach rechts entspricht der Addition von 1, jeder Schritt nach unten der Addition von 10; Subtraktionen werden durch die entsprechenden Umkehrschritte verkörpert.

Diese Struktur wird nicht dadurch einsichtig, dass Kinder die Tafel anschauen, die Kinder müssen sich diese Einsicht erarbeiten (vgl. Schipper 1995). Das konkrete Modell der Hunderter-Tafel muss zu einem mentalen Modell, gleichsam einer „Hunderter-Tafel im Kopf" werden. Diese darf man sich nun nicht als eine Kopie des konkreten Materials vorstellen; sie ist vielmehr das verinnerlichte Wissen über die strukturellen Eigenschaften der Zahlen bis 100, insbesondere das Wissen über Stellenwerte, Nachbarschaftsbeziehungen, über Zehnernachbarschaften und über Analogien. Dieses Wissen muss bei der Erarbeitung des Zahlenraums bis 100 durch geeignete Aufgabenstellungen an und mit der Hunderter-Tafel entwickelt werden. Auf diese Weise werden die Kinder dann nicht nur in die Lage versetzt, sich flexibel im neuen Zahlenraum zu bewegen, sondern sie können auch auf die mühsamen Einzelschritte beim Rechnen mit Zehnern und Einern verzichten. Der Zahlenraum bis 100 ist keine diffuse Ansammlung irgendwelcher Zahlen mehr, über die das Kind sich jedes Mal neu einen Überblick verschaffen muss; er ist vielmehr eine klar strukturierte und damit souverän handhabbare Ganzheit geworden.

Die im Folgenden beschriebenen Aufgaben und Übungen dienen der Erarbeitung der Struktur der Hunderter-Tafel und damit der Struktur der Zahlen bis 100.

Mit Wendeplättchen oder anderen geeigneten Materialien werden einzelne Felder der Hunderter-Tafel (**Kopiervorlage A 1** oder **A 2**) abgedeckt. Die Kinder bestimmen das Plättchen, das sie hochnehmen wollen, sagen, welche Zahl sich darunter „versteckt", begründen ihre Aussage und prüfen sie durch Hochnehmen des Plättchens.

Verdeckte Zahlen

1	2	3	4	5	6	7	8	9	10
11	12	13	14	15	16	17	●	19	20
21	22	23	24	25	●	27	28	29	30
31	32	33	●	35	36	37	38	39	40
41	42	43	44	45	46	47	48	49	●
51	52	●	54	55	●	●	58	59	●
61	62	63	64	65	66	●	68	69	70
71	72	73	●	75	76	77	78	79	80
81	82	83	84	85	86	87	●	89	90
91	●	93	94	95	●	97	98	99	100

Die verdeckten Zahlen lassen sich leicht über die Nachbarschaftsbeziehungen identifizieren und entsprechend begründen. Mit dieser Übungsform wird die systematische Anordnung der Zahlen thematisiert mit dem Ziel, den Blick der Kinder für diese Systematik zu schärfen. Mit der gleichen Idee können Partnerübungen durchgeführt werden. Beide Kinder verdecken zunächst gemeinsam etwa 20 Felder mit einzelnen Plättchen. Dann geht es abwechselnd weiter. Wer an der Reihe ist, wählt ein Plättchen aus, sagt, welche Zahl sich darunter „versteckt" und prüft seine Aussage durch Aufnehmen des Plättchens. Wenn die Ansage richtig war, dann darf das Plättchen behalten werden. Wer hat am Ende die meisten Plättchen?

Ausschnitte aus der Hunderter-Tafel

Diese Übungsform ist eine Erweiterung von „Verdeckte Zahlen". Zum Abdecken werden aus Papier oder Pappe ausgeschnittene Anordnungen von mehreren Quadraten genommen; einige Beispiele zeigt die folgende Abbildung:

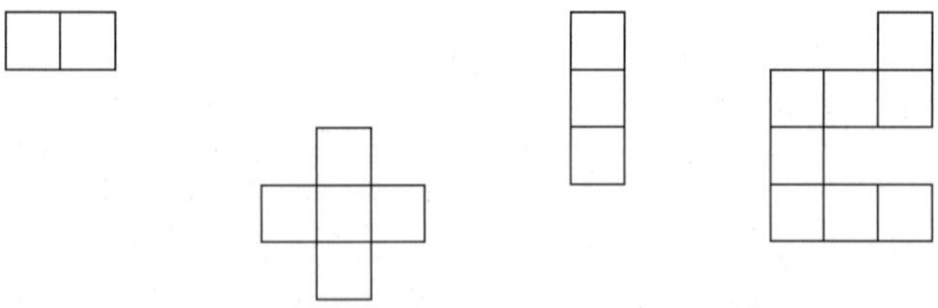

Durch Variation der Anzahl und der Anordnung dieser Felder lassen sich unterschiedlich anspruchsvolle Aufgaben entwickeln. Vor dem Aufdecken müssen nun alle Zahlen benannt werden, die sich unter einer solchen Figur verste-cken.

Diese Übung lässt sich leicht auch in schriftlicher Form fortführen. Vorgegeben sind Ausschnitte aus der Hunderter-Tafel. Eines der Felder enthält eine Zahl, die fehlenden sind zu ergänzen.

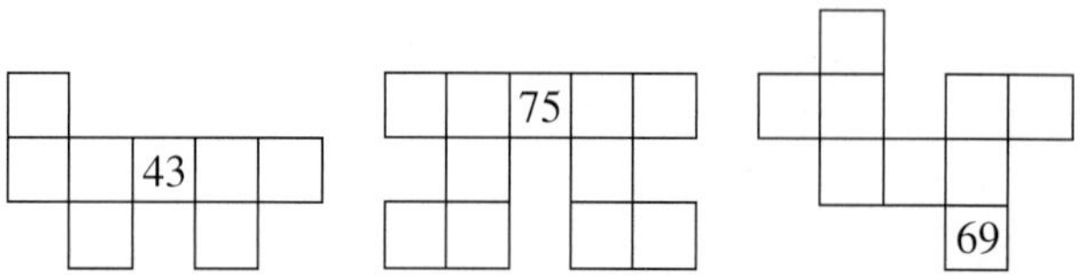

Mit Hilfe der **Kopiervorlage A 4** lassen sich leicht Aufgabenblätter dieser Art entwickeln.

Für einige Kinder ist es besonders reizvoll, für ihre Mitschüler solche neuen Aufgaben herzustellen. Dabei möglicherweise entstehende „Fehler" der in der folgenden Abbildung angedeuteten Art (Der Bereich kann kein Ausschnitt aus einer echten Hunderter-Tafel sein!) können zu einem didaktisch fruchtbaren Gespräch über die Unterschiede zwischen der Hunderter-Tafel und der Struktur des Zahlenraums bis 100 führen.

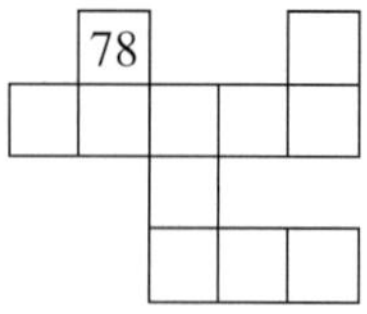

Das Hunderter-Tafel-Puzzle

In jeder Klasse gibt es schnelle und ganz schnelle Kinder. Die ganz Schnellen dürfen ein Puzzle basteln. Eine Hunderter-Tafel wird in Teile mit je etwa 8 bis 10 zusammenhängenden Zahlenfeldern an den Linien entlang zerschnitten. Wer kann diese Puzzleteile wieder zu einer Hunderter-Tafel zusammenlegen, ohne auf eine fertige Hunderter-Tafel schauen zu müssen?

Teile eines Hunderter-Puzzles

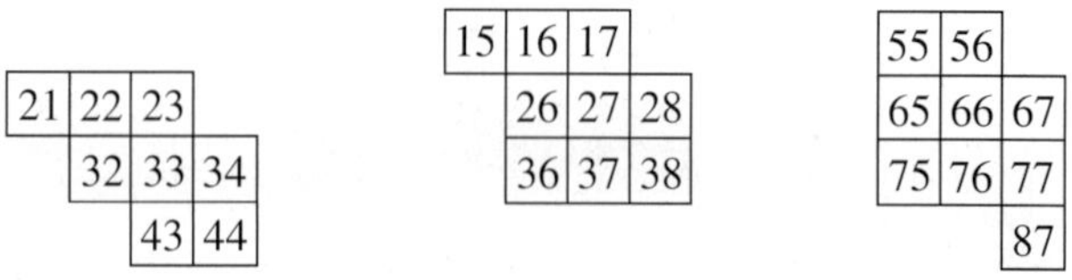

Als „Puzzle-Fuchs" zu „Christoph Bürgers Zahlenpuzzle" werden solche Hunderter-Tafel-Puzzles von der Agentur Dieck, 52525 Heinsberg, als Halbfertigprodukte angeboten.

Felder auf der leeren Hunderter-Tafel

Einige Felder sind auch auf der leeren Hunderter-Tafel (Rückseite; vgl. **Kopiervorlage A 3**) schnell zu finden, z. B. die 1, die 10 und die 100. Wer kann auch die anderen Zahlen zeigen? Wie hast du sie gefunden? Erzähle! Ein Vergleich mit der Ziffernseite der Hunderter-Tafel hilft bei der Überprüfung der Lösung.

Zahlen blind finden

Benötigt wird die Hunderter-Tafel mit der Vorderseite nach oben (**Kopiervorlage A 1**) und ein Abdeckplättchen. Je größer es ist, desto leichter ist die Aufgabe. Wer kann das Plättchen mit verbundenen Augen so auf die Hunderter-Tafel legen, dass das Feld 65 (mindestens teilweise) abgedeckt wird? Ein Treffer ergibt einen Punkt. Wer hat nach 5 Durchgängen die meisten Punkte gewonnen? Aufgezogene Gummibänder als 25er-Markierung erleichtern das Finden des Feldes.

Wo ungefähr ist die Zahl ... ?
Mit dieser Aufgabe kann ebenfalls geprüft werden, ob die Kinder inzwischen eine Vorstellung von der Struktur der Hunderter-Tafel haben. Vorgegeben wird ein 4-Felder-Quadrat, das die Struktur der Hunderter-Tafel wiedergibt, aber nicht die Untergliederung in Einzelfelder aufweist. Die Zahlen 1 und 100 werden in die Tafel geschrieben. Schreibe in diese Hunderter-Tafel die Zahlen 10, 45, 60, 17, 83 ...

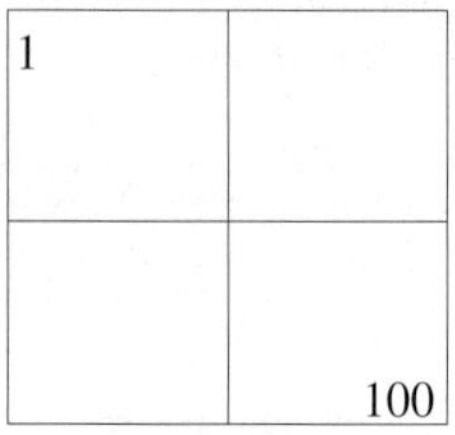

Übungen mit der Lochschablone
Für die folgenden Übungen wird eine Lochschablone benötigt. Aus einem Stück Papier oder Pappe wird ein quadratisches Fenster in der Größe eines Feldes der Hunderter-Tafel ausgeschnitten. Diese Schablone wird so aufgelegt, dass nur noch eine Zahl erkennbar ist.

- Die 45 ist zu sehen. Wie heißt die Zahl rechts daneben, links daneben, darunter, darüber? Durch Verschieben des Fensters kann jeweils das Ergebnis überprüft werden.
- Nun immer zwei Schritte auf einmal, zwei nach rechts, zwei nach links, zwei nach unten, zwei nach oben.
- Viele Schritte: Von der 23 aus sechs Schritte nach unten, von der 78 sieben Schritte nach links ...
- Riesenschritte: Wer kann die sechs Einzelschritte durch einen Sechserschritt ersetzen?
- Ab jetzt nur noch in Riesenschritten: Von der 22 in einem Siebenerschritt nach rechts, von der gleichen Zahl in einem Fünferschritt nach unten, von der 96 in einem Achterschritt nach oben ...
- Wege auf der Hunderter-Tafel - ohne Hunderter-Tafel: Stell dir vor, du stehst auf Feld 43. Ein Dreierschritt nach rechts, dann ein Zweierschritt nach oben. Wo stehst du jetzt? - Der neue Weg beginnt bei 72. Ein Sechserschritt nach rechts, dann ein Viererschritt nach oben und noch ein Dreierschritt nach links. Wo stehst du? Hättest du das Feld auch auf einem kürzeren Weg erreichen können?

Wege auf der Hunderter-Tafel
Die Lochschablone wird auf das Feld 25 gelegt, das Startfeld. Wer kann diese Schablone schrittweise weiterschieben zum Zielfeld 49, ohne dabei ein Vielfaches von 3 zu treffen?

Weitere Aufgaben:
- Vom Startfeld 13 zum Zielfeld 78; der Weg muss abwechselnd über ungerade und gerade Zahlen gehen.
- Von der 21 zur 63 ohne eine gerade Zahl zu treffen - geht das überhaupt? Begründe.

Pfeilbilder und Wege
Wege auf der Hunderter-Tafel können leicht mit Hilfe von Pfeilbildern notiert werden. 55 —(→)— 56 bedeutet: „Wenn ich vom Feld 55 einen Schritt nach rechts gehe, lande ich auf dem Feld 56.“ Zunächst wird nur mit den Pfeilen →, ↓, ← und ↑ gearbeitet, später können auch diagonale Schritte durchgeführt werden (↖, ↗, ↙, ↘).

Mit diesen wenigen Symbolen können nun zahlreiche Aufgaben entwickelt werden. Sie werden nach Möglichkeit zunächst im Kopf gelöst, dann auf der Hunderter-Tafel kontrolliert.

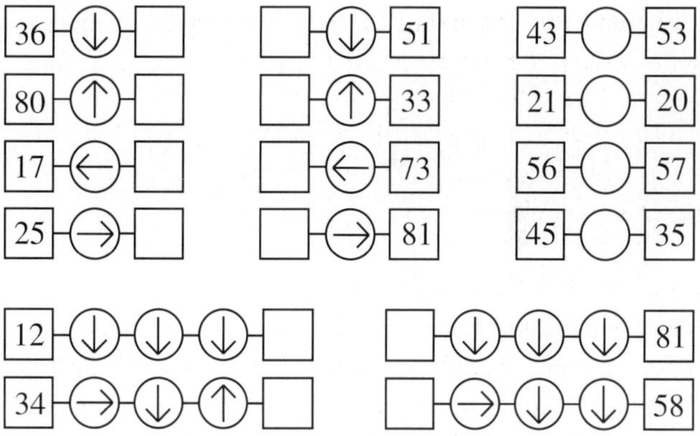

Finde alle Zahlen, die du von 34 aus in zwei Schritten erreichen kannst.

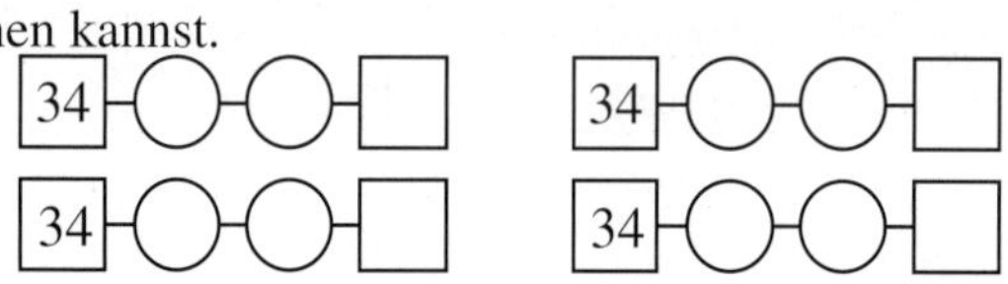

Aufgaben dieser Art können natürlich auch Kinder für andere Kinder entwickeln. Die **Kopiervorlage A 5** enthält zwei Leerschemata für Aufgabenkarten im DIN-A5-Format mit unterschiedlicher Komplexität.

Wichtig bei diesen Aufgaben ist, dass die Kinder die geforderten Wege auf der Hunderter-Tafel nach Möglichkeit „im Kopf“ gehen. Solche Vorstellungsübungen stärken die Fähigkeit zur Orientierung im Hunderterraum und tragen dazu bei, dass die Kinder die Struktur dieses Zahlenraums dadurch verinnerlichen, dass sie visuelle Vorstellungsbilder von ihm entwickeln.

Weitere Anregungen und Kopiervorlagen zu diesem Thema finden Sie in Radatz/Rickmeyer 1996, S. 20 ff.

Muster

Zahlenfolgen bilden auf der Hunderter-Tafel regelmäßige Muster. Sie zu erzeugen und zu analysieren ist eine spielerisch-kreative Art Mathematik zu treiben.

- Lege das erste Plättchen auf Feld 4, dann auf jedes neunte Feld ein weiteres Plättchen.

1	2	3	4	5	6	7	8	9	10
11	12	13	●	15	16	17	18	19	20
21	22	●	24	25	26	27	28	29	30
31	●	33	34	35	36	37	38	39	●
●	42	43	44	45	46	47	48	●	50
51	52	53	54	55	56	57	●	59	60
61	62	63	64	65	66	●	68	69	70
71	72	73	74	75	●	77	78	79	80
81	82	83	84	●	86	87	88	89	90
91	92	93	●	95	96	97	98	99	100

Was geschieht, wenn du mit dem Feld 2 (5, 8 ...) beginnst?

Weitere Anregungen für solche „Start- und Spring-Muster“:

- Starte bei 2, springe jeweils 5 Felder weiter.
- Starte bei 1 und springe jeweils 11 Felder weiter.
- Startzahl 7; Sprungszahl 9
- Start- und Sprungzahl 4

Wer kann solche „Start- und Sprungzahlen“ (Van de Walle 1994) schon aufschreiben, ohne auf die Hunderter-Tafel zu sehen? Kannst du auch allein an den Zahlen das Muster auf der Hunderter-Tafel erkennen? Prüfe deine Vermutung, indem du das Muster wirklich legst.

- Startzahl 2, Springzahl 4: 2, 6, 10, 14, 18, 22 ...
- Startzahl 9, Sprungzahl 10: 9, 19, 29 ...
- Startzahl 100, Sprungzahl -9: 100, 91, 82 ...

Muster auf der Hunderter-Tafel entstehen auch mit folgenden Regeln:

Belege bzw. färbe alle Felder mit Zahlen, die

- Vielfache von 5 sind,
- durch 3 teilbar sind,
- Vielfaches von 4 sind oder eine 4 als Ziffer enthalten,
- ungerade sind; vergleiche dieses Muster mit dem der geraden Zahlen.

Weitere Anregungen:

- Färbe alle Felder, die an der Einerstelle eine 3 oder an der Zehnerstelle eine 4 haben.
- Färbe alle Felder, deren Zahlen die Quersumme 10 (5 oder 15 ...) haben.
- Färbe alle Felder mit zweistelligen Zahlen, deren Ziffern sich um genau 1 unterscheiden.
- Beginne mit dem Einfärben bei Feld 1. Färbe dann jedes vierte Feld. Wie viele Felder der Tafel sind insgesamt eingefärbt worden?
- Freie Muster: Martin hat ein schönes Muster auf die Tafel gelegt bzw. gemalt. Nun diktiert er den anderen das Muster in Form von Rechenaufgaben. Jeweils das Ergebnisfeld wird belegt bzw. eingefärbt.

40 - 6	6 · 9	50 - 13	100 - 35
29 + 6	40 + 17	22 + 22	2 · 33
6 · 6	8 · 8	57 - 10	40 + 27

1	2	3	4	5	6	7	8	9	10
11	12	13	14	15	16	17	18	19	20
21	22	23	24	25	26	27	28	29	30
31	32	33	●	●	●	●	38	39	40
41	42	43	●	45	46	●	48	49	50
51	52	53	●	55	56	●	58	59	60
61	62	63	●	●	●	●	68	69	70
71	72	73	74	75	76	77	78	79	80
81	82	83	84	85	86	87	88	89	90
91	92	93	94	95	96	97	98	99	100

Der Zahlenstrahl

Der Zahlenstrahl ist für viele Kinder ein nur schwer zu verstehendes Modell der natürlichen Zahlen. Er enthält zahlreiche Konventionen, die erst erlernt und verstanden werden müssen bzw. - schlimmer noch - zu den bisherigen Erfahrungen im Umgang mit Zahlen und deren Repräsentanten im Widerspruch stehen. So kennzeichnet z. B. der dritte Strich die Zahl 2. Aus diesem Grunde haben wir in Band 1 vorgeschlagen, auf den Einsatz des Zahlenstrahls im 1. Schuljahr zu verzichten.

Andererseits repräsentiert der Zahlenstrahl besonders prägnant Aspekte des Zahlbegriffs (Linearität, ordinaler Aspekt, Unendlichkeit der natürlichen Zahlen), die für ein tieferes Verständnis der Zahlen unverzichtbar sind, sodass auf seinen Einsatz nicht grundsätzlich verzichtet werden kann. Wichtig ist, sich bei der Einführung dieses Modells der neuen Konventionen und der Widersprüche zu den bisherigen kindlichen Erfahrungen bewusst zu sein und die Art der einführenden Behandlung darauf abzustellen.

Frühe Erfahrungen der Kinder mit Zahlen beziehen sich vorrangig auf den kardinalen Aspekt (Zahlen als Anzahlen von Mengen). Der Zahlenstrahl repräsentiert dagegen in erster Linie den ordinalen Aspekt.

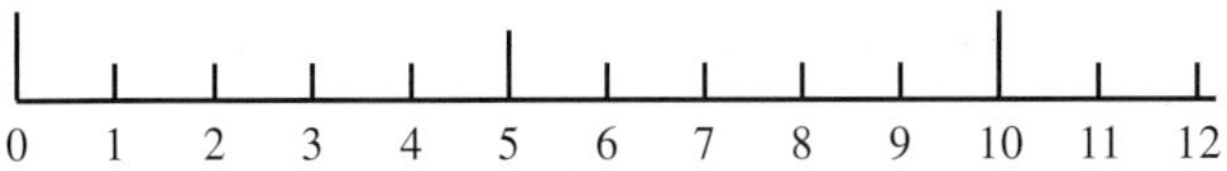

Bei diesem Modell sind die einzelnen Zahlzeichen (0, 1, 2, ...) den Punkten eines Strahls von links nach rechts in aufsteigender Reihenfolge zugeordnet. Jeder natürlichen Zahl entspricht damit ein ganz bestimmter Punkt des Zahlenstrahls, also nicht ein Abschnitt bestimmter Länge (Maßzahlaspekt), erst recht nicht die Anzahl der Punkte bzw. Striche auf dem Zahlenstrahl (Kardinalzahlaspekt). Entsprechend wird die Addition an diesem Veranschaulichungsmittel nicht durch Vereinigung von Punkten/Strichen (Kardinalzahlaspekt), auch nicht durch Hintereinanderlegen von Streckenstücken (Maßzahlaspekt), sondern durch Sprünge von Punkt zu Punkt dargestellt. Die Ikonisierung erfolgt entweder in Form von Einersprüngen und macht damit das Weiterzählen in Einerschritten offensichtlich oder in Form eines großen Sprungs, der aber in der Regel nicht simultan überblickbar ist, sodass auch hier das Zählen in Einerschritten notwendig wird.

Zur Verdeutlichung der Unterschiede sei die Addition 3 + 4 = 7 in den verschiedenen Modellen einander vergleichend gegenübergestellt.

Der Zahlenstrahl:

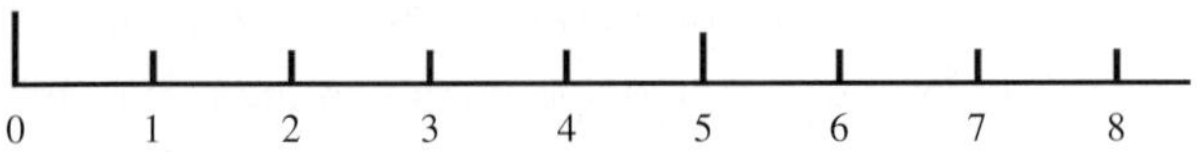

Addition im Kardinalzahlmodell (hier bewusst angeordnet in linearer, an den Zahlenstrahl angepasster Form):

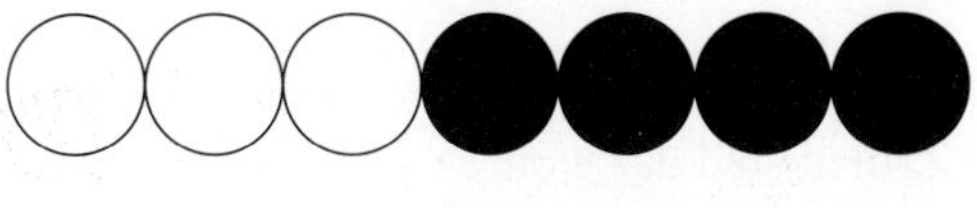

Addition im Maßzahlmodell:

Addition am Zahlenstrahl in Einerschritten:

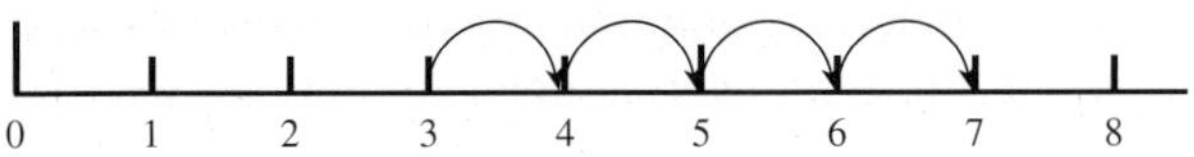

Addition am Zahlenstrahl in einem großen (Vierer-)Schritt:

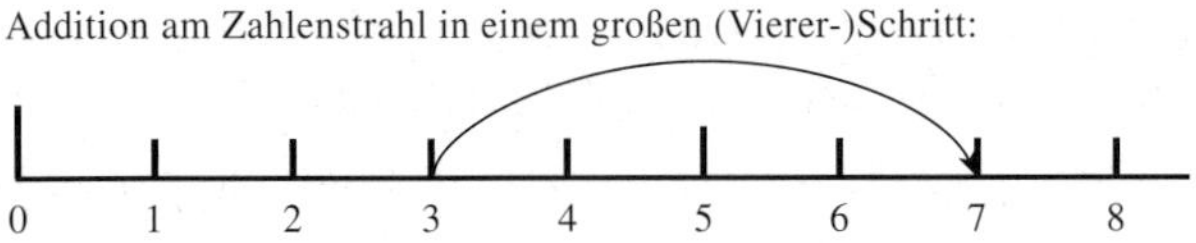

Wenn der Zahlenstrahl Kindern als fertiges Modell, z. B. in der oben dargestellten Form, vorgegeben wird, dann ist damit zu rechnen, dass sie ihn mit ihrer dem kardinalen Aspekt verhafteteten Vorstellung interpretieren. Das kann zu Konfusionen führen:

- Die Zahl 4 steht nicht am vierten, sondern am fünften Strich.
- Bis zur Zahl 4 gibt es vier Abschnitte (Maßzahlaspekt), aber 5 Striche.

In manchen Schulbüchern wird vorgeschlagen, auf die Abschnitte zwischen den Zahlen Objekte zu stellen bzw. zu malen.

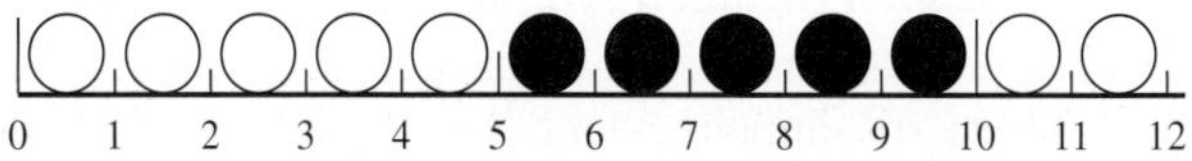

Dies kann ein Weg zur Reduzierung der Schwierigkeiten durch Bewusstseinsbildung sein, wenn diese Darstellung mit Übungen zu ihrer Interpretation verbunden wird. Sie ist für sich genommen ohne weitere Besprechungen aber zunächst einmal eine zusätzliche Komplizierung, weil nun die o. g. drei verschiedenen Aspekte in einem Bild vereinigt sind. Lässt man die spezifische Anordnung der Plättchen unberücksichtigt, dann sind sie als Repräsentant der Kardinalzahl 12 zu verstehen. In ihrer spezifischen Aneinanderreihung suggerieren sie zugleich die zwölfmalige Aneinanderkettung eines Einheitsmaßes, legen also eine Interpretation als Maßzahlen nahe. Der Zahlenstrahl selbst ist weiterhin ein Modell des ordinalen Aspekts.

Im Kardinalzahlmodell repräsentieren die Plättchen zwischen den Punkten die Zahlen, im Maßzahlmodell die Abschnitte zwischen den Punkten bzw. die Gesamtstrecke bis zu einem Punkt, im ordinalen Modell des Zahlenstrahls werden die Zahlen dagegen durch die einzelnen Punkte auf dem Strahl selbst dargestellt. Dieser auf den verschiedenen Modellvorstellungen basierende Unterschied ist durch keine didaktische Maßnahme aufzuheben. Alle Versuche, die Unterschiede zu verschleiern, erzeugen nur zusätzliche Probleme, weil den Kindern nicht deutlich wird, mit welcher Modellvorstellung eigentlich gearbeitet wird. Wir schlagen deshalb im Folgenden vor, den Zahlenstrahl nach der Behandlung der Hunderter-Tafel aus diesem, dann bekannten Modell heraus zu entwickeln und die Unterschiede zwischen den Modellen durch geeignete Aufgabenstellungen bewusst werden zu lassen.

Der Zahlenstrahl wird üblicherweise horizontal mit einer Orientierung von links nach rechts dargestellt. Diese scheinbar natürliche Darstellungsweise ist eine Konvention, die der in unserer Kultur üblichen Lese- und Schreibrichtung von links nach rechts folgt. Kindern mit erheblichen Problemen bei der Links-Rechts-Unterscheidung bereitet diese Darstellung Schwierigkeiten, weil sie Addition und Subtraktion nicht sicher einem Fortschreiten auf dem Zahlenstrahl in eine bestimmte Richtung zuordnen können. In diesen Fällen bzw. zur Vorbeugung dieser Probleme hilft eine vertikale Ausrichtung des Zahlenstrahls von unten nach oben: Das Addieren kann nun eindeutig mit einer Bewegung nach oben, das Subtrahieren mit einer nach unten verbunden werden.

Entwicklung des Zahlenstrahls aus der Hunderter-Tafel

Von der Hunderter-Tafel zum Zahlen- und Meterband
Je eine Kopie der ausgefüllten und der leeren Hunderter-Tafel (**Kopiervorlagen A 2** und **A 3**) werden zeilenweise zerschnitten und zu zwei langen Streifen mit bzw. ohne Zahlen zusammengeklebt. Auf diese Weise entsteht aus der Seite mit Zahlen ein Zahlenband bis 100, aus der Rückseite ohne Zahlen ein Meterband mit 100 Zentimeterquadraten. Der besseren Übersichtlichkeit wegen wird nach jedem zehnten Feld eine deutlich erkennbare Markierung angebracht; durch Einfärbung wird die Fünfergliederung hervorgehoben.

Zahlenband bis 100

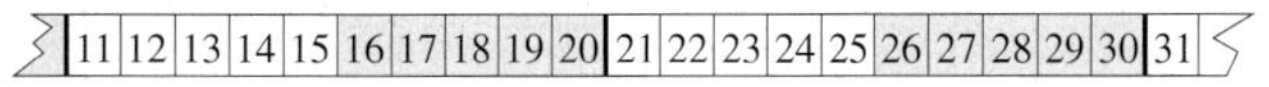

Meterband mit 100 Zentimeterquadraten

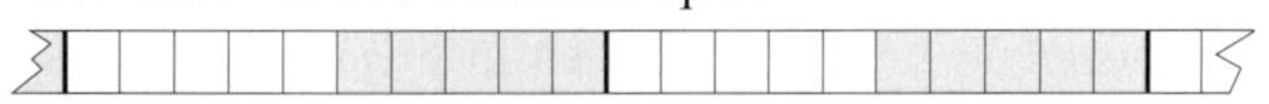

An diesen Modellen werden Übungen durchgeführt, die einerseits dazu dienen, mit den Modellen selbst vertraut zu werden, d. h. Zahlen an diesen Modellen identifizieren und darstellen zu können, und die andererseits zum Ziel haben, ein zunehmendes Bewusstsein für die unterschiedlichen Zahlaspekte und den damit verbundenen unterschiedlichen Sprachgebrauch zu entwickeln.

Beispiele für Aufgabenstellungen:
- Zeige am Zahlenband das Feld 34 (Ordinalzahlaspekt). Welches Feld steht davor, welches dahinter?
- Gehe am Zahlenband vom Feld 6 aus in Zehnerschritten nach rechts. Welche Zahlen triffst du?
- Gehe rückwärts in Zehnerschritten von Feld 93 aus!
- Zeige am (unbeschrifteten) Meterband das Feld 34 (Ordinalzahlaspekt).

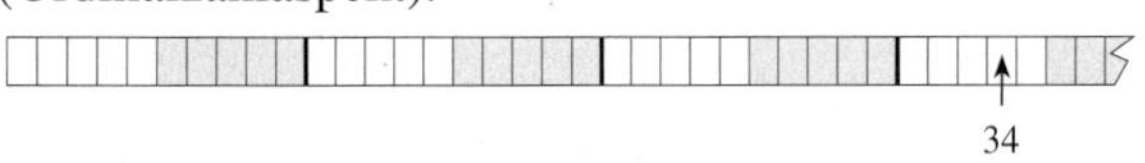

- Zeige am Meterband 34 Felder (Kardinalzahlaspekt), z. B. durch Abknicken des Meterbandes.

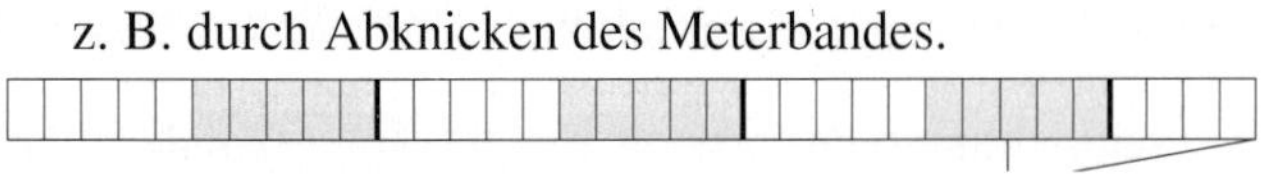

- Zeige am Meterband ganz genau, wie weit 34 Felder gehen (Maßzahlaspekt). Lege einen Bleistift an die Stelle.

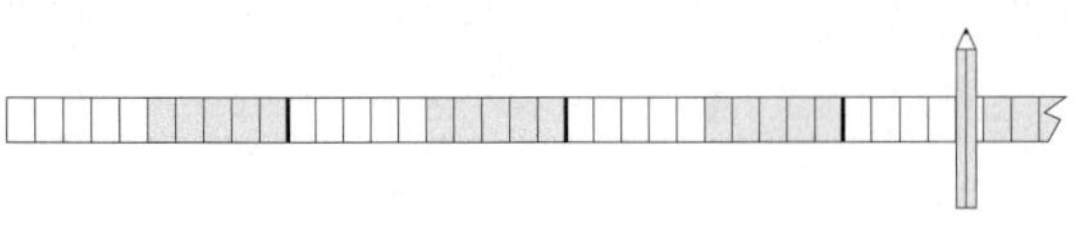

Vom Zahlen- und Meterband zum leeren Zahlenstrahl
Übertrage das Ende von Feld 1 auf die Rückseite des Zahlenbands. Schreibe an den Strich eine 1. Ganz an das Ende des Zahlenbands kommt die Zahl 100.

- Wo ungefähr endet das 50. Feld? Markiere die Stelle. Prüfe deine Schätzung durch einen Vergleich mit der Vorderseite. Kannst du die Stelle auch genau finden, ohne auf die Vorderseite zu schauen (durch Falten)?
- Durch weiteres Falten findest du auch die 25 und die 75.
- Markiere, wo etwa die folgenden Zahlen liegen müssen: 10, 90, 80, 51, 26, 24 ...
  Vergleiche deine Angaben mit der Vorderseite.
- Hier ist ein anderes, leeres Zahlenband. Wo ist hier wohl die 50? Prüfe durch Falten.

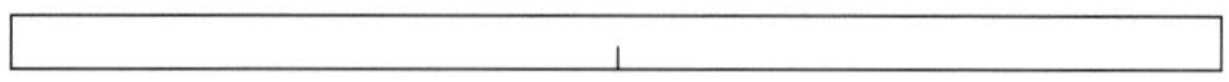

- Einige Stellen an diesem Zahlenband sind mit einem Pfeil gekennzeichnet. Welche Zahlen stehen dort wohl?

- Hier ist nur noch ein Zahlenstrich. Die Zahlen 0, 10, 25, 50, 75 und 100 sind schon eingetragen. Wo ungefähr liegen die Zahlen 1, 5, 15, 40, 90, 65, 99 ...?

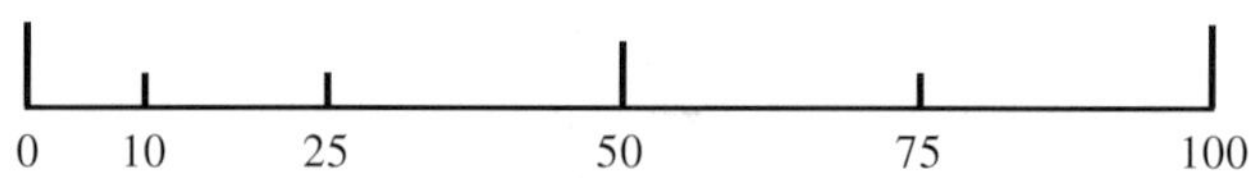

- Einige Stellen am Zahlenstrich sind gekennzeichnet. Welche Zahlen sind das wohl?

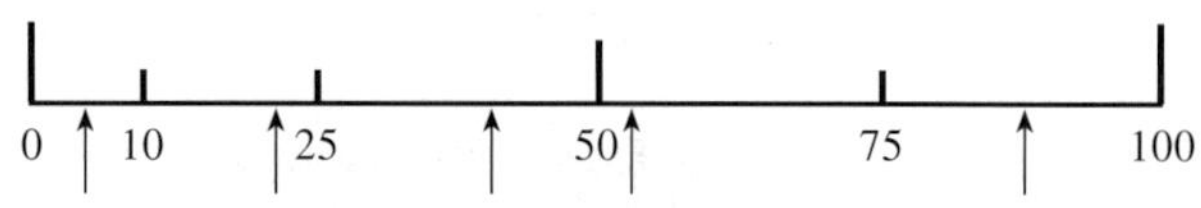

Bei allen diesen Übungen geht es nicht um Präzision, nicht darum, die Schätzungen der Kinder als richtig oder falsch zu bewerten. Vielmehr sollen die Kinder eine Vorstellung von der Größenordnung von Zahlen entwickeln, sie sollen selbst einschätzen können, ob Lösungen ungefähr richtig sein können. Mit dem Zahlenstrich steht den Kindern ein Arbeitsmittel zur Verfügung, das als „Rechenstrich" auf besonders prägnante Weise Rechenstrategien verbildlichen kann (vgl. dazu Abschnitt 2.2.6).

Auf der Grundlage dieser Übungen kann dann auch später der vollständige Zahlenstrahl eingeführt werden. Übungen zur Zahldarstellung („Zeige die Zahl 26.") und zur Zahlauffassung („Welche Zahl ist mit diesem Strich gemeint?") festigen die Vorstellungen der Kinder.

2.1.5 Das Rechengeld

Das Thema „Rechengeld“ ist bewusst aus den beiden letzten Abschnitten zu Arbeitsmitteln herausgehalten worden. Als alltägliches Zahlungsmittel scheint das (Rechen-) Geld fast den Charakter eines „natürlichen“ Rechenhilfsmittels zu haben. Unter didaktischen Gesichtspunkten ist es jedoch ein so selbstverständliches Arbeitsmittel nicht. Der Bündelungsvorgang (aus zehn 1-€-Stücken wird ein 10-€-Schein, aus zehn 1-Cent-Stücken ein 10-Cent-Stück) ist dem Material nicht mehr anzusehen. Hinzu kommt, dass der Einsatz des Rechengeldes als Arbeitsmittel für arithmetische Aufgaben meistens nur dann möglich ist, wenn (in der Regel stillschweigend) Einschränkungen vorgenommen werden etwa derart, dass nur 1-Cent-Stücke und 10-Cent-Stücke bzw. 1-€-Stücke und 10-€-Scheine für das Rechnen zugelassen werden.

Die Bedeutung des Rechengeldes für den Rechenlehrgang ist also stark eingeschränkt. Dennoch gehört das Thema „Geldwerte“ aus zwei Gründen substanziell zum Mathematikunterricht der Grundschule. Einerseits ist die Kenntnis des Geldes und der Umgang mit ihm aus lebenspraktischen Gründen notwendig. Andererseits ermöglicht das (Rechen-)Geld bestimmte Übungen, die zur Förderung des Zahlverständnisses allgemein beitragen können. Einige Übungen in diesem letztgenannten Sinne werden hier vorgestellt, um deutlich zu machen, dass Übungen zum Verständnis der Zahlen immer auch mit Übungen mit entsprechenden Größen zu verzahnen sind; zahlreiche weitere Anregungen finden Sie in diesem Handbuch im Kapitel 4.3, S. 173 ff.

Bei diesen Übungen geht es vor allem darum, Geldbeträge darzustellen, den Wert von vorgegebenen Münzen- und Scheinansammlungen angeben und Geldbeträge wechseln (d. h. bündeln und entbündeln) zu können. Das notwendige Rechengeld für die Hand der Kinder gibt es kostenlos bei vielen örtlichen Sparkassen, Demonstrationsversionen im Lehrmittelhandel.

Zahlauffassung und Zahldarstellung mit Rechengeld

- Wie viel Geld liegt hier? Kannst du den gleichen Betrag auch auf andere Weise legen?
  Hier.. .
  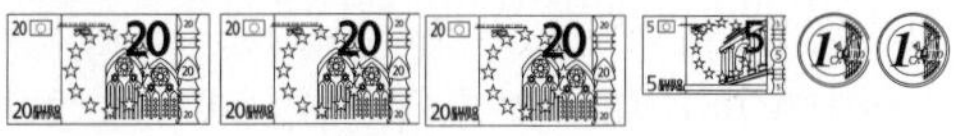
  ... und hier

- Jörg hat zwei Scheine (Münzen) in der Tasche. Wie viel Geld kann das sein? Lege viele verschiedene Möglichkeiten. Wie viel Geld ist das jeweils?
  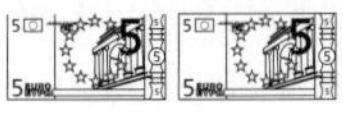 oder 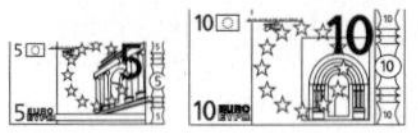 oder
  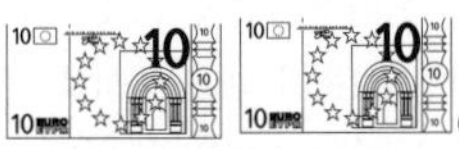 oder 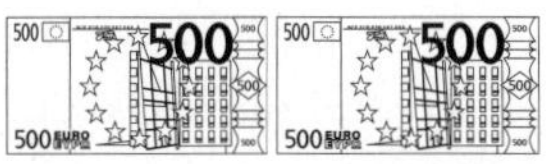
  oder  oder  oder 
  oder 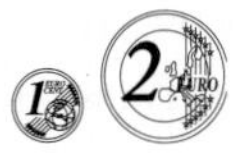 oder ...
- zwei Münzen (Scheine): Wie viel Geld ist das mindestens, wie viel höchstens? Wie ist das bei 3 (4, 5, ...) Münzen bzw. Scheinen?
- Klaus bezahlt 30 Cent mit 5- und 10-Cent-Stücken. Wie viele verschiedene Möglichkeiten hat er?
   oder ... 
  oder ...  oder ...
- Wie viele Möglichkeiten hat er, wenn er neben den 5- und 10-Cent-Stücken auch 2-Cent-Stücke hat?
- Geld im Zauberbeutel: Im Zauberbeutel (vgl. Bd. 1, S. 64 f.) wird Geld versteckt. Ulrike darf hinein greifen. Sie ertastet drei Münzen, zwei von ihnen haben die gleiche Größe. Welcher Geldbetrag versteckt sich wohl im Zauberbeutel? Ist es
  dieser  oder dieser 
  oder dieser 

  oder noch ein ganz anderer Betrag?

2.2 Addition und Subtraktion im Zahlenraum bis 100

Vor der ausführlichen Diskussion der Addition und Subtraktion im Zahlenraum bis 100 soll hier in einer kurzen Erläuterung einem möglichen Missverständnis vorgebeugt werden, das von der Gliederung dieses Handbuchs her abgeleitet werden könnte, nämlich bzgl. des Zusammenhangs von Zahlverständnis und Rechenoperationen. Darüber hinaus ist für das Verständnis der weiteren Ausführungen eine Klärung der Begriffe *Kopfrechnen, halbschriftliches* und *schriftliches Rechnen* erforderlich.

Zur Vorbeugung eines Missverständnisses: Verzahnung von Zahlverständnis und Rechenoperationen
Die Zahlenraumerweiterung bis 100 (Kap. 2.1) und das Addieren und Subtrahieren in diesem Zahlenraum werden in diesem Handbuch aus Gründen der besseren Lesbarkeit und wegen der notwendigen didaktischen Schwerpunktsetzungen in zwei verschiedenen Kapiteln dargestellt. Im Unterricht sind beide Themen eng miteinander verzahnt. Fortschritte beim Verständnis der Zahlen unterstützen die rechnerischen Fähigkeiten und umgekehrt. Die in Kap. 2.1 beschriebenen Aktivitäten und Anforderungen sind also nicht als bereitzustellendes Vorratswissen vor der Behandlung der Rechenoperationen zu verstehen. So wird in der Praxis eine erste grobe Strukturierung des neuen Zahlenraums in volle Zehner selbstverständlich schon mit Additionen und Subtraktionen verbunden. Mit der zunehmenden Verfeinerung der Struktur des Zahlenraums werden dann die weiteren Fälle der Addition und Subtraktion (vgl. Abschnitt 2.2.2) behandelt werden.

Eine Begriffsklärung: Kopfrechnen, halbschriftliches und schriftliches Rechnen
In der didaktischen Literatur wird bisher unterschieden zwischen Kopfrechnen (ohne Notationen und Hilfsmittel wird eine Aufgabe nur „im Kopf" gerechnet), halbschriftlichem Rechnen (Zwischenschritte und Zwischenlösungen einer Aufgabe werden schriftlich notiert, gerechnet wird auch hier „im Kopf") und schriftlichem Rechnen (die Aufgabe wird nach einem vorgeschriebenen schriftlichen Rechenverfahren bearbeitet, aber auch hier werden die Teilrechnungen „im Kopf gelöst"). Beim sog. halbschriftlichen Rechnen handelt es sich eigentlich um ein Kopfrechnen mit Notationen, einem gestützten Kopfrechnen. Dieser Terminus ist treffender, zumal er auch andeutet, dass eigene Lösungs- und Notationsformen der Kinder möglich sind. Um Verwirrungen oder Missverständnisse zu vermeiden, wird dennoch im folgenden Text weiterhin der traditionelle Terminus „halbschriftliches Rechnen" neben dem Begriff „gestütztes Kopfrechnen" verwendet.

2.2.1 Normalverfahren und eigene Lösungswege

Der didaktische Streit darüber ist uralt, ob beim halbschriftlichen Rechnen (etwa beim Addieren/Subtrahieren bis 100) den Kindern ein Lösungsweg („Normalverfahren") vorgeschlagen bzw. vorgeschrieben werden sollte oder ob sie aus der Fülle der möglichen Lösungswege einen oder mehrere Wege selber entdecken und anwenden. In den meisten aktuellen Schulbüchern wird ein Normalverfahren für die Addition/Subtraktion bis 100 vorgeschlagen:

45 + 36	=	61 - 29	=
45 + 30	= 75	61 - 20	= 41
75 + 6	= 81	41 - 9	= 32
45 + 36	= 81	61 - 29	= 32

Die Begründung für ein derartiges Normalverfahren ist seit vielen Jahrzehnten gleich, hinter ihr verstecken sich ein altes Verständnis vom Lernen und Erfahrungen mit bestimmten didaktischen Prinzipien. So schrieb Büttner (1910, S. 17): „Es gibt bei jeder Rechnungsart ein Verfahren, das immer zum Ziel führt, ganz unabhängig von der zufälligen Beschaffenheit der Zahlen. Wir nennen es das Normalverfahren. Auch wo dem Lehrer verschiedene Wege gleich gangbar erscheinen, muß er sich für einen derselben entscheiden. Es wäre verkehrt, bei der ersten Einführung in eine neue Rechnungsart gleich die ersten Aufgaben auf möglichst verschiedene Weise lösen zu lassen. (...) Wenn die Schüler zur Sicherheit im Normalverfahren gelangt sind, dann können wir sie auf einer späteren Stufe auch auf andere Wege verweisen."

Wie vor vielen Jahrzehnten so gibt es auch gegenwärtig die extreme Gegenposition, etwa durch Wittmann/Müller (1990, S. 83): „Ein selbständiges Suchen, Finden und Verstehen mehrerer Lösungswege, das müssen wir an die Stelle der alten Normalverfahren setzen." Diese Position wurde bereits von Kühnel (1919, S. 212 f.) vertreten: „Wir wollen kein Normalverfahren den Kindern aufnötigen. Nicht darauf kommt es an, dass das Kind einen bestimmten Weg gehen lernt (...), sondern dass es seinen Weg allein zu suchen und zu finden weiß. (...) Selbstverständlich ist damit nicht gesagt, dass man die Kinder sich gewöhnen lassen soll an Umwege, im Gegenteil, sie werden nur so lange Umwege gehen dürfen, bis ihnen ein starkes Gefühl für die Annehmlichkeit des kürzeren Weges möglich ist."

Die aktuelle Diskussion über das Lernen von Mathematik (kleinschrittig-vorbereitend ... vs. aktiv-entdeckend auf eigenen Wegen ...) sowie die wenigen Zitate aus alten Methodiken machen exemplarisch deutlich, dass man der Breite und der Komplexität unterrichtlicher Situationen nicht durch die einseitige Anwendung extremer Prinzipien gerecht werden kann. Wie bei den meisten Entscheidungen im täglichen Leben sind auch im alltäglichen Unterricht oft die Kompromisse sinnvoll, notwendig und richtig, sofern man offen ist für Alternativen.

Zur Addition/Subtraktion mit Zehnerüberschreitung im Hunderterraum lassen sich in Anlehnung an Beishuizen u. a. (1988) oder Wittmann/Müller (1990, S. 84) und an traditionelle Darstellungsweisen folgende Lösungsmethoden und unterschiedliche Notationsformen unterscheiden:

Addition	Subtraktion
1. Schrittweise Rechnen	
Form 1: Zuerst die Zehner, dann die Einer ... 46 + 39 = 46 + 30 = 76 76 + 9 = 85 46 + 39 = 85 ... oder zuerst die Einer, dann die Zehner ... 46 + 39 = 46 + 9 = 55 55 + 30 = 85 46 + 39 = 85 ... oder zuerst zum vollen Zehner, dann den Rest ... 46 + 39 = 46 + 4 = 50 50 + 35 = 85 46 + 39 = 85 ... oder ...	*Form 1:* Zuerst die Zehner, dann die Einer ... 82 - 47 = 82 - 40 = 42 42 - 7 = 35 82 - 47 = 35 ... oder zuerst die Einer, dann die Zehner ... 82 - 47 = 82 - 7 = 75 75 - 40 = 35 82 - 47 = 35 ... oder zuerst zum vollen Zehner, dann den Rest ... 82 - 47 = 82 - 2 = 80 80 - 40 = 40 40 - 5 = 35 82 - 47 = 35 ... oder ...
Form 2: Zuerst die Zehner, dann die Einer ... 46 + 39 = 76 + 9 = 85 46 + 30 + 9 ... oder zuerst die Einer, dann die Zehner ... 46 + 39 = 55 + 30 = 85 46 + 9 + 30 ... oder zuerst zum vollen Zehner, dann den Rest ... 46 + 39 = 50 + 35 = 85 46 + 4 + 35 oder ...	*Form 2:* Zuerst die Zehner, dann die Einer ... 82 - 47 = 42 - 7 = 35 82 - 40 - 7 ... oder zuerst die Einer, dann die Zehner ... 82 - 47 = 75 - 40 = 35 82 - 7 - 40 ... oder zuerst zum vollen Zehner, dann den Rest ... 82 - 47 = 80 - 45 = 35 82 - 2 - 45 oder ...
2. Operative Beziehungen nutzend	
Form 1: 46 + 39 = 46 + 40 = 86 86 - 1 = 85 46 + 39 = 85 *Form 2:* 46 + 39 = 85 46 + 40 - 1 oder 46 + 39 = 85 40 + 40 + 5 oder ...	*Form 1:* 82 - 47 = 82 - 50 = 32 32 + 3 = 35 82 - 47 = 35 Form 2: 82 - 47 = 35 85 - 50 oder 82 - 47 = 33 + 2 = 35 80 - 47 + 2 oder ...
3. Zehner extra, Einer extra	
Form 1: 46 + 39 = 40 + 30 = 70 6 + 9 = 15 46 + 39 = 85 *Form 2:* 46 + 39 = 70 + 15 = 85 40 + 30 6 + 9	*Form 1:* 82 - 47 = 80 - 40 = 40 2 - 7 = -5 40 - 5 = 35 82 - 47 = 35 (Diese Form ist wegen der vorkommenden negativen Zahl von der traditionellen Rechenmethodik ausgeschlossen worden.) *Form 2:* 82 - 47 = 40 - 5 = 35 80 - 40 2 - 7
4. Ergänzen	
	Form 1: 82 - 47 = 47 + □ = 82 47 + 3 = 50 50 + 32 = 82 47 + 35 = 82 82 – 47 = 35 *Form 2:* 82 - 47 = 3 + 32 = 35 50 82

Obwohl Kruckenberg (1935, S. 92) feststellt, dass es „im Grunde genommen, herzlich gleichgültig (ist), in welcher

Form die Aufgaben gelöst werden, wenn sie nur glatt und sicher gelöst werden", müssen Möglichkeiten, aber auch Grenzen der Verfahren beachtet werden. Beishuizen (1993 und 1997) zeigt in empirischen Untersuchungen auf, dass die Methode 1 (schrittweises Rechnen) weniger fehleranfällig ist als Methode 3 (Zehner extra, Einer extra) und andere. Zudem wird in diesen Untersuchungen deutlich, dass die meisten Kinder leider wenig flexibel sind bei der Auswahl bzw. Anwendung eines Verfahrens. So rechnen sie Aufgaben wie 82 – 79 auch durchweg über ein verfestigtes Verfahren (z. B. schrittweise 82 – 70 – 9) und nicht ergänzend. Hinzu kommt, dass die Methode 3 (Zehner extra, Einer extra) als reine Kopfrechenmethode ohne Möglichkeiten der Notation von Aufgabe und Zwischenergebnissen gerade die Kinder mit Lernschwierigkeiten gedächtnismäßig überfordert, für die dieses Verfahren eine Erleichterung sein sollte. Denn als reine Kopfrechenmethode stellt dieses Verfahren weitaus größere Anforderungen an die Gedächtnisleistungen als jedes andere. Nach der Speicherung der Aufgabe müssen die Zehner identifiziert und verrechnet werden. Das Ergebnis wird abgespeichert. Dann müssen die Einer identifiziert und verrechnet werden. Auch dieses Zwischenergebnis muss gespeichert werden. Danach werden beide Zwischenergebnisse wieder abgerufen und verrechnet. Gerade dann, wenn das Berechnen der einzelnen Teilschritte noch Mühe bereitet, ist die Gefahr groß, dass schon berechnete Zwischenergebnisse oder gar die Aufgabe selbst vergessen werden.

Die Leistungsspanne der Schüler ist im Mathematikunterricht der Grundschule vom ersten Schultag an größer als in der gesamten weiteren Schulzeit. Im Vorwissen und in der Leistungsfähigkeit unterscheiden sich die Kinder heute in vielen Klassen oft um mehr als zwei Schuljahre. Daher kann es nicht sinnvoll sein, allen Zweitklässlern nach dem einen Prinzip oder dem gleichen methodischen Grundsatz oder dem einen Notationsvorschlag auf Schulbuchseite 57 ein Lernthema anzubieten. Die Einheitlichkeit der Leistungsfähigkeit ist eine Fiktion! Während es für einige Kinder im 2. Schuljahr keinerlei Schwierigkeiten bereitet, vor der „unterrichtlichen Behandlung" im Hunderterraum zu addieren und zu subtrahieren, gibt es in jeder Klasse aus verschiedenen Gründen nicht wenige Kinder, die noch Schwierigkeiten beim kleinen 1+1 bis 20 haben sowie Analogien und operative Beziehungen nicht sehen. Von ihnen zu erwarten, dass sie sinnvolle und verschiedene Lösungsmethoden des Addierens/Subtrahierens im Hunderterraum entdecken und einsehen, ist oft eine Überforderung. Auch die leistungsschwächeren Kinder „entdecken" Lösungswege, leider häufig auch falsche und wenig sinnvolle wie die folgenden, die sich häufig als individuelle Strategie aus dem Verfahren 3 (Zehner extra, Einer extra) entwickeln.

Abwandlungen der Methode „Zehner extra, Einer extra":
Lilja subtrahiert den kleineren Zehner vom größeren Zehner und den kleineren Einer vom größeren Einer. Sie kann nicht verstehen, warum ihre Lösungen von der Lehrerin mal als richtig und dann wieder als falsch beurteilt werden:

73 – 69	= 4	aber: 87 – 53	= 26
70 – 60	= 10	80 – 50	= 30
9 – 3	= 6	7 – 3	= 4
10 – 6	= 4	30 – 4	= 26

Marc rechnet zunächst wie Lilja, überträgt dann aber einen Teilschritt von seinem halbschriftlichen Additionsverfahren auf die Subtraktion (Zwischenergebnisse müssen addiert werden):

28 - 19	= 11
20 - 10	= 10
9 - 8	= 1
10 + 1	= 11

Niki rechnet mit den Stellenwerten und weiß bei Zehnerüberschreitungen, dass es ein Zehner weniger werden muss, bei der folgenden Aufgabe also 36 herauskommen muss.

72 – 38	= 36
7(0) – 3(0)	= 4(0)
8 – 2	= 6

Abwandlungen der Methode „Schrittweise Rechnen":
Sven rechnet schrittweise, berücksichtigt allerdings die im ersten Rechenschritt bis zum nächsten Zehner subtrahierte Zahl beim letzten Rechenschritt nicht mehr:

42 – 25	= 15
42 – 2	= 40
40 – 20	= 20
20 – 5	= 15

Boris ist ein zählender Rechner. Zunächst zählt er in Zehnerschritten und dann in Einerschritten, wobei sein Kurzzeitgedächtnis überfordert wird bzw. die unterstützenden Finger nicht mehr helfen:

87 - 59 = 29 gezählt:
87, 77, 67, 57, 47, 37, 36, 35, 34, 33, 32, 31, 30, 29

Kinder sind sehr kreativ und entdecken viele neue Strategien im Mathematikunterricht. Julia hat zum Beispiel eine ganz persönliche Lösungsmethode entwickelt: größere Ziffer (Zahl) minus kleinere Ziffer bei der ersten Zahl, anschließend das Gleiche bei der zweiten Zahl. Beispiel: 67 – 28 = 16, denn 7 – 6 = 1 und 8 – 2 = 6. Das geht ganz einfach und sehr schnell. Bei den ersten Aufgaben war Julia damit manchmal erfolgreich, etwa bei 82 – 21 = 61.

Diesen Kindern hilft die Lehrerin sicherlich nicht durch das freie Entdeckenlassen eines Lösungsweges, sondern eher durch das Bewusstmachen des Fehlers, das Aufarbeiten der notwendigen Voraussetzungen für ein gestütztes Kopfrechnen und ein gemeinsames Erarbeiten eines „Normalverfahrens". Wir sehen hier eine sinnvolle Anwendung des Prinzips der Öffnung von Unterricht: nicht alle

Kinder einer Klasse nach einem geschlossenen Prinzip gleichartig lernen lassen, sondern differenziert und auf die individuellen Voraussetzungen eingehend. Für die Kinder darf es dabei jedoch nicht heißen: Wie soll ich es hinschreiben?, sondern: Was notiere ich mir, um Lösungsschritte und um Zwischenergebnisse nicht zu vergessen?

Es ist überaus sinnvoll, die Lösungsprozesse (die „Lösungsstrategien") der Kinder immer wieder zum Gesprächsgegenstand zu machen und Strategien miteinander zu vergleichen.

2.2.2 Die Teilthemen der Addition/Subtraktion im Hunderterraum

In der nachfolgenden Zusammenstellung werden die Anforderungen bei der Addition/Subtraktion im Zahlenraum bis 100 beschrieben; die Ursachen für Schwierigkeiten einiger Schüler lassen sich oft nicht nur über diese Sachstruktur beschreiben, sie können auch in anderen Bedingungen des Lernsystems liegen.

Unter „Verfahren" wird nachfolgend die Art der Lösung verstanden: „Kopfrechnen", wenn die Lösung ohne Notation von Zwischenergebnissen oder Zwischenschritten allein „im Kopf" gefunden wird. Wir sprechen von „halbschriftlichem Rechnen" bzw. „gestütztem Kopfrechnen", wenn während des Lösungsweges Zwischenschritte und Zwischenergebnisse notiert werden. Die folgende Tabelle gibt einen Überblick über die im Allgemeinen zu erwartenden Verfahren bei den einzelnen Aufgabentypen. Diese Erwartungswerte sind jedoch nicht als starre Regeln zu handhaben. Einige Kinder benötigen zur Entlastung ihres Kurzzeitgedächtnisses auch bei sog. „Kopfrechenaufgaben" schriftliche Hilfen, andere können alle Aufgaben des 2. Schuljahres „im Kopf" rechnen.

Deutlich wird bei dieser Zusammenstellung die Bedeutung der vier zentralen Kenntnisbereiche (Grundaufgaben, dekadische Analogien, Stellenwertbegriff und operative Beziehungen), zu denen die Kinder am Ende des 1. Schuljahres bzw. am Anfang des 2. Schuljahres ausreichende Erfahrungen gesammelt haben sollten. Ein noch zählender Rechner wird auch mit Arbeitsmaterialien die Aufga-

Beschreibung	Beispiele	erwartetes Verfahren	hilfreiche Vorkenntnisse/ Voraussetzungen
Addition/Subtraktion vom/zum vollen Zehner (Z ± E, ZE ± E)	40 + 5 47 - 7 33 + 7 50 - 7	Kopfrechnen	Grundaufgaben, dekadische Analogien, Stellenwertbegriff
Addition/Subtraktion voller Zehner (Z ± Z)	30 + 50 70 - 40	Kopfrechnen	Grundaufgaben, dekadische Analogien
Addition/Subtraktion von Einern ohne Zehnerübergang (ZE ± E)	82 + 4 87 - 3	Kopfrechnen	Grundaufgaben, dekadische Analogien, Stellenwertbegriff
Addition/Subtraktion zu/von Zehnern (ZE ± Z, Z + ZE, auch Z - E und Z - ZE)	27 + 40 43 - 20 40 + 36 50 - 4 40 - 24	Kopfrechnen	Grundaufgaben, dekadische Analogien, Stellenwertbegriff
Addition/Subtraktion von gemischten Zehnern ohne Zehnerübergang (ZE ± ZE)	42 + 33 47 - 23	Kopfrechnen, halbschriftliches Rechnen	Grundaufgaben, dekadische Analogien, Stellenwertbegriff, Überschlagsrechnung
Addition/Subtraktion zum Zehner (ZE ± ZE)	38 + 22 87 - 27	halbschriftliches Rechnen	Grundaufgaben, dekadische Analogien, Stellenwertbegriff, Überschlagsrechnung
Addition/Subtraktion von Einern mit Zehnerübergang (ZE ± E)	57 + 9 82 - 7	halbschriftliches Rechnen, Kopfrechnen	Grundaufgaben, dekadische Analogien, Stellenwertbegriff, operative Beziehungen
Addition/Subtraktion mit Zehnerübergang (ZE ± ZE)	42 + 59 92 - 47	halbschriftliches Rechnen (zu rechenschwachen Kindern vgl. auch Seiten 76 ff. und die Hinweise zum Einsatz des Taschenrechners, S. 13 ff.)	Grundaufgaben, dekadische Analogien, Stellenwertbegriff, operative Beziehungen, Überschlagsrechnung

ben im Zahlenraum bis 100 nur mit größten Schwierigkeiten und häufigen Fehlern bearbeiten können.

2.2.3 Empfehlungen zum gestützten Kopfrechnen

Empfehlungen zu den Lösungswegen
Nicht alle Kinder einer Klasse werden verschiedene Lösungswege entdecken und in der Lage sein, die Vor- und Nachteile der verschiedenen Verfahren abwägen zu können. Es muss differenziert werden. Als „Normalverfahren" für schwächere Rechner wird das „schrittweise Rechnen" empfohlen.

> Unterrichtspraktische Empfehlung:
>
> Begonnen wird bewusst mit einer herausfordernden Aufgabe, also mit einem Problem vom Typ ZE ± ZE mit Zehnerüberschreitung. Die Aufgabe wird in Form einer Rechengeschichte gestellt. Etwa: „Ines hat schon 47 Sticker-Bilder gesammelt. Zum Geburtstag bekommt sie noch 35 dazu." Oder: „Knut hat 92 € gespart. Für 47 € kauft er ein Skateboard." Neben Papier und Bleistift dürfen die Kinder auch Materialien ihrer Wahl (Rechenrahmen, Wendeplättchen, Hunderter-Tafel ...) benutzen. Ihre Lösungswege dokumentieren sie in Form von Skizzen oder Rechnungen. Schwächere Rechner arbeiten in dieser Phase mit der Lehrerin, wobei Zählhilfen oder Strichlisten zugelassen sind.
>
> In einer Strategiekonferenz werden die verschiedenen Lösungswege vorgestellt und diskutiert. Dabei kann die Lehrerin erkennen, welche Kinder die Aufgaben mit Zehnerüberschreitung bereits können und einen sinnvollen Lösungsweg erkannt haben. Für einige Kindern kann es jedoch notwendig sein, gemeinsam mit der Lehrerin in einer Lerngruppe ein „Normalverfahren" kleinschrittig zu entwickeln, wobei im Sinne einer fortschreitenden Schematisierung die Lösungsvarianten der Kinder ausgebaut, verfeinert ... werden.

Insbesondere für schwächere Rechner kann die Vielfalt der möglichen Lösungswege beim halbschriftlichen Rechnen eher verwirrend als einsichtfördernd sein. Zudem werden rechenschwache Kinder, die durchweg auch im 2. Schuljahr noch zählende Rechner sind und in der Regel weder über ausreichende Einsichten in dekadische Analogien noch gar in operative Beziehungen verfügen, die hilfreichen halbschriftlichen Verfahren nur selten selber entdecken. Mit diesen Kindern könnte zunächst nur ein Verfahren (schrittweises Rechnen) mit Material erarbeitet werden. Auf weitere Empfehlungen für schwächere Rechner wird im Abschnitt 2.2.5 eingegangen.

Empfehlungen zur Form der Notation beim gestützten Kopfrechnen/halbschriftlichen Rechnen
In den Schulbüchern sowie in der Literatur lassen sich verschiedene Notationsformen mit jeweils kleinen Abwandlungen bei den halbschriftlichen Verfahren unterscheiden. Nachfolgend seien Beispiele nur zu Subtraktionsaufgaben aufgelistet:

Form A (in den meisten Schulbüchern):

$\underline{82 - 27 = \quad}$
$82 - 20 = 62$
$\underline{62 - 7 = 55}$
$82 - 27 = 55$

Form B als Kurzform:

$\underline{82 - 27 = 55}$
$82 - 20 = 62$
$62 - 7 = 55$

(Gerechnet wird wie in Form A; statt nach der zweiten Teilrechnung die gesamte Gleichung erneut zu schreiben, wird das Ergebnis in die Kopfzeile übertragen.)

Form C (vgl. Wittmann/Müller 1990):

$\underline{82 - 27} = 62 - 7 = 55$
$82 - 20 - 7$
o. a.

Form D als Kurzform (Notation der Rechenschritte, vgl. Abele u. a. 1994):

$\underline{82 - 27} = 55$
$-20 \quad -7$

Form E als Kurzform (Notation der Zwischenergebnisse):

$\underline{82 - 27} = 55$
62, 60, 55

Form A ist nicht nur sehr zeitaufwendig, es fällt einigen Kindern auch schwer, jeweils die Beziehungen zur Ausgangsaufgabe herzustellen. Ein zweites Notieren der Aufgabe mit Ergebnis ist oft nur eine lästige Pflicht, die gern vermieden wird. In Form C werden unter der Aufgabe nur die Zwischenschritte notiert, Zwischenergebnisse bzw. die letzte Rechnung stehen hinter der Aufgabe. Es könnte kritisiert werden, dass das Gleichheitszeichen mehrfach „in gleicher Höhe" benutzt wird. Die Kinder stört das nicht! Wenn ihnen klar ist, dass das Gleichheitszeichen die Bedeutung hat „ist gleich wie" und nicht im Sinne von „kommt 'raus" gelesen wird, dann spricht einiges für die Form C. Form D wird zur Differenzierung für gute Rechner angeboten, weil nur die Operationsschritte notiert werden, nicht aber die Zwischenergebnisse. Entsprechendes gilt für die Kurzform E, bei der die Zwischenergebnisse festgehalten werden.

> Es ist sinnvoll, die Kinder zu ermutigen alles aufzuschreiben, was sie für ihre Denkprozesse benötigen. Dabei sollte eine Stelle oder eine Kennzeichnung des Endergebnisses vereinbart werden.

Wir empfehlen die Schreibweise B für das gestützte, schrittweise Kopfrechnen als Normalverfahren, insbesondere für die schwächeren Rechner:

Addition, ausführliche Form:
(ausführliches Notieren der Zwischenrechnungen und der -lösungen; Übertragung der Lösung in die Kopfzeile nach Berechnung der zweiten Teilaufgabe)

36 + 47 = 83
36 + 40 = 76
76 + 7 = 83

Zwischenform für das gemeinsame Erarbeiten der Kurzform:

36 + 40
76 + 7

Kurzform (nur die Zwischenlösungen werden notiert):

36 + 47 = 83
76, 83
oder mit einem Rechenschritt mehr:
36 + 47 = 83
76, 80, 83

Für einige Kinder kann eine ausführlichere Notation hilfreich sein:

36 + 47 = 83
36 + 40 (76) + 4 (80) + 3

Subtraktion, ausführliche Form:
72 – 38 = 34
72 – 30 = 42
42 – 8 = 34

Zwischenform für das gemeinsame Erarbeiten der Kurzform:

72 - 30
42 - 8

Kurzform:
72 – 38 = 34
42, 34
oder mit einem Rechenschritt mehr:
72 – 38 = 34
42, 40, 34

Entsprechend können Kinder ihre Lösungswege notieren, wenn sie die Aufgaben über andere Wege lösen:

„Zehner extra, Einer extra"
Ausführlich:

36 + 47 = 83	72 – 38 = 34	
30 + 40 = 70	70 – 30 = 40	Bitte beachten Sie
6 + 7 = 13	2 – 8 = – 6	diese Schwierigkeit!

Kurzform:

36 + 47 = 83	72 – 38 = 34
70, 13, 83	40, –6, 34

„Operative Beziehungen"

Ausführlich:

36 + 47 = 83	72 – 38 = 34
36 + 50 = 86	72 – 40 = 32
86 – 3 = 83	32 + 2 = 34
u. a.	u. a.

Kurzform:

36 + 47 = 83	72 – 38 = 34
86, 83	32, 34

„Ergänzen" bei der Subtraktion

Ausführlich:
72 – 38 = 34
38 + 2 = 40
40 + 32 = 72

Kurzform:
72 – 38 = 34
2, 32, 34

Rechenschritte festhalten
Die Kinder werden angehalten, in Form einer Kurzfassung des halbschriftlichen Rechnens die Rechenschritte zu protokollieren. So kann die Lehrerin die Lösungswege und auch die Schwierigkeiten/Fehler einzelner Kinder gut erkennen. Häufig beobachtet man bei den Kindern, die noch zählende Rechner sind, dass sie das Protokollieren verweigern oder aber „mogeln", indem sie einfach Zwischenschritte ihres Zählprozesses notieren.

„Notiere alle Zwischenergebnisse deiner Rechnung!"

43 + 39 =
43, 53, 63, 73, 80, 82

(oder 40, 70, 79, 82 oder 43, 73, 80, 82 oder 40, 80, 83, 82 oder bei einer Fehllösung 43, 53, 63, 73, 74, 75, 76, 77, 78, 79, 80, 81).

Diese Aufgabenstellung ist ein hilfreiches Diagnoseinstrument für die Lehrerin, um das Lernen/Lösen der Kinder auf eigenen Wegen zu erkennen.

2.2.4 Hilfreiche Arbeitsmittel für die Addition und die Subtraktion bis 100

Als zentrales Arbeitsmittel für das Rechnen im 2. Schuljahr bieten sich die Materialien an, die auch schon im Zusammenhang mit der Erweiterung des Zahlenraums bis 100 (Kap. 2.1.3 und 2.1.4) beschrieben worden sind, nämlich der (Hunderter-) Rechenrahmen („russische Rechenmaschine"), die Hunderter-Tafel mit Zahlen und die leere Hunderter-Tafel (Abb. s. S. 29).

Benötigt werden diese Materialien jeweils für die Hand des Schülers und als Demonstrationsmaterial für die Klasse. Große und kleine Rechenrahmen sowie Demonstrations-Hunderter-Tafeln können bei Lehrmittelverlagen (Betzold, LMS, Schubi u. a.) gekauft werden. Kleine Hunderter-Tafeln für die Hand der Kinder und als Folien für den Tageslichtprojektor lassen sich mit Hilfe der **Kopiervorlagen A 1, A 2** und **A 3** in diesem Handbuch herstellen.

Diese zentralen Arbeitsmittel können ergänzt werden durch den Hunderterstrahl und die Hunderterreihe, wobei diese weniger hilfreich sind beim Lösen von Additions- bzw. Subtraktionsaufgaben als vielmehr für Orientierungsübungen im Zahlenraum (vgl. Kapitel 2.1.4) sowie für Vorstellungsübungen zu den Operationsschritten (vgl. nachfolgende Anregungen zum „Rechenstrich“ und auch in Kap. 2.2.6). Der Einsatz des Hunderterstrahls (Zahlenstrahls) wird unterstützt durch das Messen von Längen mit Hilfe eines Lineals bzw. des Meterstabes im Inhaltsabschnitt „Größen“.

Über das Arbeiten im Größenbereich Geld kommt das Rechengeld als ein weiteres Arbeits- bzw. Darstellungsmittel hinzu. Rechengeld ist jedoch nur mit künstlichen Einschränkungen (nur 10-Cent-Stücke und 1-Cent-Stücke oder nur 10-€-Scheine und 1-€-Stücke) geeignet, die Prinzipien der Bündelung und des Stellenwertes im Zehnersystem widerzuspiegeln. Zum Rechnen mit Geld bieten sich interessante, sachstrukturierende Übungen bzw. Aufgabenstellungen an, dagegen ist das Rechengeld weniger geeignet, hilfreiche Strategien des Addierens/Subtrahierens im Hunderterraum zu erkennen.

Im Zusammenhang mit den Schulbüchern und über den Lehrmittelhandel werden zahlreiche andere Arbeitsmittel angeboten (Steckwürfel, Hunderter-Felder, Rechenplatten u. v. a. m.), die nach unserer Erfahrung und Einschätzung nur bei wenigen der angesprochenen Beurteilungskriterien (vgl. S. 28) positiv abschneiden. Bei der Auswahl eines Arbeitsmittels stehen nicht die Fähigkeiten der guten Rechner im Vordergrund, sondern die Bedürfnisse der schwächeren Rechenschüler; sie müssen über ein Arbeitsmittel sinnvolle Lösungsstrategien erarbeiten, Vorstellungen entwickeln und vom zählenden Rechnen wegkommen können. Für diese Kinder ist es auch wenig hilfreich, mehrere Arbeitsmittel mit unterschiedlicher Struktur bzw. verschiedenem Aufbau gleichzeitig anzubieten, weil ein intramodaler Transfer (ein Wechsel innerhalb der enaktiven oder innerhalb der ikonischen Darstellungsebene) etwa von der Rechenmaschine über die Steckwürfel und den Zahlenstrahl zum Rechengeld (oder in einer anderen Reihenfolge) kaum möglich ist. So genannte Hilfs- und Veranschaulichungsmittel werden schnell zu einem zusätzlichen und oft schwer zu verstehenden Lernstoff. Daher gilt für die Arbeitsmittel und die darauf bezogenen Darstellungen („Veranschaulichungen“):

> Eine gezielte Auswahl weniger Arbeitsmittel (auch wenn diese nicht mit dem Angebot des eingeführten Schulbuches übereinstimmen) ist besser und hilfreicher als ein wahlloses Nebeneinander verschiedener Materialien!

Nachfolgend werden exemplarisch zu einigen Additions- und Subtraktionsaufgaben die möglichen Schülerhandlungen am Rechenrahmen dargestellt.

$27 + 8 = 27 + 3 + 5$

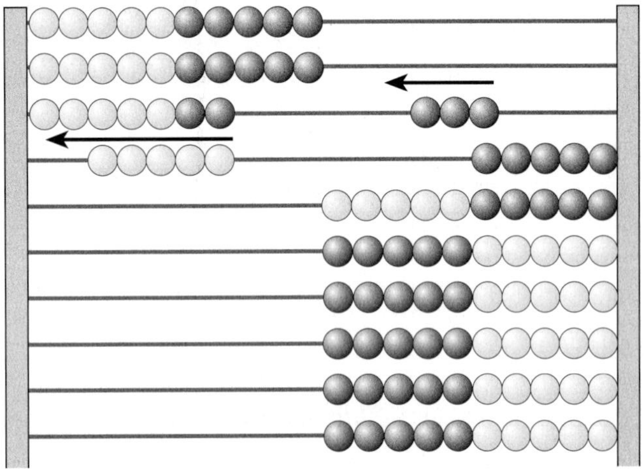

$72 - 6 = 72 - 2 - 4$

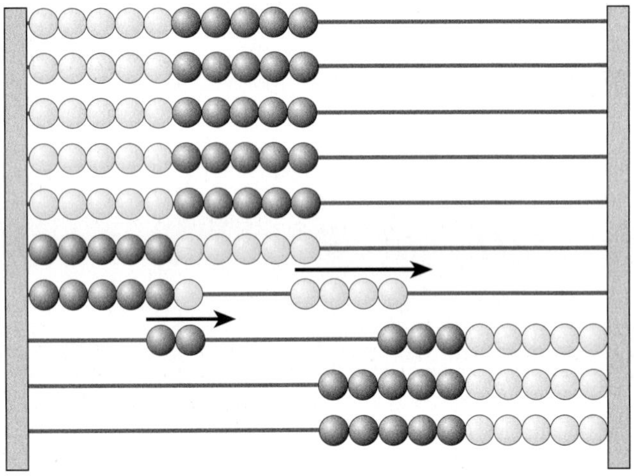

$24 + 35 = 20 + 30 + 4 + 5$

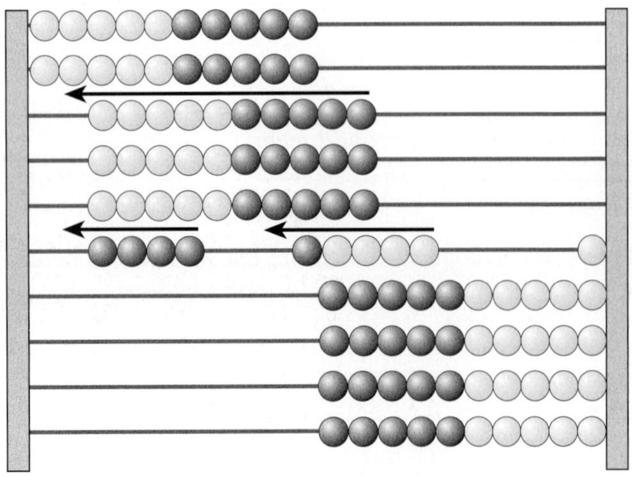

68 – 36 = 68 – 30 – 6

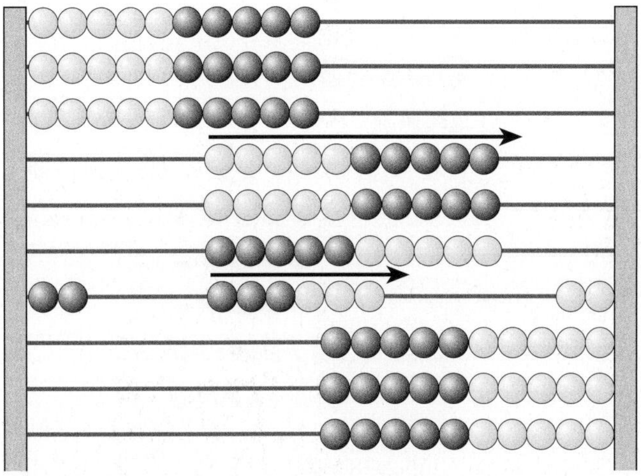

Mit Hilfe des Rechenrahmens sind auch andere Lösungswege möglich. Zu den Aufgaben ZE ± ZE mit Zehnerübergang vgl. Abschnitt 2.2.5.

Bei der Hunderter-Tafel bietet es sich an, die Operationen mit Hilfe eines Abdeckblattes durchzuführen. Dabei bedeuten:

- Verschieben nach rechts: Addition von Einern
- Verschieben nach links: Subtraktion von Einern
- Verschieben nach unten: Addition von Zehnern
- Verschieben nach oben: Subtraktion von Zehnern

Beispiel: 27 + 32 = 27 + 2 + 30

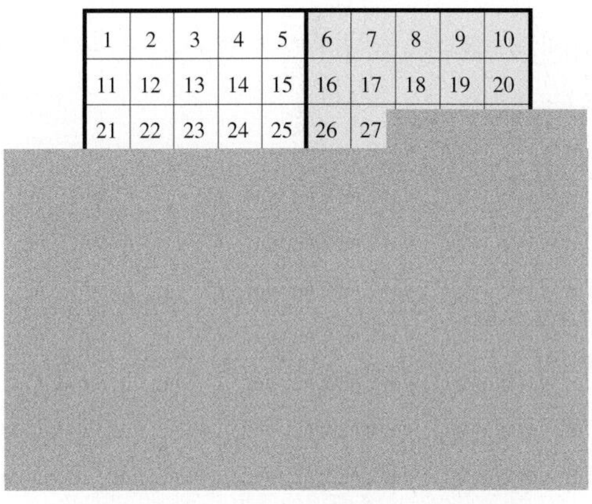

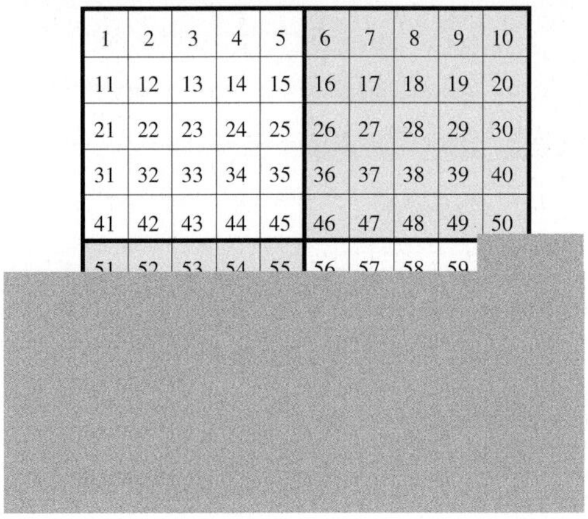

Der entscheidende Nachteil dieses Arbeitens mit dem Abdeckblatt besteht darin, dass nach der Durchführung der Handlungen nur noch das Ergebnis ablesbar, die Aufgabe selbst aber nicht mehr zu sehen ist. Diesen Nachteil kann man vermeiden, wenn solche Abdeckblätter aus zwei farbigen Transparentfolien (z. B. gelb und grün) ausgeschnitten werden. Im ersten Schritt werden beide Abdeckfolien deckungsgleich auf den ersten Summanden eingestellt. Das Verschieben wird nur mit einer Transparentfolie durchgeführt. Nach ihrem Verschieben sind Aufgabe und Ergebnis ablesbar (vgl. auch Floer 1996).

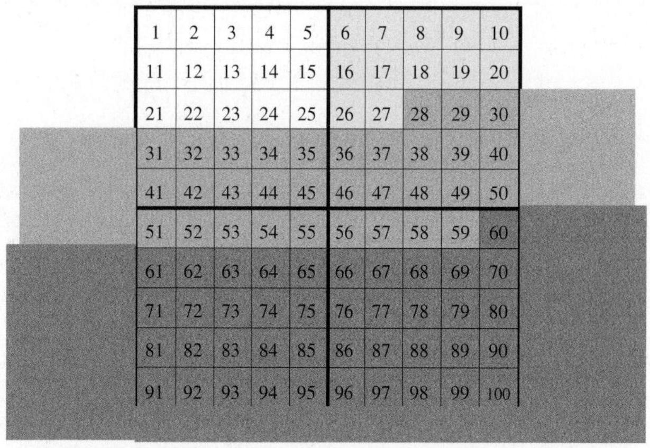

Besonders hilfreich zum Unterstützen der einzelnen Vorstellungen zu den verschiedenen Lösungsmöglichkeiten ist das Arbeiten am leeren Zahlenstrahl (vgl. Treffers/de Moor 1989 oder Beishuizen u. a. 1996). Die Entwicklung dieser Rechenlinie aus der Hunderter-Tafel ist im Abschnitt 2.1.4 beschrieben worden. Alternativ dazu kann die Rechenlinie auch vom vollständigen Zahlenstrahl her erarbeitet werden. In diesem Fall werden zunächst über wenige Beispiele am ausgefüllten Zahlenstrahl verschiedene Lösungswege erarbeitet und dargestellt.

Beispiele:

<u>47 + 35</u> = 82
77, 82

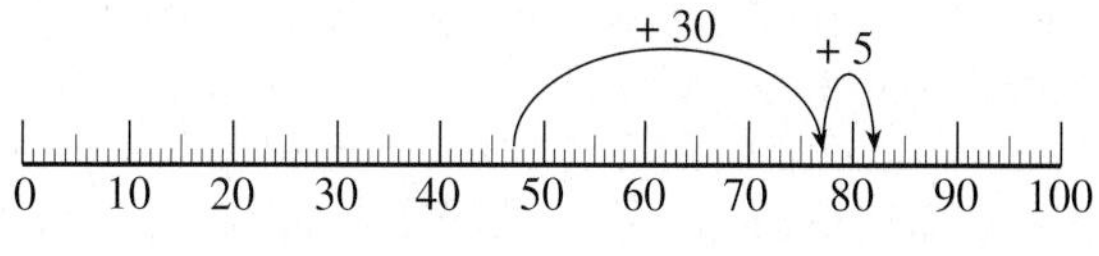

<u>87 – 59</u> = 28
37, 30, 28

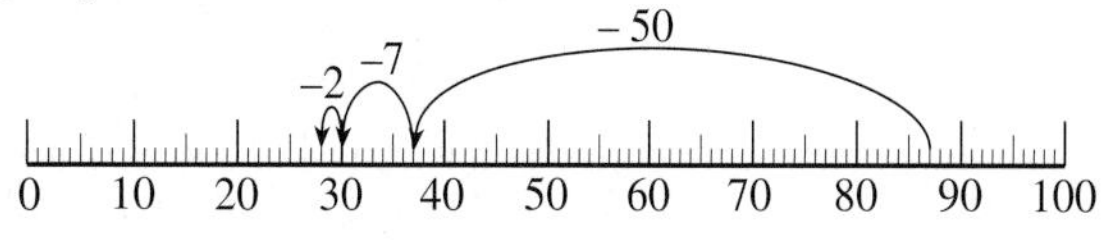

Die Kinder zeichnen dann einfach eine Linie als leeren Zahlenstrahl (genannt: <u>Rechenstrich</u>) und skizzieren ihre Rechenschritte mit den Zwischenergebnissen. Auf die Pfeilspitzen und die Genauigkeit der Bogenlängen kommt es dabei nicht an.

Einige Beispiele zur Aufgabe 65 - 38:

Ausführlich: 65 – 30 5 – 3

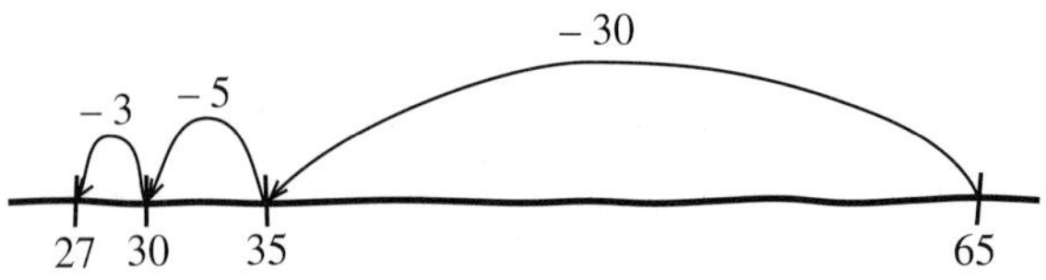

oder: 65 – 5 – 3 – 30

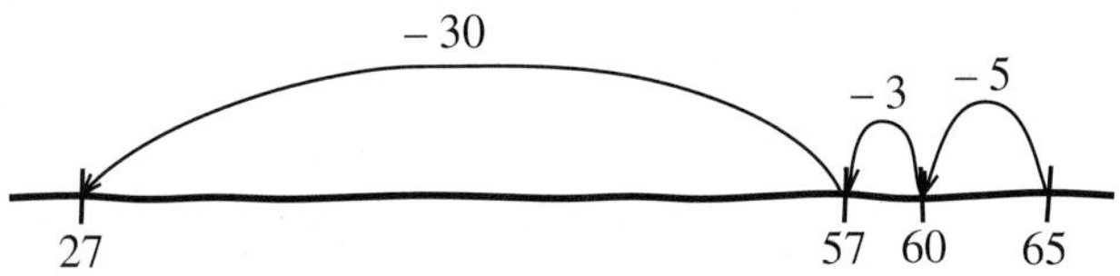

oder gar so: 60 – 30 + 5 – 8

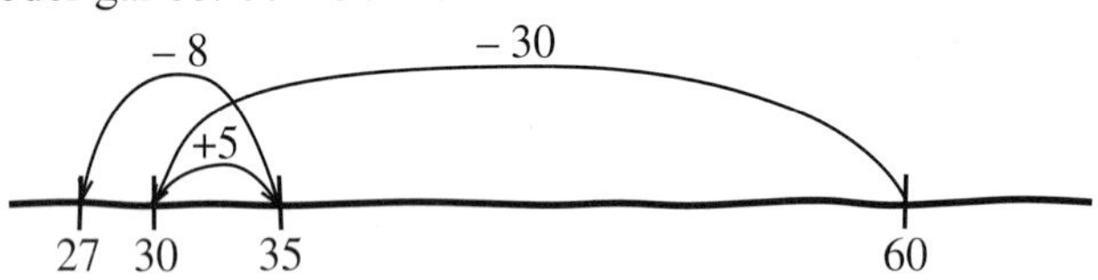

Auf Übungen am Rechenstrich/leeren Zahlenstrahl wird im Abschnitt 2.2.6 noch ausführlicher eingegangen.

2.2.5 Arbeiten mit den Arbeitsmitteln und die methodischen Stufen

Nachfolgend werden nur die Möglichkeiten des Vorgehens bei der Addition/Subtraktion zweistelliger Zahlen mit Zehnerübergang dargestellt (vgl. auch Wittmann/Müller 1990, S. 85). Die methodischen Schritte bei den leichteren bzw. vorher zu bearbeitenden Aufgabenstellungen ergeben sich aus ihnen sinngemäß. Nicht alle Kinder einer Klasse können/sollen alle Lösungswege selber entdecken oder erfahren (vgl. die unterrichtspraktischen Hinweise im Abschnitt 2.2.3). Bei rechenschwächeren Kindern ist schon ein großes Ziel erreicht, wenn sie die Aufgaben schrittweise lösen können.

Übertragen der Aufgabenstellungen auf den Rechenrahmen und Lösen des Problems auf verschiedenen Wegen; Notieren des Weges (gestütztes Kopfrechnen)

1. Addition: Beispiel 38 + 27

Methode „Schrittweise", 1. Verfahren:

1. Schritt: 38 darstellen (möglichst mit wenigen „Fingerstreichen")

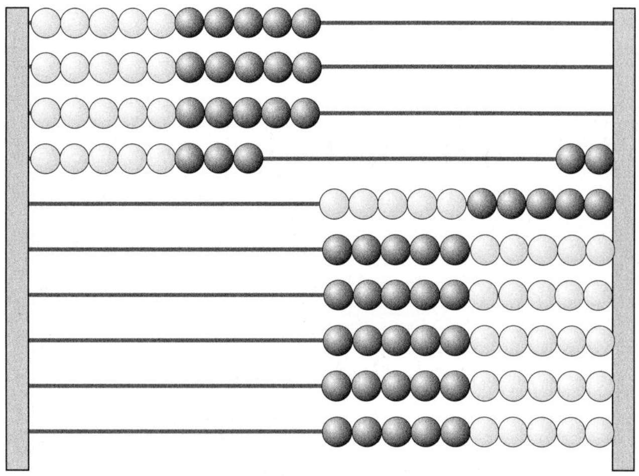

2. Schritt: Lösung über 38 + 2 + 20 + 5

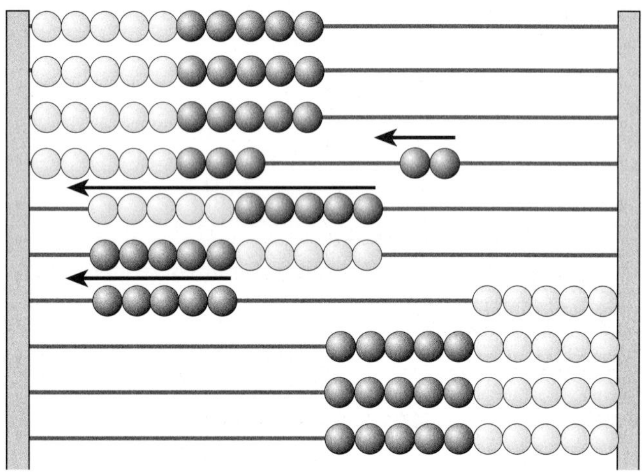

Ausführliche Notation:

<u>38 + 27 = 65</u>
38 + 2 = 40
40 + 20 = 60
60 + 5 = 65

Kurzform:

<u>38 + 27</u> = 65
40, 60, 65 Methode „Schrittweise", 2. Verfahren:

(Normalverfahren für rechenschwächere Kinder):

1. Schritt: 38 darstellen (mit wenigen „Fingerstreichen")

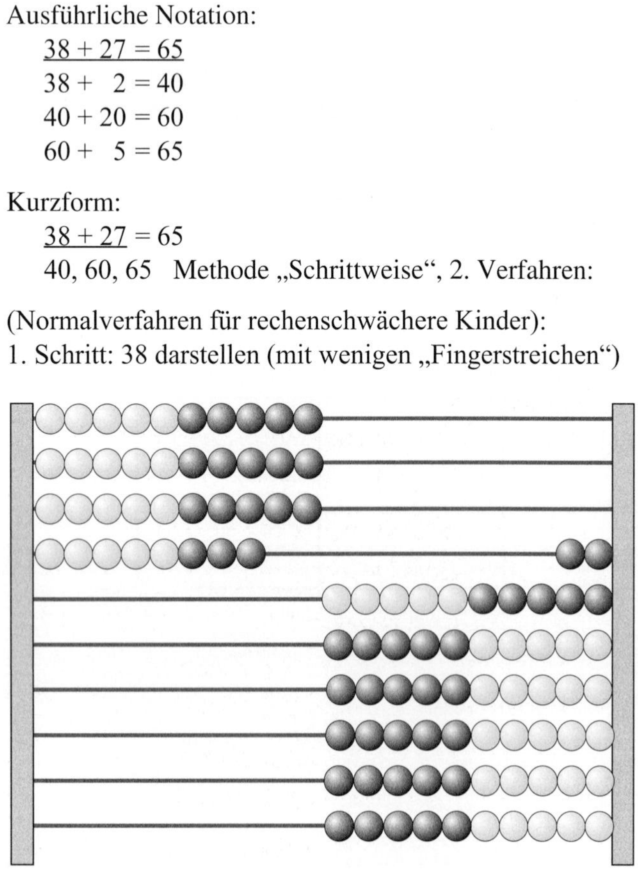

2. Schritt: 38 + 20

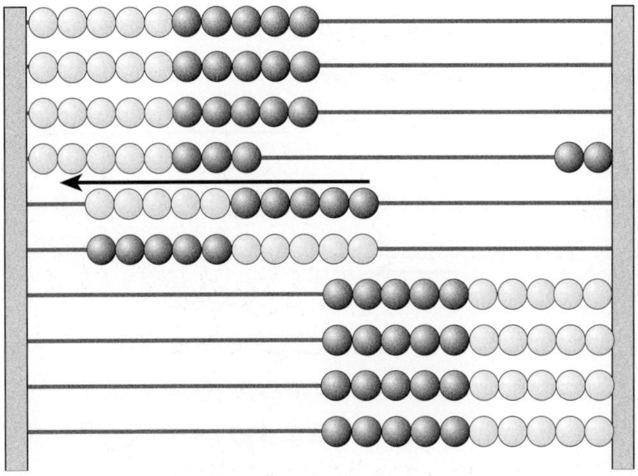

3. Schritt: 58 + 7 als 58 + 2 + 5

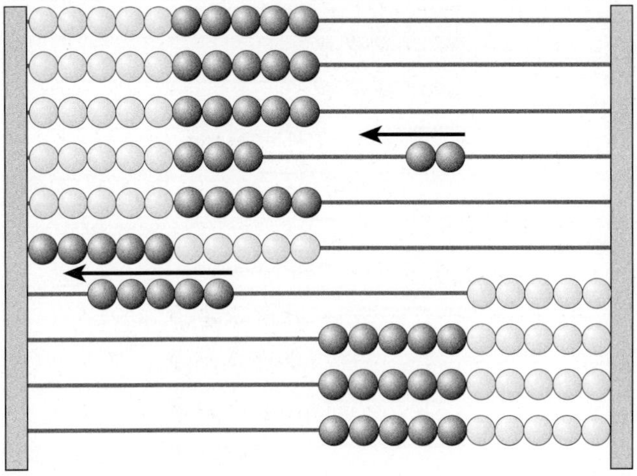

Ausführliche Notation:

<u>38 + 27 = 65</u>
38 + 20 = 58
58 + 7 = 65

Kurzform:

<u>38 + 27</u> = 65
58, 65

Methode „Zehner extra, Einer extra“:
1. Schritt: 30 + 20

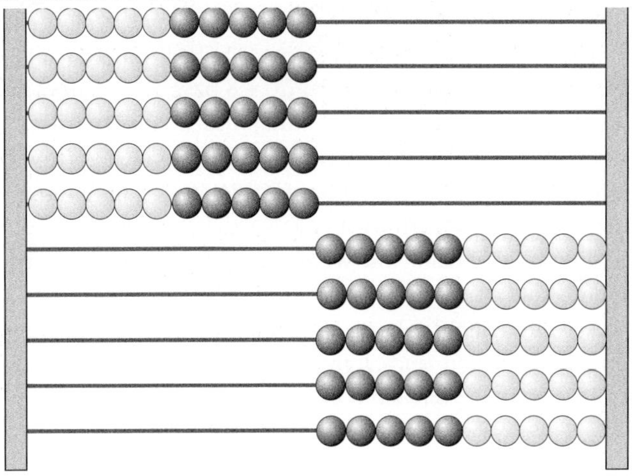

2. Schritt (30 + 20) + 8 + 7

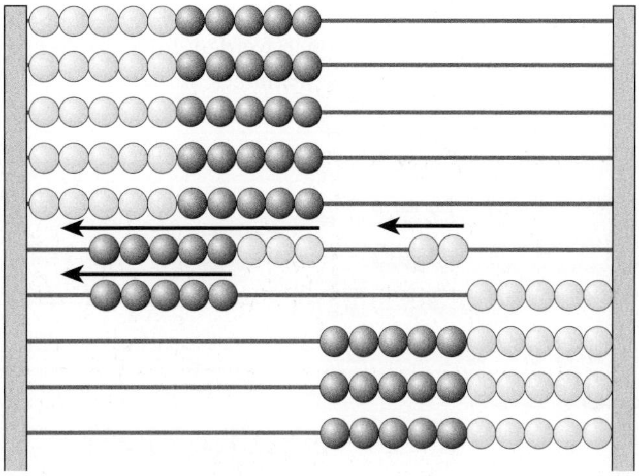

Ausführliche Notation:

<u>38 + 27 = 65</u>
30 + 20 = 50
8 + 7 = 15

Kurzform:

<u>38 + 27</u> = 65
50, 15, 65

Diese Kurzform unterscheidet sich von den Notationen bei den Methoden „Schrittweise 1“ und „Schrittweise 2“, weil nicht die Zwischensummen im Prozess bis zur Lösung aufgeschrieben werden, sondern Teilsummanden, die selber nochmals addiert werden müssen.

Methode „Operative Beziehungen“
1. Schritt: 38 und 27 darstellen

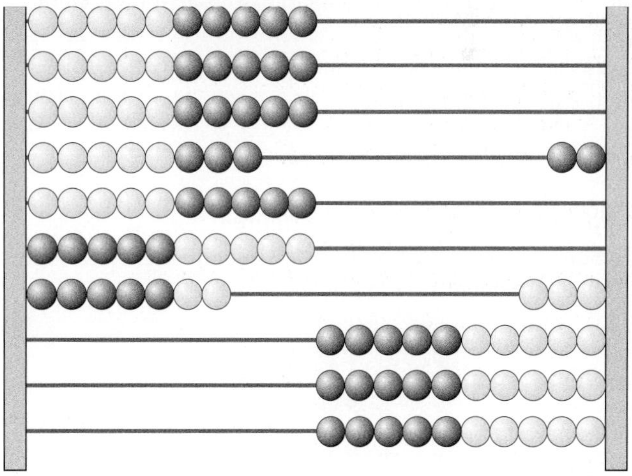

2. Schritt: Die Standarddarstellung herstellen dadurch, dass *zugleich* auf einer Stange 2 dazugeschoben, auf einer anderen Stange 2 weggeschoben werden. Lösungsweg: 38 + 2 + 20 + (7 – 2) als gegensinniges Verändern.

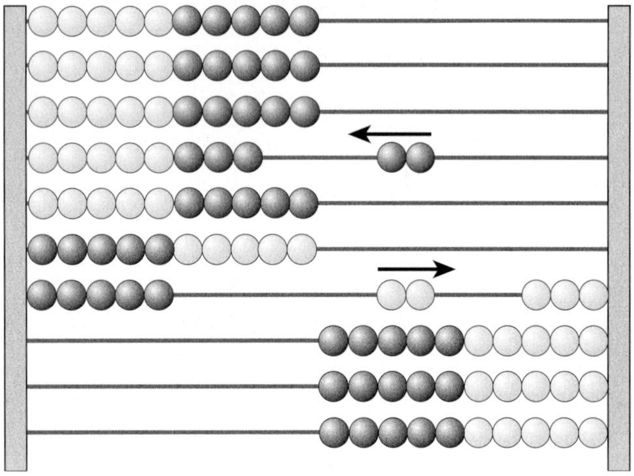

Bei dieser Methode ist das Notieren der Handlungsschritte für viele Kinder schwierig.

Ausführliche Notation:

38 + 27 = 65
40 + 25 = 65

Kurzform:

38 + 27 = 65
40, 60, 65

Auch andere Lösungswege sind denkbar, zum Beispiel 38 + 27 = 38 + 30 – 3 oder 38 + 27 = 40 + 27 – 2, sie setzen jedoch weitere Einsichten in operative Beziehungen voraus, was nicht von allen Kindern erwartet werden kann. Den Abschluss der methodischen Stufung bildet das formale halbschriftliche Rechnen bzw. gestützte Kopfrechnen ohne Rechenrahmen.

2. Subtraktion: Beispiel 62 – 38

Methode „Schrittweise", 1. Verfahren:
1. Schritt: 62 darstellen (wieder mit möglichst wenigen „Fingerstreichen")

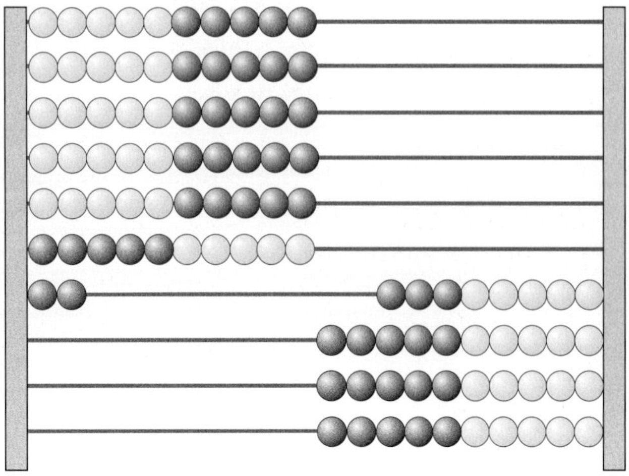

2. Schritt: 62 – 30 (als 62 – 2 – 20 – 8)

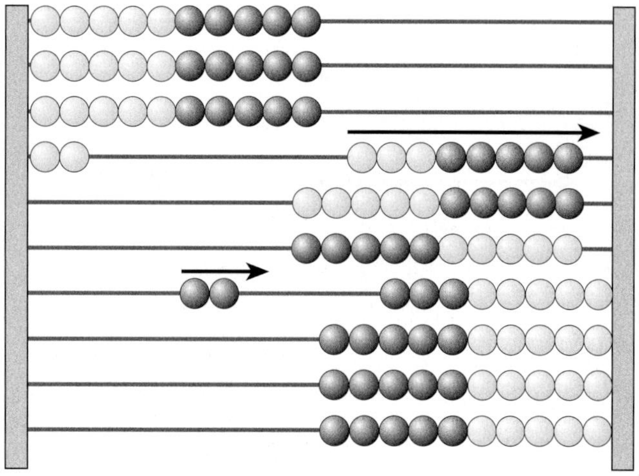

3. Schritt: 32 – 8 (als 32 – 2 – 6)

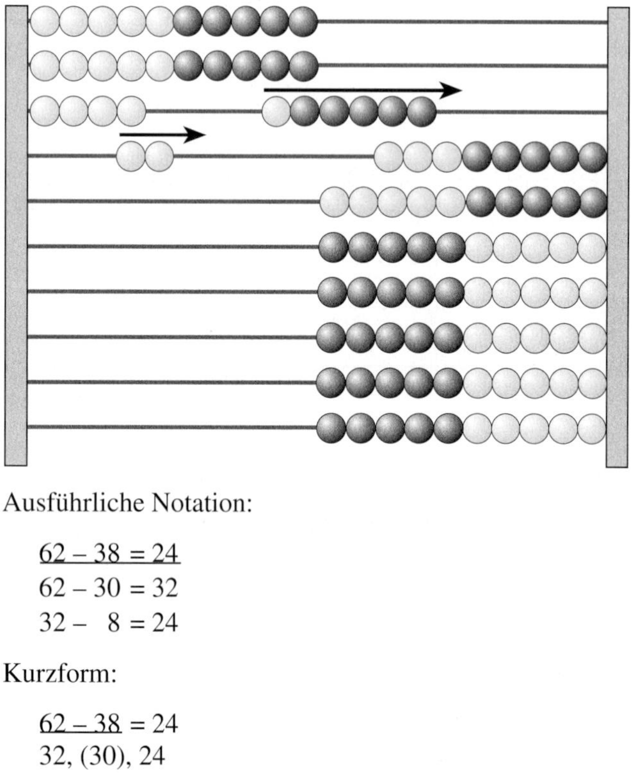

Ausführliche Notation:

62 – 38 = 24
62 – 30 = 32
32 – 8 = 24

Kurzform:

62 – 38 = 24
32, (30), 24

Bei diesem 1. Verfahren „Schrittweise" sind die konkreten Handlungen am Rechenrahmen besonders unübersichtlich, weil Zehner und Einer des Subtrahenden nicht als Ganze (3 Zehner bzw. 8 Einer) verschoben, sondern angepasst an den Minuenden in 2 + 20 + 8 bzw. 2 + 6 aufgeteilt werden müssen. Diese Aufteilung von Zehner und Einer des Subtrahenden in geeignete Teil-Subtrahenden muss „im Kopf" kontrolliert werden. Zählende Rechner mit einem geringen Repertoire an auswendig gewussten Aufgaben und, vor allem, mit wenig flexiblen Kopfrechenverfahren sind damit in aller Regel überfordert, sodass sie an dieser Stelle nicht selten auf das Verfahren des Abzählens in Einerschritten zurückgreifen. Für diese Kinder kann das folgende 2. Verfahren einfacher sein.

Methode „Schrittweise", 2. Verfahren (Normalverfahren für Kinder, die schrittweise Verfahren nötig haben):
1. Schritt: 62 darstellen (wieder mit möglichst wenigen „Fingerstreichen")

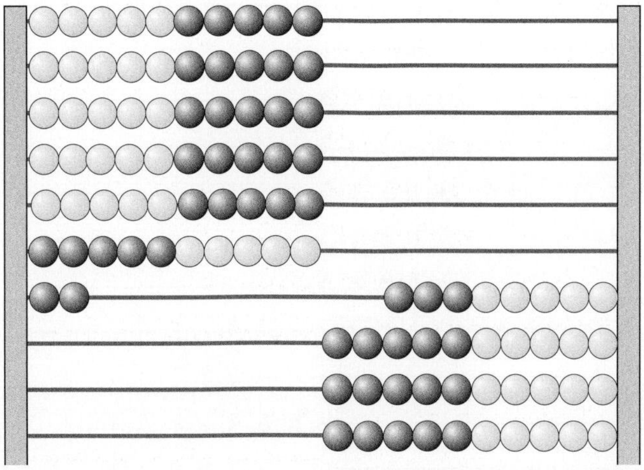

2. Schritt: 62 – 30

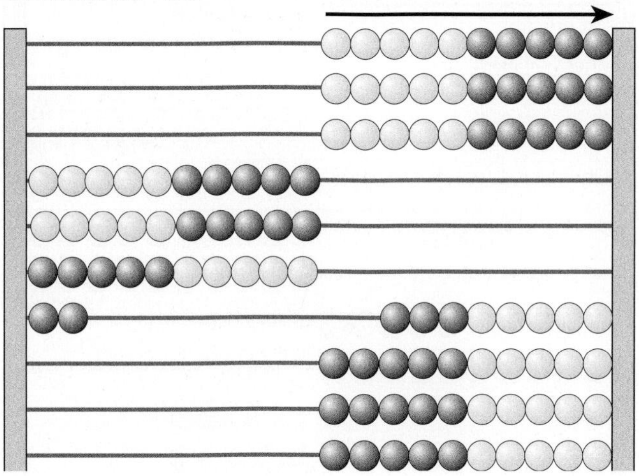

3. Schritt: 32 – 8 (als 32 – 2 – 6)

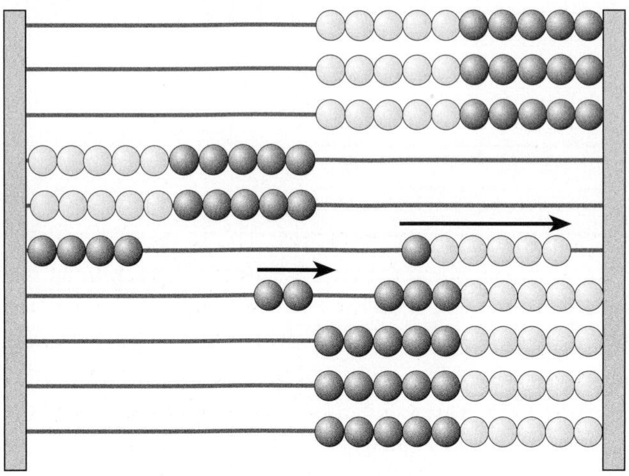

Die Notationen entsprechen dem 1. Verfahren. Vorteilhaft an diesem Verfahren ist, dass die vollen Zehner als Ganze weggeschoben werden können. Jedoch handelt man sich dafür den Nachteil ein, dass der Wert der Differenz nicht mehr an den obersten Stangen dargestellt ist. Für zählende Rechner ist dies dennoch das geeignete Verfahren, weil hier die Zehner des Subtrahenden als Ganze verschoben werden können.

Methode: „Zehner extra, Einer extra"
1. Schritt: 60 – 30

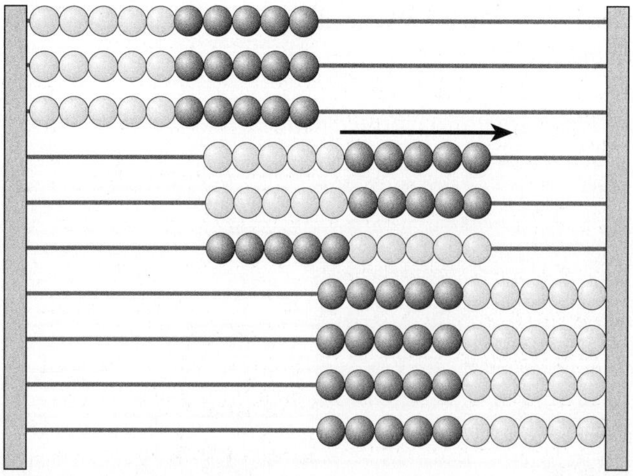

2. Schritt: + 2

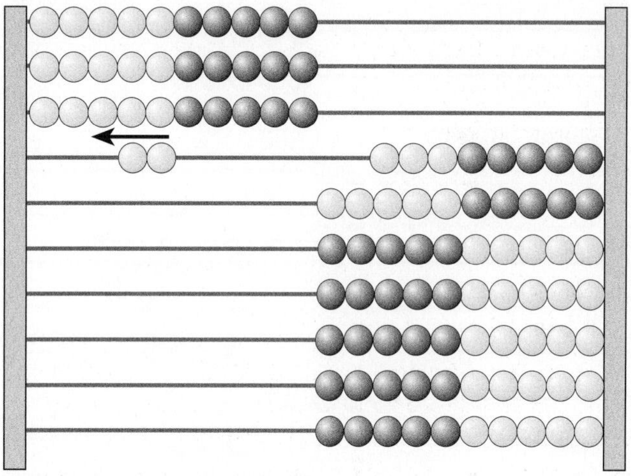

3. Schritt: – 8

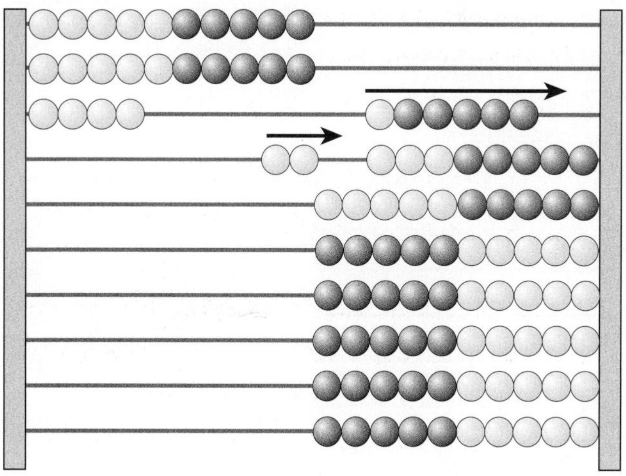

Ausführliche Notation:

62 – 38 = 24
60 – 30 = 30
2 – 8 = –6

Kurzform:

62 – 38 = 24
30 – 6

An den Darstellungen der Handlungen am Rechenrahmen und insbesondere bei der Notation wird deutlich, dass für viele Kinder dieser Weg schwierig und kaum nachvollziehbar ist.

Methode „operative Beziehungen", 1. Verfahren:

1. Schritt: 62 darstellen

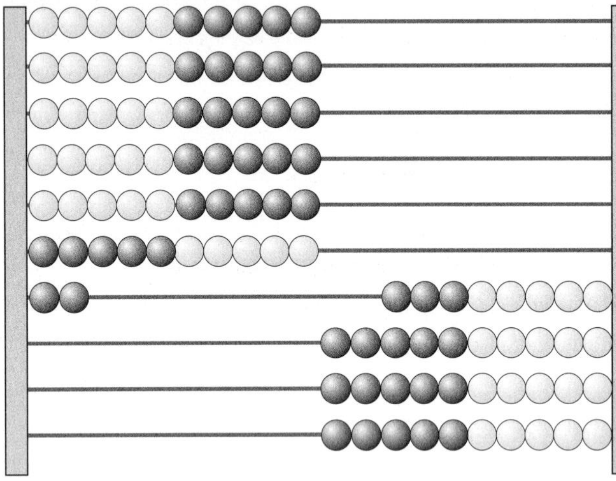

2. Schritt: 62 – 40

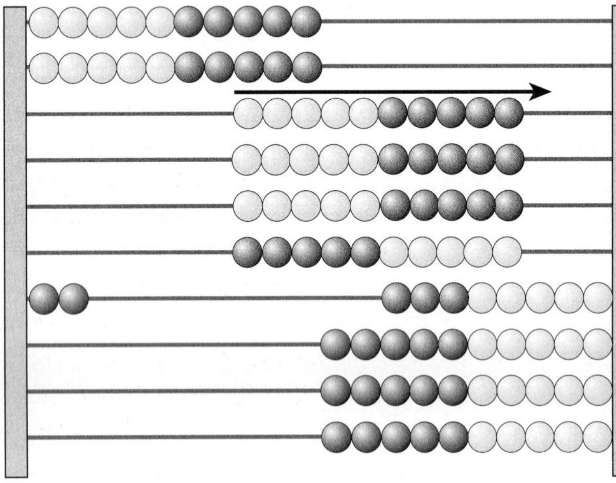

3. Schritt: 22 + 2

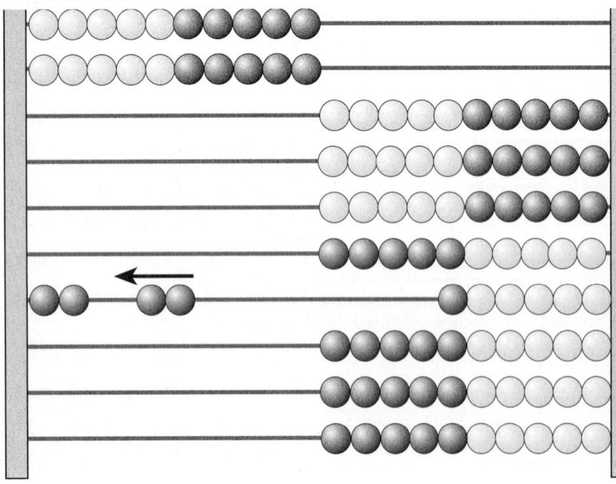

Ausführliche Notation:

62 – 38 = 24
62 – 40 = 22
22 + 2 = 24

Kurzform:

62 – 38 = 24
22, 24

Methode „operative Beziehungen", 2. Verfahren:

1. Schritt: 62 darstellen

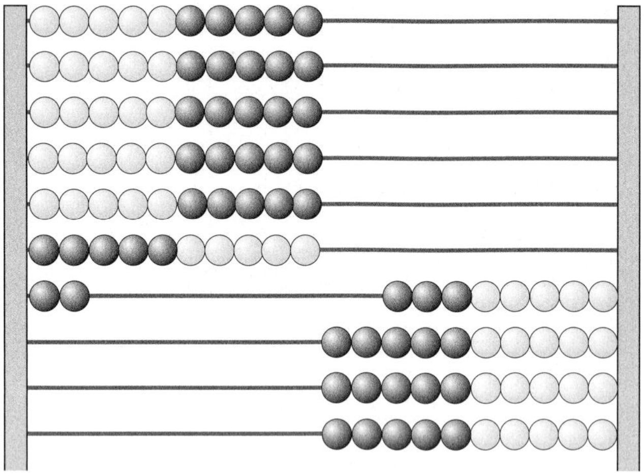

2. Schritt: 62 – 40

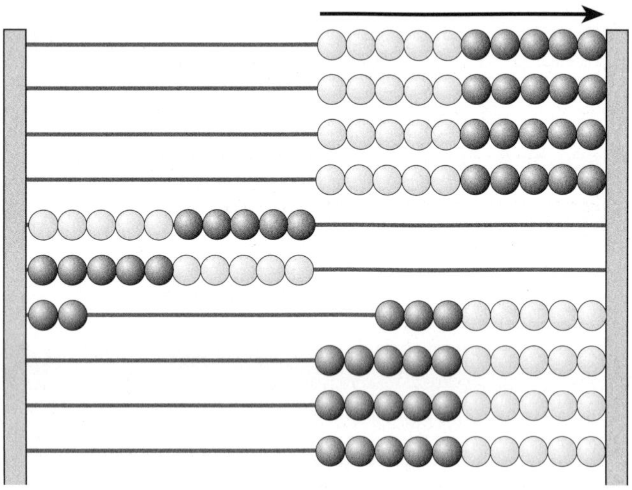

3. Schritt: 22 + 2

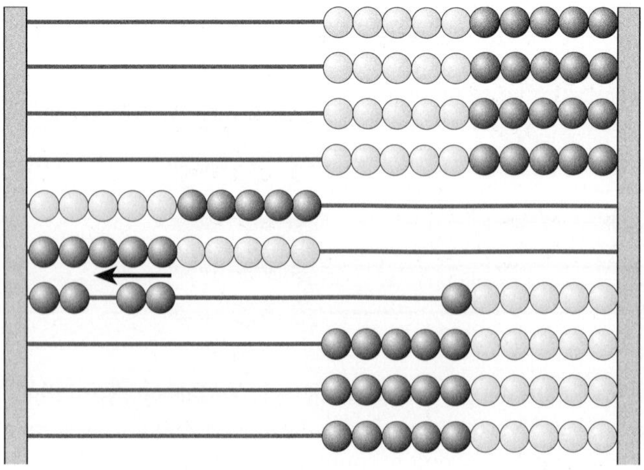

Die Notation entspricht der zum ersten Verfahren. Der Wert der Differenz erscheint in zusammenhängender Darstellung, wenn auch nicht auf den obersten Stangen.

Methode „Ergänzen“

1. Schritt: 38 darstellen

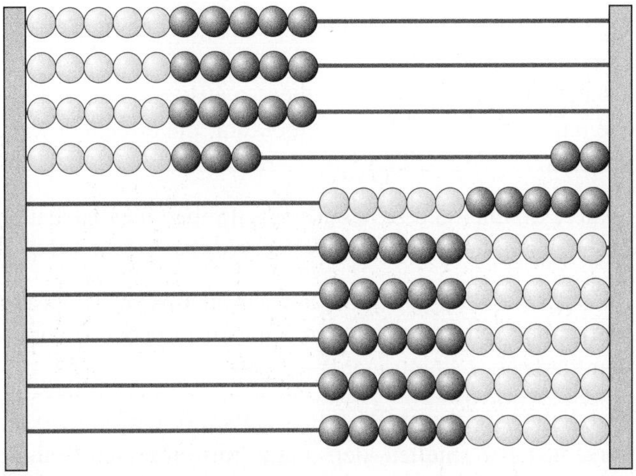

2. Schritt: 38 + 2 + 20

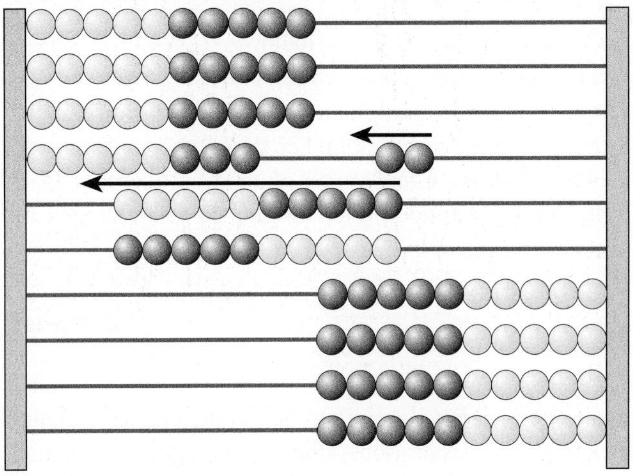

3. Schritt: 60 + 2

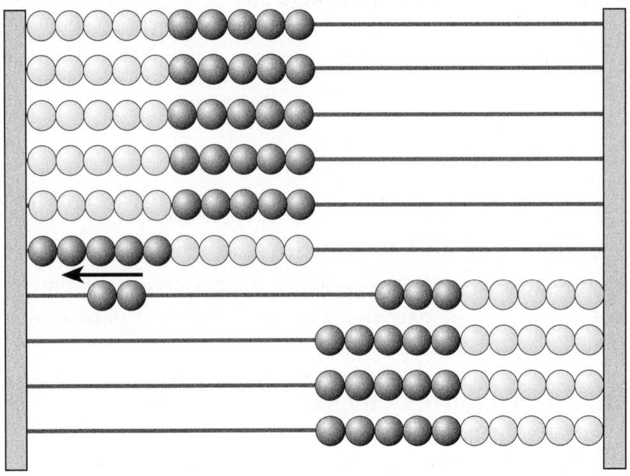

Ausführliche Notation:

62 – 38 = 24
38 + 2 + 20 = 60
60 + 2 = 62

Kurzform:

62 – 38 = 24
38 +2 + 20 + 2

Auch die Einsicht in diese Methode kann nicht von allen Kindern erwartet werden.

Im Hinblick auf eine anzustrebende Flexibilität der Lösungswege ist es sinnvoll, wenn im Unterricht durch passende Beispiele immer wieder herausgearbeitet wird, dass bei einer Subtraktionsaufgabe mit zwei deutlich unterschiedlich großen Zahlen (z. B. 62 – 38, 84 – 29 ...) das schrittweise Rechnen sinnvoll ist, während bei Subtraktionsaufgaben mit zwei Zahlen vergleichbarer Größe (z. B. 62 – 58, 81 – 69 ...) das Ergänzen schneller und einfacher ist.

Unterrichtspraktische Empfehlung:

Entwerfen Sie ein Arbeitsblatt mit Aufgaben, die zu unterschiedlichen Lösungsstrategien anregen, z. B.:

47 + 28   73 – 28
35 + 59   82 – 35

47 + 45   72 – 69
39 + 42   84 – 78   o. a.

Gemeinsam mit den Kindern werden verschiedene Lösungsstrategien diskutiert.

2.2.6 Übungen, Spiele und Differenzierungsangebote

Die Anregungen in diesem Abschnitt sind weder eine auch nur annähernd vollständige Sammlung von Übungen zur Addition und Subtraktion im Zahlenraum bis 100 noch spiegeln sie eine systematische Reihenfolge der Behandlung im Unterricht wider. Sie regen vielmehr an, das Aufgabenangebot des eingeführten Schulbuches bei den entsprechenden Themen des Rechenlehrgangs zu ergänzen bzw. zu erweitern. Dabei helfen die zu einigen Aufgabenstellungen angebotenen Leerschemata als Kopiervorlagen, die Aufgaben individuell zu gestalten und an die spezifische Klassensituation anzupassen.

Über die Aufgabenstellungen und die Spiele wird intensiv in der Klasse bzw. der Lerngruppe gesprochen und diskutiert. Die Kommunikation in der Lerngruppe (Was ist zu tun? Wie kann man das Problem lösen? Wer hat etwas entdeckt? Was ist besonders schwierig? Wer hat eine Idee? Wer kann es anders? ...) ist wichtiger als das Abarbeiten von Aufgaben. Kinder lernen so voneinander und die Lehrerin sammelt Informationen über die Lösungsstrategien und das Verständnis der Kinder. Schüler, die Schwierigkeiten beim Rechnen haben, müssen nicht unbedingt auch Schwierigkeiten beim Entdecken, Beschreiben und Erklären von Zusammenhängen haben. Hilfreich bei jedem Aufgabentyp und bei jedem Spiel ist es, wenn die Lehrerin versucht, sich in die Vorstellungen und die Rechenfertigkeiten der Kinder zu versetzen, und einige Aufgabenstellungen selber löst. Dabei stellt man oft fest, dass das Verstehen der Aufgabenstellung häufig wesentlich schwieriger und komplexer ist als das eigentliche Rechnen bzw. die „nicht eingekleidete“ Rechenaufgabe.

Bei der nachfolgenden Einteilung der Übungsformen sind die Bereiche nicht eindeutig voneinander trennbar. Analogien, operative Beziehungen, Strukturierungen u. a. stehen immer wieder in Beziehung zueinander bzw. sie sind auch wirksam in Aufgabenstellungen, die eher durch die äußere Form gekennzeichnet werden (Rechenräder, Zahlentürme, Rechenfelder ...).

Platzhalter

Spätestens im 2. Schuljahr wird im Unterricht der Begriff „Platzhalter" thematisiert. Zu Platzhaltern haben die Kinder bereits vielfältige Vorerfahrungen außerhalb der Mathematik gesammelt. Platzhalter gibt es als Linien bzw. als leere Kästchen, auf denen bzw. in die man etwas eintragen kann. Sie halten den Platz frei für Namen, Größen, Daten und anderen Angaben.

Beispiele:
Platzhalter auf unseren Schulheften: Wofür halten sie den Platz frei?

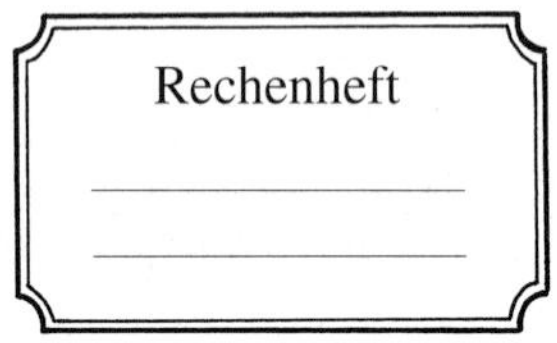

Platzhalter auf einem Fahrradpass:

Rahmennummer:	
Farbe:	
Radgröße:	
Schlüsselnummer:	
gekauft am:	

Platzhalter auf einem Überweisungsschein:

Konto-Nr.:

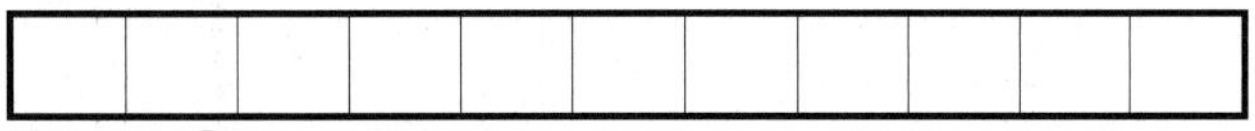

Betrag: €, ct

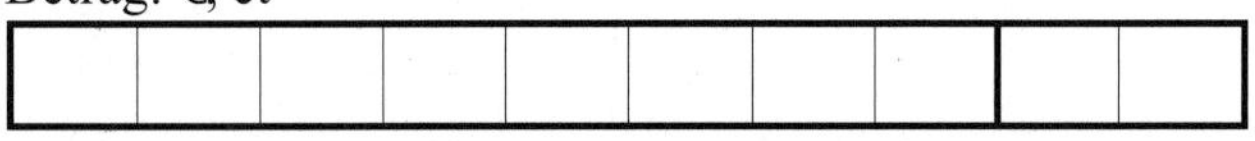

Ein Merkzettel mit Platzhaltern:

In der Schule (Klassentürschilder ...) und zu Hause (wichtige Telefonnummern am Telefon, Kreuzworträtsel ...) sammeln die Kinder zum nächsten Tag Beispiele für Platzhalter. Im Kreisgespräch werden diese vorgestellt, beschrieben, ihre Funktion diskutiert und ggf. im Original oder als Zeichnung auf einem großen Blatt Papier (Tapetenrest o. Ä.) gesammelt und an die Wand geheftet.

Der Übergang zu Platzhaltern im Mathematikunterricht ist ein kleiner Schritt:
„Platzhalter beim Rechnen sehen so aus: ___ oder so: □. Sie halten den Platz frei für eine Zahl, die errechnet werden soll."

„Ältere Schüler und Erwachsene schreiben für Platzhalter oft auch ein **x**."

„Warum ist es ungünstig, wenn wir auch schon ein x für Platzhalter schreiben?" (Man kann die Lösung nicht in den Platzhalter x eintragen!)

Platzhalter können in Rechenaufgaben (Gleichungen) an verschiedenen Stellen den Platz für eine Zahl freihalten, z. B.:
17 + 12 = □ oder 17 + □ = 29 oder auch □ + 12 = 29.

Zu entsprechenden Zahlentripeln (z. B. 20, 30, 50) und den beiden Operationen Addition und Subtraktion entwerfen die Kinder alle möglichen Gleichungen mit Platzhaltern. Im Vordergrund steht bei dieser Übung nicht das Rechnen, sondern das verschiedene Anordnen der Platzhalter und das Finden aller möglichen Gleichungen mit einfachen Zahlen, z. B.:

20 + 30 = □, 20 + □ = 50, □ + 30 = 50, 50 – 20 = □, 50 – □ = 30, □ – 20 = 30.

Im Gespräch werden die Veränderungen der Platzhalterpositionen geklärt. In einigen Schulbüchern werden auch Platzhalter für Operations- und Relationszeichen thematisiert. Sie sollten sich äußerlich von den Platzhaltern für Zahlen unterscheiden. Beispiele aus Schulbüchern:

„Setze <, > oder = ein!
20 + 30 ○ 60 70 – 20 ○ 20 + 30 ..."

„Setze + oder – ein!
42 ○ 15 = 57 81 < 70 ○ 20 ..."

Das Verständnis des Platzhalters ist eine zentrale Voraussetzung zum erfolgreichen Bearbeiten zahlreicher Übungsformen wie Analogieaufgaben, operative Übungsaufgaben, Rechenstrich, Hundertertafel, Rechenräder, Fehlersuche ...

Gezielte operative Übungen

Im Abschnitt 4.2.4 des Handbuches zum 1. Schuljahr wird ausführlich das operative Üben diskutiert, sodass an dieser Stelle nur die Aufgabenformen an einem Beispiel beschrieben werden. Das Prinzip des operativen Übens wird bei den meisten Übungsanregungen in diesem Handbuch berücksichtigt. Bei der Gestaltung eigener Aufgaben bzw. Arbeitsblätter kann die Lehrerin die nachfolgend aufgelisteten Möglichkeiten gezielt berücksichtigen.

Beispielaufgabe: 28 + 15 = __

Aufgabentypen des operativen Übens

Umkehraufgaben Probeaufgaben	Tauschaufgabe	Nachbaraufgaben
43 – 15 = __ 43 – 28 = __	15 + 28 = __	27 + 15 = __ 29 + 15 = __ 28 + 14 = __ 28 + 16 = __
Zerlegungsaufgaben	**Analogieaufgaben**	**Invarianzaufgaben**
28 + 10 + 5 = __ 20 + 10 + 5 + 8 = __ 28 + 2 + 10 + 3 = __ 30 + 15 – 2 = __ ...	38 + 15 = __ 78 + 15 = __ 28 + 25 = __ ...	30 + 13 = __ 29 + 14 = __ 28 + 15 = __ 27 + 16 = __ ...

Zum Erkennen und Entdecken dieser Aufgabentypen sind die Hunderter-Tafel und der Rechenrahmen besonders hilfreich. Die Kinder erklären, wie die Lösungen zustande kommen. Immer wieder werden Fragen und Denkanstöße diskutiert (Was entdeckst du? Was fällt dir auf? Erkläre! Wie kommt das? Begründe!).

Analogieaufgaben

Im Abschnitt 2.2.2 wurde die Bedeutung der Einsicht in dekadische Analogien als eine wichtige Grundlage und als hilfreiches Wissen für das effektive Bearbeiten vieler Rechenaufgaben herausgestellt. In einigen Schulbüchern ist das Angebot an Analogieaufgaben sehr mager, sodass die nachfolgenden Beispielaufgaben Anregungen für das Gestalten eigener Arbeitsblätter bieten.

Es geht bei diesen Analogieaufgaben nicht darum, im Sinne eines gestuften Übens Kindern die Lösung einiger schwieriger Aufgaben durch die Einbindung in Analogiereihen zu erleichtern. Ziel der Behandlung dieses Aufgabentyps ist es vielmehr, den Kindern die vorhandenen Analogien (z. B. durch entsprechende Darstellungen an Arbeitsmitteln) bewusst zu machen. Nicht die Lösung der Aufgabe 31 – 2 in der Reihe der Analogieaufgaben ist die wesentliche Leistung, sondern die Erkenntnis, dass 31 – 2 = 29 ist, *weil* 11 – 2 = 9 und 21 – 2 = 19 ist. Gerade bei der Behandlung von Analogieaufgaben kommt es deshalb darauf an, im Unterrichtsgespräch (in Strategiekonferenzen) die Lösungswege zu thematisieren und die Ergebnisse zu begründen.

Systematisches Verändern der ersten Zahl			
5 + 3 = 15 + 3 = 25 + 3 = ... 95 + 3 =	11 – 2 = 21 – 2 = 31 – 2 = ... 91 – 2 =	10 – 6 = 20 – 6 = 40 – 6 =	90 – 20 = 95 – 20 = 98 – 20 =
20 + 28 = 40 + 28 = 60 + 28 =	60 – 35 = 70 – 35 = 50 – 35 =	36 + 29 = 34 + 29 = 32 + 29 =	
Systematisches Verändern der zweiten Zahl			
26 + 2 = 26 + 12 = 26 + 22 =	45 – 2 = 45 – 12 = 45 – 32 =	29 + 5 = 29 + 10 = 29 + 15 = 29 + 25 =	80 – 45 = 80 – 35 = 80 – 25 = 80 – 55 =
Systematisches Verändern beider Zahlen			
4 + 4 = 14 + 4 = 14 + 14 = 24 + 14 =	24 + 5 = 23 + 6 = 22 + 7 = 21 + 8 =	34 + 14 = 33 + 15 = 32 + 16 = 31 + 17 =	25 + 36 = 26 + 35 = 25 + 34 = 24 + 33 =
Paare			
2 + 4 = 12 + 4 = 22 + 14 = 32 + 14 =	52 + 14 = 53 + 13 = 56 – 13 = 55 – 12 =	30 + 15 = 25 + 20 = 60 + 15 = 55 + 20 =	52 + 43 = 42 + 33 = 54 + 22 = 64 + 32 =
12 + 28 = 18 + 22 = 56 + 14 = 54 + 16 =	47 – 12 = 49 – 14 = 52 – 20 = 50 – 18 =	42 – 15 = 42 – 25 = 87 – 62 = 87 – 72 =	56 – 25 = 65 – 52 = 48 – 23 = 84 – 32 =
Platzhalteraufgaben			
31 – □ = 30 32 – □ = 30 33 – □ = 30 78 + □ = 81 78 + □ = 83 78 + □ = 85	45 – □ = 15 35 – □ = 15 25 – □ = 15 47 + □ = 55 48 + □ = 55 46 + □ = 55	29 + □ = 40 28 + □ = 40 27 + □ = 40 43 – □ = 29 42 – □ = 28 41 – □ = 27	97 + □ = 100 87 + □ = 100 67 + □ = 100 □ – 20 = 32 □ – 20 = 33 □ – 20 = 34

Entwerfen Sie Arbeitsblätter zu diesen Aufgabenstellungen und lassen Sie die Kinder ihre Entdeckungen beschreiben bzw. erklären!

Eine sehr unterrichtspraktische Anregung zu den Analogieaufgaben wie zu Rechenstrategien im Hunderterraum allgemein wird im Heft 3/1995 der Zeitschrift *Praxis Grundschule* (Ebeling 1995) angeboten. Vorgeschlagen und über Kopiervorlagen angeboten werden Faltkarten mit Aufgaben zu den folgenden Lösungsstrategien: Analogiebildung, Zerlegungsaufgaben, Zahlennähe bei der Subtraktion, Nähe des Zehners und Verdopplungen. Zu jedem Themenbereich gibt es vier Faltkarten mit jeweils zehn Aufgaben. Auf der einen Seite der Karten sind die

Aufgaben abgebildet, auf der anderen die Kontrolle, dargestellt anhand der geforderten Rechenstrategie.

Übersicht über die Themenbereiche in dem Beitrag von Ebeling (1995, S. 16):

Themenbereiche	Vorderseite	Kontrolle/Rückseite
Analogiebildung	2 + 5 = 12 + 5 =	12 + 5 = 17
Zerlegungsaufgaben	43 – 7 =	43 – 3 – 4 = 36
Zahlennähe bei der Subtraktion	76 – 74 =	74 + 2 = 76
Nähe des Zehners	45 – 29 =	45 – 30 + 1 = 16
Verdopplungen	45 + 46 =	45 + 45 + 1 = 91

Der Rechenstrich

Der leere Zahlenstrahl oder „Rechenstrich" (vgl. Treffers/de Moor 1989) geht in der Vorstellung auf das Zahlenband (vgl. Abschnitt 2.1.4), die Hunderterkette oder den Hunderterzahlenstrahl zurück. Ausgehend von diesen Arbeitsmitteln wird mit den Kindern besprochen, dass für die Zahlen von 0 bis 100 einfach nur ein Strich (freihändig und ohne Lineal) gezeichnet wird. Alle Einteilungen und Ziffern werden weggelassen:

Nur zwei Zahlen lassen sich am Rechenstrich bis 100 genau bestimmen, die 0 und die 100. Die Plätze der anderen Zahlen sind nur ungefähr festlegbar:

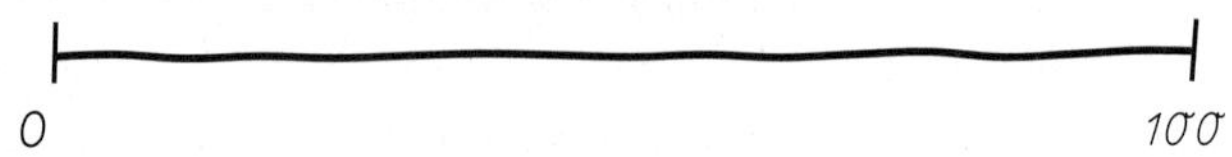

Aufgaben zur Orientierung am gesamten Rechenstrich

- Zeichne einen Rechenstrich und trage die folgenden Zahlen ungefähr ein!
  10, 20, 50, 70, 90
  oder
  5, 21, 72, 80, 95

Nach diesen ersten Übungen ist es sinnvoll, wenn die Kinder nur Ausschnitte oder Vergrößerungen des Rechenstrichs zeichnen und Zahlenplätze bestimmen.

- Zeichne einen Rechenstrich und trage die folgenden Zahlen ungefähr ein!
  10, 15, 25, 30, 40

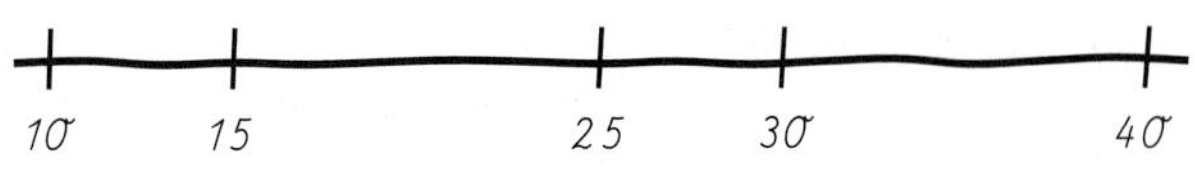

oder
72, 75, 80, 85, 95

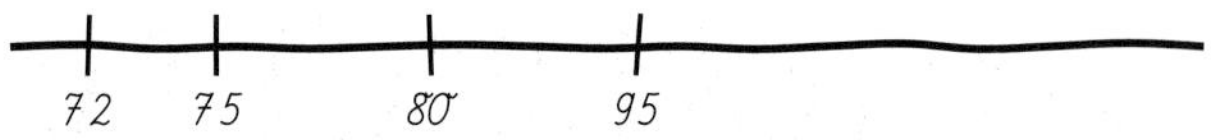

Am Rechenstrich kann man Additions- und Subtraktionsaufgaben darstellen, indem die Operationsschritte durch Pfeile (oder auch nur Linien) repräsentiert werden. Eine exakte Abbildung der Rechenoperation am Zahlenstrahl ist dabei nicht notwendig. Vielmehr sollen die kindlichen Vorstellungen vom Vorwärts- und Rückwärtsgehen, vom Rechnen in einem, zwei oder mehr Schritten und von mehr oder weniger großen Sprüngen, die mit den Rechenoperationen verbunden werden, am Rechenstrich gezeigt werden. Es kommt also nicht auf eine möglichst exakte Festlegung der Zahlen oder auf genaues Zeichnen der Rechenpfeile an, wohl aber auf eine Abbildung der Rechenstrategie.

- Zeichne einen Rechenstrich und darauf den Rechenweg zu den folgenden Aufgaben:
  25 + 20 =

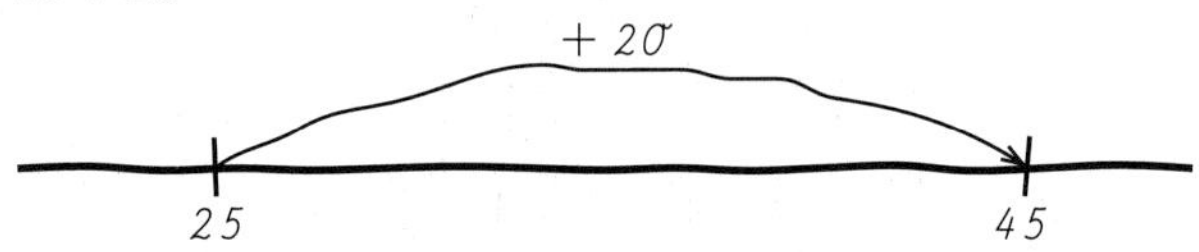

oder:
70 – 38 =

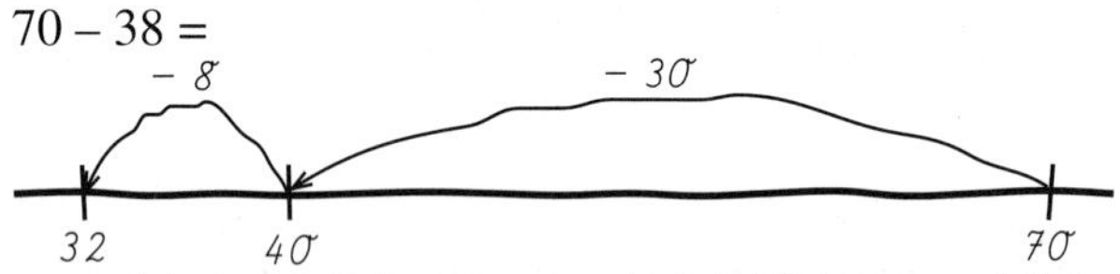

Die verschiedenen Lösungswege bei Additions- und Subtraktionsaufgaben erzeugen unterschiedliche Skizzen am Rechenstrich:

46 + 18 =

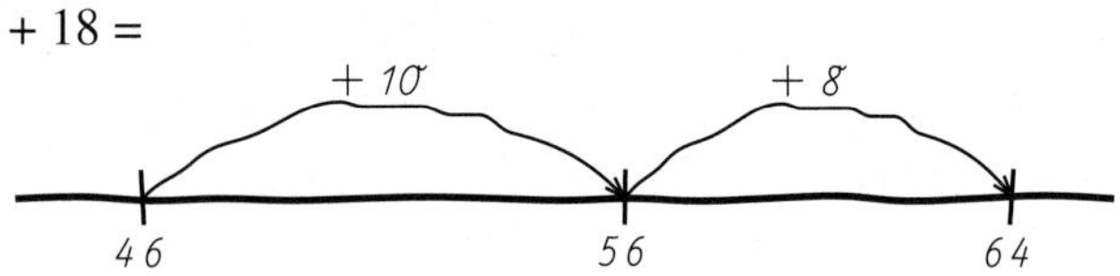

oder

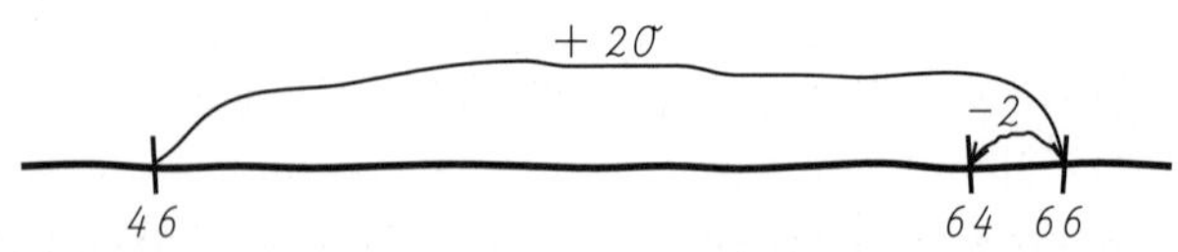

46 – 18 =

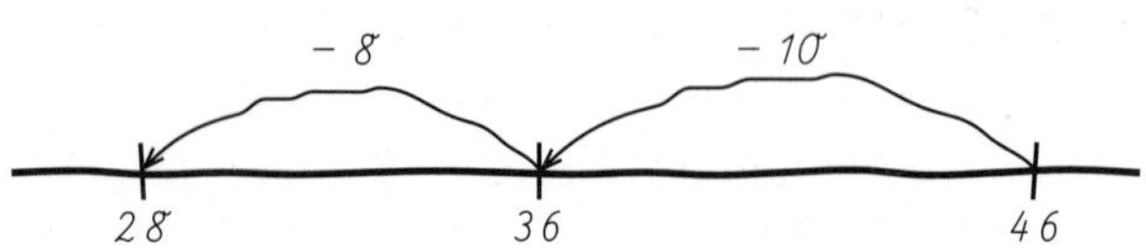

oder

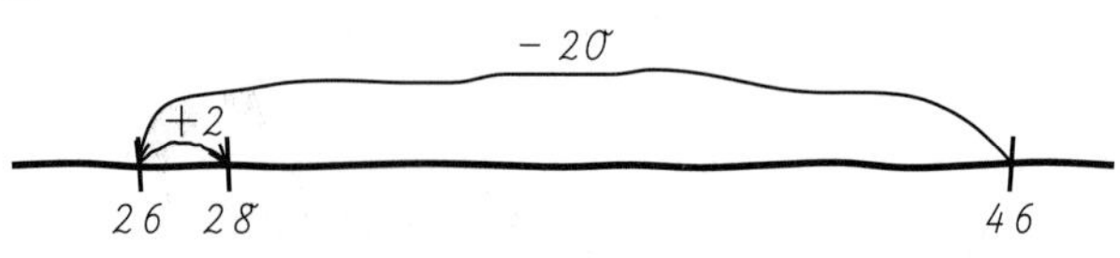

Auch Ergänzungsaufgaben können skizziert werden:

35 + __ = 60

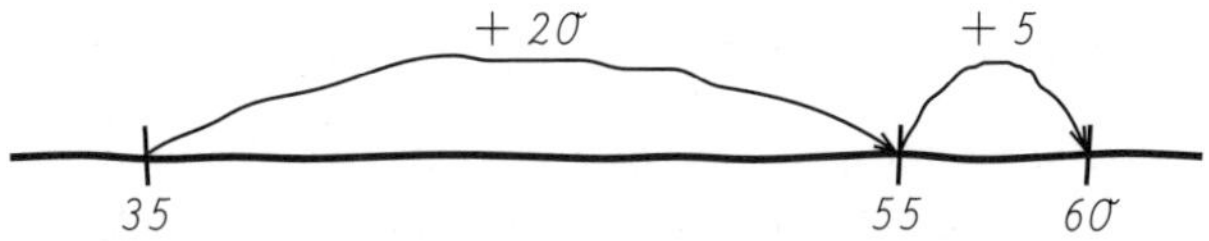

Das Zeichnen am leeren Zahlenstrahl bzw. dem Rechenstrich dient der Verinnerlichung von Zahlenraumvorstellungen und liefert zugleich „Bilder" der Rechenwege. Für die einzelnen Additions- und Subtraktionsaufgaben im Zahlenraum bis 100 gibt es je nach Lösungsweg ganz unterschiedliche Darstellungen. Zum Beispiel zur Aufgabe

65 – 38 =

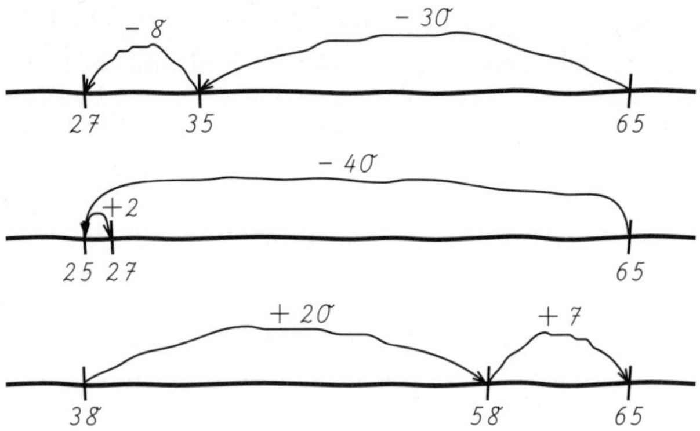

Ergänzt werden könnten diese drei Verfahren noch um Folgendes: 65 – 38 = 65 – 5 – 30 – 3.

An diesem Beispiel wird deutlich, dass ein schrittweises Rechnen und das Rechnen über operative Beziehungen am Rechenstrich gut darstellbar sind. Bei der Subtraktion über das Ergänzen wird das Schema durchbrochen, weil das Ergebnis der Subtraktionsaufgabe (die zu ergänzende Zahl) über den Pfeilen steht. Eine Darstellung zur Methode „Zehner extra, Einer extra" ist nicht möglich. Dies ist ein weiterer Grund, dieses Verfahren des gestützten Kopfrechnens bei der Subtraktion nicht ausdrücklich im Unterricht zu thematisieren.

Üben und Entdecken auf und mit der Hunderter-Tafel

Übungen zur Verinnerlichung der Struktur der Hunderter-Tafel waren Gegenstand des Abschnittes 2.1.4. Wie mit Abdeckblättern bzw. mit Pfeilen auf der Hunderter-Tafel gerechnet werden kann, ist im Abschnitt 2.2.4 beschrieben worden. Hier werden nun Übungen vorgestellt, die die Hundertertafel zunächst als Medium für das Stellen von Aufgaben nutzen, darüber hinaus aber auch die Chance bieten mathematische Gesetzmäßigkeiten zu entdecken.

Automatisierendes Üben mit Hilfe der Hunderter-Tafel
Von der Hunderter-Tafel (**Kopiervorlage A 2**) wird eine Folie gezogen, die mit dem Tageslichtprojektor gezeigt wird. Zusätzlich wird an die Tafel ein Operator geschrieben, z. B. (+ 32). Mit einem Stift wird gezeigt, zu welcher Zahl 32 addiert werden soll.

Diese Art der Aufgabenstellung hat zwei Vorteile gegenüber der üblichen mündlichen Darstellungsform. Erstens können die Aufgaben „stumm" gestellt werden, zweitens haben die Kinder die Gelegenheit, die „Spur der Rechnung" auf der Hunderter-Tafel zu verfolgen. Dies ist vor allem für leistungsschwächere Kinder eine große Hilfe.

Automatisierendes Üben und Entdecken von Gesetzmäßigkeiten
Aus Papier bzw. Pappe wird eine Lochschablone geschnitten, die genau 2 Felder der Hunderter-Tafel sichtbar lässt. Die Grundregel ist sehr einfach: Die beiden sichtbaren Zahlen sollen miteinander addiert werden.

In dieser Form handelt es sich ebenfalls noch um automatisierendes Üben. Mehr Überlegungen und die Chance für Entdeckungen kommen mit der Umkehrung der Fragestellung ins Spiel:

- Suche 2 Zahlen nebeneinander, die zusammen 29 ergeben.
  Fatma war es, die nach einiger Übungszeit ihre Entdeckung laut in die Klasse rief: „Jetzt weiß ich auch, wie man das schnell rechnen kann. Die Zahlen müssen in der Nähe von vierzehneinhalb liegen!" – Und jedes Kind der Klasse verstand sofort, was Fatma damit ausdrücken wollte, obwohl Bruchzahlen wahrlich nicht ein Thema für Klasse 2 sind.
- Suche 2 Zahlen übereinander, die zusammen 56 ergeben.
  Hier eine Strategie zu finden, war schon schwieriger: Von 56 zehn abziehen, den Rest halbieren; damit haben wir die obere Zahl.
- Suche 2 Zahlen nebeneinander, die zusammen 30 ergeben.
  Das ist schwer! Die Kinder suchen lange. Unruhe kommt auf, bis Daniel es schließlich wagt, das laut auszusprechen, was andere nur leise murmeln: „Das gibt es gar nicht!"
  Die Begründung liefert er gleich mit: „Guck doch mal hier bei den ersten Zahlen: 1 + 2 = 3 und 2 + 3 = 5 und 3 + 4 = 7 usw. Immer kommen ungerade Zahlen heraus und das geht immer so weiter. Eine gerade Zahl kann gar nicht herauskommen!"
  Eine große mathematische Entdeckung eines Zweitklässlers und ein sauberer mathematischer Beweis dazu!

- Suche 2 Zahlen übereinander, die zusammen 17 ergeben.
  Dies ist nach der Entdeckung von Daniel ganz einfach. Auch so etwas kann es nicht geben. Übereinander stehen entweder 2 gerade oder 2 ungerade Zahlen. In beiden Fällen ist die Summe gerade.

Diese Aufgabenstellungen eignen sich auch gut als Lernkontrollen.

Rechenräder, Kleeblätter, Rechenpyramiden, Zahlenhäuser und Rechenhäuser

Insbesondere seit den Reformbemühungen zum Mathematikunterricht in der Grundschule zwischen 1965 und 1975, zum Teil jedoch schon sehr viel länger, gibt es vielfältige grafische Einkleidungen von Rechenaufgaben. Sie können durch die andere Form der Gestaltung die Kinder motivieren, sie bieten jedoch auch Möglichkeiten für operative bzw. strukturierende Untersuchungen. Nachfolgend nur drei Beispiele:

Rechenräder

Es gibt sie in zwei Grundvorstellungen: als Additionsräder mit der Summe im inneren Kreis und als Subtraktionsräder mit der Differenz im inneren Kreis.

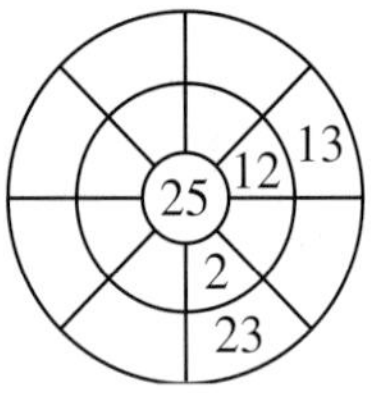

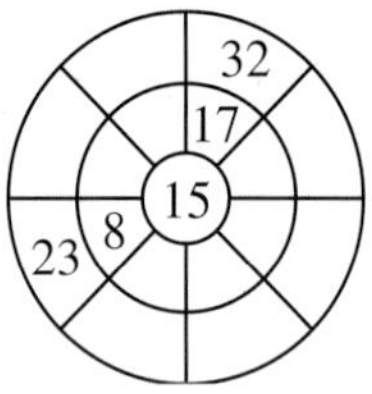

Beide Aufgabenstellungen erlauben drei Variationen, je nach der Stelle des Platzhalters/der Leerstelle, wobei eine Variation – das Bestimmen der Summe bzw. der Differenz – nur selten angeboten wird, weil die Operation nicht eindeutig aus dem Schema erkennbar ist.

Variationen:

Einer der beiden Summanden ist unbekannt bzw. Minuend oder Subtrahend ist unbekannt.

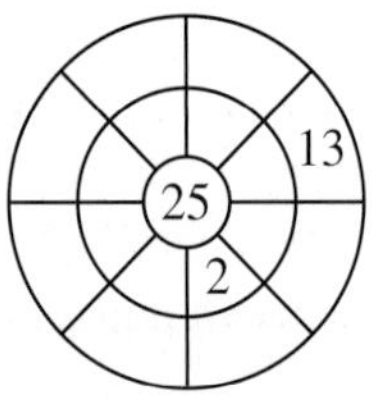

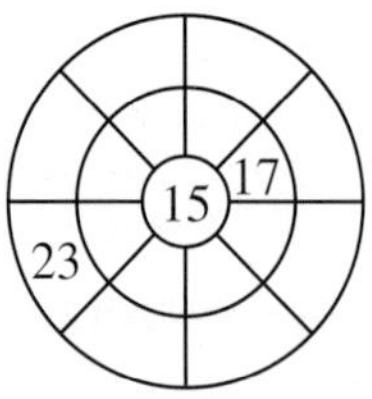

Bei den Rechenrädern – wie bei allen fest vorgegebenen Schemata – werden die Kinder immer wieder zum Kladde-Rechnen ermuntert, wobei um die Rechenräder ausreichend Platz angeboten wird, damit die Kinder ihre Zwischenrechnungen („gestütztes Kopfrechnen") festhalten können. Die Notizen und Rechnungen auf einer Rechenkladde sind erwünscht und hilfreich für die Kinder und die Lehrerin (Fehleranalyse und Strategiereflexionen).

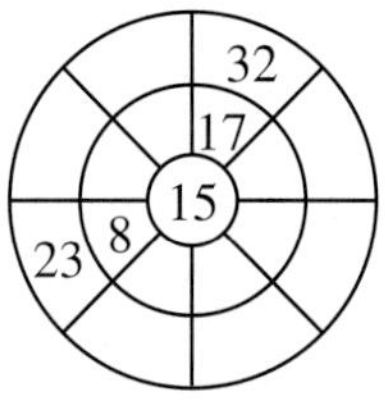

Notiere hier deine Rechnungen:

32 − 17 = 15

30, 20, 15

Vorlagen zu den Rechenrädern finden Sie auf der **Kopiervorlage A 6**. Auf dieser Kopiervorlage wird auf der unteren Hälfte ein Recheneinstellrad angeboten, mit dessen Hilfe die Kinder und die Lehrerin verschiedene Aufgabenstellungen selber entwerfen und variieren können. Die Recheneinstellräder erlauben Differenzierungsmöglichkeiten über die Schwierigkeiten der Aufgabenstellungen.

Kleeblätter

Sie sind den Kindern bereits aus dem 1. Schuljahr (S. 85 f.) bekannt. Immer 3 Zahlen gehören zu einer Aufgabenfamilie.

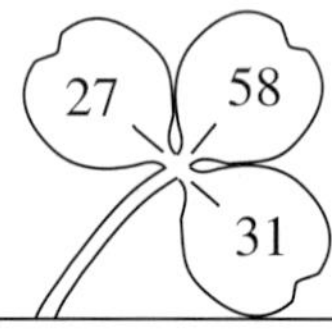

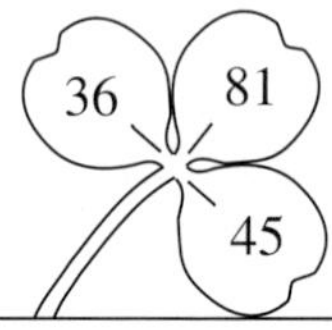

27 + 31 = 58	
31 + 27 = 58	
58 − 31 = 27	
58 − 27 = 31	

Mit Hilfe der Kopiervorlage A 17 aus Band 1 können Aufgabenkarten dieser Art entwickelt werden.

Rechenpyramiden (siehe **Kopiervorlagen A 7**)

Sie werden errichtet, indem auf zwei benachbarte Zahlensteine ein weiterer Stein gesetzt werden kann, der durch die Summe der beiden unteren Steine bestimmt wird.

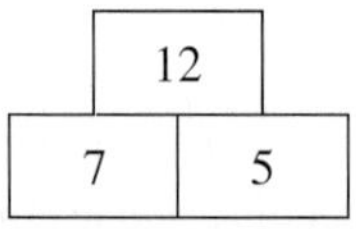

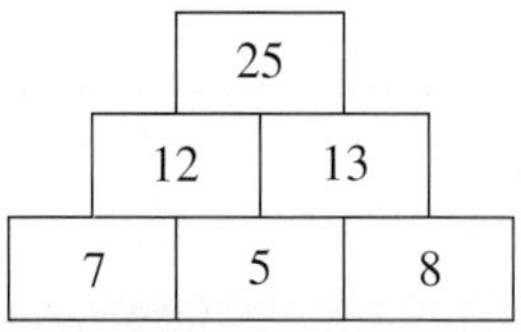

Rechenpyramiden sind didaktisch vielfältig einzusetzen (Mischen von Additions- und Subtraktionsaufgaben, operatives Variieren, Möglichkeiten der Selbstkontrolle, mehrere Lösungen bei einer Aufgabenstellung u. a.), sodass sie im Laufe des Schuljahres bei wachsender Rechenfertigkeit bzw. im größeren Zahlenraum immer wieder angeboten werden. Sie lassen sich zudem von den Kindern in ihren Rechenheften leicht selber zeichnen. Für die Lehrerin bietet es sich an, über einige Grundfolien mit Hilfe eines Overheadprojektors die Aufgabenstellungen, die Untersuchungen und die Lösungen gemeinsam in der Lerngruppe zu diskutieren.

Aufgabenstellungen und Untersuchungen (vgl. Abele u. a. 1994, Wittmann/Müller 1990) :

Wie sind die Rechenpyramiden aufgebaut? Je zwei untere Steine bestimmen durch Addition den darüber liegenden Stein.

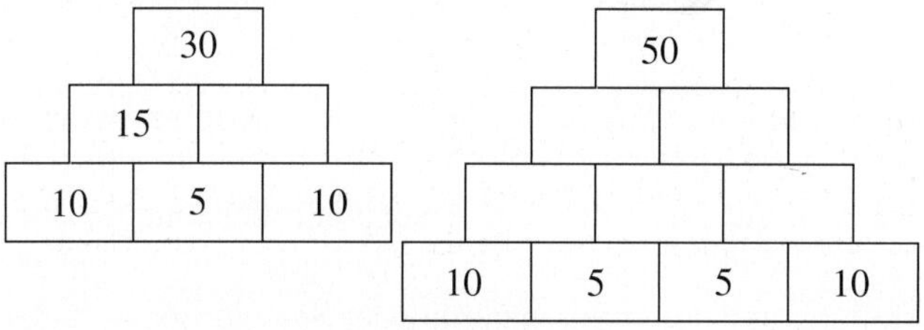

Berechnen mit verstreuten Steinen:

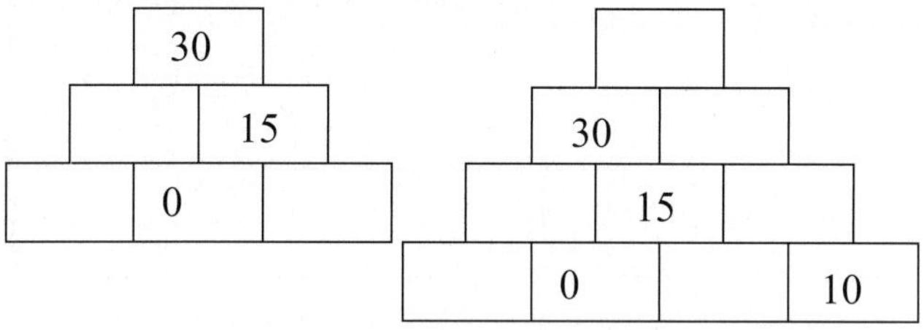

Mehrere Lösungen sind möglich („offene Aufgaben“):

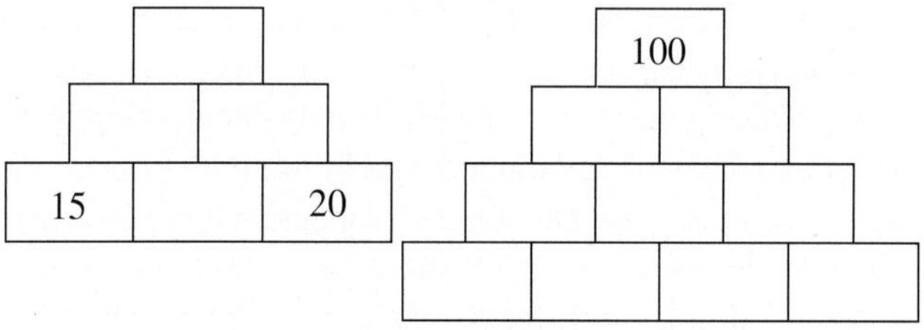

Verändern einer Rechenpyramide: Der oberste Stein soll 100 sein. Wie kann ich die anderen Steine verändern?

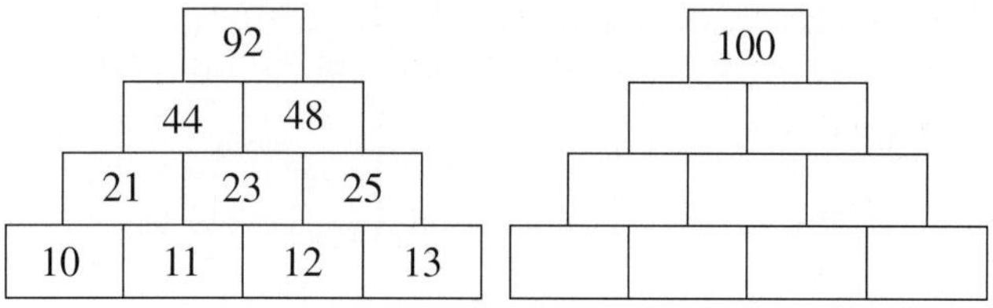

Rechenpyramiden werden variiert:

Wie verändert sich der oberste Stein,

- wenn der linke Stein in der unteren Reihe um 10 vergrößert wird?

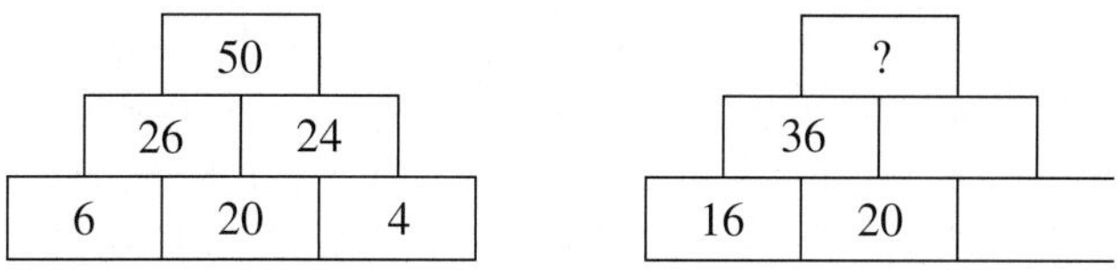

- wenn der rechte Stein in der unteren Reihe um 10 vergrößert wird?
- wenn der linke und der rechte Stein in der unteren Reihe um 10 vergrößert werden?
- wenn der mittlere Stein in der unteren Reihe um 10 vergrößert wird?

Es ist hilfreich, die sich verändernden Steine von den Kindern einfärben zu lassen.

Der oberste Stein soll auf 56 vergrößert werden. Gibt es mehrere Lösungsmöglichkeiten? Wie verändern sich jeweils die Steine der darunter liegenden Reihen?

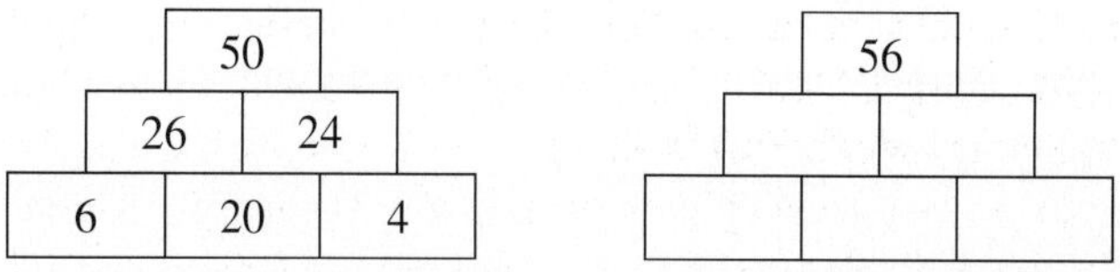

Entsprechende Aufgabenstellungen lassen sich auch über „Zahlentrichter“ stellen. Es ist wenig sinnvoll, alle Kinder einer Klasse mit dieser veränderten Struktur zu konfrontieren, die Verwirrung wäre absehbar. Zahlentrichter bieten Möglichkeiten der Differenzierung für leistungsstärkere Kinder.

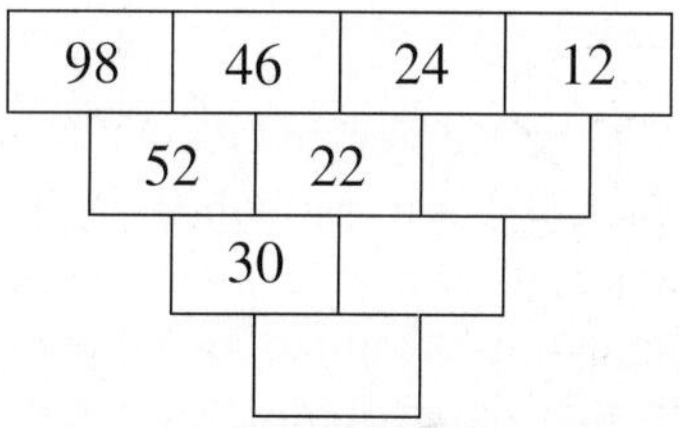

In Band 1 ist auf S. 87 unter dem Namen „Pyramidenkönig“ ein „Schnelles Spiel“ vorgestellt worden, das geeignet ist, einige der hier thematisierten Eigenschaften der Rechenpyramiden von Kindern in spielerischer Form entdecken zu lassen.

Zahlenhäuser (siehe **Kopiervorlage A 8**)
Sie erlauben neben dem Rechenübungseffekt das Erkennen von Mustern bzw. Regeln (vgl. Wittmann/Müller 1990). Zahlenhäuser bestehen aus einem Erdgeschoss mit einer Wohnung, einem Obergeschoss mit zwei Wohnungen und einem Dachgeschoss mit einer Wohnung für Zahlen. Im Dachgeschoss wohnt die Summe der beiden Zahlen des Obergeschosses, im Erdgeschoss die Differenz.

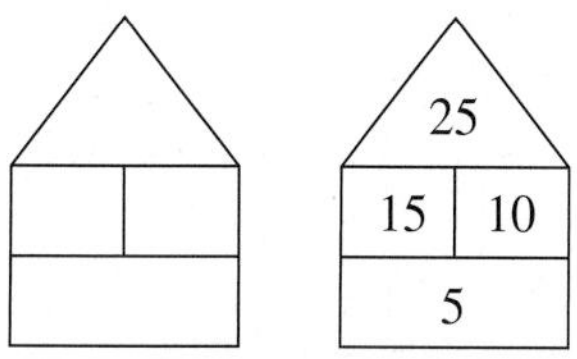

Die Zahlen des Erd- und des Dachgeschosses ziehen jeweils um in die Wohnungen des Obergeschosses eines neuen Hauses und bestimmen die Mieter der leeren Wohnungen.

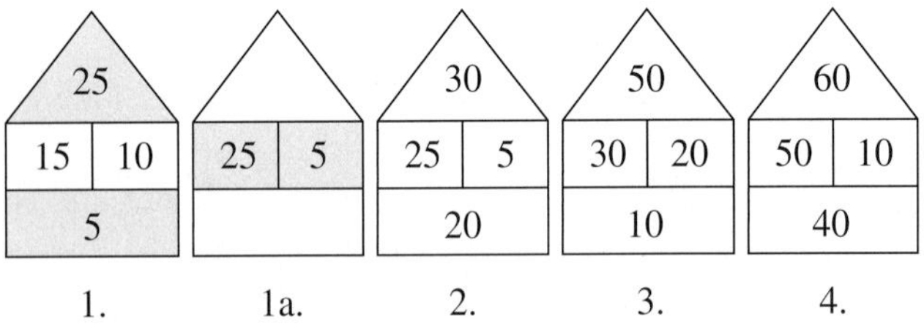

Wie geht es weiter?
Die Kinder entdecken, dass die Zahlen im 3. Haus doppelt so groß sind wie die im 1. Haus, die Zahlen im 4. Haus doppelt so groß wie die im 2. Haus usw.

Eine Aufgabenstellung zur Differenzierung (aus Wittmann/Müller 1990, S. 103):

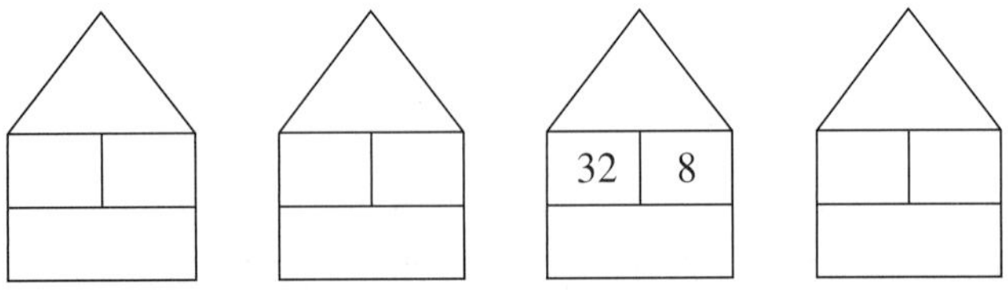

Welche Zahlen wohnen in den anderen Häusern bzw. Wohnungen?

Rechenhäuser (siehe **Kopiervorlage A 8**)
Sie stellen einen anderen Aufgabentyp dar, Additions- und Subtraktionsaufgaben in einer anderen Einkleidung anzubieten. Bei den Rechenhäusern bilden die Kinder zu einer vorgegebenen Zahl (Summe oder Differenz) selber Additions- bzw. Subtraktionsaufgaben, bis alle Etagen eines Hauses belegt sind. Beim Finden neuer Aufgaben können insbesondere operative Beziehungen und Analogien genutzt werden.

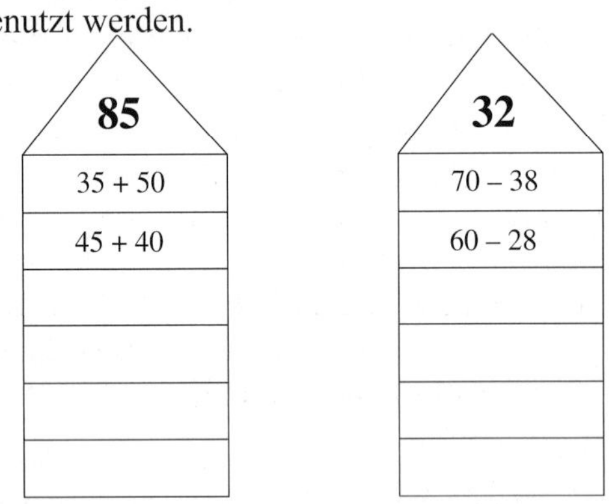

Als Variante können die Rechenhäuser genutzt werden, um Aufgaben mit Platzhaltern bearbeiten zu lassen.
Bei allen Übungen sollte man sich nicht krampfhaft nur auf den Zahlenraum bis 100 beziehen. Es spricht nichts dagegen, wenn Kinder Aufgaben über die „Grenze" 100 hinaus entwickeln bzw. wenn leicht lösbare Aufgaben in den zweiten Hunderter hinein angeboten werden.

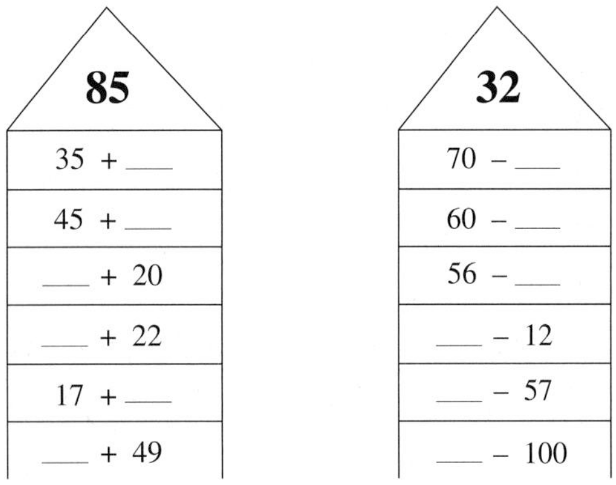

Rechentafeln und Rechentabellen (siehe **Kopiervorlagen A 9** und **A 10**)
Rechentafeln sind aus dem 1. Schuljahr bekannt. Sie bieten zahlreiche Möglichkeiten der Variation der Aufgabenstellung und der Differenzierung der Schwierigkeit. In der Grundform sind das Operationszeichen und die Ränder der Tafel vorgegeben; die Kinder schreiben die Lösungen in die entsprechenden Felder.

+	20	35	42
15	35		
30			
49			

Durch Fortlassen einer oder mehrerer Randzahlen werden die Übungen anspruchsvoller, wobei die Aufgaben besonders schwierig werden, wenn alle Randzahlen fehlen, u. a. auch deshalb, weil es dann nicht mehr nur eine Lösung für die Randzahlen gibt. Die Kinder entdecken beim Bearbeiten Gesetzmäßigkeiten der Tafeln: Die Zahlen der Zeilen werden von links nach rechts jeweils um die gleiche Zahl größer, die Zahlen der Spalten von oben nach unten entsprechend.

	20	35	42
15			
30			
49			

		35	
15	35		
		65	
49			91

Bei Subtraktionstafeln muss vorher besprochen werden, dass die Zahlen der oberen Eingangszeile von den Zahlen der linken Eingangsspalte subtrahiert werden. Als grafische Hilfe könnte ein zusätzlicher Pfeil dienen. Zur Subtraktion können die gleichen Varianten wie bei der Addition angeboten werden. Geübt wird dabei insbesondere das Ergänzen.

–	50	57	65
70	20		
69			
93			

–			65
70	20	13	
30			4
49	53		

Kindern mit visuellen Wahrnehmungsschwächen (Schwierigkeiten bei der Figur-Grund-Unterscheidung, Feldabhängigkeit u. a.) kann das Lesen und Bearbeiten von Rechentafeln größere Schwierigkeiten bereiten. Diesen Kindern helfen evtl. Tafeln mit Lücken, weil sie nicht so voll und erdrückend sind (vgl. **Kopiervorlage A 10**):

–	50		57		
70	20				
69					

Auch die Rechentabellen sind aus dem Handbuch zum 1. Schuljahr bereits bekannt. Bei ihnen werden die vier vorgegebenen Zahlen waagerecht und senkrecht addiert. Schließlich wird aus den waagerechten und den senkrechten Summen noch einmal eine Summe gebildet und in das leere Feld unten rechts eingetragen. Hier bietet sich eine Selbstkontrolle an, weil die beiden letzten Summen gleich groß sein müssen.

28	31	
17	19	

28	31	59
17	19	36
45	50	95

Die Rechentabellen bieten wiederum Möglichkeiten der Variation der Aufgabenstellung und der Differenzierung der Schwierigkeit.

27		42
24		52
	43	

29	13	
22	19	
		82

		41
52		98

Bei einer anderen Tabellenform (siehe **Kopiervorlage A 9**) wird das Verständnis bzw. die Notation von Variablen vorbereitet. Die Buchstaben a und b stehen als Variablen für Zahlen, die vorgegeben oder von den Kindern beim Ausfüllen der Tabelle bestimmt werden. Auch hier sind verschiedene Schwierigkeiten in die Aufgabenform einbaubar.

a	b	a + b	a – b
65	30	95	
52	45		
71		82	
	42		18
		70	20

Beim Bearbeiten von Rechentabellen mit Gesetzmäßigkeiten müssen die Kinder vor dem Rechnen zunächst die in den Tabellen enthaltenen Regeln erkennen, um dann die Rechnungen entsprechend weiterzuführen.

Beispiele:

17	27	37	...	...			
21	31	41	...	...			

6	15	24	...	...			
12	30	48	...	...			

Solche Tabellen können Kinder auch selbst für andere herstellen.

Fehlersuche

Fehler im Mathematikunterricht sind kein Tabu! Sie sollten im Unterricht thematisiert werden, indem man in der Lerngruppe versucht Fehler zu finden und auch zu erkennen, was bzw. wie falsch gerechnet worden ist.

Die Fehlersuche kann im Mathematikunterricht zum Unterrichtsthema werden mit dem Ziel der Bewusstmachung bzw. den Ansätzen des Erkennens und Vermeidens eigener Rechenfehler. Dabei stehen die Lösungswege im Mittelpunkt, sie werden aus Schülersicht bewertet. In „Mathekonferenzen" (Strategiekonferenzen) können Begründungen für Fehler gesucht und Fehlerstrategien versprachlicht werden. Zum Beispiel: „Bei 24 – 6 = 19 wird eine Zahl zu wenig subtrahiert oder die letzte Zahl beim Rückwärtszählen wird als Ergebnis genannt." „Bei 86 – 55 = 21 wird ein Zehner zu wenig subtrahiert."

„Hier sind Rechenfehler! Wer kann beschreiben, was falsch gerechnet worden ist?"

45 + 26 = 19 „Es wurde subtrahiert. Bei + muss das Ergebnis größer als die beiden Zahlen werden."

27 + 5 = 31
26 + 45 = 61
26 + 45 = 89

42 – 23 = 29
42 – 5 = 38
42 – 23 = 21
42 – 5 = 47

„Setze ein Häkchen hinter richtig gelöste Aufgaben. Bei einem Fehler schreibe das richtige Ergebnis in den Kreis! Kannst du die Fehler auch beschreiben?"

36 – 6 = 30 (✓)	27 + 15 = 41 ◯	100 – 57 = 43 ◯
45 – 4 = 42 (41)	36 + 25 = 61 ◯	100 – 84 = 26 ◯

Die von Schülern bearbeiteten Übungsaufgaben und Klassenarbeiten sind Fundgruben für interessante Fehler, die gemeinsam im Unterricht besprochen werden können. Über die Fehlersuche bekommen die Schülerfehler einen neuen, positiven Wert, indem

- sie als hilfreiche Zwischenstufen in einem Lösungsprozess aufgewertet
- und als hilfreiche Verfeinerung der Rechenstrategie anerkannt werden.

Das bedeutet eine neue Sichtweise bei der Lehrerin und den Schülern: Ein Fehler ist keine statische Lösung, sondern ein dynamisches Gebilde auf dem Weg zu einem Ziel/einer Problemlösung. Häufig wird der Begriff „Fehler" nur dem Endprodukt, dem Ergebnis einer Aufgabe oder einem einzelnen Rechenfehler zugeordnet. Die Fehleranalyse zielt aber ab auf fehlerhafte Lösungswege, falsche Rechenstrategien bzw. auf ein individuell entwickeltes/entdecktes Zahl- und Operationsverständnis.

> Unterrichtspraktische Empfehlung:
>
> Im Laufe des Schuljahres bietet es sich an, an einer Stelle der Tafel/Hefttafel/Pinnwand eine „Fehlerausstellung" der häufigsten Schülerfehler aufzubauen. Natürlich nicht mit den Namen der Fehlerproduzenten!

Vermischte Übungen

Überschlägiges Rechnen

Frühzeitig müssen die Kinder angehalten werden, bei schwierigen Aufgaben zunächst im Überschlag das annähernde Ergebnis zu bestimmen. Eine Aufgabenstellung als Beispiel für eine gezielte Übung:

„Bestimme zunächst durch Überschlagen, welche Zahl dem Ergebnis am nächsten kommt. Kreuze diese Zahl an. Überprüfe deinen Überschlag dann durch eine Rechnung."

24 + 39
40 ◯
60 ⊗
80 ◯

72 – 39
30 ◯
40 ◯
50 ◯

25 + 17 + 39
70 ◯
80 ◯
90 ◯

Bei diesen Aufgabenstellungen kann es sich anbieten, die Überschlagsrechnung mit Hilfe eines Taschenrechners zu kontrollieren, indem das genaue Ergebnis mit Hilfe des Rechners bestimmt wird. Das wäre ein sinnvoller Einsatz des Taschenrechners als Rechenhilfsmittel, wobei zugleich zum überschlägigen Rechnen motiviert wird. Weil es auf den Überschlag ankommt, können die Kinder aber auch die Rechnung selbst mit dem Taschenrechner ausführen.

Zahlensteckbriefe

Mit dieser Übungsform werden die operative Struktur der Zahlen und ihre Beziehungsvielfalt (vgl. S. 17 ff.) thematisiert. Sie ist gut geeignet als „Aufgabe der Woche". Benötigt wird die freie Rückseite eines Tapetenrestes, auf die groß „Zahlensteckbrief 27" geschrieben wird. Die Kinder notieren alles, was ihnen zur Zahl 27 einfällt. Die folgende Abbildung zeigt einen solchen Zahlensteckbrief.

Zahlensteckbrief 27

Zahlen auf der Wäscheleine (nach Palzkill u. a. 1993)

Ebenfalls überschlägiges Rechnen wird bei dieser Übungsform gefordert. Einige Zahlen werden auf die Wäscheleine gehängt (an die Tafel geschrieben, an der Pinnwand befestigt ...).

Addiere 2 Zahlen. Das Ergebnis soll
- zwischen 70 und 80 liegen,
- größer als 45 sein,
- kleiner als 60 sein,
- eine gerade Zahl sein,
- ...

Subtrahiere zwei Zahlen. Das Ergebnis soll
- kleiner als 20 sein,
- zwischen 40 und 50 liegen,
- ...

Auch hier kann der TR zur Kontrolle der Überschlagsrechnungen eingesetzt werden

Wie viele Fünfer?
Stell dir vor, du schreibst alle Zahlen von 0 bis 100 auf. Wie oft musst du die Ziffer 5 schreiben, wie oft die 1, wie oft die 0?

Prüfe dein Ergebnis auf der Hunderter-Tafel nach.

Für Fußball-Fans
- Die Pause dauert 15 Minuten. Wie viele Sekunden sind das wohl?
- Das Fußballspiel endete 2:2. Wie stand es wohl zur Halbzeit?
- Auf der Leine hängen alle Trikots der Reihe nach geordnet von 1 bis 11.
  Wie groß ist die Summe aller dieser Zahlen?

- In einer Liga spielen 9 Mannschaften. Jede Mannschaft spielt gegen jede andere. Wie viele Spiele sind das?

Verdoppelungstürme
Wie hoch kannst du diese Türme bauen?

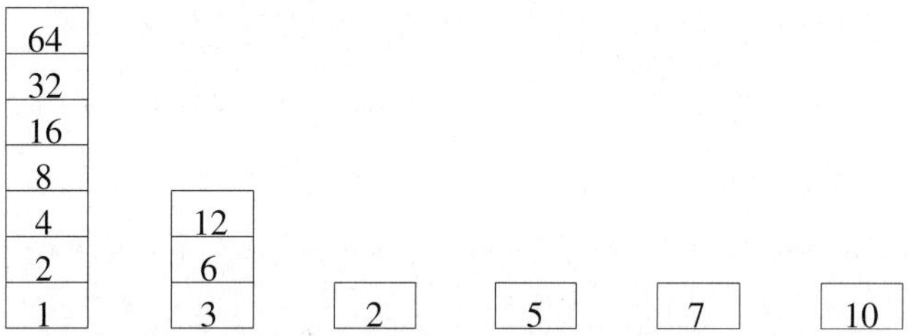

Vergleiche die Türme miteinander. Fällt dir etwas auf?

Vesuvianer und andere seltsame Gebilde
Dies sind alles Vesuvianer:

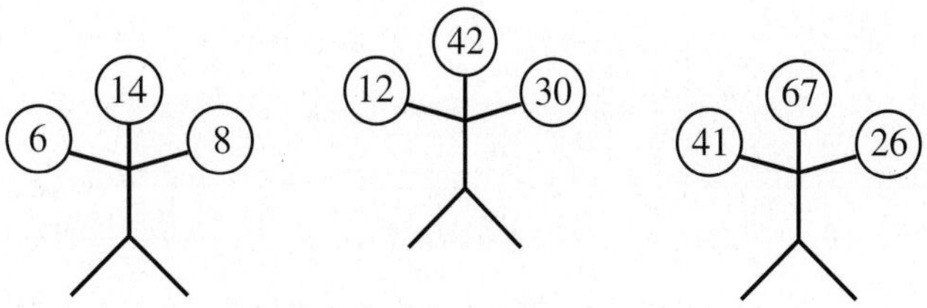

Keiner von diesen ist ein Vesuvianer:

Diese wollen Vesuvianer werden:

Schwerer ist es schon, den Pandos (vgl. *Sachunterricht und Mathematik in der Primarstufe* 12/1984, S. 7) auf die Spur zu kommen (s. Kasten S. 66).

Mit Hilfe der **Kopiervorlage A 11** können weitere Pandos, wie auf der nächsten Seite, hergestellt werden. Einige mögliche Regeln:
- Die Differenz der Zahlen in den Halbkreisen ist gleich.
- Die Differenzen (Summen) einander diagonal gegenüberstehender Zahlen sind gleich.
- Die Produkte der Zahlen in den Halbkreisen sind gleich.
- Das Produkt der Zahlen im oberen Halbkreis ist gleich der Summe (der Differenz) der Zahlen im unteren Halbkreis.
- Eine Zahl ist die Summe der drei anderen Zahlen.
- Zum Produkt der beiden oberen Zahlen wird die Zahl unten links addiert; das Ergebnis steht unten rechts im Feld.

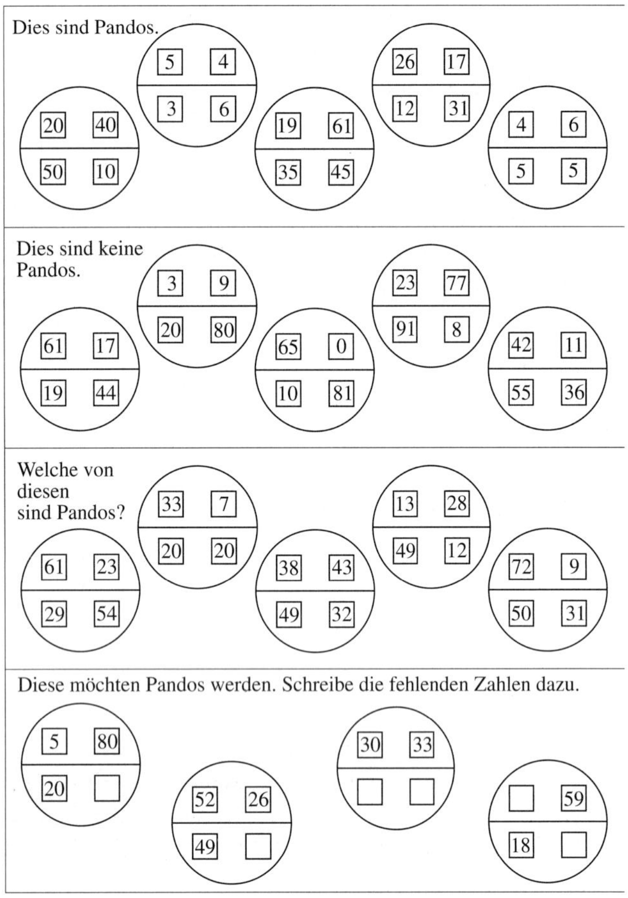

Zahlenfolgen untersuchen und fortsetzen
Diese Aufgabenstellung bietet viele Möglichkeiten der Differenzierung nach den Schwierigkeitsanforderungen.

- Einfache Zahlenfolgen:
  Setze die Zahlenfolgen fort bis zur angegebenen Zahl.

10, 20, 30, ..., 100	66, 70, 74, ..., 98
47, 49, 51, ..., 65	100, 90, 80, ..., 0
5, 10, 15, ..., 50	30, 35, 40, ..., 60
47, 52, 57, ..., 92	66, 63, 60, ..., 36

  Die Zielzahl kann der Selbstkontrolle dienen. Auch Zwischenkontrollen sind möglich, wenn auch Zwischenstufen einer Zahlenfolge in der Aufgabenstellung angegeben werden. Beispiel: 66, 63, ..., 54, ..., 42, ..., 36
  Die Anforderungen sind durch größere Schritte bei den einzelnen Zahlenfolgen leicht zu variieren.

- Schwierige Zahlenfolgen:
  Finde die Regel und setze die Zahlenfolgen fort!

17, 18, 20, 23, ...	12, 17, 27, 32, ...
82, 80, 76, 70, ...	82, 77, 67, 62, ...
21, 25, 30, 34, ...	55, 56, 58, 62, ...
82, 77, 80, 75, 78, …	52, 59, 49, 56, ...

Offene Aufgaben
Den Kindern werden zwei Zahlen und zwei, drei oder mehr Operationen angegeben. Über diese Operationen muss eine Rechnung entwickelt werden, um von der ersten Zahl zur zweiten zu kommen. Die Aufgabenstellung ist offen und lässt jeweils beliebig viele Lösungen zu, die stark nach der Schwierigkeit bzw. Komplexität variieren können.

Beispiel einer Vorgabe:
12 (+, +) 27
Eine Lösung:
12 + 10 + 5 = 27
Die Aufgaben können auch in einer Operatorschreibweise angeboten werden:

Dann sind die unterschiedlichen Lösungen der Kinder deutlich erkennbar:

Weitere Problemstellungen:

12 (+, –) 27
Eine Lösung:
12 + 20 – 5 = 27

52 (–, –) 33
Eine Lösung:
52 – 10 – 9 = 33

62 (+, +, –) 85
Eine Lösung:
62 + 20 + 3 – 0 = 85

72 (–, +, –) 50
Eine Lösung:
72 – 20 + 8 – 10 = 50

67 (+, –, +, –) 76
Eine Lösung:
67 + 10 – 5 +5 –1 = 76

Gleichungen vervollständigen
Gleichungen werden mit Leerstellen für Additions- bzw. Subtraktionszeichen angegeben. Die Kinder bestimmen die passende Operation.

Setze das richtige Operationszeichen (+ oder –) ein.

37 O 6 = 38 – 7
57 O 4 = 50 + 3

35 + 3 = 36 O 2
63 + 4 = 68 O 1

40 O 10 > 48 – 2
77 O 3 < 77 + 2

Durch die Auswahl größerer Zahlen lassen sich die Schwierigkeiten erhöhen.

Aufgaben legen
Benötigt werden 2 Sätze der Zahlenkarten von 0 bis 9 (Band 1, Kopiervorlage A 14) und mehrere Karten mit den Zeichen +, – und =. Am besten arbeiten zwei Kinder zusammen. 8 Zahlenkarten werden blind gezogen und zunächst notiert.

2	2	4	4	5	5	6	7

Ziel ist es, möglichst viele Aufgaben mit diesen Karten zu legen, dann aufzuschreiben.

5	4	–	2	=	5	2
4	7	+	5	=	5	2
6	7	–	4 2	=	2	5

Möglichst viele Aufgaben finden
Du hast diese 4 Zahlenkarten:

1	2	3	4

Kannst du mit ihnen alle Zahlen bis 30 errechnen? Erlaubt sind Addition, Subtraktion und Multiplikation und das Setzen von Klammern. Besonders schwer wird diese Aufgabe, wenn gefordert wird, dass bei jeder Rechnung alle Karten verwendet werden müssen.

1 = : 2 · 3 – 4 – 1

2 = :

3 = :

Viele Dreien
Nimm viele Zahlenkarten mit der Zahl 3. Du darfst die 3 so oft verwenden, wie du willst, aber nur die 3. Lege und berechne daraus möglichst viele Zahlen und Aufgaben. Das Zusammenlegen zu zwei- bzw. dreistelligen Zahlen ist erlaubt.

Direkt zu legen sind also:
3 33 333

Nun wird gerechnet und aufgeschrieben:

3 – 3 = 0	3 : 3 = 1
3 + 3 = 6	3 : 3 + 3 : 3 = 2
3 + 3 – 3 = 3	3 : 3 + 3 = 4

Wer findet noch weitere Aufgaben? Kannst du alle Zahlen von 0 bis 30 berechnen, auch noch größere, vielleicht sogar *alle* Zahlen?

Nimm nun viele Vieren. Welche Zahlen kannst du damit errechnen? Wer kann alle Zahlen von 11 bis 20 daraus berechnen? Geht das überhaupt?
Was ist mit vielen Fünfen oder ...

Dreien und Fünfen
Du hast beliebig viele Zahlenkarten mit den Zahlen 3 und 5. Kannst du aus ihnen alle Zahlen von 10 bis 20 berechnen? Du darfst aber nur addieren!

10 = 5 + 5
11 = 5 + 3 + 3
12 = 3 + 3 + 3 + 3
13 = 5 + 5 + 3
14 = 5 + 3 + 3 + 3
15 = 3 + 3 + 3 + 3 + 3 (oder 5 + 5 + 5)
...

Wie ist es mit Zahlen, die kleiner sind als 10? Wie ist es mit den Zahlen über 20? Kannst du sicher sein, dass du alle Zahlen über 20 durch Addition von Dreien und Fünfen erreichen kannst?

Hier kommt induktives Denken ins Spiel:
- Die 10 habe ich durch 5 + 5 erreicht. Die 13 erziele ich durch Addition von 3, die 16 durch eine weitere Addition von 3, danach die Zahlen 19, 22, 25, 28 und immer so weiter.
- Die 11 bekomme ich durch 5 + 3 + 3, die 14 durch eine weitere Addition von 3, danach die Zahlen 17, 20, 23, 26 und immer so weiter.
- Mit der gleichen Überlegung erreiche ich von 12 aus die Zahlen 15, 18, 21, 24 und immer so weiter. Also bekomme ich auf diese Weise alle Zahlen, die größer sind als 20.

Wie wertvoll ist mein Name?
Die Buchstaben von A bis Z werden durchnummeriert (vgl. **Kopiervorlage A 12**).
- Wer hat den wertvollsten Namen in der Klasse?

Eva:

E		V		A		
5	+	22	+	1	=	28

Annika:

1	+	14	+	14	+	

- Wer hat den wertvollsten 5-Buchstaben-Namen, den wertvollsten Namen, der mit A beginnt?
- „Wie teuer“ ist unsere Lehrerin, der Hausmeister?
- Ina behauptet, ihr Name habe den Wert 10. Kann das sein?
- Wer kann (evtl. mit einem Taschenrechner) herausbekommen, „wie teuer“ alle Kinder der Klasse zusammen sind? Vorher wird geschätzt!

Die heiß begehrte 100
Für diese Übung (vgl. Vassné-Varga 1995) benötigt jedes Kind eine Kopie des Leerschemas von **Kopiervorlage A 12.** Ausserdem wird ein Satz Zahlenkarten von 1 bis 50 gebraucht (**Kopiervorlagen A 13** bis **A 15**).

Ein Kind zieht verdeckt eine der Zahlenkarten, gibt das Ergebnis, z. B. 23, an alle Mitspieler bekannt. Jeder entscheidet nun, in welches der 9 Felder er die Zahl einträgt. Dann wird die nächste Zahl verdeckt gezogen usw. bis zur neunten Zahl. Nach jedem Ziehvorgang entscheidet jeder für sich, in welches Feld die Zahl eingetragen wird. Ziel ist es, mit einer der drei Zeilensummen möglichst nahe an die 100 heranzukommen. Der Sieger erhält einen Punkt, die nächste Runde kann beginnen.

38	+	18	+	23	=	79
22	+	47	+	31	=	100
26	+	14	+	19	=	59

Martina

47	+	18	+	38	=	103
31	+	22	+	26	=	79
23	+	14	+	19	=	56

Jochen

Martina hat diese Runde gewonnen!

Rätselhafte Maschinen
Ziel dieser Übungsform ist es, die Schüler vorgegebene Rechenregeln selbst entdecken zu lassen. Dabei muss nicht nur weit mehr gerechnet werden als schließlich notiert wird; vielmehr kommt es darauf an, dass die Schüler ihr vorhandenes Repertoire an Zahlverknüpfungen systematisch durchprobieren.

Gegeben ist eine „Rechenmaschine", eine Verknüpfungsmaschine mit zwei Eingängen, nämlich einem linken (L) und einem rechten (R), und einer Ausgabe (A). Zunächst wird mit dieser „Maschine" direkt gearbeitet. Die beiden Eingänge und das Programm sind bekannt; welche Zahlen erscheinen jeweils in der Ausgabe?

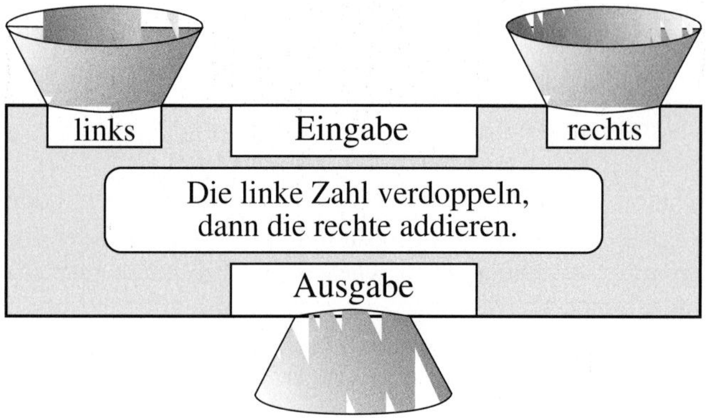

Eingaben und Ausgaben werden in einer Tabelle notiert:

L	R	Programm: $2 \cdot L + R$	Ausgabe
7	5	$2 \cdot 7 + 5$	19
3	9	$2 \cdot 3 + 9$	15
8	1	$2 \cdot 8 + 1$	
5	7		

Der entscheidende und sicher anspruchsvolle Schritt zur operativen Übung besteht nun in der Umkehrung der Fragestellung: Es werden beide Eingaben und die Ausgabe vorgegeben; wie heißen die Programme der Maschinen?

L	R	Programm: ? ? ?	Ausgabe
44	16		28
72	25		47
86	62		24
98	73		25

L	R	Programm: ? ? ?	Ausgabe
14	23		47
28	36		74
15	40		65
34	41		85

Rechenspirale (siehe ***Kopiervorlage A 16****)*
Die Rechenspirale ist lediglich die besondere grafische Einkleidung einer Kettenaufgabe. Die einzelnen Operationen können nur Subtraktionen sein (s. u.), aber auch Additionen oder beide Operationen gemischt.

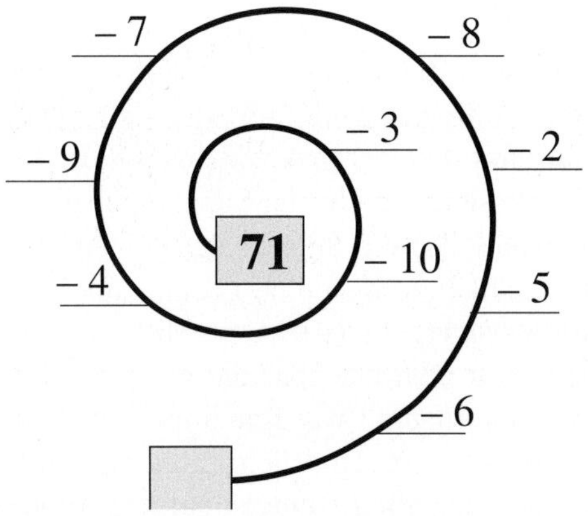

Variante 1: Startzahl und Zielzahl sind vorgegeben; die Kinder bestimmen die Operationsschritte

Variante 2: Startzahl und einige Operationen sind vorgegeben; die Kinder bestimmen individuell unterschiedlich die fehlenden Operationen und die Zielzahl

Die ewige Rechenkette 1 (vgl. auch ***Kopiervorlage A 16****)*
Bei geschickter Wahl von Additions- und Subtraktions-operatoren kann eine „ewige Rechenkette" konstruiert werden, also eine Kettenaufgabe mit gleicher Start- und Zielzahl. Für die Praxis des Übens hat das zwei Vorteile. Erstens kann ein Formblatt mit einer konkreten Auswahl von Additions- und Subtraktionsoperatoren immer wieder mit unterschiedlichen Startzahlen benutzt werden, zweitens bietet die Gleichheit von Start- und Zielzahl eine gute Möglichkeit die eigenen Rechnungen selbst zu überprüfen.

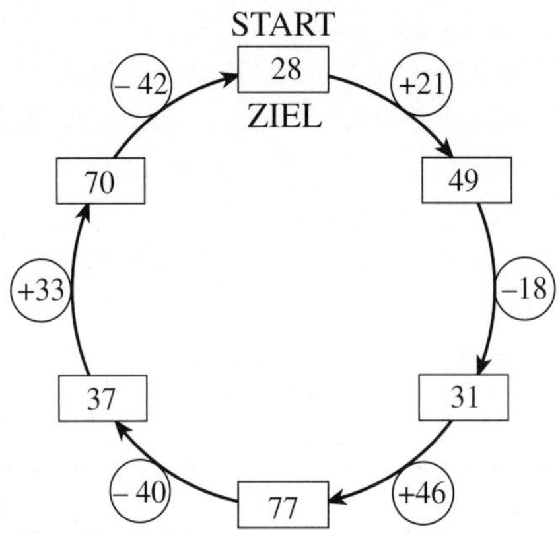

Die Rechentreppe (siehe ***Kopiervorlage A 17****; vgl. Abele u. a. 1994, S.197)*
Ausgehend von einer Gleichung auf der untersten Stufe der Treppe wird die Gleichung auf der nächsten Stufe dadurch bestimmt, dass der erste Summand weggelassen wird und der zweite Summand sowie die Summe weitergehen als Summanden einer neuen Aufgabe. Die Summe der letzten Stufe kann zur Selbstkontrolle für die Kinder angegeben werden.

Eine Rechentreppe kann auch zur Subtraktion bei entsprechenden Regeln konstruiert werden, wobei die Ausgangsgleichung auf der untersten Stufe steht.

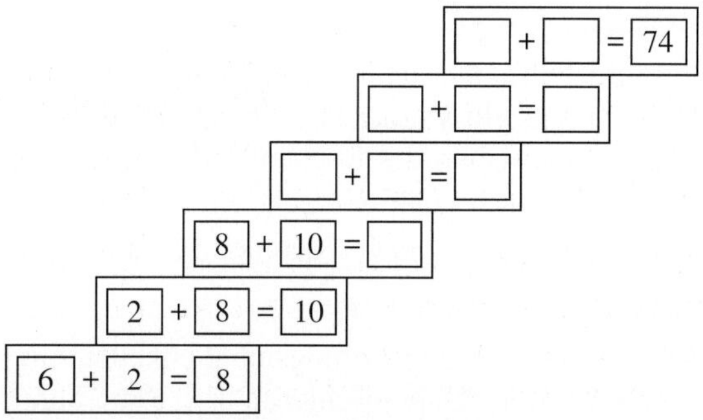

Das Rechenfeld (siehe **Kopiervorlage A 17**)
kann zunächst als Ausschnitt aus der Hunderter-Tafel verstanden werden, wobei die Pfeile nach rechts eine Addition +1 und die Pfeile nach unten eine Addition +10 bedeuten.

Beispiel: Fülle die leeren Felder aus.

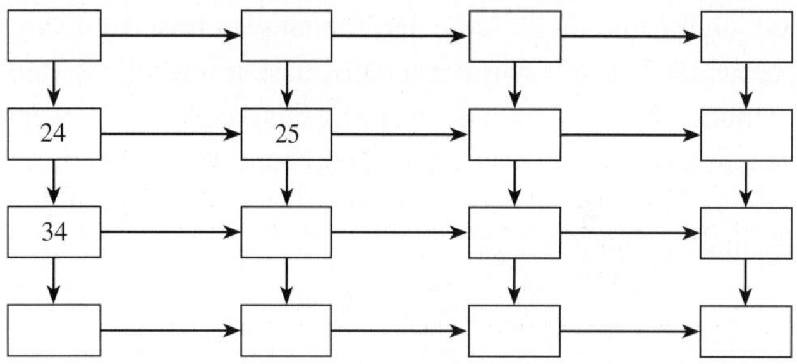

Sehr viel mehr Übungsmöglichkeiten bietet das Rechenfeld, wenn man sich von der Vorstellung der Hunderter-Tafel löst.

Variante 1: → bedeutet +5 (oder +7, +12 ...), ↓ bedeutet + 9 (oder + 12, + 20 ...).
Variante 2: Die Pfeile bestimmen Subtraktionen
Variante 3: Mischen von Addition und Subtraktion
Variante 4: Einige Zahlenfelder sind ausgefüllt. Die Kinder bestimmen die Bedeutung der Pfeile und berechnen die leeren Zahlenfelder.

Gemeinsam ist diesen Varianten die Grundidee, dass regelmäßige Strukturen in dem Feld erzeugt werden, weil die Pfeile in gleicher Richtung die gleiche (Rechen-)Bedeutung haben.

Nachfolgend für gute Rechner als Beispiel eine sehr schwierige Aufgabenstellung, wobei Pfeile in gleicher Richtung unterschiedliche Bedeutung bekommen:

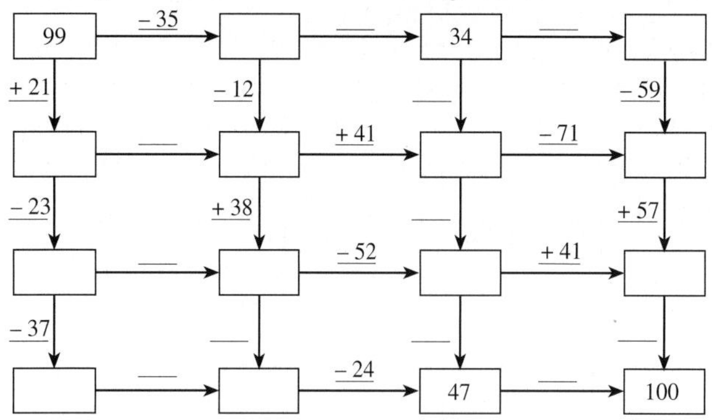

Zauberdreiecke und andere Zauberfiguren

Erste, einfache Zauberfiguren sind bereits in Band 1 (S. 88 ff.) vorgestellt worden. Bei ihrer Bearbeitung geht es nicht um das Üben der Rechenfertigkeit, im Vordergrund steht vielmehr das Entdecken und Erproben von Problemlösestrategien über geometrisch-arithmetische Aufgabenstellungen.

Zauberfiguren lassen Bearbeitungsmöglichkeiten mit sehr unterschiedlichem Anspruchsniveau zu. Man kann die Aufgaben probierend lösen oder strategisch bzw. gedanklich durchdringend, wobei den Kindern Zahlenkärtchen zur Verfügung stehen.

Zauberbuchstaben

Wie für Zauberdreiecke und -quadrate gilt auch für Zauberbuchstaben (vgl. Käpnick 1994) die Grundregel, dass auf jeder Linie die Summe der Zahlen gleich ist. Für Zauberbuchstaben gilt darüber hinaus, dass immer die ersten Zahlen von 1 an verwendet werden. Für das Zauber-F werden also die Zahlen von 1 bis 5 gebraucht. Wer kann sie so auf die 5 Felder legen, dass die Summe der Zahlen auf den 3 Linien gleich groß ist?

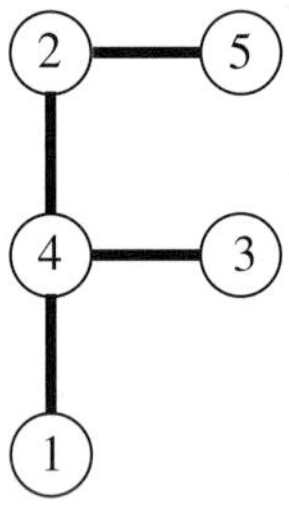

Welche Buchstaben sind ebenfalls Zauberbuchstaben? Hier einige weitere Beispiele:

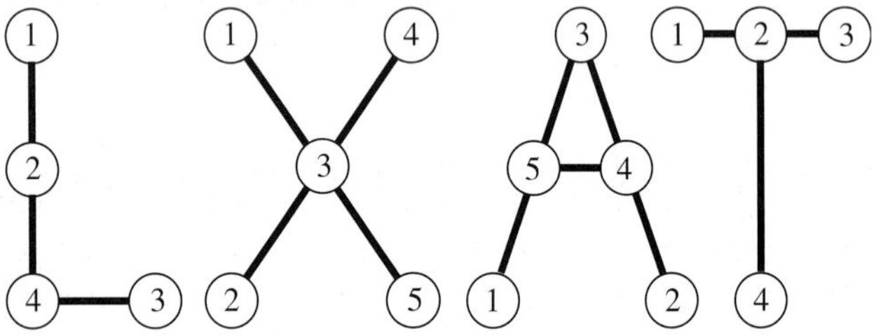

Sind auch N, M, W, E, V, Z Zauberbuchstaben? Wie ist es mit H und U? Kann man aus ihnen vielleicht Zauberbuchstaben machen, wenn man jeweils auf dem kurzen Querstrich ein weiteres Feld zeichnet?

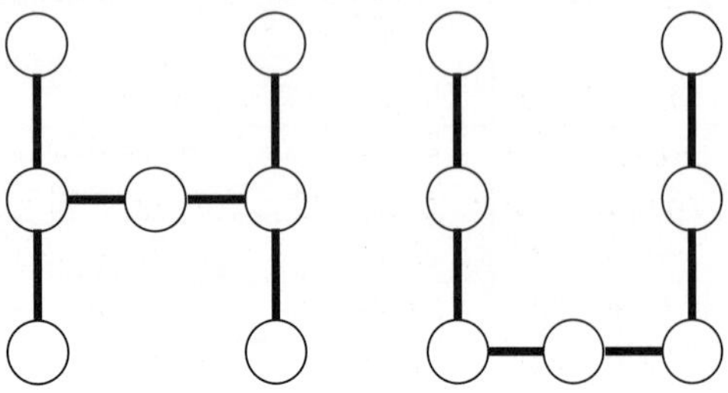

Wer findet sogar ganze Zauberwörter, Wörter also, die nur aus Zauberbuchstaben bestehen (ELLEN, AFFE ...)?

Zauberdreiecke

Benötigt werden Zahlenkarten von 1 bis 6 und die **Kopiervorlage A 18** mit dem Zauberdreieck. Wer kann die Karten auf die 6 Felder so verteilen, dass die Zahlen auf jeder Dreiecksseite die gleiche Summe haben? Wie heißt die Zauberzahl, also die Summe der Zahlen auf den einzelnen Seiten? Übertrage deine Lösung auf die Antwortkarte (**Kopiervorlage A 18**); in die Mitte schreibst du die Zauberzahl. Hat dein Nachbar die gleiche Lösung? Wie viele gibt es überhaupt? Wer findet mit den Zahlenkarten 1 bis 6 Zauberdreiecke mit den Zauberzahlen 9, 10, 11 und 12? Übertrage alle Lösungen auf das Aufgabenblatt. Vergleicht eure Lösungen. Gibt es mehr als diese vier?

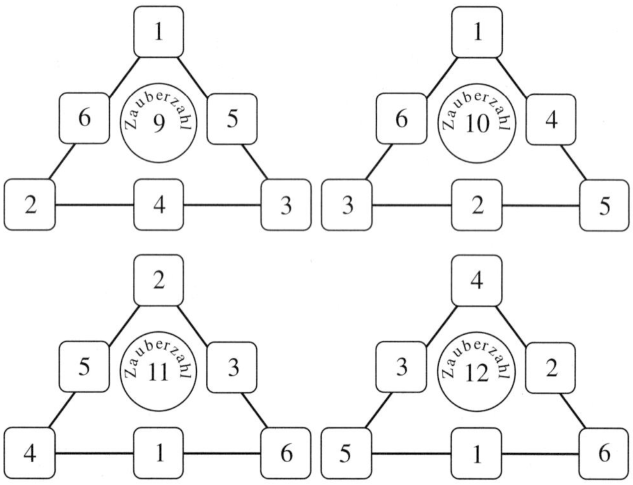

Was geschieht, wenn

- die Zahlenkarten 10, 20, 30, 40, 50, 60 benutzt werden? Gibt es auch hier 4 verschiedene Zauberzahlen?
- du die Zahlen 5, 6, 7, 8, 9, 10 nimmst? Wie viele verschiedene Zauberdreiecke gibt es?
- du nur Zahlen aus der Fünfer-Reihe (5, 10, 15, 20, 25, 30) nimmst?
- du jede Zahl dieses Zauberdreiecks um 1 (5, 20 ...) vergrößerst?

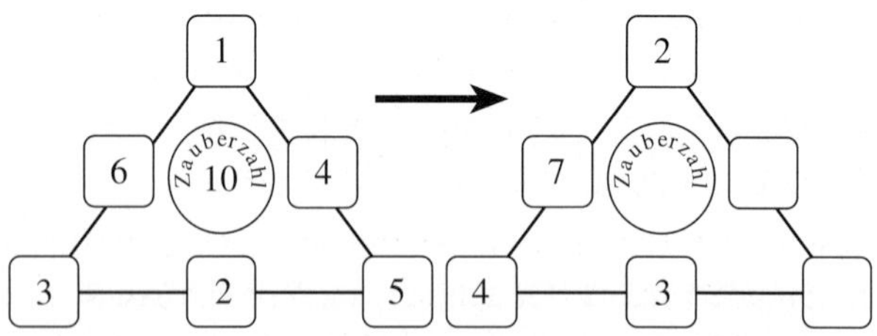

Entsteht wieder ein Zauberdreieck? Wie heißt die neue Zauberzahl? Kannst du die Veränderung erklären?

– Was geschieht, wenn du jede Zahl verdoppelst, verdreifachst ...?

Weitere Zauberfiguren

- Zahlenkreuze

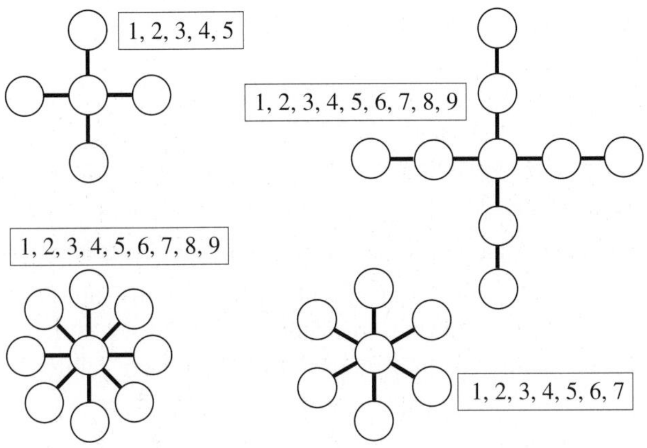

- Dreiecke, Kreise und Quadrate

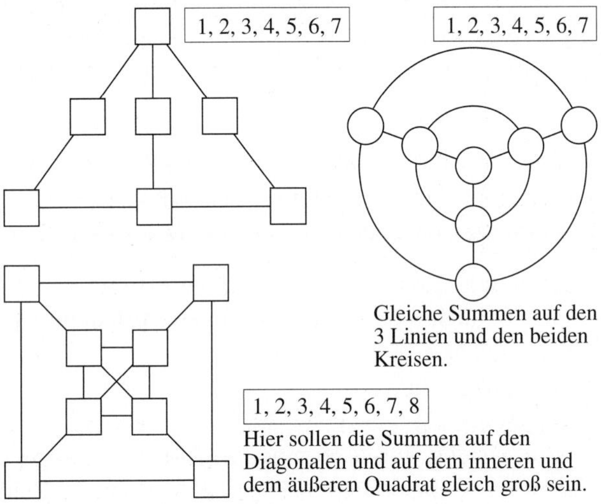

Einige weitere Zauberfiguren finden Sie in Band 1 auf S. 107.

Zahlenketten

Zahlenketten (vgl. Scherer 1996) sind eine sehr flexible Übungsform, die für das Einüben der Addition ebenso geeignet ist wie für das Entdecken von Gesetzmäßigkeiten. In Band 1 (S. 88) ist diese Übung unter dem Titel „Wer trifft die 10?" bereits vorgestellt worden.

Benötigt wird ein Blatt Papier mit 4 oder 5 aufeinander folgenden Kästchen. In die beiden ersten Kästchen werden Startzahlen der eigenen Wahl geschrieben, in das dritte Kästchen die Summe der beiden ersten Zahlen, in das vierte Kästchen die Summe der Zahlen in den Kästchen 2 und 3, in das fünfte Kästchen ggf. als Zielzahl die Summe der Zahlen in den Kästchen 3 und 4.

Entdeckerqualitäten werden herausgefordert, wenn die Aufgabenstellung variiert wird, wenn also nicht mehr die beiden Startzahlen, sondern z. B. die dritte oder gar die Zielzahl vorgegeben werden.

17	4	21	25
26	12	38	50
		35	
			60

14	11	25	36	61
19	7	26	33	59
			40	
				100

Die letzte Aufgabe mit der Zielzahl 100 im fünften Feld ist hervorragend als „Aufgabe der Woche" geeignet. Sie wird auf ein großes Blatt Papier geschrieben und an die Pinnwand geheftet. Kinder, die eine Lösung gefunden haben, tragen sie dort ein. Wer findet noch weitere? Wie hast du die Aufgabe gelöst?

Spiegelzahlen

Zwei Schulwürfel werden gleichzeitig geworfen. Fällt eine 10, dann wird der Wurf wiederholt, bis eine einstellige Zahl oder der Joker fällt. Für einen Joker darf man sich eine einstellige Zahl auswählen. Aus den beiden Würfelzahlen wird die größere zweistellige Zahl gebildet. Von ihr wird die Spiegelzahl (Vertauschen der Ziffern) abgezogen.

Würfelzahlen		Rechnung
8	2	82 – 28 = 54
6	3	63 – 36 = 27

Nach einiger Zeit stellen die Kinder fest, dass nur bestimmte Zahlen als Ergebnis vorkommen? Was sind das für Zahlen? Ordne sie der Größe nach:
0, 9, 18, 27, 36, 45, 54, 63, 72, 81.

Nun hast du eine Möglichkeit deine Rechnungen zu kontrollieren.

Immer 100

Für diese Partnerübung werden eine Hunderter-Tafel und viele Plättchen unterschiedlicher Farbe benötigt. Das erste Kind stellt die erste Aufgabe, indem es ein Feld der Hunderter-Tafel mit einem Plättchen belegt, z. B. das Feld 5. Der Partner berechnet die additive Ergänzung bis 100 (hier also 95) und belegt das Feld mit einem Plättchen der gleichen Farbe. Dann darf er die nächste Aufgabe stellen. Was fällt auf?

Rechenvorschriften erzeugen Zahlenreihen

Die Grundregel dieser Übungsform ist denkbar einfach. Ausgehend von einer Startzahl wird eine Zahlenfolge konstruiert, indem festgelegt wird, wie aus den Ziffern der Startzahl eine neue Zahl berechnet wird. Aus den Ziffern der neuen Zahl wird nach der gleichen Regel die nächste Zahl berechnet – und immer so weiter.

1. Beispiel

Nimm jede Ziffer der vorgegebenen Zahl mit sich selbst mal (oder anspruchsvoller: „Quadriere jede Ziffer.“). Addiere dann diese Produkte. Die Summe ist deine neue Zahl.

Wir wählen für den Start die Zahl 15.

15
1·1 + 5·5
1 + 25 = **26**
2·2 + 6·6
4 + 36 = **40**
4· 4 + 0·0
16 + 0 = **16**
1·1 + 6·6
1 + 36 = **37** usw.

Insgesamt entsteht mit der Startzahl 15 diese Zahlenfolge:

15 => 26 => 40 => 16 => 37 => 58 => 89 => 145 => 42 => 20 => 04 => 16 => 37 => ...

Die Zahlenfolge „beißt sich in den Schwanz“, es entsteht ein Zyklus. Dies nennen wir eine „heitere Folge“ (nach Baireuther 1984).

Was geschieht, wenn wir mit der 23 beginnen?
23 => 13 => 10 => 01 => 01 => ...

Die Zahlenfolge endet bei 1. Deshalb nennen wir die 23 eine „glückliche Zahl“. (In der englischsprachigen Literatur heißen diese Zahlen häufig *„happy“ numbers*, manchmal aber auch *„polite“ numbers*, also „artige“, „höfliche“, „feine“ Zahlen.)

Welche Zahlen bis 100 sind „glücklich“?

Eine kleine Hilfe: Es gibt genau 20 „glückliche“ Zahlen im Zahlenraum bis 100.
Die Idee der „heiteren“ Folgen und „glücklichen“ Zahlen lässt sich auf vielfältige Art variieren:

2. Beispiel

Die neue Zahl entsteht als Produkt der einzelnen Ziffern der vorhergehenden Zahl; entstehen einstellige Produkte, dann werden diese zweistellig mit vorangestellter 0 geschrieben (Querprodukte nach Müller/Wittmann 1977).

48 => 32 => 06 => 00
98 => 72 => 14 => 04 => 00
94 => 36 => 18 => 08 => 00

3. Beispiel

Beginne mit einer zweistelligen Zahl. Verdopple die Zahl an der Einerstelle und addiere dazu die Zahl an der Zehnerstelle.

26 => 14 => 9 => 18 => 17 => 15 => 11 => 3 =>
6 => 12 => 5 => 10 => 1 => 2 => 4 => 8 =>
16 => 13 => 7 => 14 => 9

Eine Schlange, die „sich in den Schwanz beißt“, eine „heitere“ Folge!

Wie sieht es mit anderen Startzahlen aus?
95 => 19 => 19=> 19
57 => 19=> 19

Einige Zahlen enden bei 19, die 19 selbst, die 95, die 57. Wer findet noch mehr solche „glücklichen Zahlen“, die bei 19 enden? Ordne alle Zahlen, die bei 19 enden, der Größe nach. Welche Eigenschaft haben diese Zahlen?

4. Beispiel

Ist die Zahl gerade, dann wird sie halbiert. Ist die Zahl ungerade, dann wird sie verdreifacht und dieses Produkt noch um 1 vergrößert.

18 => 9 => 28 => 14 => 7 => 22 => 11 => 34 =>
17 => 52 => 26 => 13 => 40 => 20 => 10 => 5 =>
16 => 8 => 4 => 2 => 1

Sind bei dieser Regel alle Zahlen glückliche Zahlen, die bei 1 enden? (Man vermutet es, hat noch kein Gegenbeispiel gefunden, es aber auch noch nicht bewiesen!)

Die Grundidee lässt sich auf vielfältige Art variieren. Lehrer und Schüler können selbst weitere Verknüpfungsregeln aufstellen.

Saufze

„Saufze“ steht für „***S**umme **auf**einander **f**olgender **Z**ahl**e**n*“ (vgl. Bauersfeld 1978, S. 254): Manche Zahlen lassen sich als Summe von zwei oder mehr aufeinander folgenden Zahlen schreiben?

3 = 1 + 2
5 = 2 + 3
6 = 1 + 2 + 3
15 = 7 + 8
24 = 7 + 8 + 9

Wer findet ganz viele Saufze? Sie werden im Rahmen der „Aufgabe der Woche“ auf ein großes Blatt Papier (Tapetenrest) geschrieben. Wer will, kann die Saufze auch systematischer untersuchen: Lassen sich alle Zahlen ab 20 als Saufze schreiben?

Unterschiedsmauern

Dies ist eine einfache Übungsidee, die Kinder immer wieder zum Bauen neuer Unterschiedsmauern herausfordern kann – für sich und für andere. In die erste Zeile werden Zahlen der eigenen Wahl geschrieben. Der Unterschied der Zahlen zweier benachbarter Felder wird in dem Feld notiert, das unter diesen beiden liegt. Partner des letzten Feldes einer Reihe ist jeweils das erste Feld dieser Reihe.

Im folgenden Beispiel werden in der ersten Reihe die folgenden Rechnungen durchgeführt:

(1) 9 – 3 = 6
(2) 14 – 3 = 11
(3) 14 – 6 = 8
(4) 9 – 6 = 3

9	3	14	6
6	11	8	3
5	3	5	3
2	2	2	2
0	0	0	0

Mit Hilfe der **Kopiervorlagen A 19** können solche Unterschiedsmauern der Länge 4 bzw. 5 selbst erstellt werden.

Eine NIM-Spiel-Variante
Gespielt wird auf dem Zahlenband bis 100 oder auf der Hunderter-Tafel. Zwei Kinder spielen gegeneinander. Zunächst wird eine Zielzahl festgelegt; anfangs sollte sie (sehr) klein sein, damit die Kinder eine Chance haben, die Strategie zu entdecken. Abwechselnd darf der erste Spieler, beginnend bei Feld 1, ein, zwei oder drei Felder mit einem Kreuz kennzeichnen (oder mit Plättchen seiner Farbe belegen). Der zweite Spieler kennzeichnet daran anschließend ein, zwei oder drei Felder mit einem Kringel (oder legt Plättchen seiner Farbe). Wer das Zielfeld erobern kann, hat gewonnen.

Hinweise zur Strategie
Das Zielfeld sei 20. Dieses Feld kann ich bei den genannten Regeln sicher erreichen, wenn ich Feld 16 belegen kann. Denn, wenn der Gegner Feld 17 belegt, gewinne ich die Felder 18, 19 und 20. Der Gegner kann aber höchstens 3 Felder, also 17, 18 und 19 belegen; ich gewinne also sicher Feld 20, wenn ich Feld 16 gewonnen habe. Aufgrund der gleichen Überlegung sind auch die Felder 12, 8 und 4 Gewinnfelder. Günstig ist es also bei dieser Regel, den Gegner beginnen zu lassen. Ganz gleich, wie viele Felder er belegt, kann ich auf jeden Fall so ergänzen, dass ich Feld 4 erobere. Durch weiteres Ergänzen auf 4 gewinne ich auch die Felder 8, 12, 16 und 20.

Eine Aufgabe für Lehrerinnen:
Zielzahl ist 100; bis zu 8 Felder dürfen in einem Zug von einem Mitspieler belegt werden. Wie heißen die Gewinnfelder?

Rechnen mit Größen (siehe **Kopiervorlage A 20**)
Drei Größenbereiche bieten sich im 2. Schuljahr für die Anwendung des Rechnens sowie für strukturierende Übungen an: Geld, Längen und Zeit.

- Gleichungen und Ungleichungen
  Beispiele:
  25 cm + 60 cm = __ cm   94 cm – __ cm = 48 cm
  100 cm = 12 cm + __ cm
  Setze < oder > ein:
  1 m 27 cm O 1 m 40 cm

- Tabellen ausfüllen:
  Wie viel Cent?

	28 Cent
	__ Cent
	__ Cent

- Wie viel Euro?

	56 €
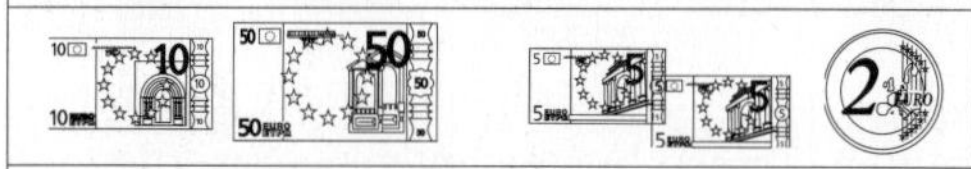	__ €
	__ €

- Geldbeträge unterschiedlich zusammensetzen:

	5 €	2 €	1 €	50 ct	10 ct	5 ct	2 ct	1 ct
82 ct				1	2	2	1	
82 ct					7	2		2
82 ct					4	3	10	7
82 ct								
24 €	4	1	2					
24 €	2	2	10					
24 €								

- Interessante Untersuchungen lassen sich am Monatskalender durchführen (Bolt 1987; vgl. auch Wittmann/Müller 1990, S. 87).

April

Mo	Di	Mi	Do	Fr	Sa	So
		1	2	3	4	5
6	7	8	9	10	11	12
13	14	15	16	17	18	19
20	21	22	23	24	25	26
27	28	29	30			

Zunächst muss mit den Kindern das Lesen eines Monatskalenders erarbeitet werden:
- Welcher Wochentag ist der 5. (...) April?
- Welche Apriltage liegen in der dritten Woche?
- An welchen Apriltagen ist Sonntag (Montag ...)?
- Wie viele Tage sind es vom 14. bis zum 18. (vom 8. bis zum 23. ...) April?
- Der Urlaub von Frau Vogelsang beginnt am 6. April. Sie hat 11 Werktage Urlaub.

- Wie wachsen die Zahlen von Zeile zu Zeile? Begründe die Antwort!
- Wie wachsen die Zahlen von Spalte zu Spalte? Begründe die Antwort!

Die nachfolgenden Untersuchungen werden an Kalenderausschnitten durchgeführt, wobei im „wirklichen Kalender" die Felder zusammenhängen. Zunächst an einem 2x2-Ausschnitt:

10	11
17	18

- Bilde die Summen der Diagonalen, der Spalten und der Zeilen!

Nach entsprechenden Rechnungen an anderen 2x2-Ausschnitten können Fragen untersucht werden wie:
- Warum sind die Summen der beiden Diagonalen gleich?
- Warum sind die Spaltensummen um 1 kleiner bzw. um 1 größer als die Diagonalensummen?
- Warum sind die Zeilensummen um 7 kleiner bzw. um 7 größer als die Diagonalensummen?
- Bei welchem Kalenderausschnitt gibt es die größten (die kleinsten) Diagonalensummen?

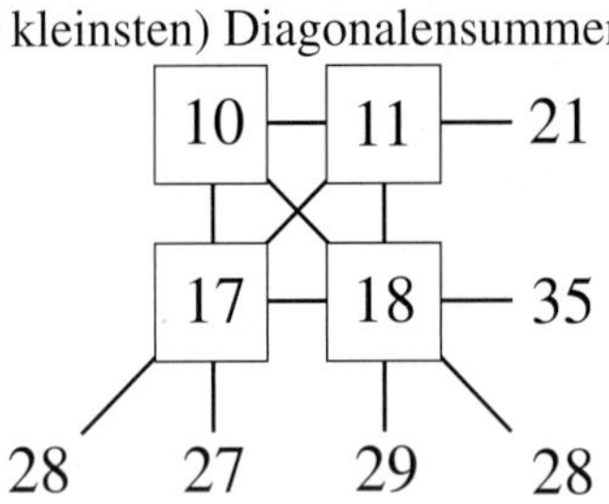

Entsprechende Rechnungen und Untersuchungen lassen sich bei 3x3-Ausschnitten (4x4-Ausschnitten) durchführen.

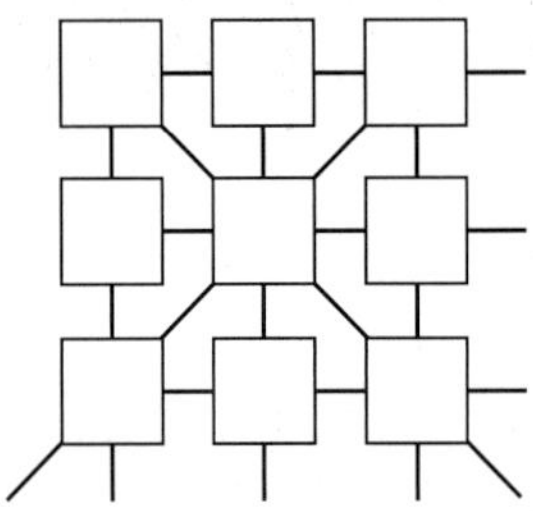

Spielerische Übungsformen

Im Zusammenhang mit der derzeit aktuellen „Bewegung" zur Öffnung des Unterrichts kommen jährlich zahllose Spielesammlungen und Kopiervorlagen für den Mathematikunterricht in der Grundschule auf den Markt. Nur selten erfüllen die angebotenen sogenannten Rechenspiele die Bedingungen eines Spieles: Die Kinder sollen dabei ausschneiden, ausmalen, zusammenkleben oder andere Bastelaktivitäten durchführen, die einerseits kein Spielen darstellen und zum anderen ein Vielfaches mehr an Zeit beanspruchen als das Rechnen bzw. das rechnerische Üben.

Die im Handbuch für das 1. Schuljahr beschriebenen „schnellen Spiele" (Abschnitt 4.2) können durchweg auch im 2. Schuljahr nach Erweiterung auf den Zahlenraum bis 100 angeboten werden. An dieser Stelle werden nur einige Würfelspiele beschrieben, die ohne großen Materialaufwand immer wieder in den Unterricht integriert werden können. Weitere Anregungen zu spielerischen Übungsformen sind der Literatur zum Thema (vgl. Handbuch für das 1. Schuljahr) zu entnehmen, nachfolgend ergänzt um einige Neuerscheinungen aus dem Jahr 1995:

Feiks, D./Seibold, G./Seibold, W. (1995): Stundenblätter Spiele im Mathematikunterricht 1. - 4. Schuljahr. Stuttgart: Klett.

Krämer, U./Mühle, H. (1995): Das große Buch der Mathespiele. Mühlheim: Verlag an der Ruhr.

Brewer, R./Cramer, M. (1995): Tolle Ideen Mathe-Spiele. Mühlheim: Verlag an der Ruhr.

Bartl, A./Bartl, M. (1995): Spiele im Mathematikunterricht der Grundschule. Donauwörth: Auer.

Zudem findet man zahlreiche Spielanregungen in den schulstufenbezogenen Zeitschriften (*Grundschule, Grundschulunterricht, Grundschulzeitschrift* ...), insbesondere in der *Praxis Grundschule*.

Unterrichtspraktische Empfehlung:

Zum Einsatz von Spielen haben sich die folgenden Maßnahmen als hilfreich und sinnvoll erwiesen:

- Eine Spielstraße wird angeboten.
- 2-3 Kinder spielen in einer Gruppe.
- Die Lehrerin erklärt jeder Gruppe ihr Spiel.
- Bei selbstständigem Wechsel der Spiele erklären sich die Kinder die Regeln (Schneeballprinzip).

Im Folgenden werden einige ausgewählte Würfelspiele vorgestellt.

- Himmel und Hölle
  Material: 2 Würfel, Papier und Bleistift
  Anzahl der Spieler: 2 bis 4
  Spielregel:
  Abwechselnd oder reihum wird mit 2 Würfeln gespielt. Die oben liegenden Augenzahlen („Himmel") werden als Zehner, die unten liegenden („Hölle") als Einer gezählt. „Himmel" und „Hölle" werden addiert. Wer hat zuerst 10-mal die höchste Zahl gewürfelt?

  Beispiel: Würfelaugen oben 4 und 5, Würfelaugen unten 3 und 2

  Aufgabe dazu:
  $$\begin{array}{rcl} 40 + 50 & = & 90 \\ \underline{3 + \ 2} & \underline{=} & \underline{5} \\ 43 + 52 & = & 95 \end{array}$$

- Hohe Hausnummer
  Material: 3 Würfel, Papier und Bleistift
  Anzahl der Spieler: 2 bis 4
  Spielregeln:
  Beim ersten Wurf werden gleichzeitig alle 3 Würfel geworfen. Eine der geworfenen Zahlen wird in die Hunderterstelle einer Stellenwerttafel geschrieben. Weiter geht es mit 2 Würfeln, eine der beiden Zahlen wird für die Zehnerstelle ausgewählt. Der letzte Wurf mit einem Würfel bestimmt den Wert der Einerstelle. Wer hat die größte Zahl gewürfelt?

  Variante 1: Die Plätze der Stellenwerttafel werden in der umgekehrten Reihenfolge (Einer, Zehner und zum Schluss Hunderter) belegt.

  Variante 2: Es wird nur mit einem Würfel gespielt. Bei jedem Wurf darf entschieden werden, ob die Zahl in die Einer-, die Zehner- oder die Hunderterstelle eingesetzt wird.

- Die böse Eins
  Material: 1 Würfel, Papier und Bleistift
  Anzahl der Spieler: 2 bis 4
  Spielregeln:
  Jeder Spieler darf mit seinem Würfel so lange würfeln und dabei die gewürfelten Augenzahlen addieren, bis eine 1 kommt. Sie darf noch addiert werden, beendet aber das Würfeln. Der nächste Spieler ist an der Reihe. Wer kommt in einer Würfelrunde am weitesten?

  Variante 1: Wird eine 1 gewürfelt, dann werden alle bisher gewürfelten und addierten Zahlen gelöscht. Es kommt darauf an, rechtzeitig aufzuhören und die gewürfelte Summe zu notieren.

  Variante 2: Wie Variante 1, aber die Summen mehrerer Versuche werden addiert. Wer erreicht als Erster 100?

- Plätze belegen
  Material: eine Hunderter-Tafel, 2 Würfel und je Spieler 10 gleichfarbige Spielmarken
  Anzahl der Spieler: 2 bis 4
  Spielregel:
  Abwechselnd bzw. reihum wird mit 2 Würfeln gleichzeitig gespielt. Aus den gewürfelten Augenzahlen wird eine zweistellige Zahl gebildet (z. B. gewürfelt 2 und 6 ergibt 26 oder 62), ein Spielstein wird auf das entsprechende (freie) Feld gelegt. Ist ein Feld der Hunderter-Tafel bereits belegt, dann darf darauf kein weiterer Stein abgelegt werden. Wer hat zuerst alle Spielsteine ablegen können?
  Problemaufgabe: Welche Felder der Hunderter-Tafel können mit 2 Würfeln bestimmt werden?

  Variante: Die beiden gewürfelten Augenzahlen sollen multipliziert werden.

- Pasch
  Material: 6 Würfel, Papier und Bleistift
  Anzahl der Spieler: 4 bis 6
  Spielregeln:
  Reihum würfelt jeder Spieler dreimal mit den 6 Würfeln. Nach jedem Wurf werden diejenigen Augenzahlen addiert, die auf mehreren Würfeln erscheinen (also einen Pasch ergeben). Einzelne Augenzahlen werden nicht berücksichtigt. Wer hat nach den drei Würfen die größte Gesamtsumme?
  Beispiel:
  1. Wurf mit den Augenzahlen **5**, **4**, **5**, 1, 3, **4**
     5 + 5 + 4 + 4 = 18
  2. Wurf mit den Augenzahlen 6, 5, **1**, 2, **1**, 4
     1 + 1 = 2
  3. Wurf mit den Augenzahlen **4**, 3, **4**, **4**, 6, 5
     4 + 4 + 4 = 12
  Gesamtsumme: 32

  Variante: Beim ersten Wurf wird wie oben gerechnet/gespielt. Beim zweiten und beim dritten Wurf hat der Spieler die Möglichkeit, Würfel liegen zu lassen, um jeweils bei einem weiteren Wurf günstigere Augen mit den Restwürfeln zu erreichen. Beim zweiten und dritten Wurf kann man auch mit allen Würfeln noch einmal würfeln.

- Vor, vor und zurück
  Benötigt werden ein Zahlenband bis 100 (vgl. Abschnitt 2.1.4) oder eine Hunderter-Tafel, 3 Schulwürfel und 2 Halmafiguren. Zwei Kinder(-gruppen) spielen gegeneinander. Das Startfeld ist Null, also vor dem Zahlenband bzw. der Hunderter-Tafel. Wer an der Reihe ist, würfelt mit den 3 Würfeln gleichzeitig. Der Augenzahl von 2 Würfeln entsprechend darf vorwärts gesetzt werden, der Augenzahl des dritten Würfels entsprechend müssen Felder zurückgegangen werden. Wer kommt zuerst genau auf das Feld 100? Wer die 100 überschreitet, hat verloren.

  Variante: Es werden 4 Würfel geworfen; zwei von ihnen bestimmen die Vorwärtsschritte, die beiden anderen die Rückwärtsschritte. Dabei dürfen jeweils die beiden Augenzahlen auch zu einer zweistelligen Zahl zusammengesetzt werden.

- Untersuchungen zur elementaren Wahrscheinlichkeit (vgl. auch Abschnitt 2.4)
  Material: 2 Würfel und eine Tabelle zu den Zahlen von 2 bis 12 (siehe unten)
  Regel:
  Die beiden Würfel werden gleichzeitig 25-mal, 50-mal ... geworfen, die Summe der Augen wird jeweils in der Tabelle abgehakt. Was fällt auf?

Variante: Entsprechende Untersuchungen mit 3 und mehr Würfeln, festgehalten in erweiterten Tabellen.

2	3	4	5	6	7	8	9	10	11	12
✓	✓	✓	✓	✓	✓	✓		✓		✓
			✓	✓	✓	✓				
				✓	✓					
					✓					

(Diese Tabelle muss bei den Untersuchungen länger sein.)

2.2.7 Lernschwierigkeiten und Fördermöglichkeiten

Die zweite Hälfte des 2. Schuljahres ist der erste Höhepunkt für besonders auffällige Lernschwierigkeiten bei nicht wenigen Kindern. Fallen rechenschwache Kinder ohne eine gezielte Beobachtung im 1. Schuljahr nur selten auf, weil sie sich mit ihren Zählmethoden trotz kaum ausreichender Einsichten in den Zahlenraum bis 20 sowie in die operativen Beziehungen von Addition/Subtraktion noch einigermaßen „über Wasser halten" können, werden die Probleme ganz offensichtlich bei der Addition/Subtraktion von Zehnerzahlen im Zahlenraum bis 100 wie auch am Ende des Schuljahres beim Erlernen des Einmaleins.

In diesem Handbuchabschnitt kann nun nicht auf die Komplexität und Vielfalt möglicher Lernschwierigkeiten im Mathematikunterricht oder auf mögliche Fördermaßnahmen bei den zahlreichen schwierigen Themen des 2. Schuljahres im Detail eingegangen werden. Dazu sei auf die einschlägige Literatur verwiesen:

Akademie für Lehrerfortbildung Dillingen (1995): Rechenstörungen. Donauwörth: Auer.

Ellrott, D./Aps-Ellrott, B. (1995): Förderdidaktik – Mathematik Primarstufe. Offenburg: Mildenberger.

Lorenz, J. H./Radatz, H. (1993): Handbuch des Förderns im Mathematikunterricht. Hannover: Schroedel.

Milz, A. (1993): Rechenschwäche erkennen und behandeln. Dortmund: Borgmann.

Schulz, A. (1994): Fördern im Mathematikunterricht. Stuttgart: Klett.

Zwei grundsätzliche Themen werden ausführlicher besprochen, da sie von besonderer Bedeutung für das Mathematiklernen im 2. Schuljahr sind:

- die Grenzen des halbschriftlichen Rechnens und mögliche Alternativen bzw. Hilfen für einige Kinder,
- die Bedeutung und die Möglichkeiten der Fehleranalyse als Grundlage für Fördermaßnahmen bei nicht so grundlegenden Lernschwierigkeiten wie der Rechenschwäche im engeren Sinne.

Rechenschwache Kinder und Kopfrechnen/halbschriftliches Rechnen - schriftliches Rechnen als eine curriculare Ausnahmeregelung

Gerade in den letzten Jahren sind die Bedeutung des halbschriftlichen Rechnens und die dadurch zu erreichenden Ziele und Lerneffekte herausgestellt worden (z. B. Krauthausen 1995). Diese Forderungen und didaktischen Absichten sind im Hinblick auf Kinder mit ausgesprochenen Lernschwierigkeiten ein wenig zu relativieren bzw. kritisch zu betrachten. Im Gegensatz zur Mathematik kann es in der Didaktik der Mathematik (oder der Erziehung, dem Unterricht ...) keine Allaussagen geben in dem Sinne „Für alle Kinder einer Klasse gilt: Halbschriftliches Rechnen (oder Methode A oder Prinzip F oder Lehrbuch X oder ...) ist am besten."

Untersuchungen und Erfahrungen aus der Arbeit mit rechenschwachen Grundschülern weisen auf eine besondere Auffälligkeit bei den Lösungswegen zur Addition/Subtraktion im Zahlenraum bis 20 und darüber hinaus hin. Die drei Hauptwege (und ihre Mischformen) zum Bearbeiten derartiger Aufgaben des kleinen Einspluseins,

- das zählende Rechnen (Aufwärtszählen, Weiterzählen bei der Addition, Rückwärtszählen, ergänzendes Zählen bei der Subtraktion),
- das Zurückgreifen auf operative Beziehungen (Halbieren-Verdoppeln, Zerlegen, Zurückführen auf bekannte Aufgaben u. a.) im Sinne heuristischer Strategien und
- das Auswendigwissen der Grundaufgaben bis 20

sind bzgl. der Einsicht und der Anwendung sehr unterschiedlich bei Grundschülern verteilt. Diese Erkenntnis wird deutlich durch die vorstehend übersetzte und übertragene Grafik aus den Untersuchungen von Gray (1991, 1994).

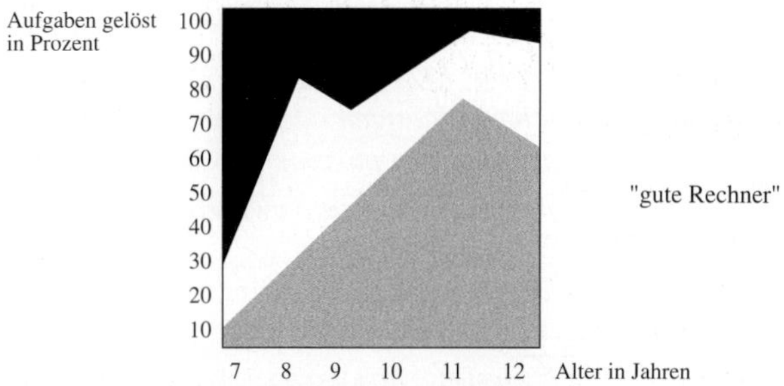

Lösungswege bei Addition/Subtraktion im Zahlenraum bis 20 (nach Gray 1991)

keine Lösung | Zählstrategien | Heuristiken | auswendige Zahlensätze

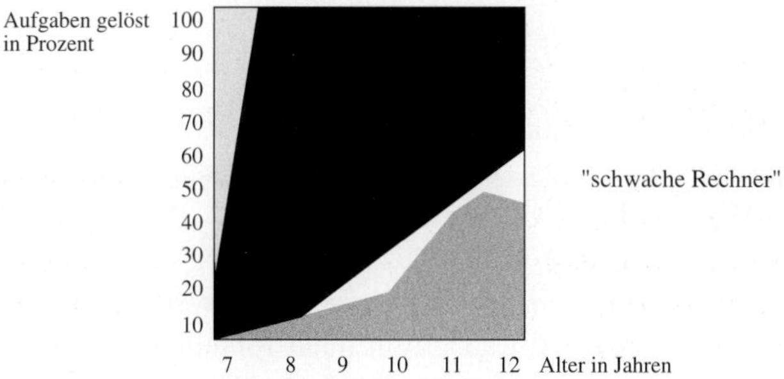

Während die so genannten guten Rechner im Laufe der Schuljahre das zählende Rechnen durch heuristische Strategien und vor allem durch Auswendiglernen der Zahlensätze weitgehend abbauen, dominiert bei den rechenschwachen Kindern das zählende Rechnen. Heuristische Strategien werden von ihnen kaum entdeckt und angewendet. Diese Erkenntnis ist kein spezifisch deutsches Problem, die Besonderheiten wurden in vielen anderen Ländern festgestellt und sie sind kein modernes Problem: Entsprechende Beobachtungen gab es schon vor vielen Jahrzehnten. Sicher kann die Einsicht in sinnvolle Lösungsstrategien durch die methodische Flexibilität und das diag-nostische Wissen der Lehrerin wesentlich beeinflusst werden, wie auch durch die Auswahl eines sinnvollen Arbeitsmittels (vgl. Kapitel 3 im Handbuch für das 1. Schuljahr). Dennoch muss man zur Kenntnis nehmen, dass es in den meisten Lerngruppen immer einige Schüler gibt, die weder heuristische Strategien zum Lösen der Additions-/Subtraktionsaufgaben entdecken oder von der Lehrerin übernehmen, noch die Zahlensätze in einem größeren Umfang auswendig lernen. Ausgesprochen rechenschwache Schüler werden und bleiben zählende Rechner! Dieses verfestigte zählende Rechnen wenden sie auch im 2. und den darauf folgenden Schuljahren an, wenn es darum geht, Aufgaben im größeren Zahlenraum halbschriftlich (das immer auch „Kopfrechnen" erfordert) zu lösen.

Was kann die Lehrerin tun, wenn von einigen Kindern in der zweiten Hälfte des 2. Schuljahres – trotz bester Arbeitsmittel und zahlreicher Handlungserfahrungen – die operativen Beziehungen nicht gesehen, Analogien nicht genutzt, Grundaufgaben nicht auswendig gelernt oder heuristische Strategien nicht entdeckt werden?

Die Antwort kann nur über eine sinnvolle Öffnung (Differenzierung) des Mathematikunterrichts gegeben werden. Wenn unter den schulischen Rahmenbedingungen ein Modell, ein Prinzip oder eine didaktische Theorie bei einigen Kindern nicht wirkt, dann muss man diese variieren (Öffnung der Methode, Öffnung der Lehrpläne, Öffnung der Verfahren, Öffnung des Modells ...). Für einzelne Kinder mit besonderen Rechenschwächen kann überlegt werden, die schriftlichen Rechenverfahren in das 2. Schuljahr vorzuziehen und nach Rücksprache mit den Eltern und in der Fachkonferenz eine individuelle Ausnahmeregelung zu schaffen, wenn etwa Einzelförderung in einer Schule nicht möglich oder erfolgreich ist. Abzuwägen ist eine Entscheidung über die folgenden Alternativen:

Soll sich ein Kind ohne absehbare Erfolge im 2. und 3. Schuljahr mit dem halbschriftlichen Rechnen herumquälen oder kann ihm die Möglichkeit geboten werden, die Aufgaben über schriftliche Verfahren (bei der Integration behinderter Kinder ggf. auch mit Hilfe des Taschenrechners) zu lösen?

Allerdings darf/sollte ein schriftliches Rechenverfahren nicht verfrüht und nicht zu voreilig einem Kind im 2. Schuljahr angeboten werden. Schriftliches Rechnen wäre das „letzte Mittel", um einem rechenschwachen Kind die Möglichkeit zu bieten, schwierige Aufgaben der Addition/Subtraktion im Hunderterraum (und in der ersten Hälfte des 3. Schuljahres im Tausenderraum) zu lösen, sofern andere Lösungswege (Kopfrechnen, gestütztes Kopfrechnen, Rechnen mit Material, sicheres zählendes Rechnen ...) nicht erfolgreich angewendet werden können. Alternativ könnte man für die betroffenen rechenschwachen Kinder – sicher für Kinder mit ausgesprochenen Lernstörungen in Integrationsklassen – auch überlegen, ihnen bis zur „offiziellen Einführung" der schriftlichen Rechenverfahren im 3. Schuljahr einen Taschenrechner als Rechenhilfsmittel anzubieten.

Beim Normalverfahren der schriftlichen Addition bietet sich das Erarbeiten des Verfahrens über Rechengeld an, erarbeitet mit einem oder mehreren Kindern in einem Gruppenraum oder während einer Förderstunde. Nachfolgend werden nur bei den schwierigen Aufgaben mit Zehnerüberschreitung die einzelnen Schritte ausführlich dargestellt, wobei in der ersten und in der zweiten Stufe entsprechend in einer Stellentafel mit Rechengeld oder in einem Registerspiel/-brett mit verschieden großen Plättchen gearbeitet werden müsste.

1. Stufe: Addition reiner Zehner, z. B. 50 ct + 20 ct

2. Stufe: Addition gemischter Zahlen ohne Zehnerüberschreitung, z. B. 52 ct + 24 ct

3. Stufe: Addition gemischter Zahlen mit Zehnerüberschreitung, z. B. 57 ct + 25 ct

Schritt 1: Darstellung beider Summanden

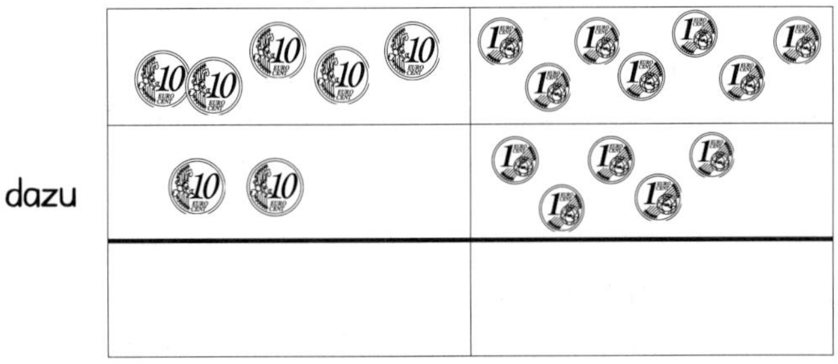

Notation:

57
\+ 25

Schritt 2: Addition der Einer (Cent); die 7 + 5 Cent werden in der Stellentafel nach unten geschoben. 10 Cent werden in einen Zehner umgewechselt und in die mittlere Zehnerspalte gelegt.

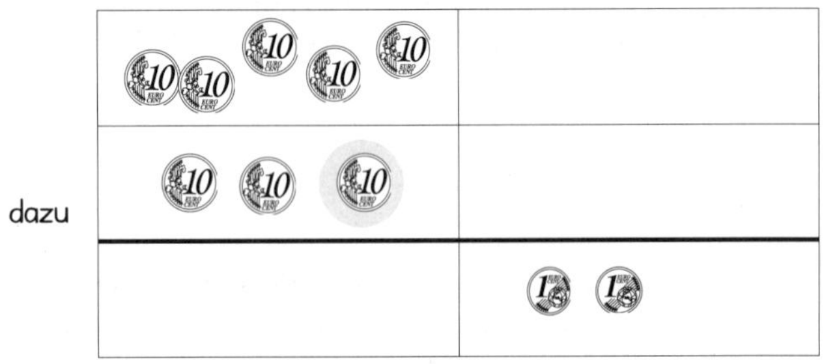

Notation:

57
\+ 2₁5
2

Schritt 3: Die Zehner werden addiert; die 5 + 2 + 1 Zehner werden nach unten geschoben.

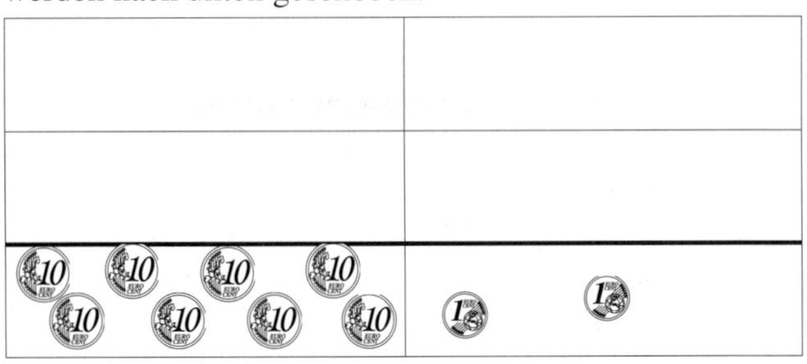

Notation:

57
\+ 2₁5
82

Es ist selbstverständlich, dass die Handlungen mit Rechengeld und das Notieren mehrfach durchgeführt werden müssen. Vielleicht ist es auch besser, für das Erarbeiten des Verfahrens zunächst einfachere Additionsaufgaben (17 + 12, 24 + 13, 19 + 23) zu wählen, bei denen das Kind das Ergebnis seiner schriftlichen Rechnung über das Kopfrechnen kontrollieren kann. Zum schriftlichen Subtrahieren gibt es keine ernsthaften Argumente (vgl. Padberg 1994; Lorenz 1995), die für das leider immer noch in den meisten Lehrplänen und Rahmenrichtlinien vorgeschriebene Ergänzungsverfahren sprechen. Am 25. März 1958 hatte die Kultusministerkonferenz (KMK) das Verfahren der schriftlichen Subtraktion festgelegt:

„Eine Einheitlichkeit in den Formen des schriftlichen Rechnens hat für Schüler und Lehrer so große Vorteile, daß um ihretwillen persönliche Neigungen oder einzelstaatliche Gewohnheiten außer acht bleiben müssen. (...) Bei der Subtraktion wird die Ergänzungsmethode angewandt:
Beispiele:

a:	b:
3 9 5	5 2 1
– 2 5 4	– 3 7 8
1 4 1	1 4 3

Es wird gesprochen:
zu a: 4 und 1 ist 5 zu b: 8 und 3 ist 11
5 und 4 ist 9 8 und 4 ist 12
2 und 1 ist 3 4 und 1 ist 5
(Die unterstrichene Zahl ist zu betonen.)"

Dieser Beschluss und seine Bestätigung durch den KMK-Beschluss vom 3.12.1976 (mit Änderung der Und-Sprechweise in die Plus-Sprechweise) gaben Normen für bundeseinheitliche schriftliche Rechenverfahren vor, die von den einzelnen Ländern in ihren Richtlinien per Erlass festgeschrieben wurden. Die Festlegung von 1958 markierte darüber hinaus den Beginn einer neuen Tradition der Methodisierung von Richtlinien und Lehrplänen. Aus den übersichtlichen Stoffverteilungsplänen der fünfziger Jahre mit einem Umfang von zwei Seiten für die Klassen 1 bis 9 wurden so im Laufe der Jahrzehnte Richtlinienkompendien mit bis zu 100 Seiten, angefüllt mit einer Vielzahl methodisch feinster Einzelvorschriften, die Lehrerinnen und Schulbuchautoren gleichermaßen in ein methodisches Korsett schnüren.

Hintergrund der Entscheidung von 1958 zum Verfahren der schriftlichen Subtraktion bildeten eine – aus heutiger Sicht – überaus zweifelhafte empirische Untersuchung (Johnson 1938) sowie Argumente zur Schnelligkeit und Sicherheit bei der Rechentechnik (Minuend mit mehreren Nullen, Rechnung mit mehreren Subtrahenden). So quälten sich die Kinder (und ihre Lehrerinnen) nun fast vier Jahrzehnte lang herum mit didaktischen Tricks wie Ergänzen mit Erweitern oder Ergänzen mit Auffüllen. Paare von Kindern verglichen ihre Körpergrößen direkt, stiegen mit großem Vergnügen auf den Stuhl und auf das Pult und stellten – welche Selbstverständlichkeit! – fest, dass der Unterschied der gleiche blieb. Was dies jedoch mit schriftlicher Subtraktion zu tun hat, wurde wohl kaum einem Kind deutlich. Insgesamt wurden mit allen diesen didaktischen Tricks im Rahmen des Zwangskorsetts „Ergänzungsmethode" nur mäßige Erfolge erzielt. Lehrerinnen und Kinder waren letztendlich froh, wenn der Algorithmus mit sicherer Routine, wenn auch unverstanden, beherrscht wurde. So ist es wohl auch kein Zufall, dass gerade in Deutschland die schriftliche Subtraktion einen Höhepunkt bei den Schülerfehlern bildet und ein dankbares Thema für Untersuchungen und Publikationen über Lernschwierigkeiten ist.

Das Ministerium für Schule und Weiterbildung des Landes Nordrhein-Westfalen hat im Zusammenhang mit einem Vorschlag für einen ‚Stoffplan Mathematik in den Schuljahren 1 bis 4" (Radatz/Schipper 1996) das Verfahren der schriftlichen Subtraktion freigegeben. Damit darf in diesem Bundesland die schriftliche Subtraktion auch über das Abziehen ein- und durchgeführt werden (vgl. die Erläuterungen im Kasten auf S. 79), eine didaktische Sensation und eine für Schüler und Lehrerinnen sehr weise Entscheidung. Es bleibt zu hoffen, dass diese Initiative für die anderen Bundesländer und für die KMK beispielgebend ist und dass sie den Anfangspunkt einer Trendwende in der Gestaltung der Richtlinien insgesamt markiert, nämlich im Sinne einer Reduzierung der methodischen Detailvorschriften zugunsten einer flexiblen und eigenverantwortlichen Gestaltung des Mathematikunterrichts auf dem Wege einer inhaltlichen und methodischen Öffnung (vgl. auch Radatz/Schipper 1997 a bis c).

Für die ‚Öffnung" des Verfahrens gibt es gute Gründe:

- Die Behandlung der schriftlichen Subtraktion kann nicht mehr wie 1958 vorrangig mit der lebenspraktischen Bedeutung begründet werden (Verbreitung von Taschenrechnern, Scanner-Kassen, Computern mit Programmen zur Lohnbuchhaltung, Warenbestandskontrollen u. v. a. m.). Wichtiger als Routine ist heute die Einsicht in das Verfahren.
- Subtrahieren wird beim Kopfrechnen und beim halbschriftlichen Rechnen vorrangig als Abziehen verstanden. Zur Vermeidung von Interferenzfehlern sollte auch schriftlich abgezogen werden.
- In Klassen mit einem hohen Anteil ausländischer Kinder ist das ‚deutsche" Ergänzungsverfahren immer ein Problem, weil nahezu weltweit das Abziehen üblich ist.
- Eine Öffnung gibt der Lehrerin die Freiheit, sich für das aus ihrer Sicht sinnvollere Verfahren zu entscheiden, oder aber auch mit einigen Kindern über die Bearbeitung weiterer Verfahren ein tieferes Verständnis für die Algorithmen insgesamt zu gewinnen (Differenzierung für leistungsstarke Rechner).

Für Kinder im 2. Schuljahr bedeutet Subtrahieren durchweg Abziehen und nicht Ergänzen. Nachfolgend ein Vorschlag zur Erarbeitung der schriftlichen Subtraktion mit ausgesprochen rechenschwachen Kindern über das ‚Abziehen mit Umwandeln/Entbündeln".

Vorbereitung

Bereits im 2. Schuljahr kann die Grundidee des schriftlichen Verfahrens im Rahmen konkreter (Spiel-)Handlungen deutlich werden. Ein Kind verwaltet die Wechselkasse mit dem Rechengeld, ein anderes Kind hat 65 €. Die Lehrerin fordert dieses Kind auf: ‚Gib mir bitte von deinem Geld 28 €!"

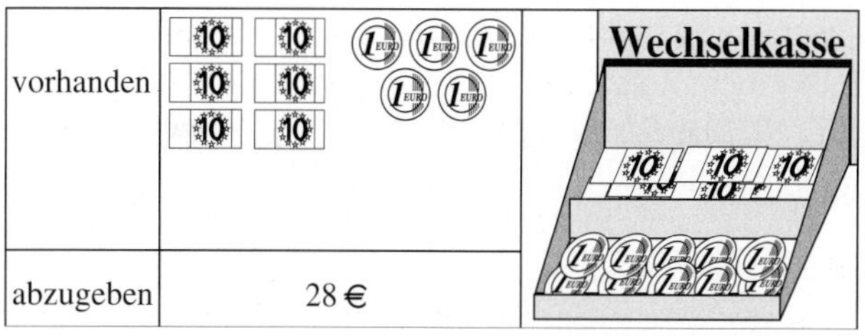

Die Diskussion führt schnell zur Lösung. Ein 10-€-Schein muss gewechselt werde. Jetzt ist die Aufgabe durch Abziehen lösbar.

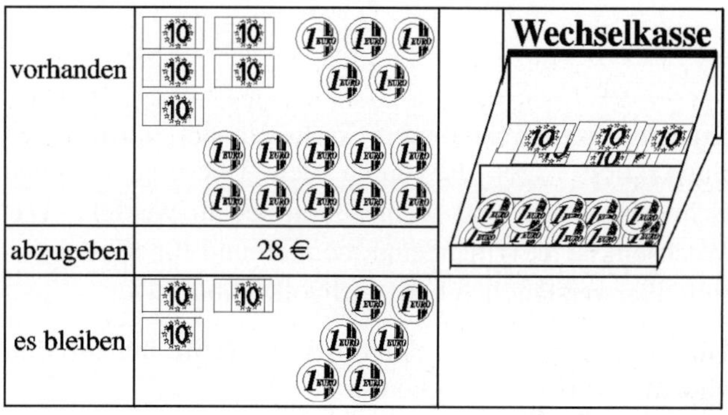

Aus diesen von der Situation her nahe liegenden Handlungen kann für Kinder mit erheblichen Lernschwierigkeiten beim Kopfrechnen im Zahlenraum bis 100 schon im 2. Schuljahr folgende schriftliche Notationsform entwickelt werden:

Schreibweise:

	Z	E
	6′	5^{10}
–	2	8
	3	7

Sprechweise:

– 5 Einer minus 8 Einer geht nicht. Ich wechsle 1 Zehner in 10 Einer um.
– 15 Einer minus 8 Einer gleich 7 Einer.
– 5 Zehner minus 2 Zehner gleich 3 Zehner.

Erarbeitung der Endform

	Notation	**Sprechweise**
Schritt 1: Minuend und Subtrahend werden in eine Stellentafel geschrieben.	Z E / 6′ 5 / – 2 8 / (leer)	„5 Einer minus 8 Einer geht nicht. Ich muss wechseln/umwandeln."
Schritt 2: Ein Zehner wird in 10 Einer umgewandelt.	Z E / 6′ 5^{10} / – 2 8 / (leer)	„Ich wechsle einen Zehner in 10 Einer."
Schritt 3: Subtraktion der Einer und Notieren des Ergebnisses.	Z E / 6′ 5^{10} / – 2 8 / 7	„15 Einer minus 8 Einer gleich 7 Einer."

Schritt 4: Subtrahieren der Zehner und Notieren des Ergebnisses.

	Z	E
	6′	5^{10}
–	2	8
	3	7

„5 Zehner minus 2 Zehner gleich 3 Zehner.“

Zu Aufgaben ohne Rechengeld sprechen die Kinder von Zehnern und Einern. Anzustreben ist die folgende Kurzform:

$$\begin{array}{r} 6'5 \\ -\ \underline{2\,8} \\ 3\,7 \end{array}$$

Erkennbar wird bei diesem Verfahren der schriftlichen Subtraktion, dass die durch den Übertrag üblichen Schwierigkeiten und Fehler vermieden werden. Das Wechseln ist aktiv handelnd möglich und für Kinder unmittelbar verständlich bzw. nachvollziehbar.

Die Fehleranalyse als diagnostische Hilfe bei inhaltsspezifischen Schwierigkeiten

Förderversuche über zusätzliche Übungsaufgaben – und seien sie noch so interessant oder motivierend – ohne vorheriges Eingehen auf die Schwierigkeiten und Fehler („Bilder“ der Schwierigkeiten) der Kinder sind bestenfalls sinnlos. Wahrscheinlicher ist, dass bei einem derartigen Üben die individuellen Fehlertechniken eher gefestigt werden.

Über die Analyse von Schülerfehlern
- in schriftlich vorliegenden Schülerlösungen (Übungsarbeiten, Klassenarbeiten),
- mit Hilfe diagnostischer Gespräche der Lehrerin mit dem Kind oder
- durch „lautes Denkenlassen“ während des Lösungsprozesses

lassen sich aufschlussreiche Erkenntnisse über das Denken, das Verstehen und somit die Schwierigkeiten der Kinder gewinnen. Die Analyse von Schülerfehlern liefert zudem der Lehrerin Hinweise für die Planung von gezielten Fördermaßnahmen. Schülerfehler im Mathematikunterricht sind selten unsinnig oder zufällig, sie werden verständlich über die Fehleranalyse. Fehlern liegt fast immer eine Lösungstechnik bzw. Überlegung der Schüler zugrunde, auch wenn sie der Lehrerin oft noch so sinnlos erscheinen wie zum Beispiel bei 82 – 40 = 24 oder 53 + 30 = 5.

Nachfolgend der Versuch einer Zusammenstellung der häufigsten Fehler bei der Addition/Subtraktion im 2. Schuljahr (vgl. Lorenz/Radatz 1993 oder Abele 1994):

Fehlermuster **–Fehlerdiagnostik–**	**Beschreibung**	Wie könnte man helfen? Was wäre zu tun? **–Fördermaßnahmen–**
82 + 7 = 88 82 – 7 = 76	„klassische“ Zählfehler (z. B. 82, 83, 84, 85, 86, 87, 88)	Lernen der Grundaufgaben bis 20, Erkennen dekadischer Analogien, Erarbeiten anderer Lösungstechniken als das Zählen
82 + 17 = 95 82 – 17 = 67	Fehler beim zählenden Rechnen durch Überforderung des Kurzzeitgedächtnisses	Erkennen dekadischer Analogien, Erarbeiten anderer Lösungstechniken als das Zählen
62 + 6 = 32 87 – 5 = 73	Richtungsfehler beim Lesen der Aufgabe (gelesen: 26 + 6)	Wiederholungen zum Bündeln und zum Stellenwert, Lesen der Zahlen von „rechts nach links“
54 + 8 = 58 52 – 7 = 55	falsche Teil-operation/ falsche Teilrechenrichtung (54 + 8 = 54 + 6 – 2)	Erneutes Erarbeiten halbschriftlicher Verfahren, Deutlichmachen der Rechenrichtung bei einer Operation
76 + 8 = 74 76 + 15 = 81	Vermeiden des Zehnerübergangs	Wiederholungen zum Bündeln und zum Stellenwert, Erarbeiten halbschriftlicher Lösungswege
86 – 8 = 94 52 + 5 = 47	Vertauschen der Operation	Konzentrationsübungen, Unterscheidenkönnen der Symbole
92 – 28 = 76 54 – 36 = 22	Bestimmen der Differenz der Stellen („2–8 geht nicht!“)	Wiederholungen zum Bündeln und zum Stellenwert, erneutes Erarbeiten halbschriftlicher Lösungswege
34 + 4 = 83	falsches Schreiben der Zahlen (hier: 83 statt 38)	Wiederholungen zum Bündeln und zum Stellenwert, Schreibübungen zu Zehnerzahlen (z. B. über eine Schreibmaschine oder einen Taschenrechner)

Fehlermuster **–Fehlerdiagnostik–**	**Beschreibung**	Wie könnte man helfen? Was wäre zu tun? **–Fördermaßnahmen–**
20 + 7 = 90 80 – 7 = 10	falsche Zuordnung der Stellen	Erneutes Erarbeiten des Stellenwertbegriffs und des Bündelungsprinzips
13 + 34 = 56 56 – 43 = 22	falsche Verknüpfung der Stellen (hier: 1 + 4 bzw. 3 + 3)	Erneutes Erarbeiten des Stellenwertbegriffs und des Bündelungsprinzips, Erarbeiten halbschriftlicher Lösungswege

Kinder sind sehr kreativ beim Entwickeln/Entdecken falscher Lösungswege, sodass die obige Tabelle nur Hinweise auf häufig feststellbare Fehler gibt. – Aufgabe an Sie: Welche Fehlertechnik liegt etwa den folgenden Lösungen zugrunde: 27 + 18 = 18 oder 76 + 15 = 19?

2.3 Multiplikation und Division

Multiplikation und Division können im 2. Schuljahr erst erarbeitet bzw. thematisiert werden, wenn alle Kinder einen relativ sicheren Überblick über den Zahlenraum bis 100 und operative Erfahrungen in diesem Zahlenraum haben, d. h. in der zweiten Hälfte des Schuljahres. Nach einer sachlichen Analyse werden nachfolgend Möglichkeiten der begrifflichen Erarbeitung, Anregungen zum Erkennen bzw. Entdecken der operativen Beziehungen sowie verschiedene Übungsformen zum Einmaleins vorgestellt. Bei den didaktischen Prinzipien der Behandlung des Themas wie

- isolierte Behandlung oder ganzheitliche Behandlung der Einmaleinsreihen,
- isolierte oder integrierte Behandlung von Multiplikation und Division,
- ein Arbeitsmittel/Darstellungsmodell oder eine möglichst große Variation u. a.

nimmt das Handbuch durchweg eine offene Position ein, wobei Alternativen mit den Vor- und den Nachteilen beschrieben werden. Mit geschlossenen, einseitigen Prinzipien ist Unterricht nicht zu öffnen (zu differenzieren); Offenheit heißt insbesondere auch Offenheit in den Köpfen der Lehrerinnen (der Mathematikdidaktiker ...).

Die Kinder müssen erst ein begriffliches Verständnis vom Multiplizieren und eine gewisse rechnerische Sicherheit im Umgang mit dieser Operation entwickelt haben, ehe die Umkehroperation Division im Unterricht thematisiert werden kann. Daher wird im vorliegenden Handbuch eine zeitlich getrennte Behandlung der beiden Operationen empfohlen und nicht ein gleichzeitiges Erarbeiten von Multiplikation und Division von Anfang an, wie es in einigen Schulbüchern empfohlen wird. Zur Verdeutlichung: Die Leserin möge bitte die Aufgabe 117 : 9 lösen. Das gelingt nur aufgrund des Wissens über den Zusammenhang zwischen Multiplikation und Division sowie über eine Sicherheit beim Einmaleins der 9 (10 · 9 = 90, 3 · 9 = 27 o. a.). Ohne diese Sicherheit beim Einmaleins könnte die Lösung einer Divisionsaufgabe (117 : 9 oder z. B. 28 : 4) nur handelnd mit Material (z. B. durch Aufteilen einer Menge), durch Aufsagen der Einmaleinsreihe (4, 8, 12, 16 ...) und Zählen der Einzelschritte oder durch fortgesetztes Subtrahieren (28 – 4 – 4 ...) gefunden werden. Einige Kinder könnten diese Lösungsstrategien zur Division, die wenig sinnvoll und ausbaufähig sind, verfestigen und somit im Laufe der folgenden Schuljahre immer wieder Schwierigkeiten bekommen. Wenn das Dividieren von Anfang an als Umkehroperation der Multiplikation verstanden und verinnerlicht werden soll, dann kann diese Operation erst nach der Erarbeitungs- und einer ausreichenden Übungsphase der Multiplikation Thema des Unterrichts sein.
Auf eine weitere mögliche Schwierigkeit beim gleichzeitigen Erarbeiten von Multiplikation und Division weist Oehl (1962, S. 62) hin.

Viele Kinder werden Aufgaben wie $3 \cdot 6 = 18$, $18 : 6 = \_\_$ ohne ein Operationsverständnis von der Division lösen, weil sie mit den drei zusammengehörenden Zahlen wie in einem „Zahlenspiel" manipulieren, ohne wirklich auf den mathematischen Zusammenhang oder einen Sachzusammenhang zurückgreifen zu können. Daher plädiert auch Oehl für eine zeitlich getrennte Erarbeitung von Multiplikation und Division, eine Trennung der Erarbeitung des Multiplikationsbegriffes und der Einmaleinsreihen von der Erarbeitung des Divisionsbegriffs und den entsprechenden Übungen dazu.

2.3.1 Zu den Grundvorstellungen der Multiplikation

Es lassen sich verschiedene Grundvorstellungen der Multiplikation unterscheiden (für eine ausführlichere Diskussion der möglichen Kategorisierungen siehe Bauersfeld u. a. 1971, Bönig 1995):

Zeitlich-sukzessiver Aspekt (Wiederholen gleicher Handlungen)
Eine gleichartige Handlung wird mehrmals wiederholt. Beispiele:

Brigitte fasst viermal in den Beutel und holt jeweils 2 Wäscheklammern heraus.	In dieser Woche hat Bernd schon viermal je 2 Tüten Milch beim Lebensmittelmarkt gekauft.	Herr Wauschkuhn geht viermal in den Keller und bringt jeweils 2 Flaschen Bier mit.

4 · 3
vier mal drei

Multiplikative Sachsituationen unter dem zeitlich-sukzessiven Aspekt müssen im Unterricht handelnd durchgespielt werden, sie sind allenfalls als eine Bilderfolge darstellbar. Erst nach Wiederholung der letzten Handlung wäre das Produkt erkennbar, was in der Realität aber selten vorkommt, weil etwa bei den obigen Beispielen die ersten Klammern bereits benutzt, die ersten Milchtüten oder Bierflaschen schon ausgetrunken worden sind.

Die Kinder haben zum zeitlich-sukzessiven Aspekt bzw. zu Operatorzahlen wie „dreimal", „fünfmal" o. Ä. zahlreiche Vorerfahrungen über Handlungen und Spiele, die im Unterricht genutzt werden können.

Im Sinne der mathematischen Definition von Multiplikation als fortgesetzte Addition gleicher Summanden kann zu den Textbeispielen abstrakt notiert werden:
$2 + 2 + 2 + 2 = 4 \cdot 2$

Räumlich-simultaner Aspekt (Teil-Ganzes-Struktur)
Gleichartige und gleichmächtige Mengen werden als Teile eines Ganzen gesehen, die Gesamtmenge kann multiplikativ beschrieben werden. Beispiele:

Auf einem Tisch stehen 4 Teller. Auf jedem Teller liegen 2 Äpfel.	Vor einer Ampel halten 4 Autos. In jedem Auto sitzen 2 Personen.	In einer Neubausiedlung sind 4 Straßen angelegt. In jeder Straße stehen bereits 2 Häuser.

Bei derartigen Sachsituationen sind sowohl die Aufgabenstellung als auch das Produkt gleichzeitig darstellbar und damit simultan erkennbar.

$2 + 2 + 2 =$
$3 \cdot 2 =$

Oder als abstrakte Darstellungen:

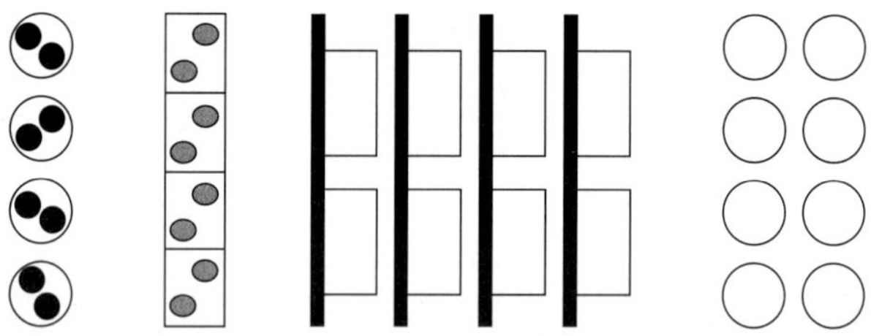

Auch zu diesem Multiplikationsaspekt haben die Kinder bereits vor der schulischen Thematisierung vielfältige Vorerfahrungen gesammelt. Die Multiplikation lässt sich ebenfalls aus der fortgesetzten Addition heraus entwickeln ($2 + 2 + 2 + 2 = 4 \cdot 2$).

Vergleichsaspekt
Hier wird ein Operator zum Vergleich zweier Größen benutzt. Beispiele:

Tom hat 2 Bonbons. Annika hat viermal so viele.	In der Bahnhofstraße stehen 2 Ampeln. In der Hauptstraße viermal so viele.	In Klasse 2b stehen 2 Blumentöpfe. In Klasse 2a viermal so viele.

Im Unterschied zu den beiden ersten Aspekten stellt das Vergleichen von Größen eher eine Anwendungssituation der Multiplikation als eine eigenständige Sachstruktur dar. Darstellbar (räumlich-simultan) ist nur die Ausgangsgröße, die Vergleichsgröße kann durch zeitlich-sukzessive Handlungen bzw. fortgesetzte Addition ($2 + 2 + 2 + 2 = 4 \cdot 2$) erzeugt werden. Obwohl die Kinder auch zum Vergleichen sicherlich Vorerfahrungen haben, scheint dieser Aspekt wenig hilfreich für die Erarbeitungsphase im Mathematikunterricht zu sein.

Kombinatorischer Aspekt
Die möglichen Kombinationen (das Kreuzprodukt) zwischen den Elementen zweier Mengen werden bestimmt. Beispiele:

Astrid hat 2 Jeans und 4 farblich dazu passende T-Shirts. Wie oft kann sie sich verschieden anziehen?	Firma Glas hat 2 Zugmaschinen und 4 Anhänger. Wie viele verschiedene Lastzüge sind möglich?	Von A-Dorf nach B-Dorf gibt es 2 Wege, von B-Dorf nach C-Dorf dagegen 4 Wege. Wie oft kann man verschieden von A-Dorf nach C-Dorf gehen?

Alle möglichen Kombinationen sind bei derartigen Sachsituationen gleichzeitig nicht möglich, sie können in der Realität nur nacheinander gebildet werden. Im Hinblick auf eine fortgesetzte Addition ($2 + 2 + 2 + 2 = 4 \cdot 2$) repräsentieren die einzelnen Summanden jeweils eine der möglichen Kombinationen. Diese können dargestellt werden über Paar-, Baum- oder Wegediagramme:

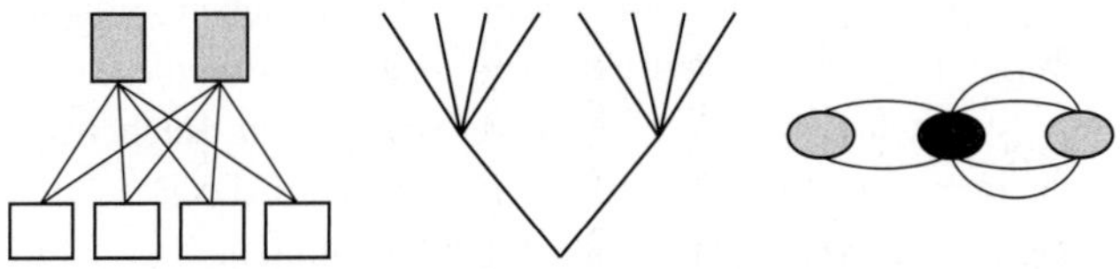

Die nachfolgende Grafik versucht die Zusammenhänge der drei Aspekte der Multiplikation mit den beiden mathematischen Definitionen zu verdeutlichen (vgl. Bauersfeld u. a. 1971):

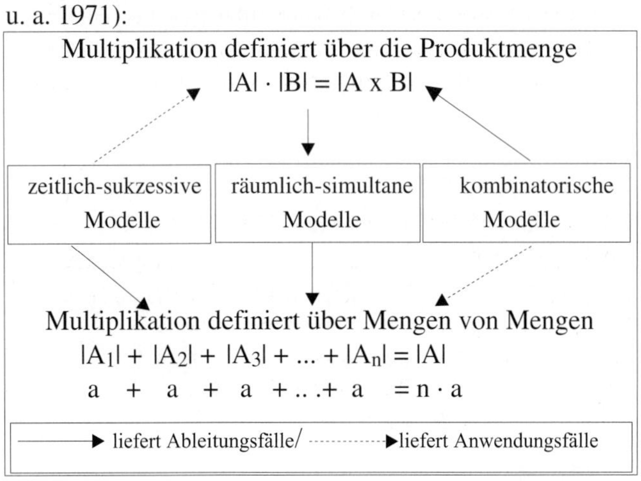

Zusammenfassend: Als semantische Modelle besonders geeignet für das Thema Multiplikation im 2. Schuljahr sind der zeitlich-sukzessive Aspekt (multiplikative Handlungen durchführen) und der räumlich-simultane Aspekt (Strukturieren und Interpretieren von Punkt- oder Rechteckfeldern) des Malnehmens. Kinder (und Erwachsene) haben zum kombinatorischen Aspekt kaum Vorerfahrungen, sodass sich dieses Modell der Multiplikation für die Erarbeitungsphase wenig eignet.

2.3.2 Unterrichtliche Erarbeitungsmöglichkeiten der Multiplikation

Die folgenden Stufen einer Unterrichtseinheit zur Multiplikation lassen sich unterscheiden:

1. Durchführen multiplikativer Handlungen zum zeitlich-sukzessiven Modell mit dem Ziel, ein durch Handlungen gestütztes, anschauliches Verständnis vom Multiplikations- bzw. vom „mal"-Begriff zu gewinnen.
2. Untersuchen und multiplikatives Interpretieren von Anordnungen sowie von Punktbildern (räumlich-simultanes Modell).
3. Protokollieren der Handlungen bzw. der untersuchten Anordnungen über die Schreibweise der neuen Rechenoperation, wobei der Zusammenhang zwischen fortgesetzter Addition und Multiplikation betont wird ($2 + 2 + 2 + 2 = 4 \cdot 2$).
4. Arbeiten mit didaktischen Hilfsmitteln, insbesondere Untersuchen operativer Beziehungen bzw. Übungen zur Kommutativität (Tauschaufgaben) und Distributivität (Zerlegungsaufgaben), die wichtige Voraussetzungen für das Lernen des Einmaleins sind.
5. Entdecken bzw. Erarbeiten unterschiedlicher Lösungswege für Multiplikationsaufgaben.
6. Herausarbeiten und Lernen der Kernaufgaben/der „Königsaufgaben" ($1 \cdot x$, $2 \cdot x$, $5 \cdot x$ und $10 \cdot x$).
7. Vielfältige Übungen zum Einmaleins.

Handlungserfahrungen und Protokolle der „Produkte"

Zunächst werden multiplikative Handlungen (zeitlich-sukzessiver Aspekt) durchgeführt, dabei werden die Ergebnisse besprochen und protokolliert.

Beispiele:

- Problemstellungen, die handelnd ausgeführt werden:
  - „Wie viele Flaschen kann ein Kind bequem tragen?" – Die Kinder nennen meistens 2. – „Es stehen 10 Flaschen bereit. Wie viele Kinder müssen laufen?"
  - Analoge Aufgabenstellung: 4 Gläser passen auf ein Tablett. „Wie oft musst du für alle 24 Kinder der Klasse das Tablett füllen (austragen)?"
  - Der Aspekt des „schnellen Zählens" wird thematisiert. Geordnete Mengen wie

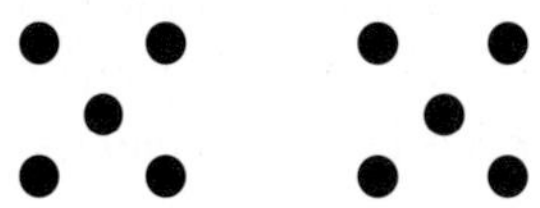

oder

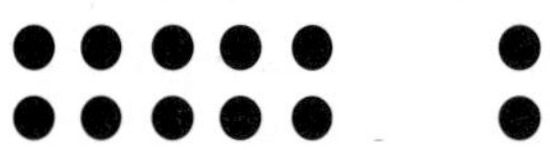

lassen sich viel schneller zählen als ungeordnete Mengen wie

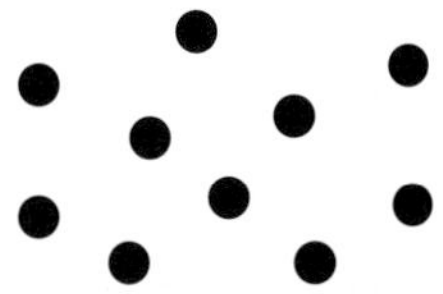

- Im Sitzkreis liegt ein großer Beutel mit Kastanien (Murmeln ...), zum Protokollieren liegen ein großes Blatt Papier und ein Stift bereit. „Tanja, fasse dreimal in den Beutel und hole jeweils 2 Kastanien heraus!"

Phasen des Protokolls:

1. Sukzessives Legen der Handlungsergebnisse:	2. Dazu wird die Additionsaufgabe notiert:	3. Dafür können wir auch schreiben:	4. Oder noch kürzer:
○ ○ ○ ○ ○ ○	○ ○ ○ ○ ○ ○ $2 + 2 + 2 = 6$	○ ○ ○ ○ ○ ○ $2 + 2 + 2 = 6$ 3 mal 2 = 6	○ ○ ○ ○ ○ ○ $2 + 2 + 2 = 6$ 3 mal 2 = 6 $3 \cdot 2 = 6$

Derartige Handlungen und Protokolle werden wiederholt und vielfältig variiert. Weitere Möglichkeiten für zeitlich-sukzessive Übungen:

- Rechencent aus einer Kasse nehmen
- Buntstifte aus einer Federmappe holen
- Becher auf einen Tisch stellen
- Perlen auf eine Kette fädeln
- Mandarinen in durchsichtige Tüten verpacken
- Stühle im Klassenraum aufstellen u. v. a. m.

Ziel dieser Handlungen ist es, dass alle Kinder ein Verständnis vom Multiplizieren als Wiederholen gleichartiger Handlungen entwickeln und die neue Schreibweise verstehen.

Zahlreiche Anregungen und Hinweise zur Erarbeitung des Multiplikationsbegriffs findet die Leserin in der Aufgabensammlung „1·1 mit allen Sinnen" (Wunderlich 1995), in der besonders auf sinnliche Erfahrungen, sinnhafte Sachverhalte, Spiele im Freien und im Klassenraum u. a. eingegangen wird.

Multiplikative Interpretation von Anordnungen/Darstellungen

Zunächst werden Anordnungen im Klassenraum oder im Schulgelände multiplikativ interpretiert (räumlich-simultaner Aspekt) und als Gleichungen protokolliert: Fensterscheiben eines Sprossenfensters, Blumentöpfe auf den Fensterbänken, die Milchtüten im Kasten, die Stühle an den Gruppentischen, die Riegel einer Tafel Schokolade, die Fenster im Schulgebäude ... Auf der ikonischen Ebene bieten die meisten Schulbücher dazu zahlreiche Situationsbilder und Einzeldarstellungen, die auch leicht durch Tafelskizzen oder Overheadfolien ergänzt werden können. Dabei kann auf das Protokollieren der Additionsaufgaben recht bald verzichtet werden, sodass unter einer bildhaften Multiplikationssituation nur noch die Multiplikationsaufgabe steht.

Die Anzahlbestimmung wird durch die strukturierte Anordnung von Elementen besonders erleichtert, z. B. bei Pralinen in einer Schachtel (Eier, Filzschreiber usw.). Man kann die Kinder derartige Verpackungsschachteln sammeln lassen, um sie dann als Arbeitsmittel für Multiplikationsaufgaben einzusetzen: Unsere Einmaleinskiste.

Weitere Übungen und Variationen (hier je nur ein Beispiel):

- Bilde die Malaufgabe: $9 + 9 + 9 + 9 = \_\_ \cdot 9$
- Lege mit Plättchen und rechne: $4 \cdot 3$
- Schreibe eine passende Malaufgabe zum Muster!

  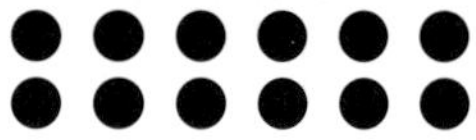

  $\_\_ \cdot \_\_ = \_\_$

  Bereits zu diesem Zeitpunkt kann von den Kindern diskutiert werden, ob die Punktmenge $2 \cdot 6$ oder $6 \cdot 2$ bedeutet.
- Male dazu in dein Heft: $7 \cdot 4$

Übungen an didaktischen Hilfsmitteln

Multiplikative Handlungen können mit zahlreichen Hilfsmitteln durchgeführt und entsprechend dargestellt werden, etwa mit Steckwürfeln, mit Cuisenaire-Stäben, mit Rechengeld oder über den Zahlenstrahl. Empfohlen wird die Beschränkung auf ein oder zwei grundlegende Hilfsmittel.

Punktefelder

Punktefelder sind besonders gut geeignet, Einmaleinsaufgaben zu erkennen, darzustellen, zu lösen und auch operativ zu untersuchen. Von den vier Möglichkeiten (nachfolgend exemplarisch zu $5 \cdot 8$) bietet die Darstellung in einem symmetrischen Feld die größten Vorteile.

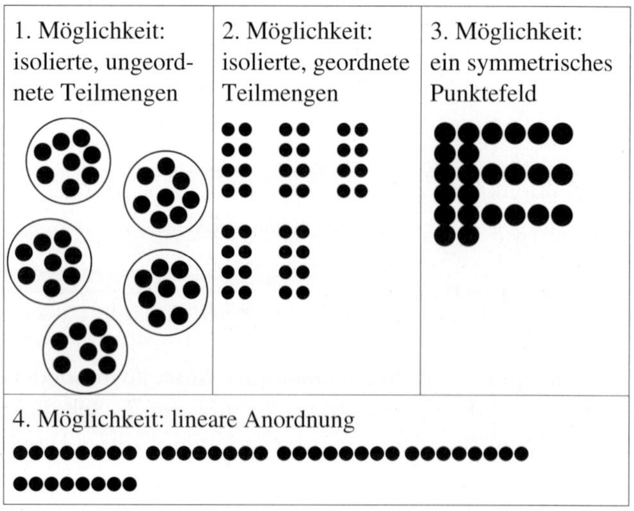

Bei den symmetrischen Punktfeldern stört ein wenig eine 5er-Zäsur durch einen Strich bei den nachfolgenden operativen Untersuchungen:

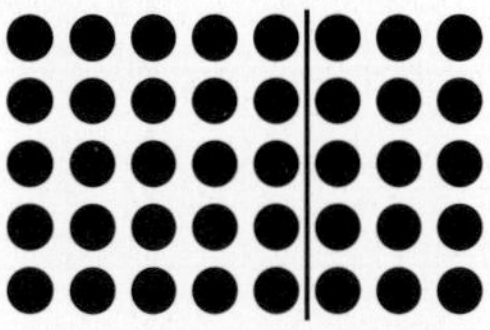

Deutlicher ist die unterschiedliche Farbgebung der Punkte in Anlehnung an die Hunderter-Tafel (vgl. die nachfolgenden Darstellungen).

Folgende operative Untersuchungen sind am Punktefeld möglich:

- Tauschaufgaben (z. B. 5 · 8 = 8 · 5):
  Entweder wird das Punktefeld um 90° gedreht bzw. von einer anderen Seite aus betrachtet ...

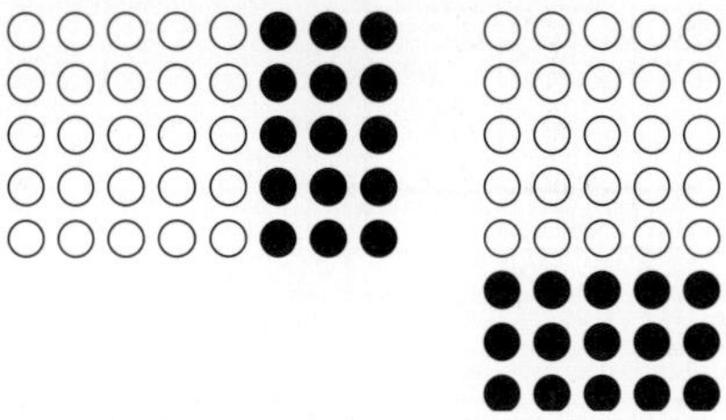

... oder die Eigenschaft der Kommutativität wird durch Verbinden der Elemente verdeutlicht.

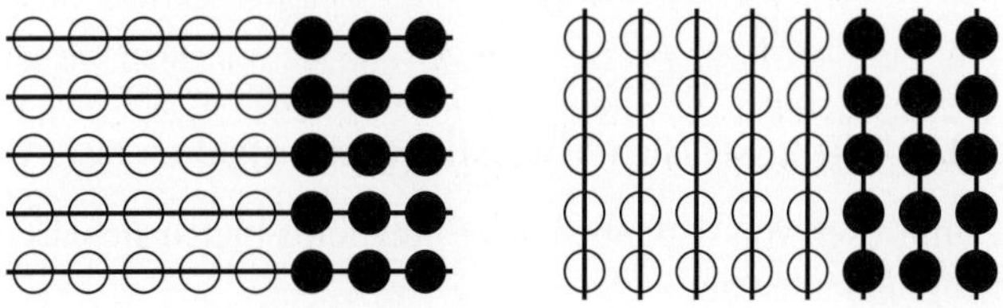

- Zerlegungsaufgaben (z. B. 5 · 8 = 3 · 8 + 2 · 8 oder 5 · 8 = 5 · 5 + 5 · 3):

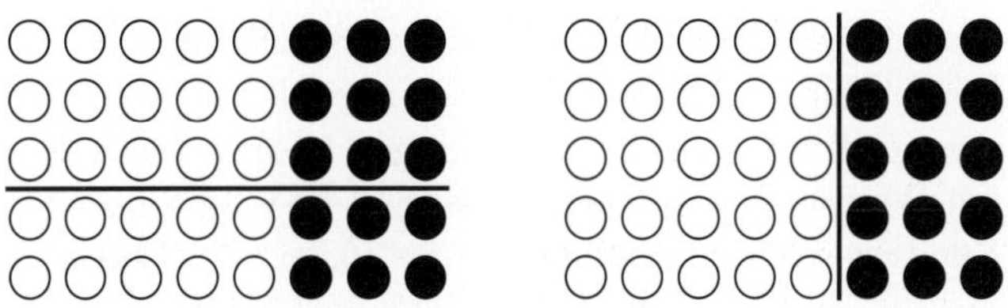

Unterrichtspraktischer Tipp:
Stellen Sie zu Tausch- und/oder Zerlegungsaufgaben Arbeits- bzw. Spielkarten her. Auf der Vorderseite stehen zwei Multiplikationsaufgaben, auf der Rückseite die zugehörigen Punktefelder. Diese Karten bieten zahlreiche Spielmöglichkeiten (Kartenspiele, Domino ...).
Beispiel:

Vorderseite:

6 · 4 = __

4 · 6 = __

Rückseite:

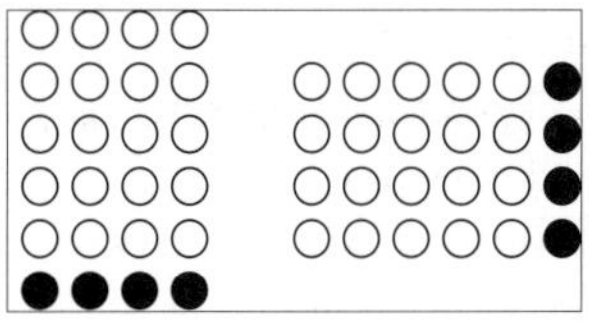

- Verdoppelungsaufgaben (z. B. 8 · 5 = 2 · (4 · 5))

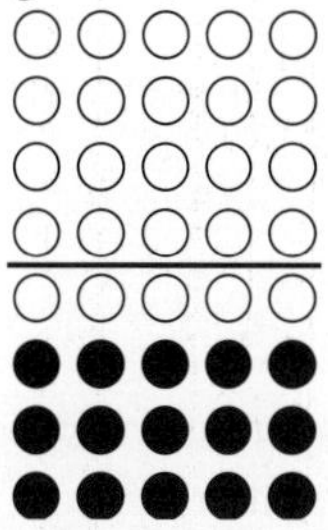

Das Hunderter-(Punkte-)Feld

Derartige operative Übungen lassen sich besonders gut am Hunderter-Feld (siehe **Kopiervorlage A 21**) mit Hilfe zweier Abdeckblätter durchführen. Wichtig beim Hunderter-Feld ist das Betonen der Fünferstruktur. Nachfolgend nur einige Beispiele; weitere Übungsanregungen finden Sie im Abschnitt 2.3.4.

Das Hunderter-Feld

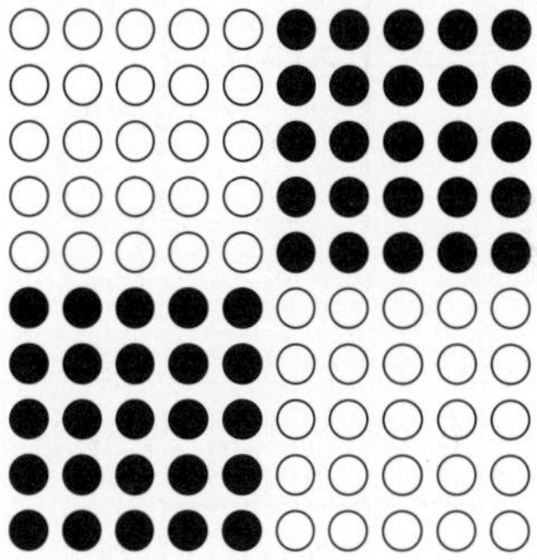

Darstellung der Aufgabe 5 · 8

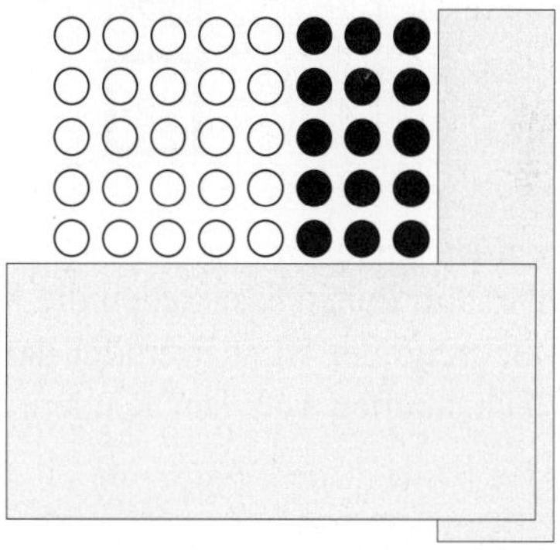

5 · 8 = 8 + 8 + 8 + 8 + 8
5 · 8 = 40

Darstellung der Aufgabe 9 · 8

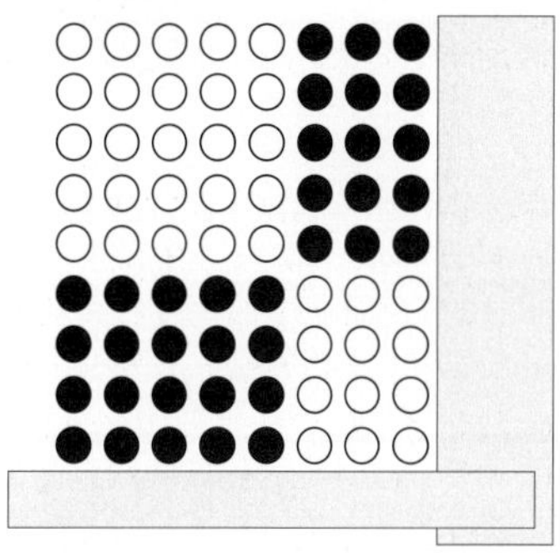

$9 \cdot 8 = 5 \cdot 5 + 4 \cdot 5 + 5 \cdot 3 + 4 \cdot 3$
$9 \cdot 8 = 25 + 20 + 15 + 12$
$9 \cdot 8 = 72$
oder
$9 \cdot 8 = 5 \cdot 8 + 4 \cdot 8$
$9 \cdot 8 = 9 \cdot 5 + 9 \cdot 3$

Bei Verwendung transparenter Abdeckfolien werden weitere Beziehungen erkennbar:
$9 \cdot 8 = 10 \cdot 8 - 1 \cdot 8$ oder $9 \cdot 8 = 9 \cdot 10 - 9 \cdot 2$.

Die im Hunderter-Feld zerlegten Multiplikationsaufgaben lassen sich auch in Tabellenform notieren. Zur obigen Abbildung der Aufgaben $9 \cdot 8$:

	5	3	
5	25	15	
4	20	12	

oder auch

9 \ 8	5	3	
5	25	15	40
4	20	12	32
	45	27	72

Quadrat- oder Kästchenfelder
Eine Alternative zum Punktefeld stellen die Kästchenfelder von der Rückseite der Hundertertafel dar. Sie lassen sich in den Rechenheften von den Kindern auch leicht zeichnen.

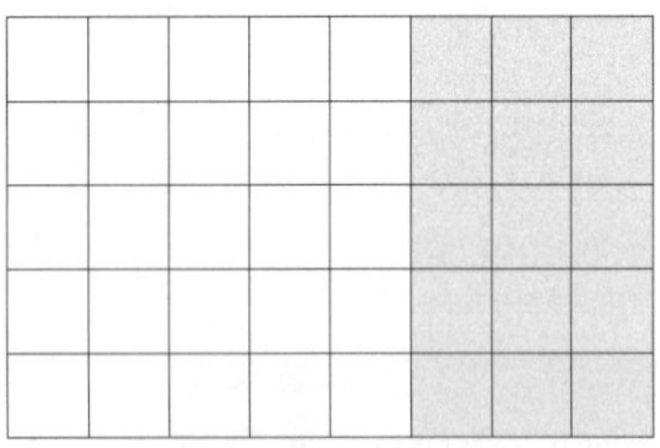

$5 \cdot 8 = 8 \cdot 5$

$5 \cdot 8 = 3 \cdot 8 + 2 \cdot 8$

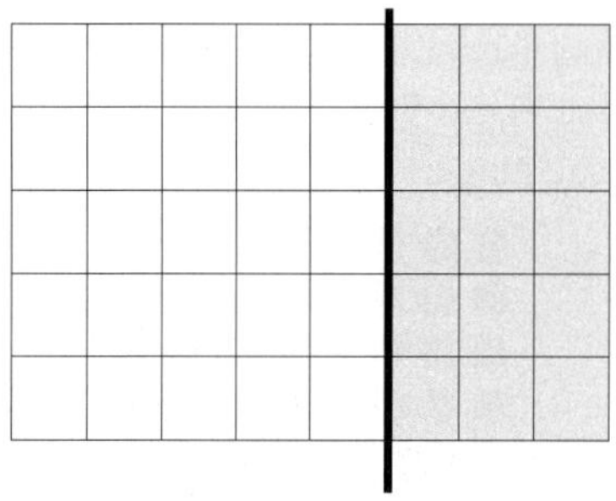

$5 \cdot 8 = 5 \cdot 5 + 5 \cdot 3$

Gut eignet sich auch die leere Seite der Hunderter-Tafel (vgl. **Kopiervorlage A 1** oder **A 3**) mit zwei Blanko-Blättern zum Abdecken.

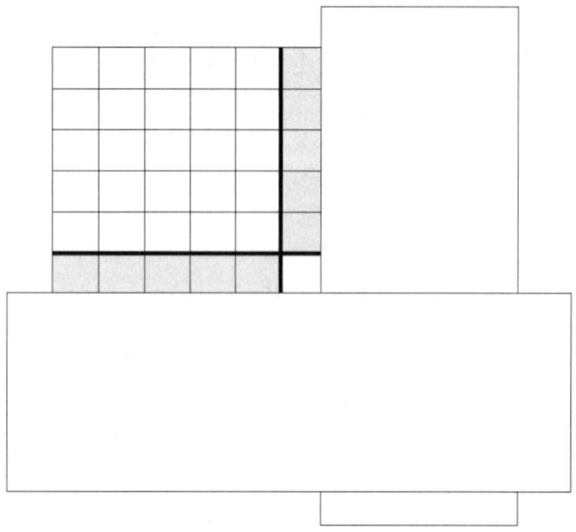

2.3.3 Wie lassen sich Multiplikationsaufgaben lösen?

Zum Lösen von Aufgaben des Einmaleins bieten sich drei Möglichkeiten an:

1. Lösen der Multiplikationsaufgabe über die fortgesetzte Addition
Diese Möglichkeit wird in den meisten Schulbüchern bei der Erarbeitung der Multiplikation herausgestellt und von nicht wenigen Kindern als zentraler (einziger) Lösungsweg verfestigt. Beispiel: $7 \cdot 8$ wird interpretiert als $8 + 8 + 8 + 8 + 8 + 8 + 8$ und entsprechend berechnet ($8 + 8 = 16$, $16 + 8 = 24$ usw.).

Die Nachteile dieses Lösungsverfahrens sind offensichtlich:
- Die Addition von Einerzahlen im Zahlenraum bis Hundert muss sicher im Kopf beherrscht werden,
- das Verfahren ist zeitaufwendig und sehr fehleranfällig, weil noch nicht alle Kinder sicher mit Zehnerüberschreitungen im Hunderterraum addieren können,
- Multiplizieren über fortgesetztes Addieren überfordert das Kurzzeitgedächtnis der Kinder. Sie müssen über die Hilfsstrategie des Fingerzählens kontrollieren, wie viele Teiladditionen bereits durchgeführt worden sind.

Erproben Sie dieses Lösungsverfahren selber und lösen Sie bitte nur über fortgesetzte Addition die Aufgabe $14 \cdot 16$! Oder lösen Sie über fortgesetzte Addition eine

Multiplikationsaufgabe mit Buchstaben (vgl. Band 1, S. 54), zum Beispiel e · f.

2. Lösen der Multiplikationsaufgabe über das Aufsagen der Einmaleinsreihe
Das Auswendiglernen der Einmaleinsreihen verführt die Kinder zu einem anderen, nicht weniger aufwendigen und fehleranfälligen Verfahren. Diese Lösungsmethode ist verwandt mit der ersten, es wird aber nicht fortgesetzt addiert, sondern die auswendig gelernte Einmaleinsreihe wird aufgesagt. Am Beispiel 7 · 8: 8, 16, 24 ... Auch hier muss das Kurzzeitgedächtnis bei schwierigeren Einmaleinsaufgaben durch Zählen mit den Fingern entlastet werden. Es ist selbstverständlich, dass im Laufe des Lehrgangs alle Aufgaben einer Einmaleinsreihe entwickelt und auch notiert werden sollten, es muss aber kritisch hinterfragt werden, ob die Kinder alle Einmaleinsreihen auswendig lernen sollten.

Erproben Sie auch dieses Lösungsverfahren und versuchen Sie einmal, nur durch Aufsagen einer Einmaleinsreihe die Aufgabe 14 · 16 zu lösen.

Die unter 1. und 2. beschriebenen Lösungsmöglichkeiten können nur am Anfang der Unterrichtseinheit Multiplikation hilfreich sein. Die beiden Wege werden für die Kinder zu Sackgassen, wenn sie sich verfestigen bzw. nicht abgelöst werden von der nächsten Lösungsmethode.

3. Lösen der Multiplikationsaufgabe über das Zurückführen auf bekannte Einmaleinsaufgaben („Königsaufgaben"/Kernaufgaben)
Dieser Weg sollte zum Ziel des Unterrichts erklärt werden. Er setzt zwar das Auswendigkönnen der sog. Königsaufgaben 1 · x, 2 · x, 5 · x, 10 · x, der Quadratzahlen x · x sowie Einsichten in operative Beziehungen voraus, bietet jedoch Möglichkeiten

- des Lösens aller Einmaleinsaufgaben durch Verdoppeln/Halbieren, über Nachbarschaftsbeziehungen und über Zerlegen und Zusammensetzen, d. h. über operative Grundstrategien, die auch schon bei der Ad-di-tion/Subtraktion hilfreich waren,
- der Einsicht in die Einmaleinsbeziehungen und operativen Beziehungen,
- des Anwendens auch beim großen Einmaleins in den folgenden Schuljahren,
- des Anknüpfens an die von der Addition/Subtraktion her vertrauten operativen Strategien,
- des wirksamen Einprägens der Einmaleinssätze durch effektive Übungsformen.

Beispiele:
a) Nachbarschaftsbeziehungen
Aufgabe:
9 · 7 = __

Bekannte Königsaufgabe:
10 · 7 = 70

Ableitung:
10 · 7 - 1 · 7 = 70 – 7 = 63

b) Verdoppeln
Aufgabe:
4 · 8 = __

Bekannte Königsaufgabe:
2 · 8 = 16

Ableitung
2 · 8 + 2 · 8 = 16 + 16 = 32

c) Zerlegen und Zusammensetzen
Aufgabe:
7 · 8 = __

Bekannte Königsaufgabe:
5 · 8 = 40

Ableitung:
5 · 8 + 2 · 8 = 40 + 16 = 56

Durch Verdoppeln/Halbieren von auswendig gelernten Königsaufgaben, durch Nachbarschaftsbeziehungen und durch Zerlegungen/Zusammensetzen lassen sich alle Multiplikationsaufgaben lösen. Einige mögliche Lösungsstrategien werden in der nachfolgenden Grafik erkennbar. Deutlich wird aber auch, warum das Multiplizieren mit 8 und insbesondere mit 7 so schwierig ist: Die Wege von Königsaufgaben zum 8 · x und 7 · x sind am längsten bzw. am komplexesten.

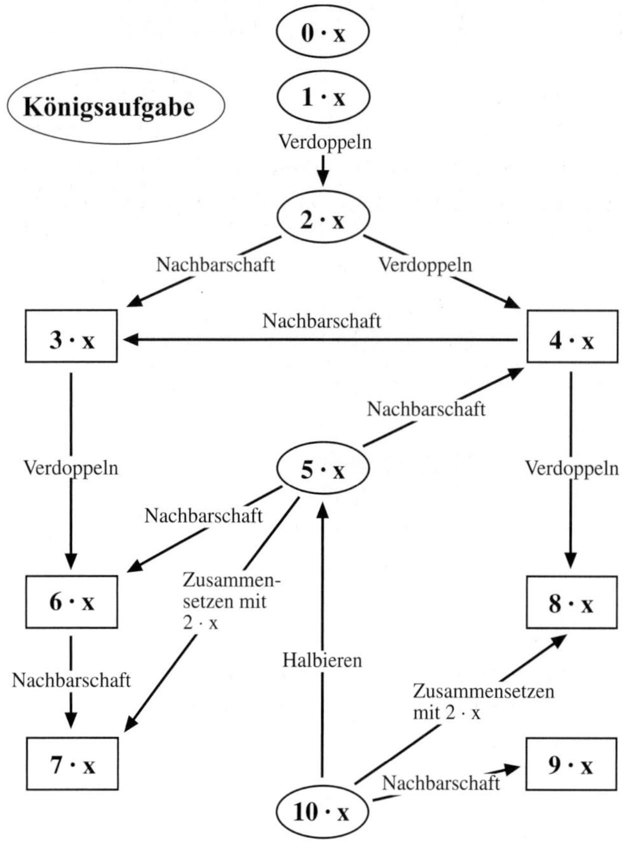

Im Unterricht muss der Weg über die Königsaufgaben mit den Kindern an einigen Multiplikationsaufgaben (Einmaleinsreihen) ausführlich erarbeitet werden. Dabei hilft der Rechenrahmen, das Hunderter-Feld (**Kopiervorlage A 21**) und das Leerschema für Königsaufgaben (**Kopiervorlage A 22**). Hilfreich ist, wenn man von beiden Kopiervorlagen Folienkopien für das Arbeiten am Overheadprojektor herstellt.

Erarbeitung am Beispiel des „1 · 5“:

- Herstellen der Königsaufgaben (1·5, 2·5, 5·5 und 10·5) am Rechenrahmen

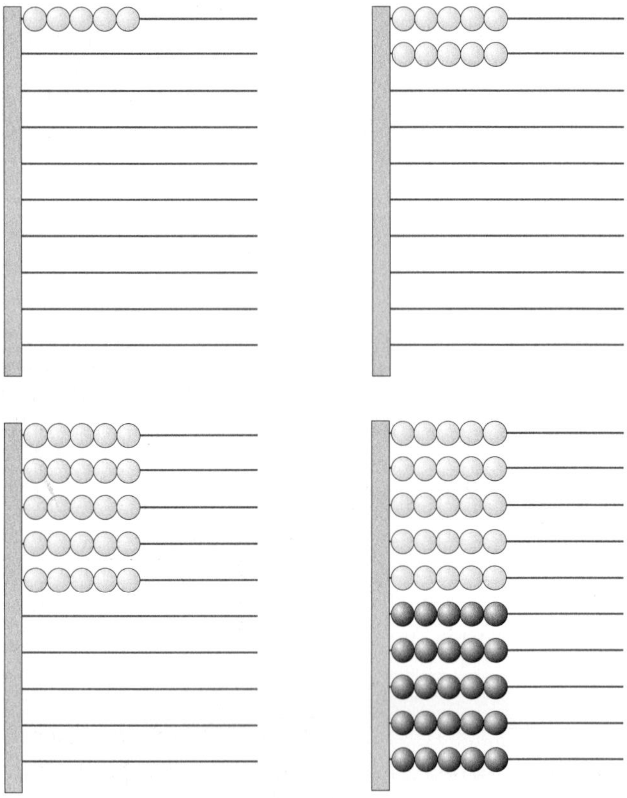

- Herstellen der Königsaufgaben am Hunderter-Feld durch Abdecken

- Ableiten der anderen Multiplikationsaufgaben aus den Königsaufgaben. „Schiebe am Rechenrahmen 2 · 5. Schiebe noch 1 · 5 dazu. – Wie heißt die Malaufgabe? Wie lautet das Ergebnis?“ Entsprechend werden abgeleitet: Von 2 · 5 zu 4 · 5; von 5 · 5 zu 6 · 5, zu 4 · 5 und zu 7 · 5; von 10 · 5 zu 9 · 5 und zu 8 · 5; von 4 · 5 zu 8 · 5.
- Am Rechenrahmen oder im Hunderter-Feld werden zu Multiplikationsaufgaben die Königsaufgaben gesucht. Aufgabe: 6 · 5

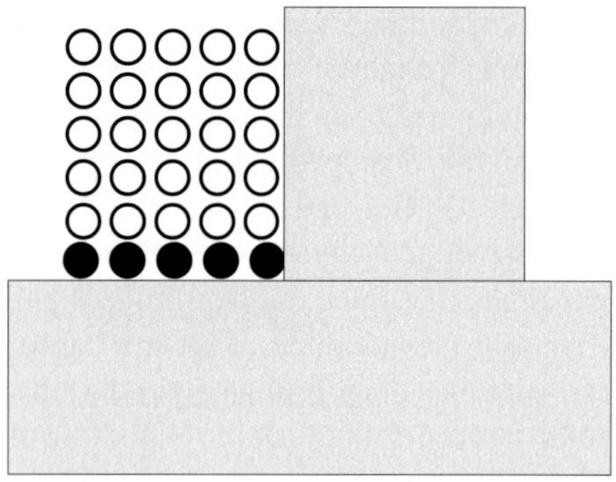

„Suche im Hunderter-Feld eine passende Königsaufgabe!“

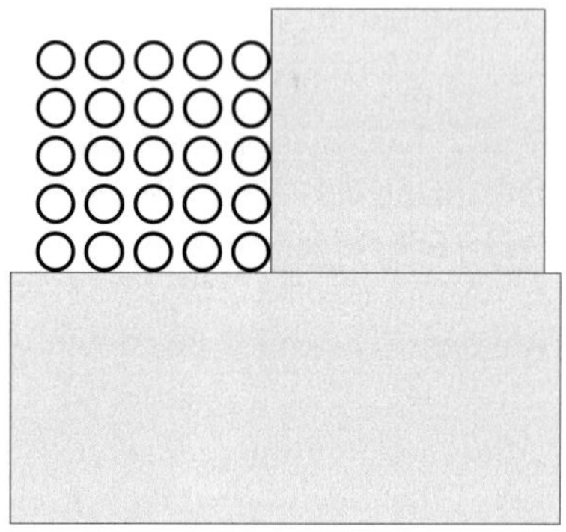

- Das Herleiten von Königsaufgaben sollte von den Kindern begründet/versprachlicht werden. „Wenn 5 · 5 = 25, dann ist 6 · 5 = 30. Warum?“
- Ausfüllen der **Kopiervorlage A 22** zum „1 · 5“.
- Kopfrechenübungen zum „1 · 5“. Dabei ist die Struktur der Königsaufgaben für alle Kinder sichtbar (Folie von **Kopiervorlage A 22** für Overheadprojektor).

Durch ausreichende Erfahrungen zu den Tauschaufgaben (Einsicht in die Kommutativität der Multiplikation) und zusätzliches Lernen der Quadratzahlsätze bleiben von allen Aufgaben des Einmaleins über die Königsaufgaben lediglich 30 Aufgabenstellungen (unter Berücksichtigung der Tauschaufgaben sogar nur noch 15!) übrig, die berechnet werden bzw. noch auswendig gelernt werden müssen. Die nachfolgende Multiplikationstabelle macht das deutlich (vgl. dazu auch die Einmaleinstafel in Wittmann/Müller 1990 und die entsprechende Additionstafel in Band 1):

•	0	1	2	3	4	5	6	7	8	9	10
0	0·0	0·1	0·2	0·3	0·4	0·5	0·6	0·7	0·8	0·9	0·10
1	1·0	1·1	1·2	1·3	1·4	1·5	1·6	1·7	1·8	1·9	1·10
2	2·0	2·1	2·2	2·3	2·4	2·5	2·6	2·7	2·8	2·9	2·10
3	3·0	3·1	3·2	3·3	3·4	3·5	3·6	3·7	3·8	3·9	3·10
4	4·0	4·1	4·2	4·3	4·4	4·5	4·6	4·7	4·8	4·9	4·10
5	5·0	5·1	5·2	5·3	5·4	5·5	5·6	5·7	5·8	5·9	5·10
6	6·0	6·1	6·2	6·3	6·4	6·5	6·6	6·7	6·8	6·9	6·10
7	7·0	7·1	7·2	7·3	7·4	7·5	7·6	7·7	7·8	7·9	7·10
8	8·0	8·1	8·2	8·3	8·4	8·5	8·6	8·7	8·8	8·9	8·10
9	9·0	9·1	9·2	9·3	9·4	9·5	9·6	9·7	9·8	9·9	9·10
10	10·0	10·1	10·2	10·3	10·4	10·5	10·6	10·7	10·8	9·10	10·10

Die Tabelle wird mit den Kindern zusammen entwickelt, wobei jedes Kind seine Einmaleinstabelle (**Kopiervorlage A 23**) erarbeitet. Sie steht jederzeit während der Unterrichtseinheit (auch bei den Hausaufgaben) zur Verfügung, um für die schwierigen Multiplikationsaufgaben Ableitungen von bereits bekannten Aufgaben zu erkennen. Hilfreich ist es auch, wenn von der Lehrerin in Postergröße auf einem Tapetenrest o. Ä. eine Einmaleinstabelle für die Klasse hergestellt und aufgehängt wird. Für das Besprechen der Übungen in Abschnitt 2.3.4 ist zudem die Kopie einer Tabelle auf Overheadfolie nützlich.

Unterrichtspraktische Tipps:
- Königsaufgaben farbig unterlegen
- auch die Quadratzahlsätze farbig unterlegen
- Muggelsteine auf Tauschaufgaben legen
- leichte Aufgaben (1·x, 10·x) abdecken oder wegschneiden
- bereits gelernte Einmaleinsaufgaben durchstreichen bzw. überkleben

Zusammenfassend:

- Einmaleinsaufgaben werden von den Kindern durch Rückführungen auf bekannte Aufgaben („Königsaufgaben") gelöst.
- Vorrangig gelernt werden somit die Königsaufgaben des Einmaleins: $1 \cdot x$ bzw. $x \cdot 1$; $2 \cdot x$ bzw. $x \cdot 2$; $10 \cdot x$ bzw. $x \cdot 10$; $5 \cdot x$ bzw. $x \cdot 5$ und alle noch fehlenden Quadratzahlaufgaben $x \cdot x$. Das ist für die Kinder hilfreicher als das intensive Behandeln bzw. Erarbeiten der einzelnen Einmaleinsreihen.
- Zentrale Grundlagen für die Anwendung des Prinzips der Königsaufgaben sind die Einsicht in die Kommutativität der Multiplikation (Tauschaufgaben) und die Einsicht in das Zerlegen von Multiplikationsaufgaben (Zerlegungsaufgaben/Distributivität).
- Individuelle Hilfen sollten für Kinder angeboten werden, die das Lösen von Einmaleinsaufgaben über die fortgesetzte Addition oder über das Aufsagen von Einmaleinsreihen verfestigen.

2.3.4 Übungen zum Einmaleins

Halbieren und Verdoppeln

Halbieren und Verdoppeln wird gezielt geübt, weil diese Operationen Grundlagen für das Ableiten unbekannter Einmaleinssätze von den bekannten Königsaufgaben sind (vgl. Abschnitt 2.3.3).

Bezüge zur Geometrie
Lege die Figuren mit Plättchen. Setze auf die dicke Linie einen Taschenspiegel. Was siehst du? Lege das Spiegelbild.

$2 \cdot 5$

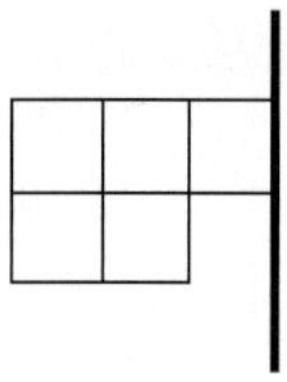

$2 \cdot 8$

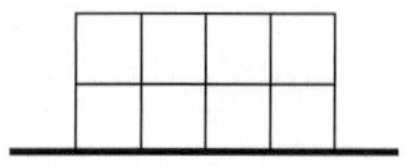

$2 \cdot 6$

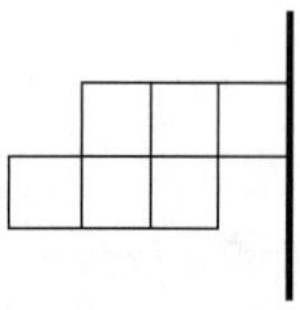

Zeichne in dein Rechenheft Figuren. Verdoppele sie durch eine Spiegelung. Gibt es verschiedene Möglichkeiten?

Lege die Figur mit Plättchen. Halbiere sie durch eine Spiegelachse. Finde verschiedene Möglichkeiten! (Alternative: Schneide durch!)

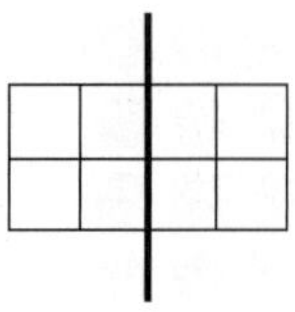

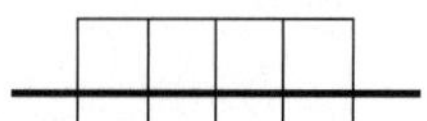

$2 \cdot 4$

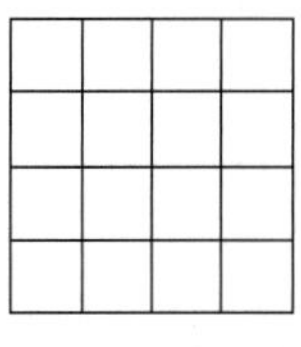

$2 \cdot 4$

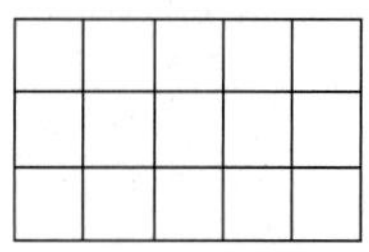

Zeichne in dein Rechenheft Figuren. Halbiere sie durch eine Spiegelung. Geht das bei allen Figuren?

Kannst du diese Figuren durch eine Spiegelung verdoppeln?

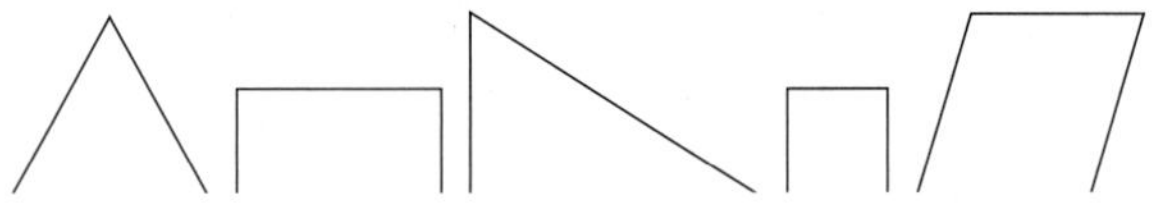

Kann man alle Figuren durch eine Spiegelung halbieren?

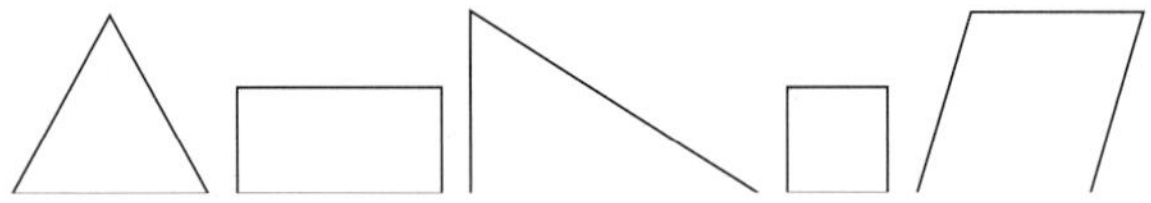

Wie viele kleine Quadrate passen in die Teilfiguren?

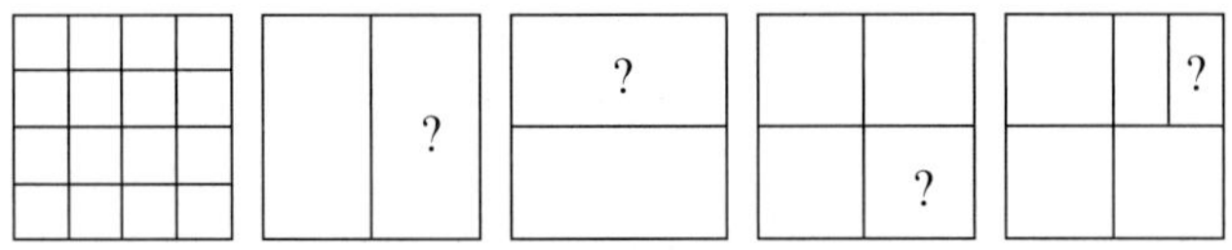

16   16 = ___   16 = ___   16 = ___

Zerlege in eine doppelte Anzahl von Teilfiguren.

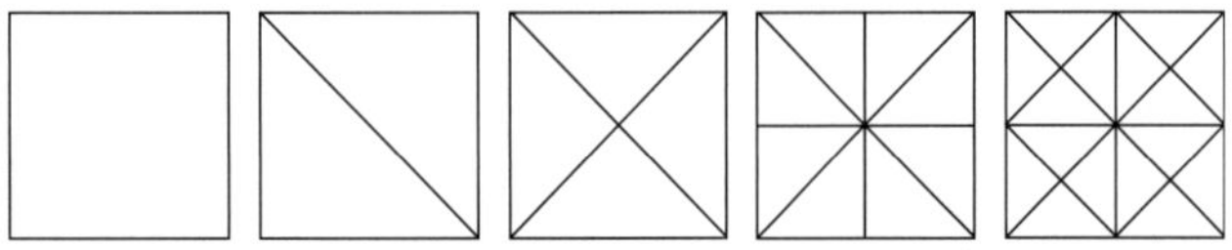

1   2   4   8   16

Setze fort und notiere jeweils die Anzahl der Quadrate.

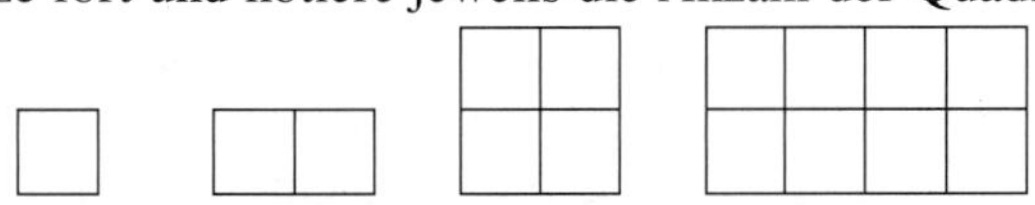

1	$1 + 1 = 2$	$2 + 2 = 4$	$4 + 4 = 8$	
$1 \cdot 1 = 1$	$2 \cdot 1 = 2$	$2 \cdot 2 = 4$	$2 \cdot 4 = 8$	usw.

Konkret-handelndes Verdoppeln/Halbieren am Rechenrahmen (oder an Punktefeldern)

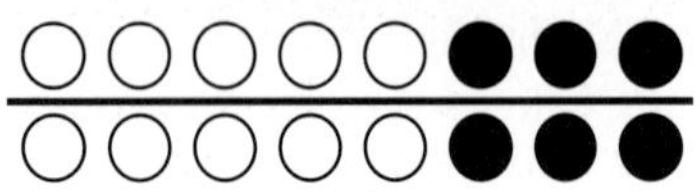

Die Hälfte von 16: __
Das Doppelte von 8: __

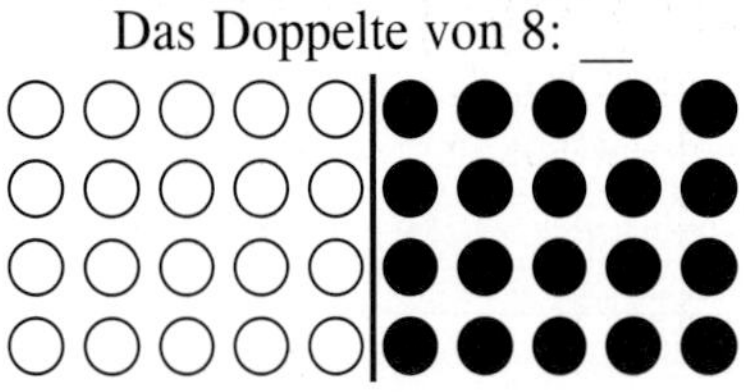

Das Doppelte von 20: __
Die Hälfte von __: 20

Zahlenfolgen
Setze die Zahlenfolgen fort:

2, 4, 8 …
7, 14, 28 …
80, 40, 20 …
64, 32, 16 …

Verdoppeln/Halbieren von Malaufgaben

$2 \cdot 3 =$ ___ $2 \cdot 3 =$ ___ $2 \cdot 3 =$ ___
$2 \cdot 6 =$ ___ $4 \cdot 3 =$ ___ $1 \cdot 3 =$ ___

$6 \cdot 4 =$ ___ $6 \cdot 4 =$ ___ $6 \cdot 4 =$ ___ $6 \cdot 4 =$ ___
$6 \cdot 8 =$ ___ $12 \cdot 4 =$ ___ $3 \cdot 4 =$ ___ $6 \cdot 2 =$ ___

$2 \cdot 4 =$ ___ $2 \cdot 4 =$ ___ $2 \cdot 4 =$ ___ $2 \cdot 4 =$ ___
$2 \cdot 8 =$ ___ $4 \cdot 4 =$ ___ $1 \cdot 2 =$ ___ $2 \cdot 2 =$ ___

$4 \cdot 3 =$ ___ $4 \cdot 3 =$ ___ $4 \cdot 3 =$ ___
$4 \cdot 6 =$ ___ $8 \cdot 3 =$ ___ $2 \cdot 3 =$ ___

…

Oder nur halbieren:

$8 \cdot 2 =$ ___ $8 \cdot 2 =$ ___
$4 \cdot 2 =$ ___ $8 \cdot 1 =$ ___

$10 \cdot 8 =$ ___ $10 \cdot 8 =$ ___
$10 \cdot 4 =$ ___ $5 \cdot 8 =$ ___
…

Gerade und ungerade Zahlen
Gerade Zahlen lassen sich halbieren, ungerade nicht (vgl. auch Handbuch I, S. 40 und S. 100 ff.). Diese Eigenschaften werden deutlich durch Untersuchungen an Punktefeldern.

Unterscheiden von geraden und ungeraden Zahlen durch Aufteilen („Halbieren“) in einer Schachtel mit zwei Fächern:

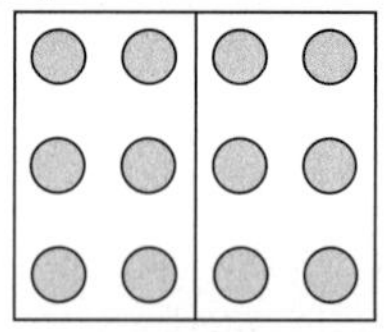

12 ist eine gerade Zahl.

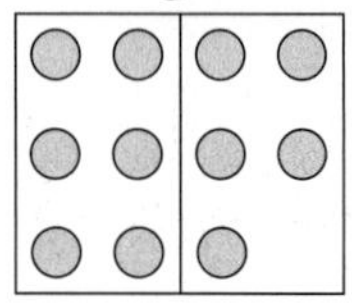

11 ist eine ungerade Zahl.

Untersuchungen am Rechenrahmen:
Die Hälfte von 30 (das Doppelte von 15)

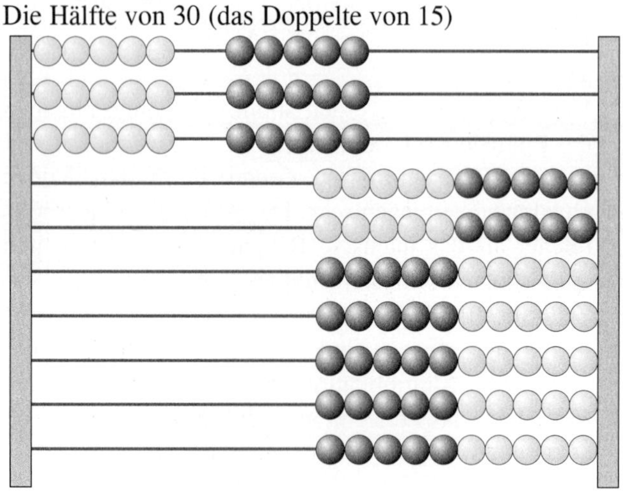

Die Hälfte von 54 (das Doppelte von 27)

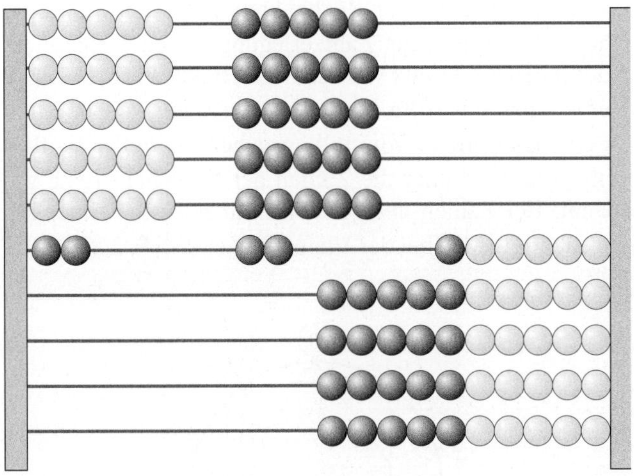

55 lässt sich nicht halbieren (in der Menge der natürlichen Zahlen).

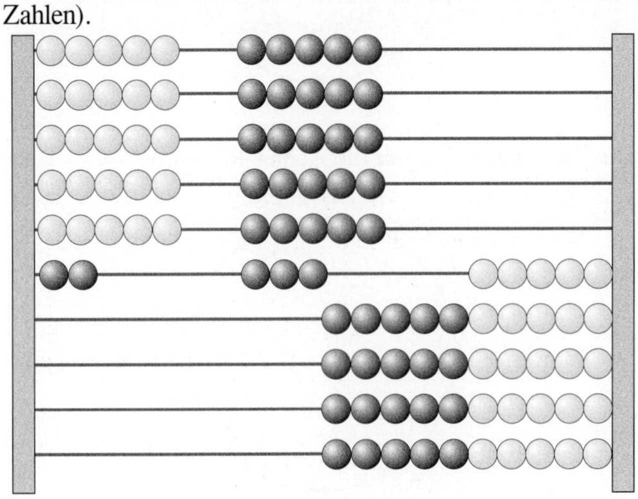

(Operative) Grundaufgaben

Wie im Abschnitt 2.2.4 bereits für die Addition/Subtraktion beschrieben, kommt es auch bei der Gestaltung von Übungsaufgaben zur Multiplikation darauf an, die operativen Grundaufgaben bewusst zu berücksichtigen.

Beispielaufgabe: $7 \cdot 5 =$ ___

Tauschaufgabe:	Nachbaraufgaben:	Zerlegungsaufgaben:
$5 \cdot 7 =$ ___	$8 \cdot 5 =$ ___	$7 \cdot 5 = 7 \cdot 2 + 7 \cdot 3$
	$6 \cdot 5 =$ ___	$7 \cdot 5 = 7 \cdot 4 + 7 \cdot 1$
	$7 \cdot 4 =$ ___	$7 \cdot 5 = 5 \cdot 5 + 2 \cdot 5$
	$7 \cdot 6 =$ ___	u. a.

Nach der Erarbeitung der Division kommen die Umkehraufgaben (35 : 5, 35 : 7) hinzu.

Einkleidungen

Rechenräder und Rechenhäuser eignen sich auch für Multiplikationsübungen.

- Rechenräder (siehe **Kopiervorlage A 6**)

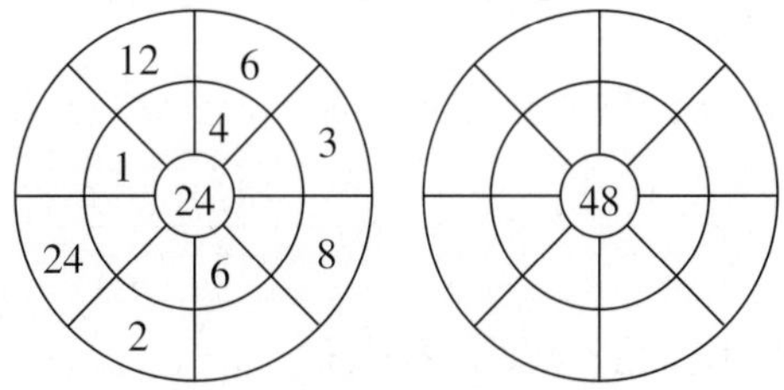

- Rechenhäuser (siehe **Kopiervorlage A 8**)

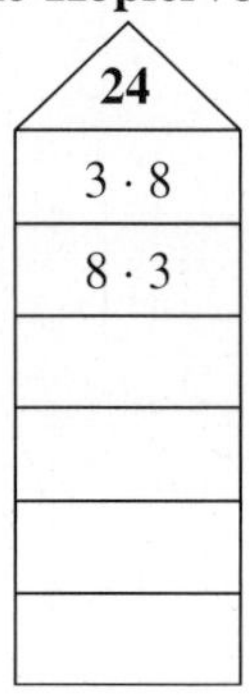

Aufgaben bilden

Du hast diese vier Zahlenkarten: 1 2 3 4

Welche Zahlen kannst du damit errechnen, wenn Addition, Subtraktion und Multiplikation erlaubt sind? Nicht immer müssen alle vier Karten gebraucht werden!

$2 - 1 = \underline{1}$, $3 - 1 = \underline{2}$, $4 - 1 = \underline{3}$, $1 \cdot 4 = \underline{4}$, $3 + 2 = \underline{5}$, $3 \cdot 2 = \underline{6}$, $4 + 2 + 1 = \underline{7}$ ...

Kannst du alle Zahlen bis 20 (bis 30) errechnen? Welche Zahl ist die größte, die du errechnen kannst?

Schwierige Variante: Bei jeder Rechnung müssen alle vier Zahlenkarten verwendet werden.

Ein Problem bei dieser Aufgabe ist das evtl. notwendige Setzen von Klammern bzw. die Regel, dass „Punktrechnung vor Strichrechnung" geht. Vielleicht lässt sich das mit einer Gruppe leistungsstarker Rechner differenzierend erarbeiten.

Problemaufgabe

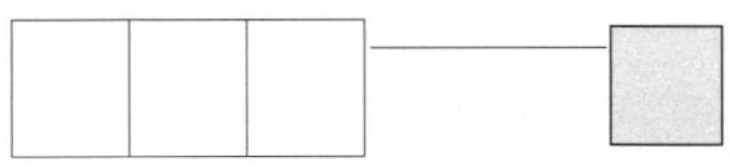

Schreibe in das erste Kästchen eine kleine Zahl, in die beiden nächsten Kästchen die beiden folgenden Zahlen. Berechne dann die Summe und schreibe sie in das rechte Kästchen. Was fällt auf?

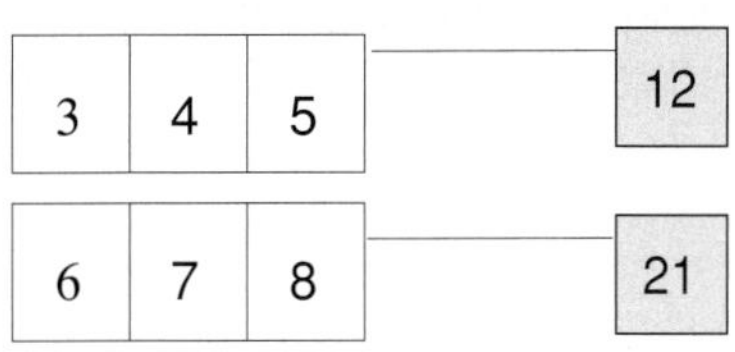

Die Summe dreier aufeinander folgender Zahlen ist gleich dem Dreifachen der mittleren Zahl.

Anschaulicher Beweis mit Plättchen:

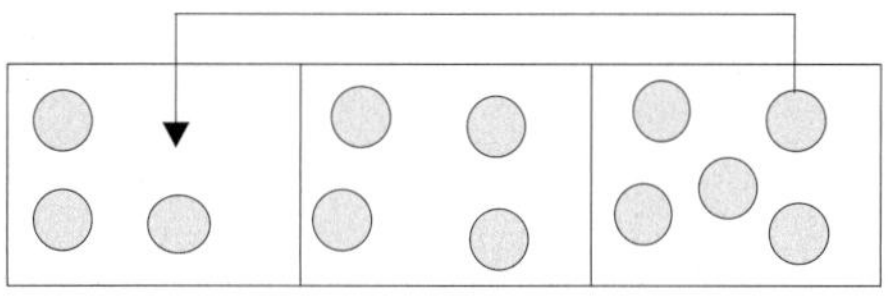

Tabellen anlegen und untersuchen

Fahrräder	2	4	7		
Räder	4			18	

Autos	1	4		10	
Räder	4		20		

Wochen	2	4		0	
Tage	14		7		

Finger	10	30		17	
Hände	2		4		

„Fliesen verlegen“

Zunächst wird von den Kindern die Anzahl bereits verlegter Fliesen bestimmt. Dabei kommt es darauf an, die Lösung über die jeweiligen Multiplikationsaufgaben zu finden und nicht durch Abzählen der Einzelfliesen.
„Wie viele Fliesen sind es? Schreibe eine Malaufgabe!“

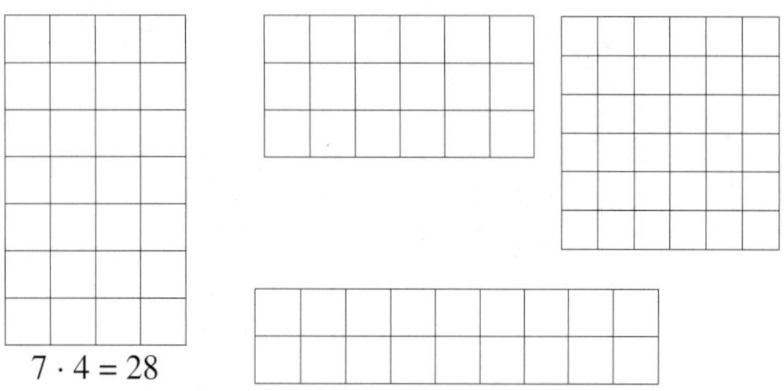

$7 \cdot 4 = 28$
$4 \cdot 7 = 28$

„Du hast 12 Fliesen. Finde verschiedene Möglichkeiten alle Fliesen zu einem Rechteck zu verlegen.“

Die Kinder können in ihr Rechenheft dazu Rechteckanordnungen zu $3 \cdot 4$ bzw. $4 \cdot 3$, $2 \cdot 6$ bzw. $6 \cdot 2$, $1 \cdot 12$ bzw. $12 \cdot 1$ zeichnen. Entsprechende Aufgaben bieten sich an zu 16, 20, 24, 30 u. a. Fliesenanzahlen. Zu einigen Zahlen kann man nur lange Fliesenreihen legen (zu 7, 19, 5 ...). Wer findet weitere solche (Prim-)Zahlen?

Einmaleinsaufgaben am Zehner-Rechenkreis

Im 1. Schuljahr ist der Rechenkreis für Additionsaufgaben, insbesondere für Zahlzerlegungen und fortgesetzte Additionen eingesetzt worden (vgl. Handbuch 1, S. 73 f.). Nun können mit Hilfe der Einmaleinsreihen schöne Muster erzeugt werden. Von null ausgehend wird der Wollfaden fortlaufend über die Zahlen der Einmaleinsreihe gespannt. Bei Zahlen über 10 wird nur noch der Einer berücksichtigt. Also bei der Vierer-Reihe: 0, 4, 8, 2, 6, 0, 4 ...

Die Dreier-Reihe

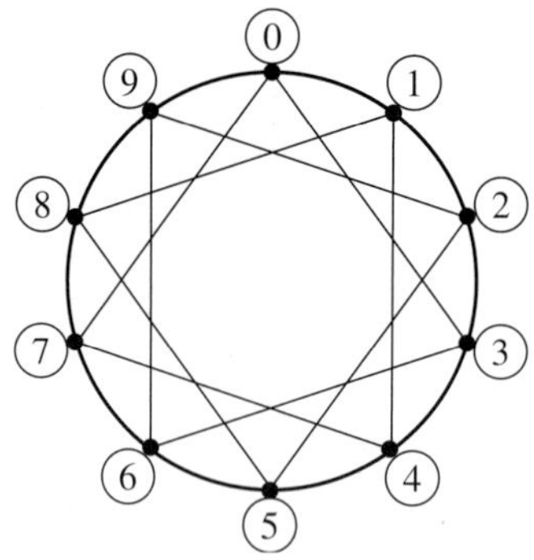

Die Zweier-Reihe (oder die Achter-Reihe)

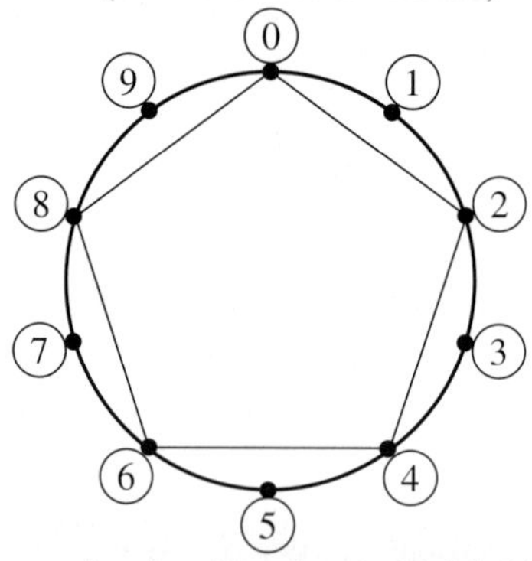

Untersuchungen in der Hunderter-Tafel (siehe **Kopiervorlagen A 1** oder **A 2**)

Bei diesen Untersuchungen empfiehlt es sich, für die einzelnen Einmaleinsreihen zunächst nur den jeweiligen Ausschnitt der Hunderter-Tafel zu benutzen. Erst zu einem späteren Zeitpunkt, wenn mehrere Einmaleinsreihen miteinander verglichen werden sollen, kann auf die gesamte Hunderter-Tafel zurückgegriffen werden. Für das gemeinsame Diskutieren einzelner Probleme sind Overheadfolien sehr hilfreich.

Es werden die Muster der Einmaleinsreihen erstellt, untersucht und miteinander verglichen. Die Kinder werden aufgefordert alle Einmaleinsaufgaben einer Reihe zu berechnen und die Ergebnisse in der jeweiligen Tafel (**Kopiervorlage A 24**) einzufärben bzw. mit einem Plättchen zu belegen.

Was fällt auf? Welche Muster entstehen? Die 2er-, die 5er- und die 10er-Reihe haben ein Spaltenmuster, die 3er- und die 9er-Reihe Diagonalenmuster, die 4er-, 6er-, 7er- und 8er-Reihe haben schräge Muster mit einem „Sprung“.

1	2	3	4	5	6	7	8	9	10
11	12	13	14	15	16	17	18	19	20

1	2	~~3~~	4	5	~~6~~	7	8	~~9~~	10
11	~~12~~	13	14	~~15~~	16	17	~~18~~	19	20
~~21~~	22	23	~~24~~	25	26	~~27~~	28	29	~~30~~

1	2	3	4	5	6	7	○	9	10
11	12	13	14	15	○	17	18	19	20
21	22	23	○	25	26	27	28	29	30
31	○	33	34	35	36	37	38	39	○
41	42	43	44	45	46	47	○	49	50
51	52	53	54	55	○	57	58	59	60
61	62	63	○	65	66	67	68	69	70
71	○	73	74	75	76	77	78	79	○

Fragestellungen:

- Vergleiche die Muster zweier Einmaleinsreihen. Welche Zahlen werden von der Dreierreihe und der Sechserreihe (2er- und 4er-Reihe, 5er- und 7er-Reihe ...) getroffen?
- Mit Folien am Overheadprojektor arbeiten: die Einmaleinsfelder unterschiedlich färben und übereinanderlegen. Welche Zahlen werden oft (selten, gar nicht) belegt?
- Welche Einmaleinsreihe liegt nur in einer Spalte (in zwei, in fünf, in allen zehn Spalten)?
- Welche Zahlen der Hunderter-Tafel werden von keiner Einmaleinsreihe getroffen?
- Welche Zahlen der Hunderter-Tafel werden min-des-tens einmal von einer Einmaleinsreihe getroffen?
- Vergleiche die Muster vom Rechenkreis mit denen auf der Hunderter-Tafel!

In eine leere Hunderter-Tafel (**Kopiervorlage A1** oder **A3**) tragen die Kinder alle Zahlen ein, die durch die Einmaleinsreihen „getroffen" werden, sodass die folgende Darstellung entsteht:

1	2	3	4	5	6	7	8	9	10
	12		14	15	16		18		20
21			24	25		27	28		30
	32			35	36				40
	42			45			48	49	50
			54		56				60
		63	64						70
	72								80
81									90
									100

Fragestellungen:

- Finde alle Malaufgaben mit dem Ergebnis 18 (24 ...)
  a) im Kopf,
  b) durch Einfärben.
  Geht es mit dem $1 \cdot 2$, dem $1 \cdot 3$, dem $1 \cdot 4$ ... ? Begründe deine Antworten!
- Welche Zahl wird am häufigsten von Einmaleinsreihen getroffen?
- Welche Zahlen werden genau einmal getroffen?

*Zerlegungsübungen am Hunderter-Feld (oder am Rechenrahmen) (siehe **Kopiervorlage A 21**)*

- Tauschaufgaben (Kommutativität der Multiplikation) Durch Wechsel der Blickrichtung/der Perspektive wird die Tauschaufgabe zu einer Multiplikation am Hunderter-Feld deutlich:

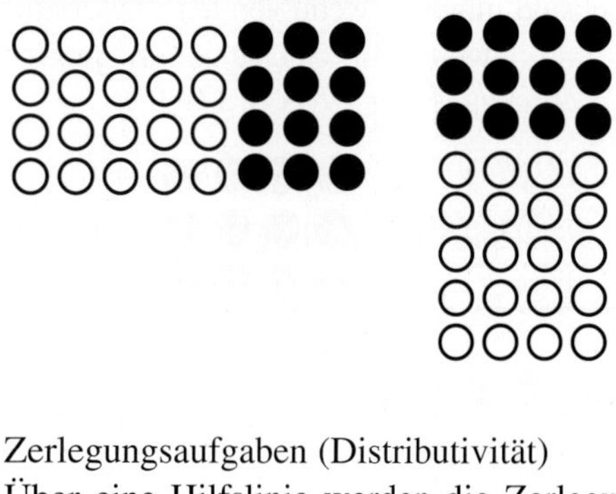

- Zerlegungsaufgaben (Distributivität) Über eine Hilfslinie werden die Zerlegungsaufgaben erkennbar:

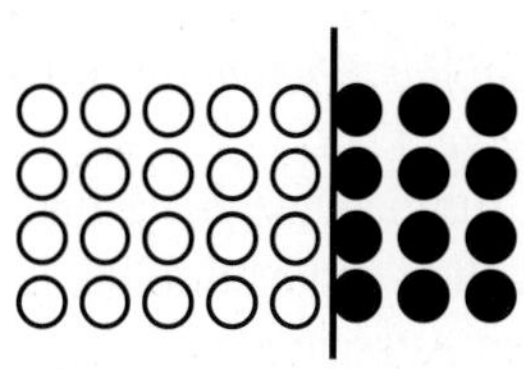

$$4 \cdot 8 = 4 \cdot 5 + 4 \cdot 3$$

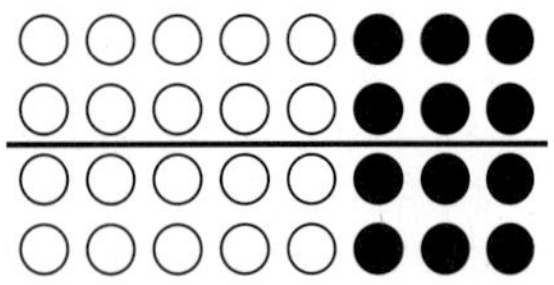

$4 \cdot 8 = 2 \cdot 8 + 2 \cdot 8$

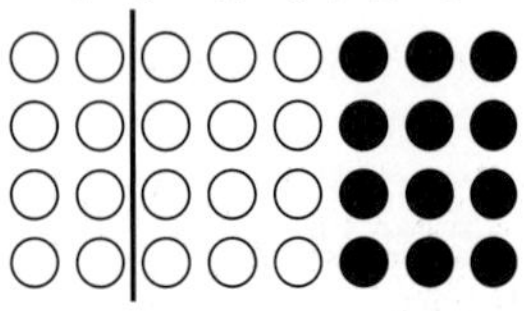

$4 \cdot 8 = 4 \cdot 2 + 4 \cdot 6$

Bei größeren Aufgaben wird zunächst nur die Fünferstruktur für Zerlegungen genutzt:

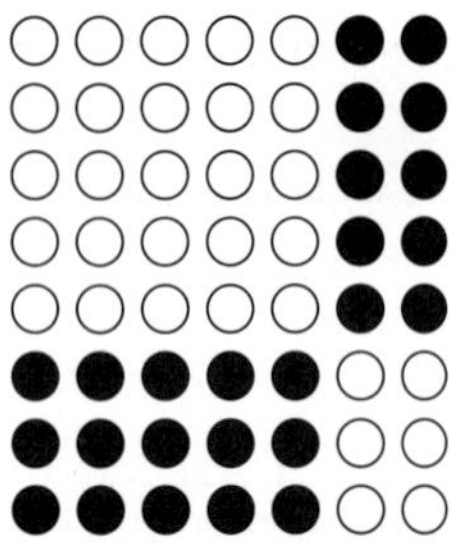

$8 \cdot 7 = 5 \cdot 5 + 5 \cdot 2 + 3 \cdot 5 + 3 \cdot 2$

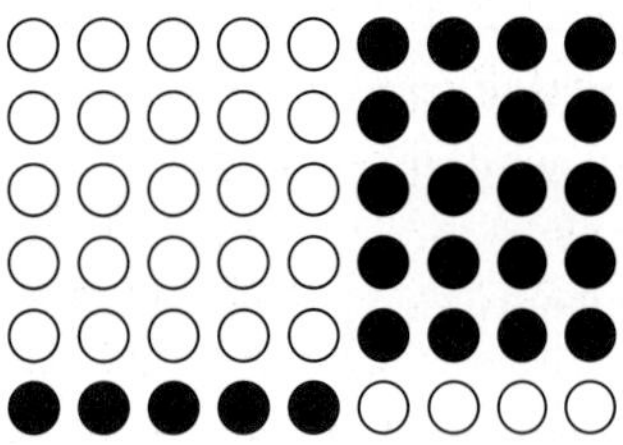

$6 \cdot 9 = 5 \cdot 5 + 5 \cdot 4 + 1 \cdot 5 + 1 \cdot 4$

Bei Verwendung transparenter Abdeckfolien sind weitere Zerlegungsmöglichkeiten erkennbar. Derartige Untersuchungen zur Distributivität sind sicher nur für die guten Rechner geeignet. Weitere, noch schwierigere Zerlegungen sind möglich, wenn von der Fünferstruktur abgesehen und jeweils ein Geradenkreuz gezeichnet wird (vgl. Wittmann/Müller 1990, S. 129 ff.).

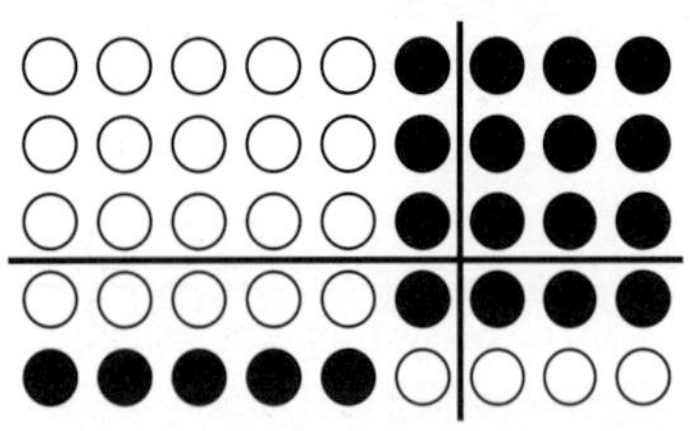

$6 \cdot 9 = 4 \cdot 6 + 4 \cdot 3 + 2 \cdot 6 + 2 \cdot 3$

Untersuchungen an der Einmaleins-Tabelle
*(siehe **Kopiervorlage A 23**)*

Der Aufbau der Einmaleinstabelle und somit operative Beziehungen zwischen den Multiplikationsaufgaben werden deutlich, wenn Ausschnitte aus dieser Tabelle untersucht bzw. die Aufgaben dazu berechnet werden.

- Untersuchen von Zeilenausschnitten

6 · 1	6 · 2	6 · 3	6 · 4

4 · 5	4 · 6	4 · 7	4 · 8

Färbe zunächst die Malaufgaben, die du bereits kennst. Rechne dann:

$6 \cdot 1 =$ __	$4 \cdot 5 =$ __
$6 \cdot 2 =$ __	$4 \cdot 6 =$ __
$6 \cdot 3 =$ __	$4 \cdot 7 =$ __
$6 \cdot 4 =$ __	$4 \cdot 8 =$ __

Wie geht es weiter?

- Untersuchen von Spaltenausschnitten

1 · 7	4 · 6	
2 · 7	5 · 6	
3 · 7	6 · 6	

Trage Aufgaben ein und rechne sie!

- Untersuchen von Winkelausschnitten

		4 · 6
		5 · 6
6 · 4	6 · 5	6 · 6

- Untersuchen von Feldern

4 · 5	4 · 6	4 · 7	4 · 8
5 · 5	5 · 6	5 · 7	5 · 8
6 · 5	6 · 6	6 · 7	6 · 8

Anlegen einer Lernkartei

Neben allen operativen und strukturorientierten Übungen bzw. Untersuchungen muss es auch Phasen des bewussten Auswendiglernens der Einmaleinssätze geben, sodass sich die Kinder die noch unbekannten Zahlensätze einprägen können. Mit einer Lernkartei kann individuell geübt werden. Es ist sinnvoll, in diese Lernkartei auch die Multiplikationsaufgaben mit der Null aufzunehmen. Sie sind einfach, sollten dennoch im Unterricht thematisiert werden, damit sich bei den Kindern nicht die Vorstellung entwickelt, dass die Null eine besondere Zahl sei. Mit einer Lernkartei kann während des Unterrichts (Stillarbeit, Stationslernen ...), aber auch zu Hause gelernt werden.

Vorschlag A für eine Lernkartei:
Diese Lernkartei besteht aus Aufgabenkarten mit drei Multiplikationsaufgaben mit jeweils einer oder auch zwei Königsaufgaben, sodass für jedes Einmaleins 5 Karten benötigt werden. Auf den Kärtchenrückseiten stehen die

gelösten Einmaleinssätze (Aufgaben und Lösungen). Die Aufgabe für die Kinder: „Bestimme immer zuerst das Ergebnis der Königsaufgabe(n)!"

2 · 3	1 · 3	4 · 3	5 · 3	8 · 3
4 · 3	2 · 3	5 · 3	6 · 3	9 · 3
8 · 3	3 · 3	6 · 3	7 · 3	10 · 3

Vorschlag B für eine Lernkartei ***(Kopiervorlage A 25):*** Die Kinder erarbeiten aktiv ihre eigenen Lernkarteien zu den einzelnen Einmaleinsreihen. Vorgegeben werden auf jeder Karte die Königsaufgaben und Platzhalter für die übrigen Multiplikationen. Werden die einzelnen Karten in Rezepthüllen gesteckt, können die Aufgaben von den Kindern erarbeitet und mit Folienstift festgehalten werden. In der Kommentarspalte kann der jeweilige Rechenweg beschrieben werden.

0 · 4	Kommentare
1 · 4	
2 · 4	
5 · 4	
10 · 4	

Bei dieser Übung tauschen die Schüler ihre Lösungen aus, sie begründen ihre Lösungswege, damit sie ihre Vorgehensweise überdenken. Über diese Lernkartei sind flexible Wege möglich, obwohl die Lösungen zielgerichtet von den Königsaufgaben ausgehen. Partner mit gleichen Einmaleinskarten können ihr Vorgehen vergleichen (vgl. dazu auch die Lernkartei von Gerster in Abele u. a. 1994).

Übungen am Zahlenstrahl

Der Zahlenstrahl oder die Rechenkette sind weder beim Lösen von Einmaleinsaufgaben noch beim Erkennen operativer Beziehungen besonders hilfreiche Arbeitsmittel. Sie können allenfalls eingesetzt werden, um die Einmaleinsreihen zu verdeutlichen.

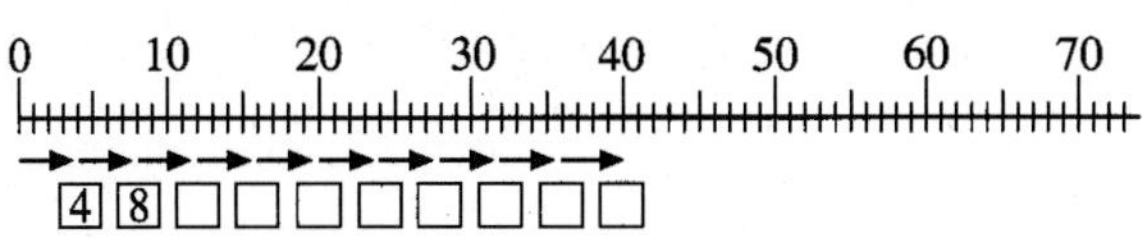

- Wie viele Viererschritte sind es von 0 bis 8 (bis 12, bis 24, bis 36)?
- Wie viele Viererschritte sind es von 20 bis 32?
- Drei Viererschritte ab 12: Wo kommst du hin?
- Wie viele Viererschritte sind es von 40 bis 28?
- Zeichne die Achterschritte und vergleiche sie mit den Viererschritten.

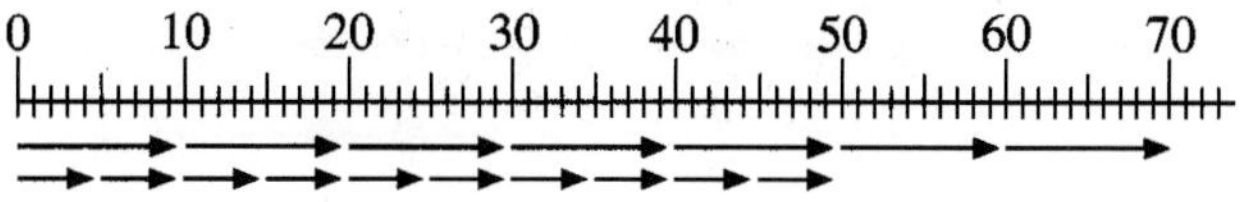

- Wie viele Zehnerschritte sind es von 0 bis 40 (von 0 bis 80 ...)?
- Wie viele Fünferschritte sind es von 0 bis 30 (von 10 bis 25 ...)?
- Vier Fünferschritte ab 15: Wo kommst du hin? Wie viele Zehnerschritte brauchst du dafür?
- Wie viele Zehnerschritte sind es von 100 bis 70 (von 60 bis 0 ...)?
- Wie viele Fünferschritte sind es von 45 bis 30 (von 30 bis 0 ...)?
- Welche Zahlen werden von beiden Einmaleinsreihen gemeinsam getroffen?

Geometrisches

- Karofiguren (Zwillinge, Drillinge, Vierlinge ...)
  Multiplikationsaufgaben lassen sich auch durch Umrahmen von Quadraten auf Karopapier darstellen. „Drillinge" sind Karofiguren, die aus drei Quadraten herstellbar sind. Es gibt zwei verschiedene Drillinge, Nachfolgend sind Darstellungen zu 2 · 3 (zwei Drillinge) gezeichnet. Diese offene Aufgabenform lässt unterschiedliche Anordnungen als Lösungen zu und fördert das Bilden von Strategien: Sind alle Möglichkeiten gefunden? Gibt es ein Prinzip, nach dem man alle Anordnungen finden kann? (vgl. Radatz/Rickmeyer 1991)

  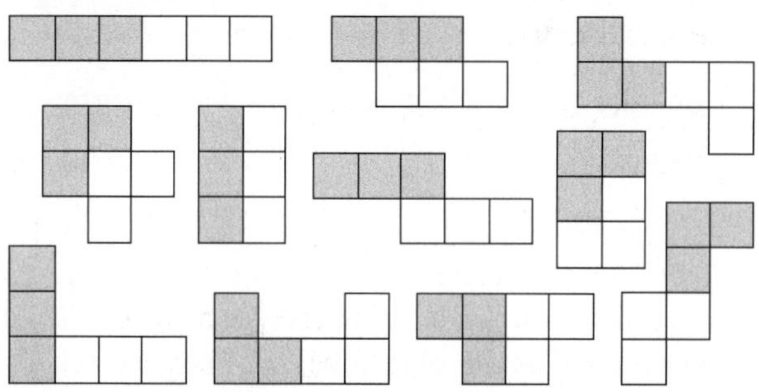

  Die Anforderungen bei dieser Aufgabe lassen sich besonders gut differenzieren. Es ist bereits schwierig, alle möglichen Grundfiguren aus 4 (5 ...) Quadraten zu finden, erst recht, daraus Kombinationen zu entwickeln (2 · 4, 3 · 4 ...).

- Geradenkreuzungen
  Wenn drei parallele Geraden zwei dazu senkrechte Geraden schneiden, entstehen 6 Schnittpunkte. Gibt es noch andere Möglichkeiten, um 6 Geradenschnittpunkte zu erhalten?

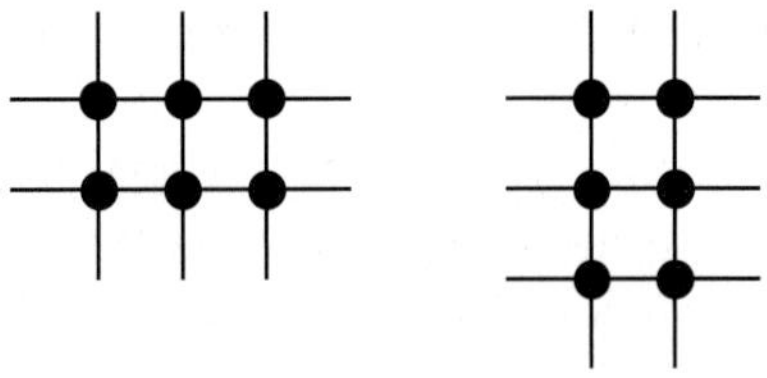

Alle möglichen Multiplikationen (sich schneidende Geraden) ergeben die jeweils gesuchten Produkte (Geradenschnittpunkte). Zum Beispiel: 6 Geradenschnittpunkte noch bei 1 · 6 bzw. 6 · 1.

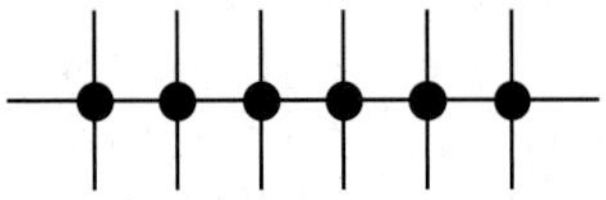

- Zeichne sich schneidende Geraden mit 8, 3, 12 … Schnittpunkten. Gibt es jeweils mehrere Lösungen?
- 7 Geraden erzeugen 12 Schnittpunkte. Wie kann das Bild aussehen? Entsprechend: 9 Geraden/20 Schnittpunkte, 8 Geraden/15 Schnittpunkte, 8 Geraden/16 Schnittpunkte u. a.

• Würfelkörper bauen (vgl. Radatz/Rickmeyer 1991; vgl. auch Abschnitt 3.3.2)
Aus gleich hohen Würfeltürmen lassen sich verschiedene Gebäude bauen, zum Beispiel aus vier Dreiertürmen:

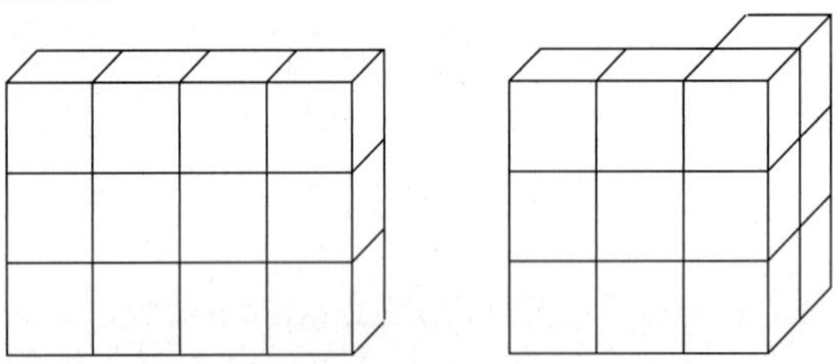

Sind das alle Möglichkeiten? Wie viele Würfel benötigt man für das gesamte Gebäude?

Zu den Gebäuden lassen sich von den Kindern leicht die Baupläne anlegen. Man sieht das Gebäude von oben und liest an der Zahl die Anzahl der Würfel je Turm ab. Für die obigen beiden Beispiele sehen die Baupläne so aus:

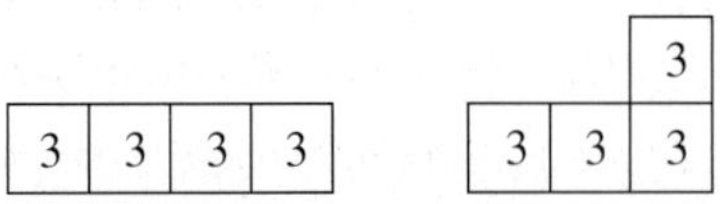

- Zeichne weitere Baupläne für vier Dreiertürme und baue die Gebäude!
- Baue verschiedene Gebäude aus drei Vierertürmen (alle einfachen Multiplikationen sind möglich) und zeichne jeweils den Bauplan. Wie viele Würfel hast du insgesamt verbaut?
- Ein Gebäude besteht aus 15 (24 ...) Würfeln. Wie viele Türme sind es? Gibt es verschiedene Lösungen? Baue die Gebäude und zeichne jeweils den Bauplan.

- Aus welchen Türmen kann man würfelförmige Gebäude bauen? Lege eine Tabelle an.

Würfelgebäude

Höhe eines Turmes	1	2	3	
Anzahl der Türme	1	4	?	
Anzahl aller Würfel	1	8	?	

Untersuchungen – Wie geht es weiter?
Einige interessante Anregungen zum entdeckenden Üben bietet Selter (1995) an:

Wie geht es weiter? 1+2+3+4+5= ___ /5 · 3= __ 2+3+4+5+6= ___ /5 · 4= __ 3+4+5+6+7= ___ /5 · 5= __ …	Wie geht es weiter? 1+3+5= ___ 3 · 3 = ___ 2+4+6= ___ 3 · 4 = ___ 2+5+7= ___ 3 · 5 = ___ ...
Wie geht es weiter? 10 · 8 + 8 = ___ 9 · 8 + 8 = ___ 8 · 8 + 8 = ___ ...	Wie geht es weiter? 1 · 10 – 7 = ___ 2 · 10 – 14 = ___ 3 · 10 – 21 = ___ ...
Wie geht es weiter? 1 · 2 = 2 2 · 3 = 6 3 · 2 = 6 6 · 3 =___ 5 · 2 = ___ ___· 3 =___ ...	Wie geht es weiter? 2 · 1 = ___ 3 · 0 = ___ 3 · 2 = ___ 4 · 1 = ___ 4 · 3 = ___ 5 · 2 = ___ ...

Diese Aufgabenstellungen lassen sich auch über Karteien herstellen.

Kreuzzahlrätsel
Wie zu Addition/Subtraktion lassen sich auch zur Multiplikation (und später zur Division) so genannte Kreuzzahlrätsel konstruieren. Für alle Kinder muss beim Bearbeiten derartiger „Rätsel“ der Unterschied von „waagerecht“ und „senkrecht“ deutlich sein. Eine weitere Schwierigkeit könnte das Schreiben der senkrechten Zahlen bedeuten. Dabei steht der Zehner oben und der Einer unten. Kreuzzahlrätsel bieten Möglichkeiten der Selbstkontrolle: Bei einer falschen Lösung passt die Lösung der nächsten Aufgabe nicht, wie entsprechend bei den Kreuzworträtseln.

Ein Beispiel:

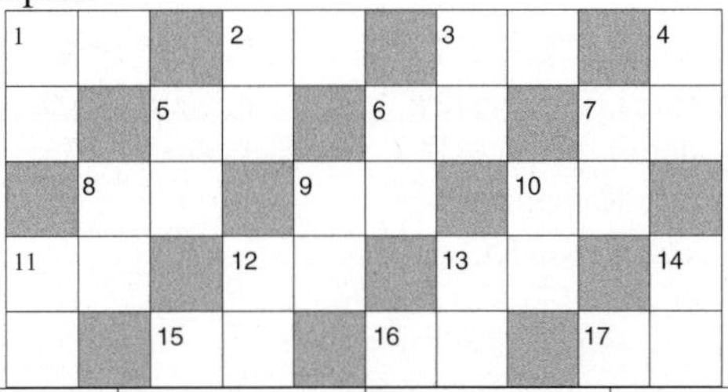

Waagerecht:		Senkrecht:	
1. 5 · 6 =	9. 9 · 6 =	1. 5 · 7 =	8. 6 · 10 =
2. 4 · 6 =	10. 6 · 7 =	2. 4 · 7 =	9. 8 · 7 =
3. 2 · 6 =	11. 10 · 2 =	3. 9 · 2 =	10. 4 · 10 =
5. 8 · 6 =	12. 8 · 7 =	4. 9 · 4 =	11. 3 · 7 =
6. 3 · 6 =	13. 8 · 5 =	5. 5 · 8 =	12. 10 · 5 =
7. 6 · 6 =	15. 6 · 5 =	6. 2 · 7 =	13. 7 · 6 =
8. 10 · 6 =	16. 3 · 4 =	7. 4 · 8 =	14. 3 · 11 =
	17. 9 · 7 =		

Würfelspiele

- Punkten
  Material: je Spieler 2 Würfel, Papier und Bleistift
  Anzahl der Spieler: 2 bis 4
  Spielregel:
  Gleichzeitig wird mit 2 Würfeln gespielt. Es gewinnt einen Punkt, wer das größte Produkt aus den beiden gewürfelten Zahlen bilden kann. Wer erzielt zuerst 7 Punkte?

- Setzen
  Material: je Spieler 1 Würfel, Papier und Bleistift
  Anzahl der Spieler: 2 bis 4
  Spielregeln:
  Jeder Spieler hat vor sich ein Blatt Papier und schreibt darauf untereinander die Zahlen von 1 bis 10, hinter jede Zahl kommt ein Malpunkt. Nun wird reihum gewürfelt, 10 Runden lang. Nach jedem Wurf setzt der Spieler die gewürfelte Augenzahl hinter eine der zehn Zahlen. Am Ende des Spiels werden die Multiplikationen berechnet und die Summe der zehn Produkte (ggf. mit einem Taschenrechner) errechnet. Sieger ist, wer die größte Gesamtzahl hat.

  Variation 1: Nur mit den Zahlen von 1 bis 5 spielen, sodass die Gesamtsumme nicht größer als 100 wird.

  Variation 2: Das Setzen der Augenzahlen ist vorgeschrieben von 1 bis 5 (10).

  Variation 3: Das Setzen der Augenzahlen wird den Spielern überlassen.

Einige der in Abschnitt 2.2.6 beschriebenen Würfelspiele können für Multiplikationsübungen variiert werden. Zum Beispiel:

- Himmel und Hölle:
  Die oben und unten liegenden Augenzahlen werden zunächst multipliziert, die beiden Produkte addiert.
- Hohe Hausnummern:
  Gespielt wird mit zwei Würfeln. Die Hausnummern werden durch Multiplikation bestimmt.
- Plätze belegen:
  Die Plätze auf der Hunderter-Tafel werden durch Multiplikation bestimmt.
- Zielzahl:
  Zu Beginn des Spieles legen die Mitspieler eine gemeinsame Zielzahl fest, z. B. 24. Dann würfelt jeder Mitspieler einmal gleichzeitig mit 4 Würfeln. Wer kann aus den 4 Würfelzahlen genau die 24 errechnen? Wer kommt, wenn dies nicht möglich ist/erscheint, am nächsten an die 24 heran? Alle Grundrechenarten dürfen verwendet werden.
- Leichtere Variante: Jeder Spieler darf sich zu den vier gewürfelten Zahlen eine zusätzliche einstellige Zahl („Joker") auswählen.

2.3.5 Didaktische Vorüberlegungen zur Division

Zur Division sollen für die Schüler die beiden Grundvorstellungen des Aufteilens und des Verteilens deutlich werden. Dabei kommt es weniger auf ein begriffliches Unterscheiden dieser beiden Operationen als vielmehr auf das Anlegen eines breiten begrifflichen Verständnishintergrundes über vielfältige Handlungserfahrungen an. Zudem muss für das Lösen von Divisionsaufgaben der Zusammenhang zwischen Multiplikation und Division herausgearbeitet werden: Division als Umkehroperation der Multiplikation. Wir verzichten an dieser Stelle auf eine ausführliche Diskussion der besonders in den älteren Methodiken (vgl. u. a. Oehl 1962) auseinander gehaltenen Begrifflichkeiten wie Enthaltensein, Messen, Aufteilen, Verteilen u. a. für das Dividieren und konzentrieren uns auf das Aufteilen und Verteilen.

Sachliche Vorbemerkungen

Die Division kann definiert werden als die Umkehroperation der Multiplikation:

$a \cdot x = c \Leftrightarrow c : a = x$ (für $a \neq 0$).

Betrachten wir die Umkehrungen zu je einer Beispielaufgabe zum zeitlich-sukzessiven bzw. zum räumlich-simultanen Aspekt der Multiplikation (vgl. Abschnitt 2.3.1):

- „Brigitte fasst viermal in den Beutel und holt jeweils 2 Wäscheklammern heraus." – Umkehrung 1: „Brigitte fasst mehrmals in den Beutel und holt jeweils 2 Wäscheklammern heraus. Sie hat schon 8 Wäscheklammern herausgeholt." Umkehrung 2: „Brigitte fasst viermal in den Beutel und holt jedes Mal gleich viele Wäscheklammern heraus. Sie hat schon 8 Wäscheklammern."
- „Auf dem Tisch stehen 4 Teller. Auf jedem Teller liegen 2 Äpfel." – Umkehrung 1: „Auf dem Tisch stehen mehrere Teller. Auf jedem Teller liegen 2 Äpfel.

Insgesamt sind es 8 Äpfel.“ Umkehrung 2: „Auf dem Tisch stehen 4 Teller. Auf jedem Teller liegen gleich viele Äpfel. Insgesamt sind es 8 Äpfel.“

Jede Multiplikation lässt zwei Umkehrungen zu, indem einmal nach dem Multiplikanden und zum andern nach dem Multiplikator gefragt wird. Ist die Grundmenge gegeben (z. B. 8 Klammern) und die Größe jeder Teilmenge (z. B. 2 Klammern), wird nach der Anzahl der Teiloperationen/Teilmengen (z. B. 4) gefragt. Dieses Zerlegen einer Grundmenge in Teilmengen vorgeschriebener Größe heißt Aufteilen. Ist dagegen die Grundmenge gegeben (z. B. 8 Klammern) und die Anzahl der Teiloperationen/Teilmengen (z. B. 4), kann die Größe jeder Teilmenge bestimmt werden (z. B. 2). Das Zerlegen einer Grundmenge in eine vorgeschriebene Anzahl von Teilmengen heißt Verteilen.

Die meisten Sachsituationen der Division lassen sich dem Aufteilen bzw. dem Verteilen zuordnen. Ausnahmen bilden die im Unterricht nicht bedeutsamen Umkehrungen des kombinatorischen Modells und des Operatormodells der Multiplikation.

Nachfolgend weitere Beispiele zum Aufteilen und Verteilen mit Lösungsverfahren auf unterschiedlichem Niveau:

Aufteilen einer Menge
Beispiel: „12 Apfelsinen (oder Kiwis, Kaugummis, Duplosteine ...) werden aufgeteilt in Netze mit je 3 Apfelsinen (...).“

1. Handelnde Lösung in der Gruppe oder im Kreis, z. B. Aufteilen von Apfelsinen (...) in Teilmengen (Netze) mit je 3 Apfelsinen. 	2. Lösung auf der Darstellungsebene: 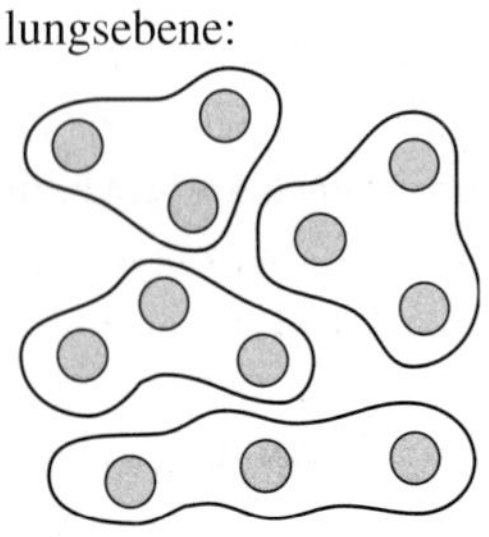
3. Lösung über die fortgesetzte Subtraktion: $12 - 3 - 3 - 3 - 3 = 0$ „Es geht 4-mal. Es lassen sich 4 Netze packen.“	4. Symbolische Notation: $12 : 3 = 4$, denn $4 \cdot 3 = 12$

Dem Aufteilen entspricht das Messen von Größen. Eine 12 m lange Leiste wird aufgeteilt in 3-m-Stücke bzw. sie wird mit einem 3-m-Stück ausgemessen. Entsprechende Aufgabenstellungen sind in anderen Größenbereichen möglich.

Verteilen von Mengen
Beispiel: „12 Kaugummis werden an 3 Mädchen verteilt.“

1. Handelnde Lösung in der Gruppe oder im Kreis, z. B. Verteilen von Kaugummis (Äpfeln ...) an 3 Kinder (auf 3 Teller ...). 	2. Lösung auf der Darstellungsebene: 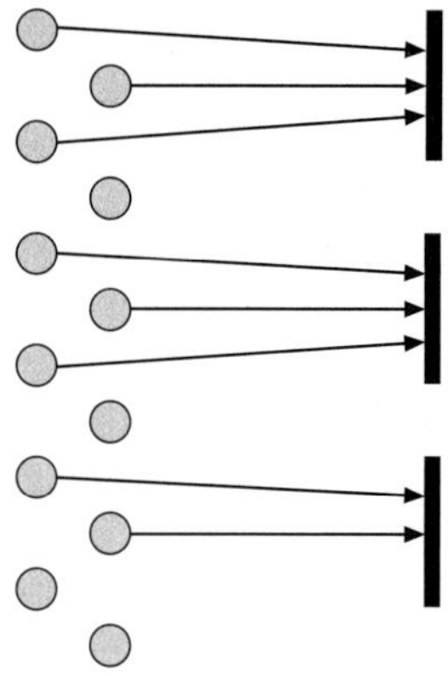
3. Die rechnerische Lösung ist nicht so eindeutig erkennbar wie beim Aufteilen. Die Aufgabe 12:3= __ müsste gelöst werden über 3 · __=12. Subtrahiert werden von 12 (Kaugummis) die Verteilvorgänge (die bei jedem Verteilprozess an die 3 Mädchen verteilten Kaugummis) $12 - 3 - 3 - 3 - 3 = 0$ Es sind insgesamt 4 Verteilvorgänge, d. h. jedes Mädchen bekommt 4 Kaugummis. Die Grenzen des Einsichtigmachens über die fortgesetzte Subtraktion sind deutlich.	4. Symbolische Notation: $12 : 3 = 4$, denn $3 \cdot 4 = 12$

Weitere Beispiele: Verteilen von Obst ... auf Tellern, von Blumen auf Vasen, von Stühlen an Tische u. a.

Bei den Aufteil- und Verteilübungen werden nicht nur Anzahlen gewählt, die sich ohne Rest teilen lassen. Hilfreich sind von Anfang an Erfahrungen zum Teilen mit Rest!

Unterrichtspraktische Vor- und Nachteile der beiden Grundvorstellungen:
Das Aufteilen ist sowohl auf der Handlungs- als auch auf der Darstellungsebene besonders gut durchführbar. Zudem sind beim Aufteilen das Finden eines Lösungsweges und die symbolische Notation einsichtig.
Verteilsituationen sind manchmal nahe liegender und auch kindgemäßer als das Aufteilen. Die Schwierigkeiten beim Darstellen des Verteilungsprozesses und bei der symbolischen Übertragung (vgl. die obigen Phasen 2 und 3) sind aber deutlich, sodass das Verteilen bei der Erarbei-

tung einer begrifflichen Grundlegung der Division nicht unbedingt im Vordergrund stehen sollte. Empirische Untersuchungen (vgl. Bönig 1995, S. 150 ff.) weisen zudem darauf hin, dass bei Grundschulkindern zur Division der Aufteil-aspekt dominiert, was nicht bedeutet, dass der Verteil-aspekt nicht bekannt oder nicht verfügbar ist. Ein ausführliches Vergleichen der beiden Aspekte der Division, wie es in manchen Lehrgängen angeboten wird, scheint für viele Kinder wenig hilfreich und für das Begriffsverständnis auch kaum nützlich zu sein.

2.3.6 Unterrichtliche Erarbeitungsmöglichkeiten der Division

Division als Umkehrung der Multiplikation (Umkehraufgaben)

Die Einsicht in diese Beziehung ist von zentraler Bedeutung für das Lösen von Divisionsaufgaben, weil die Lösungsstrategie der fortgesetzten Subtraktion zu den gleichen Schwierigkeiten führt wie die fortgesetzte Addition bei der Multiplikation. Unmittelbar deutlich wird die Operationsbeziehung durch die sogenannten Mal-Zerlegungen. Beispiel:

1. Das sind 24 Würfel. Baue daraus Vierer-Türme: 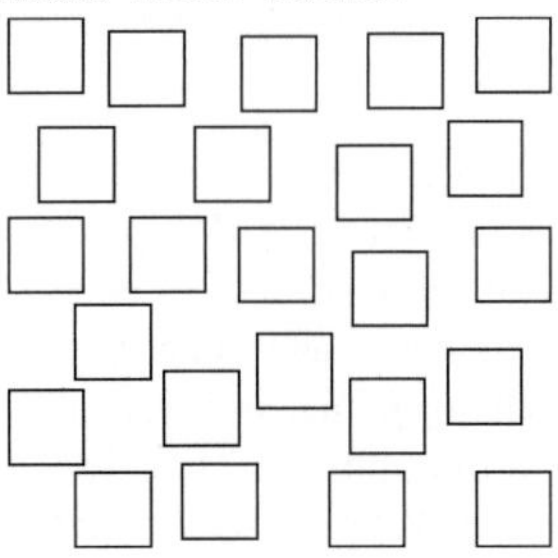 (Oder aber: Baue daraus 4 gleichhohe Türme!)	2. Es entstehen 6 Türme: 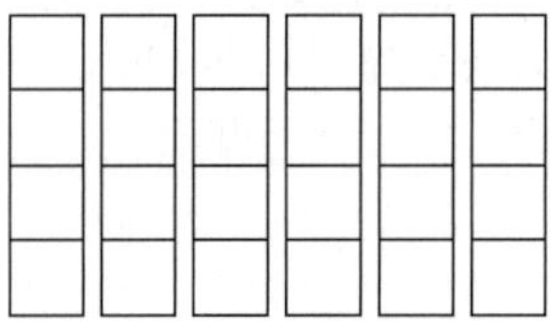
3. Wir notieren dazu: Aufgabe: 24 = ___ · 4 Lösung: 24 = 6 · 4	 24 : 4 = ___ 24 : 4 = 6

Entsprechende Übungen sind an Punktefeldern mit Aufteilen gut möglich. Dabei sollten nicht immer alle Divisionsaufgaben „aufgehen“, sondern auch Lösungen mit Rest von den Kindern gefunden werden.

Teile auf in Fünfer! 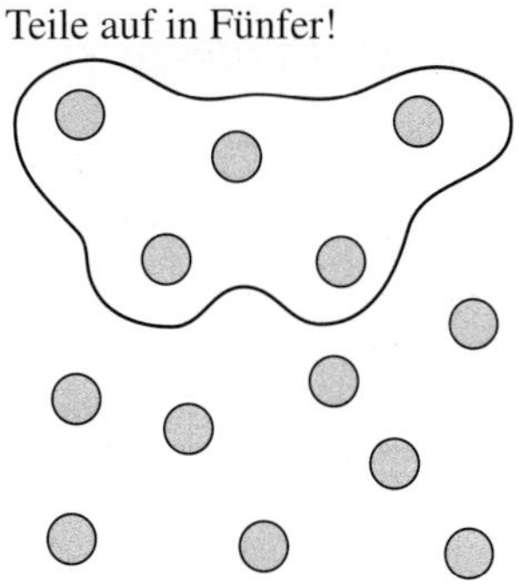	Aufgabenlösung: 13 = ___ · 5 + ___ 13 : 5 = ___ Rest ___ 13 = 2 · 5 + 3 13 : 5 = 2 Rest 3

Die operativen Zusammenhänge zwischen Multiplikation und Division können auch an dem Hunderter-Punktefeld bzw. am Rechenrahmen geübt werden. Schwierigkeiten entstehen dabei, wenn von einigen Kindern die aufzuteilenden Mengen nicht „passend“ abgedeckt bzw. gewählt werden, d. h. die Gesamtmenge nicht durch Addition der Teilmengenanzahl aufgebaut, sondern wie bei den Übungen zur Addition/Subtraktion kennen gelernt wird über die Zehnergliederung.

Beispiel: 28 : 7 = ___

Günstige Auswahl der Punkte:	Ungünstige Auswahl der Punkte:
○○○○○ ●● ○○○○○ ●● ○○○○○ ●● ○○○○○ ●●	○○○○○ ●●●●● ○○○○○ ●●●●● ○○○○○ ●●●

Die „günstige“ Auswahl der Punkte bedeutet eigentlich, dass das Kind die Divisionsaufgabe bereits gelöst hat und keine anschaulichen Hilfen mehr braucht.

Methodische Stufen einer Erarbeitung

Nachfolgend Vorschläge für eine erarbeitende Behandlung der Division auf unterschiedlichem Abstraktionsniveau:

1. Spiele und Handlungen zum Aufteilen und Verteilen
   Zum Verständnis des Aufteilens gut geeignet ist das sog. Atomspiel. Die Kinder einer Klasse versammeln sich auf dem Schulhof, bewegen sich frei und teilen sich auf Zuruf der Lehrerin in Mengen/Gruppen vorgeschriebener Größen auf. Dabei sollte man in dieser Phase die Anzahl der Kinder so auswählen, dass kein Rest entsteht. Die am Spiel zeitweise nicht beteiligten Kinder können beobachten, protokollieren, beschreiben ... Beispiel: 24 Kinder laufen umher. „Bildet Dreier (Vierer, Zweier, Zwölfer, Sechser, Vierundzwanziger)!“ - Wie viele Dreier (...) entstehen?
   Zum Verteilen werden auf dem Schulhof 3 (4, 2 ...) Stellplätze oder Male für das Verteilen von 24 (...) Kindern gekennzeichnet. „Verteilt euch gleichmäßig auf die 3 Stellplätze.“ – Wie viele Kinder stehen an jedem Platz?

2. Handlungserfahrungen zum Aufteilen/Verteilen im Sitzkreis (in Partnerarbeit, Einzelarbeit) und Beschreiben der Ergebnisse
   Als Material dienen Apfelsinen, Kinder, Muggelsteine, Rechenplättchen, Kleinteile und insbesondere Rechenpfennige/Rechen-DM. Sie werden aufgeteilt in Teilmengen vorgeschriebener Größe (Netze, Schachteln, Dosen usw.) „Teilt 30 Eier in Schachteln mit je 6 Eiern auf. Zeichnet dazu!“ „Lisa, Lutz, Anna und Sven teilen 28 (12, 16, 32 ...) € unter sich gerecht auf. Wie viel € bekommt jeder?“ – Entsprechend können die

„Materialien“ verteilt werden auf eine vorgeschriebene Anzahl Teller, Tische, Netze, Kinder o. Ä.

3. Die Schreib- und Sprechweise der neuen Operation wird eingeführt, um die Handlungen protokollieren zu können. „15 Äpfel aufgeteilt in Tüten mit je 5 Äpfeln“ oder „15 Äpfel verteilt an 5 Kinder“ werden notiert als 15 : 5 = 3 (denn 3 · 5 = 15). 15 : 5 wird gesprochen als „15 durch 5“.
4. Übungen und Untersuchungen zum Teilen an didaktischen Modellen (ungeordnete Punktmengen, Rechenrahmen, Hunderter-Punktefeld u. a.)
5. Das Teilen mit Rest wird nicht auf einen späteren Zeitpunkt verschoben, sondern frühzeitig thematisiert. Die angesprochenen Möglichkeiten bieten sich auch hier an. Notation (etwa zum Aufteilen von 25 Kindern in „Vierer“): 25 : 4 = 6 Rest 1 (denn 6 · 4 + (Rest)1 = 25). „Verteilt 20 Bonbons an 6 Kinder. Geht das? Malt auf!“

Zwischenbemerkung

Die Schreibweise des Restes bei einer Division ist in den letzten Jahrzehnten breit und intensiv diskutiert worden (vgl. dazu auch Padberg 1986). Die alte Restschreibweise (25:4 = 6 Rest 1) wird/wurde von vielen Mathematikdidaktikern mit folgenden Argumenten abgelehnt:
Diese Schreibweise ist mathematisch falsch, weil das Gleichheitszeichen nicht korrekt benutzt wird. Der Rest beträgt im obigen Beispiel nicht 1, sondern eigentlich 1/4.
Die Restschreibweise verstößt gegen die Transitivität der Gleichheitsrelation.
Denn 25:4 = 6 Rest 1 und 19:3 = 6 Rest 1,
aber 25:4 ≠ 19:3.

Vorgeschlagen und in den meisten Lehrplänen noch empfohlen wurde die Zerlegungsschreibweise bei einer Division mit Rest: 25:4 = 6 + 1:4.

Es gibt jedoch eine Reihe von Gründen (Kinder stört die Restschreibweise nicht, außerhalb der Schule wird nahezu ausschließlich die Restschreibweise verwendet, in Sachkontexten ist diese Schreibweise eindeutig ...), die für die Restschreibweise sprechen. So wird im vorliegenden Handbuch die Restschreibweise angeboten. Allerdings plädieren wir für eine gewisse Offenheit und überlassen Ihnen die endgültige Entscheidung auf dem Hintergrund Ihrer Überzeugung und der Situation in Ihrer Klasse.

Das „gerechte“ Aufteilen/Verteilen von (Rechen-)Geld ist für einige Kinder besonders einleuchtend für ein Begriffsverständnis des Teilens. So berichten etwa Fingerhut/Manske (1984) von einem Schüler mit Lernschwierigkeiten in Mathematik, dem all die Teilhandlungen mit Materialien wenig zu einem Verständnis von Division verhalfen. Erst über das biblische Motiv des gerechten Teilens wurden für den Schüler die Operationen und die Gleichungen klar. Grundsätzlich ist zu fragen, ob die didaktische Stufung enaktiv - ikonisch - symbolisch für alle Kinder bzw. in allen mathematischen Erarbeitungssituationen sinnvoll und hilfreich ist. Es gibt nicht wenige Kinder, denen die Begriffsbildung über die Analyse bildhafter Strukturen leichter fallen kann als über zunächst durchgeführte Handlungen. Und: Nicht immer sind die Operationen und Strukturen in Handlungen isomorph zu denen in den normalerweise anschließenden Analysen bildhafter Repräsentationen. Dennoch: Für die meisten Kinder ist es hilfreich, wenn vor der Phase des ausführlichen Übens Divisionsoperationen intensiv und konkret in den verschiedenen Arbeitsformen (Klassenverband im Sitzkreis, Gruppenarbeit, ..., Einzelarbeit) und über Sachsituationen handelnd durchgeführt werden. Die handelnden Erfahrungen zum Aufteilen/Verteilen sollten zudem ergänzt werden durch zahlreiche Sachaufgaben/Textaufgaben (Rechengeschichten) zu diesen Operationen (vgl. auch Kapitel 4).

Aktivitäten auf der enaktiven und auf der ikonischen Ebene sind nicht abgeschlossen oder überflüssig, wenn auf der Ebene der mathematischen Symbole gerechnet wird. Immer wieder werden Vorstellungen aktiviert, wenn „Rückübersetzungen“ einer Gleichung in bildhafte Darstellungen, in Rechengeschichten oder in Handlungen an Materialien erfolgen.

Unterrichtspraktische Empfehlung:

Lassen Sie auch noch lange nach der Erarbeitungsphase die Kinder zu Divisionsgleichungen (und auch Multiplikationsgleichungen) anschauliche Bilder zeichnen, Rechengeschichten erfinden und Handlungen an Materialien durchführen. Diese Aufgabenstellungen bieten Ihnen als Lehrerin auch Möglichkeiten der Einsicht (der Diagnose) in die Operationsvorstellungen der Kinder, sodass ggf. Fördermaßnahmen gezielt eingesetzt werden können.

Einige Beispiele für bildhafte Darstellungen der Kinder zur Aufgabe 12 : 3 =__ (Bönig 1995, S. 75 ff.):

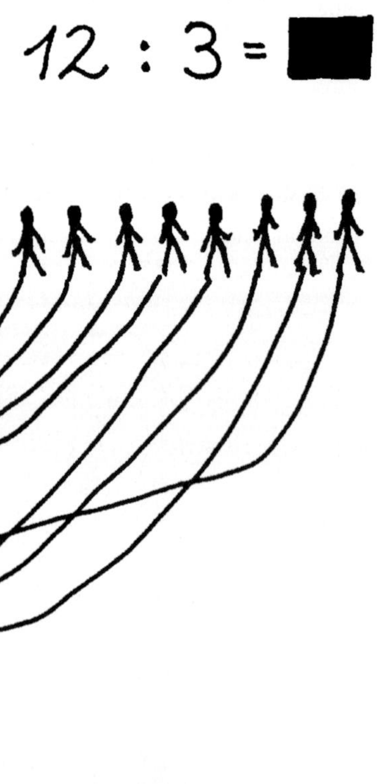

2.3.7 Übungsanregungen und Spiele zum Dividieren (und Multiplizieren)

Übungen zur Multiplikation und Division sind nicht streng voneinander trennbar, da beide Operationen Umkehroperationen sind. So sind Divisionsübungen immer wieder in den bisherigen Anregungen (zur Multiplikation) enthalten. Neben Übungen zum Aufteilen/Verteilen nach Rechengeschichten mit Materialien oder an Punktefeldern sind grundsätzlich Übungen zum Herleiten einer Divisionsaufgabe aus der entsprechenden Multiplikationsaufgabe hilfreich.

Beispiele:

12 : 2 = ___, denn ___ · 2 = 12	9 · 10 = __ 90 : 10 = __	25 = ___ · 5 25 : 5 = ___

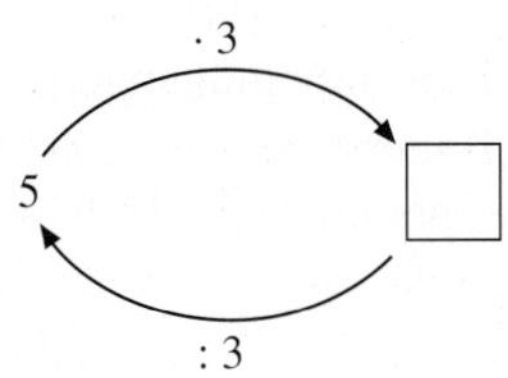

Möglichst viele Aufgaben finden!
Zu symmetrischen Punktfeldern sollen die Kinder möglichst viele Aufgaben finden. Beispiel:

3 + 3 = 6   6 : 3 = 2   2 + 2 + 2 = 6
2 · 3 = 6   3 · 2 = 6   6 : 2 = 3
evtl. auch
6 – 2 – 2 – 2 = 0
6 – 3 – 3 = 0

In Partnerarbeit zeichnet jeder Schüler ein Punktfeld. Der Partner muss dazu möglichst viele Zahlensätze finden.

In Partnerarbeit stellt jeder Schüler eine Multiplikations- und die dazu passende Divisionsaufgabe. Der Partner zeichnet dazu ein passendes Punktfeld.

Alle Aufgaben · und : finden!
Finde alle Aufgaben zu den drei Zahlen:

2 3 6	3 · 2 = 6 2 · 3 = 6 6 : 3 = __ 6 : 2 = __
2 9 18	....
4 8 32	....

Textaufgaben/Rechengeschichten
Textaufgaben zur Multiplikation/Division gehören formal zur so genannten Schlussrechnung, es sind „Zweisatzaufgaben“ des Typs „Einheit → Mehrheit“ bzw. „Mehrheit → Einheit“, die für die Kinder nicht einfach zu bearbeiten sind. Trotz aller berechtigter Kritik am traditionellen Sachrechnen mit seinen künstlich konstruierten Aufgabenstellungen sollten derartige Textaufgaben im Rahmen der Unterrichtseinheit bewusst thematisiert und bearbeitet werden. Wichtig ist dabei, dass diese Textaufgaben nicht nur mündlich besprochen bzw. „im Kopf“ gelöst, sondern möglichst gespielt und in Form von Skizzen bzw. Zeichnungen zunächst dargestellt werden.

Derartige Textaufgaben sind reine Übungsaufgaben. Die Lehrerin kann die Kinder zu einer konstruktiven Kritik durch Fragen anregen wie: Ist das in Wirklichkeit so? Trägst du immer gleich viele Teller zur Geschirrspülmaschine? Was heißt Äpfel gerecht teilen? u. a.

Nachfolgend je ein Beispiel zu den verschiedenen Aspekten der Multiplikation/Division. Derartige Textaufgaben/Rechengeschichten sind von der Lehrerin (und den Kindern) leicht selber konstruierbar.

- Zeitlich-sukzessiver Aspekt der Multiplikation
  Rechengeschichte:
  „Karin räumt die Geschirrspülmaschine aus. Sie trägt dreimal Teller in den Geschirrschrank. Jedes Mal trägt sie 4 Teller.“
  Tafelskizze:
  nach dem 1.Gang

  nach dem 2. Gang

  nach dem 3. Gang

- Räumlich–simultaner Aspekt der Multiplikation
  Rechengeschichte:
  „Frau Semmelrogge zählt die Kinder in der Klasse. An jedem Tisch sitzen 4 Kinder. Es sind 7 Tische.“

- Tafelskizze:

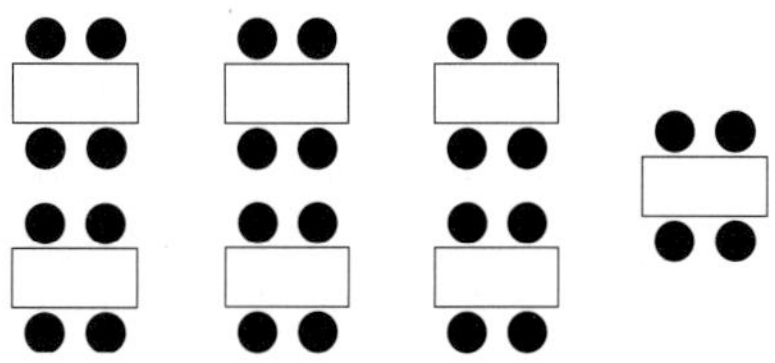

- Multiplizieren als Vervielfachen
  Rechengeschichte:
  „Ein dicker Markierstift kostet 2 €. Frau Müller-Wittmann kauft 6 Stifte in verschiedenen Farben."

  Tafelbild

- Verteilen
  Rechengeschichte:
  „Ulli, Eva und Doris haben insgesamt 15 Äpfel gepflückt. Sie teilen sich die Äpfel so auf, dass jedes Kind gleich viele bekommt."

  Tafelbild:

- Aufteilen
  Rechengeschichte:
  „In der Klasse 2b sind 28 Kinder. Im Sportunterricht werden Mannschaften mit je 7 Kinder gebildet."

  Tafelskizze:

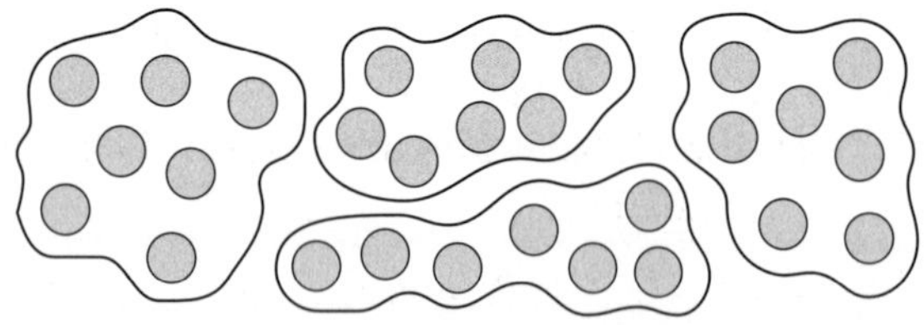

Figuren legen
Aus 5 Streichhölzern kann man ein Haus legen:

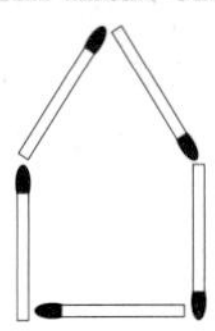

Wie viele Häuser lassen sich aus 20 (17, 28 ...) Hölzern legen?

Schreibe jeweils auf:
20 : 5 = 4
17 : 5 = 3 Rest 2
...

Wie viele Vierecke lassen sich aus 20 (26 ...) Hölzern legen?

20 : 4 = ___
26 : 4 = ___
...

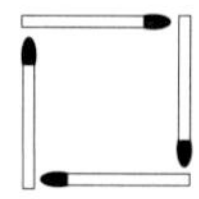

Wie viele Dreiecke lassen sich aus 15 (21, 22 ...) Hölzern legen?

15 : 3 = ___
22 : 3 = ___
...

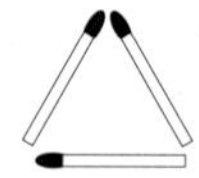

Entsprechend werden die Aufgaben zum Bauen von Türmen (Dreiertürme, Fünfertürme ...) aus einer vorgegebenen Anzahl von Würfeln ermittelt.

*Rechenräder (siehe **Kopiervorlage A 6**)*

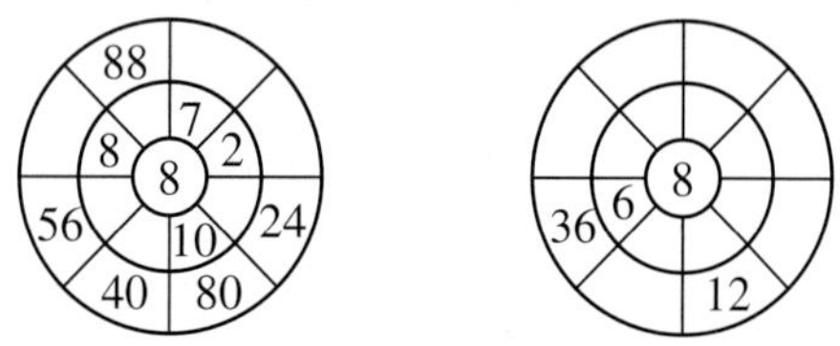

Rechnen mit Maschinen
Ein wenig in Vergessenheit geraten ist eine Übungsform aus der Zeit der Reformbemühungen in den 60er- und 70er-Jahren (vgl. Bauersfeld u. a. 1971), dem Umgehen mit so genannten Operatormaschinen. Derartige Maschinen bieten vorzügliche Möglichkeiten, operative Beziehungen und Eigenschaften zu untersuchen und zu erkennen. Und sie erlauben zahlreiche Aufgabenstellungen zur Differenzierung des Mathematikunterrichts.

Zu den vier Operationen in der Menge der natürlichen Zahlen lassen sich vier Maschinentypen unterscheiden:
– Additionsmaschinen/Subtraktionsmaschinen:

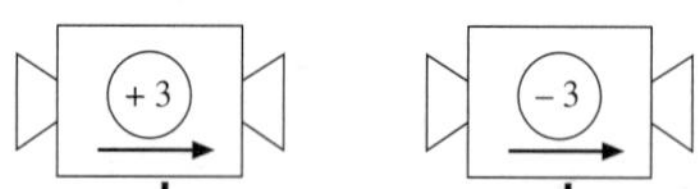

E	A
2	5
4	
	17

E	A
5	2
3	
	12

– Multiplikationsmaschinen/Divisionsmaschinen:

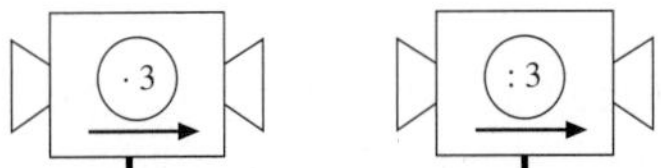

E	A
2	6
4	
	15

E	A
6	2
3	
	5

In den Tabellen bedeutet E „Eingabe in die Maschine" und A „Ausgabe aus der Maschine". Nach der unterrichtlichen Einführungsphase kann recht bald auf eine ausführliche Darstellung der einzelnen Maschinen verzichtet werden. Die Tabelle und die Maschine werden wie in den beiden Beispielen nur noch skizziert.

· 3

E	A
2	6
4	
	15

: 3

E	A
6	2
3	
	5

Kinder entdecken, dass es nicht für jede Eingabe bei der Subtraktion und bei der Division (in der Menge der natürlichen Zahlen) auch eine Ausgabe gibt (z. B. 2 – 3 oder 2 : 3) und dass auch bei der Addition und der Multiplikation nicht zu jeder Ausgabe eine Eingabe bestimmbar ist (z. B. __ + 3 = 2 oder __ · 3 = 5).

Die Maschinen lassen sich miteinander koppeln. Derartige Maschinenkopplungen sind oft ersetzbar durch nur eine Maschine. Beispiele:

1. Die Maschinenkopplung

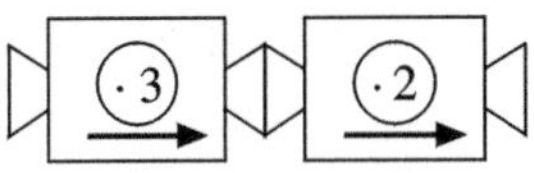

liefert dasselbe wie

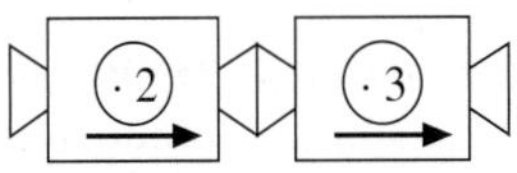

und ist ersetzbar durch

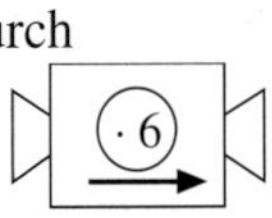

2. Die Maschinenkopplung

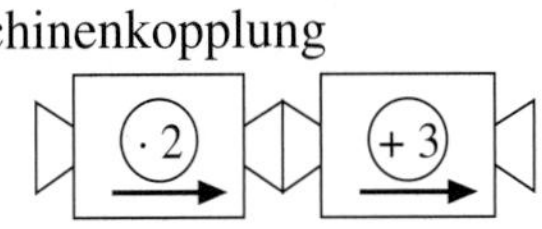

liefert nicht dasselbe wie

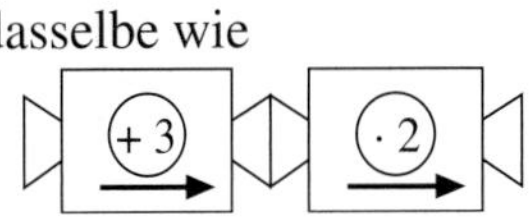

Auch derartige Maschinenkopplungen lassen sich einfacher darstellen:

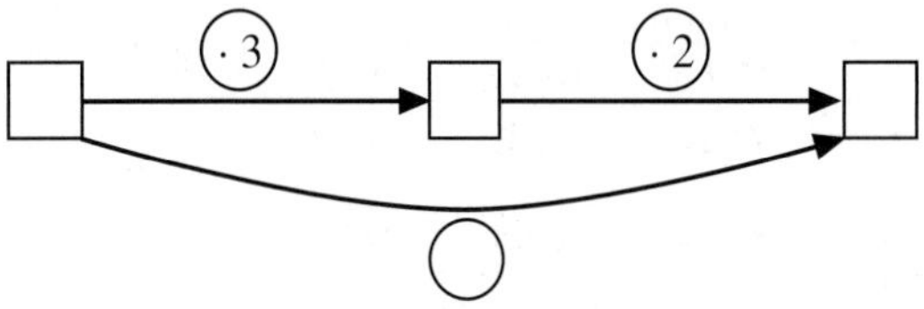

Die Unterrichtspraxis hat drei Aspekte deutlich gemacht:

1. Für die Kinder ist es nicht notwendig und wenig hilfreich, das Arbeiten dieser Maschinen zu „veranschaulichen", etwa im Sinne von „Streckern" (Multiplikation)/„Schrumpfern" (Division) oder durch Umschreibungen der Operationen, z. B. „für 1 gib 3" (· 3) oder „für 3 gib 1" (: 3). Allerdings können die Multiplikationsmaschinen gut auf Größen angewendet werden, während bei einer Divisionsmaschine ohne die Vorstellung des „Schrumpfens" eine Teilung durchgeführt wird, die das Ergebnis einer Division nicht eindeutig erkennen lässt, wohl aber den Zusammenhang zur Multiplikation.

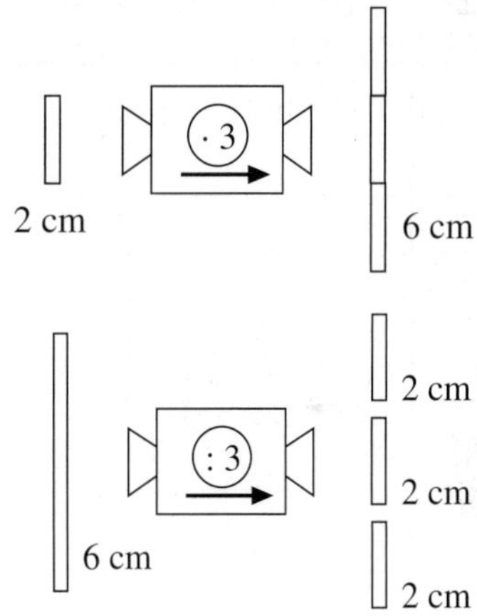

2. Das Herausarbeiten und Unterscheiden von Zuständen und Operatoren ist für die meisten Zweitklässler zu schwierig. In einer Gleichung wie 4 · 3 = 12 wären 4 und 12 Zustände und · 3 ein Operator. Es könnten Konflikte zwischen dem üblichen umgangssprachlichen Gebrauch des Mal-Begriffs (4 · 3; „viermal die 3") und dem mathematischen Gebrauch (4 · 3; „die 4 dreimal") entstehen.

3. Übungsaufgaben mit Maschinen sind in der Unterrichtsphase der Erarbeitung der Operationsbegriffe zu früh. Die Kinder sollten bereits eine gewisse Sicherheit beim Einmaleins haben. Mit den Maschinen werden weniger die Einmaleinsfähigkeiten geübt als vielmehr Untersuchungen zu den Eigenschaften der Operationen durchgeführt.

Untersuchungen mit Maschinen (siehe **Kopiervorlagen A 26** und **A 27**)

- Ausfüllen von Tabellen

· 3

E	A
3	
1	
	0

: 3

E	A
12	
27	
	1

· 7

E	A
5	
10	
	35

: 5

E	A
5	
55	
	6

- Untersuchen von Tabellen

E	A
14	2
35	5
63	

E	A
3	24
6	48
	32

E	A
5	5
10	10
	37

- Maschinenkopplungen 1

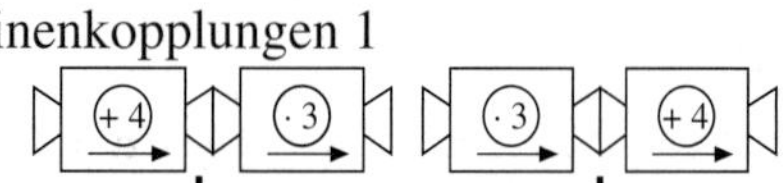

E	A
2	18
3	
	27

E	A
2	10
3	
	25

- Maschinenkopplungen 2

· 2 · 3

E	Z	A
2	4	12
3		
	8	

· 1 · 5

E	Z	A
3	3	15
5		
		35

: 2 : 2

E	Z	A
12	6	3
	16	

· 4 : 2

E	Z	A
6	24	12
4		
		36

- Maschinen ersetzen
  Kannst du die Maschinenkopplungen durch jeweils eine Maschine ersetzen?

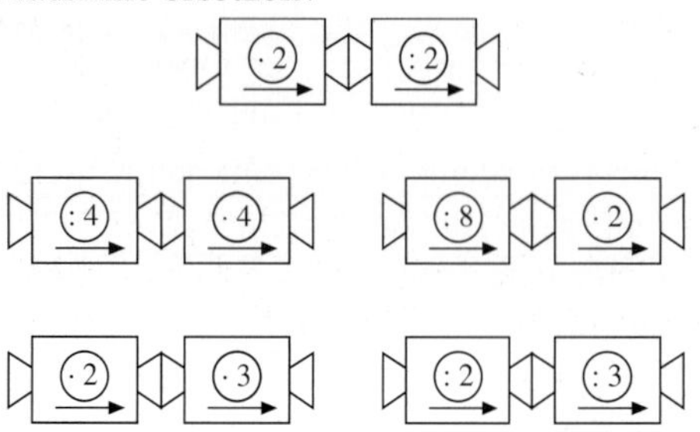

- Eine Maschine durch eine Maschinenkopplung ersetzen
  „Im Maschinenladen ist die „· 4“-Maschine ausgefallen. Lässt sich diese Maschine während der Reparaturzeit durch Maschinenkopplungen ersetzen? Gibt es mehrere Möglichkeiten?“

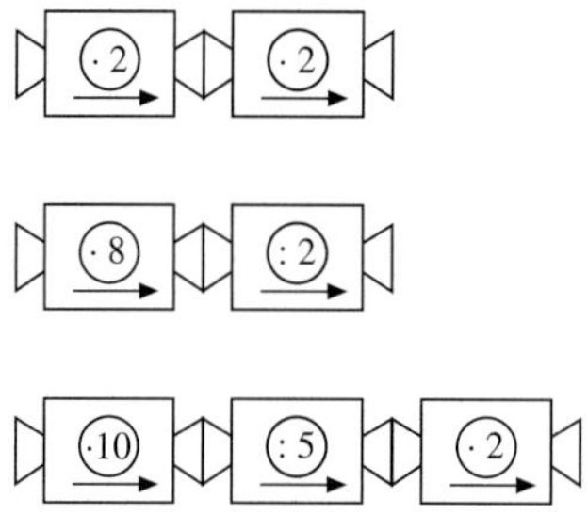

Startzahlen

Denke dir eine Startzahl!	**3**	**5**	**7**	
+ 4	7	9		
· 3	21	27		
– gedachte Zahl	18			
: 2	9			
– 2	7			
– gedachte Zahl	4			

Denke dir eine Startzahl!	**3**	**12**	**5**	
· 6	18	72		
+ 58	76			
halbiere	38			
– 5	33			
: 3	11			
– 8	3			

Vergleiche jeweils die Startzahlen mit den Ergebnissen!

Die ewige Rechenkette II (vgl. **Kopiervorlage A 28**)
Nach Erarbeitung der Multiplikation und Division können alle vier Grundrechenarten mit der ewigen Kette geübt werden. Diese Aufgabenstellung stellt recht große Anforderungen an die Rechenfertigkeiten.

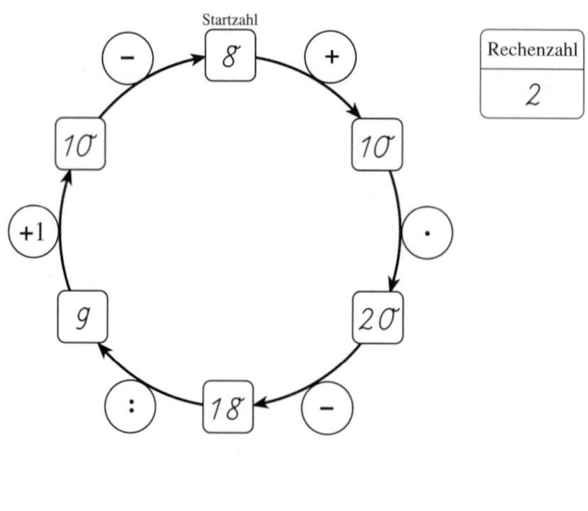

Rechenregeln:
- Eine Startzahl (z. B. 8) wird gewählt und eingetragen.
- Eine Rechenzahl (z. B. 2) wird gewählt und eingetragen.
- Vom Startfeld ausgehend wird mit der Rechenzahl reihum gerechnet. Die Rechenkette führt stets zur Startzahl zurück.

Zu den Beispielzahlen:
8, 8+2=10, 10·2=20, 20–2=18, 18:2=9, 9+1=10, 10–2=8.

Lernkartei zur Division
Entsprechend der Lernkartei zum Einmaleins (vgl. S. 94 f.) kann auch zum individuellen Üben des Einsdurcheins eine Lernkartei angelegt werden mit Divisionsaufgaben auf den Vorder- und den gelösten Divisionssätzen auf den Rückseiten der Kärtchen. In Abele (1994, S. 101) wird dazu empfohlen, die Kärtchen wie folgt aufzubauen (hier beispielhaft zur Division durch 8):

Kernaufgaben:	Ableitungen:	operative Beziehungen:	Ergänzende Einzelkärtchen zum unmittelbaren Abrufen:
	16 : 8 = ___		
0 : 8 = ___	24 : 8 = ___	24 : 8 = ___	
8 : 8 = ___	32 : 8 = ___	48 : 8 = ___	
16 : 8 = ___		72 : 8 = ___	0 : 8 = ___
	40 : 8 = ___		8 : 8 = ___
8 : 8 = ___	48 : 8 = ___		.
80 : 8 = ___	56 : 8 = ___		.
40 : 8 = ___			.
	80 : 8 = ___		80 : 8 = ___
	72 : 8 = ___		
	64 : 8 = ___		

Wie bei der Lernkartei zur Multiplikation kann es sinnvoller sein, die Lernkartei im Laufe der Unterrichtseinheit von den Kindern entwickeln bzw. aufbauen zu lassen. Dabei wird ausgegangen von den Kernaufgaben der Division (Königsaufgaben der Multiplikation) und dann Schritt für Schritt die anderen Zahlensätze abgeleitet. Die Divisionsaufgaben werden mit den entsprechenden Multiplikationsaufgaben gekoppelt.

Zum Beispiel bei der Division durch 8:

Lernkartei zum : 8

80 : 8 = 10 denn 10 · 8 = 80

____

____

____

____

40 : 8 = 5 denn 5 · 8 = 40

____

____

16 : 8 = 2 denn 2 · 8 = ________

8 : 8 = ______ denn ________

0 : 8 = ______ denn ________

2.3.8 Schwierigkeiten und Schülerfehler bei der Multiplikation/Division

Auf einzelne schwierige Phasen der unterrichtlichen Erarbeitung ist in den vorangegangenen Kapiteln bereits eingegangen worden, nachfolgend zwei grundsätzliche Aspekte zum Thema.

Die Hauptschwierigkeiten beim Multiplizieren und Dividieren liegen weniger beim engeren Begriffsverständnis der beiden Operationen, wenn dazu ausreichende Handlungserfahrungen gesammelt worden sind (zeitlich-sukzessiver Aspekt/räumlich-simultaner Aspekt bzw. Aufteilen/Verteilen von Mengen sowie das Herausarbeiten der Umkehrbeziehungen beider Operationen). Dieses Verdeutlichen der Operationsbegriffe durch Handlungen ist die selbstverständliche Grundlage. Besondere Schwierigkeiten entstehen für Kinder, die beim Multiplizieren die folgenden Lösungsverfahren verfestigen (vgl. Abschnitt 2.3.3):
- Multiplizieren als fortgesetzte Addition oder
- Lösen von Multiplikationsaufgaben über das Aufsagen von auswendig gelernten Einmaleinsreihen.

Entsprechendes gilt bei der Division für einen Lösungsweg über die fortgesetzte Subtraktion oder das Aufwärtszählen der Einmaleinsreihen.

Diese Lösungswege sind zwar sachlich richtig und in den ersten Erarbeitungsphasen auch notwendig, sie sind für die meisten Kinder jedoch „Sackgassen“, weil sie zeitaufwendig und sehr fehleranfällig sind. Die Fehler entstehen dabei durch Verrechnen bei den Teiloperationen der Addition/Subtraktion oder durch Überfordern des Kurzzeitgedächtnisses (zu viele/zu wenige Teiloperationen, zu viele/zu wenige Schritte beim Aufsagen der Einmaleinsreihen). Daher sollten diese ungünstigen Lösungswege im Unterricht schnell abgelöst werden durch

- das Herleiten der unbekannten Einmaleinsaufgaben von bekannten „Königsaufgaben",
- das Entlasten des Gedächtnisses durch Sichtbarmachen der „gekonnten Aufgaben" auf der individuellen Einmaleinstafel,
- das Herleiten der Divisionsaufgaben von bekannten Einmaleinsaufgaben (Umkehraufgaben) und den Kernaufgaben der Division (10x : x, 5x : x, 2x : x, 1x : x und nicht zu vergessen 0x : x).

Langsame Lerner oder Kinder mit Rechenschwächen müssen die Königs- oder Kernaufgaben bewusst auswendig lernen. Ihnen wird im Einzelfall auch dadurch geholfen, die operativen Beziehungen in der Einmaleinstabelle und „im Kopf" zu erkennen. Dabei stehen die eingefärbten Einmaleinstabellen/-tafeln immer beim Lösen von Multiplikationsaufgaben zur Verfügung.

Bitte bedenken Sie: In den Richtlinien der meisten Bundesländer wird am Ende des zweiten Schuljahres noch nicht erwartet, dass alle Kinder alle Einmaleinsaufgaben und Einsdurcheinsaufgaben beherrschen. Das Thema wird zu Beginn des dritten Schuljahres nochmals aufgenommen und dazu intensiv geübt.

Nach einer Untersuchung von Lörcher (1985) bereiten die folgenden Aufgaben des Einmaleins den Kindern in der Grundschule die meisten Probleme:

- Multiplikation mit der Null (dazu nachfolgend in diesem Kapitel),
- Multiplizieren mit 7 und mit 8,
- generell Multiplikationen zwischen 6 · 6 und 9 · 9 und
- die beiden Produkte aus dem Vierereinmaleins 8 · 4 und 9 · 4.

Erklären kann man die drei letztgenannten Schwierigkeiten mit den nicht einfachen Ableitungsmöglichkeiten von bekannten Aufgaben oder aber mit den zahlreichen Zehnerüberschreitungen bei einem Lösungsweg über die fortgesetzte Addition.

Häufige Schülerfehler beim Multiplizieren und beim Dividieren (vgl. auch Abschnitt 2.2.7)

7 · 5 = 30 4 · 4 = 12 Ein Summand wird bei der fortgesetzten Addition vergessen bzw. die Einmaleinsreihe wird zu früh abgebrochen.	7 · 5 = 40 4 · 4 = 20 Ein Summand wird bei der fortgesetzten Addition hinzuaddiert bzw. die Einmaleinsreihe wird zu spät abgebrochen.
3 · 8 = 28 7 · 3 = 23 Perseverationsfehler; eine Zahl/Ziffer wirkt nach.	9 · 3 = 26 8 · 7 = 58 Verrechnen bei einer fortgesetzten Addition.
9 · 4 = 31 Fehlerhaftes Zerlegen in 10 · 4 – 1 · 9	7 · 6 = 43 Fehlerhaftes Zerlegen in 5 · 6 + 6 + 7
30 : 6 = 2 40 : 8 = 2 Gerechnet wurde im Kopf 6 : 3 bzw. 8 : 4.	44 : 4 = 14 Perseverationsfehler; die 4 wirkt nach.
12 : 4 = 4 24 : 3 = 7 Fehler beim Aufsagen der entsprechenden Einmaleinsreihen.	38 : 6 = 6 Rest 3 67 : 7 = 9 Rest 5 Verrechnen beim Multiplizieren als fortgesetzte Addition oder aber beim fortgesetzten Subtrahieren.

Malnehmen und Teilen mit der Null

Multiplizieren und Dividieren mit null bereitet vielen Kindern große Schwierigkeiten, weil die Null nicht als eine ganz normale Zahl in die Erarbeitungsphasen und in die Übungsaufgabenstellungen des Unterrichts integriert wird. Hinzu kommt, dass Kinder häufig ein magisches Verständnis von der Null entwickeln oder ein Verständnis, dass die Null „Nichts" (ähnlich wie bei „null Bock" = nichts los = keine Lust) bedeutet. Mit „Nichts" kann man nicht rechnen oder es kommt immer „Nichts" (null) heraus. Dieses Verständnis kann sich verfestigen mit negativen Folgen gerade bei den schriftlichen Rechenverfahren in den folgenden Schuljahren. Auch Erwachsene lernen bzw. kennen noch entsprechende Regeln wie etwa „Durch null darf man nicht dividieren." Warum darf oder kann man eigentlich durch null nicht dividieren?

Bei den anschaulichen Modellen zur Multiplikation und zur Division bietet es sich geradezu an, auch die Fälle mit der Null aufzunehmen und in der Klasse zu diskutieren.

Multiplizieren mit der Null
4 · 0 „In einer Neubausiedlung sind bereits 4 Straßen angelegt. In jeder dieser Straßen stehen 0 Häuser." – „Fritz geht 4-mal zum Bäcker und bringt jedes Mal 0 Brötchen mit." Entsprechende Aufgabenstellungen zu 0 · 4 und 0 · 0 sind möglich.

Dividieren mit der Null
0 : 4 „0 Apfelsinen werden an 4 Kinder verteilt. Wie viele Apfelsinen bekommt jedes Kind?"
4 : 0 „4 Apfelsinen werden aufgeteilt in Netze mit jeweils 0 Apfelsinen. Wie viele Netze sind möglich?" – „Das kann man nicht rechnen!"

Zu 0 : 0 sind entsprechende Aufteil- oder Verteilsituationen sinnvoll um zu erkennen, dass man durch 0 nicht dividieren kann.

Kurz und wichtig: Bitte integrieren Sie die Null immer in alle Operationen und Aufgabenstellungen als eine ganz normale Zahl, die von den Kindern genauso in Gebrauch genommen wird wie alle anderen.

2.4 Anregungen für schnelle Rechner

Zum Fördern leistungsstarker Mathematikschüler sei an dieser Stelle auf die grundsätzlichen Ausführungen dazu im Handbuch für das 1. Schuljahr verwiesen. Fördern bedeutet Fördern aller Kinder, nicht nur der langsamen Lerner. Und Fördern bedeutet auch Fordern aller Kinder. Schnelle Rechner werden nicht gefördert bzw. gefordert, wenn sie zusätzliche Übungsaufgaben zu einem Unterrichtsthema bearbeiten, zu dem es für sie nichts mehr zu üben gibt, weil sie die mathematische Begrifflichkeit verstanden oder die angezielte Rechenfertigkeit bereits erreicht haben. Ein derart zusätzliches Üben wäre eher eine Beschäftigungstherapie, bei der sich leistungsstarke Rechner bald langweilen. Es kommt nicht selten vor, dass diese Kinder im Laufe der Schulzeit ihr Interesse am Mathematiklernen verlieren, weil sie zu selten gefordert bzw. gefördert wurden.

Um schnelle Rechner nicht im Unterrichtsstoff fortlaufen zu lassen, bietet sich für Differenzierungsmaßnahmen das „Schleifenschlagen" bis zum gemeinsamen Beginn eines neuen Themas im Klassenverband an. Derartige Schleifen können geschlagen werden über Vertiefungen und Problemstellungen zum aktuellen Unterrichtsthema oder über Aufgaben aus anderen mathematische Bereichen, die nach den Lehrplänen nicht verbindlich sind für alle Kinder (z. B. Untersuchen von Relationen, von Graphen, von Mengenbeziehungen, Untersuchungen am Klassencomputer, kombinatorische Aufgabenstellungen u. v. a. m.). Nachfolgend exemplarisch nur einige Anregungen für schnelle Rechner. Weitere Anregungen findet die Lehrerin in Christiani (1994), Radatz/Rickmeyer (1996) sowie in der mathematischen Schülerzeitschrift ALPHA.

Zahlen zerlegen

Zahlen bis 100 werden in vier Summanden zerlegt. Finde verschiedene Lösungen. Zum Beispiel:

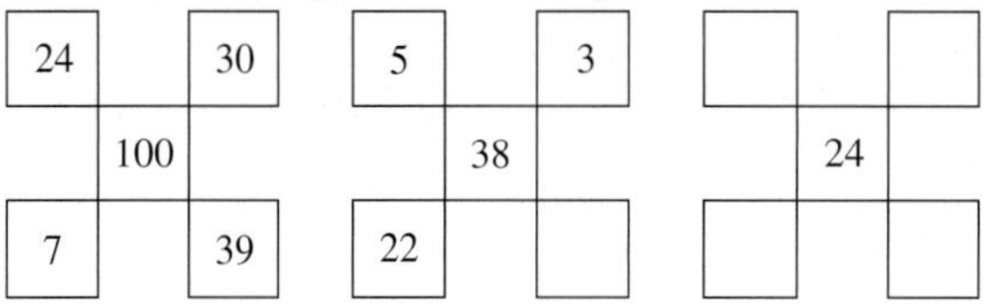

Erlaubt sind Addition und Subtraktion!
Beim Beispiel: 38 = 40 + 6 – 5 – 3.

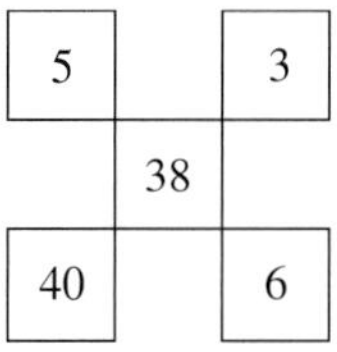

Wie geht das? Muss die Division erlaubt werden?

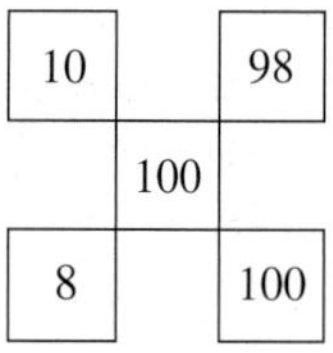

Knobeleien

- Auf diese Zielscheibe wird mit Pfeilen geschossen. Welches ist die kleinste Anzahl Pfeile, um genau 150 Punkte zu erzielen?

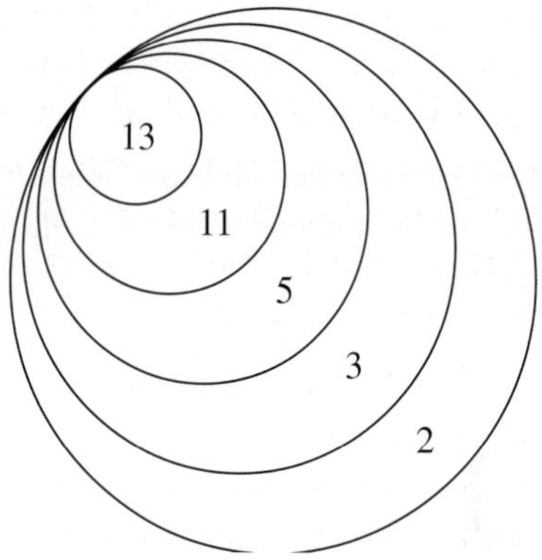

- Finde möglichst viele verschiedene Lösungen, um ein 4 x 4-Quadrat in zwei gleiche Teile zu zerlegen.

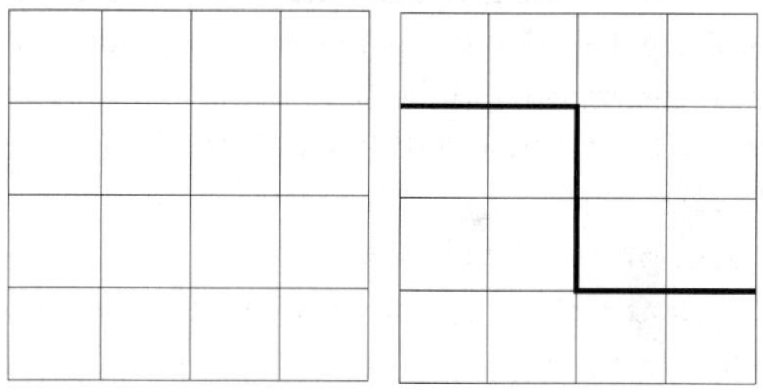

- Setze passende Zahlen in die Felder ein!

a)

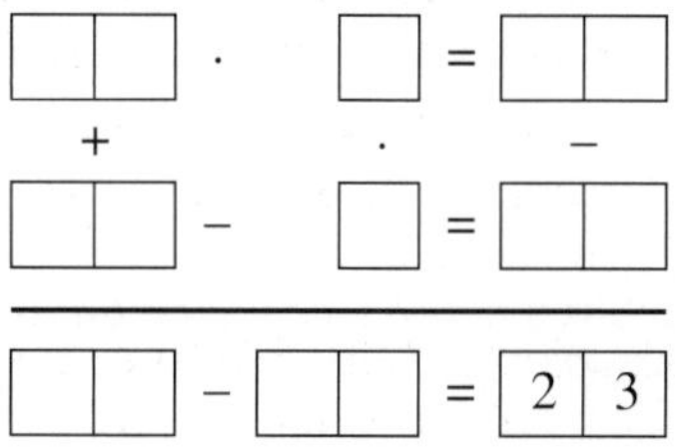

b)

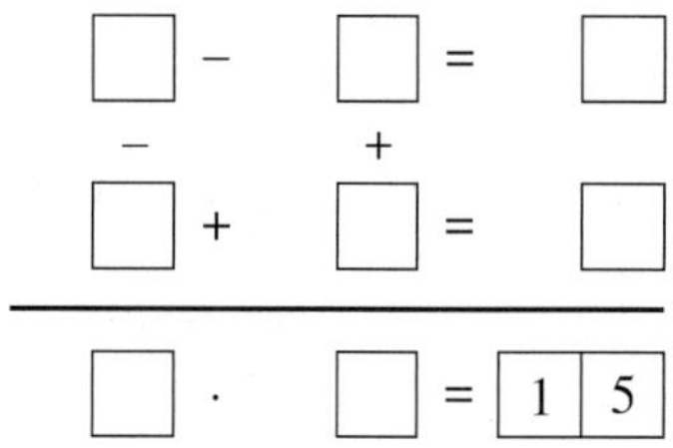

c)
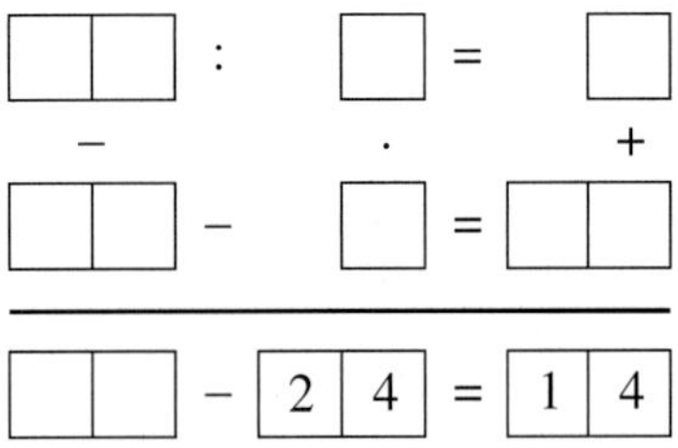

d)
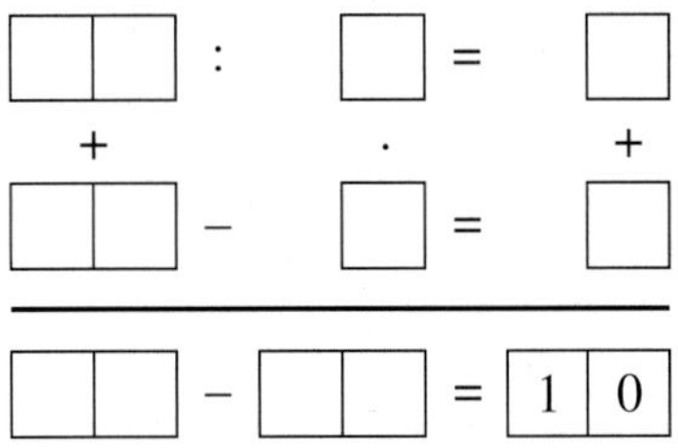

- Zahlenfolgen untersuchen und fortsetzen
  „Wie viele Streichhölzer benötigst du, um diese Dreiecke zu legen?"

$3 = 3 \cdot 1$

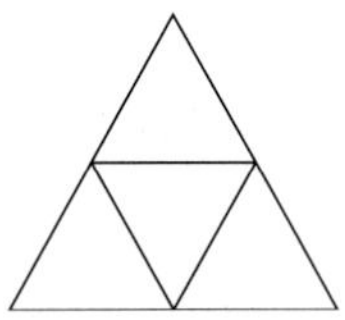

$9 = 3 \cdot 3$

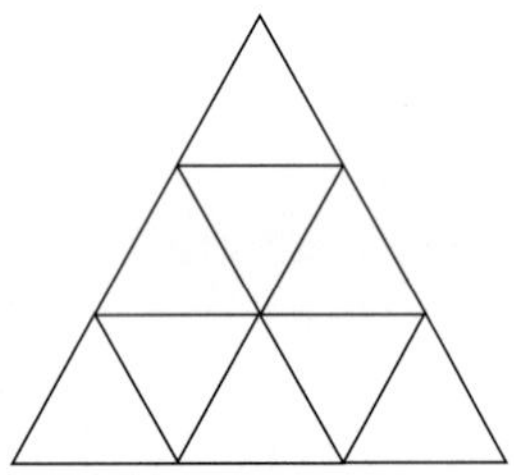

Wie sieht das nächste Dreieck aus? Wie geht es weiter?

„Wie viele Streichhölzer benötigst du, um diese Quadrate zu legen?"

$4 = 4 \cdot 1$

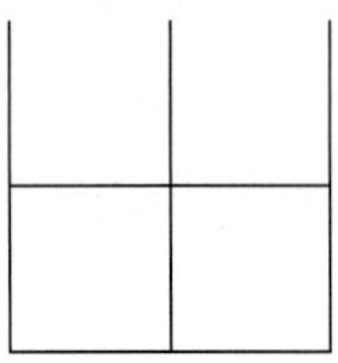

$12 = 4 \cdot 3$

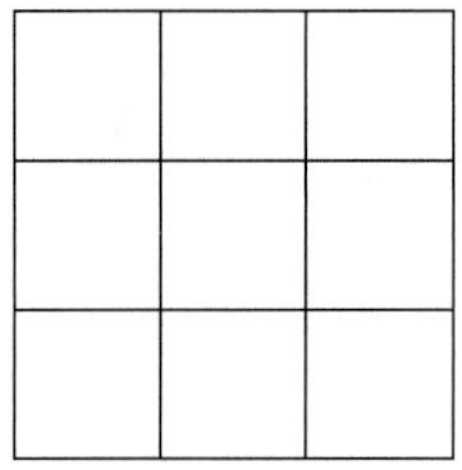

Wie sieht das nächste Quadrat aus? Wie geht es weiter?

„Setze die Reihen fort!“
a) 1, 2, 1, 2, 3, 2, 1, 2, 3, 4, 3 ...
b) 1, 3, 7, 15, 31, 63 ...
c) 1, 2, 21, 122, 22112 ...

„Wenn man eine Zahl zweimal mit sich malnimmt, dann nennt man das Ergebnis eine Kubikzahl. Lege eine Tabelle an!“

$1 \cdot 1 \cdot 1 = 1$
$2 \cdot 2 \cdot 2 = 8$
$3 \cdot 3 \cdot 3 = 27$
...

Untersuche diese Folge:
$1 \cdot 1 \cdot 1 + 2 \cdot 2 \cdot 2 + 3 \cdot 3 \cdot 3 + ...$
Was fällt dir auf?

- Zahlen untersuchen
  $33 = 11 + 11 + 11$
  $33 = 3 \cdot 11$
  $33 = 10 + 11 + 12$
  $33 = ...$
  $50 = 10 + 10 + 10 + 10 + 10$
  $50 = 5 \cdot 10$
  $50 = 8 + 9 + 10 + 11 + 12$
  $50 = ...$

  Kannst du auch die folgenden Zahlen so zerlegen?
  9 (30, 72, 28, 22 ...)

- Zahlen bilden
  „Du darfst addieren, subtrahieren oder multiplizieren. Kannst du mit allen vier Zahlen 1, 2, 3 und 4 die Zahlen von 1 bis 30 bilden? – Manchmal musst du eine Klammer setzen.“
  $1 = 1 \cdot 2 + 3 - 4$
  $2 = 1 + 2 + 3 - 4$
  $3 = 1 \cdot 2 + 4 - 3$
  ...
  $17 = (4 + 1) \cdot 3 + 2$
  $28 = (3 \cdot 2 + 1) \cdot 4$
  Für einige Zahlen gibt es mehrere Lösungen.

- Zahlen denken

* Denk dir eine Zahl. * Verdoppele diese Zahl, * plus 8, * durch 2, * minus die gedachte Zahl. Ergebnis: ___ Rechne mehrmals! Hast du eine Erklärung?	* Denk dir eine Zahl, * mal 3, * minus 3, * plus 6, * durch 3, * minus die gedachte Zahl. Ergebnis: ___ Rechne mehrmals! Hast du eine Erklärung?
* Denk dir eine Zahl x. * $x \cdot x$ * $+ x$ * $: x$ * $- 1$ Ergebnis: ___ Rechne mehrmals! Hast du eine Erklärung?	* Denk dir zwei Zahlen x und y. * $5 \cdot x$ * $+ y$ * $\cdot 2$ * $-y$ Ergebnis: ___ Rechne mehrmals! Hast du eine Erklärung?

- Zauberbuchstaben (vgl. Käpnick 1994; vgl. auch Abschnitt 2.1)
  Wie bei den magischen Quadraten oder den magischen Sternen werden Zahlen bei Zauberbuchstaben so angeordnet, dass die Summen aller Zahlen auf verschiedenen Strecken des Buchstabens gleich sind.
  Beispiele:
  Zauberzahl: 7

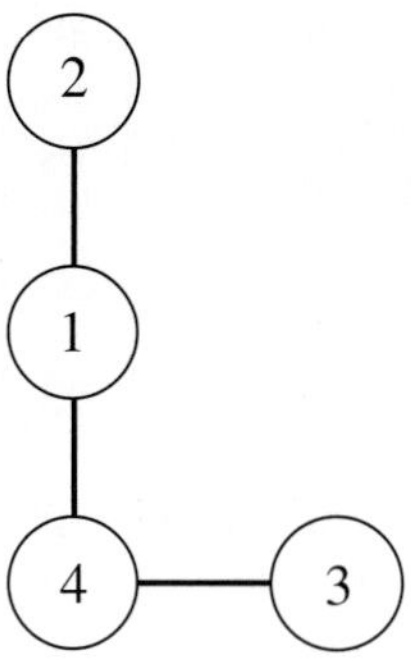

Zauberzahl: 9

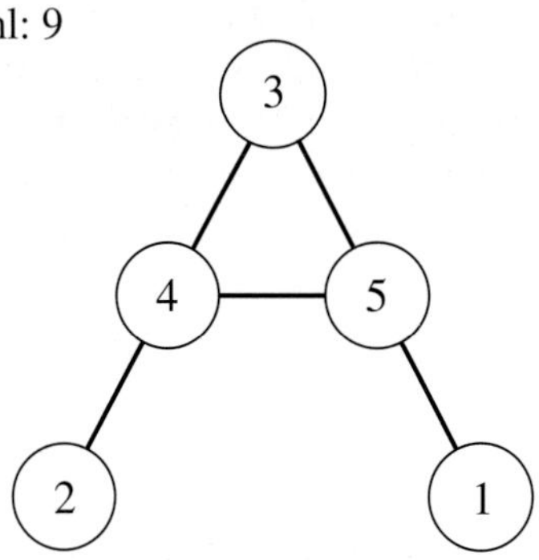

Verwende die Zahlen von 1 bis 7!

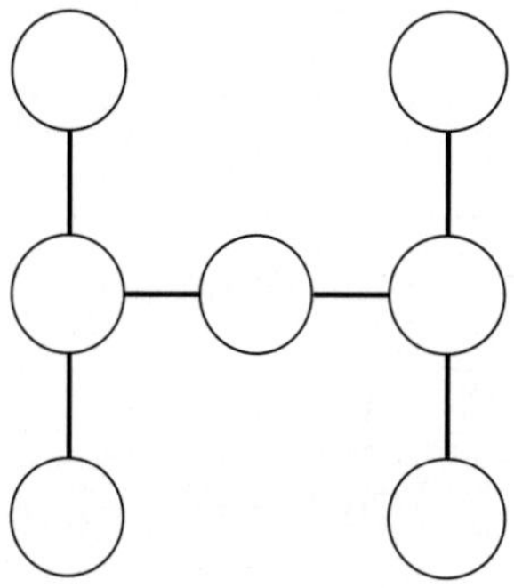

Verwende die Zahlen von 1 bis 9!

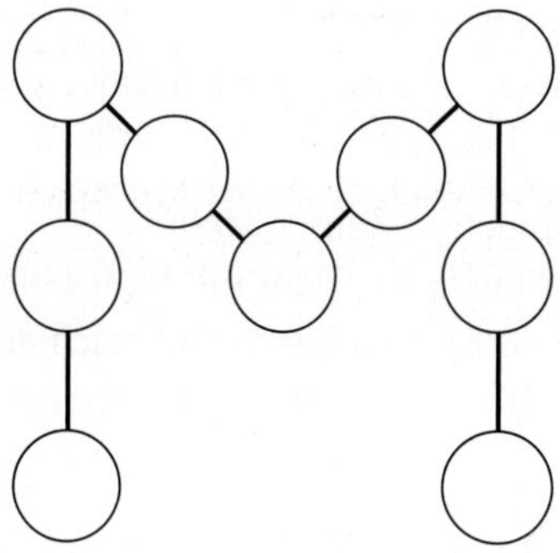

Verwende die Zahlen von 10 bis 50!

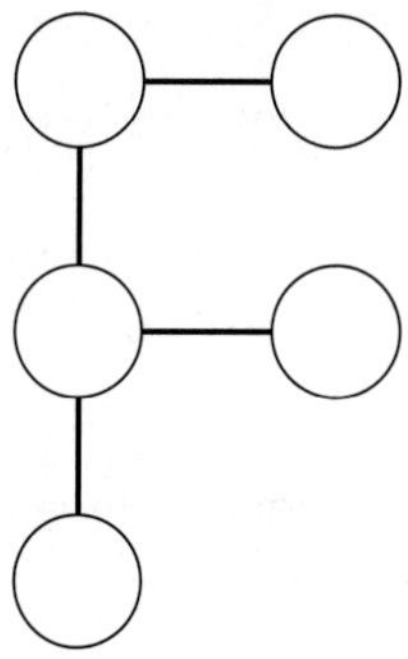

Vervollständige!

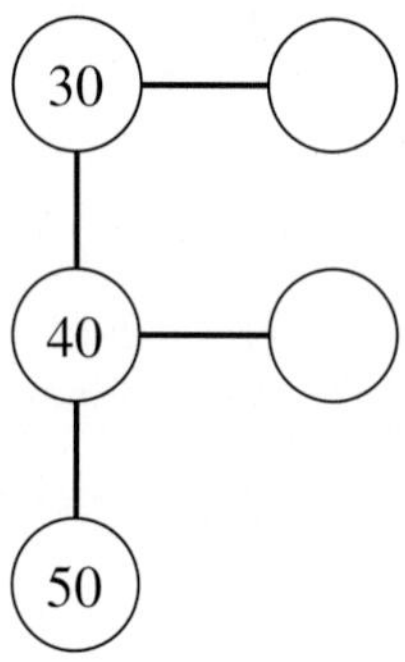

Ergänze!

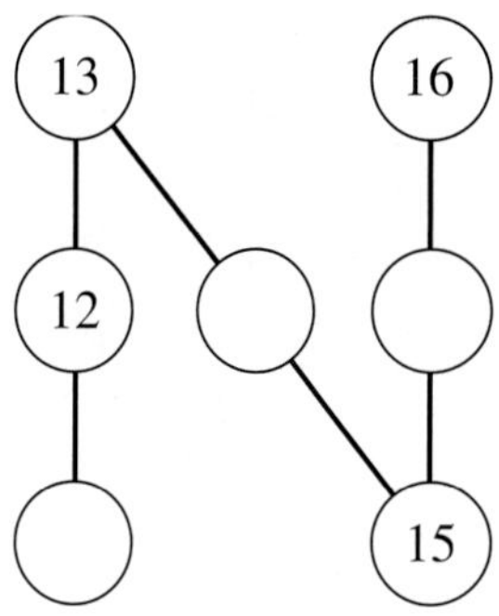

Ergänze!

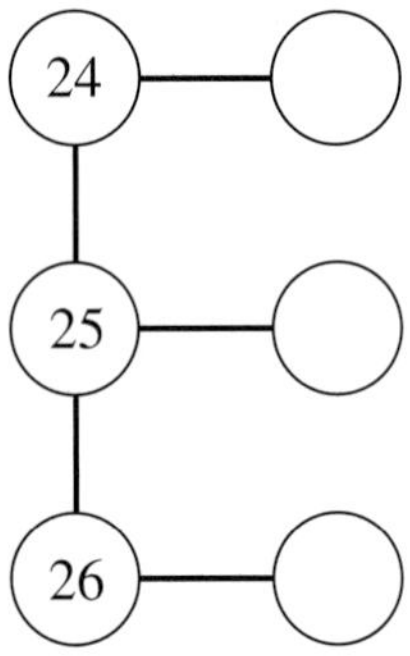

- Welche Buchstaben sind Zauberbuchstaben? Untersuche das Alphabet.
- Kann man auch Zauberbuchstaben durch Multiplikation herstellen?

• Untersuchungen in Zahlentafeln
Neben der Hunderter-Tafel mit ihrer Gliederung in 10 Zeilen und 10 Spalten lassen sich auch andere Zahlentafeln herstellen, zum Beispiel die Sechzehner-Tafel:

1	2	3	4
5	6	7	8
9	10	11	12
13	14	15	16

Untersuchungen:
- Wie groß ist die Summe in vier benachbarten Feldern, z. B. in

1	2
5	6

oder in

7	8
11	12

- Addiere die Zahlen jeder Zeile. Addiere dann die vier Summen.
- Addiere die Zahlen jeder Spalte. Addiere auch diese vier Summen. Was fällt dir auf?
- Kreise eine Zahl ein und streiche alle Zahlen der dazugehörigen Zeile und Spalte:

~~1~~	2	3	4
(5)	~~6~~	~~7~~	~~8~~
~~9~~	10	11	12
~~13~~	14	15	16

- Kreise eine weitere, nicht durchgestrichene Zahl ein und streiche wieder alle Zahlen der zu dieser neuen Zahl gehörigen Zeile und Spalte.

~~1~~	~~2~~	3	4
(5)	~~6~~	~~7~~	~~8~~
~~9~~	(10)	~~11~~	~~12~~
~~13~~	~~14~~	15	16

- Setze das fort, bis keine Zahl mehr übrig ist.

~~1~~	~~2~~	(3)	~~4~~
(5)	~~6~~	~~7~~	~~8~~
~~9~~	(10)	~~11~~	~~12~~
~~13~~	~~14~~	~~15~~	(16)

- Addiere die vier Zahlen: 5 + 10 + 3 + 16 = 34
Beginne mit anderen Zahlen. Welche Summe der vier Zahlen entsteht jetzt?
- Kannst du die Zahlen in der Sechzehner-Tafel so umordnen, dass ein magisches Quadrat entsteht?

- Untersuchungen in der Einundachtziger-Tafel:

1	2	3	4	5	6	7	8	9
10	11	12	13	14	15	16	17	18
19	20	21	22	23	24	25	26	27
28	29	30	31	32	33	34	35	36
37	38	39	40	41	42	43	44	45
46	47	48	49	50	51	52	53	54
55	56	57	58	59	60	61	62	63
64	65	66	67	68	69	70	71	72
73	74	75	76	77	78	79	80	81

- Wo liegen die Zahlen des Einmaleins der 9 (der 10, der 5)?

– Wähle ein Zahlenquadrat aus, zum Beispiel:

1	2	3	4	5	6	7	8	9
10	11	12	13	14	15	16	17	18
19	20	21	22	23	24	25	26	27
28	29	30	31	32	33	34	35	36
37	38	39	40	41	42	43	44	45
46	47	48	49	50	51	52	53	54
55	56	57	58	59	60	61	62	63
64	65	66	67	68	69	70	71	72
73	74	75	76	77	78	79	80	81

Addiere die Eckzahlen „über Kreuz“. Notiere in einer Tabelle! Was fällt dir auf?

Zahl oben links	Erstes Paar:	Zweites Paar:
21	21 + 51 = 72	24 + 48 = 72
40	40 + 70 =	
		17 + 41 =

- Untersuchungen mit Maschinen/Operatoren (vgl. **Kopiervorlage A 29**)
  In Anlehnung an die im vorangehenden Abschnitt 2.3 vorgestellten Rechenmaschinen lassen sich operative Beziehungen und Eigenschaften über Maschinenkopplungen untersuchen. Beispiele:

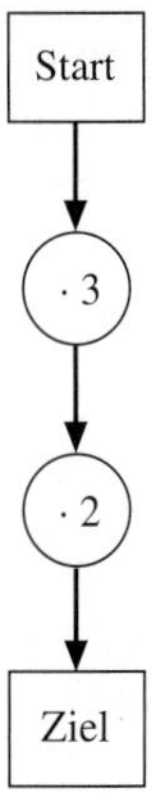

Start	Ziel
2	12
1	
3	
	24

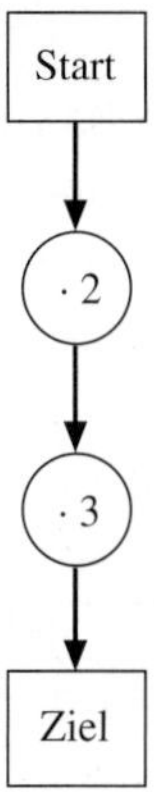

Start	Ziel
2	12
1	
3	
	24

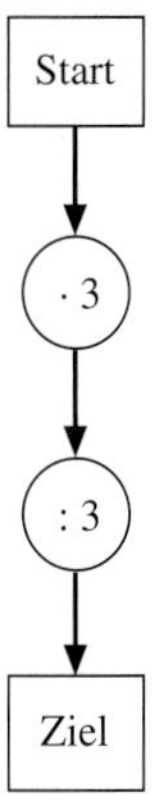

Start	Ziel
2	2
7	
10	
	8

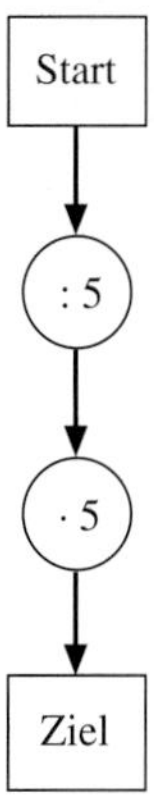

Start	Ziel
15	15
45	
30	
	50

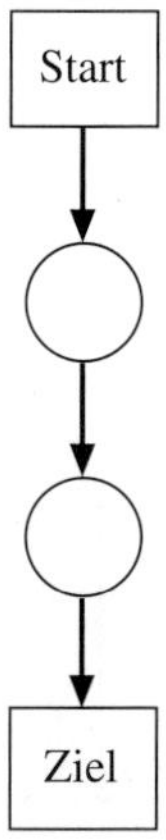

Start	Ziel
2	2 Rest 2
3	4
4	
	12

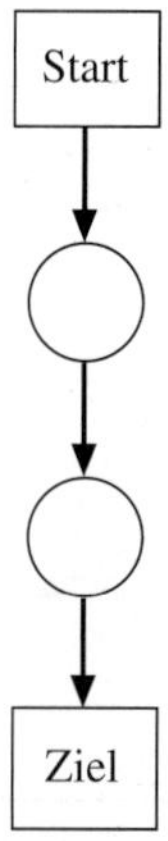

Start	Ziel
5	10
7	14
4	
	0

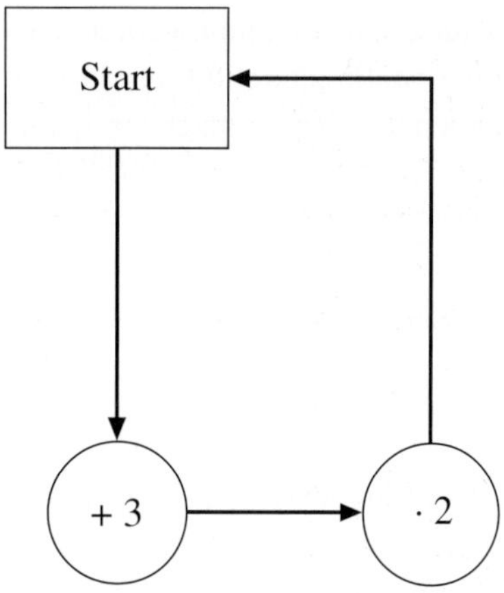

	+ 3	· 2
0	3	6
6	9	

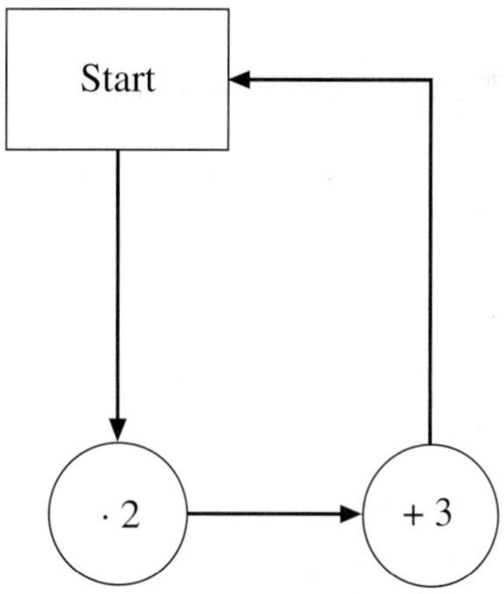

	· 2	+ 3
0	0	3
3	6	

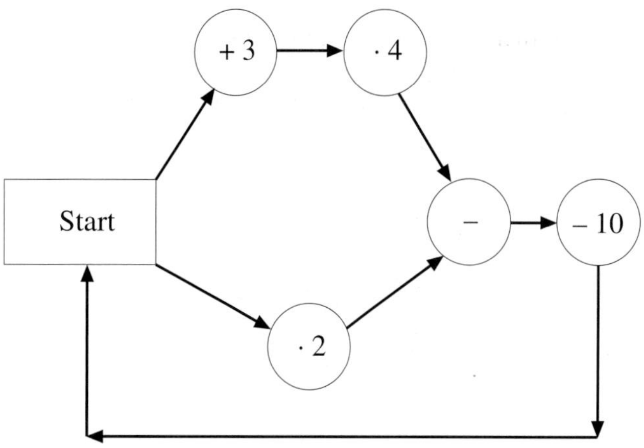

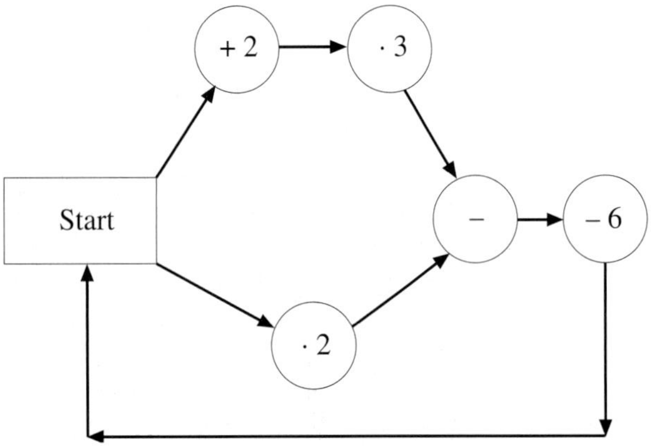

- Erfahrungen zu Wahrscheinlichkeiten
  Bei den folgenden Experimenten kann es nicht um das Berechnen von Wahrscheinlichkeiten gehen, sondern die Kinder werden beim Durchführen lernen, solche Wahrscheinlichkeiten einzuschätzen und miteinander zu vergleichen. Würfeln, Werfen von Münzen ... sind Zufallsexperimente, deren Ergebnisse eine gewisse Wahrscheinlichkeit haben und nicht magischen Gesetzen unterliegen („Eine 6 lässt sich seltener würfeln als eine 2.").

  Experiment 1:
  Zwei Kinder „spielen" zusammen mit einem Würfel und einer Tabelle. Ein Kind würfelt, das andere protokolliert in der Tabelle die Ergebnisse („Ausfälle"). Nach 20 Würfen werden die Aufgaben gewechselt.

1	~~////~~ /
2	////
3	~~////~~
4	///
5	~~////~~ //
6	~~////~~

Es sollte mindestens 100-mal gewürfelt werden, um eine annähernd zutreffende Aussage zur Wahrscheinlichkeit des Würfelns einer Zahl machen zu können.

Experiment 2:
Zwei Kinder spielen wie oben und protokollieren in einer vierzeiligen Tabelle:
1 oder 2/3 oder 4/5 oder 6.

Experiment 3:
Zwei Kinder spielen wie oben und protokollieren in einer zweizeiligen Tabelle:
gerade Zahl/ungerade Zahl; Zahlen kleiner 3/Zahlen größer 4; Zahlen kleiner 3/Zahlen größer 3 ... .

Experiment 4:
Ein Kind wirft eine Münze, das andere Kind protokolliert in einer Tabelle, was nach jedem Wurf sichtbar oben liegt:

Zahl:	~~////~~
keine Zahl	////

Experiment 5:
Ein Kind spielt mit einem Würfel. Es protokolliert so lange die Ergebnisse der einzelnen Würfe (Versuche) in einer Tabelle, bis jede Augenzahl mindestens einmal gewürfelt worden ist. Beispiel für einen ersten Versuch:

Versuch	⚀	⚁	⚂	⚃	⚄	⚅	Anzahl
1	/	///	//	////	//	//	14
2							
3							
4							
5							
6							

Experiment 6:
Zwei Kinder spielen mit zwei Münzen und protokollieren in einer zweizeiligen Tabelle: beide Münzen zeigen Zahl/nicht beide Münzen zeigen Zahl.

Experiment 7:
In Spielkartengröße werden acht Kärtchen hergestellt, auf denen jeweils auf einer Seite die folgenden Buchstaben geschrieben stehen: 4 Kärtchen mit einem O, 2 Kärtchen mit einem T und je ein Kärtchen mit A bzw. mit M (also: O, O, O, O, T, T, A und M).

Drei Kinder spielen zusammen und wechseln sich reihum bei den folgenden Aufgaben ab: (1) alle 8 Karten verdeckt halten und nach jedem „Zug" neu mischen, (2) eine Karte ziehen und aufdecken, dann wieder zurückgeben, (3) in der Tabelle die einzelnen „Züge" protokollieren. Eine vierzeilige Tabelle wird angelegt:

O	
T	
A	
M	

Varianten: O/T/A oder M; O/T oder A oder M.

3. Geometrie

3.1 Didaktisch-methodische Hinweise zum Geometrieunterricht

Weil die Geometrie in den Grundschulen weiterhin ein stiefmütterliches Dasein führt, muss sie immer wieder deutlich mit ihren Vorteilen für den mathematischen und kindlichen Lernprozess in Erinnerung gebracht werden:

- Die Entwicklung geometrischer Vorstellungen ist Basis allgemeinen und mathematischen Denkens. Regeln und Zusammenhänge entdecken, Sachverhalte verallgemeinern, die Entwicklung eines systematischen Problemlöseverhaltens verbunden mit der Vorstufe des kreativen Probierens sind nur einige Beispiele für die breite Palette spezifischer Denkweisen bei geometrischen Aktivitäten. Geometrische Erfahrungen, die oft mit konkretem Material verbunden sind, ermöglichen das *Begreifen* auf spielerisch-konkreter Ebene. Dies ist die Basis für abstraktes *Begreifen.*
- Arithmetische Strukturen entdecken Kinder durch handelnden Umgang mit Material und durch Analysieren visueller Veranschaulichungen. Später lösen sich die Kinder von Material und Bildern und führen Operationen in der Vorstellung aus. Da jedes didaktische Material geometrische Beziehungen aufweist, müssen ausreichende Erfahrungen in diesem Bereich ermöglicht und Begriffe gefestigt werden.
- Geometrische Probleme und Fragestellungen helfen Kindern, ihre Umwelt mit ihren geometrischen Beziehungen, Ordnungen und Strukturen zu erschließen.
- Räumliches Vorstellungsvermögen und räumliches Denken werden gefördert.
- Geometrie macht Spaß und hilft besonders rechenschwachen Kindern, eine positive Einstellung zum Fach zu entwickeln.
- Selbstständiges Lernen und Erfahrungen in unterschiedlichen Gruppenkonstellationen ermöglichen die Bearbeitung geometrischer Problemfelder.
- Offene Unterrichtssituationen mit ihren Bereichen Freiarbeit, Projekt- und Wochenplanunterricht lassen sich mit geometrischen Fragestellungen gestalten. Der Geometrieunterricht bietet vielfältige Differenzierungsmöglichkeiten.

In kaum einem anderen Schulfach fällt es so schwer wie im Mathematikunterricht, Zielsetzungen zu erfüllen, die die methodische Gestaltung von Unterricht betreffen. Der Vergleich auch älterer Rahmenrichtlinien der meisten Bundesländer mit der realen Unterrichtspraxis bringt nachdenklich stimmende Erkenntnisse zu Tage: Laut niedersächsischer Rahmenrichtlinien soll der Mathematikunterricht die Kinder befähigen, „Aufgaben selbstständig anzugehen, zu lösen, die Lösung zu überprüfen und zu begründen“ (vgl. Niedersächsischer Kultusminister 1984, S. 5). Die Rahmenrichtlinien und Lehrpläne anderer Bundesländer formulieren die gleichen oder ähnlichen Ziele. Die Realität zeigt aber, dass Schüler lernen, nach welchem Normalverfahren sie eine Aufgabe zu lösen haben, wodurch eine Begründung des eigenen Rechenweges entfällt. Die Überprüfung der Lösung übernimmt der Lehrer oder die Kontrollseite der Karteikarte mit einem „richtig“ oder „falsch“. Weiterhin sollen die Kinder „vom willkürlichen Probieren zum planmäßigen Vorgehen“ geführt werden und dabei den Freiraum erhalten, „verschiedene Lösungswege zu suchen, auszuprobieren, zu verwerfen oder auszuwählen“ (ebd. S. 5). Die Chance zum Probieren wird Kindern im herkömmlichen Mathematikunterricht nur selten geboten. Die Kreativität und Fantasie der Kinder zu schulen erfordert auch, dass sie Gesetzmäßigkeiten erkennen und lernen, Regeln aufzustellen. Wir wünschen aber eigentlich nur solche zu hören, die unserem mathematischen Lehrerverständnis entsprechen und die wir erwartet haben. Wir loben eine Schülerin zwar auch, wenn sie erklärt, dass die geteilte Treppe im Karoraster auf der rechten und linken Seite vom dicken Strich genau 10 Kästchen umfasst. Aber eigentlich sollte sie doch erkennen, dass beide Seiten des Bildes „gleich“ sind, da unser Thema doch gerade Symmetrie heißt. Dass eine wundervolle Entdeckung zum Flächeninhalt symmetrischer Figuren gemacht wurde, wird nur am Rande zur Kenntnis genommen.

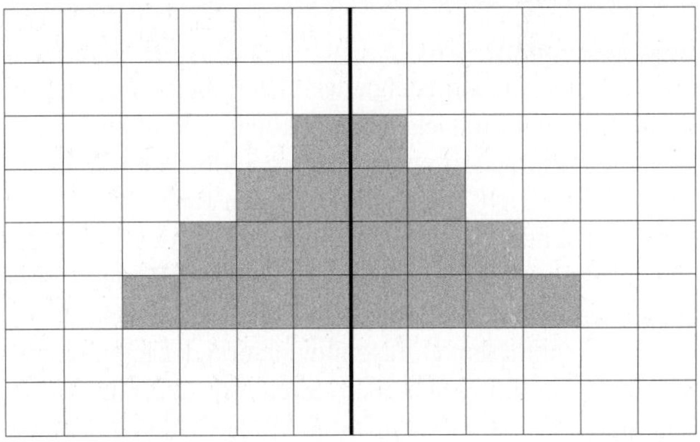

Auch die Weiterentwicklung der sprachlichen Fähigkeiten soll im Mathematikunterricht gefördert werden. Nur wenige Schulfächer kommen mit so wenig Kommunikation aus wie eine Mathematikstunde. Letztendlich fordern Rahmenrichtlinien die zunehmend selbstständige und eigenverantwortliche Mitgestaltung des Mathematikunterrichts. Kaum eine andere Unterrichtsstunde wird im Schulalltag so straff und fachzielorientiert, bezogen auf den gerade gelernten mathematischen Inhalt, vorgeplant und durchgeführt wie eine Mathematikstunde. Die spannende Welt der Mathematik, die Kinder durch nichtschulischen Erfindungsreichtum erleben könnten („Straßenmathematik"),wird entzaubert von der Klein-Welt der Schul-Mathematik mit ihren konstruierten und oft realitätsfern beschnittenen Aufgabenstellungen, den festen Lehrgängen und den kunstvoll kombinierten Rechenbüchern (vgl. Hagstedt 1994, S. 8).

Im Deutschunterricht ist das freie Schreiben, verbunden mit Schreibkonferenzen, oder das individuelle Lesen-Lernen nach Anlauttabelle keine Seltenenheit mehr. Durch derartige Unterrichtsgestaltung versucht man, dem selbstständigen, kreativen Lernen und Denken der Kinder entgegenzukommen. Immer lauter wird die Kritik am herkömmlichen Mathematikunterricht und die Forderung, Mathematik auf eigenen Wegen (der Kinder und der Lehrerinnen) zu unterrichten. Entdeckerfreude, Problemlöseverhalten, Fragen anregen entsprächen eher dem wahren Charakter unserer Schüler und der Mathematik.

Besonders der Geometrieunterricht bietet die Chance mathematische Phänomene wirklich vom Kind entdecken zu lassen. Die Geometrie hat den „Nachteil", dass sie sich nur schwer in einen Lehrgang pressen lässt wie beispielsweise die Arithmetik und somit schwieriger zu unterrichten ist. Kehren wir diesen Nachteil zum Vorteil für die Unterrichtsgestaltung um. Der Facettenreichtum der Geometrie fordert von sich aus mehr Freiräume im Unterricht, in denen die Kinder Zeit zum Forschen und Ausprobieren haben. Die Materialvielfalt regt zum selbstständigen Denken und offenen Problemlösen an. Das geometrische Wissen der Lehrerin ist selten so gut ausgebildet wie das arithmetische. In der eigenen Schulzeit sowie in der Ausbildung wurde es oft vernachlässigt. Eine intensive alltägliche Unterrichtspraxis, die Routine ermöglichen könnte, fehlt.

In diesem Kapitel wird gezeigt, wie geometrische Fragen und Aufträge anhand geeigneter Materialien Anlässe zum selbstständigen Entdecken bieten können. Je offener diese Materialien sind, desto mehr laden sie zum Entdecken ein. Dabei stehen nicht die mathematischen Endziele im Vordergrund, sondern die verschiedenen Wege, die die Kinder gehen. Mathematik lernen ist ein kreativer Prozess, dem ein genauso hoher Stellenwert gebührt wie die Bewertung von Endergebnissen. Die Dokumentation der Lösungswege kann schon im 2. Schuljahr durch selbst gestaltete Forscherhefte, kleine mathematische Texte und sogar durch kurze mathematische Konferenzen erfolgen. Der Lehrerin kommt die Aufgabe der Themenwahl, der Schaffung von Anlässen, die geometrische Aufgabenfelder umfassen, und die Bereitstellung von Material zu. Die folgende Themenübersicht ist als Leitgedanke für die Unterrichtsgestaltung gedacht:

Geometrische Tätigkeiten vornehmen:	Legen, Bauen, Falten, Schneiden, Zeichnen u. a.
Geometrische Begriffe vertiefen:	Ebene Figuren (Quadrat, Rechteck, Dreieck, Kreis), Körperformen (Würfel, Quader, Kugel, Kegel, Zylinder), Lagebeziehungen (hinten-vorne, rechts-links ...)
Grundvorstellungen zu geometrischen Maßen entwickeln:	Flächeninhalte schätzen und vergleichen, Längen schätzen, messen und zeichnen, Volumina schätzen und vergleichen
Geometrische Phänomene entdecken:	Eigenschaft der Symmetrie erkennen, symmetrische Figuren herstellen, Symmetrieachsen finden, Regelmäßigkeiten und Gesetzmäßigkeiten in Mustern, Bandornamenten und Parketten untersuchen und auf verschiedene Arten selbst erstellen, Strukturen in einfachen Körpernetzen aufdecken
Mathematische Kurztexte verfassen:	Lernwege dokumentieren, Skizzen anfertigen, Bauanweisungen formulieren u. a.

3.2 Kopfgeometrie

Phasen des Kopfrechnens lassen sich in jedem Mathematikunterricht der Grundschule finden. Ihre Funktion als besondere Form des Übens ist unbestritten. Einen ebenso festen Platz muss der Kopfgeometrie im Unterricht eingeräumt werden (vgl. Breidenbach 1964). Ähnlich ist beiden die Wichtigkeit für den mathematischen bzw. geometrischen Lernprozess und die Kürze der Unterrichtsphase, bedingt durch das hohe Maß an geforderter Konzentration und Aufmerksamkeit. Wo das Kopfrechnen Sicherheit, Schnelligkeit und mathematische Fertigkeiten in Bezug auf Rechenoperationen trainiert, fördert die Kopfgeometrie die Raumvorstellung. Schnelligkeit ist dabei nebensächlich. Sicherheit und Fertigkeiten lassen sich nicht so eindeutig bewerten wie beim Rechnen. Die Klassifizierung von geeigneten Aufgaben zur Kopfgeometrie fällt wesentlich schwerer, da die Anzahl möglicher Aufgabenstellungen kaum überschaubar ist. Die Aussage „Paul kann alle Additionsaufgaben im Zahlenraum bis 100 im Kopf lösen" lässt sich leicht treffen. Es ist dagegen kaum möglich festzustellen, ob ein Kind alle Aufgaben zur räumlichen Orientierung lösen kann. Diese Bewertungsproblematik ist wohl mit dafür verantwortlich, dass Kopfgeometrie und Geometrie generell in der Schule nur selten stattfinden. Dazu kommt

- das geringe Angebot an Anregungen für Lehrerinnen in der Literatur,
- die uneindeutige Definition des Begriffs „Kopfgeometrie“,
- die Vernachlässigung kopfgeometrischer Aufgaben im Unterricht, sodass die Kinder erst lernen müssen, solche Aufgaben zu lösen, und
- ein wenig geschultes geometrisches Vorstellungsvermögen der Lehrerin selbst.

Die Definitionsversuche des Begriffs „Kopfgeometrie“ bewegen sich in der Literatur zwischen zwei Polen. Auf der einen Seite finden sich vorrangig sprachlich formulierte Fragestellungen der Form „Zerschneide in der Vorstellung ein quadratisches Blatt Papier auf der Diagonalen. Welche Figuren erhältst du?“ (vgl. Degner/ Kühl 1984). Auf der anderen Seite werden geometrische Probleme an Materialien veranschaulicht, die durch Experimentieren und Probieren gelöst werden dürfen (vgl. Radatz/ Rickmeyer 1991, S. 150). Auf das obige Beispiel bezogen bedeutet das, dass die Kinder durch Falten und Schneiden das quadratische Papier in zwei rechtwinklige Dreiecke zerlegen. Senftleben (1996) entwickelt folgende Systematisierung für kopfgeometrische Aufgaben:

1. Reine Kopfgeometrie mit versprachlichter Aufgabenstellung ohne Veranschaulichungen
2. Kopfgeometrie mit konkreten Hilfsmitteln, die das Problem veranschaulichen
3. Kopfgeometrie mit Materialien, an denen die Kinder ihre Lösungen entwickeln können
4. Kopfgeometrie mit konkreten Veranschaulichungen in der Problem- und Lösungsphase (Kombination aus 2. und 3.)

Diese Vierteilung ist keine methodische Stufenfolge für den Lernprozess der Kinder, sondern lediglich ein Klassifizierungsversuch, der einen Überblick über kopfgeometrische Aufgaben schaffen soll. Gleich ist allen Definitionsversuchen die Zielformulierung für kopfgeometrische Übungen. Durch handelnden Umgang mit Materialien entwickelt sich räumliches Vorstellungsvermögen. Schrittweise verinnerlicht das Kind bestimmte Handlungsmuster und ist dazu fähig, mit ihnen in der Vorstellung zu operieren. Dies sind Grundbausteine für die Förderung geometrischen Denkens in allen drei Dimensionen. Fördern lässt sich das räumliche Vorstellungsvermögen durch Übungen zur Raumorientierung, zur Erfassung räumlicher Beziehungen und zur Visualisierung. Da die Raumvorstellung sich bei Kindern besonders stark im Grundschulalter entwickelt, sind Übungen zur Kopfgeometrie prädestiniert für die 1. Schuljahre (vgl. Besuden 1979). Wir vereinigen daher unter dem Begriff Kopfgeometrie solche Aufgabenstellungen, die sich zunehmend von konkreten Materialien lösen, indem mehr und mehr die mathematische Fachsprache miteinbezogen wird. Vorrangig ist dabei immer, Lösungsversuche der Kinder durch Operieren im Kopf und nicht durch spontanes Probieren zu initiieren. Reine Kopfgeometrie nach der Definition Senftlebens lässt sich in der Grundschule nur eingeschränkt betreiben. Sie setzt eine hohe Sicherheit im Umgang mit mathematischen Fachbegriffen im aktiven und passiven Sprachgebrauch voraus. Nicht zu vergessen sind Kinder, die fast immer auf den konkreten Handlungsbezug angewiesen sind.

Sie werden bei der Betrachtung der folgenden Übungen bemerken, dass die Übergänge zwischen beiden Bereichen fließend sind und zahlreiche Aufgaben zur Kopfgeometrie sich auch in anderen Kapiteln verbergen.

Anregungen für kopfgeometrische Übungen

Kopfgeometrie lässt sich besonders gut zu Beginn eines Schultages als Einstimmung in den Tag oder zwischen einzelnen Lernphasen betreiben. Sie schafft eine konzentrierte Arbeitsatmosphäre, wobei ein hoher Grad an Aufmerksamkeit und flexibles Denken gefordert sind. Solche Übungen sollen nie länger als 10 Minuten dauern.

Orientierungsübungen in der Vorstellung
Noch im 2. Schuljahr gibt es viele Kinder mit einer nicht ausreichend entwickelten Raumorientierung. Als Ursache gilt zum einen, dass die Fähigkeit zur Raumorientierung bezogen auf das Lebensalter individuell unterschiedlich verläuft, zum anderen, dass besonders in Städten beengte Lebensräume mit immer weniger sicheren und freien Spielflächen anzutreffen sind. Die Wohnung ist häufig der einzige Spielplatz („veränderte Kindheit“). Viele Kinder sind unsicher in der Unterscheidung von rechts und links am eigenen Körper, in der Einordnung ihres Körpers in festen Räumen und in der Beschreibung von Lagebeziehungen und Ansichten von Gegenständen. Eine sichere Orientierungsfähigkeit ist jedoch Voraussetzung für die Entwicklung körperlicher und geistiger Mobilität. Im Straßenverkehr ist die Unterscheidung von Richtungen lebenswichtig. Im mathematischen Lernprozess ist sie Voraussetzung, um mit didaktischen Materialien und bildlichen Darstellungen umgehen zu können. Die Hunder-ter-Tafel und der Zahlenstrahl sind richtungsorientiert aufgebaut. Mit dem Rechenrahmen kann ein Kind nur dann lernen, wenn es weiß, in welche Richtung es die Perlen für die Addition bzw. Subtraktion schieben muss. Dazu einige Übungen:

- Hampelmann anhalten
  Es werden Paare gebildet. Ein Kind spielt Hampelmann. Die Lehrerin gibt Anweisungen, wie der Hampelmann langsam zum Stillstand kommt. Die Anweisungen führt der Partner aus, indem er das genannte Körperteil antippt. Zuerst wird der rechte Arm angehalten, dann der linke, anschließend das linke Bein

und zum Schluss das rechte. (Die Reihenfolge kann variiert werden.) In umgekehrter Reihenfolge kann „Pinocchio, die starre Holzpuppe", Schritt für Schritt wieder zum Leben erweckt werden.

- Körperknoten
  Alle Kinder schließen die Augen. Ein Spielleiter stellt folgende Aufträge, die die anderen Kinder nacheinander ausführen: „Hebt den rechten Fuß und stellt ihn auf den linken. Nun nehmt den rechten Zeigefinger und legt ihn auf den rechten Fuß!" Auf Kommando öffnen alle Kinder die Augen und vergleichen, ob jeder den gleichen Körperknoten hat. Die Übung wird immer schwieriger, wenn man sich erst alle Aufträge merken muss, bevor sie ausgeführt werden dürfen (vgl. „Twister", ein MB-Spiel).

- Wer neben wem?
  Drei Kinder stellen sich nebeneinander auf. Von der Perspektive des Betrachters hängt die Positionsbeschreibung der Kinder ab. Aus Sonjas Sicht steht rechts von ihr Ali und links Andrea. Klaus sieht aber, dass Ali links von Sonja steht. Klaus ist ein außen stehender Betrachter, der die drei Kinder (Sonja, Ali und Andrea) von vorne sieht.

Wenn sich sechs Kinder in zwei Dreierreihen hintereinander stellen, kommen die Begriffe „vor" und „hinter" hinzu. Auch hier ist die Perspektive der außen stehenden Betrachter (Theo, Tina, Tom und Funda) wichtig. Aus Toms Sicht steht Sonja hinter Tobias. Für Theo steht Sonja vor Tobias. Tina erkennt, dass Sonja rechts von Tobias steht. Funda sieht Sonja links von Tobias stehen.

Verschiedene Lagebeschreibungen ergeben sich, wenn nach der Position eines Kindes gefragt wird: Tobias steht vor Sonja, aber auch rechts von Sascha und links von Fatma. Bittet man die Kinder, in die Rolle von Tobias zu schlüpfen, dann kehren sich die Lagebeziehungen ins Gegenteil: Rechts von Tobias steht Fatma, links von ihm Sascha und hinter ihm Sonja. Ähnliche Übungen lassen sich im Klassenraum mit Büchern und Spielsachen im Regal und an Anordnungen von Möbeln durchführen.

- Reisen mit den Augen
  Unter dieser Überschrift verbergen sich alle Varianten von Wegbeschreibungen und Orientierungsübungen, die Kinder auf einem konkreten Plan ausführen müssen. Als Vorübung sollten Wege im Klassenraum und im Schulgelände gemeinsam begangen werden. Ein Schüler gibt die Kommandos, die anderen Kinder folgen. „Wir gehen aus der Klassenraumtür links den Gang hinunter, durch die Glastür und dann nach rechts. Wo kommen wir an?" Die Anweisungen können auch schriftlich von der Lehrerin vorgegeben werden. Die Kinder schließen sich zu Paaren zusammen und versuchen nach der Wegbeschreibung zu gehen.
  - Wanderpläne
    Das Abschreiten von Wegen auf einem fiktiven Plan stellt deutlich höhere Ansprüche an das Orientierungsvermögen. Eine Route von Wanderwegen wird als großer Plan auf den Fußboden des Klassenzimmers gelegt.

Spielfiguren dienen als Läufer, in deren Positionen sich der Betrachter hineinversetzen muss: „Du startest auf dem Zeltplatz und schaust zum See. Wende dich nach rechts. Was findest du an der nächsten Abzweigung? (Wasserfall) Du startest wieder auf dem Zeltplatz mit Blick zum See. Geh geradeaus zum See. Halte dich rechts. Geh am Fahrradverleih vorbei bis zur nächsten Abzweigung (Grillplatz). Dort wende dich nach rechts. Wo kommst du an? (Ausssichtsturm)"

- Wege- und Stadtpläne
  Einfach strukturierte Wegenetze oder Stadtpläne dienen als Grundlage. Gemeinsam wird beispielsweise das Gut gesucht. Wer kann einen Weg vom Gut zur Kapelle beschreiben? Wer weiß, wo ich ankomme, wenn ich .... gehe? Auch hier unterstützen zuerst Spielfiguren die Orientierung auf den Plänen.

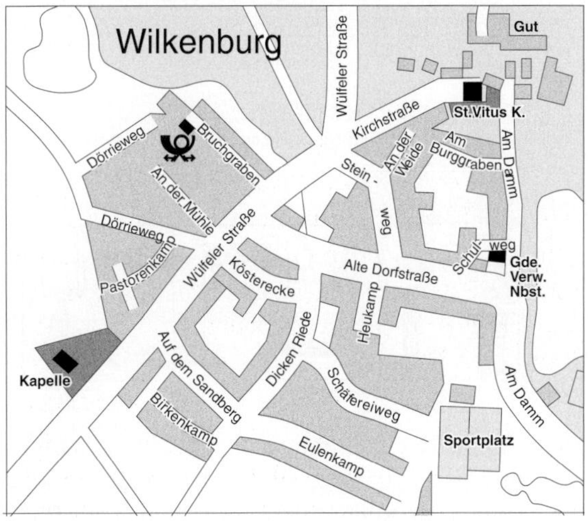

- Labyrinthe
  Mindestens fünf Kinder stellen sich im Kreis auf und bilden ein Spinnennetz aus Wolle. An den Eckpunkten ist jeweils ein Kind postiert. Die übrigen Kinder müssen mit den Augen den Weg der Wollfäden verfolgen und beschreiben.

Der Faden läuft von Peter über Tina, Sebastian und Florian zu Susi. Die Beschreibung kann auch bei Susi beginnen.

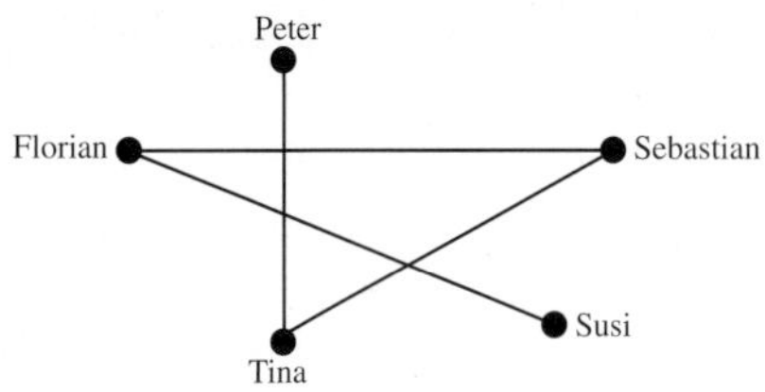

Wenn die Kinder ein geschlossenen Netz ohne Anfang- und Endpunkt bilden, ist es unwichtig, mit welchem Namen die Beschreibung begonnen wird (Beispiel: Tina, Susi, Florian, Peter, Sebastian, Tina).

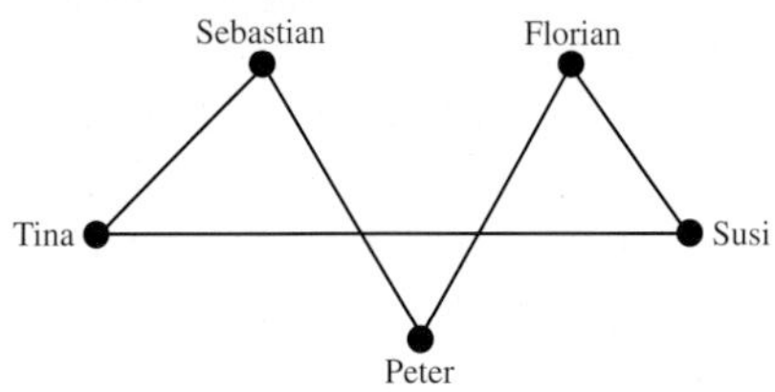

Labyrinthe und verknotete Linien sind häufig in Kinderzeitschriften und Rätselheften zu finden. Kopiert man sie auf Folie, können sie über den Overheadprojektor allen Kindern zugänglich gemacht werden. Zahlreiche Fragestellungen sind möglich:

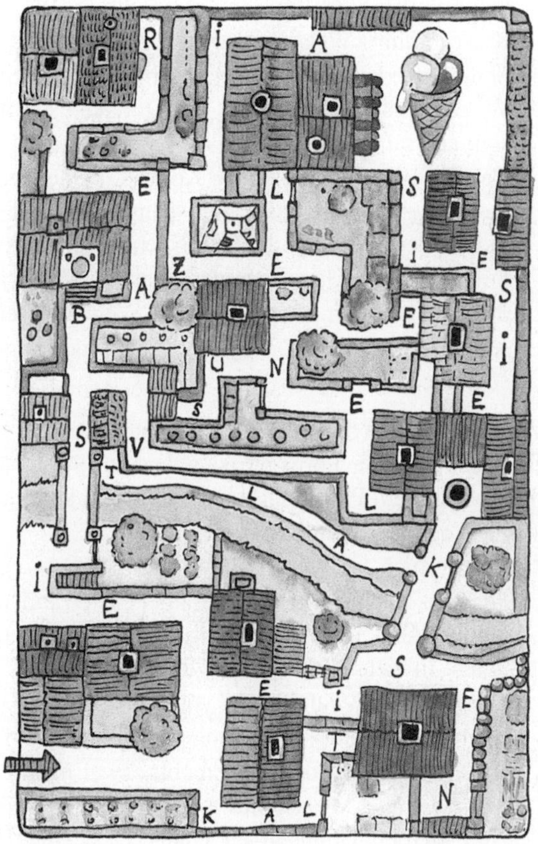

Aus: Dieler, A. (1994): Käpt'n Blaubärs Rätselbilder. Ravensburger.

Wer findet mit den Augen, welchen Weg man durch das Labyrinth bis zum Eis gehen muss? Zeige den Weg nit dem Finger, ohne dass du einen falschen Pfad betrittst! (Lösungswort: Eis Venezia).

Was gehört zusammen?

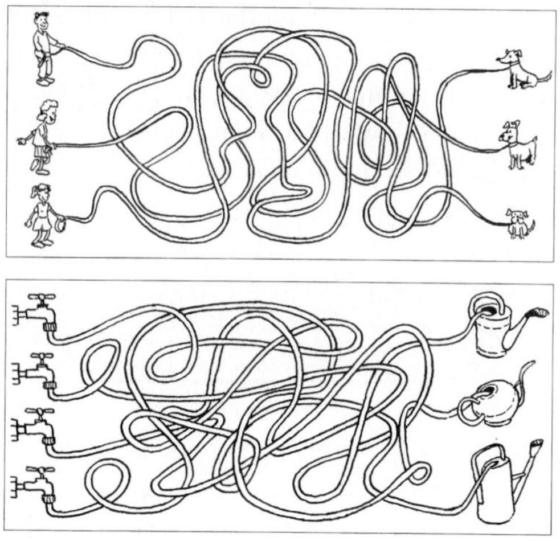

Aus: Abele, Ch. u. a. (1996): LUMATRIX Geometrie 1/2. Kopiervorlagen. Hannover: Schroedel.

Welcher Hund gehört zu welchem Kind?
Welche Kanne gehört zu welchem Hahn?

- Reisen im Kopf
  Bei den folgenden Übungen sollen die Kinder Wege im Kopf auf der Grundlage eines bekannten Gebäudes, Weges oder Plans ausführen.

- Die Lehrerin oder ein Schüler beschreibt Wege im Klassenraum, Wege vom Klassenzimmer auf den Schulhof oder Wege von der Schule zur Post. Die Wege werden nicht mehr konkret abgeschritten, sondern nur noch in der Vorstellung ausgeführt. Der Fantasie für Reisen im Kopf ist keine Grenze gesetzt: „Wir gehen aus dem Klassenzimmer und rechts den Gang hinunter. Nach zwei Treppen liegt links ein Klassenraum. Welche Klasse wohnt dort? Wer kann einen anderen Weg zur selben Klasse beschreiben? Wer kann den Rückweg beschreiben?"

In den folgenden drei Übungen bewegen sich die Kinder nicht mehr in Form eines gedachten Spielmännchens auf einem Plan, sondern sie befinden sich in der Position des frontalen Betrachters:

- „Stellt euch vor, eine Wespe sitzt links unten im Fenster. Zuerst krabbelt sie am Fensterrand nach rechts, dann nach oben und zuletzt wieder nach unten. In welcher Ecke sitzt die Wespe jetzt?"
- Die Hunderter-Tafel hängt vorne an der Tafel. Die Lehrerin gibt die Anweisungen: „Ihr steht auf der 45. Geht drei Felder nach rechts, zwei nach oben und zwei nach rechts. Auf welcher Zahl steht ihr?" Nun werden Übungen an einer verdeckten Hunderter-Tafel vorgenommen (vgl. S. 37 f.).
- Die vier Ecken der Wandtafel erhalten als Kennzeichnung Bilder oder Zahlen. Die Kinder prägen sich die Symbole ein, anschließend wird die Tafel zugeklappt. Wo befindet sich nun das Herz bzw. die 1? Alle Zeichen sind gespiegelt. Anschließend wird die Tafel wieder geöffnet. Die Kinder schließen die Augen, um von der Lehrerin beschriebene Wege zu gehen: „Geht vom Herz zur Blume. In welche Richtung müsst ihr gehen? Wandert von der 1 nach unten und dann nach rechts. Bei welcher Zahl kommt ihr an?"

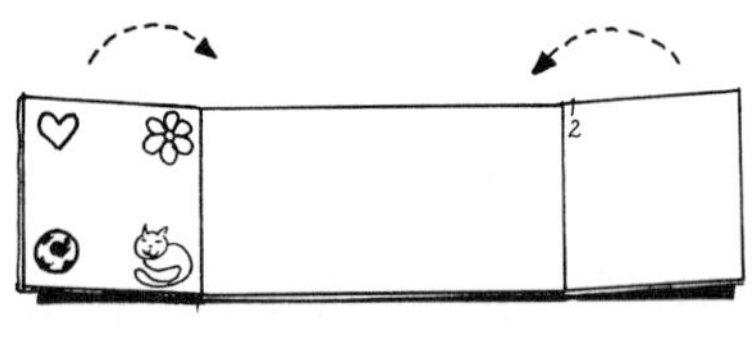

- Kim-Spiele
Bei Kim-Spielen handelt es sich um eine Spielform, in der die Spieler eine Vielzahl von Dingen erkennen und im Gedächtnis behalten müssen. Aus der Vielzahl der Seh-, Hör-, Tast-, Riech- und Schmeck-Kim-Spiele wählen wir speziell die aus, die den visuellen und taktilen Wahrnehmungssinn ansprechen und speziell das „innere geometrische Sehen" trainieren. Dazu werden verschiedene Gegenstände auf den Tisch gelegt, in unserem Beispiel Puppe, Buch, Stift. Wichtig ist, dass alle Kinder aus derselben Position auf den Tisch schauen. Für eine gewisse Zeit dürfen die Kinder die Dinge betrachten, um sich ihre Anordnung einzuprägen. Anschließend nimmt die Lehrerin Veränderungen an den Gegenständen bezüglich der Raumlage oder der räumlichen Beziehung zueinander vor, ohne dass die Schüler die Veränderungen verfolgen können. Die Kinder schließen beispielsweise die Augen oder die Gegenstände werden mit einem Tuch abgedeckt. Wer kann nun die veränderten Positionen und räumlichen Beziehungen beschreiben?

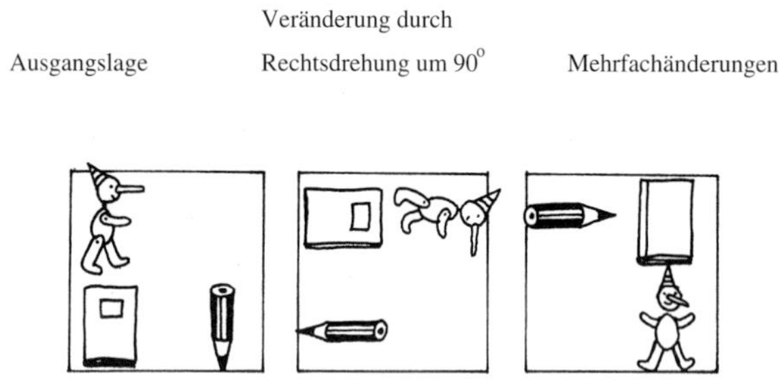

Nach einer Rechtsdrehung um 90° der gesamten Anordnung liegt das Buch hinter dem Stift und die Puppe rechts vom Buch. Die Puppe liegt nach Positionsverschiebungen einzelner Gegenstände in verschiedene Richtungen nicht mehr hinter, sondern vor dem Buch. Sie ist von vorn und nicht mehr von der Seite zu sehen. Vom Buch ist lediglich die Rückseite zu erkennen. Der Stift liegt nun links und senkrecht zum Buch. Die gleiche Übung lässt sich durchführen, indem die Gegenstände in ihrer Position und Lage zueinander ertastet und beschrieben werden müssen. Diese Übung ist anspruchsvoll und erfordert viel Konzentration. Sie ist geeignet für Partnerarbeit. Ein Kind ordnet höchstens vier Gegenstände in einer Reihe, hintereinander oder anders an. Der andere ertastet mit verbundenen Augen die Anordnung und die Raumlage der Gegenstände und beschreibt sie. Dabei wird den Kindern deutlich, dass die Ansicht eines Gegenstands nicht immer erfühlt werden kann. Beim Ranzen fühlt man vorne und hinten, bei der Kleberflasche ist das nicht möglich.

Schneiden in der Vorstellung

Übungen mit Papier und Schere sind dann hervorragende kopfgeometrische Übungen, wenn die Kinder vor dem Schneiden über das Aussehen bzw. die Form des entstehenden Endproduktes nachdenken und es zu beschreiben versuchen. Als Differenzierungsmöglichkeit für schwächere Kinder wird, wenn möglich, das Falten genutzt. Die anschauliche und greifbare Kontrolle der Lösungen ergibt sich durch den Schneidevorgang.

- Geometrische Grundformen in Teilfiguren zerlegen
Ausgangspunkt der folgenden Übungen sind Quadrate, Rechtecke, gleichseitige bzw. gleichschenklige Dreiecke und Kreise aus Papier. Durch mündlich gestellte Schneideaufträge zerlegen die Kinder diese

Grundformen jeweils in flächengleiche Teilfiguren. Dabei werden mit Rücksicht auf den durchschnittlichen Leistungsstand von Zweitklässlern nur gerade Schnitte ausgeführt. Nach der Art der Information in der Aufgabenstellung richtet sich der Schwierigkeitsgrad. Die geometrischen Fachbegriffe Mittellinie, Diagonale, Seite, Ecke, Mittelpunkt müssen den Kindern bekannt sein. Drei Schwierigkeitsstufen lassen sich benennen:

1. Anzahl der Schnitte und Schnittstellen werden vorgegeben.
Beispiel:
Auftrag: Schneide ein Quadrat einmal auf der Mittellinie auseinander!
Frage: Welche Teilfiguren entstehen?
Lösung: Zwei Rechtecke

2. Anzahl der Schnitte und Form der entstehenden Teilfiguren werden vorgegeben.
Beispiel:
Auftrag: Zerschneide ein Quadrat einmal so, dass zwei gleiche Dreiecke entstehen!
Frage: Wie musst du schneiden?
Lösung: Auf der Diagonalen

3. Schnittstelle und Form der entstehenden Teilfiguren werden vorgegeben.
Beispiel:
Auftrag: Zerschneide ein Quadrat auf den Diagonalen. Es sollen vier gleiche Dreiecke entstehen.
Frage: Wie oft musst du schneiden?
Lösung: Je nach Technik zwei- oder dreimal.

Nach diesem Schema lassen sich analog zahlreiche Aufgaben zu Papierrechtecken, -dreiecken, und -kreisen finden. Die entstandenen Teilfiguren wandern nicht in den Papierkorb, sondern der Tischnachbar kann sie zu neuen Gesamtfiguren zusammenfügen und aufkleben.

- Buchstaben im Faltschnitt

Die Kinder benötigen ein auf der Mittellinie gefaltetes rechteckiges Blatt Papier. Die Lehrerin gibt als Zeichnung an der Tafel vor, was die Kinder an der Faltkante herausschneiden müssen. Die dunkle Fläche wird herausgeschnitten. Bevor die Kinder schneiden, versuchen sie, sich vorzustellen, welche Form das herausgeschnittene Papierstück hat. Sie begründen ihre Vermutungen. Mit dem „Schneiden im Kopf“ geht die Erkenntnis einher, dass bestimmte Großdruckbuchstaben achsensymmetrisch sind.

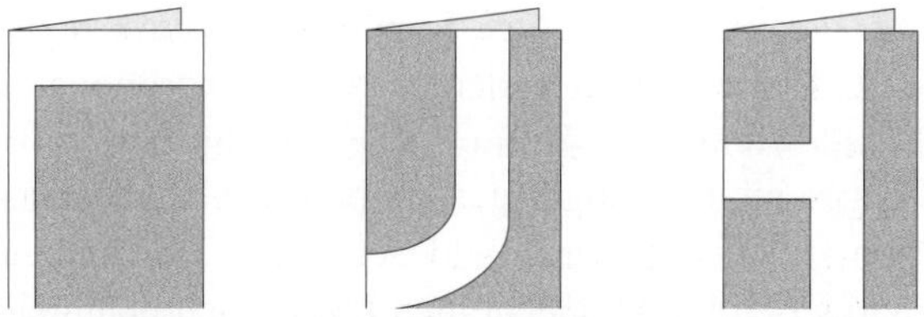

Die Aufgabenstellung kann durch rein verbale Arbeitsanweisungen erschwert werden:

- Schneide aus dem gefalteten Blatt Papier ein Rechteck so aus, dass das übrige Papier ein E darstellt.
- Schneide zwei Rechtecke heraus, sodass ein H entsteht.
- Schneide so, dass du ein U (oder I) aus Papier und die Umrisse desselben Buchstabens erhältst. Dabei bleibt kein Papierrest übrig.

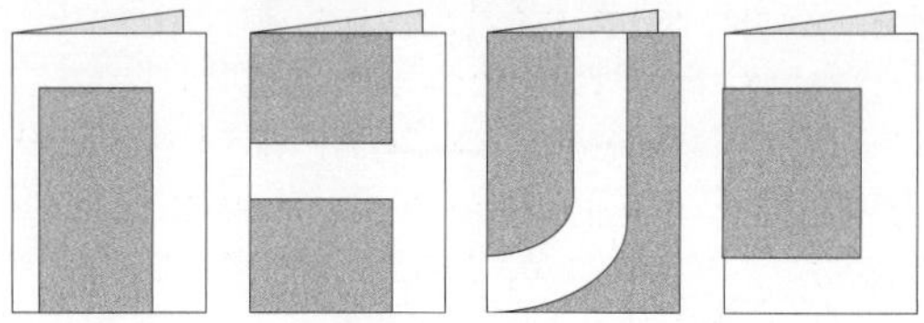

Sehr anspruchsvoll wird die Aufgabe für die Buchstaben A, B, M, V, W, X und K.
Auch gegenständliche Figuren, wie Herzen, Häuser, Tannenbäume u. a. lassen sich im Faltschnitt herstellen. Die Kinder finden ihre eigenen Lösungswege.

Zeichnen in der Vorstellung

Zeichnen in der Vorstellung trainiert die Fähigkeit, eine Zeichnung in Gedanken auszuführen und aus der Vorstellung heraus sprachlich zu beschreiben. Welche Figur entsteht, wenn man drei Punkte, die nicht auf einer Geraden liegen, durch Strecken miteinander verbindet? Es entsteht ein Dreieck. Das Nachfahren der Figurumrisse auf dem Tisch oder in der Luft ist als Vorübung sehr hilfreich. Zur Kontrolle wird die Figur auf Papier aufgezeichnet.

- Punktfelder und Karoraster

Zeichne mit den Augen, indem du gleiche Zahlen miteinander verbindest.
Welche Figuren entstehen?

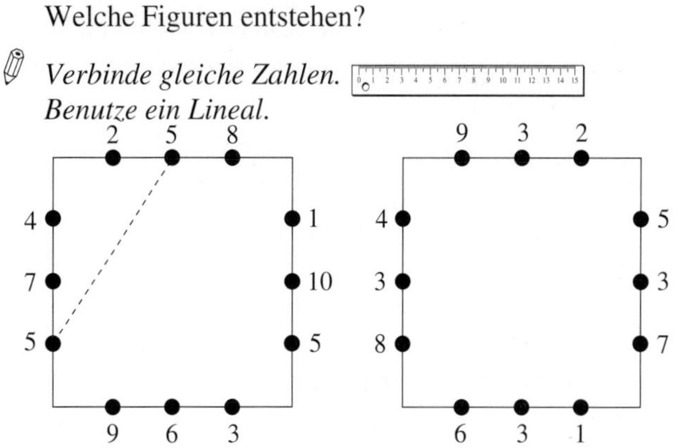

Aus: Abele, Ch. u. a. (1996): LUMATRIX-Geometrie 1/2. Kopiervorlagen. Hannover: Schroedel.

Ein 16er-Punktefeld (vgl. Kapitel 3.3.4 zum Geobrett) ist Grundlage einer anderen Vorstellungsübung. Die Lehrerin gibt den Auftrag, ihre sprachlichen Anweisungen mit den Augen auszuführen, wobei die Kinder frontal auf das Punktefeld schauen. „Beginnt beim markierten Punkt. Geht einen Punkt nach oben, einen nach rechts, wieder einen nach oben, einen nach rechts, einen nach unten, einen nach rechts, einen nach unten, einen nach links, einen nach unten, einen nach links, einen nach oben und einen nach links. Welche Figur entsteht?“ (Ein Kreuz)

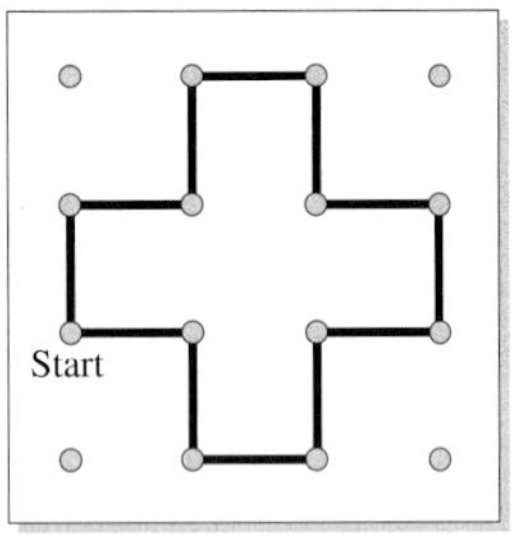

Bauen und Legen in der Vorstellung

- Körperformen ertasten
  Gegenstände aus der Umwelt der Kinder, die geometrische Formen repräsentieren, werden in einem Fühlbeutel versteckt. Die Kinder versuchen einen Gegenstand aus dem Beutel zu ertasten und in einen von vier Sortierkästen einzuordnen. In einen Kasten gehören alle Kugeln, in den anderen alle Zylinder oder Walzen, in den nächsten die Würfel und in den letzten die nicht würfelförmigen Quader.

Kugeln:	**Zylinder:**	**Würfel:**	**Quader:**
Murmeln, verschiedenartige Bälle, Perlen u. a.	Klebestifte, Dosen Papierrollen, Rundhölzer, Spraydosen u. a.	Spielwürfel, Würfel aus Baukästen, Steckwürfel u. a.	Streichholzschachteln, Pappschachteln, Bücher, Kästen von Spielen, Dominosteine, Bauklötze u.a.

Erfahrungsgemäß finden die Kinder Kugeln und Würfel sehr schnell heraus, da sie nur in der Größe variieren. Quader und Zylinder können sehr unterschiedliche Ausmaße in Länge und Breite bzw. Durchmesser aufweisen. Durch den Tastvorgang werden die Kinder gezwungen, Merkmale wie Farben, Muster, Material, Aufschriften, die für die Unterscheidung rein geometrischer Körper unwesentlich sind, weitgehend unbeachtet zu lassen.

Schubi hat drei verschiedene Tastspiele *(Figuren-Tast-Spiel, Tactilo, Tastformen-Domino)* im Lehrmittelangebot. In allen Spielen müssen die Kinder kleine Holzgegenstände (einfache geometrische Formen, aber auch Ringe, Flaschen u. a.) ertasten und nach der Lotto- oder Dominoregel zuordnen. Im Ravensburger Verlag ist das Spiel *Blinde Kuh* zu finden. Gegenstände in Form von Pappschablonen (Gabel, Löffel, Haus, Schuh u. a.) liegen in einem Fühlbeutel. Die Gegenstände werden durch Fühlen erraten.

- Gegenstände raten
  Ein Kind denkt sich einen Gegenstand aus, den die Mitschüler erraten sollen. Als Hilfestellung macht es drei Angaben:
  1. zur Größe
  2. zur Form
  3. zur Verwendung

  Monis Rätsel lautet: „Ich denke an was, an das ihr nicht denkt: Es passt in einen Schuhkarton, hat die Form eines Quaders und man braucht es, damit einem bei Regenwetter nicht langweilig ist.“ Moni hatte an eine Kassette gedacht. Teilweise fällt es den Kindern schwer, sich Dinge auszudenken, die eine geometrische Form repräsentieren. Für diesen Fall kann die Lehrerin Kärtchen vorbereitet haben, auf denen ein Rategegenstand aufgezeichnet ist. Es bieten sich beispielsweise an: Küchenrolle, Dosen (Zylinder), Pakete, Schachtel, Kassettenhüllen, CD (Quader), (vgl. Senftleben 1996, S. 57).

- Abdrücke von Körpern
  Zahlreiche Gegenstände haben eine Standfläche. Würde man mit einem Flaschenkorken drucken, wäre der Abdruck ein Kreis, beim Würfel ein Quadrat. Es schult das räumliche Vorstellungsvermögen und die Fähigkeit, die Form von Körpern zu erkennen, wenn Kinder die Abdrücke von verschiedenen Gegenständen zuerst mündlich beschreiben und anschließend aus freier Hand zeichnen. Der Freihandabdruck kann überprüft werden, indem die Kinder den Gegenstand mit einem Stift umfahren (Schablonentechnik). Es wäre auch denkbar, den Kindern verschiedene Abdrücke zu zeigen, die den entsprechenden Gegenständen zugeordnet werden müssen. Die Aufgaben können schwieriger gestaltet werden, wenn Gegenstände mit ovalen (z. B. Briefwaage), sechseckigen (z. B. Pralinenschachtel) oder unregelmäßigen und gebogenen Standflächen (z. B. Hülle für Tesarolle, Flaschenöffner, Werkzeuge) gezeichnet werden.

- Einfache Kippbewegungen von ebenen Figuren und Körpern
  Färbt man nur eine Fläche eines Würfels, lässt sich die Lage der Fläche nach einer oder mehreren Kippbewegungen immer wieder neu beschreiben. In der Ausgangsposition liegt die farbige Fläche oben:
  - Wo liegt die Fläche, wenn der Würfel einmal nach rechts, links, vorne oder hinten gekippt wird?
  - Wo liegt die Fläche, wenn der Würfel zweimal nach hinten gekippt wird?
  - Wo liegt die Fläche, wenn der Würfel zweimal nach vorne und einmal nach rechts gekippt wird?

- In welche Richtungen wurde der Würfel gekippt, wenn die farbige Fläche unten liegt? Beschreibe mehrere Wege!
- In welche Richtungen wurde der Würfel gekippt, damit die farbige Fläche wieder oben liegt? Zeichne die Abdrücke auf, die der Würfel hinterlässt!

Die Kinder trainieren Figuren in der Vorstellung zu bewegen, wenn sie Kippbewegungen von dreieckigen, rechteckigen und quadratischen Plättchen aus dem Kopf aufzeichnen. Teilweise entstehen schöne Muster:

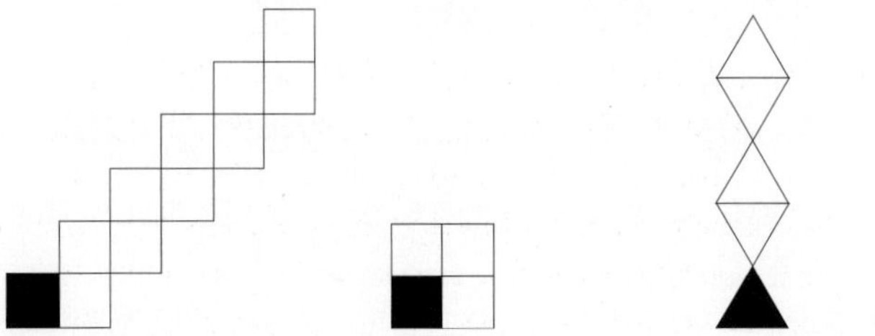

Es entsteht eine Treppe, wenn ein Quadrat fortlaufend nach rechts und nach hinten gekippt wird.

Es entsteht ein großes Quadrat, wenn nach hinten, rechts und nach vorne gekippt wird.

Es entsteht ein Drachenmuster, wenn ein gleichseitiges Dreieck immer in die gleiche Richtung gekippt wird.

Nummeriert man die Ecken von geometrischen Plättchen, verändert sich die Nummerierung nach einzelnen Drehbewegungen:

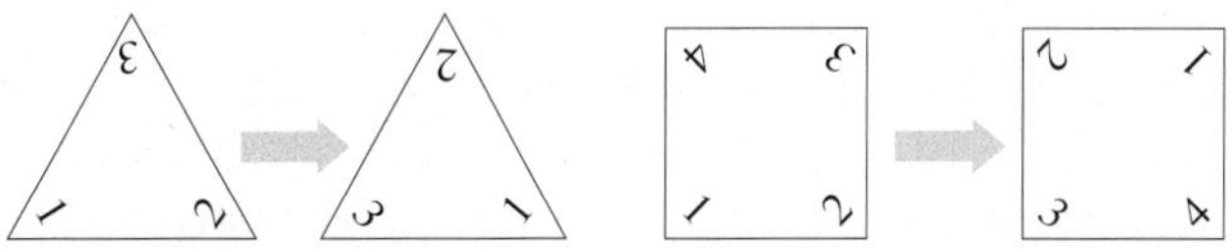

Drehe das Dreieck zweimal im Uhrzeigersinn um 90°. Wo liegt jetzt die 3?

Wie oft musst du das Quadrat nach links drehen, bis die 3 den Platz der 1 einnimmt?

- Räumliche Beziehungen geometrischer Körper
  Schon im 2. Schuljahr kann man langsam damit beginnen, die Kinder Lagebeziehungen von Körpern zeichnen zu lassen. Da komplexe Gebäude aus Bausteinen zu anspruchsvoll wären, beziehen wir uns im Folgenden auf einfache Körper wie den Würfel, den Quader und die Kugel. Der Einfachheit halber haben Würfelkanten und die kurzen Kanten des Quaders die gleiche Länge. Die Größe der Kugel ist so gewählt, dass sie sowohl vom Quader als auch vom Würfel verdeckt werden kann. Alle drei Körper haben den Vorteil, dass sie sich als zweidimensionale Ansicht leicht zeichnen lassen. Die Kugel entspricht in der Ansicht einem Kreis, der Würfel einem Quadrat und der Quader einem Rechteck bzw. Quadrat. In der Aufgabenstellung werden vor den Augen der Kinder zuerst zwei, später drei Körper zueinander angeordnet. Die Positionen sind immer eindeutig als „rechts von", „links von", „vor" und „hinter" gewählt. Die Kinder wechseln vor ihrem „geistigen Auge" die Betrachterposition und zeichnen die Körper von vorne, hinten, rechts und links. Es ist zu beachten, dass der Zeichenauftrag schwerer wird, wenn die Körper nicht genau aneinander stoßen. Die Kinder müssen in diesem Fall nicht nur Anordnungen, sondern auch Abstände zeichnen. Die Tabelle zeigt eine Vielzahl möglicher Aufgabenstellungen:

Räumliche Anordnung der Körper	Von den Kindern zu zeichnende Ansichten			
	von vorne	von hinten	von rechts	von links

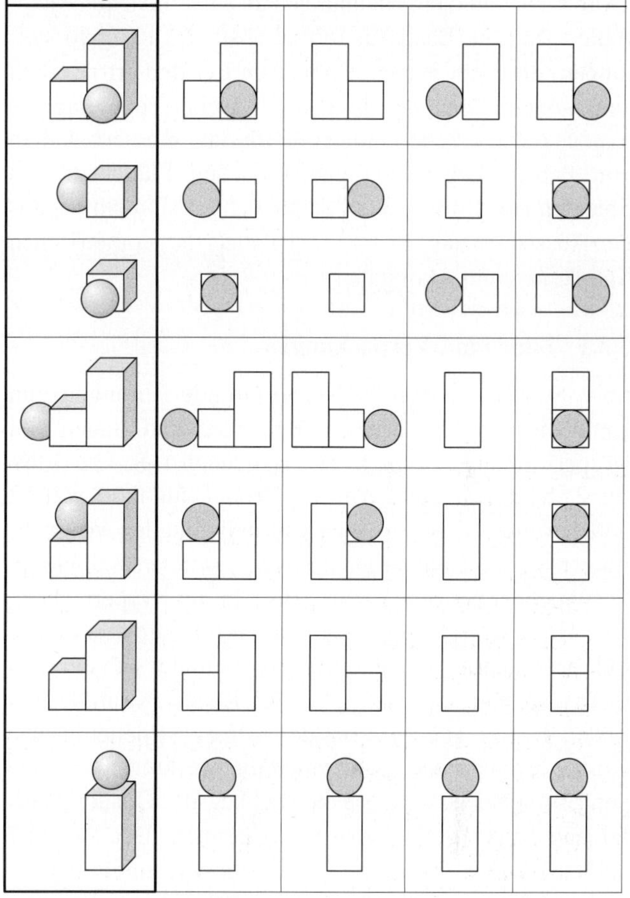

Übungen zur Kopfgeometrie dürfen als wichtiger Bestandteil des Geometrieunterrichts nicht vergessen werden. Die Ausdrucks- und Verstehensfähigkeit der Kinder und ihr mathematischer Wortschatz werden erweitert. Sie lernen geometrische Körper und Lagebeziehungen zu beschreiben. Das räumliche Vorstellungsvermögen wird geschult. Kopfgeometrie ist entdeckendes und soziales Lernen zugleich, weil die zunehmende Fähigkeit zur Lösung solcher Aufgaben die Motivation zu ihrer Bearbeitung deutlich steigert. Kopfgeometrische Aufgaben machen den Kindern je mehr Spaß, desto häufiger man sie einsetzt.

3.3 Bauen, Legen, Falten, Spannen

Geometrie in der Grundschule ist immer an Tätigkeiten gebunden. Den dreidimensionalen Raum letztendlich abstrakt begreifen zu können, bedeutet für Grundschüler, ihn praktisch-experimentell und konkret zu erkunden. Er muss für die Kinder sichtbar und greifbar, im Sinn von „Anfassen“, werden. Handlungen an verschiedenen Materialien sind die Basis für formal-abstrakte Raumvorstellungen, die nicht nur in technischen Berufen erforderlich sind, sondern auch der direkten Umwelterschließung des Kindes dienen. Bauen mit geometrischen Körpern, Falten von Papier, Legen von geometrischen Plättchen, und Spannen von Umrissen auf dem Geobrett sind ein wichtiger Ausschnitt aus der breiten Palette von geometrischen Tätigkeiten und Aktivitäten.

3.3.1 Bauen mit Verpackungen

Im 1. Schuljahr haben die Kinder Grunderfahrungen zum Unterscheiden, Beschreiben, Benennen und Bauen von Körperformen gesammelt (vgl. Handbuch 1, S. 132–134). Im 2. Schuljahr werden diese Grundkenntnisse vertieft und erweitert. Das Erkennen von individuellen Vorerfahrungen ist im Geometrieunterricht besonders schwierig. Ein Wochenplan zum Thema „Basteln mit Körpern“ kann eine Hilfe sein. Als Einstieg werden im Stuhlkreis sechs Fühlbeutel herumgereicht. In jedem befindet sich ein geometrischer Körper (Quader, Würfel, Kugel, Pyramide, Zylinder, Kegel). Das Material der Körper ist beliebig. Die Kinder erfühlen und beschreiben die Merkmale der Körper. Es reicht aus, wenn sie die Fachbegriffe Quader, Würfel und Kugel richtig verwenden können. Der Zylinder heißt bei vielen Kindern „Rolle“, die Pyramide „Dach“ und der Kegel „Zauberhut“. Anschließend klassifizieren die Kinder verschiedene Gegenstände (Ziegelstein, Apfelsine, Ball, Hefewürfel u. a.) ihrer Form nach. Zur Vertiefung erhalten die Kinder zwei Arbeitsaufträge, die sie beispielsweise in Wochenplanstunden ausführen können:

1. Bearbeite das Arbeitsblatt allein oder mit einem Partner.

Schneide die Kärtchen aus und klebe sie in den richtigen Kasten.

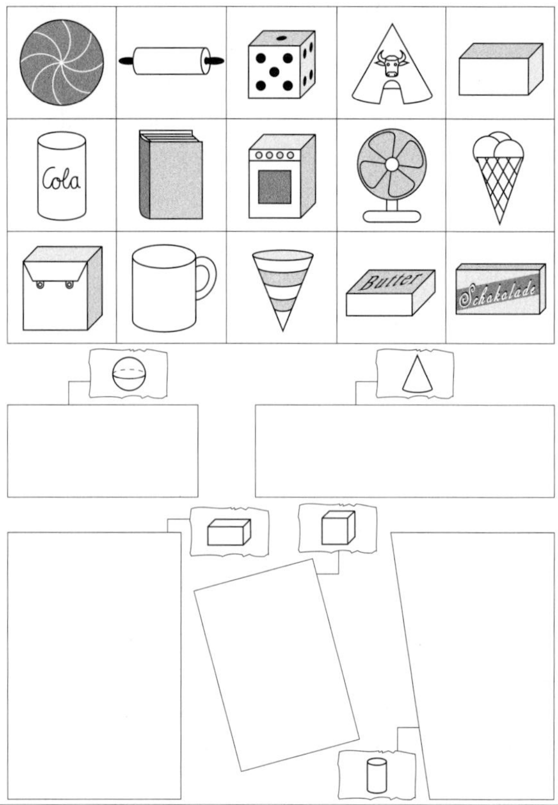

An diesem Arbeitsblatt wiederholen, überprüfen und festigen die Kinder ihr Wissen über Klassifizierung und Fachbegriffe geometrischer Körper.

2. Bastle für unsere Stadt ein Haus, ein Auto, einen Roboter oder was dir sonst einfällt (vgl. Winzen 1988).

Für die Modelle muss von der Lehrerin Verpackungsmaterial bereitgestellt werden. Alles, was einen geometrischen Körper repräsentiert, sollte im Angebot sein. Schachteln sind meistens quader- oder würfelförmig, Toiletten-, Haushaltsrollen, Dosen und Schraubverschlüsse stellen Zylinder dar, Papierkugeln verschiedener Größe sind günstig im Handel zu beziehen. Kegel kann man ohne großen Aufwand selber aus stabilem Papier oder dünner Pappe bauen.

Bietet man nur eine geringe Anzahl von Kegeln an, werden die Kinder animiert, eigene zu bauen. Manche erkennen sofort die Konstruktion. Mit Hilfe einer Kreisschablone (Teller, Dose o. a.) und einer Schere stellen sie eigene Kegel her. An dieser Stelle können leistungsstarke Kinder motiviert werden, aufzumalen bzw. aufzuschreiben, wie sie den Kegel gebastelt haben. Somit hätten auch die anderen Kinder eine Bauanleitung. Solch ein kurzer mathematischer Text eignet sich als Lernwegdokument.

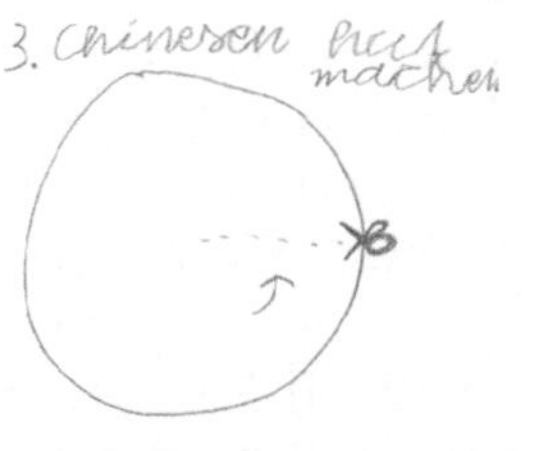

Pyramidenförmige Verpackungen gibt es nur selten. Man kann den Grund dafür mit den Kindern diskutieren (z. B. schlechte Stapelbarkeit). Entweder sind sie im Materialangebot nicht vorhanden oder man macht sich als Lehrerin die Mühe, einige zu bauen. Vielleicht gibt es auch hier Nachahmer und Nachahmerinnen. Die Abwicklung eines Modells ist eine gute Hilfe.
Nun fehlen zum Bauen nur noch Scheren, Kleber, eventuell Papier zum Bekleben oder Farben. Die einzige Vorschrift für die Kinder besteht darin, dass ihr Bauobjekt in eine Stadt (Häuser, Kirchen, Fahrzeuge u. a.) passen muss und dass mindestens ein geometrischer Körper verwendet wird. Wieder erhalten die Kinder die Möglichkeit, ihren Herstellungsprozess zu dokumentieren.

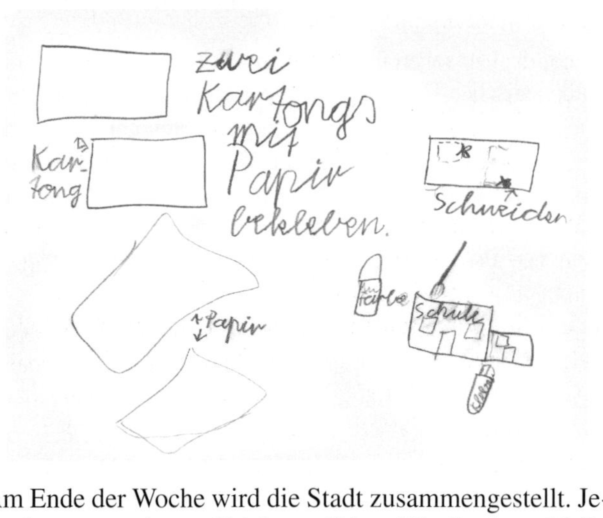

Am Ende der Woche wird die Stadt zusammengestellt. Jeder kann zu seinem Objekt erzählen. Die Stadt verbleibt über einen längeren Zeitraum als Ausstellung in der Klasse. Die Kinder werden sie immer wieder umbauen oder vervollständigen. Übungen zum perspektivischen Sehen vertiefen den Herstellungsprozess. Die Standfläche ihres Bauobjekts umranden die Kinder mit einem Filzschreiber. Es wird deutlich, dass jeder Körper von verschiedenen Flächen begrenzt wird. Ansichten („von unten") und Objekte müssen anschließend einander zugeordnet werden. Rechtecke (z. B. Häuser aus Schachteln) und Kreise (z. B. ein Turm aus einer Haushaltsrolle) in verschiedenen Größen tauchen als Standflächen häufig auf. Kombinierte Flächen (z. B. eine Kirche aus einer Haushaltsrolle und einer Schachtel) verlangen ein geschultes räumliches Vorstellungsvermögen.

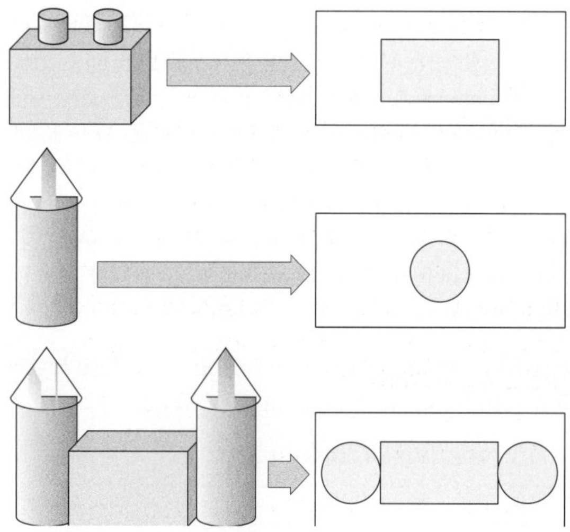

3.3.2 Bauen mit Würfeln

Von den für die Grundschule relevanten Körperformen regt der Würfel neben der Kugel die Kinder am meisten zum Spielen und Experimentieren an. Er fasziniert durch seine schlichte, hochsymmetrische Form. Kinder beschreiben ihn mit den Worten: „Der ist überall so gleich."– „Er fühlt sich schön an." – „Beim Würfeln fällt er immer auf eine andere Seite, du weißt nie vorher, was kommt." –„Du kannst ihn drehen und drehen und immer steht er und sieht von überall gleich aus." Kinder kennen den Würfel zumeist aus Spielen oder dem Baukasten. Im 1. Schuljahr lernen sie ihn als eine der Körperformen neben Kugel, Quader, Zylinder, Kegel und Pyramide kennen. Bevor Kinder mit Würfeln frei und zielgerichtet bauen, sollen sie seine Eigenschaften kennen und mit eigenen Worten versprachlichen können. Ein Fühlbeutel, der verschiedene Körperformen enthält, die ertastet werden müssen, motiviert die Kinder zum Vergleichen, Sortieren, Unterscheiden und Beschreiben (weitere Anregungen vgl. Kapitel 3.3.1 zum Thema Verpackungen).

Die Kenntnis von den Begriffen Ecken, Kanten und Flächen ist mit eine Voraussetzung, um Bauwerke und Modelle aus mehreren Würfeln beschreiben zu können. Das Bauen mit Würfeln fördert das geometrische Denken, da geistige Vorstellungen von einem Modell mit dem wirklichen Objekt und umgekehrt in Einklang gebracht werden müssen. Das räumliche Vorstellungsvermögen wird geschult, eine grundlegende Erfahrung, um im Erwachsenenalter Bauanleitungen, beispielsweise für Möbel, zu verstehen. Zu Hause bemerken die Kinder sehr schnell, dass sie ihr neues Legomodell mit Hilfe der Anleitung auch ohne Hilfe von Erwachsenen zusammenbauen können.

Freies Bauen mit naturfarbenen Holzwürfeln

Acht naturfarbene Würfel mit einer Kantenlängen von 4 cm reichen für die folgenden Übungen aus (günstige Bezugsquelle: Fa. R. Hail, 72766 Reutlingen). Ihre Anzahl ist überschaubar, aber wiederum hoch genug, um einen größeren Würfel mit einer Kantenlänge von 8 cm herzustellen. Der freie, kreative und ungesteuerte Umgang mit den Würfeln ist Grundlage für jede Weiterarbeit. Die Kinder müssen sich zuerst mit den Bedingungen des Materials vertraut machen. Was kann ich mit allen Würfeln bauen? Wie viele Würfel brauche ich für eine Treppe? Kann ich einen großen Würfel bauen? Man ist als Lehrerin überrascht, wie fantasievoll und unterschiedlich die Kinder mit den Würfeln umgehen.
Einige Erfahrungen aus einem 2. Schuljahr:

Einige Kinder bauten nicht in die Höhe, sondern legen mit den Würfeln Fantasiefiguren auf den Tisch.

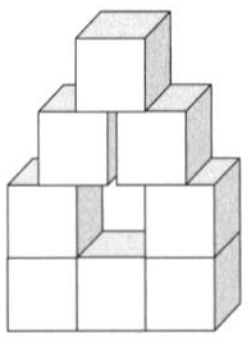
Haus

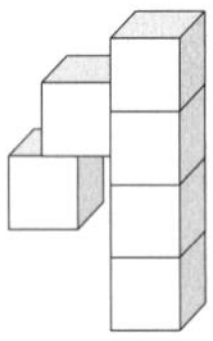
Zahl 1

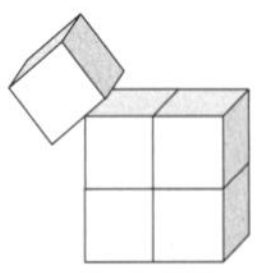
schlafende Katze

Andere entwarfen interessante Objekte im Raum:

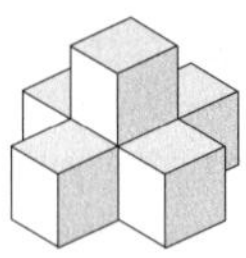
Pyramide

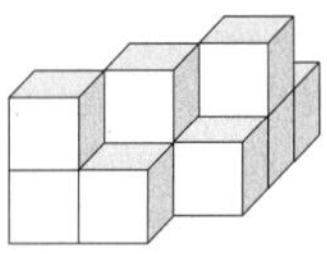
Klettergerüst

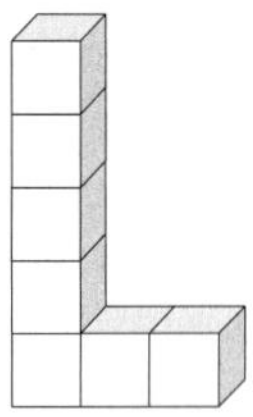
Buchstabe L

Manche verwendeten die Würfel so, wie wir es als Lehrerinnen nicht unbedingt erwarten würden. Es wird nicht immer Fläche an Fläche gebaut, sondern versetzt und mit Zwischenräumen.

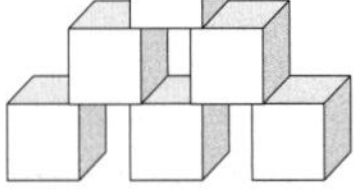
Brücke

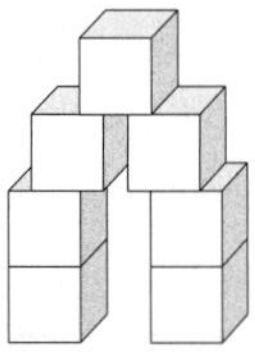
Tor

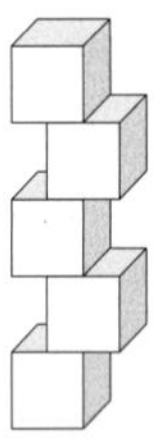
Wendeltreppe

Zwei Jungen benutzten die Würfel zum Rechnen. Ihre Idee war die Zahldarstellung. Die als Turm aufgestellten Steine waren für Timo die Zehner, die liegenden Einer. Er erinnerte sich wohl an die gerade im Unterricht eingesetzte Stellentafel. Mit seinem Freund zusammen überlegte und probierte er konzentriert, welches die größte Zahl ist, die sich legen lässt. Zuerst meinten beide 44, da es doch nur 8 Würfel gebe. Nach einer Weile fiel ihnen auf, dass reine Zehnerzahlen sich bis 80 darstellen lassen.

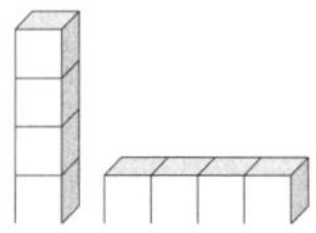
44

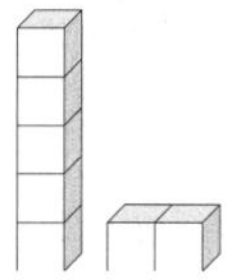
52

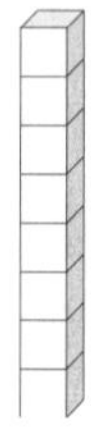
80

Viele Kinder begannen, gemeinsam zu arbeiten. Nun hatten sie entweder 16 Würfel zur Verfügung oder einer baute ein Objekt, das der Partner nachbauen musste. Die Kinder variierten von selbst den Schwierigkeitsgrad, indem sie den Partner um das Objekt herumgehen ließen, oder ihn nur die Vogelperspektive bzw. eine Seite als Ansicht anboten. Drei Mädchen erfanden das „Blitzspiel“: Vor den Augen der anderen baute ein Mädchen ein Modell aus Würfeln. Nachdem es fertig war, durften die anderen sich das Objekt ca. eine Minute einprägen. Anschließend wurde das Bauwerk mit einem Tuch verdeckt. Nun ging´s ans Nachbauen. Besonders schwierig wurde das Spiel, als die Nachbauerinnen bei der Entstehung des Objekts nicht mehr zusehen durften und nur eine Minute Zeit hatten, das komplette Gebilde zu erfassen. Die Vorstellung der Objekte im Klassenverband wird dadurch überflüssig, dass die Kinder sich gegenseitig ihre Ideen zeigen und sich untereinander austauschen. Eine kleine Ausstellung im Klassenraum zieht Mitschüler aus anderen Klassen an, die neugierig staunen, um die Bedeutung eines Modelles diskutieren oder fragen „Was soll denn das sein?“. Es geschieht nicht selten, dass die Objekte von den Besitzern selber umgebaut oder neu kombiniert werden.

Bauanleitungen und Baupläne – eine eigene mathematische Sprache finden

Kinder denken selten in geometrischen Fachbegriffen oder in mathematischer Fachsprache. Sie formen ihre eigene Ausdrucksweise, wenn man ihnen genügend Freiraum lässt, diese zu entwickeln und anzuwenden. Die oben beschriebenen Würfelmodelle der Kinder bieten eine erste Möglichkeit, eine individuell kindliche und mathematische Sprache zu entwickeln. Der Versuch, das eigene Würfelbauwerk einem Partner mündlich so zu beschreiben, dass er es nachbauen kann, stellt hohe Ansprüche an die Denk- und Sprachfähigkeit der Kinder. Die Kinder sitzen am günstigsten mit dem Rücken zueinander, damit nur der Baumeister sein Objekt vor Augen hat. Der Vorteil der Arbeitsweise im Team liegt darin, dass die Kinder sich selbst gegenseitig in ihrer Sprachfindung helfen und korrigieren. Sie fragen ständig nach: „Wie meinst du das?“ oder „Das musst du genauer sagen!“ Oft entwickeln sich hitzige Diskussionen, wenn das Ergebnis nicht so aussieht wie das Original: „Das hast du aber ganz anders gesagt. So musst du das erklären!“ Die Notwendigkeit der genauen und verständlichen Beschreibung mit eindeutiger Begrifflichkeit wird den Kindern immer wieder deutlich. Der Lehrerin fällt dabei die Aufgabe zu, bei großen Formulierungsschwierigkeiten helfend einzugreifen, ohne den Kindern ihre eigene Ausdrucksweise auferlegen zu wollen. Der Geometrieunterricht bietet besonders die Möglichkeit, die mathematische Sprachfindung zu fördern. Die Kinder haben das, worüber sie sprechen, anschaulich vor Augen. Wörter und Beschreibungsformen für arithmetische Strukturen oder Rechenstrategien zu finden, fordert abstraktes Denken über Zahlen und fällt den Kindern viel schwerer.

Ein neues Problemfeld ergibt sich aus der Fragestellung, wie sich die Bauwerke und mündlichen Beschreibungsversuche der Kinder so konservieren lassen, dass sie immer wieder im Unterricht Verwendung finden können. Folgende reizvolle Ergebnisdokumentationen sind möglich:

- Würfelmodelle als Vorlage zum Nachbauen fotografieren und auf Karteikarten kleben
- Bauabschnitte, die Schritt für Schritt die Entstehung eines Objektes dokumentieren, fotografieren und als Anleitungsbuch zusammenheften
- Bauanleitungen verschriftlichen, die im persönlichen Forscherheft aufbewahrt werden

Paul le Bohec (1994), ein Vertreter der Freinet-Pädagogik, plädiert in Zusammenhang mit der dritten Variante für den freien mathematischen Text. Er kann eine Kombination aus Bild, Skizze, Wörtern, Sätzen und Textpassagen sein, angepasst an die individuelle Schreibfähigkeit des Kindes. Gibt man den Kindern keine Einschränkung, sondern lediglich die Aufgabe, ihr Würfelbauwerk auf irgendeine Art und Weise so zu Papier zu bringen, dass es im Forscherheft Platz findet, entwickeln sie große Kreativität. Einige werden kleine Skizzen anfertigen, die bevorzugt aus Quadraten als Repräsentanten für Würfel bestehen. Andere werden Wörter wie „rechts, davor, dahinter, daneben" als genaue Lagebezeichnung aufschreiben. Es finden sich aber mit Sicherheit auch in einem 2. Schuljahr schon Kinder, die kleine Sätze oder ganz kurze Texte verfassen werden. Die Differenzierung nach Schwierigkeitsgraden liegt in der offenen Aufgabenstellung begründet und muss nicht künstlich geschaffen werden.

Legespiele, deren Elemente aus gleich großen Quadraten bestehen, die an den Kanten zusammengefügt werden, heißen in der Fachwelt „Polyominos". Die gleiche Aufgabenstellung mit Würfeln ausgeführt, ermöglicht interessante Entdeckungen zu Lagebeziehungen und vermittelt Vorerfahrungen zum Verständnis vom Volumenbegriff. Die Kinder werden vor das geometrische Problem gestellt, möglichst viele Möglichkeiten zu finden, zwei, drei und vier Würfel auf unterschiedliche Weise anzuordnen. Als Einschränkung gelten zwei Vorschriften:

1. Je zwei an- oder aufeinander liegende Würfel berühren sich auf der ganzen Würfelseite.
2. Das Würfelmodell muss selbstständig auf dem Tisch stehen können.

Im Unterschied zu den Polyominos müssen die Kinder mit den Würfeln nicht nur in der Ebene, sondern auch im Raum bauen. Die Kinder werden zu zweit oder in größeren Gruppen eine Vielzahl von Kombinationsmöglichkeiten durch Probieren finden. Ohne es zu merken, legen sie einige Kombinationen mehrmals. Anhand von Bauplänen mit festgelegten Vereinbarungen lässt sich aus dem Probierverhalten der Kinder ein planmäßiges Vorgehen entwickeln, wodurch sie lernen, ein geometrisches Problem strategisch anzugehen.

Sie stellen zwei Würfelmodelle bereit, bestehend aus je 8 Würfeln, wozu Sie folgende Baupläne vorstellen:

Gebäude A

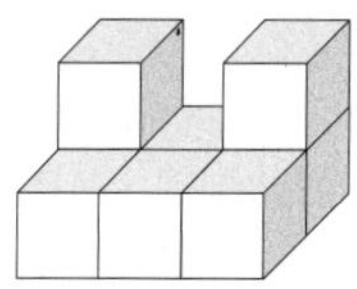

Gebäude B

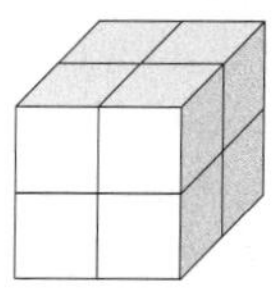

Bauplan A

2	1	2
1	1	1

Bauplan B

2	2
2	2

Die Standflächen der Modelle bilden die Grundrisse der Baupläne. Jeder Grundriss ist in Quadrate unterteilt, deren Ziffern die Anzahlen der Würfel angibt, die auf den entsprechenden Feldern übereinander stehen. Wenn die Kinder die Struktur dieser Baupläne verstanden haben, sind

	Würfelzwillinge		Würfeldrillinge			
	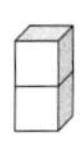	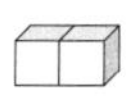	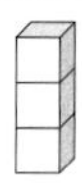	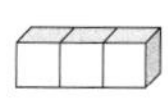	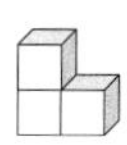	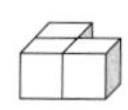
Ein Quadrat als Standfläche im Bauplan	2		3			
Zwei Quadrate als Standfläche im Bauplan		1 1 1 1			2 1 1 2 1 2 2 1	
Drei Quadrate als Standfläche im Bauplan				1 1 1 1 1 1		1 1 1 1 1 1 1 1 1 1 1 1

sie auch in der Lage, eigene zu Würfelzwillingen, -drillingen und -vierlingen zu zeichnen. Sie haben somit eine Notationsform kennen gelernt, die ihnen einen Überblick über ihre gefundenen Kombinationsmöglichkeiten verschafft. Es ist interessant zu beobachten, wie unterschiedlich die Kinder die Aufgabenstellung bewältigen. Einige finden in Kombinationen von Probieren und Zeichnen sofort den passenden Bauplan. Andere gehen strategischer vor, indem sie überlegen, aus wie vielen Quadraten ein Grundriss bestehen kann und wie diese zueinander liegen. Ein Würfelzwilling hat als Standfläche entweder ein oder zwei Quadrate. Dies ist in den zwei möglichen Bauplänen eindeutig zu erkennen. Der Grundriss eines Würfeldrillings umgrenzt maximal drei Quadrate. Baupläne gelten als identisch, wenn sie sich durch Drehung ineinander überführen lassen.

Trotz verschiedener Baupläne können die dazugehörigen Gebäude identisch sein. Durch Drehungen oder Kippbewegungen lassen sich die Gebäude in andere Positionen überführen. So kann durch eine Kippbewegung der Würfelzwilling mit dem Bauplangrundriss „ein Quadrat" in den Zwilling mit dem Grundriss „zwei Quadrate" überführt werden (Gebäude/Bauplan A und B, s. u.). Für die Würfeldrillinge lassen sich zwar vier Baupläne zeichnen, aber es entstehen nur zwei verschiedene Gebäude, die sich durch Kippbewegungen ineinander überführen lassen (C, D, E und F). Für Würfelvierlinge finden sich sogar 13 verschiedene Baupläne. Die Bauwerke G bis O sind teilweise identisch, haben aber verschiedene Baupläne. Den Gebäuden P, Q, R und S lässt sich immer nur genau ein Bauplan zuordnen. Vielleicht findet sich in der Klasse sogar jemand, der nur anhand der Baupläne gleiche Objekte findet.

Würfeldrillinge: Gebäude und Baupläne

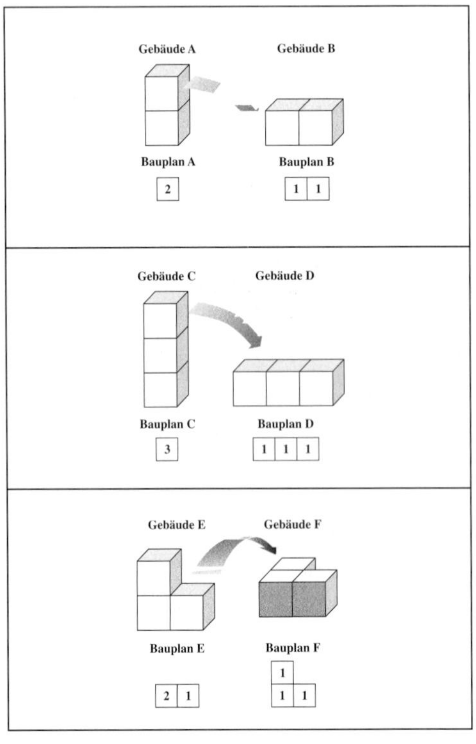

Würfelvierlinge: Gebäude und Baupläne

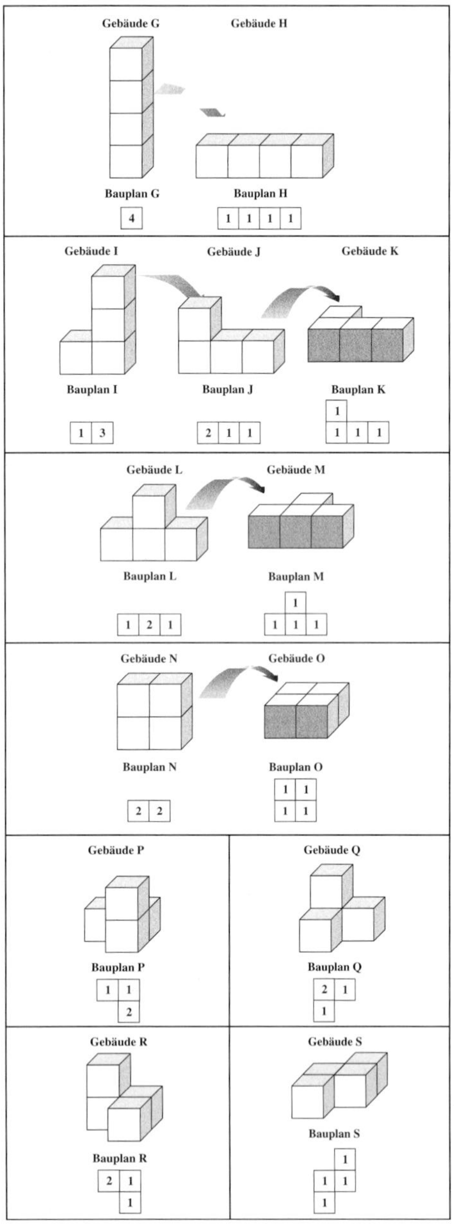

Die Baupläne für Fünflinge aufzuzeichnen, ist schon sehr schwierig und zeitintensiv, da es allein 12 Baupläne mit dem Grundriss aus fünf Quadraten gibt. Haben Sie als Lehrerin das Gefühl, dass diese Aufgabenstellung für die eigene Klasse zu anspruchsvoll ist, wäre eine Variante der Vereinfachung, die oben abgebildeten Grundrisse ohne Zahlen in Originalgröße auf ein Arbeitsblatt zu übertragen. Durch Auflegen der Würfel müssen die Kinder die Baupläne vervollständigen. Diese spezifische Form der Baupläne kann auch auf andere Würfelobjekte übertragen werden (vgl. Radatz/Rickmeyer 1991, S. 34 f.).

Musterwürfel

Wenn Kinder über längere Zeit mit naturfarbenen Würfeln umgehen, taucht immer wieder die Frage auf, ob die Würfel nicht angemalt werden dürfen. Farbige Holzwürfel regen besonders dann zu einer Vielzahl von geometrischen Fragestellungen an, wenn die Farbflächen als Muster gestaltet sind. Bei Spectra, Schubi und in anderen Lehrmittelverlagen werden Musterwürfel angeboten. Mit etwas Eigenarbeit lassen sich holzfarbene Würfel in zweifarbige Musterwürfel umwandeln. Am schnellsten arbeitet es sich mit einem Permanent-Filzschreiber. Er benötigt kaum Trockenzeit und erleichtert sorgfältiges Färben. Sie sollten darauf achten, dass sich diejenigen Würfelflächen gegenüberliegen, die Positiv-Negativ-Paare bilden. Die sechs Seiten eines Würfels werden so gefärbt und angeordnet wie die Abbildung es zeigt.

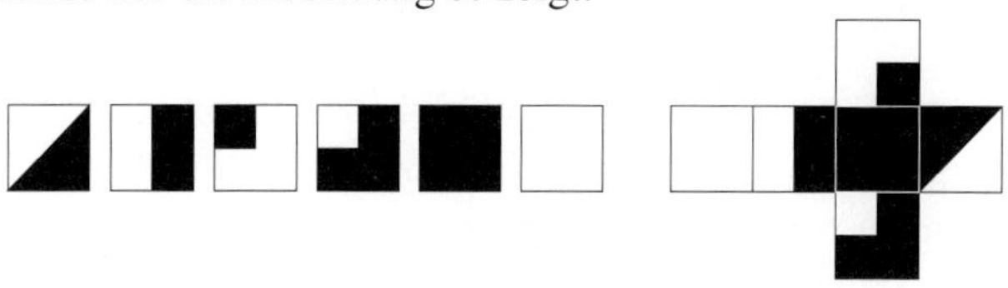

- Muster nachlegen
  Gibt man Kindern vier gleich gestaltete Musterwürfel in die Hand, bauen sie keine Modelle, wie sie es mit einfarbigen Würfeln tun würden, sondern sie entdecken Muster. Die meisten Kinder legen die Würfel dabei nicht in eine Reihe, sondern als Quadrat. Die Mustervielfalt erstreckt sich von gegenständlichen Bildern über achsen- und drehsymmetrische Muster bis zu abstrakten Darstellungen.

Manche Kinder probieren aus, wie viele schöne Muster sie finden können, wenn sie bei jedem Würfel die gleiche Musterfläche verwenden. Unweigerlich werden dabei symmetrische Beziehungen entdeckt. Die Muster lassen sich als Kontrolle und zum leichteren Zählen auf Papier übertragen. Man erleichtert den Kindern das Abzeichnen, wenn man ihnen verkleinerte 2x2-Quadrate als Zeichenhilfe anbietet (**Kopiervorlage G 3**). Dies ist wieder eine geeignete Form, geometrische Ergebnisse von den Kindern selbst dokumentieren zu lassen.

Die Experimentierfreude kann man als Lehrerin durch gezielte Aufträge weiter unterstützen. Dazu einige Anregungen:

- Lege ein Haus, ein Boot, einen Pfeil, den Buchstaben T, ein Fußbodenmuster u. a.
- Wie viele verschiedene Kreuze findest du?
- Kannst du ein weißes Quadrat mit schwarzem Rand legen, wenn du nur diese Würfelfläche benutzt?

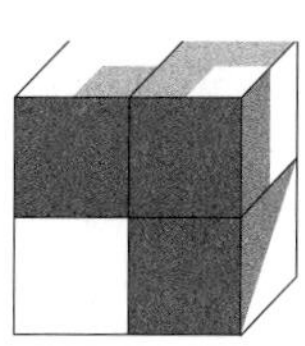

- Welche Würfelfläche brauchst du für ein schwarzes Quadrat mit weißem Rand?
- Schaffst du es, ein schwarzes bzw. weißes Rechteck zu legen?
- Lege dieses Muster und drehe es um! Zeichne auf, was du entdeckt hast!

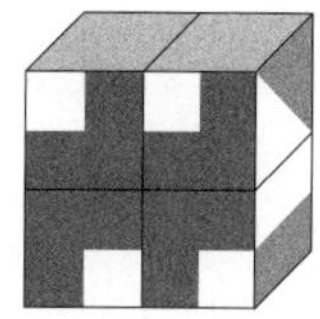

- Welche Muster kannst du legen, die auf der Unterseite wieder ein Muster zeigen?
- Mit welcher Würfelfläche musst du ein Muster legen, das auf der Unterseite schwarz ist?
- Lege für deine Freundin ein Muster, das sie nachbauen (oder auch zeichnen) soll.
- Schreibe und zeichne selber Aufgaben für deine Mitschüler.

Probieren Sie die Musterwürfel selber aus, dann entdecken Sie noch mehr interessante Fragestellungen. Diese Aufträge sind geeignet, um sie auf Arbeitsblättern anzubieten, auf denen die Kinder die Muster in Quadratrastern aufmalen (**Kopiervorlage G 3**).
Selbst entdeckte Fragestellungen der Kinder können im Klassenverband für alle auf Folie sichtbar gemacht werden.

- Musterkärtchen
  Für das Nachlegen von Mustern mit vier Würfeln können sie mit Hilfe der **Kopiervorlagen G 1** und **G 2** ein Spiel herstellen. Kleben Sie die Kopiervorlagen mit den Musterkärtchen auf Pappe und schneiden diese aus (evtl. mit Folie überziehen). Für die Karten 1–17 müssen alle vier Würfelflächen das gleiche Muster zeigen. Am leichtesten lassen sich Muster aus dieser Würfelfläche zusammensetzen (vgl. Karten 1– 4 **Kopiervorlage G 1**):

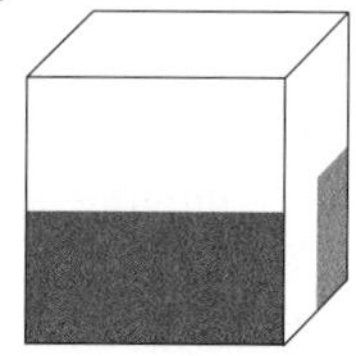

Schwieriger wird es bei den Mustern aus Würfelflächen, die sich aus einem schwarzen und einem weißen Dreieck zusammensetzen lassen (vgl. Karten 5–10, **Kopiervorlage G 1**, und 17, **Kopiervorlage G 2**):

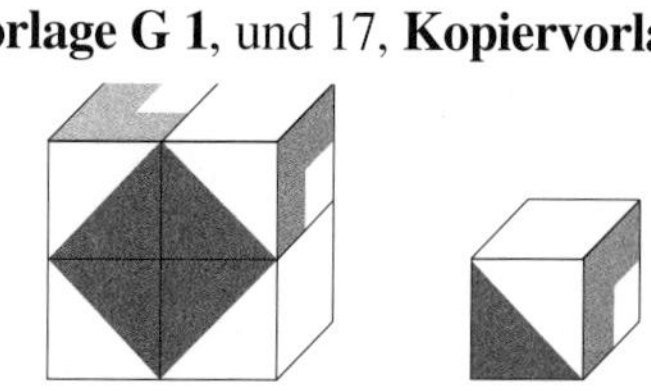

Als Hilfe wird auf die Rückseite der Karte die benötigte Fläche gezeichnet. Um den Kindern die Entwicklung einer Legestrategie zu erleichtern, wäre es möglich, auf allen Karten das Quadratraster hervorzuheben.

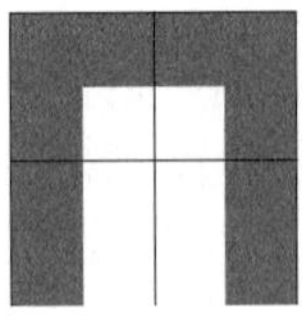

Die letzten sieben Muster (Karten 18–24, **Kopiervorlage G 2**) müssen mit je zwei bzw. drei (Karte 24) Würfelmusterflächen gelegt werden. Sie liegen zur Differenzierung für leistungsstärkere Kinder bereit.

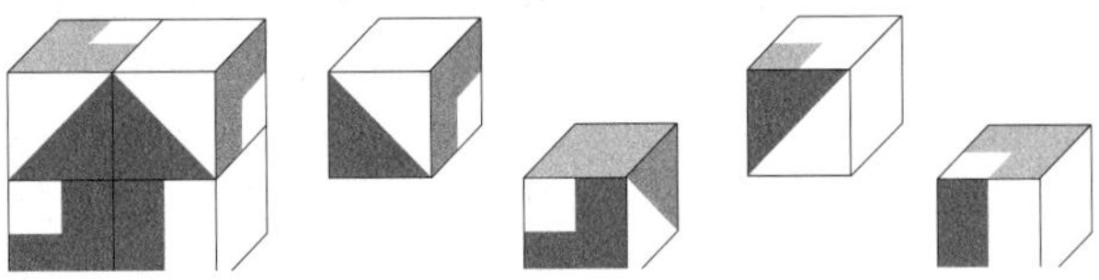

Mit den Würfeln kann auch um die Wette und zu mehreren gespielt werden. Dann benötigt allerdings jeder Mitspieler vier Würfel. Dem Einfallsreichtum der Kinder wird keine Grenze gesetzt, wenn sie sich eigene Muster ausdenken können, die evtl. der Nachbar nachlegen soll. Leerkärtchen regen die Kinder zur Erweiterung des Musterkartenangebots an (**Kopiervorlage G 3**). Als Spielregel mit höherem Schwierigkeitsgrad ist die Aufgabenstellung geeignet, zu einer Musterkarte mit den Würfeln das Farbnegativ zu legen. Was auf der Karte weiß ist, soll auf den Würfeln schwarz sein.

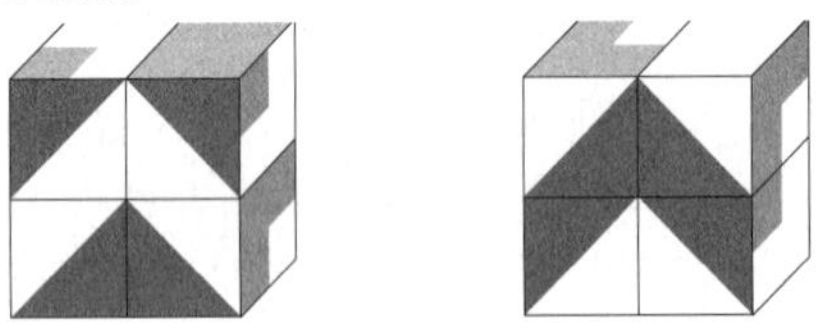

Viele der Musterkärtchen (**Kopiervorlagen G 1** und **G 2**) sind achsensymmetrisch. Meistens fällt die Spiegelachse mit den Kanten von zwei aneinander liegenden Würfeln zusammen, sodass jede Hälfte des Bildes aus zwei Würfeln besteht. Legt man Kindern solche Spiegelmuster mit dem Auftrag vor, die Gemeinsamkeiten der Muster zu untersuchen und zu notieren, entdecken sie bei allen die Eigenschaft der Symmetrie. Ihre Erklärungsmuster sind von einer kindlich-mathematischen Sprache geprägt, die sie teilweise durch kleine Skizzen unterstützen:

– Immer zwei gegenüberliegende Würfel sind gleich.

– Da sind zwei gleiche Hälften.

– Wenn man die zwei Würfel zusammenklappt, passen die Muster genau aufeinander.
– In die Mitte kannst du einen Spiegel stellen. Im Spiegel siehst du das gleiche wie auf den Würfeln dahinter.

Es fördert die Erkenntnis über symmetrische Beziehungen, wenn die Kinder eigenständig Spiegelbilder entwerfen. Werden diese auf leere Musterkartenvorlagen gezeichnet und auf der Spiegelachse zerschnitten, ergeben sich interessante Suchspiele. Zusammengehörende Paare zu finden, ist schon nicht einfach. Beim Memoryspielen wird es dann richtig kompliziert (auch für die Lehrerin).

- Bandornamente und Parkettierungen
  Unter Bandornamenten versteht man beliebig lange Streifen mit linear angeordneten Mustern, die sich nach dem Gesetz der Schubsymmetrie wiederholen. Als Parkettierung bezeichnet man jede lückenlose und schlichte Überdeckung der Ebene mit kongruenten Figuren (vgl. Heesch 1968). Eine mathematische Parkettierung ist also nach allen Richtungen hin unbegrenzt möglich bzw. ausgedehnt zu denken. In der Schule ist mit konkretem Material immer nur ein endlicher Ausschnitt produzierbar. Umgangsprachlich ist ein „Parkett" eine abgeschlossene, mit Rändern versehene Fläche.

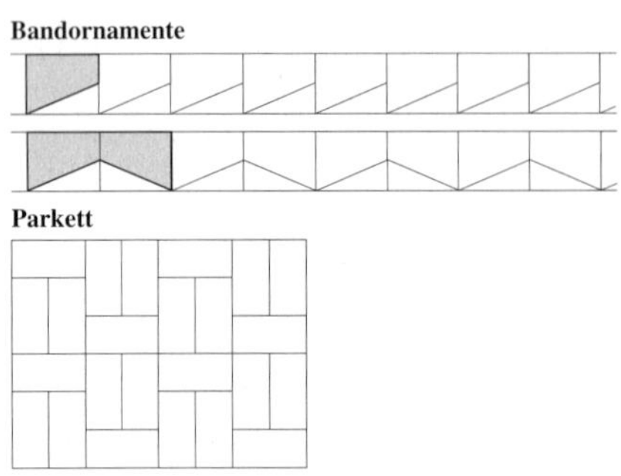

In der Natur ist die bekannteste Parkettierung das Bienenwabenmuster. Von Menschenhand erstellte Parkettierungen findet man in Straßenpflasterungen, Fußbodenmosaiken, Parkettböden u. a. Puzzlespiele, bei denen wie bei Parkettierungen Teile lückenlos zusammengefügt werden müssen, kennen Kinder schon von zu Hause oder aus dem Kindergarten. Als bekannte Arbeitsmittel für die Erstellung von Bandornamenten und Parkettierungen sind farbige Plättchen zu nennen und Farbstifte, mit denen Karopapier gefärbt wird. Musterwürfel werden selten verwendet. Man kann im Unterricht beobachten, dass Zweitklässler zwar sehr gerne Bandornamente und Parkette auf Karopapier entwerfen, aber nur die wenigsten in der Lage sind, komplexere Muster zu zeichnen, die beispielsweise die Diagonalen der Kästchen miteinbezieht. Die überwiegende Zahl der Kinder färbt ganze Karos bunt. Die Mustervielfalt bleibt mangels Zeichenfähigkeit begrenzt. Musterwürfel geben die Ornamente vor, repräsentiert durch die unterschiedlich bemalten Würfelflächen. Dadurch ist es allen Kindern möglich, Bandornamente und Parkettierungen aus komplexeren Grundelementen zu bilden. In relativ kurzer Zeit lassen sich viele verschiedene Muster entwickeln. Die Kinder entdecken selbsttätig eine weitere Besonderheit der Würfel. Hat man ein Bandornament gebildet, entstehen durch Kippung der gesamten Reihe sofort drei neue. Kippt man jeden Würfel einzeln nach rechts bzw. links erscheinen wieder andere Ornamente.

Ausgangslage

1. Drehung

2. Drehung

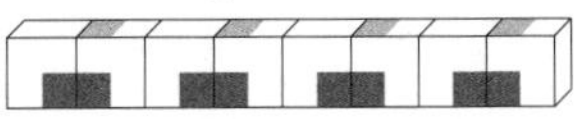

3. Drehung

Jeden Würfel einmal nach links gekippt

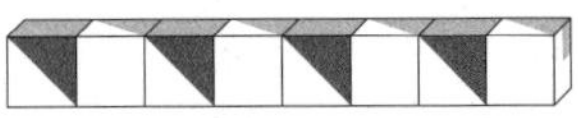

Erteilt man Kindern den Auftrag, die Würfel in einer Reihe anzuordnen, folgen sie meist unbewusst ästhetischen Gesichtspunkten. Die Reihen weisen bestimmte Regelmäßigkeiten auf. Ungeordnete Bänder entwerfen die Kinder selten und tun sie mit den Worten ab, die seien nicht schön. Intuitiv erarbeiten sich die Kinder, dass Bandornamente sich aus regelmäßig wiederholenden Musterelementen zusammensetzen. Den Partner in die eigenen Ideen einzuweihen, ist im offenen Geometrieunterricht fast selbstverständlich geworden. Es erweitert die Kenntnisse über den Aufbau und die Regelmäßigkeit einer Musterreihe, wenn der Nachbar ein begonnenes Bandornament fortsetzt. Dabei bleibt es der Kreativität der Kinder überlassen, ob sie eine oder mehrere Flächen der Musterwürfel ständig wiederholen wollen. Die Aufgabe wird deutlich schwerer, wenn der Anfang eines Bandornaments dem Partner nur mündlich beschrieben wird.

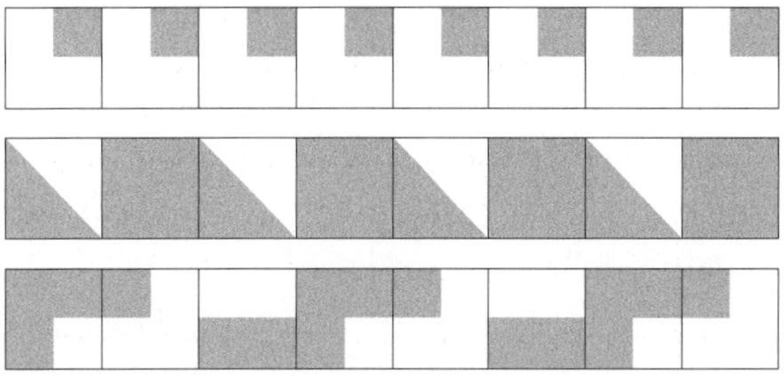

Die Mustervielfalt der Würfel regt zu interessanten Entdeckungen an, die die Kinder in vorgegebenen Karofeldern protokollieren können.

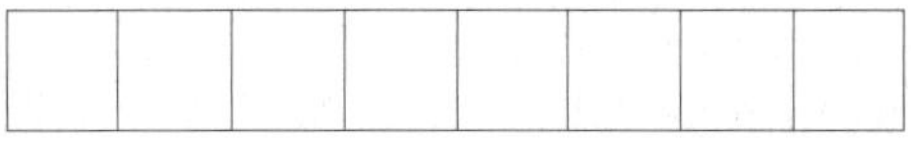

Dazu einige Beispiele:

- Möglichst viele verschiedene Bandmuster, in denen sich immer dieselbe Würfelfläche wiederholt, legen und zeichnen.
- Bandornamente aus verschiedenen sich wiederholenden Würfelflächen bilden.
- Gezeichnete Bandornamente mit den Würfeln nachlegen
- Begonnene Bandornamente weiterzeichnen

Die Kinder entdecken allein einfache Fußbodenmuster, aber auch komplizierte Parkettstrukturen, wenn sie die Würfel nicht als Bandornament anordnen.

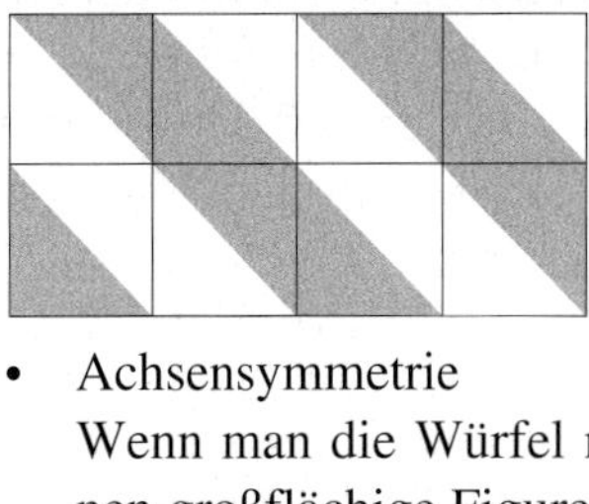

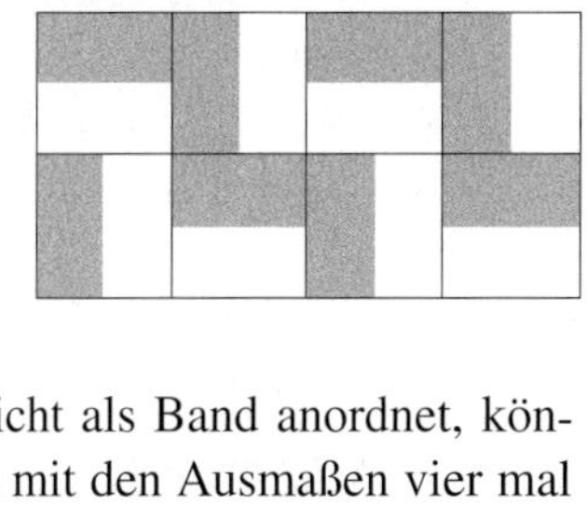

- Achsensymmetrie

  Wenn man die Würfel nicht als Band anordnet, können großflächige Figuren mit den Ausmaßen vier mal zwei Würfel gelegt werden. Neben freien Bildern ist das Nachlegen und Entdecken achsensymmetrischer Figuren besonders reizvoll. Dabei ist eine horizontale und eine vertikale Spiegelachse denkbar. Jede Spiegelhälfte besteht aus vier Würfeln. Da die Würfel das Bild in Segmente zerlegen, erhalten die Kinder eine visuelle Vorstrukturierung, die ihnen das Spiegeln erleichtert.

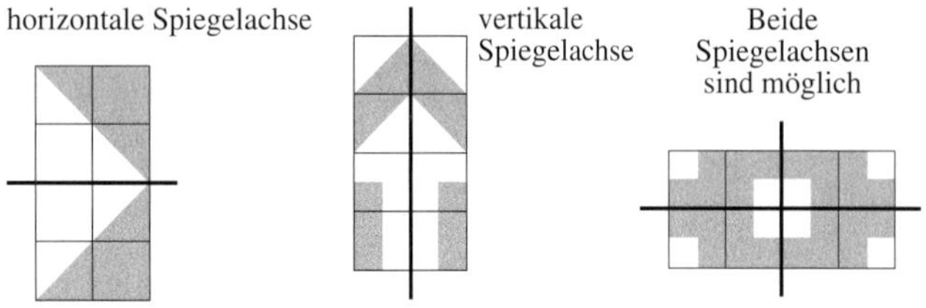

Durch Zusammenklappen der entsprechenden Würfel können die Kinder ohne Spiegel überprüfen, ob ihre Figur wirklich symmetrisch ist.

3.3.3 Falten mit Papier

Viele Bastelbücher für Kinder bieten Anregungen zum Papierfalten. Trotzdem wagen sich Lehrerinnen nur selten an Faltobjekte. Dafür sind wohl mehrere Ursachen verantwortlich:

- Faltanleitungen in Bastelbüchern sind nicht leicht zu verstehen.
- Ein Faltobjekt entsteht aus vielen einzelnen Faltschritten und es bedarf einiger Übung, bis man die Faltfigur aus dem Gedächtnis falten kann.
- Falten im Unterricht erfordert Geduld und Zeit zum Probieren.
- Falten erfordert detaillierte Vorbereitungen, da die Kinder nach dem Prinzip Vormachen–Nachmachen lernen.

Beim Papierfalten können Kinder viele geometrische Erfahrungen sammeln. Komplizierte Falttechniken sind nicht Lernziel, sondern es geht um den Prozess des Experimentierens und Probierens bis zum fertigen Faltobjekt. Faltobjekte sind immer kleine Projekte, die den Mathematikunterricht mit dem Kunst- und Sachunterricht verbinden. Bei der Auswahl der Beispiele haben wir bewusst auf die Darstellung von Tieren, Schiffen, Papierfliegern und anderen gegenständlichen Objekten verzichtet, da Bastelbücher hierzu vielfältige Anregungen bieten.

Fachbegriffe

Einige wenige Fachbegriffe genügen, um einen Faltvorgang zu verdeutlichen. Kinder müssen die Begriffe

- Diagonale,
- Mittellinie,
- Seite,
- Ecke,
- Mittelpunkt

kennen. Besonders die ersten beiden Termini sind den Kindern meistens unbekannt. Im herkömmlichen Unterricht zeigt man den Kindern Ecken und Seiten an Quadraten bzw. Rechtecken. Diagonalen und Mittellinien werden als Faltlinien veranschaulicht, deren Schnittpunkt als Mittelpunkt bezeichnet wird. Von den Kindern wird gefordert, diese Merkmale zu „sehen". An selbst erstellten Materialien lassen sich diese Merkmale auch „fühlen". Benötigt werden dazu fünf quadratische, fünf rechteckige und zwei runde Bierdeckel. Die abgerundeten Ecken sollten mit einem Cutter begradigt werden. Zusätzlich besorge man sich Klebepunkte aus Filz und Filzband zum Abdichten von Fenstern. Die Bierdeckel müssen mit Kreppband präpariert werden (s. Abbildung).

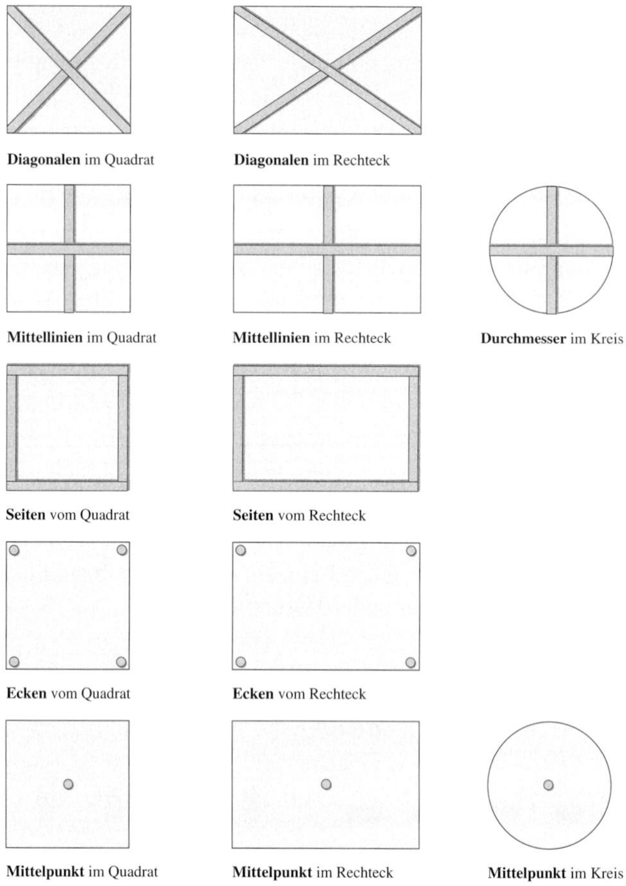

Die Rückseite der Deckel dienen der schriftlichen Kontrolle. Der runde Bierdeckel mit dem Filzpunkt in der Mitte trägt auf der Rückseite die Beschreibung „Mittelpunkt im Kreis". Analog dazu müssen die übrigen Deckel beschriftet werden. Anschließend kommen alle Bierdeckel in einen Fühlbeutel.

Vielfältige Übungsformen sind möglich:

- Tim gibt Anna den Auftrag, die Diagonalen des Quadrats zu erfühlen.
- Daniel erfühlt eine Karte und versucht sie Sonja so zu beschreiben, dass sie weiß, welche er gezogen hat.
- Ina spielt alleine. Sie zieht eine von 12 Kärtchen, die genauso beschriftet sind wie die Rückseiten der Bierdeckel und versucht den Auftrag auszuführen.

Über den taktilen Wahrnehmungssinn verinnerlichen die Kinder notwendige Fachbegriffe.

Falten von Schachteln, Tüten und anderen Behältnissen

Schachteln und Tüten als Verpackungen für Geschenke zu Ostern, Weihnachten oder zum Muttertag werden in der Schule immer wieder hergestellt. Sie eignen sich auch hervorragend zum strukturierten Zählen und Bündeln (immer 10 Perlen in eine Tüte) und zur Präsentation von Sammelobjekten (Baumfrüchte wie Eicheln, Kastanien, Zapfen, Bucheckern usw. werden in Schachteln sortiert und ausgestellt.). Es ist anzustreben, dass die Kinder die einzelnen Faltschritte so oft ausführen, bis sie diese auswendig können. Die Kinder werden feststellen, wie oft sie in der Schule und zu Hause Behälter zur Aufbewahrung von Gegenständen benötigen. Ohne Anleitung können sie Tüten und Schachteln dann jederzeit selbstständig herstellen.

Tüten

Im Handbuch zum 1. Schuljahr haben die Kinder das Falten einer Tüte aus einem quadratischen Stück Papier gelernt.

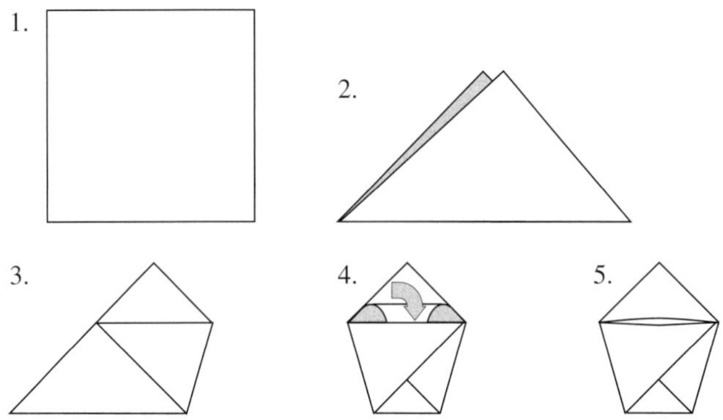

Im 2. Schuljahr wird das Angebot durch eine klassische Bonbontüte und einen Papiersack erweitert. Für beide Formen benötigt man ein quadratisches Papier und Klebstoff. Die Tüten können von den Kindern selbst bemalt und beklebt werden. Einwickelpapier eignet sich besonders für Weihnachts- oder Ostertüten.

Papiertüte

1. Falte das Quadrat in der Diagonalen und öffne es wieder.
2. Lege es mit einer Spitze nach unten vor dich auf den Tisch.
3. Falte bei zwei aufeinander stoßenden Seiten ein schmales Dreieck nach innen.
4. Klebe die schmalen Dreiecke mit Klebstoff zusammen.
5 So sieht eine bemalte Bonbontüte aus.

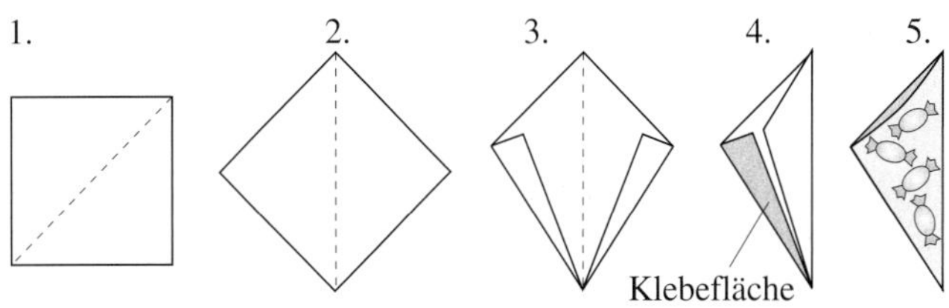

Papiersack

1. Falte das Quadrat etwas neben der Mittellinie, sodass hinten ein Streifen vorsteht.
2. Falte den Streifen nach vorne und klebe ihn fest.
3. Falte am unteren Ende des Rechtecks zwei Dreiecke zur Mitte.
4. Klappe die Dreiecke wieder auf.
5. Schiebe die Ecken beider Dreiecke so nach innen, dass zwei Spalten entstehen.
6. Eine Spitze nach oben klappen.
7. Die untere Spitze etwas über die Mitte nach oben legen.
8. Obere Spitze etwas über die Mitte nach unten legen und festkleben.
9. Jetzt kannst du den Papiersack verzieren und aufstellen. Du kannst auch ein Band zum Festhalten anbringen.

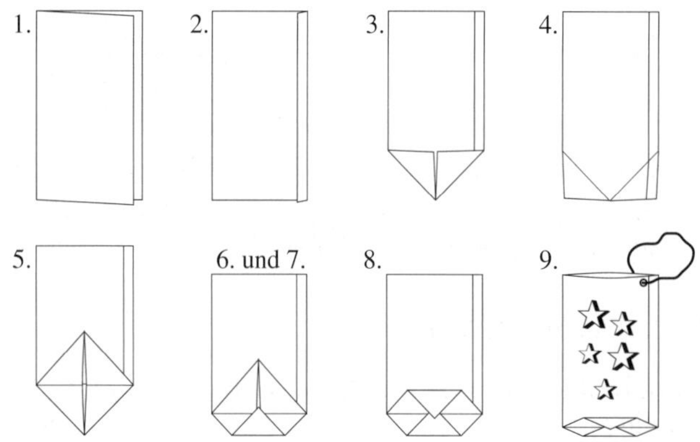

Schachteln

Schachteln sind vielseitige Faltobjekte. Wenn die Kinder das Prinzip einmal verstanden haben, lassen sich Schachteln in verschiedenen Größen mit rechteckiger bzw. quadratischer Grundfläche mit und ohne Deckel falten.

Schachteln mit quadratischer Grundfläche

1. Falte das Quadrat auf der kurzen Mittellinie und öffne es wieder.
2. Falte den oberen und unteren Rand zur Mitte und öffne das Papier wieder.
3. Falte das Quadrat auf der langen Mittellinie und öffne es wieder.
4. Falte den oberen und unteren Rand zur Mitte und öffne das Papier wieder.
5. Schneide das Quadrat viermal so wie auf der Abbildung ein.
6. Stelle den Rand auf, lege die Seitenwände übereinander und klebe sie fest.

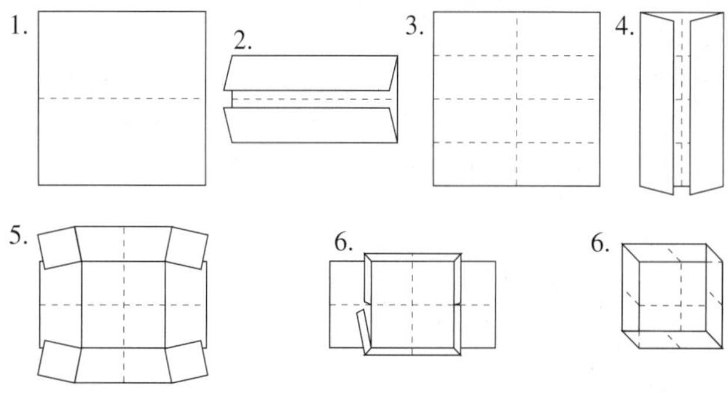

Verwendet man als Faltpapier ein Rechteck, dann sind die kurzen Seiten höher als die langen (Faltfelder sind Rechtecke und keine Quadrate). Sie müssen nach innen gefaltet und festgeklebt werden.

Anhand einer Faltschachtel mit quadratischer Grundfläche entdecken die Kinder besondere geometrische Strukturen:

- Warum hat die Schachtel 16 Faltfelder, wenn sie wieder aufgefaltet wird?
- Warum sind die Faltfelder alle quadratisch?
- Kannst du die Maße der Standfläche deiner Schachtel voraussagen, wenn dein Faltpapier 20 cm x 20 cm groß ist? (Standfläche ist 10 cm x 10 cm)

- Falte eine Schachtel aus einem Blatt Papier mit den Maßen 20 cm x 20 cm. Kannst du eine Schachtel falten, deren Grundseiten halb bzw. doppelt so lang sind? Wie groß muss dein Ausgangsquadrat sein?

Kinder gehen sehr kreativ mit ihren Faltschachteln um. Einige kleben sie zu großen Setzkästen zusammen. Andere falten Schachteln mit Deckeln. Die Ausmaße des Faltpapiers für einen Deckel müssen um ca. 3 – 4 mm größer sein als die für die Schachtel. Wird im Deckel an den Längsseiten ein kleines Dreick oder ein Halbkreis ausgeschnitten, lässt sich die Schachtel leichter öffnen und schließen. Besonders zur Weihnachtszeit bietet es sich an, Schachteln mit Deckel als Geschenke mit weihnachtlichen Motiven zu verzieren. 24 Schachteln mit Deckel ergeben einen Adventskalender für die Klasse. Jedes Kind baut eine Kalenderschachtel und versteckt in ihr eine kleine Überraschung. Sind alle Schachteln gleich groß, ist die Auswahl an geeigneten Geschenken von vornherein eingeschränkt. Um die Schachteln z. B. für Geschenke stabiler zu machen, kann festeres Papier oder Tonkarton verwendet werden.

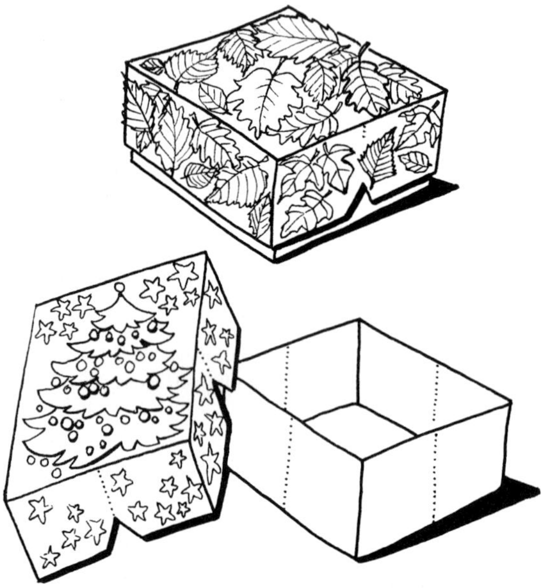

Die Schachteln eignen sich zur Herstellung einer einfachen Bügelwaage (vgl. S. 186 f.).

Portmonee

Im 2. Schuljahr wird häufig mit Spielgeld gerechnet. Jedes Kind hat eine geeignete Anzahl an Münzen und Scheinen zur Verfügung. Oft ist das Spielgeld nach kurzer Zeit unvollständig, da den Kindern eine geeignete Aufbewahrungsmöglichkeit fehlt. Ein selbst gefalteter und bemalter Geldbeutel ermöglicht es den Kindern sorgfältig mit ihrem Spielgeld umzugehen (vgl. Kap. Sachrechnen und Größen „Geld“).

Portmonee

1. Falte ein DIN-A4-Blatt auf der kurzen und auf der langen Mittellinie. Falte das Papier auseinander. Du siehst ein Kreuz.
2. Falte oben und unten eine Spitze.
3. Falte die obere Spitze nach unten und die untere nach oben.
4. Falte beide Teile zur Mitte.
5. Drehe das Papier um.
6. Falte den oberen und den unteren Teil zur Mitte.
7. Drehe das Papier um.
8. Klappe das Papier auf der Mittellinie zusammen. Es entstehen zwei Fächer.
9. Ziehe aus einem Fach ein Dreieck als Deckblatt heraus. Fertig ist dein Geldbeutel. Male ihn an.

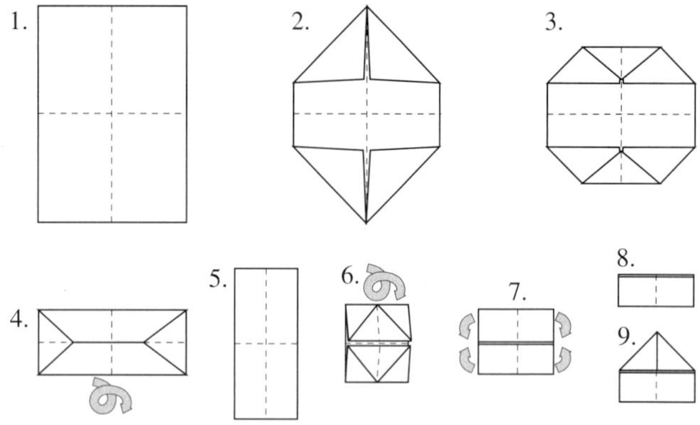

Dreidimensionale Bilder

Jeder kennt sie, die dreidimensionalen Klappbücher, aus denen dem Betrachter Monster, Drachen und andere Märchenfiguren entgegenspringen. Mit technisch geringerem Aufwand können Kinder Klappkarten und Bücher selbst erstellen.

Als Material werden festes Papier oder Tonkarton, Klebstoff und Farbstifte benötigt. Zu Beginn faltet man ein rechteckiges oder quadratisches Papier zu einer Klappkarte. Anschließend wird die Karte an der geschlossenen Seite eingeschnitten. Alle Schnitte verlaufen senkrecht zur geschlossenen Kante, wobei zwei nebeneinander liegende Schnitte nicht mehr als 1 cm auseinander liegen sollen, nicht über die Mitte der Karte hinaus und gleichlang sein müssen. Nun wird die Karte aufgeklappt und die Papierstreifen nach innen gefaltet. Zwei Schnitte ergeben einen Steg, vier Schnitte zwei usw.

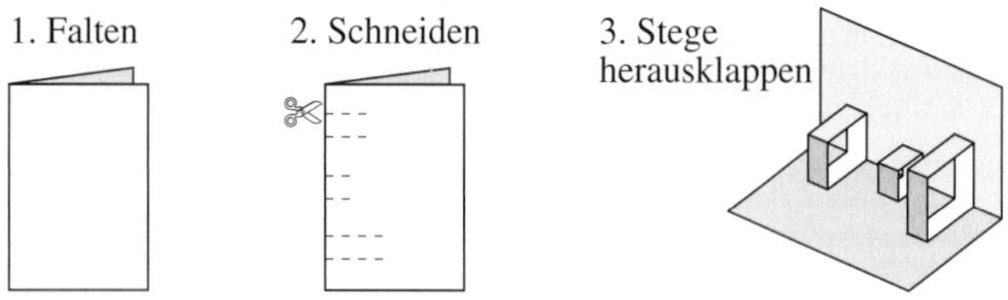

Die Fantasie der Kinder bestimmt die Ausgestaltung der 3-D-Bilder. Daniel möchte gerne zwei Kinder aus einem Bus aussteigen lassen. Dazu muss er zwei Stege in die Klappkarte schneiden. Auf den aufrecht stehenden Teil der Karte malt er seinen Bus. Dann entwirft er zwei Kinder aus Papier, die er ausschneidet. Jedes Kind wird an einen Steg geklebt.

Die Kinder lernen bei der Herstellung von Klappkarten, dass Figuren im Hintergrund scheinbar kleiner als Figuren im Vordergrund sind. Vorn platzierte Figuren müssen daher an längeren Stegen angeklebt werden als Objekte weiter hinten. Auch die Größenverhältnisse zwischen aufgemaltem Hintergrund und Figuren an den Stegen müssen aufeinander abgestimmt sein.

Die Kinder sind immer wieder fasziniert, wenn sie ihre geschlossene Karte aufklappen und vor ihren Augen ein Panorama entsteht. Beliebte Themen sind Geburtstagskarten mit Torten, Kerzen und Geschenken. Auch weihnachtliche und österliche Motive sind begehrt.

Für ein komplettes Buch müssen die fertigen Klappkarten mit aufgestellten Stegen aufeinander gelegt und sich berührende Seiten zusammengeklebt werden.

Sterne

Sterne aus Papier sind hochsymmetrische Gebilde. Durch gezieltes Falten und Schneiden können Kreise und Quad-rate in Sterne verwandelt werden. Faltet man ein Papier einmal an einer beliebigen Stelle und schneidet irgendwo etwas ab oder heraus, dann erscheinen im wieder aufgeklappten Papier alle Schnitte doppelt, wobei die Faltlinie die Symmetrieachse ist. Auf diese Weise entstehen die bekannten Papierdeckchen, die schon frühere Generationen gebastelt haben. Durch mehrmaliges Falten wird ein Papierdeckchen sogar drehsymmetrisch. Dieses geometrische Phänomen ist Grundlage vieler Anleitungen für Faltsterne.

Faltsterne

Wir beginnen mit Vollsternen. Die Kinder falten und schneiden Kreise und Quadrate so, dass Sterne entstehen. Dafür werden die Kreise und Quadrate jeweils dreimal gefaltet.

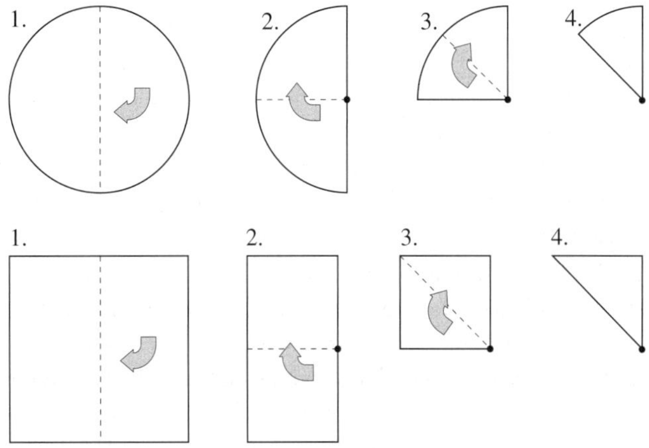

Anschließend erhalten die Kinder folgende Aufträge zum Experimentieren:

- Führe am Quadrat und am Kreis jeweils einen Schnitt so aus, dass du einen Stern erhältst.

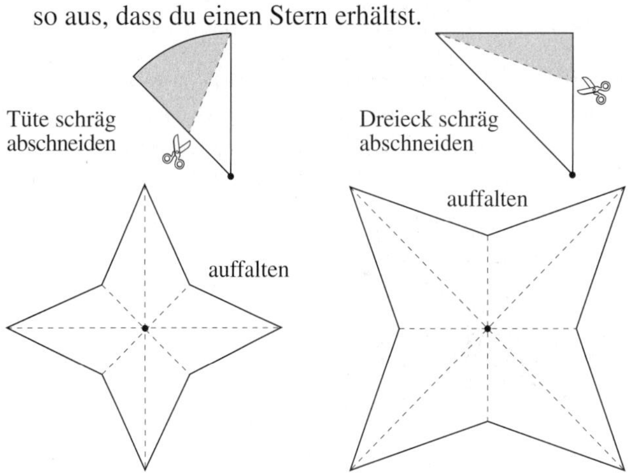

- Führe am Quadrat und am Kreis jeweils zwei Schnitte so aus, dass du einen Stern erhältst. Es gibt mehrere Möglichkeiten.

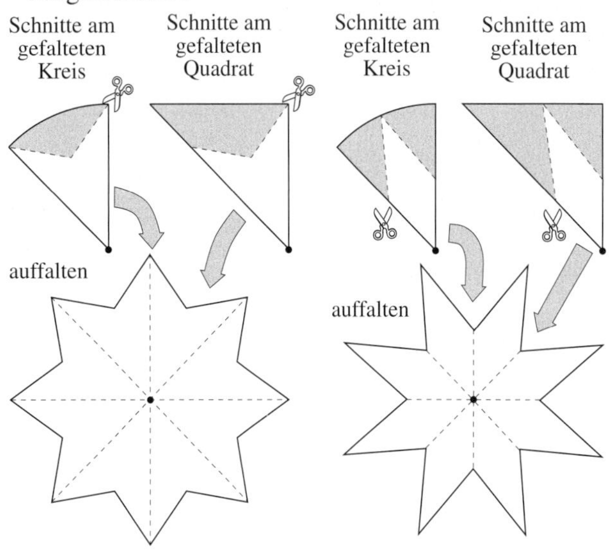

- Führe am Quadrat und am Kreis mehrere Schnitte so aus, dass du einen Stern erhältst. Wie viele Zacken hat dein Stern? Kannst du einen Stern mit noch mehr Zacken schneiden?

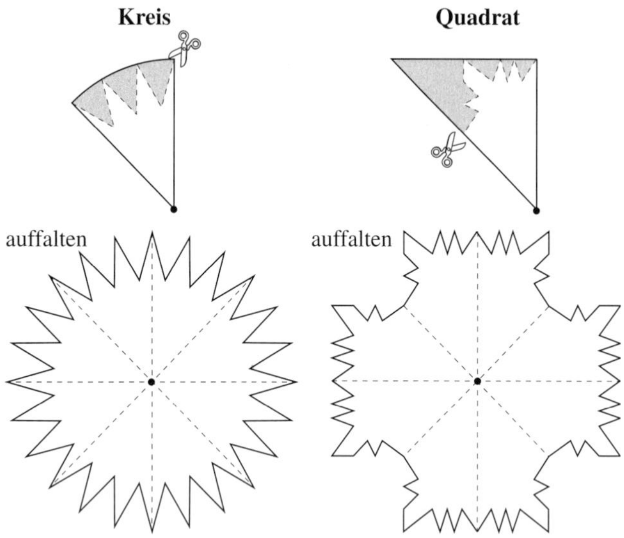

- Wenn du deinen Kreis und dein Quadrat mehr als dreimal faltest und dann einschneidest, wie viele Zacken bekommen deine Sterne dann?

Sterne sind drehsymmetrisch. Bei solch einfachen Faltsternen aus Kreisen und Quadraten ist der Mittelpunkt (auch Drehpunkt) des Kreises bzw. des Quadrats identisch mit dem Drehpunkt des entstehenden Sterns. Diese Besonderheit erkennen die Kinder beim Basteln von Faltsternen. Nur wenn der Mittelpunkt beim Falten erhalten bleibt, entsteht auch ein Stern. Durch Versuch, Irrtum und Erfolg erfahren die Kinder, wie sie einen Kreis bzw. ein Quadrat falten und schneiden müssen, damit ein Stern entsteht. Nach diesen Experimenten bewältigen Kinder auch solch offene Aufgabenstellungen wie: Nimm ein Quadrat oder einen Kreis und erzeuge durch Falten und Schneiden einen Stern.

Ornamentsterne

Faltsterne lassen sich in Ornamentsterne verwandeln, wenn aus dem nicht geöffneten Stern kleine Papierformen (Dreiecke, Halbkreise etc.) herausgeschnitten werden. Auf andersfarbiges Papier geklebt, wirken die Ornamente besonders schön.

Klappsterne

Quadrate und Kreise dienen als Grundformen. Beide werden zu einer Tüte gefaltet und so eingeschnitten, dass parallele Schnitte entstehen. Die Schnitte müssen in Verlängerung des Mittelpunktes ausgeführt werden, ohne die Tüte in mehrere Teile zu zerlegen. Der Mittelpunkt des Sterns ist die Spitze der Tüte. Wird dieser Mittelpunkt farbig markiert und gibt man den Kindern den Tippp, beim Schneiden der Streifen die Tüte an der Spitze festzuhalten, ist die Gefahr gering, dass der Stern in Einzelteile zerfällt. Anschließend wird die eingeschnittene Tüte vorsichtig auseinander gefaltet. Klappt man nun einige Spitzen nach außen, entsteht ein feingliedriger Klappstern.

1. Kreis zur Tüte falten 2. Einschneiden

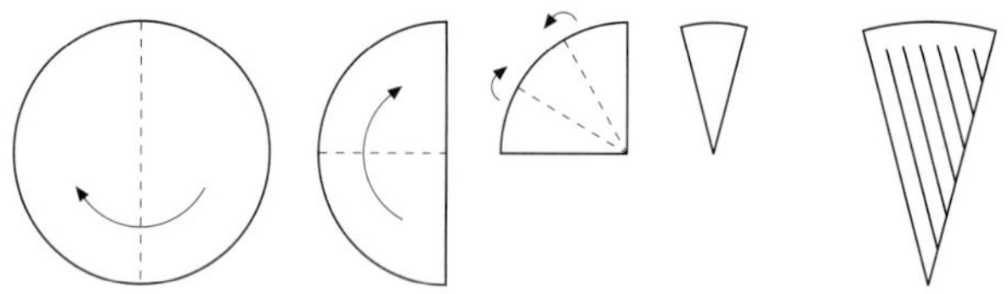

3. Auffalten und einige Spitzen nach außen knicken.

Kinder sind fantasievoll und kreativ. Sie entdecken schnell, dass sich durch eine anders gefaltete Tüte verschiedene Klappsterne mit unterschiedlich vielen Zacken basteln lassen.

3.3.4 Spannen auf dem Geobrett

Obwohl das Geobrett ein didaktisch fruchtbares und über alle Grundschuljahre hinweg im Unterricht einsetzbares Arbeitsmittel ist, ist es in der Grundschule kaum zu finden. Seine Möglichkeiten, die visuelle Wahrnehmungsfähigkeit zu fördern, ebene Figuren darzustellen, symmetrische Phänomene zu entdecken, schwierige geometrische Untersuchungen durchzuführen oder Flächeninhalte und Umfänge zu ermitteln, werden stark unterschätzt. Außerdem erlaubt das Geobrett in den folgenden Schuljahren handelnde Erfahrungen zu einem anschaulichen Bruchbegriff (vgl. Streibel 1976).

Als Geobrett oder Nagelbrett bezeichnet man eine quadratische Platte, auf der entlang senkrechter und waagerechter Linien Nägel in regelmäßigen Abständen angeordnet sind. Mit Gummiringen werden Figuren und Muster gespannt. Lehrmittelverlage (z. B. Schubi) bieten Bretter mit 25 (5x5), 36 (6x6), 121 (11x11), 361 (19x19) Nägeln an. Eine zu große Anzahl an Nägeln ist eher verwirrend als lernanregend. Für die Grundschule genügen ein 9-Nagel-Brett (3x3), welches man selbst herstellen muss, oder ein 16-Nagel-Brett (4x4).

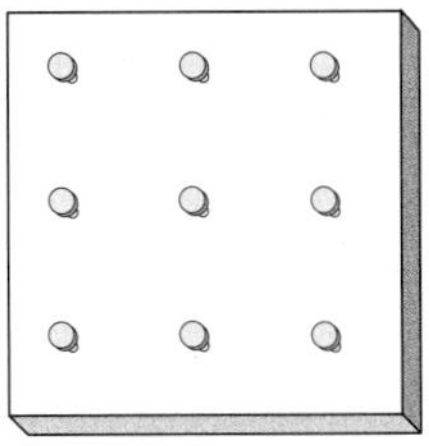
9-Nagel-Brett

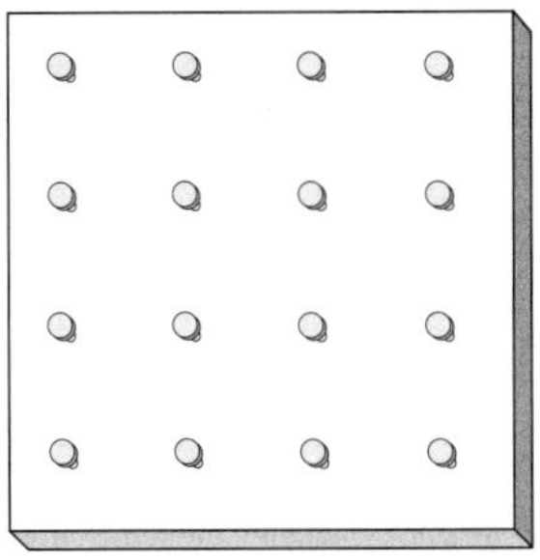
16-Nagel-Brett

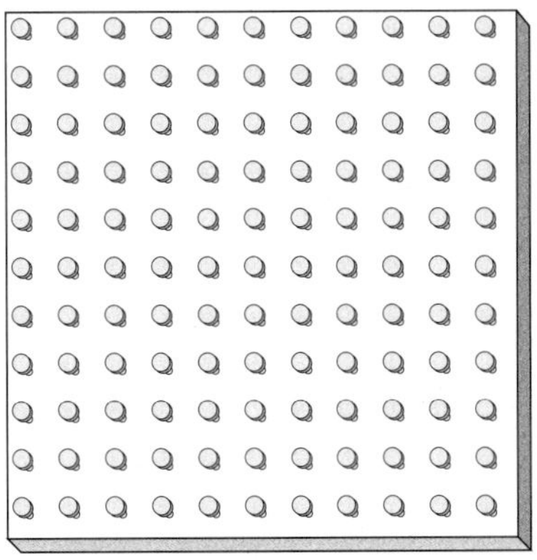
121-Nagel-Brett

Für das 2. Schuljahr empfehlen wir ein 16-Nagel-Brett, das sehr einfach und preiswert selbst hergestellt werden kann. Beim Tischler lässt man sich eine 8 mm starke, quadratische Holzplatte mit den Maßen 200 mm x 200 mm zuschneiden. In 5-cm-Abständen bringt man die Nägel in 4 Reihen zu je vier Nägeln an (Abstand vom Rand 2,5 cm). Am besten eignen sich Tapezierstifte oder Blauköpfe. Eltern und ältere Schüler helfen gern beim Bauen von Geobrettern. Zum Markieren der Nägel eignet sich eine Folienschablone. Diese wird mit Löchern für die Nägel auf das Brett gelegt. Mit einem Stift können nun die Punkte für die Nägel auf das Brett gezeichnet werden (**Kopiervorlage G 4**).

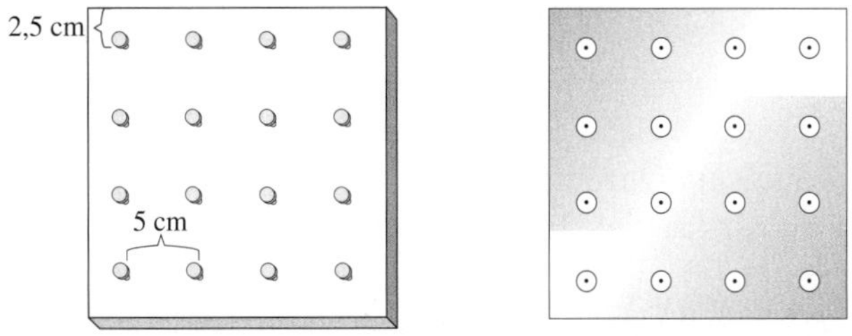

Geobrett mit Folienschablone

Mein Geobuch

Aktivitäten am Geobrett fordern von den Kindern visuelle Wahrnehmung und Bewegungsabläufe zu koordinieren. Eine Figur, die sie entweder auf einer Vorlage oder in der Vorstellung sehen, muss in die Bewegung „Umspannen von Nägeln" umgesetzt werden. Wahrnehmung und Bewegung bilden eine Einheit, die nicht nur das räumliche Vorstellungsvermögen schulen, sondern auch das Buchstabenschreiben mit unterstützen können (vgl. Köhler 1994, S. 17). Das Umspannen der Nägel zieht noch eine weitere Tätigkeit nach sich, das Zeichnen. Gespannte Figuren übertragen die Kinder auf Arbeitsblätter mit vorgegebenen Geobrett-Rastern. Zu diesem Zweck legen die Kinder ein Geobuch an. In diesem Geobuch werden Arbeitsergebnisse, Lösungswege, eigene Ideen usw. gesammelt. Um den Kindern möglichst viel Gestaltungsfreiheit in ihrem Geobuch zu lassen, wird nur der äußere Rahmen vorgegeben. Dazu brauchen die Kinder einen Heftstreifen, weiße Blätter im DIN-A5-Format (mit Randmarkierung für den Heftstreifen) und eine 16-Löcher-Schablone (**Kopiervorlage G 4**). Hat ein Kind beispielsweise versucht, verschiedene Dreiecke auf dem Geobrett zu spannen und sieben unterschiedliche entdeckt, zeichnet es mit Hilfe der 16-Löcher-Schablone Geobretter, in die es seine Lösungen einträgt.

Geobuchseite

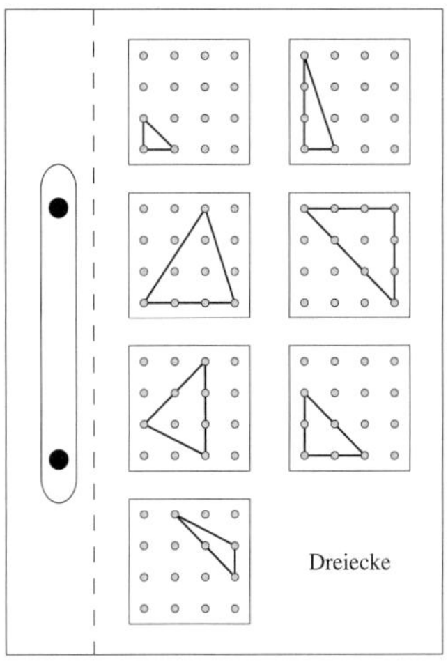

Unsere Erfinderbörse

Bevor man den Kindern gezielte Aufgaben am Geobrett stellt, muss eine Phase der eigenen Entdeckung vorangestellt werden. Die Kinder lernen dabei zwei wichtige Aspekte:

1. Den technischen Umgang mit dem Material: Wie weit kann ich einen Gummiring dehnen, bis er reißt? Wie spanne ich eine Fläche auf? Warum muss ich immer gleichzeitig mit zwei Händen arbeiten?
2. Die geometrischen Möglichkeiten, die das Material bietet: Welche Bilder kann ich spannen? Kann ich auch ein Quadrat spannen? Finde ich eine Figur, die möglichst viele Ecken hat?

Nennen wir den Lernanlass für die Kinder Erfinderbörse. In der Erfinderbörse können Figuren erfunden werden, die sich mit einem Gummiring aufspannen lassen. Aufspannen ist in diesem Zusammenhang ein sehr wichtiger Begriff. Den Kindern muss deutlich werden, dass ein Gummiring eine Figur begrenzt, ansonsten verwenden einige Kinder das Gummiband wie einen Stift, mit dem sich Linien ziehen lassen. Diese Möglichkeit ist technisch zwar auch gegeben, verwirrt die Kinder aber eher und wird erst im 3. und 4. Schuljahr bei den Themen „Parallelen" bzw. „Senkrechte" und „rechte Winkel" eingeführt.

Häuser, Schiffe, und Tiere

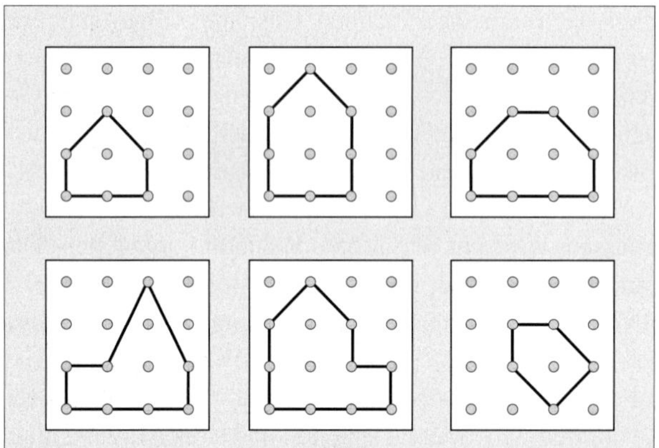

Häuser

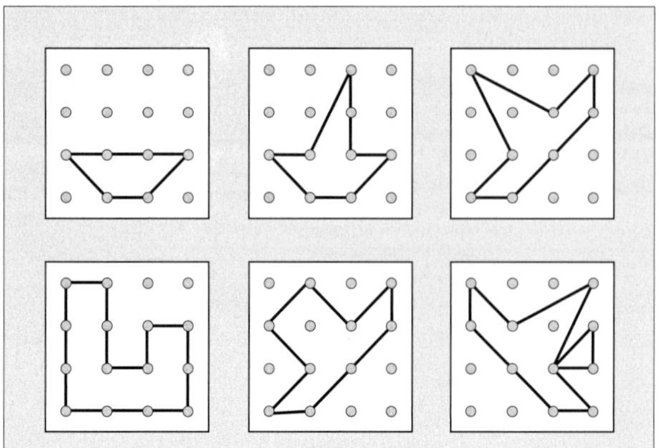

Schiffe

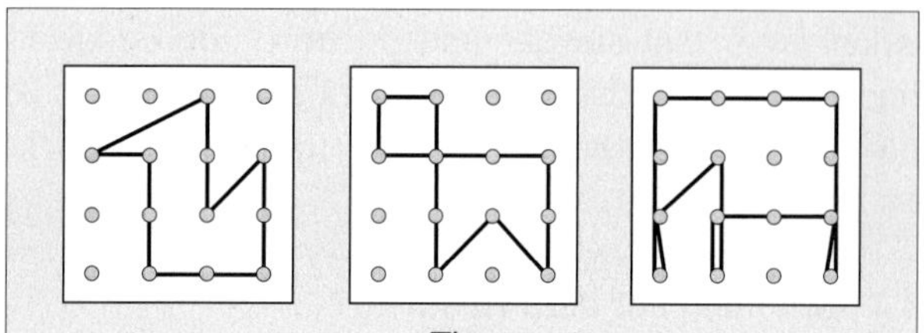

Tiere

Die Kinder sind sehr kreativ im Erfinden gegenständlicher Bilder. Es wäre schade, wenn man diese Kreativität nicht dokumentieren würde. Die Kinder übertragen ihre Bilder mit dem Lineal auf originalgroße Papier-Geobretter. Anschließend werden diese ausgeschnitten und auf großen Plakaten in der Klasse ausgestellt.

Rätselbilder

Die Kinder erfinden Figuren unter der Fragestellung: Was soll das sein? Die Mitschüler versuchen das Rätsel zu lösen. Mit Rätselbildern lassen sich die ersten Seiten im Geobuch füllen.

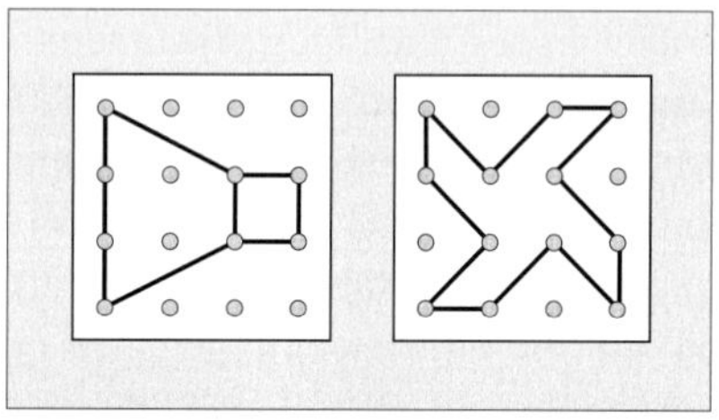

Figuren erfinden und nachspannen

Die Kinder spannen verschiedene Figuren. Sie können sie vom Nachbarn nachspannen lassen, sie aufzeichnen oder der gesamten Klasse in Form eines Diktats diktieren. Das Benennen der Nägel von A bis P (oben links A, unten rechts P) erleichtert das Diktieren. Dazu einige Beispiele:

- Spanne ein Quadrat um die Nägel A, D, M, P.
- Spanne das Gummiband um die Nägel B, E, G, I, J, K. Wie sieht die Figur aus?
- Spanne eine Figur deiner Wahl. Diktiere deinem Nachbarn die Buchstaben der Nägel.

Wenn die Kinder ihre Figuren auf Karten aufzeichnen können, entsteht eine Kartei. Sie kann ständig durch neue Ideen ergänzt werden. Oft wollen die Kinder auch einfach nur nach Vorlage spannen. Später entwickeln sich Wettspiele in der Art: Wer kann die Figur am schnellsten nachspannen? Wer kann die Figur in einer anderen Lage spannen? Wer findet das Spiegelbild?

Es ist nicht zu unterschätzen, wie schwer vielen Kindern das Nachspannen einer Figur fällt. Sie müssen die zweidimensionale Abbildung einer gezeichneten Figur in die Linienführung des Gummibandes umsetzen, wobei der Gummiring geschlossen ist und nicht wie ein offenes Band von Nagel zu Nagel gespannt werden kann. Die **Kopiervorlagen G 5** bis **G 7** umfassen eine Sammlung von Figuren unterschiedlicher Schwierigkeitsstufen. Von der Lehrerin zerschnitten, können sie von den Kindern immer wieder nachgespannt und ergänzt werden. (Weitere Anregungen zu beziehen bei: V. Längsfeld, Friedrich- Rüder-Str. 25, 26135 Oldenburg.)

Verdeckte Bilder

Diese Aufgabenstellung erfordert die Fähigkeit eine Figur vor einem unruhigen Hintergrund wahrzunehmen. Die Kinder spannen eine Figur nach Vorlage oder aus der Vorstellung und überdecken sie durch andersfarbige Gummiringe. Wer findet die Ausgangsfigur wieder? Wer sieht mein Quadrat noch?

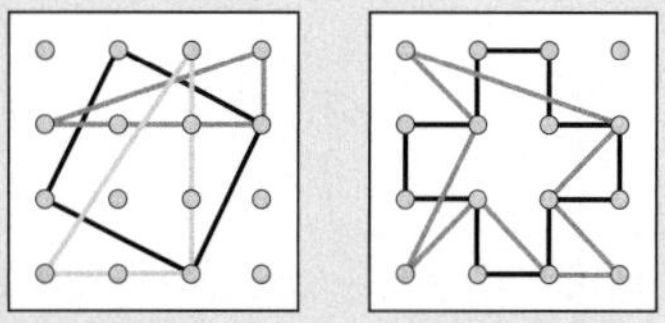

Quadrat von 2 Gummiringen verdeckt — Kreuz von 1 Gummiring verdeckt

Eine Lernstraße

Eine Lernstraße kann als Variante des Stationenlernens angesehen werden (vgl. Handbuch 1, Abschnitt 1.3.2). Unsere Lernstraße zum Geobrett umfasst 15 Aufträge. Bis auf die ersten drei Aufgaben sind alle unter den Aspekten der offenen Aufgabenstellung, des offenen Lösungswegs und der Differenzierung ausgewählt. Immer gibt es mehrere Lösungen und es wird nie genau eine bestimmte Lösung von den Kindern gefordert. Es liegt in der Struktur des Geobretts begründet, dass es eine große Zahl an richtigen Ergebnissen gibt. Probieren Sie doch einmal auf dem 16-Nagel-Brett aus, wie viele verschiedene Vierecke Sie spannen können. Sie werden überrascht sein. Die 15 Aufgaben der Lernstraße liegen über längere Zeit im Klassenraum aus. Entweder können die Kinder in Freiarbeitsphasen, im Wochenplan oder auch in den Pausen daran arbeiten. Eine lange Fensterbank ist am besten geeignet, um die Lernstraße einzurichten. Die Aufgaben liegen der Reihe nach aus, sind nummeriert und mit den notwendigen Abbildungen versehen. Die Ergebnisse halten die Kinder in ihrem Geobuch fest, ebenso Erklärungen zu Lösungswegen. Die Kinder können die Aufgaben allein oder zu mehreren bearbeiten. Es ist freigestellt, in welcher Reihenfolge sie vorgehen wollen und ob sie alle Aufgaben bearbeiten wollen. Als Übersicht, was jedes Kind schon alles geschafft hat, dient ein Papierstreifen mit 15 Segmenten. Wenn eine Aufgabe beendet wurde, kann das entsprechende Feld ausgemalt werden.

1.	2.	3.	4.	5.	6.	7.	8.	9.	10.	11.	12.	13.	14.	15.

Einige Begriffe, die in den Aufgabenstellungen verwendet werden, müssen mit den Kindern vorab geklärt werden:

- Ein Handgriff bedeutet, dass der Gummiring von einem Nagel gelöst werden darf und um einen anderen gespannt wird.
- Das Innere einer Figur ist ihre Fläche.
- Unterscheidungsmerkmale von Drei-, Vier- und Fünfecken sowie von Quadraten und Rechtecken müssen bekannt sein.
- Die Buchstabenbezeichnung der Nägel muss vereinbart werden.

Folgende 15 Aufgaben sind ein Angebot für eine mögliche Lernstraße. Es liegt im Ermessen der Lehrerin, sie zu ergänzen oder zu variieren:

1. Verändere die erste Figur durch einen Handgriff so, dass du die zweite erhältst.

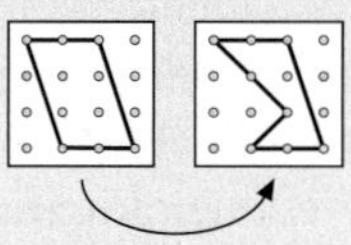

2. Wie viele Handgriffe brauchst du, um von der ersten zur zweiten Figur zu kommen?

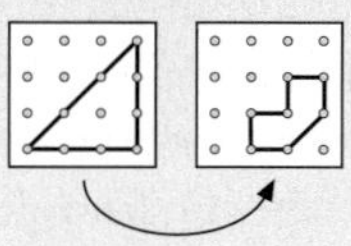

3. Spanne Figuren um die Nägel:

a) A, B, F
b) A, D, M, P

Diktiere deinem Nachbarn Figuren.

4. Spanne eine Figur um genau 3 (4, 5 usw.) Nägel.

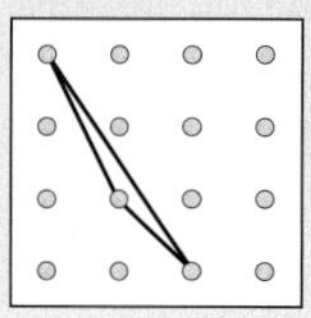

5. Spanne Figuren mit einem Nagel im Inneren.

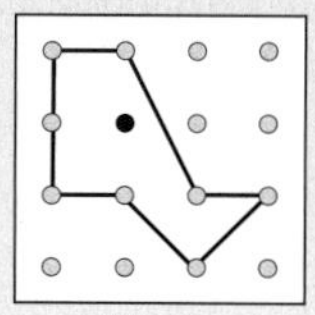

6. Kannst du Figuren mit 2, 3, 4 oder 5 Nägeln im Inneren spannen?

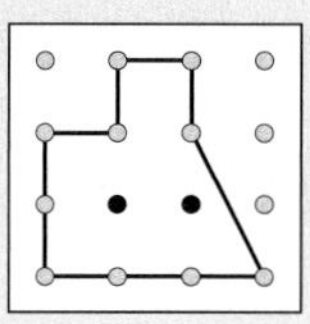

7. Spanne Figuren, die einen Nagel außerhalb der Figur haben.

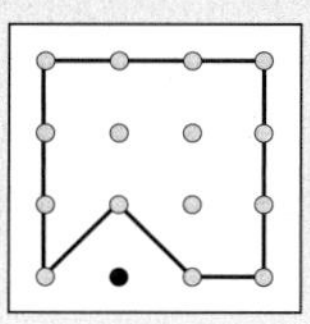

8. Spanne Figuren, die genau 2 (3, 4 usw.) Nägel außerhalb der Figur haben.

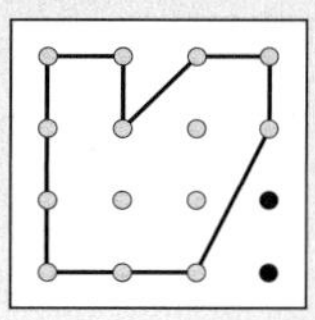

9. Spanne diese Dreiecke in verschiedenen Lagen auf dein Geobrett.

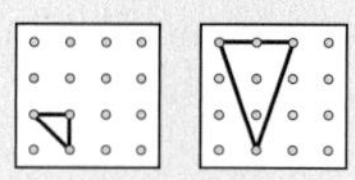

10. Wie viele verschiedene Dreiecke findest du?

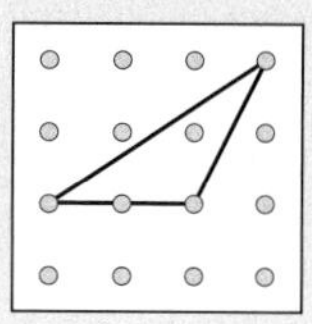

11. Wie viele verschiedene Vierecke findest du?

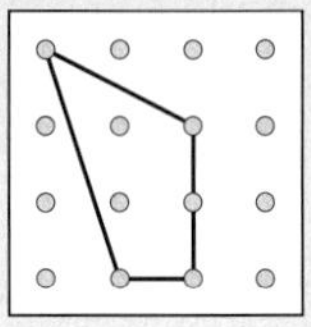

12. Wie viele verschiedene Fünfecke findest du?

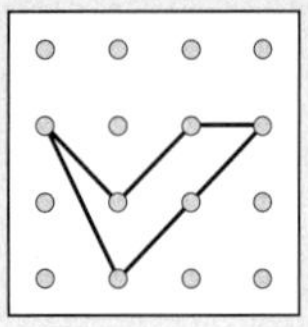

13. Spanne Figuren mit mehr als 5 Ecken.

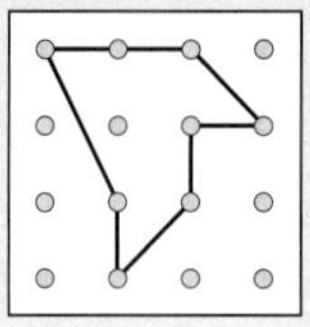

14. Wie viele verschiedene Quadrate findest du?

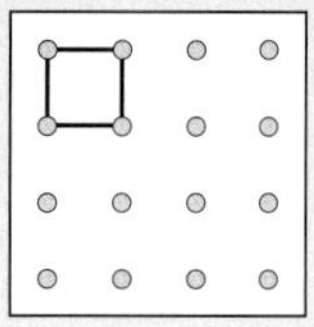

15. Wie viele verschiedene Rechtecke findest du?

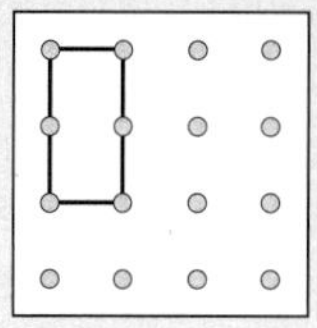

Geometrische Besonderheiten

Das Geobrett stellt höhere Anforderungen an das Abstraktionsvermögen der Kinder als viele andere Arbeitsmittel. Es bietet aber schon im 2. Schuljahr Erfahrungsmöglichkeiten für die Symmetrie sowie für Flächen- und Umfangsvergleiche (vgl. Abschnitte 3.4.1 und 3.5.1).

Symmetrie

Unser Orientierungsvermögen beruht auf Kenntnissen über bestimmte Kriterien, den Raum zu gliedern und zu strukturieren. Ein Kriterium ist die Einsicht in symmetrische Eigenschaften. Symmetrische Figuren lassen sich leichter speichern und wiedergeben als asymmetrische. Letztere bieten keine auffallend gegliederten visuellen Reize. Für die Achsensymmetrie können am Geobrett drei Spiegelachsen festgelegt werden:

Die Brettkante als Spiegelachse — Eine Seitenmittellinie als Spiegelachse — Eine Diagonale als Spiegelachse

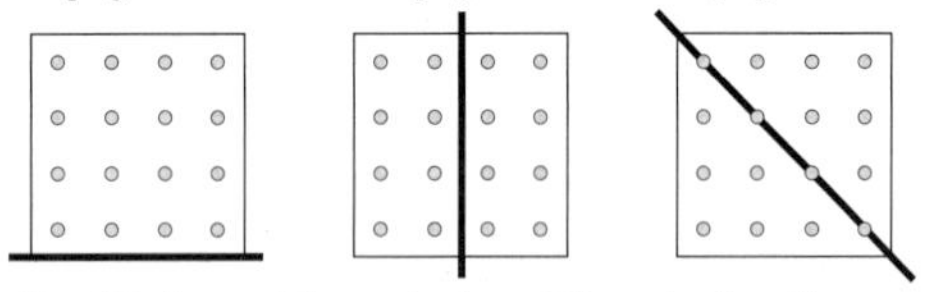

Da die Mittellinien nicht auf einer Nagelreihe liegen und die Diagonale durch ihre Schräglage nicht leicht als Spiegelachse erkannt wird, greifen wir im 2. Schuljahr nur auf die Brettkante als Spiegelachse zurück. Die Spiegelung eines Gesamtbildes liegt im Erfahrungsbereich der Kinder. Sie kennen Spiegelbilder im Spiegel, an der Wasseroberfläche, an glänzenden Kunststoffflächen usw. Hier ergibt sich immer eine symmetrische Gesamtansicht. Weniger Erfahrungen haben die Kinder mit Figuren, die jeweils aus spiegelbildlichen Hälften bestehen (Herzen, Drachen usw.). Daher spiegeln wir im Folgenden Gesamtbilder, sodass immer mindestens zwei Geobretter zum Spiegeln notwendig sind. Partnerarbeit bietet sich für alle Aktivitäten an.

- Spiegelbilder und Spiegelmemory
  Die Kinder spannen Figuren nach Vorlage und dazu die Spiegelbilder. Es ist hilfreich, mit einfach strukturierten Figuren wie Dreiecken, Rechtecken und Quadraten zu beginnen. Zur Kontrolle werden die Bretter aufeinander geklappt oder Spiegel an der Brettkante aufgestellt. Die Kinder spannen von sich aus komplexere Figuren, wenn sie diese ihrem Partner mit dem Auftrag geben, das Spiegelbild zu spannen.

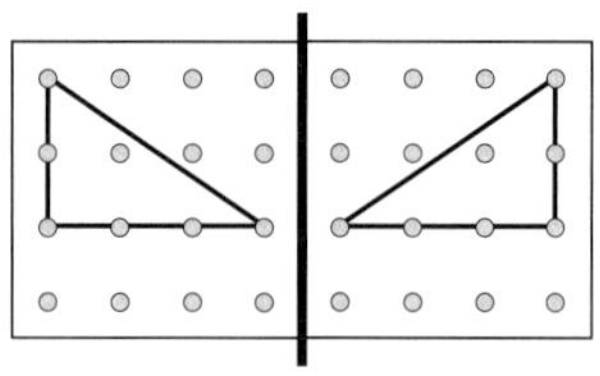

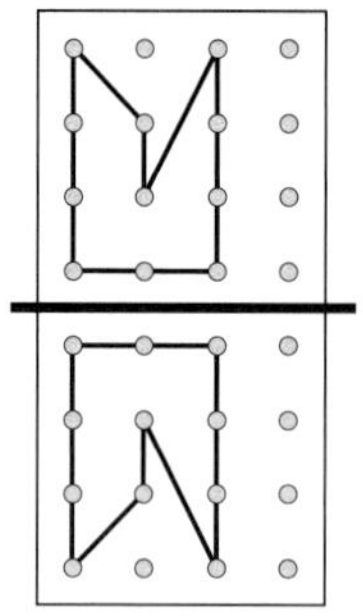

In einem zweiten Schritt spannt ein Kind auf einem Brett ein Bild und auf einem weiteren das Spiegelbild. Der Partner, der den Vorgang nicht beobachten darf, legt die Bretter wieder so aneinander, dass die Spiegelachsen aneinander stoßen.

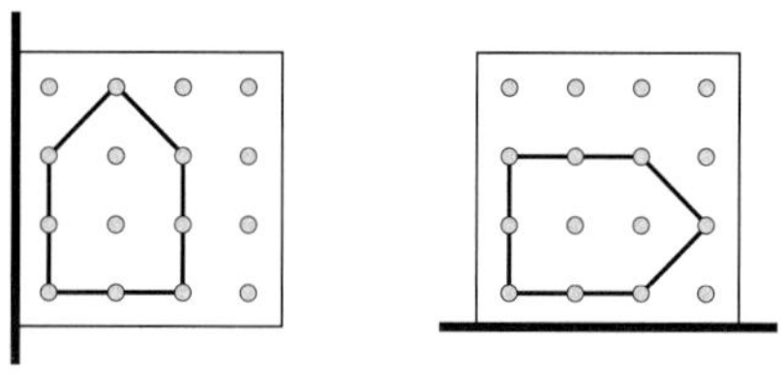

Noch schwieriger wird die Aufgabe, wenn im Spiegel- oder im Ausgangsbild ein Fehler eingeschmuggelt wird, den der andere finden muss.

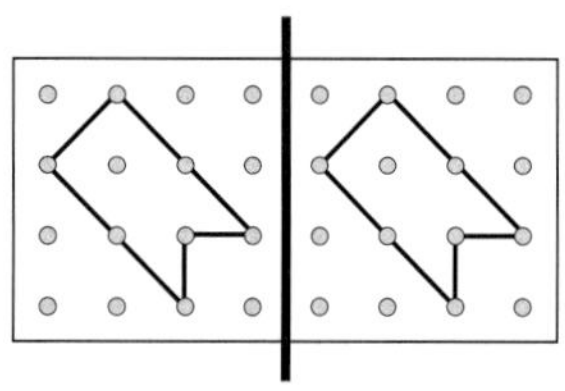

Mit geringen technischen Mitteln, aber großen spielerischen Anforderungen können die Kinder ein eigenes Spiegelmemory basteln. Auf gleich große Kärtchen (**Kopiervorlage G 6**) zeichnen die Kinder Figuren und die entsprechenden Spiegelbilder. Anschließend werden die Karten gemischt und verdeckt auf den Tisch gelegt. Immer zwei Karten dürfen aufgedeckt werden. Wer findet Bild und Spiegelbild?

- Spiegelfolgen und Spiegelmuster
  Mit Hilfe von mehreren Brettern lassen sich Spiegelfolgen legen. Die Spiegelung wird mehrmals hintereinander in dieselbe Richtung ausgeführt.

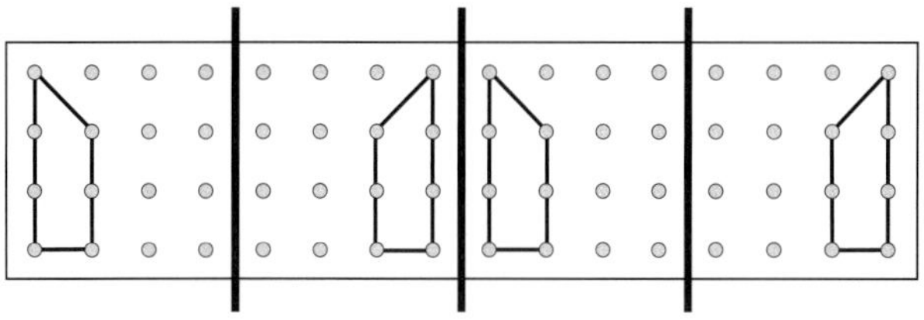

Zum Legen großer Muster können die Kinder durch folgende Aufgabenstellungen angeregt werden:

- Spannt das große Dreieck auf vier Geobrettern. Legt die vier Bretter so zu einem Quadrat, dass alle Brettkanten Spiegelachsen werden.
- Spannt eine Schleife auf neun Geobrettern. Legt die Bretter zum Quadrat, sodass alle Brettkanten, die sich berühren, Spiegelachsen sind.
- Denkt euch eine Figur aus. Spannt sie auf mehreren Geobrettern. Legt eine Straße, sodass sich die Figur jeweils an der Brettkante spiegelt.

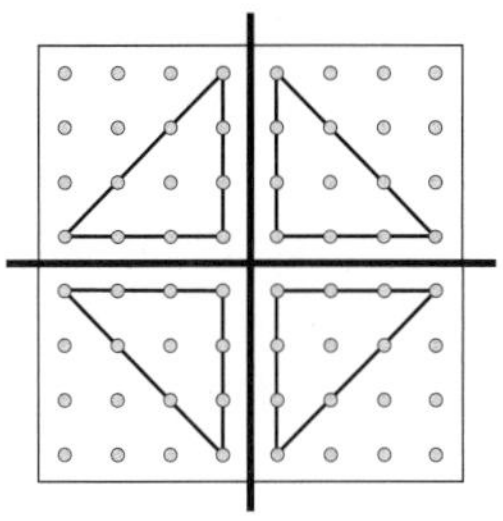

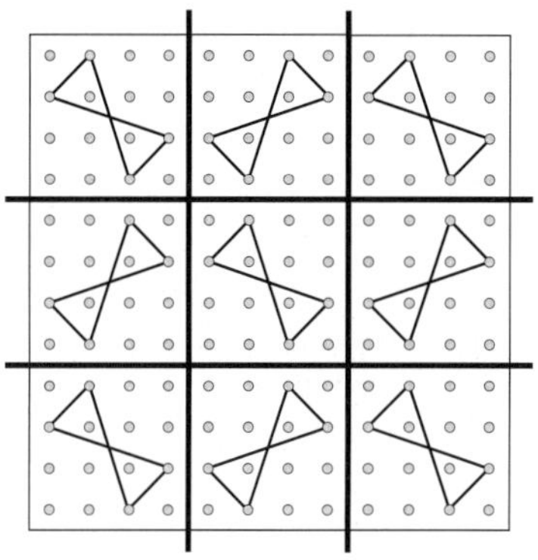

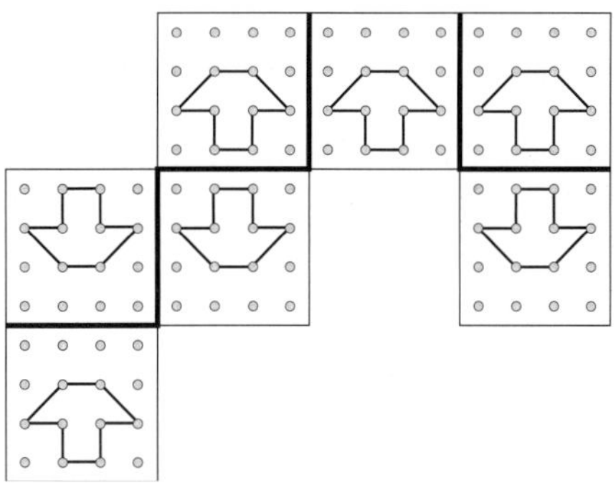

Spiegelfolgen und -muster lassen sich hervorragend als kopfgeometrische Übungen am Overheadprojektor oder an der Tafel präsentieren. Die Anordnung leerer Geobretter (Brettkanten stoßen aneinander) und die Lage einer willkürlich gewählten Figur sind die Fixpunkte. Wenn diese Figur jeweils an den Brettkanten gespiegelt wird, können die Kinder kombinieren, wie die Figur beispielsweise auf dem vierten Brett liegen würde. Solche Aufgabenstellungen lassen sich vielfach variieren.

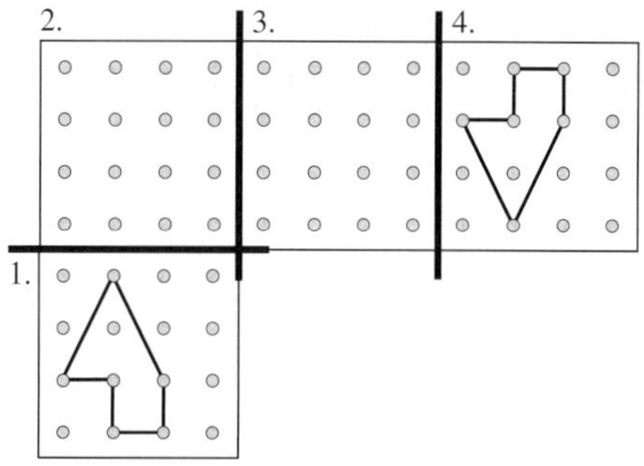

Flächen

Im 2. Schuljahr werden Grundvorstellungen zum Flächenbegriff durch Auslegen, Falten, Zerschneiden und Zusammenlegen von Figuren angebahnt (vgl. Kapitel 3.4.1). Die Kinder ertasten bei diesen Tätigkeiten konkrete Flächen in Form von Kunststoffplättchen oder Papier. Das Geobrett erfordert eine höhere Abstraktionsfähigkeit als die eben genannten Materialien. Auf einem Geobrett gespannte Flächen sind nicht mehr konkret greifbar, sondern nur durch ihre Umrisse (Gummiringe) auszumachen. Das Zerlegen einer Figur in Teilfiguren beispielsweise durch Schneiden von Papier ist gleichzusetzen mit dem Zerteilen von Figuren durch Gummibänder am Geobrett. Dieser Vorgang ist eine unmittelbare Vorstufe zum zeichnerischen Zerlegen von Flächen. Da die Kinder mit dem Flächenbegriff erst vertraut gemacht werden müssen, schlagen wir für das 2. Schuljahr vor, den Schwerpunkt am Geobrett auf Quadrate, Rechtecke und rechtwinklige Dreiecke zu legen.

- Zerlegungen in gleich große Teile
  Beim Zerlegen der Figuren ist es eine optische Hilfe, wenn die Kinder die Grundfigur beispielsweise mit einem roten Gummiring spannen und die Zerlegungen mit andersfarbigen Ringen vornehmen. Ein Aufgabentyp ist die Zerlegung einer vorgegebenen Figur in zwei gleich große Teile. Meistens gibt es mehrere Möglichkeiten. Bei symmetrischen Figuren erkennen einige Kinder, dass die Zerlegung auf einer Spiegelachse immer eine Lösungsmöglichkeit ist.
  Dazu einige Beispiele:

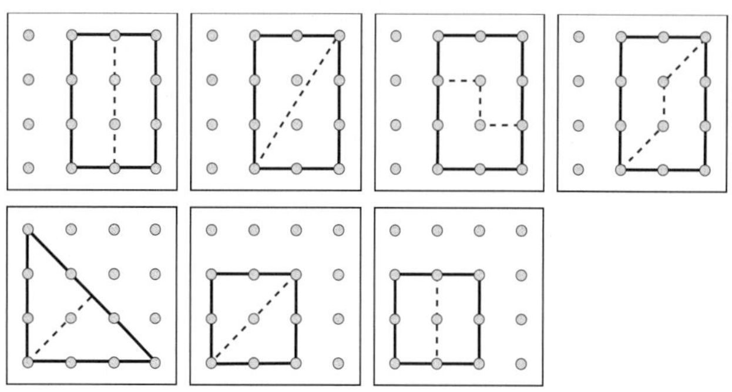

Auch die Zerlegung in vier gleich große Abschnitte ist von Zweitklässlern leistbar.

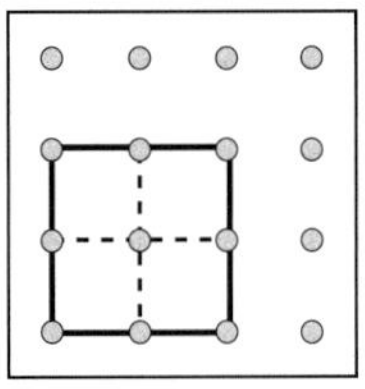

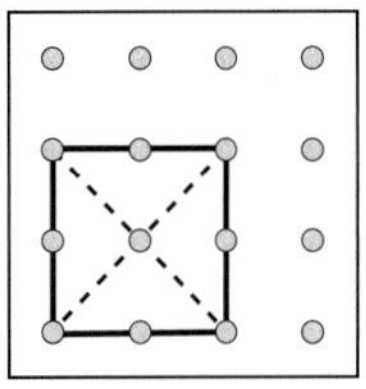

Die Aufgabenstellung lässt sich variieren, indem die Form und die Anzahl der Teilfiguren vorgegeben wird. Wählen wir als Beispiel das größte Quadrat. Es wird in genau drei Rechtecke zerlegt.

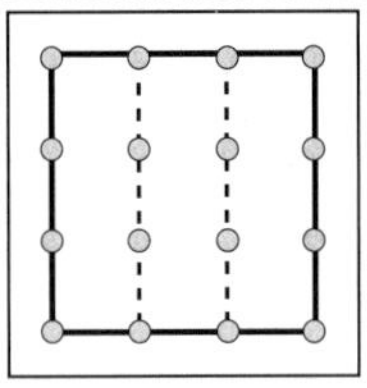

- Zerlegungen in das kleinste Quadrat und das kleinste rechtwinklige Dreieck
  Mit dem kleinsten Quadrat und dem kleinsten rechtwinkligen Dreieck als Einheitsmaße sind einfache Flächenvergleiche möglich. Daraus ergeben sich Aufgabenstellungen wie:
  – Spanne genau 6 kleine Quadrate in die Figur.

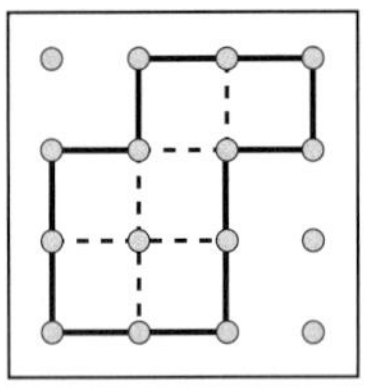

  – Spanne kleine Dreiecke in die Figur. Wie viele passen hinein? Trage die Anzahl in eine Tabelle ein.

1.

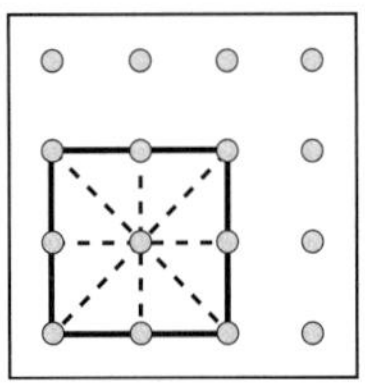

2.

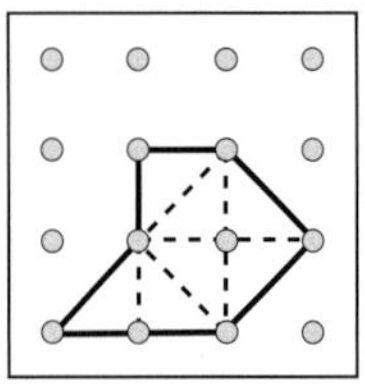

3.

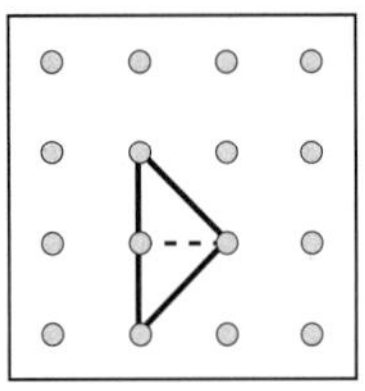

	⊿
1.	8
2.	7
3.	2

  – Spanne eine Figur, in die genau 3 kleine Quadrate passen.

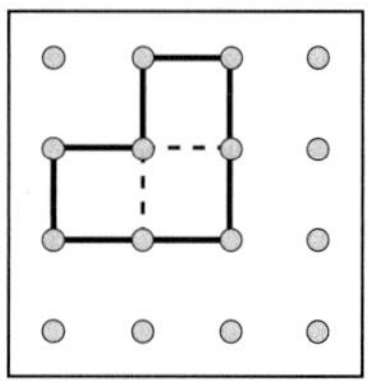

  – Spanne eine Figur, in die genau 8 kleine Dreiecke passen.

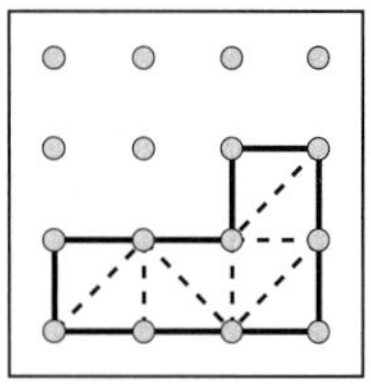

Bei diesen Problemstellungen entwickeln leistungsstarke Kinder die Erkenntnis, dass Flächengröße und Anzahl der Teilfiguren in Beziehung stehen. Je größer die Fläche ist, desto mehr kleine Quadrate bzw. Dreiecke passen hinein. Diese Kinder werden in der Lage sein, flächeninhaltsgleiche Figuren zu spannen.

- Verdoppeln von Figuren
  Das Verdoppeln von Figuren fordert von den Kindern ein ausgebildetes räumliches Vorstellungsvermögen. Wenn man die Figuren so auswählt, dass durch die Verdopplung der Symmetriecharakter einer Figur zum Vorschein tritt, dann finden sich auch schon für Zweitklässler lösbare Aufgaben.

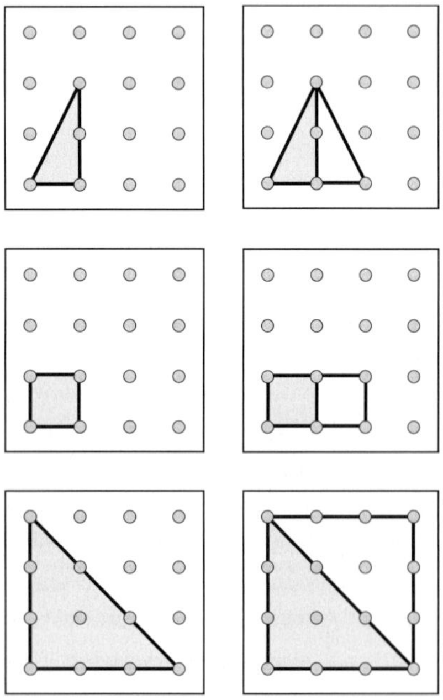

3.4 Messen und Experimentieren

In der Grundschule sammeln und vertiefen Kinder ihre Erfahrungen zu den geometrischen Größenbereichen Flächeninhalte, Längen und Volumina. Lediglich bei den Längen wird das Messen und Rechnen mit den konventionellen Maßeinheiten Millimeter, Zentimeter, Dezimeter, Meter und Kilometer im Laufe der Grundschulzeit erwartet. Flächeninhalte und Volumina werden nicht mathematisch berechnet. Durch Experimente, Beobachtungen und Spielhandlungen sollen Grundschüler Vorstellungen zu diesen Größen entwickeln. Vergleiche von Flächen- und Rauminhalten bis hin zur Beschreibung durch nicht standardisierte Maßeinheiten sind Ziele der vier Grundschuljahre.

3.4.1 Flächeninhalte

Wir können nicht davon ausgehen, dass Grundschüler eine mathematische Vorstellung vom Flächenbegriff oder dem Terminus „Flächeninhalt" haben. Dafür gibt es einige Gründe:

- Kinder wissen nicht sicher, was Flächen sind. Die Linienbegrenzung ebener Figuren wirkt dominanter als die Fläche selbst.
- Fläche und Flächeninhalt werden sprachlich nicht genau unterschieden. Verschieden begrenzte Flächen oder Flächen mit unterschiedlichen Ausdehnungen können trotzdem den gleichen Flächeninhalt haben (Flächeninvarianz).
- Strukturierte geometrische Vorstellungen zum Flächeninhalt sind nicht genug entwickelt.
- Flächeninhalte begegnen Kindern im Alltag in Form von Berechnungen mit Zahlen und Maßen. Die Technik des Ausmessens, beispielsweise durch Auslegen, ist sogar bei Erwachsenen nicht immer präsent.

In der Grundschule sollte eine propädeutische Behandlung beider Begriffe angestrebt werden. Bevor man mit Kindern Flächeninhalte untersucht, müssen daher Kenntnisse über Flächen gesichert sein (Fraedrich 1991, S. 20 ff.).

Anregungen zur Entwicklung des Flächenbegriffs
Im 1. Schuljahr haben die Kinder Eigenschaften ebener Figuren und ihre geometrischen Bezeichnungen (Kreis, Viereck, Quadrat, Rechteck, Dreieck) kennen gelernt. Figuren und Muster wurden mit geometrischen Formenplättchen gelegt oder mit Schablonen gezeichnet, um nur einige Übungsformen zu nennen. Im 2. Schuljahr sollen Flächen untersucht werden. Wo findet man in der Umwelt Flächen? Was kann man mit einer Fläche machen? Wie kann man Flächen selbst herstellen? Dazu einige Anregungen:

- Im Klassenraum werden Flächen gesucht. Man kann mit der flachen Hand darüberstreichen. Es lassen sich glatte, raue, kalte und verschieden gefärbte Flächen finden. Auch das Material ist unterschiedlich. Verpackungen bestehen aus Papierflächen, der Schrank hat Holzflächen als Seitenwände und die Fensterfläche ist aus Glas. Kinder sehen an diesen Gegenständen Flächen. Im mathematischen Sinne stellen sie aber ledigliche Modelle bzw. Repräsentanten einer Fläche dar. In verschiedenen Lehrmittelverlagen werden Fühlkarten angeboten. Die Kartenoberflächen bestehen aus unterschiedlichen Materialien.
- Geschlossene Linien begrenzen eine Fläche. Wenn Papierfiguren sich vollständig ausschneiden lassen, dann haben sie auch lückenlose Schneidelinien. Man kann den Kindern zum Beispiel ein derart gestaltetes Arbeitsblatt geben. Die Figuren sollen ausgeschnitten werden. Die Kinder merken schnell, dass sich nur die Figuren ausschneiden lassen, die eine Fläche darstellen, d. h. von geschlossenen Kurven begrenzt werden.

- Mit Flächen kann man stempeln. Bemalt man die runde Fläche eines Korkens oder die Papierfläche einer Schachtel mit Wasserfarbe, hinterlassen sie beim Stempeln einen Abdruck.
- Mit Schablonen gezeichnete Figuren lassen sich ausmalen. Sie repräsentieren Flächen.
- Flächen kann man auslegen. Wie viele Memorykarten braucht man, um den Schülertisch vollständig zu bedecken?
- Ebene Papierfiguren kann man mit geometrischen Plättchen auslegen.
- Flächen können mit Streichhölzern gelegt werden.
- Ein geschlossener Gummiring auf dem Geobrett begrenzt eine Fläche.

Flächeninhalte an Gegenständen aus der Umwelt
Schulbuchseiten zum Thema Flächeninhalt haben meistens eine Gemeinsamkeit. Mit geometrischen Plättchen legen die Kinder Figuren aus, die Anzahl der Teilfi-

guren wird bestimmt und ggf. konstruieren sie mit den gleichen Plättchen andere Figuren. Hier geht es um die Erfahrung, dass zwei Flächen von der Größe her gleich sind, wenn sie sich in gleiche Teile zerlegen bzw. aus ihnen aufbauen lassen.

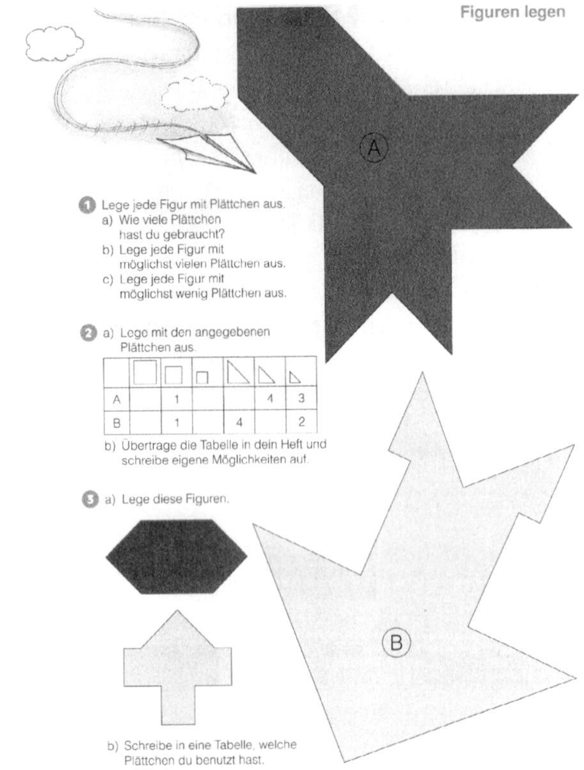

Wir halten es für wichtig, dass Kinder auch Flächeninhalte in ihrer unmittelbaren Umgebung untersuchen, um einen realistischen Flächeninhaltsbegriff entwickeln zu können. Nicht selten stellt man als Lehrerin fest, dass sehr große Unsicherheiten beim Schätzen von Flächeninhalten bestehen. Kinder bringen spontan Größe und Form einer Fläche mit ihrem Flächeninhalt in Zusammenhang. Groß wirkende Flächen, erklären die Kinder, haben auch einen großen Flächeninhalt. Das muss nicht immer so sein. Untersuchungen an Pappschachteln machen den Kindern diese Problematik bewusst.

- Bekleben von Schachteln
  Verpackungen unterschiedlicher Formen und Größen liegen im Stuhlkreis bereit. Die Lehrerin wählt nicht nur quaderförmige Schachteln, sondern auch pyramiden- oder prismaförmige aus. Um die folgenden Aufgabenstellungen nicht zu schwer zu gestalten, werden Schachteln mit kreisförmigen und gebogenen Flächen nicht verwendet.
  Die Kinder erhalten nun den Auftrag eine Schachtel auszuwählen und alle Flächen mit buntem Papier zu bekleben. Dabei darf das Papier nicht übereinander geklebt werden. Parallel dazu versuchen die Kinder, die Gesamtfläche des benötigten bunten Papiers auf weißes Papier zu übertragen, damit später verglichen werden kann, wer den größten und wer den geringsten Papierverbrauch hat. Der zweite Teil der Aufgabe bereitet den Kindern großes Kopfzerbrechen. Die meisten Kinder legen jede Fläche ihrer Schachtel auf das weiße Papier, umfahren sie mit einem Stift und schneiden die Formen aus. So haben sie mehrere Einzelteile.

Andere Kinder wenden die gleiche Technik an, versuchen aber ein Papiernetz zu entwerfen. Teilweise falten die Kinder ihre Schachtel auseinander, legen das Netz auf Papier und umfahren es dann.

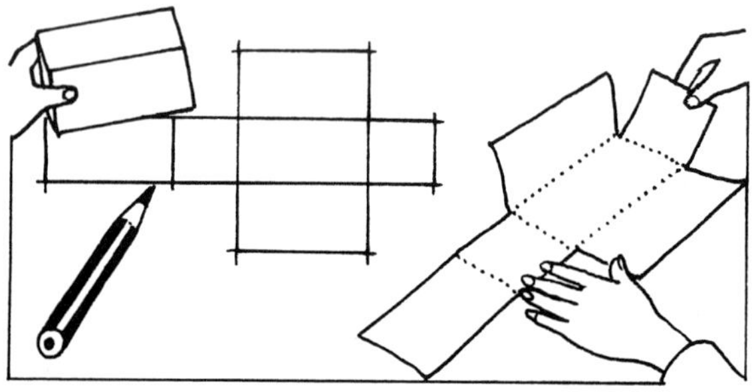

Ein weiterer Lösungsversuch ist das Ausmessen der Kanten und das Aufzeichnen der benötigten Papierstücke. Es ist erstaunlich zu beobachten, wie zielgerichtet und planmäßig einige Kinder vorgehen. Für die gemeinsame Besprechung der Ergebnisse wird jede Schachtel mit einer Nummer versehen. In eine Tabelle tragen die Kinder ein, für welche Schachtel man das wenigste bzw. das meiste Papier benötigt. Zuerst sind die Kinder ratlos, wie sie nachmessen, welches Papier nun das größte ist. Sie beginnen sie übereinander zu legen und direkt miteinander zu vergleichen (qualitativer Flächenvergleich). Der Vergleich gestaltet sich schwierig, da manche Kinder mehrere einzelne Papierstücke haben. Hier kann man sich durch Zusammenkleben mit Kreppband oder Tesafilm helfen. Am eindeutigsten wird der Vergleich, wenn alle Gruppen ihre Papierteile möglichst zu einem Viereck, oder besser noch Rechteck, zusammenkleben. Für die Kinder ist es dabei völlig indiskutabel, dass man irgendwo etwas abschneiden und an geeigneter Stelle wieder ankleben kann. Der Flächeninhalt bleibt erhalten, egal wie die Fläche geformt ist. Am Ende vergleichen die Kinder ihre Schätzwerte in der Tabelle mit den gemessenen Werten. Manche Schätzwerte lassen sich mit den gegebenen Mitteln nicht durch Messen überprüfen. Diese Erfahrung sollte den Kindern nicht vorenthalten werden. Solche Experimente kosten im Unterricht viel Zeit. Einige Kinder brauchen Unterstützung, um ihre Lösung zu finden. Versuch und Irrtum liegen dicht beieinander. Die individuelle Lösungsfindung ermöglicht den Kindern aber größere Lernfortschritte als ein von der Lehrerin vorgegebener Weg.

- Auftragskarten
  Flächeninhalte von Buchdeckeln, Bildern oder verschiedenen Papierformaten vergleicht man durch Übereinanderlegen.

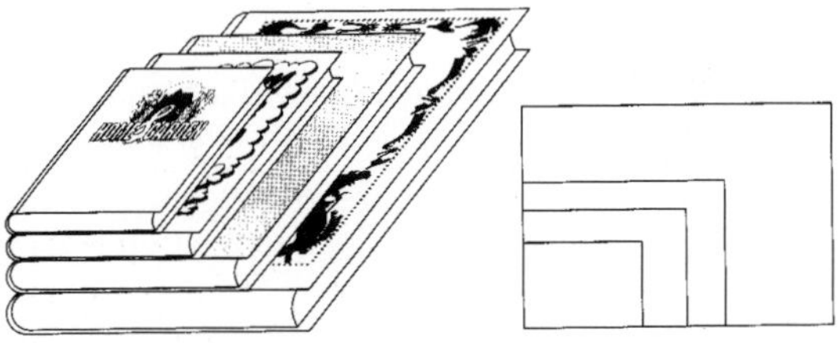

Konfrontiert man die Kinder aber mit der Fragestellung, ob für eine Fensterscheibe der Turnhalle mehr Glas benötigt wird als für die im Klassenraum, dann ist ein direkter Vergleich nicht möglich. Ein geeignetes Maß muss herangezogen werden, sodass die Flächeninhalte zahlenmäßig miteinander verglichen werden können (quantitativer Flächeninhaltsvergleich). Maße können die Hände oder Füße der Kinder sein, DIN-A3-Papiere, Hefte, Bücher, Teppichfliesen u. a. Die zu vergleichenden Flächen müssen mit einem Maß lückenlos ausgelegt werden. Lassen sich in ein Fenster 21 DIN-A3-Papiere kleben, auf die Tür gar 40, dann ist die Türfläche größer als die Fensterfläche. Die Kinder werden noch weitere Flächeninhalte im Klassenraum miteinander vergleichen. Voraussetzung ist ein geeignetes Maß. Sie können solche Experimente durch Auftragskarten anregen. Immer zwei Kinder bearbeiten eine Auftragskarte. Ziel ist, die Flächeninhalte durch Auslegen zu bestimmen.

- Legt die geschlossene Handfläche einer Hand auf eine Pappe. Umfahrt sie mit einem Stift und schneidet sie aus. Verwendet die Papphand als Schablone und stellt viele Papierhände her. Legt mit den Händen euren Schultisch aus. Schätzt vorher, wie viele ihr brauchen werdet. Messt nach!
- Legt eine geschlossene Hand an die Tafel. Umfahrt sie mit Kreide. Wie viele Hände passen auf eine Tafelseite? Schätzt, bevor ihr nachmesst.
- Stellt einen Fuß auf eine Pappe. Umfahrt ihn mit einem Stift und schneidet ihn aus. Verwendet den Pappfuß als Schablone und stellt viele Papierfüße her. Legt mit den Füßen den Bauteppich aus. Schätzt vorher, wie viele ihr brauchen werdet. Messt nach!
- Geht auf den Schulhof. Messt aus, wie viele Füße in eine/zwei/drei/vier Schulhofplatten passen. Umfahrt euren Fuß mit Kreide. Vergesst das Schätzen nicht.
- Beklebt die Deckel der kleinen und der großen Faltschachtel (vgl. Kapitel 3.3.3) lückenlos mit gleichgroßen Papierdreiecken. Wie viele werdet ihr wohl benötigen? Messt nach.
- Beklebt den Deckel der kleinen und der großen Faltschachtel lückenlos mit gleich großen Papierquadraten. Wie viele werdet ihr wohl benötigen. Messt nach.
- Seht euch die gezeichneten Häuser an. Stempelt mit euren Daumen dicht an dicht Ziegel in die Dächer. Schätzt vorher, wie viele Daumen ihr wohl für jedes Dach brauchen werdet.
- Wie viele Mathematikbücher passen in unsere Fensterbank, wie viele auf den Schultisch? Schätzt zuerst und messt dann nach!
- Wie viele Mathematikhefte müsst ihr nebeneinander legen, damit der Lehrertisch lückenlos bedeckt ist? Wie viele braucht ihr für euren Tisch? Vergesst das Schätzen nicht!

Neben dem Text beinhaltet die Auftragskarte eine Tabelle für die Ergebnisse und zwei Abbildungen. Die erste zeigt das Einheitsmaß, die zweite die Fläche, die ausgemessen wird. Dazu ein Beispiel.

Seht euch die beiden Häuser an.
Stempelt mit euren Daumen dicht an dicht die Ziegel in die Dächer.
Schätzt vorher, wie viele Daumenabdrücke ihr wohl für jedes Dach braucht.

Maß: Fläche:

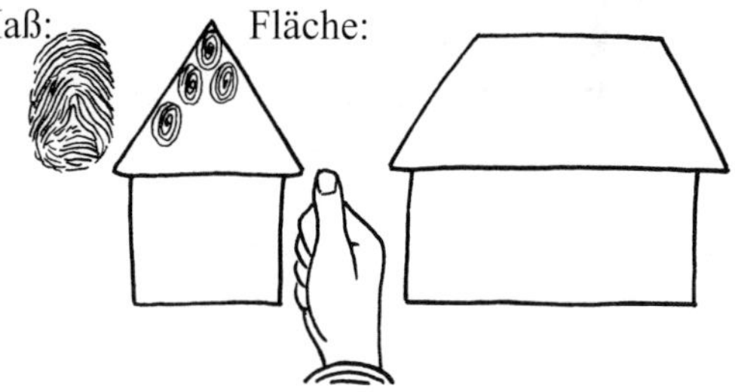

Legt die geschlossene Handfläche einer Hand auf eine Pappe.
Umfahrt sie mit einem Stift und schneidet sie aus.
Verwendet die Papphand als Schablone und stellt viele Papierhände her.
Legt mit den Händen euren Schultisch aus.
Schätzt vorher, wie viele ihr brauchen werdet. Messt nach!

Maß: Fläche:

- Untersuchungen am Pfefferkuchenhäuschen
  In der Vorweihnachtszeit sind Pfefferkuchenhäuschen eine begehrte Back- und Bastelaufgabe. Man kann den Herstellungsprozess mit interessanten Untersuchungen zum Flächenvergleich verknüpfen. Eine kleine Gruppe ist für ein Haus verantwortlich. Im ersten Schritt falten und kleben die Kinder ein Papphaus nach folgender Vorlage:

Faltpapier : Quadrat

Das Faltblatt wird in 16 Quadrate eingeteilt. Das geschieht so:

① Quadrat in die Hälfte falten und zurück.
② Oberen und unteren Rand an die Mitte falten.
③ Wieder öffnen, Blatt so vor sich hinlegen, dass die Falze senkrecht liegen.
④ Nun wieder in die Hälfte falten und zurück.
⑤ + ⑥ Oberen und unteren Rand zur Mitte falten und öffnen. Blatt wenden
⑦ 4-mal einschneiden, wie die Abbildung zeigt.
⑧ Seitenwände aufklappen und zusammenlegen, leimen.
⑨ Am Dachfirst die überstehenden Seitenteile einschneiden.
⑩ Dachteile herunterklappen und festkleben. Schornstein aufkleben

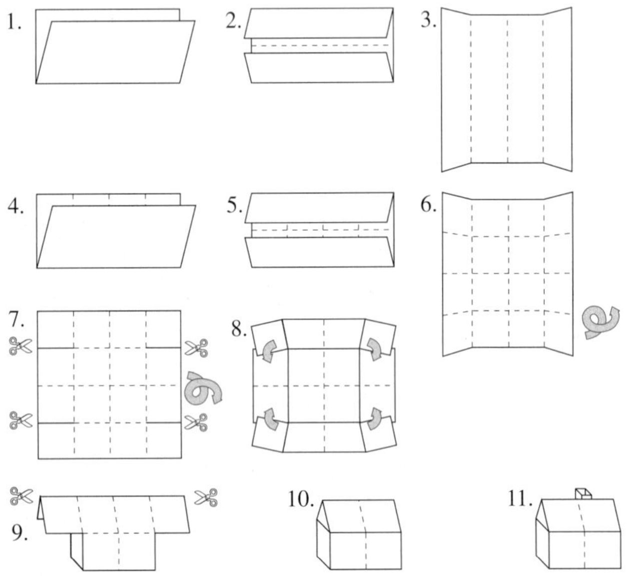

Fenster werden eingeschnitten und das Dach mit einem Schornstein geschmückt. Anschließend wird das Haus bis auf das Dach mit Zuckerguß bestrichen. Jede Gruppe verziert ihr Haus mit Naschwerk. Für das Dach erhält jede Gruppe eine besondere Vorschrift. Die einen decken es mit Smarties, die anderen mit Lebkuchenherzen, die dritten mit Schokoladenkringeln, die vierten mit viereckigen Schokoladentäfelchen. Die Möglichkeiten sind vielfältig. Da alle Dächer gleichgroß sind, kann geschätzt werden, wie viele Teile von jeder Sorte in ein Dach passen. Dem gezielten Schätzen liegt die Erkenntnis zugrunde: Je größer die Maßeinheit, desto kleiner ist die Maßzahl.

- Fotos
  Ein Rundgang mit einem Fotoapparat durch die Schule und den Stadtteil lässt die Kinder zu kleinen Detektiven werden. Seien es Kacheln in der Dusche der Turnhalle, Fliesen im Flur, Platten auf dem Schulhof, Pflastersteine auf dem Fußweg, Ziegelsteine auf dem Dach, alles wird fotografiert und ausgezählt.

Bestimmen von Flächeninhalten mit geometrischen Plättchen

Beim Auslegen von Flächen mit geometrischen Plättchen lassen sich zwei Auslegetechniken unterscheiden:

a) Figuren werden mit unterschiedlichen Plättchen ausgelegt,
b) Figuren werden mit einer Plättchenform (Einheitsmaß) ausgelegt.

Bei beiden Techniken können sowohl flächeninhaltsgleiche als auch größere oder kleinere Figuren gelegt werden. Im folgenden Kasten wird exemplarisch gezeigt, wie die Ausgangsfiguren A und B links oben bzw. A, B, C und D rechts oben unterschiedlich verändert werden können.

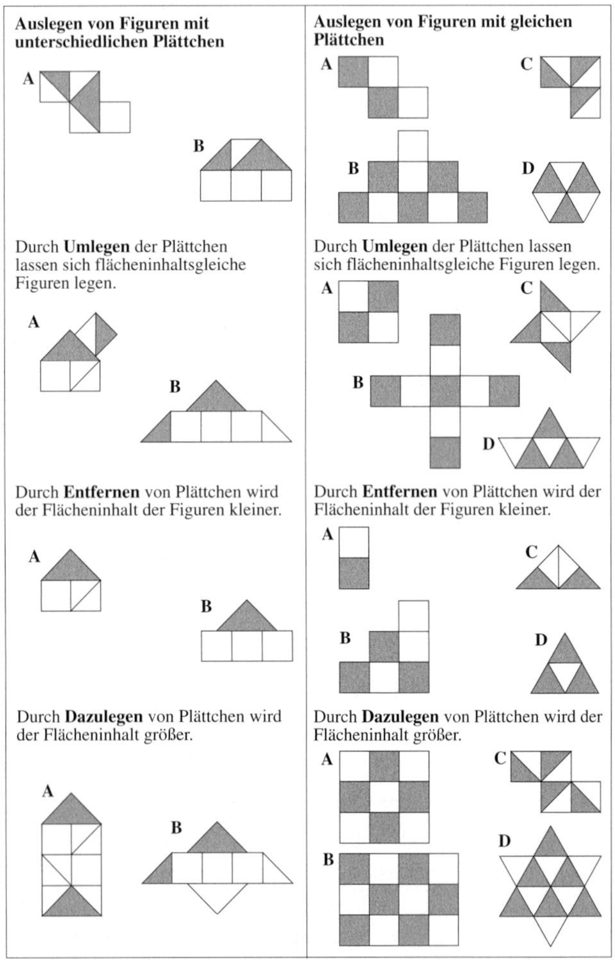

Das Auslegen von Figuren mit einer Plättchenform, meist gleichschenklig-rechtwinklige Dreiecke oder Quadrate, ermöglicht eine Benennung des Flächeninhalts durch ein Maß und eine Anzahl. Der erste Stern in der folgenden Abbildung hat den Flächeninhalt 16 Dreiecke, der zweite 8 Dreiecke. Der Flächeninhalt des ersten Sterns ist also doppelt so groß wie der des zweiten. Die Ergebnisse lassen sich übersichtlich in einer Tabelle zusammentragen.

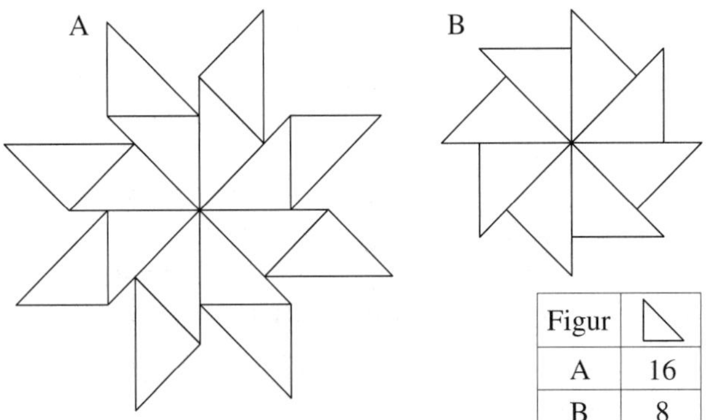

Figur	
A	16
B	8

Solche Übungen können in vielen Varianten mit den Kindern durchgeführt werden.

- Ein Quadrat verwandelt sich.
  Zerschneidet man ein Quadrat in eine beliebige Anzahl von Einzelteilen und kombiniert diese zu einer neuen Figur, sind das Quadrat und die neue Figur flächeninhaltsgleich. Kinder sind sehr fantasievoll im Erfinden neuer Figuren.

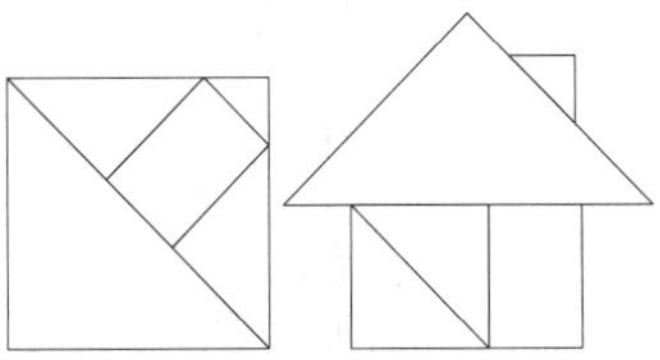

Die Gleichheit der Flächengröße lässt sich an geometrisch strukturierten Figuren eher erkennen als an filigranen, gegenständlichen Figuren. Die Kinder sind erstaunt, wie vielfältig sich ein Quadrat verwandeln lässt, welches in vier Dreiecke zerschnitten und zu neuen Figuren kombiniert wurde. Jedes Kind muss Papierquadrate in verschiedenen Farben zur Auswahl haben. Die Quadrate werden entlang der Diagonalen gefaltet und die vier entstandenen Dreiecke ausgeschnitten. Die Kinder kleben anschließend Figuren ihrer Wahl (Rödel 1991, S. 40 f.). Zu Beginn sind die Bilder eher gegenständlicher Natur (Schiffe, Häuser usw.). Später entdecken die Kinder sogar, dass man ein Rechteck, ein Dreieck und zwei Parallelogramme legen kann.

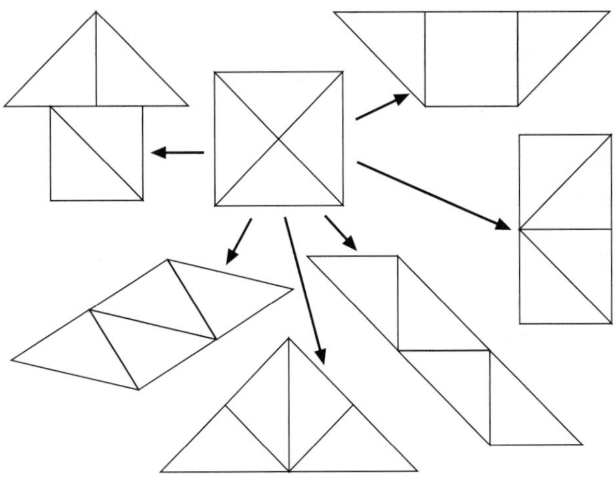

- Tangram
  Im Handbuch für das 1. Schuljahr wurden Vorschläge zum Nachlegen, Auslegen und Erfinden von Figuren mit dem Legespiel Tangram gemacht (Handbuch 1, Abschnitt 5.4.2, S. 137 f.). Alle Tangramfiguren besitzen den gleichen Flächeninhalt, da immer die gleichen Plättchen verwendet werden. Aus einem quadratischen Stück Papier lässt sich ein Tangramspiel durch Falten und Schneiden herstellen.

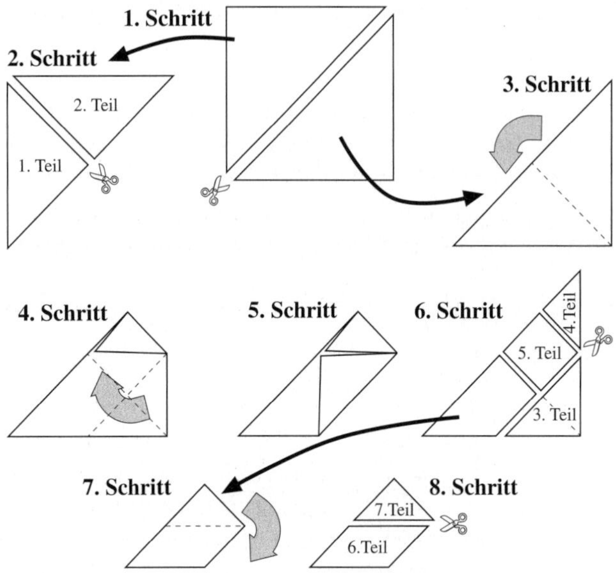

Für folgende Gruppenarbeit benötigen die Kinder verschiedenfarbige Tangramspiele, die nach oben gezeigter Faltanleitung hergestellt werden können. Die Kinder wählen sich ein Thema., z. B. Tiere, Schiffe, Menschen o. Ä. Auf großformatigem, weißem Papier wird ein Hintergrund mit Wasserfarben entworfen. Anschließend werden zum Thema passende Figuren gelegt und aufgeklebt (Bülow 1994, S. 223 ff.).

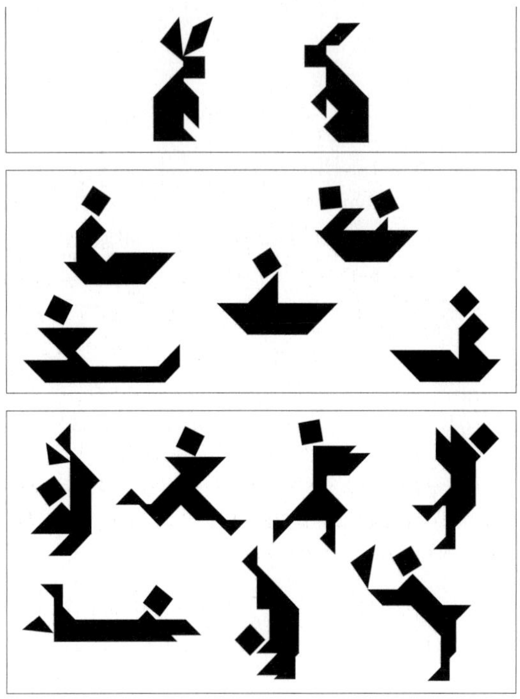

- Spiele

Vier in einer Reihe

Das Strategiespiel „Vier in einer Reihe“ gibt es im Handel in mehreren Varianten. Wir empfehlen eine selbst hergestellte Version, die die Thematik des Flächeninhalts mit berücksichtigt. Das Spiel ist für zwei Spieler konzipiert. Jeder Spieler benötigt 32 quadratische Pappkärtchen in einer Farbe. Beide Kartensätze müssen verschieden gefärbt sein. Das Spielfeld besteht aus einem großen quadratischen Feld, das in 64 kleine Quadrate eingeteilt ist. Quadratgröße und Kärtchengröße sind identisch. Abwechselnd legen die Kinder eine Karte ihrer Farbe ab. Wer zuerst 4 Kärtchen in einer Reihe ablegen konnte (senkrecht, waagerecht,), hat einen „Vierer“. Das Spiel ist beendet, wenn niemand mehr einen „Vierer“ bekommen kann. Wer hat am Schluss des Spieles die meisten „Vierer“?

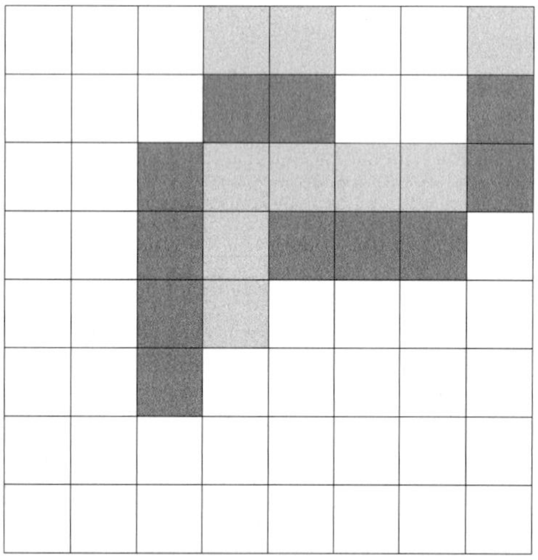

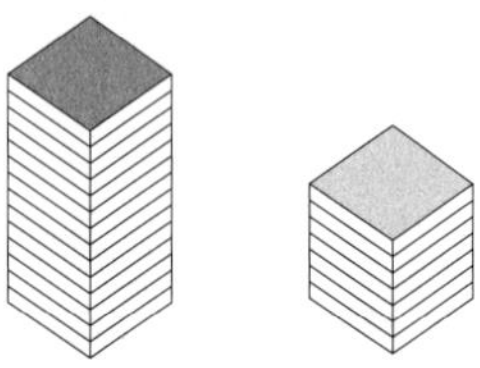

Das Spiel mit den Dreiecken

Wie im oben beschriebenen Spiel besteht das Spielmaterial aus zwei verschiedenfarbigen Kartensätzen und einem Spielfeld. Die Kärtchen sind gleichseitige Dreiecke und das Raster des Spielfelds ist ebenfalls mit Dreiecken gefüllt.

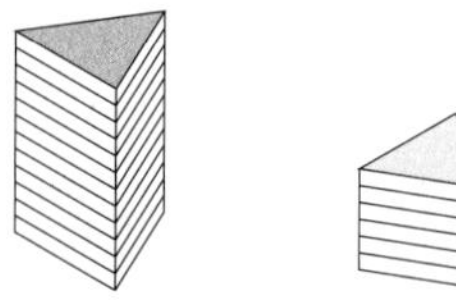

Abwechselnd legen die Spieler je ein Dreieck auf den Spielplan. Drei Spielvarianten bieten sich an:

1. Jeder Spieler legt möglichst viele Rauten in seiner Farbe. Der Gegenspieler versucht das zu verhindern.
2. Dreiecke aus 4 bzw. 9 kleinen Dreiecken sind das Legeziel.
3. Sechsecke werden gebildet.

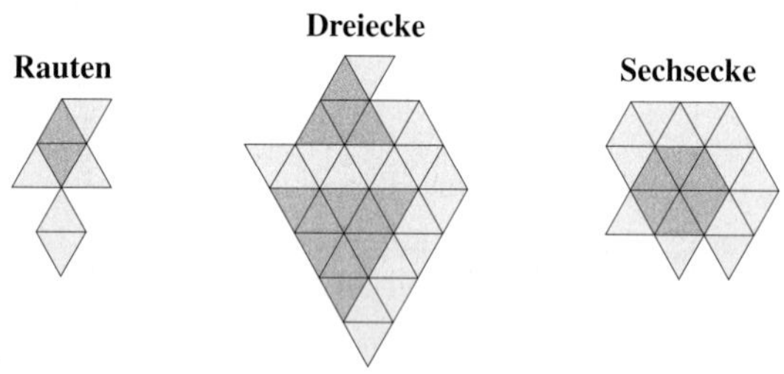

Vierlinge

Spielmaterial sind die fünf Vierlingsformen, die sich aus vier Quadraten legen lassen, und verschiedene Spielfelder (4x4-Quadrat, 8x8-Quadrat). Die Spielfelder können auch größer, kleiner oder rechteckig gewählt werden. Alle Vierlingsformen sollten zum Spielen mehrmals vorhanden sein.

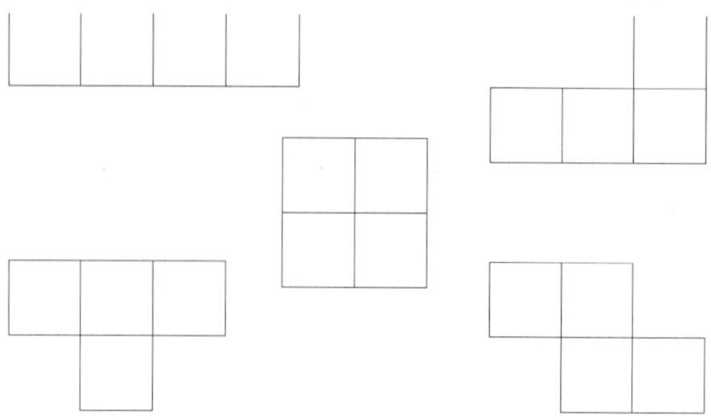

Spielvariante:

Ziel des Spieles ist es, mit den Vierlingen das Karofeld vollständig auszulegen. Es kann alleine aber auch zu zweit gespielt werden. Der Schwierigkeitsgrad des Spiels lässt sich durch die Auswahl der Vierlingsformen variieren. Welche Spielfelder lassen sich mit einem Vierlingstyp, mit zweien oder mit allen Vierlingstypen auslegen? Welches Spielfeld lässt sich nicht vollständig bedecken?

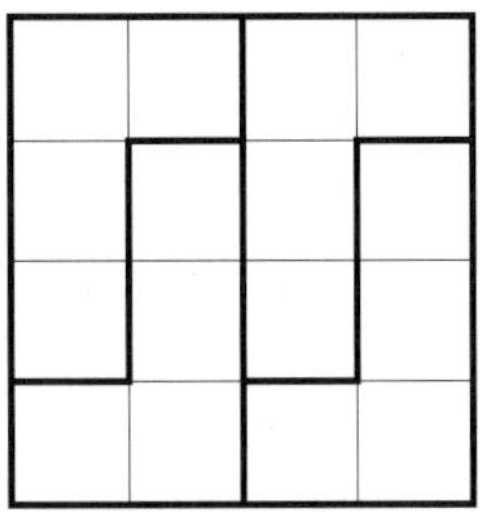

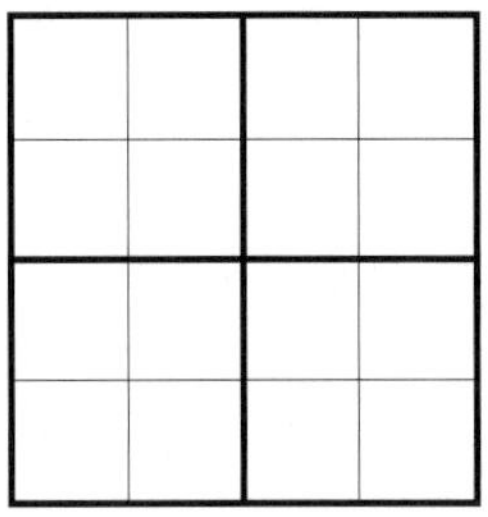

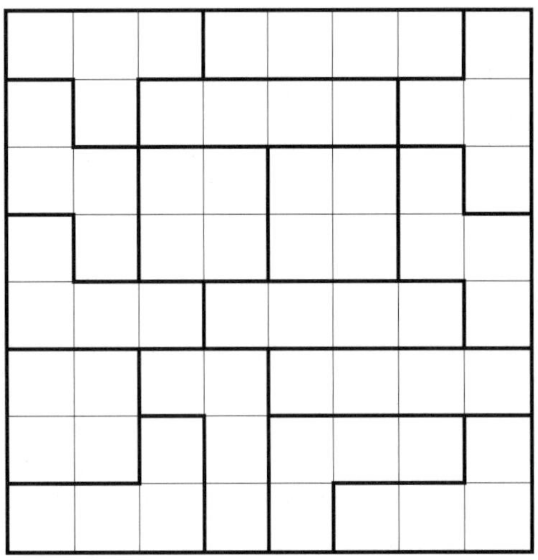

3.4.2 Längen

In der Grundschule lernen Kinder Längen zu schätzen, zu messen, zu zeichnen und mit ihnen zu rechnen. Im Unterricht werden Längen überwiegend in Zusammenhang mit Aufgaben zum Sachrechnen thematisiert (vgl. Kapitel 4.5, S. 189 ff.). Im Bereich der Geometrie möchten wir einige Anregungen zum Experimentieren mit Längen aufzeigen.

Veränderungen von Längen in geometrischen Grundformen

Beim Papierfalten verändern sich Längen je nach Falttechnik, ohne dass Kinder es bewusst wahrnehmen. Begonnen wird mit den einfachen Grundformen Quadrat, Rechteck und rechtwinklig-gleichschenkliges Dreieck. Die Kinder experimentieren mit diesen Formen und tragen ihre Ergebnisse in geeignete Tabellen ein. Dazu einige Beispiele:

- Ein Quadrat von 20 cm Seitenlänge wird mehrmals auf der Mittellinie gefaltet. Wie verändern sich die Seitenlängen? Die Kinder falten und messen die Länge jeweils nach. Die Ergebnisse werden in der Tabelle festgehalten. Die Kinder entdecken, dass sich nur eine Seite verkürzt, die andere bleibt erhalten, da durch das Falten Rechtecke entstehen. Manche bemerken schnell, dass sie die kurze Seite nicht mehr nachmessen müssen, sondern die Veränderung der Länge auch rechnerisch durch Halbieren bestimmen können. Der Versuch mit einem Rechteck ergibt analoge Messwerte.

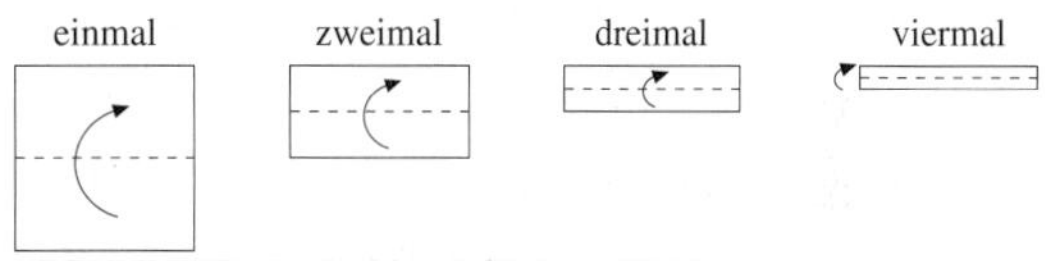

Faltschritte (20 cm, 20 cm)	Länge der kurzen Seite (a)	Länge der langen Seite (b)
einmal	10 cm	20 cm
zweimal	5 cm	20 cm
dreimal	2,5 cm	20 cm
viermal	1,25 cm	20 cm

- Wie verändern sich die Seitenlängen, wenn das Quadrat auf beiden Mittellinien immer wieder zu einem neuen Quadrat gefaltet wird? Die Längen aller Seiten halbieren sich.

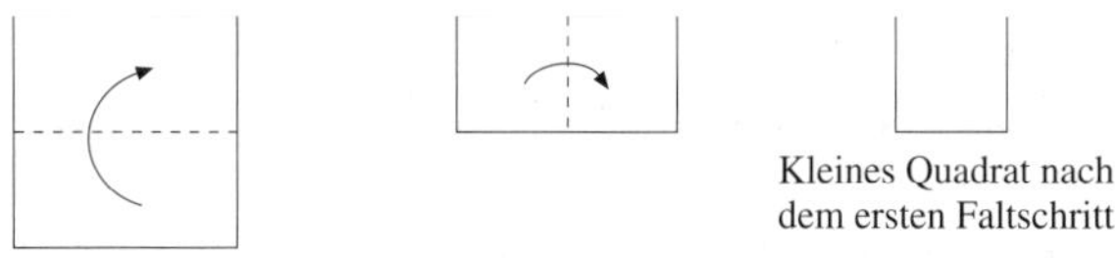

Faltschritte	Länge der Seite a	Länge der Seite b
einmal	10 cm	10 cm
zweimal	5 cm	5 cm
dreimal	2,5 cm	2,5 cm

- Faltet man das Quadrat zu einem Briefumschlag, entsteht ein neues Quadrat mit anderen Seitenlängen. Setzt man den Faltvorgang fort, ergeben sich immer wieder kleinere Quadrate. Welche Veränderungen entdecken die Kinder beim Nachmessen? Sind Regelmäßigkeiten zu erkennen? Was geschieht, wenn man mit einem Quadrat anderen Ausmaßes beginnt?

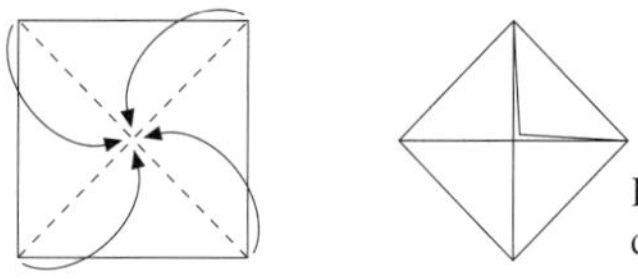

Kleines Quadrat nach dem ersten Faltschritt

Faltschritte	Länge beider Seiten
einmal	14 cm
zweimal	10 cm
dreimal	7 cm
viermal	5 cm
fünfmal	3,5 cm

- Welche Ausmaße haben eigentlich unsere DIN-Formate? Alle Papiere sind rechteckig, aber unterschiedlich lang und breit. Normalerweise werden in der Realität Formate von DIN A1 bis DIN A8 verwendet, wobei DIN A1 im Alltag nur selten zu finden ist. Legt man den Kindern jedes Format mit dem Auftrag vor, ein gleich großes Format in ihrem Schulmaterial zu suchen, ergeben sich möglicherweise solche Zuordnungen:

DIN A1: hier wird selten etwas gefunden
DIN A2: Poster im Klassenraum
DIN A3: Zeichenblock
DIN A4: großes Heft
DIN A5: kleines Heft
DIN A6: Postkarte oder Briefumschlag
DIN A7: Notizblock
DIN A8: kleinstes Karteikartenformat

Durch Falten, Aufeinanderlegen und Nachmessen erkennen die Kinder, dass sich im DIN-System das nächstkleinere Format durch Halbieren einer Kantenlänge ergibt, wobei der Flächeninhalt sich ebenfalls um die Hälfte verringert.

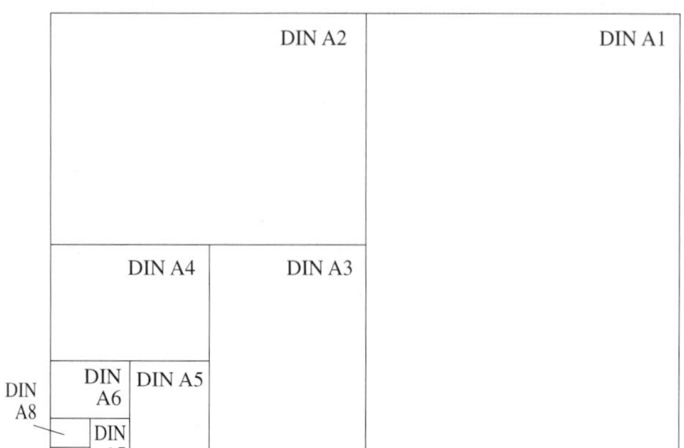

- Ein rechtwinkliges Dreieck mit den ungefähren Maßen 20 cm, 20 cm und 28 cm wird immer wieder auf der Mittelsenkrechten (zur längeren Dreiecksseite) gefaltet. Wie verändern sich die Maße des Dreiecks? Ein Seitenmaß bleibt erhalten. Die lange Seite halbiert sich bei jedem Faltschritt. Die Veränderungen der Seitenlängen, lassen sich nicht nach Pythagoras berechnen, da Falten nie so genau sein kann wie Rechnen.

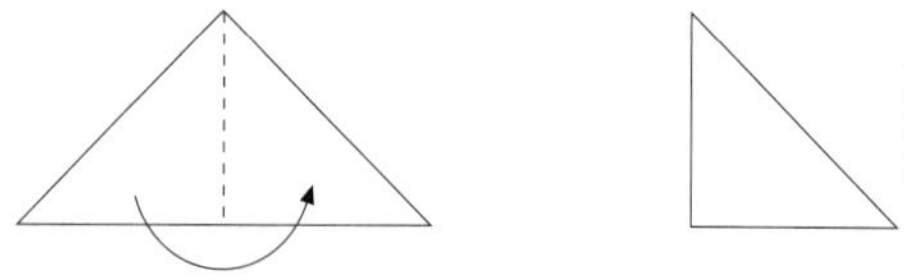

Kleines Dreieck nach dem ersten Faltschritt

Faltschritte	Länge der langen Seite (c)	Länge der kurzen Seite (a)	Länge der kurzen Seite (b)
einmal	20 cm	14 cm	24 cm
zweimal	14 cm	10 cm	10 cm
dreimal	10 cm	7 cm	7 cm
viermal	7 cm	5 cm	5 cm
fünfmal	5 cm	3,5 cm	3,5 cm

Veränderungen von Längen in Papierfliegern und Papierschiffen

Papierschiffe und Papierflieger sind bei Kindern sehr beliebt. Man kann erstaunliche Entdeckungen machen, wenn man die Ausmaße der Faltobjekte untersucht. Haben Sie sich schon jemals bewusst gemacht, dass im klassischen Papierschiff, deren Vorstufe der Hut ist, die Länge des Schiffes und die kurze Seite des Ausgangsrechtecks die gleiche Länge haben? Als Untersuchungsobjekte wählen wir ein Schiff, einen Dampfer und einen Flieger aus. Für das Schiff und den Flieger ist das Faltformat rechteckig, für den Dampfer quadratisch. Die Abbildung zeigt die entsprechenden Faltanleitungen.

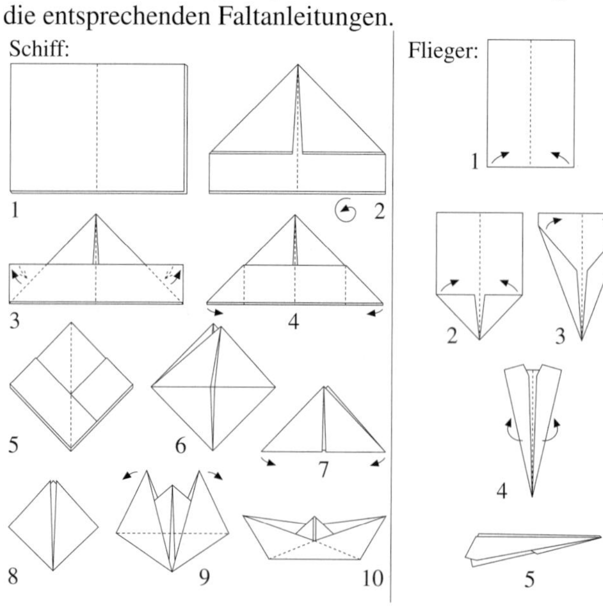

Dampfer:

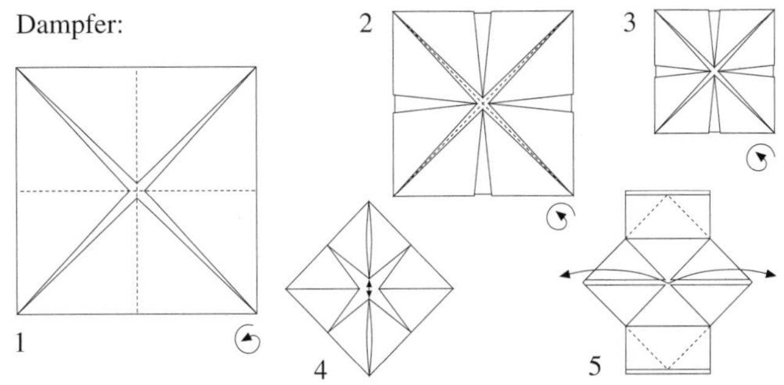

Die Untersuchungsaufträge an die Kinder sind bei allen drei Faltobjekten gleich:

- Objekte ausmessen (Länge, Breite, Höhe)
- Verhältnisse zwischen den Maßen untersuchen
- herausfinden, ob Maße des Ausgangsformats im Faltobjekt erhalten bleiben
- bei Ausgangsformaten unterschiedlicher Größe Veränderungen der Maße feststellen

• Dampfer

Zuerst wird der Dampfer untersucht. Die Kinder erhalten verschiedenfarbige Papierquadrate von 10 cm, 20 cm, 30 cm, 40 cm und 50 cm Seitenlänge. Mit jedem Papier wird der Dampfer nach Faltvorschrift gebastelt. Genaues Falten ist dabei sehr wichtig. Anschließend messen die Kinder Höhe und Länge ihrer Dampfer mit dem Lineal. Die Messergebnisse der Kinder bringen Erstaunliches zu Tage: Jeder Dampfer ist doppelt so lang wie hoch, wobei die Länge die Hälfte der Ausgangslänge des Quadrats beträgt. Faltet man zwei Dampfer aus Quadraten, wovon das eine doppelt so groß wie das andere ist, dann sind sowohl Länge als auch Höhe des großen Dampfers doppelt so groß wie beim kleinen Dampfer.

Maße des Quadrats 	Länge des Dampfers 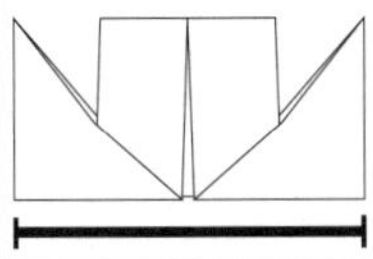	Höhe des Dampfers 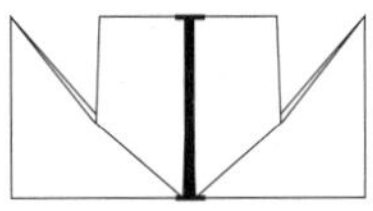
50 cm	25 cm	12,5 cm
40 cm	20 cm	10 cm
30 cm	15 cm	7,5 cm
20 cm	10 cm	5 cm
10 cm	5 cm	2,5 cm

Die Kinder sind sehr motiviert und falten weitere Dampfer aus unterschiedlich großen Quadraten, um ihre Erkenntnisse zu bekräftigen. Einige versuchen sogar herauszubekommen, warum sich solche regelmäßigen Messwerte ergeben. Zieht man die Länge und die Höhe des Dampfers mit einem Filzschreiber nach und faltet dann das Papier auf, erkennt man die Faltlinien des Dampfers im Quadrat. Es ist deutlich zu erkennen, dass die nachgezeichnete Länge des Dampfers die Hälfte und die nachgezeichnete Höhe des Dampfers ein Viertel der Kantenlänge des Quadrats beträgt:

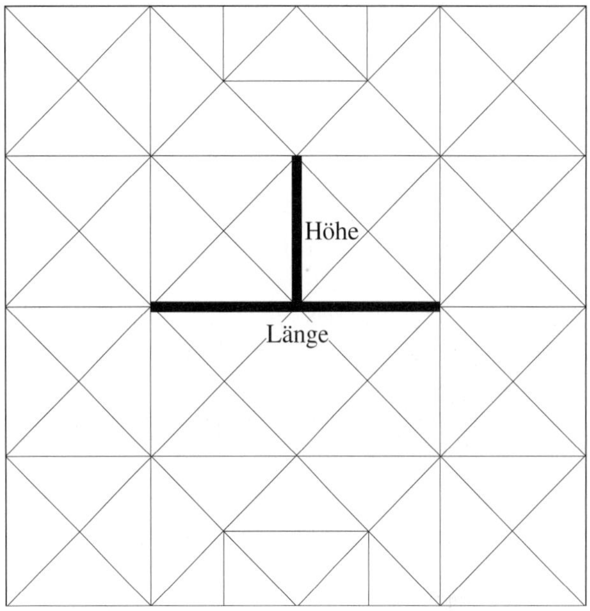

• Schiff

Ausgangsformat für Schiffe sind rechteckige Papiere. Man kann Schiffe aus allen DIN-Formaten falten lassen. Das hat aber den Nachteil, dass die Messwerte keine glatten Zentimeter ergeben. Das Problem kann umgangen werden, wenn Rechtecke verschiedener Größe mit genauen Zentimetermaßen ausgewählt werden. Wie beim Dampfer falten die Kinder unterschiedlich große Schiffe. Anschließend werden die Schiffe ausgemessen und die Ergebnisse in einer Tabelle festgehalten.

Maße des Rechtecks 	Länge des Schiffs 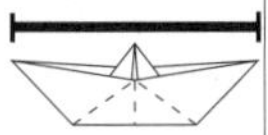	Kiellänge 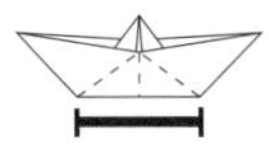	Höhe des Schiffs 
50 cm x 40 cm	40 cm	20 cm	10 cm
40 cm x 30 cm	30 cm	15 cm	7,5 cm
30 cm x 20 cm	20 cm	10 cm	5,0 cm
20 cm x 10 cm	10 cm	5 cm	2,5 cm
10 cm x 5 cm	5 cm	2,5 cm	1 25 cm

Hier müssen die Kinder nicht nur Höhe und Länge des Schiffes, sondern auch die Kiellänge ihres Schiffs ausmessen. Die Kinder stellen fest, dass die Kiellänge das Doppelte der Schiffshöhe beträgt. Die Länge des Schiffs entspricht der Breite des Ausgangsrechtecks. Durch das Auseinanderfalten eines Schiffs sind die Faltlinien und die Messverhältnisse deutlich sichtbar.

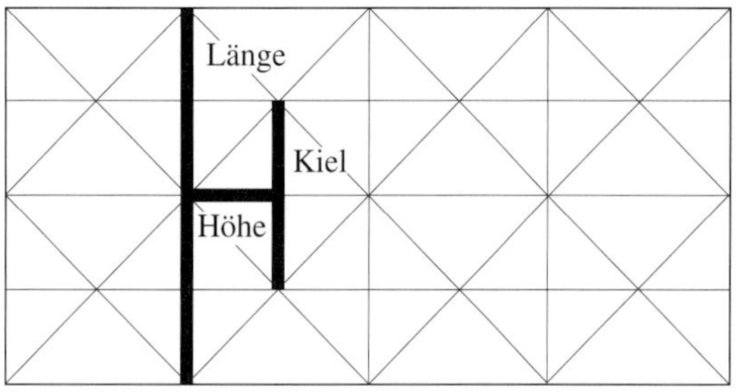

- Flieger
  Auch für Flieger werden Rechtecke in unterschiedlichen Größen verwendet. Interessante Messergebnisse ergibt nur die Länge des Flugzeugs (Länge des Tragwerks). Die lange Seite des Rechtecks bleibt im Flieger als Flugzeuglänge erhalten. Diese Besonderheit ist wie in den anderen Beispielen am aufgefalteten Papierflieger zu erkennen.

Maße des Rechtecks	Länge des Flugzeugs
	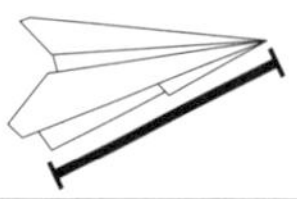
40 cm x 30 cm	40 cm
30 cm x 20 cm	30 cm
20 cm x 10 cm	20 cm

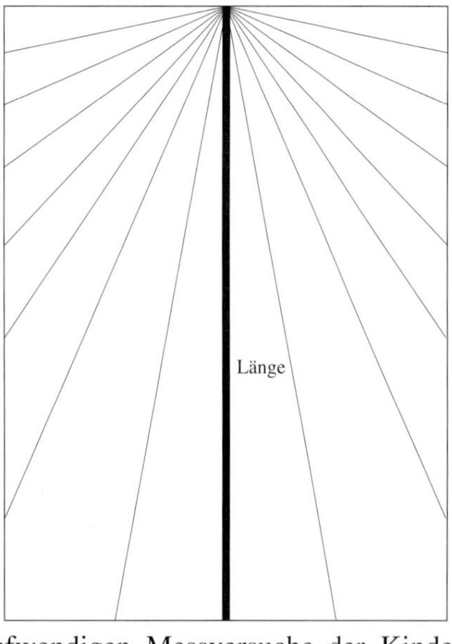

Die aufwendigen Messversuche der Kinder werden im Klassenraum ausgestellt. Bunt bemalt und nach der Größe arrangiert wirken die Dampfer, Schiffe und Flieger besonders eindrucksvoll. Auch Experimente mit anderen Faltobjekten liefern viel versprechende Ergebnisse.

3.4.3 Rauminhalt/Volumen

Übungen zur Vorstellung des Rauminhalts werden in den ersten zwei Grundschuljahren kaum thematisiert. Durch Umfüllen von Sand und Wasser in verschiedene Gefäße vergleicht man ihre Rauminhalte unter der Fragestellung: Welches Gefäßt fasst mehr, weniger oder genauso viel Wasser bzw. Sand wie der Vergleichsbehälter? Zum Thema „Rauminhalt/Volumen“ werden drei kurze Anregungen vorgestellt, die den Kindern frühzeitige Erfahrungen mit Rauminhalten ermöglichen sollen.

- Rauminhalte mit Umweltmaterialien untersuchen
  Kastanien, Eicheln, Murmeln, Perlen und andere Kleinteile eignen sich zum Volumenvergleich. Die Kindern haben verschieden geformte und unterschiedlich große Glasgefäße zur Auswahl. Sie sollen schätzen, in welches Gefäß man wohl am meisten hineintun kann. Zu Beginn werden die Kinder die Behälter bezüglich ihrer Höhen und Breiten miteinander vergleichen und so eine Rangfolge aufstellen. Zur Überprüfung werden die Gefäße mit Kastanien, Perlen oder anderen Gegenständen gefüllt. Es lässt sich Folgendes feststellen:
  - Wenn alle Behälter z. B. mit Murmeln gefüllt wurden, dann fasst das Gefäß die größte Menge, in dem die meisten Murmeln liegen. Der Behälter mit den wenigsten Murmeln hat den kleinsten Rauminhalt. Volumina drückt man rechnerisch durch eine Maßzahl und eine Maßeinheit (z. B. cm^3) aus. Analog verfährt man beim Volumenvergleich mit nicht standardisierten Maßeinheiten. Wenn ein Gefäß mit 25 Murmeln gefüllt werden kann, dann lautet die Maßzahl „25“. Somit beträgt das Volumen 25 Murmeln.
  - Das längste, breiteste oder höchste Gefäß muss nicht unbedingt das größte Volumen haben.
  - Je kleiner das Maß zum Füllen der Behälter gewählt wird, desto höher ist die Anzahl der Einzelteile.

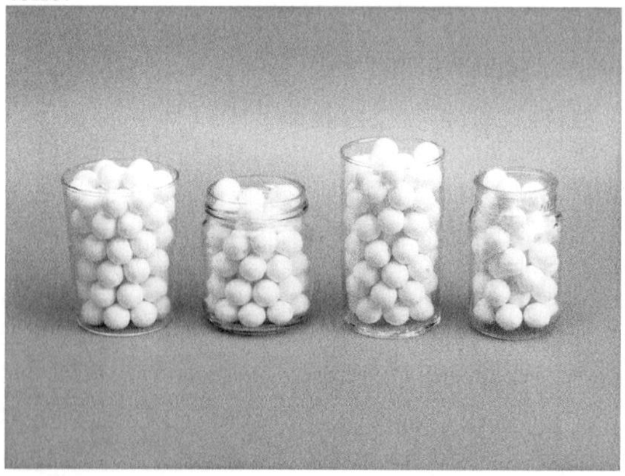

Kann noch genauer geprüft werden, ob zwei Gefäße mit der gleichen Anzahl an Murmeln wirklich das gleiche Volumen haben? Die Murmeln füllen ein Glas nicht lückenlos. Die Kinder kommen schnell auf den Gedanken, Wasser oder Sand zur Kontrolle zu verwenden. Ein Glas wird bis zum Rand mit Wasser gefüllt. Dieselbe Wassermenge füllt man anschließend in das zweite Gefäß. Läuft dies über, ist der Rauminhalt kleiner, passt es genau hinein, ist er gleich groß. Ist noch Platz im Glas, ist das Volumen des zweiten Gefäßes größer.

- Würfel in der Kiste
  Kleine Würfel sind geeignete Vergleichsmaße für Volumenmessungen. Seite an Seite aneinander gelegt kann man mit ihnen sehr genau Rauminhalte verschiedener quader- oder würfelförmiger Kästen bestimmen.

- Die Schachteln in der Schachtel
  Im Abschnitt 3.3.3 haben die Kinder gelernt Schachteln zu falten. Zum Vergleichen von Rauminhalten wähle man nur Schachteln mit quadratischer Grundfläche aus. Die Kinder erhalten den Auftrag, aus einem Papier mit den Maßen 20 x 20 cm eine große Schachtel zu falten. Anschließend wird die Grundfläche ausgemessen. Sie beträgt 10 x 10 cm. Wie viele Schachteln mit der Grundfläche 5 x 5 cm passen in die große Schachtel? Die Kinder falten und prüfen nach (acht passen hinein). Wie groß muss eine noch kleinere Schachtel sein, damit wieder acht davon in die mittlere Schachtel passen? Mit wie vielen ganz kleinen Schächtelchen lässt sich die große Schachtel ausfüllen? (32 Schächtelchen) Das Lernverhalten derjenigen Kinder ist als positiv zu bewerten, die das Ergebnis nicht mehr durch Falten und Auslegen, sondern rechnerisch ermitteln.

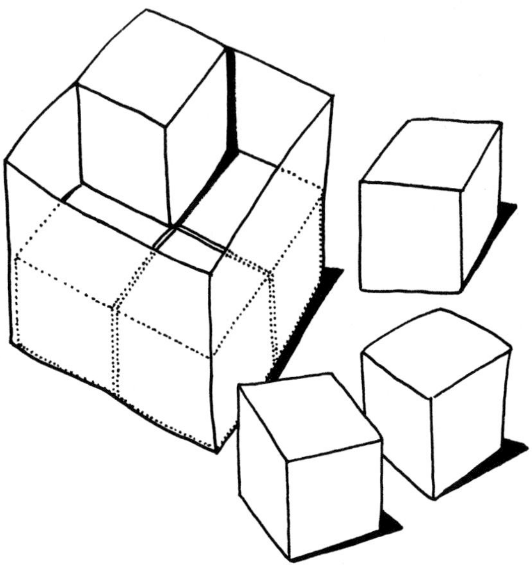

3.5 Sehen und Analysieren

3.5.1 Muster, Bandornamente und Parkettierungen

Kinder beginnen schon im Vorschulalter Muster zu malen und farblich auszugestalten. Sie erfreuen sich an der Regelmäßigkeit der Formen und Farben. Fast selbstverständlich zeichnen sie Dachziegel in ihr selbst gemaltes Haus. Auch wenn es ihnen noch nicht hundertprozentig gelingt, erklären sie, dass alle Dachziegel gleich aussehen sollen. Die Umrisse einer Mauer parkettieren Kinder intuitiv mit ähnlich aussehenden Rechtecken. Kinder betrachten Muster und Mosaike in erster Linie unter ästhetischen Aspekten. Sie finden sie einfach schön. Egal in welcher Altersstufe man Kindern Mandalas präsentiert, alle sind fasziniert von ihrer Ausdruckskraft. Es gibt kaum eine Klasse, in der nicht mit Begeisterung Mandalas ausgemalt werden. Das ästhetische Empfinden für Muster darf nicht vernachlässigt werden, wenn man die Kinder im Unterricht anregt, ihrer Schönheit unter mathematischen Aspekten auf die Spur zu kommen. Die Erforschung von Mustern schult das Erkennen von Lagebeziehungen, Symmetrien, identischen Formen und wiederkehrenden Gesetzmäßigkeiten. Die emotionalen Empfindungen für Muster beruhen auf diesen geometrischen Besonderheiten. Mehrfachsymmetrien faszinieren und beruhigen den Betrachter gleichermaßen. Muster und Ornamente sollten über die gesamte Grundschulzeit Bestandteile des Geometrieunterrichts sein.

Die Untersuchung von Mustern verbindet sechs Tätigkeiten miteinander, die im Unterricht immer wieder durchgeführt werden können.

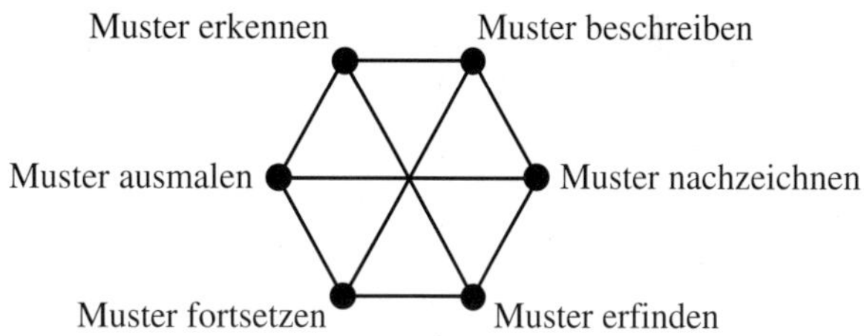

Muster

Um die Struktur von Mustern zu verdeutlichen, ist ihre verbale Beschreibung eine wichtige unterrichtliche Aktivität. Ausgangspunkt sind von den Kindern auf Karopapier gezeichnete oder mit geometrischen Plättchen gelegte Muster. Der Auftrag an die Kinder lautet schlicht, ein Muster zu entwerfen. Kinder achten von sich aus auf die regelmäßige Anordnung von Form und Farbe. Die Qualität der entstehenden Muster ist sehr unterschiedlich. Sie reicht von einfachen Mustern (A) über Bandornamente (B, C) bis hin zu komplexen Parkettierungen (D, E).

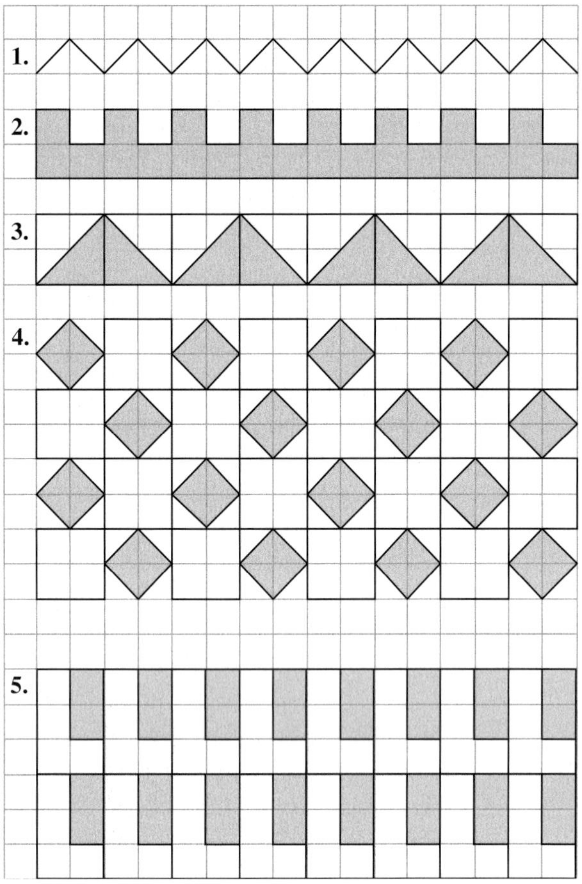

Einige Muster werden im Unterricht mit allen Kindern besprochen. Mögliche Untersuchungskriterien sind:

- Was entdeckst du im Muster?
- Wie ist das Muster gestaltet?
- Welche Formen wurden verwendet?
- Welche Farben wurden verwendet?
- Wo siehst du gleiche Formen?
- Wo tritt immer wieder die gleiche Farbe auf?
- Gibt es einen Farb- und Formwechsel?
- Ist der Farb- und Formwechsel regelmäßig?

Ein weiterer Einstieg in den Themenbereich „Muster" ist die Betrachtung von Fotos und Bildern, die Ornamente, Mosaike, Parkettierungen und andere Muster aus der Lebenswirklichkeit der Kinder darstellen. Viele Motive können Sie selbst fotografieren, andere sind in Zeitschriften und Katalogen zu finden. Als Anregung einige Beispiele, wobei vorweggeschickt werden muss, dass die Zuordnung zu den einzelnen Sparten nicht überlappungsfrei ist.

Muster	Bandornamente	Parkettierungen
- Tischläufer (Webtechnik) - Teppich - Ornamente an Hausfassaden - Geländer, Zäune - Linien-, Karoheftseiten	- Schmuckrand auf Tellern - Tapetenborten - Stuckumrandung unter Zimmerdecken	- Straßenpflaster - Küchenfliesen - Mauer - Schachbrett - Patchworkdecke - Bienenwabe - Puzzle mit gleich geformten Teilen

Allein oder zu zweit untersuchen die Kinder Muster, die ihnen gefallen. Dazu sollen sie ihre Beobachtungen auf einem Fragebogen festhalten.

Beobachtungsbogen

1. Was siehst du auf dem Foto?
   Schal
2. Welche Formen kommen im Muster vor?
   Kreuz und Streifen
3. Zeichne die Formen auf

4. Welche Farbe hat das Muster?
   rot und weiß
5. Beschreibe, was in deinem Muster regelmäßig ist.
   Es kommt zuerst ein Kreuz, dann zwei Streifen

Bilder und Beobachtungsbögen werden in der Klasse ausgehängt. Die Kinder schauen die Bilder immer wieder an. Teilweise ergänzen sie ihren Beobachtungsbogen oder vergleichen ihn mit anderen.

Bandornamente

Bandornamente sind beliebig lange Streifen, in denen sich ein Element (Ausgangsfigur) nach den Regeln der Schubsymmetrie fortlaufend wiederholt. Dazu einige Beispiele:

- Bandornamente mit sich wiederholenden Musterteilen, wie sie beispielsweise in Strickbordüren an Mützen, Socken und Handschuhen zu finden sind

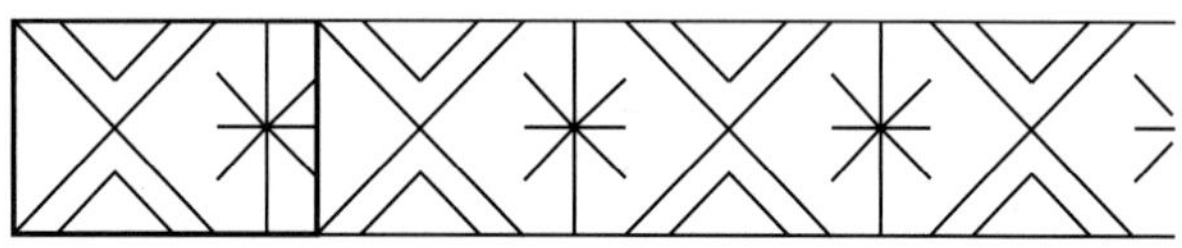

- Bandornamente mit verschiedenen Plättchenformen

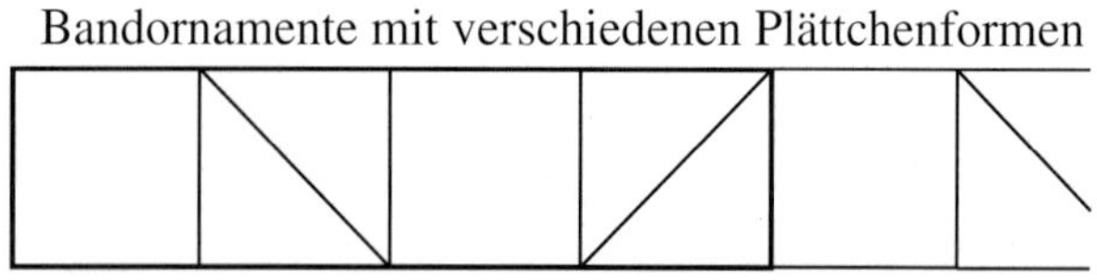

- Bandornamente mit wechselnden Farben

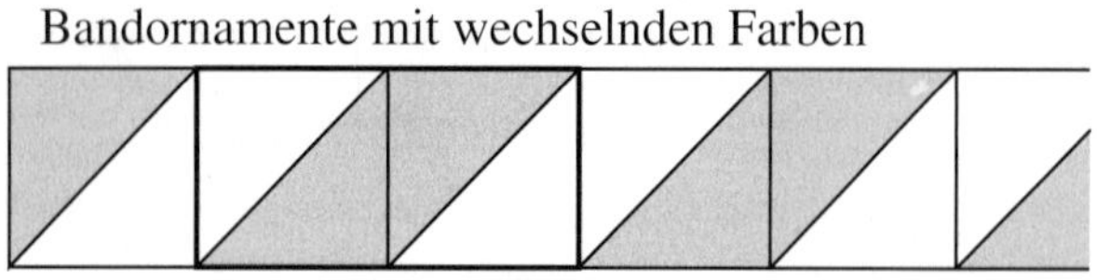

- Bandornamente mit wechselnden Farben und Formen

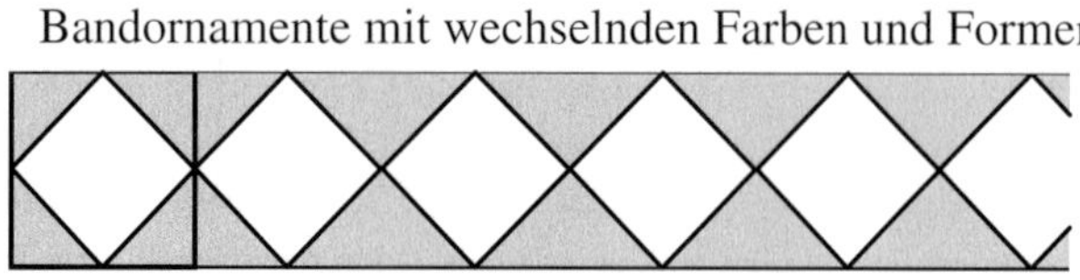

Anhand unterschiedlicher Materialien können die Kinder den Aufbau von Bandornamenten begreifen. Der Herstellungsprozess fordert von den Kindern Konstruktivität, Fantasie und Kreativität, wodurch gleichzeitig das geometrische Sehen geschult wird.

Bandornamente mit geometrischen Plättchen
Die Erkenntnis, dass sich in Bandornamenten die Ausgangsfigur ständig wiederholt, lässt sich durch das Aneinanderlegen von gleichen Figuren veranschaulichen. Besonders geeignet dafür sind die L-T-Z-Plättchen von Klett. Die Kinder erhalten den Auftrag die Muster fortzusetzen, indem sie das T-, Z- oder L-Plättchen immer wieder neu anlegen und mit einem Stift umfahren.

Kann ein Ornament auch mit zwei verschiedenen Plättchenformen gelegt werden?

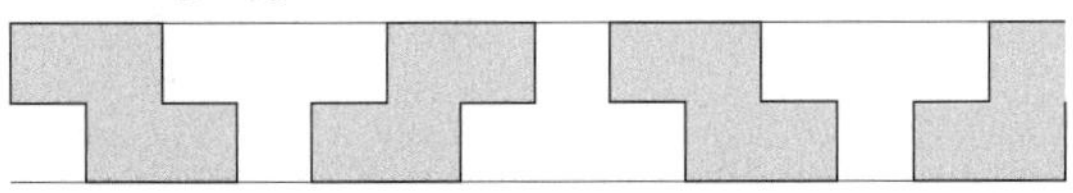

Verschiedenfarbige Papierquadrate lassen sich durch Falten in mehrere kleine Quadrate oder rechtwinklige Dreiecke unterteilen. Auf den Faltlinien zerschnitten, erhält man Papierplättchen, mit denen sich bunte Bandornamente kleben lassen.

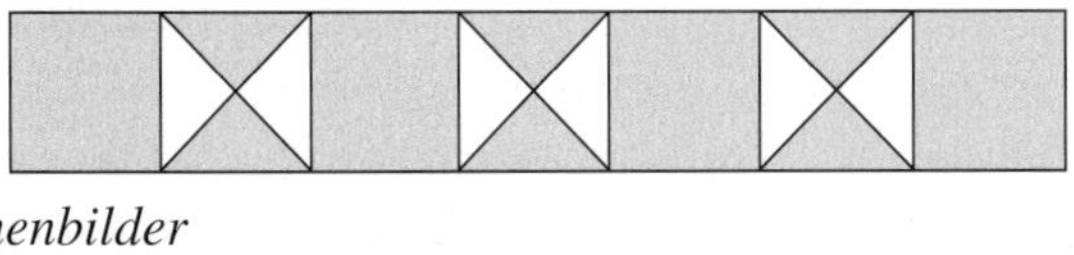

Reihenbilder
Reihenbilder, die sich durch Faltschnitte erzeugen lassen, stellen Bandornamente dar. Benötigt werden lange Papierstreifen in verschiedenen Farben. Jeder Streifen wird dreimal auf der kurzen Mittellinie gefaltet. Anschließend schneidet man an den geschlossenen Seiten Ornamente oder gegenständliche Figuren ein. Nach dem Auseinanderfalten des Streifens erscheint ein Bandornament aus Lochfiguren. Wem gelingen ein Zaun, eine Weihnachtsbaumreihe oder Herzen und Dreiecke im Wechsel?

Legt man den Kindern zur Veranschaulichung fertige Reihenbilder vor, werden sie zu Beginn versuchen, diese nachzuahmen. Diese Lernleistung darf nicht unterschätzt werden. Die Kinder müssen sowohl erkennen, wie sich das Reihenbild in seine Ursprungsform zurückfalten lässt, als auch die Form und Anordnung der herausgeschnittenen Einzelteile rekonstruieren. Eine andere Variante der Reihenbilder besteht nicht aus Lochfiguren, sondern aus Papierfiguren als Bandornamente. Der gefaltete Papierstreifen kann an allen Seiten in Form geschnitten werden. An den geschlossenen Kanten muss mindestens ein Steg erhalten bleiben, damit die einzelnen Figurteile nicht auseinander fallen. Durch diese Technik entstehen die bekannten Männchenreihen. Reihenbilder schmücken den Klassenraum für ein Schulfest oder zur Faschingszeit.

Freundschaftsbänder
Freundschaftsbänder sind bei Kindern beliebt. Sie bestehen aus Wollfäden, die nach einer bestimmten Knotentechnik geknüpft sind. Es entsteht ein regelmäßiger Farb- und Musterwechsel, der als Bandornament bezeichnet werden kann. Anregungen zum Herstellen von Freundschaftsbändern finden sich in Bardehle/Kraft (1996).

Parkettierungen

Die Natur (z. B. Bienenwabenmuster), das Handwerk (z. B. Fußböden, Straßenpflasterungen) und die Kunst (z. B. Parkettmuster des Holländers Escher) bieten vielfältige Beispiele für Parkettierungen. Unter Parkettierung wird das einfache, lückenlose Ausfüllen der Ebene mit kongruenten Figuren verstanden (Stobbe/Grässle 1992, S.35). Dabei können sowohl ein als auch mehrere Figurentypen zur Parkettierung verwendet werden.

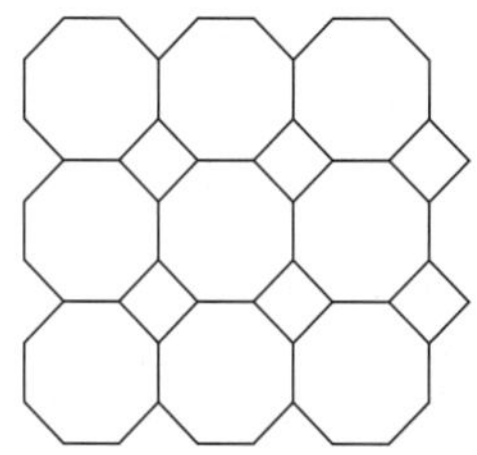

In Verbindung mit dem Mathmatikunterricht schult die Parkettierung der Ebene das räumliche Vorstellungsvermögen, visuelles Operieren und die Fähigkeit vorausschauend zu denken. Für den fortschreitenden mathematischen Lernprozess können sie auf anspruchsvollerem Niveau ausgebaut werden. Weiterhin sind sie eine Vorstufe für die Entwicklung des Flächeninhaltsbegriffs.

Parkettmuster mit geometrischen Formen
Im Unterricht wird mit einfachen Figurtypen wie Quadraten, Dreiecken und Rechtecken begonnen. Durch geeignetes Falten und Zerschneiden von Papierquadraten, -dreiecken und -rechtecken entstehen kleinere Formen. Ein Zeichenblockblatt lässt sich lückenlos mit diesen Formen parkettieren. Die Kinder beschreiben ihre Legestrate-

gien. Mit einem Quadrat lassen sich leicht Parkettierungen herstellen, weil alle Seiten gleich lang sind. Beim Rechteck und Dreieck muss man schon auf unterschiedliche Seitenlängen achten.

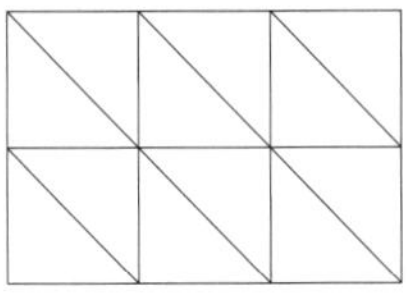

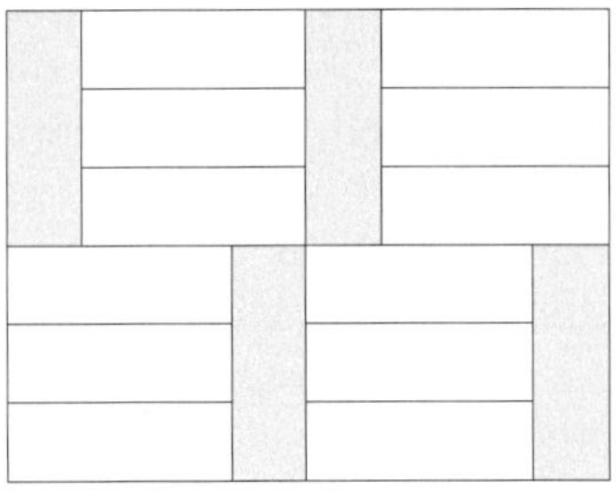

Überrascht sind die Kinder, wenn sie entdecken, dass sich mit jedem unregelmäßigen Dreieck und jedem Viereck eine Parkettierung herstellen lässt. Hilfreich zum Ausprobieren ist eine Formschablone aus Pappe. Durch Aneinanderlegen und Umranden mit dem Stift und wiederholtes Aneinanderlegen und Umfahren kann man bis auf die Ränder ein komplettes Zeichenblockblatt bedecken (Lorenz 1991, S.17). Schon im 2. Schuljahr gibt es Kinder, die begründen können, warum sich jedes Dreieck parkettieren lässt. Immer zwei Dreicke müssen so aneinander gelegt werden, dass sie ein „schiefes Rechteck" (Parallelogramm) ergeben. Ein Parallelogramm ist so einfach zu parkettieren wie ein Quadrat.

3-Eck-Parkett

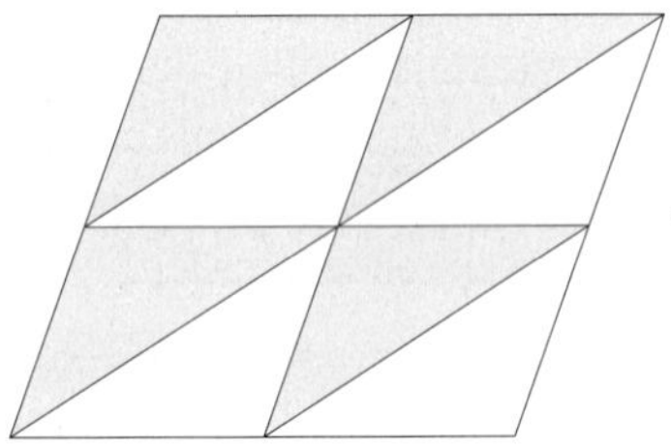

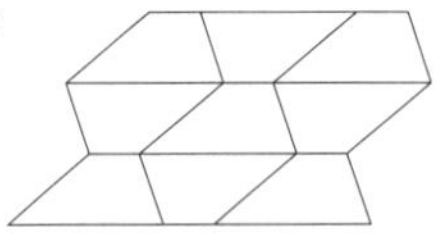

4-Eck-Parkett

Parkettierungen mit gegenständlichen Figuren

Kinder sind fasziniert von den Bildern M. C. Eschers. Ein Parkett aus gegenständlichen Figuren ist ästhetisch viel ansprechender als ein Mosaik aus Quadraten. Das Einfärben von schwarzweißen Escher-Bildern spricht die Kinder sehr an.

Mit verschiedenen Stempelmotiven können Kinder Escher sogar nachahmen. Dafür haben wir ein Vogel-, ein Fisch- und ein Drachenmotiv ausgewählt. Für jede Figur stellt man zwei Stempel aus Moosgummi her. Es empfiehlt sich das Motiv mit Kohlepapier auf die Moosgummiplatte zu übertragen und dann auszuschneiden. Als Griff wird ein Korken angeklebt. Mit zwei verschiedenen Farben (Plakafarbe oder Tusche) parkettieren die Kinder ein weißes Blatt mit Vögeln, Fischen oder Drachen. Für die Anordnung der Figuren ist es notwendig, dass die Kinder einen Bildausschnitt von der entstehenden Parkettfläche als Vorlage haben.

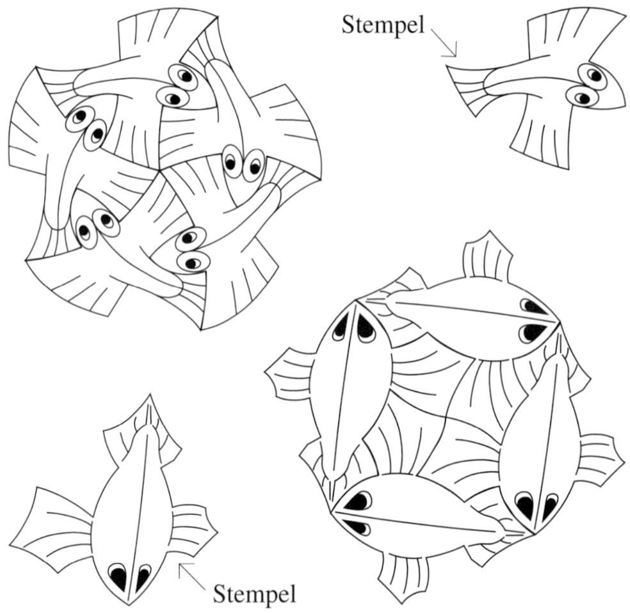

Parkettierungen auf Karopapier

Karopapier bietet ein gutes Raster, um Parkettierungen zu zeichnen. Sie wirken wie Mosaike oder Fußbodenparkette. Da Kinder lernen müssen, sich im Karoraster zu orientieren, sollte man im Unterricht mit einfachen geometrischen Formen beginnen. Zuerst werden ausschließlich Muster gezeichnet, die aus vollständigen Kästchen zusammengesetzt sind (siehe nachfolgende Abbildung, 1. bis 8.). Erst später kann man die Diagonalen mit einbeziehen (9. bis 11.). Nachdem die Kindern begonnene Muster weitergezeichnet und eingefärbt haben, versuchen sie eigene Fußbodenmuster zu erfinden.

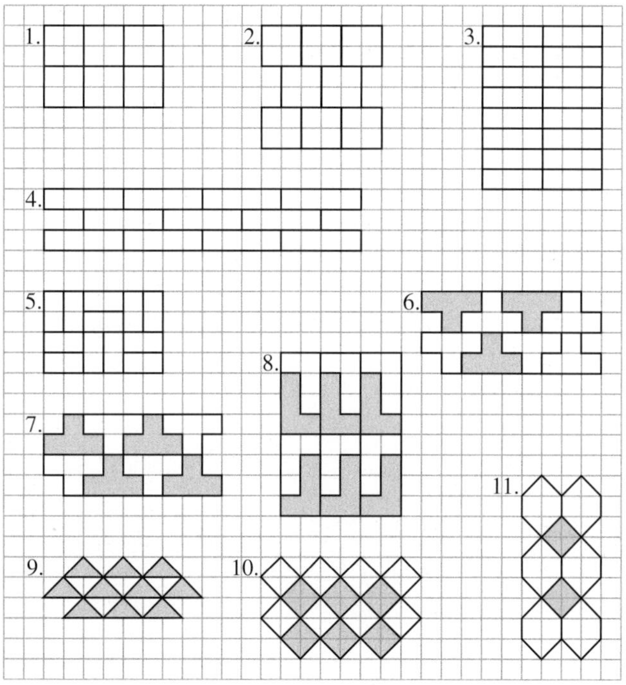

Kinder sind stolz, wenn es ihnen gelingt, einfache gegenständliche Figuren im Stile Eschers zu parkettieren. Die Aufgabe ist für Zweitklässler sehr anspruchsvoll. Die Kinder müssen in der Vorstellung die Figuren verschieben und drehen und dieses innere Bild aufs Papier bringen. Die Ente in der folgenden Abbildung ist wahrscheinlich noch die einfachste Figur. Das Haus muss um 180° gedreht werden und der Hund ist in sich so komplex, dass es schon ein gut ausgebildetes Raum-Lage-Verständnis voraussetzt, um ihn in versetzter Form immer wieder zeichnen zu können.

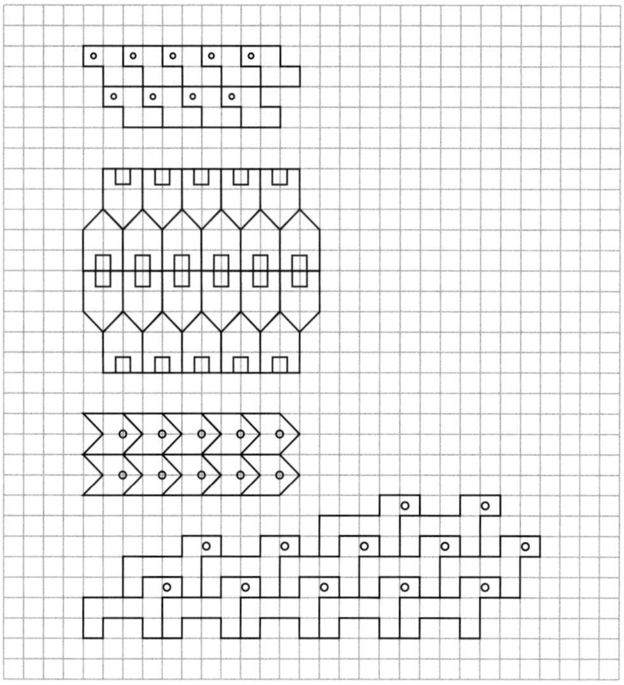

Einigen Kindern gelingt es sogar die Enten und Fische versetzt zu zeichnen. Wem gelingt es, die Enten und Fische in der ersten Reihe nach links und in der zweiten nach rechts schwimmen zu lassen? Kann jemand ein eigenes Tier entwickeln, dass sich für eine Parkettierung eignet?

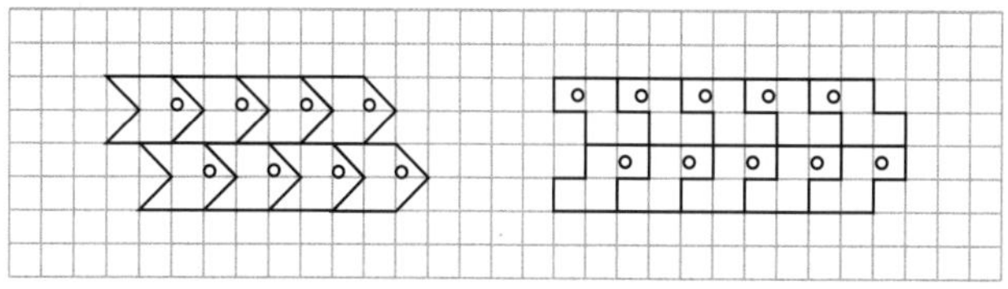

3.5.2 Symmetrie

Ganz selbstverständlich hantieren Kinder mit Gegenständen des alltäglichen Lebens, die ohne ihre symmetrischen Eigenschaften unzweckmäßig wären. Eine Leiter mit schrägen Sprossen oder unterschiedlich langen Holmen ist ebenso unpraktisch wie ein Stuhl mit ungleichen Beinen oder ein Drachen mit verschieden großen Hälften. Die Gewinnchancen wären ungleich verteilt, wenn Fußball-, Handball- oder Schachbretterfeld nicht symmetrisch angelegt wären. Die Natur bietet viele symmetrische Formen (Schneeflocken, Blätter, Blüten, Insekten u. a.). Kinder nehmen sie unbewusst wahr, ohne zu bemerken, dass bei natürlichen Dingen eine Achsensymmetrie im rein mathematischen Sinne nicht immer vorliegt. Der menschliche Körper ist nur auf den ersten Blick spiegelgleich (Arme, Beine, Gesichtshälften). Unsere Arme und Beine sind nicht hunderprozentig gleich lang. Der Unterschied ist allerdings so minimal, dass er kaum bemerkt wird. Symmetrische Objekte werden nicht selten als schön oder ästhetisch ansprechend bezeichnet. Aus der Kunst und Architektur sind Symmetrien nicht wegzudenken.

Symmetrische Figuren analysiert und speichert das Gehirn schneller als asymmetrische. Sie können detailgetreuer wiedergegeben werden, da ihre Struktur schneller erkennbar und besser behaltbar ist. Symmetrien unterstützen die visuelle Auffassungsgabe und das Gliederungsvermögen des Menschen. Fast intuitiv malen ältere Grundschulkinder Figuren und Muster symmetrisch aus. Das Erkennen symmetrischer Eigenschaften ist ein Grundstein des räumlichen Vorstellungsvermögens. Es fördert nicht nur die Einsicht in geometrische Eigenschaften, sondern auch in die arithmetischen Bezüge des Verdoppelns und Halbierens. Durch das Untersuchen und Herstellen von Mustern und Ornamenten sammeln die Kinder schon im Kindergartenalter Erfahrungen im Umgang mit Symmetrien. Im Verlauf der Grundschulzeit werden die Muster vielfältiger und komplizierter. Das Verständnis für Regelmäßigkeiten und Symmetrien wird mehr oder weniger unbewusst weiter geschult. Auf der Basis von Erfahrungen mit Mustern lässt sich das Verständnis für symmetrische Figuren weiter aufbauen. Im 1. und 2. Schuljahr liegt der Schwerpunkt auf achsensymmetrischen Figuren. Die Kinder sollen solche Figuren erkennen und herstellen und ggf. die Symmetrieachsen bezeichnen können. Dabei muss Kindern der Unterschied zwischen gleichen und achsensymmetrischen Figuren immer wieder verdeutlicht werden (Leutenbauer 1993, S.1).

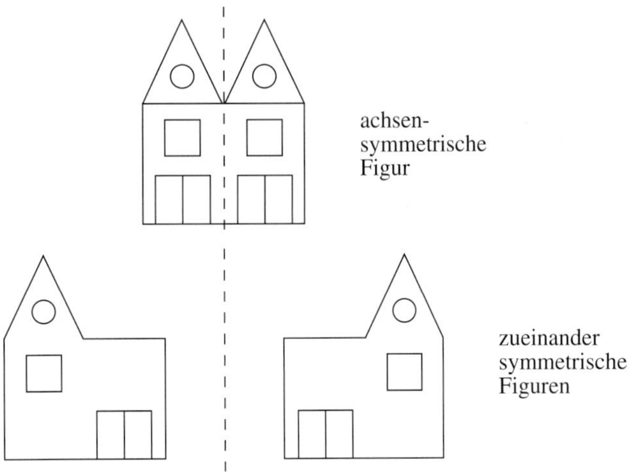

Herstellen achsensymmetrischer Figuren

In der Mathematikdidaktik stellt sich immer wieder die Frage, ob Kinder zuerst mit einem mathematischen Phänomen in der komplexen Umwelt oder in der künstlichen mathematischen Welt konfrontiert werden sollen. Im Falle der Achsensymmetrie ziehen wir den zweiten Weg vor. Bevor Kinder die Achsensymmetrie als besondere Eigenschaft von Figuren erkennen, dieses überprüfen und verbalisieren können, müssen sie achsensymmetrische Figuren selbst herstellen (Fraedrich 1987, S. 77). Verschiedene Herstellungstechniken fördern dabei den Erkenntnisprozess.

Klecksbilder
Klecksbilder sind die bekannteste Technik, um achsensymmetrische Figuren herzustellen. Ein quadratisches, rechteckiges oder rundes Blatt Papier wird auf einer Mittellinie gefaltet und wieder aufgeklappt. Mit einem Pinsel spritzt man verschiedenfarbige Tropfen Tusche auf eine Papierhälfte. Dabei darf die Farbe nicht zu trocken sein. Anschließend wird das Blatt wieder zugefaltet und die Farbkleckse durch Drücken verteilt. Im geöffneten Papier ist ein achsensymmetrisches Farbspiel zu erkennen. Viele Kinder wollen gegenständliche Motive herstellen. Dazu wird auf eine Papierseite eine Hälfte eines Schiffes, Baumes oder Hauses aufgemalt. Die Kinder müssen zügig arbeiten, damit die Farbe nicht zu schnell trocknet. Nach dem Zu- und Aufklappen ist die gesamte Figur zu erkennen. Wird auf eine Seite ein vollständiges Bild gemalt, entsteht auf der anderen Seite das dazugehörige Spiegelbild. Fingerfarben sind für Klecksbilder hervorragend geeignet, da die dicke Farbschicht sich gut durch Pressen und Drücken verteilen lässt.

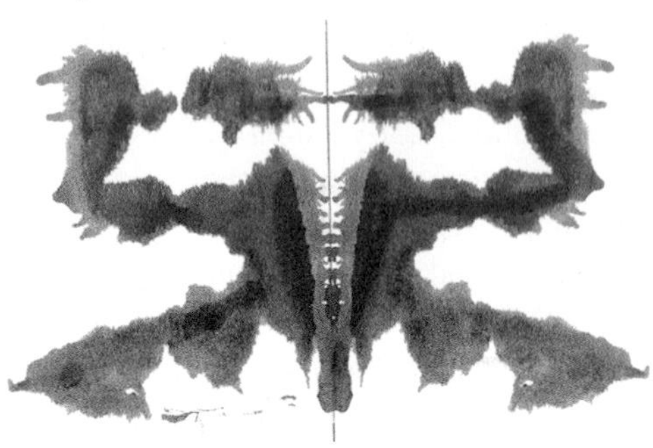

Faltschnitte
Für Faltschnitte benötigt man ein rechteckiges Papier, das in der Mitte gefaltet wird. An der Faltkante wird ein Figurteil aufgemalt und anschließend ausgeschnitten. Leistungsstarke Kinder schneiden sofort aus, ohne vorzuzeichnen. Die Karte darf nicht vollständig entlang der Faltkante zerschnitten werden. Die entstandene Figur hat zwei spiegelgleiche Hälften.

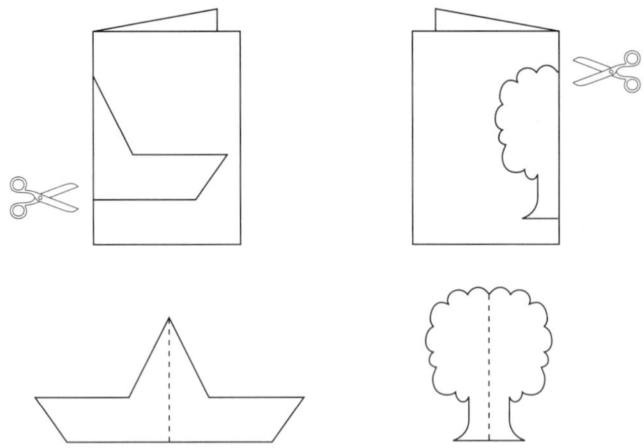

Lochbilder
Für diese Technik benötigt man Papier, Bleistift, Filzstift, eine Styropor-, Moosgummi- oder Korkplatte und eine dicke Stopfnadel. Das Papier wird wie beim Faltschnitt in der Mitte gefaltet. Mit wenigen Linien zeichnet man mit dem Bleistift eine beliebige Figur auf das gefaltete Blatt. Linien und Eckpunkte werden mit der Nadel durchstochen (die weichen Platten dienen als Unterlage). Anschließend wird das Blatt aufgeklappt und alle Nadelpunkte mit einem Filzschreiber verbunden. Das entstandene Lochbild ist achsensymmetrisch, wenn eine Figurhälfte durchstochen wurde. Man erhält zwei Bilder (Bild und Spiegelbild), wenn eine vollständige Figur der Ausgangspunkt war.

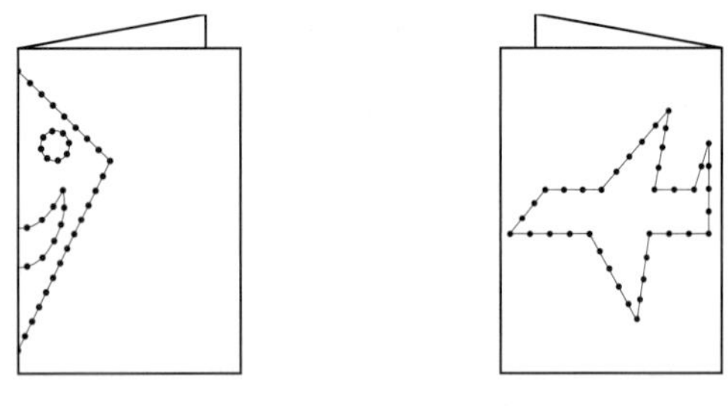

Pausbilder
Kohlepapier, Kugelschreiber und weißes Papier braucht man zum Durchpausen. Unter das gefaltete Papier wird ein Kohlepapier (Kohleseite nach oben) gelegt. An die Faltkante wird wie bei der Durchstechtechnik eine halbe bzw. eine ganze Figur gezeichnet. Nach dem Aufklappen ist eine achsensymmetrische Figur sichtbar bzw. Bild und Spiegelbild.

Bei allen vier Techniken entwerfen die meisten Kinder in ihren ersten Versuchen vollständige Figuren, sodass immer ein Spiegelbild zum Original entsteht. Je öfter sie die Techniken anwenden, desto eher kommen sie darauf, achsensymmetrische Figuren zu entwerfen. Die Kinder „be–greifen“ im praktischen Sinne die Achsensymmetrie als Eigenschaft von Figuren. Es entstehen Männchen, Herzen, Häuser, Blumen, Sterne und andere Formen. Man kann den Kindern auch gezielte Aufträge geben wie: Erfinde Menschen, Gesichter, Pflanzen, Tiere, Drachen, Buchstaben. Im Unterricht werden mit den Kindern gemeinsam die verschiedenen Techniken erarbeitet. Um ihre Vorerfahrungen zu erkennen, diskutieren die Kinder schon während des Entstehungsprozesses über das fertige Produkt. Wichtig ist, dass die Kinder die entstandenen achsensymmetrischen Figuren verbal beschreiben. Geeignete kindgemäße Formulierungen sind:

- Die Figur hat zwei Teile.
- Zwei Hälften passen aufeinander.
- Die Bilder sind spiegelgleich, spiegelbildlich oder faltgleich.

Die Spiegelachse kann auch Falt- oder Klappachse genannt werden, da bei allen vier Techniken eine Faltkante die Spiegelachse darstellt.

Überprüfen von Figuren auf Achsensymmetrie

Um Figuren auf Achsensymmetrie hin untersuchen zu können, müssen Kinder drei wichtige Beobachtungen machen:

1. Bei einer Achsenspiegelung werden im Spiegelbild die Seiten vertauscht. (Die Orientierung ändert sich.)
2. Alle Längen bleiben im Spiegelbild erhalten.
3. Die Winkelgrößen verändern sich nicht.

Versuche mit dem Spiegel
Der spielerische Umgang mit dem Spiegel ermöglicht es, dass symmetrische Eigenschaften von den Kindern selbst entdeckt werden können. Jedes Kind bekommt einen möglichst randlosen Taschen- oder einen größeren Handspiegel. Die Lehrerin stellt verschiedene Untersuchungsobjekte aus dem täglichen Umfeld der Kinder aus, die nicht alle achsensymmetrisch sind:

- Schlüssel
- Schere
- Zange
- Geldschein (Spielgeld)
- Flaschenöffner
- Löffel, Gabel, Kochlöffel
- Teller
- Baumblatt
- Spielkarten eines Skatblatts
- Fotos von Gesichtern
- Tierbilder
- Armbanduhr
- geometrische Plättchen

u. a.

Die Kinder untersuchen allein oder zu zweit Objekte ihrer Wahl mit dem Spiegel. Der Gegenstand wird dazu auf den Tisch gelegt. Anschließend stellen die Kinder eine Kante des Spiegels senkrecht auf den Gegenstand. Durch Schieben und Drehen des Spiegels verwandelt sich das Ausgangsobjekt in lustige Gebilde. Die Faszination des Spiegels motiviert die Kinder zu immer neuen Entdeckungen. Es geschieht nicht selten, dass sich viele Kinder neugierig um einen Schüler gruppieren, der stolz eine besonders lustige oder erstaunliche Beobachtung vorführt (ein Schlüssel mit zwei Ringen, einen Geldschein ohne Gesicht, einen geschrumpften Teller u. a.).

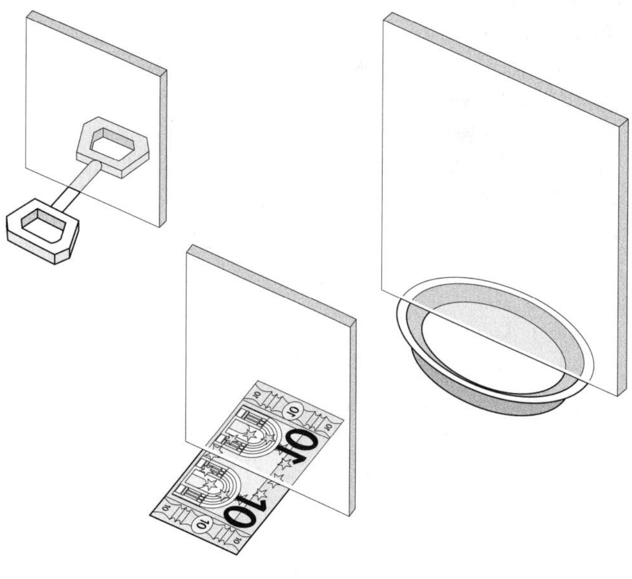

Alle Kinder sollen nach ihren Versuchen die Gegenstände benennen können, die achsensymmetrisch sind. Kindgerecht formuliert heißt das: Auf welches Ding kann der Spiegel so gestellt werden, dass es ganz bleibt? Der Platz für den Spiegel ist gleichzeitig die Spiegelachse des Gegenstands. Möchte man im Unterricht gezielte Aufträge erteilen, kann man den Kindern so genannte Beobachtungsstationen anbieten. An jeder Station liegt ein Untersuchungsgegenstand, ein geeigneter Spiegel und eine Karte mit Beobachtungsaufträgen. Wenn die Aufträge erfüllt wurden, wechselt das Kind zur nächsten Station. Für eine Schere als Untersuchungsobjekt können die Beobachtungsaufträge folgendermaßen aussehen:

1. Stelle den Spiegel so auf, dass du die Schere nicht mehr sehen kannst.
2. Stelle den Spiegel so auf, dass die Schere vier Fingerlöcher hat.
3. Stelle den Spiegel so auf, dass die Schere gar keine Löcher mehr hat.
4. Stelle den Spiegel so auf, dass du zwei Scheren siehst.
5. Stelle den Spiegel so auf, dass die Schere einen Knick bekommt.
6. Kannst du den Spiegel so aufstellen, dass du auf dem Tisch und im Spiegel genau eine Schere siehst?

Überprüfung auf Achsensymmetrie durch Falten, Durchstechen und Übertragen auf Transparentpapier
Die Kinder erhalten auf einem Arbeitsblatt vorgegebene Figuren, die sie auf Achsensymmetrie hin untersuchen. Eine Möglichkeit der Überprüfung ist das genaue Ausschneiden und Falten der Figuren. Passen beide Figurhälften genau aufeinander, dann ist die Gesamtfigur achsensymmetrisch.

Eine zweite Überprüfungstechnik ist das Durchstechen. Für dieses Vorgehen sind die zu überprüfenden Figuren auf Karten abgebildet. Bei der Auswahl der Figuren sind teilweise auch zwei Abbildungen (Bild/Spiegelbild) auf Spiegelgleichheit zu untersuchen. In einem ersten Arbeitsgang schneiden die Kinder die Karten aus. Anschließend falten sie jede Karte auf der eingezeichneten Spiegelachse. Die Linien der halben Figur bzw. des Originalbildes werden mit einer Nadel nachgepunktet. Wenn nach dem Aufklappen der Karte die Lochlinien und die gezeichnete Linie der anderen Figurhälfte bzw. des Spiegelbilds übereinstimmen, dann ist die Abbildung achsensymmetrisch.

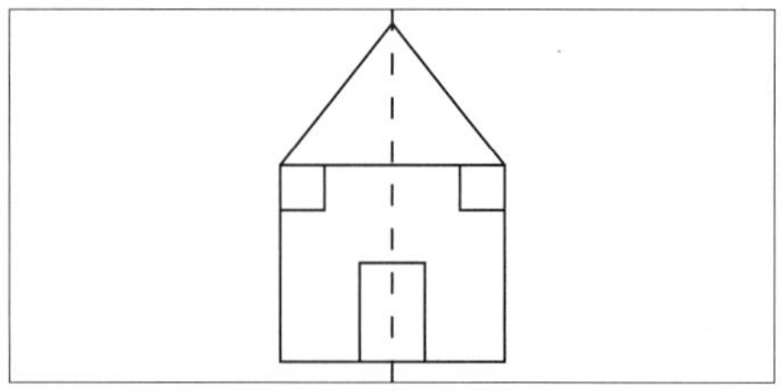

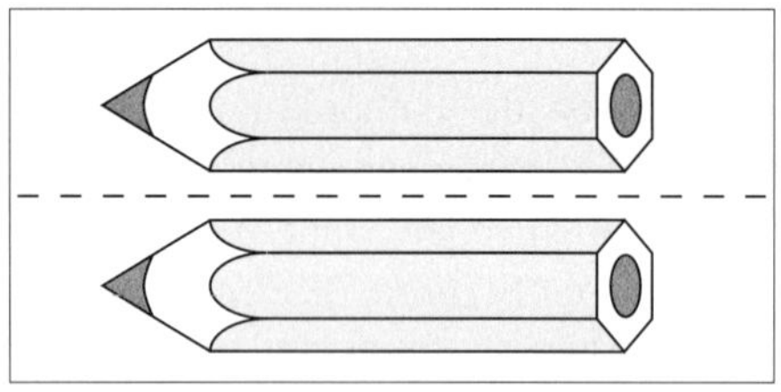

Zur Differenzierung bietet man leistungsstarken Kindern ein Arbeitsblatt mit Kärtchen an, die alle achsensymmetrische Figuren zeigen. Die Kinder versuchen die Faltachsen/Spiegelachsen selbst zu finden. Die Durchstechtechnik dient in diesem Fall als Überprüfung für die Symmetrieachse.

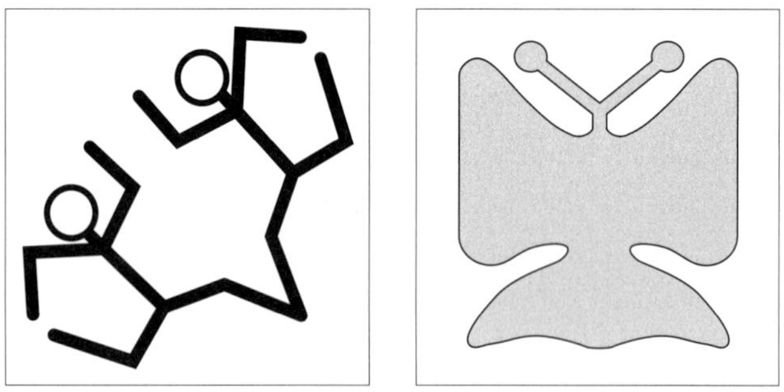

Es ist nicht immer möglich Figuren auszuschneiden und zu falten, um festzustellen, ob sie achsensymmetrisch sind. Das gilt besonders für Figuren, die in Büchern abgebildet sind. Hier bietet sich die Technik des Durchpausens an. Die zu kontrollierende Figur wird auf Pergamentpapier durchgepaust. Wenn die Figur auf dem Pergamentpapier sich so falten lässt, dass zwei Figurhälften genau aufeinander liegen (ist gut zu erkennen, weil Pergamentpapier durchsichtig ist), dann liegt Achsensymmetrie vor.

Achsensymmetrische Figuren vollenden, Spiegelbilder legen und zeichnen

Geometrische Plättchen
Geometrische Plättchen sind als Beilage in fast jedem mathematischen Unterrichtswerk zu finden. Sie sind meist farbig, sodass sich schöne Spiegelmuster legen lassen. Nicht alle Kinder sind sofort in der Lage, selbstständig ein korrektes Spiegelmuster zu entwerfen. Für sie wird eine

Hälfte des Musters vorgegeben zu der die zweite gelegt werden muss.

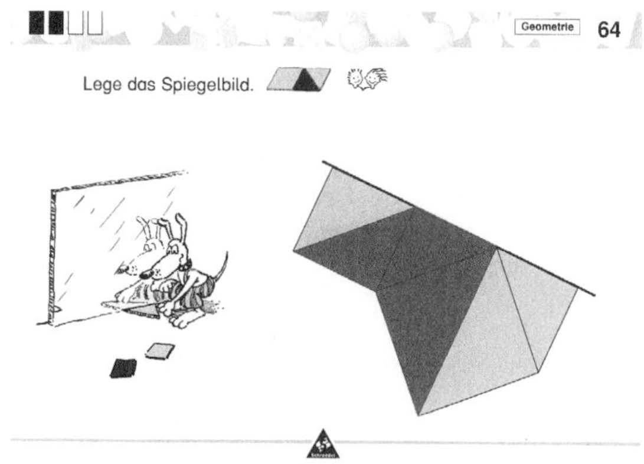

Viele Kinder sind enttäuscht, wenn sie ihre mühevoll kombinierten Spiegelbilder wieder zerstören sollen. Formenplättchen aus buntem Papier lassen sich einfach durch Falten und Schneiden herstellen und können als Spiegelmuster aufgeklebt werden. Wenige Papierformen (Dreiecke, Quadrate, Rechtecke) genügen schon, um ausdrucksstarke und komplizierte Spiegelmuster erzeugen zu können. Jedes Kind erhält drei Papierquadrate in den Farben Rot, Blau und Gelb (16 cm x 16 cm). Das rote Quadrat wird auf beiden Mittellinien und auf beiden Diagonalen gefaltet, sodass acht Dreiecke entstehen. Das blaue Quadrat wird auf beiden Mittellinien in vier kleine Quadrate gefaltet. Das gelbe Papier wird nur in zwei Rechtecke zerlegt. Mit diesen 14 Teilfiguren lassen sich reizvolle Spiegelmuster kleben.

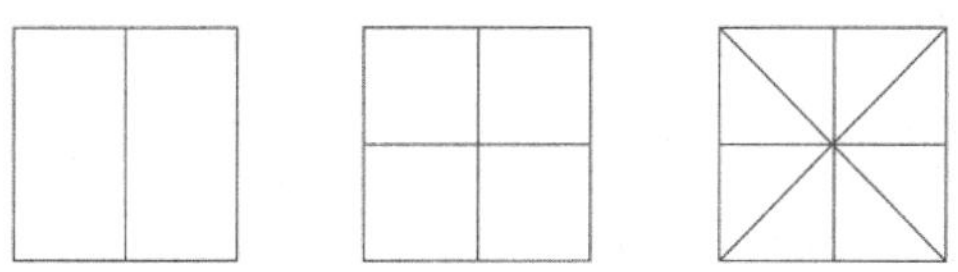

(gelb) (blau) (rot)

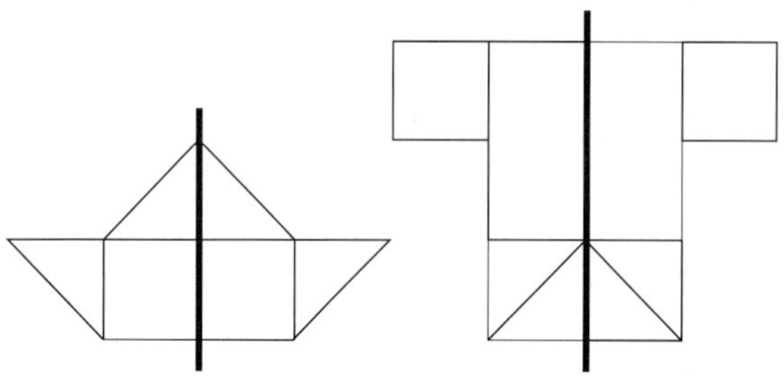

Damit die Kinder ihre Spiegelmuster überprüfen können, stellen sie immer wieder einen Spiegel senkrecht auf die Spiegelachse und vergleichen das Muster im Spiegel mit ihrem Muster hinter dem Spiegel. Zerlegt man die drei Papierquadrate in kleinere Teilfiguren, wird die Mustervielfalt noch größer, was bestimmt eine reizvolle Aufgabe zur Differenzierung ist.

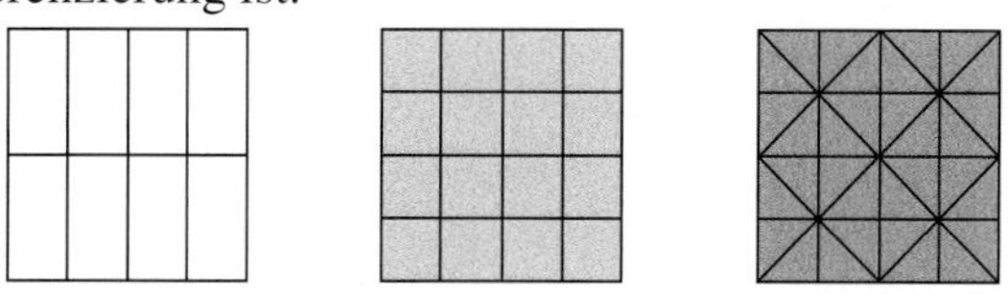

(gelb) (blau) (rot)

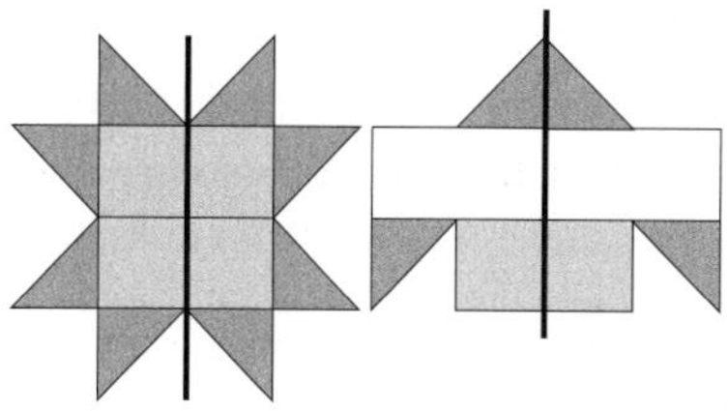

In den meisten Schulen sind geometrische Plättchen aus Kunststoff (z. B. Geometrische Plättchen von Schroedel) vorhanden. Mit ihnen lassen sich symmetrische Figuren legen. Reizvoll wird die Aufgabe für Kinder in Form eines Spiels. Immer zwei Kinder bekommen Plättchen und ein Blatt, auf welches eine Spiegelachse eingezeichnet ist. Es kann eine Mittellinie oder eine Diagonale des Blatts gewählt werden. Ein Schüler legt auf eine Seite der Spiegelachse ein Muster oder eine Figur mit seinen Plättchen. Der Partner versucht das Spiegelbild zu legen. Ein Spiegel hilft bei der Überprüfung der Ergebnisse. In einer weiteren Spielvariante legt eine Schüler ein vollständiges symmetrisches Muster, baut aber Fehler ein, die der Partner finden muss.

Ausmalen

Symmetrisches Ausmalen von Figuren und Mustern stellt hohe Anforderungen an Zweitklässler. Auf einem Arbeitsblatt werden verschiedene Umrissfiguren aufgezeichnet, von denen jeweils zwei achsensymmetrisch sind. Bild und Spiegelbild werden farbsymmetrisch ausgemalt. Abstrakte Muster sind noch schwieriger auszumalen als gegenständliche achsensymmetrische Figuren. Bevor die Kinder malen, müssen sie die Spiegelachse erkennen (kann zur Differenzierung vorgegeben werden), um spiegelbildliche Musterteile in denselben Farben einfärben zu können. Meistens beginnen die Kinder die Felder zuerst auszumalen, die dicht an der Symmetrieachse liegen. Das erste Muster der Abbildung weist nur eine Symmetrieachse auf, das zweite zwei. Leistungsstarke Kinder beachten auch die zweite Spiegelachse beim Einfärben.

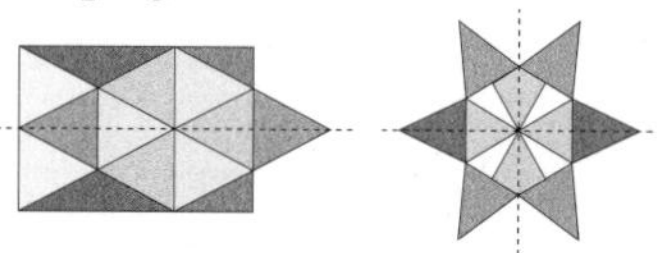

Ein sehr hilfreiches Kontrollgerät ist ein halbdurchlässiger Spiegel (Zauberspiegel). Er wird senkrecht auf die Spiegelachse gestellt. Die Kinder können durch den Spiegel das Muster und ihre Hand beim Zeichnen sehen. So können sie ständig ihre Farbwahl überprüfen.

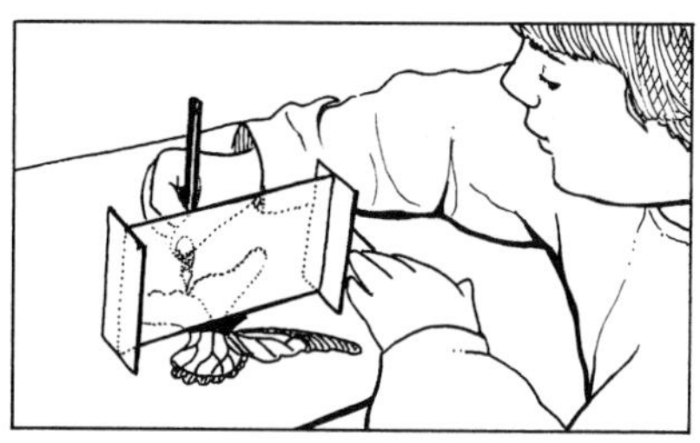

Zeichnen im Karoraster
Karopapier bietet eine strukturierte Grundlage für gezeichnete Spiegelfiguren. Im 2. Schuljahr liegt zwischen Symmetrieachse und den zwei Figurenhälften noch kein Abstand. Begonnen wird mit Zeichnungen, die genau auf dem Karogitter liegen. Durch Abzählen der Kästchen sind die Kinder in der Lage, achsensymmetrische Figuren zu vervollständigen. Auch der oben beschriebene Zauberspiegel kann zu Hilfe genommen werden.

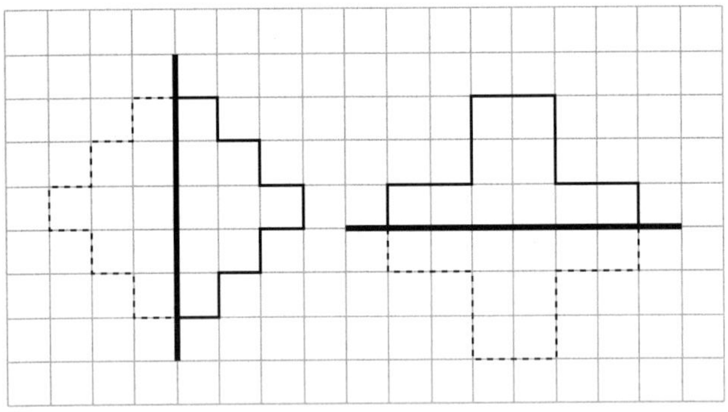

Später werden bei der Figurauswahl die Diagonalen des Kästchenpapiers mit einbezogen. Für die Kinder ist es eine Erleichterung, wenn die Figuren gegenständlicher Natur oder als Ganzes bekannt sind (Häuser, Schiffe, Bäume, Buchstaben u. a.). Die Kinder lernen so, über bekannte Vorlagen Winkel, Längen und Richtungen im Spiegelbild richtig wiederzugeben, da sie die Gesamtfigur in der Vorstellung sehen, bevor sie diese zeichnen.

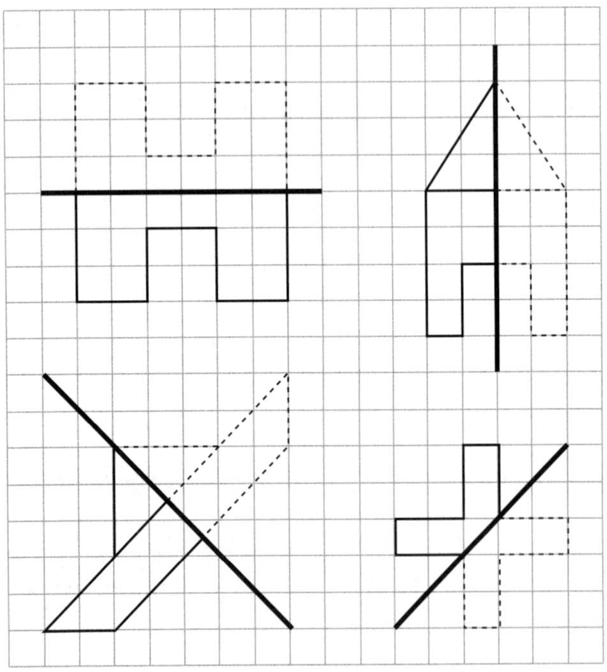

Das Zeichnen im Karogitter kann noch reizvoller gestaltet werden, wenn die Figuren farbsymmetrisch ausgemalt werden sollen.

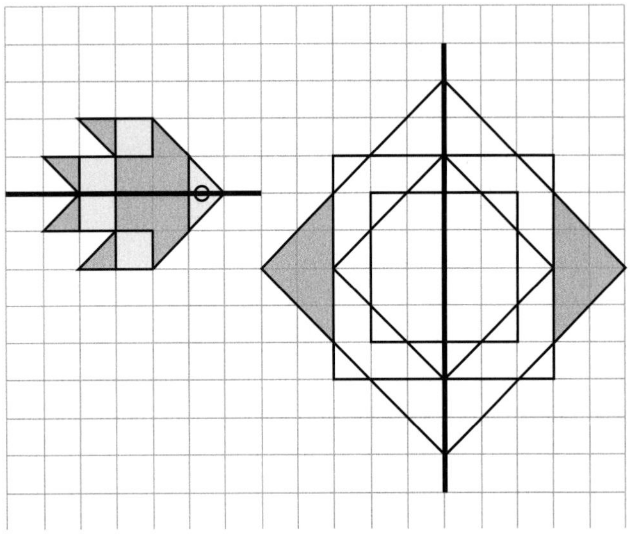

Spielerische Übungen mit Karten

Spiele mit Spiegeln zur Schulung des Symmetrieverständnisses werden in verschiedenen Ausführungen von Lehrmittelverlagen angeboten. Da das Herstellungsverfahren oft sehr aufwendig ist, sind solche Spiele teuer. Wir empfehlen, mit Hilfe der **Kopiervorlagen G 8** bis **G 11** Karten selbst herzustellen, mit denen sich variantenreiche Spielideen verwirklichen lassen. Die 40 Kärtchen auf **Kopiervorlage G 8** (Bild) und **G 9** (Spiegelbild) zeigen verschiedene Tiere im Karogitter. Jeweils zwei Karten bilden ein Paar. Die Tierkarten sind so gestaltet, dass wichtige Kriterien der Achsenspiegelung, die Kinder oft vernachlässigen, berücksichtigt werden. Die Tiere haben teilweise die gleiche Form, aber unterschiedliche Längen und Winkel. Die Spiegelachse ist jeweils eine Kartenkante. Sowohl die rechte als auch die linke Seite der Karte kann Spiegelachse sein. Einmal schauen sich die Tiere an, einmal gehen sie voneinander weg. Zur besseren Haltbarkeit sollten die Karten vor dem Ausschneiden auf Pappe geklebt und mit Folie überzogen werden. Unterschiedliche Spielvarianten lassen sich im Unterricht durchführen.

Wer hat das Spiegelbild?
Als Vorübung versuchen die Kinder Kartenpaare zu finden. Anschließend werden alle Karten an 3 Kinder verteilt. Jeder erhält 13 Karten. Hat ein Mitspieler darunter schon passende Paare, legt er sie für alle sichtbar auf den Tisch. Mit der vierzigsten Karte wird begonnen. Wer dazu das Spiegelbild hat, erhält das Kartenpaar und darf eine neue Karte ausspielen. Wer zuerst alle Karten ausgespielt hat, hat gewonnen.

Domino
Auf den **Kopiervorlagen G 10** und **G 11** sind die Tierfiguren zu einem Domino zusammengestellt. Domino ist eine gute Vorübung für alle anderen Spielvarianten und Übungsformen. Die Kinder müssen genau auf die Gestalt und die Ausmaße der Figuren achten und ähnliche Karten

immer wieder miteinander vergleichen, um alle Karten richtig aneinander legen zu können.

Memory
Zwei bis vier Kinder können spielen. Alle Bild- bzw. Spiegelbildkarten werden in getrennten Stapeln gemischt. Anschließend legt man alle Karten verdeckt auf den Tisch. Bildkarten und Spiegelkarten liegen deutlich voneinander entfernt. Jeder Spieler deckt zwei Karten auf. Wer ein passendes Paar gefunden hat, darf es behalten. Wenn alle Karten aufgedeckt sind, wird ermittelt, wer die meisten Paare gesammelt hat. Das Spiel wird anspruchsvoller, wenn Bilder und Spiegelbilder vermischt auf dem Tisch liegen.

Zeichnen auf Karopapier
Das Abzeichnen der Tiere auf Karopapier fördert die visuelle Wahrnehmungsfähigkeit. Die Kinder müssen die räumliche Lage und die Länge der Einzellinien eines Tieres genau wiedergeben können. Gleichzeitig trainieren sie das Zeichnen aus freier Hand. Die Kinder können dazu angeregt werden, das Spiegelbild eines Tieres aus der Vorstellung aufzuzeichnen. Zur Kontrolle wird das entsprechende Kärtchen herausgesucht. Die Kinder sind sehr kreativ im Erfinden von Tieren.

Ein anderer Kartensatz (**Kopiervorlage G 12**) stellt gegenständliche und abstrakte Figuren dar, die in sich achsensymmetrisch sind. Jeweils zwei Bildhälften lassen sich zu einer achsensymmetrischen Figur kombinieren. Mit Ausnahme des Dominos können alle oben genannten Spiel- und Übungsformen auch mit diesen Karten durchgeführt werden. Zum Zeichnen der spiegelbildlichen Figurhälfte benötigen einige Kinder einen Zauberspiegel. Andere können ohne Hilfsmittel die zweite Figurhälfte aus freier Hand zeichnen. Eine Überprüfung ist durch das entsprechende Bildkärtchen gegeben.

Lotto
Zwei Spielpläne (**Kopiervorlage G 13** und **G 14**) sind Grundlage für ein Lotto. Jedes Kind erhält einen Plan. Die Kärtchen (**Kopiervorlage G 15**) liegen in einem Fühlbeutel. Abwechselnd wird ein Kärtchen gezogen. Wer die entsprechende spiegelbildliche Figurhälfte hat, darf das Kärtchen auf seinem Plan ablegen. Gewonnen hat der Mitspieler, der zuerst alle Figuren vollständig hat. Da einige Kärtchen dreieckig, andere rechteckig sind, können die Spieler gezielt Karten aus dem Fühlbeutel ziehen.

3.6 Zeichnen

Unter geometrischem Zeichnen verstehen wir den zielgerichteten Umgang mit Zeichengeräten. Durch die Tätigkeit des Zeichnens werden mathematisch-geometrische Erkenntnisse vermittelt und gewonnen. Viele Aufgaben und Übungen zum Zeichnen findet die Leserin auch im übrigen Geometriekapitel.

3.6.1 Freihandzeichnung

Neben dem Zeichnen mit Zeichengeräten ist das Freihandzeichnen eine wichtige Fähigkeit. Sie schult die räumliche Vorstellungskraft und unterstützt die Ausbildung der Feinmotorik. Im 2. Schuljahr werden die Kinder immer wieder dazu aufgefordert Quadrate, Dreiecke und Rechtecke aus freier Hand zu zeichnen. Die Eigenschaften und die Gestalt der Formen prägen sich ein, obwohl die Zeichnung nicht so genau wie mit dem Lineal sein kann. Das Weiterzeichnen von Folgen aus freier Hand auf weißem, liniertem und kariertem Papier muss ebenfalls regelmäßig geübt werden.

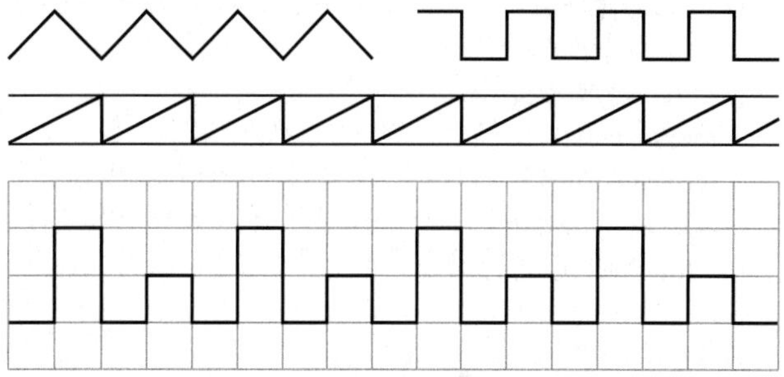

Karopapier ist hervorragend zum Abzeichnen von Bildern geeignet. Von einer Vorlage sollen die Kinder ein Bild in ein Karoraster abzeichnen. Mit unterschiedlich großen Karorastern lassen sich Verkleinerungen und Vergrößerungen ausführen. Für das Abzeichnen müssen die Kinder Zeichenstrategien entwickeln. Dazu gehören die Orientierung im Karoraster und das Abzählen der Kästchen in verschiedene Richtungen. Im Klassenverband kann zur gemeinsamen Vorbereitung der Overheadprojektor eingesetzt werden.

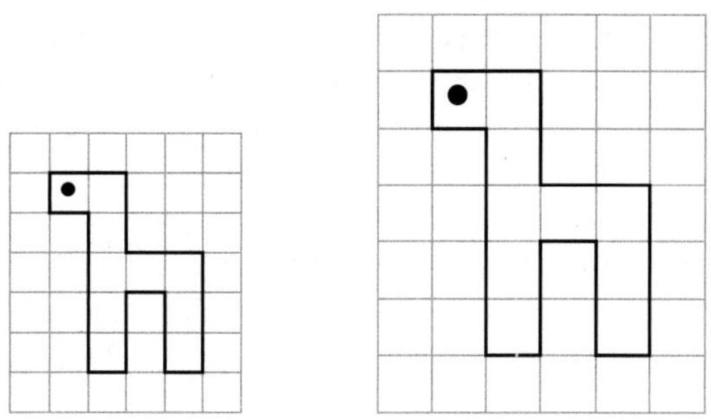

Die Lehrerin, die einen Computer zu Hause hat, kann unterschiedlich große Karoraster herstellen. So können die Kinder Bilder entwerfen und vom Nachbarn vergrößern bzw. verkleinern lassen (**Kopiervorlage G 16**). Ein breites Spektrum an Zeichenübungen auf Karopapier bietet die LUMATRIX-Geometrie-Kartei für das 1. und 2. Schuljahr an (Abele u. a., 1996).

3.6.2 Zeichnen mit Zeichengeräten

Im 2. Schuljahr lernen die Kinder verstärkt, mit dem Lineal umzugehen. In Verbindung mit dem Größenbereich Längen werden sie mit der Zentimeterskala auf dem Lineal vertraut gemacht. Die Bedeutung der Null als Anlegepunkt zum Streckenmessen wird erläutert. Die Kinder messen und zeichnen Strecken unterschiedlicher Längen, die sie vergleichen, verkürzen oder verlängern können (vgl. Kapitel 4 Sachrechnen und Größen). Es ist schwierig, interessante Aufgabenstellungen zu entwickeln, die die Kinder motivieren mit dem Lineal zu zeichen und ihnen die Zweckmäßigkeit dieses Zeichengeräts verdeutlichen. Besonders bei kurzen Strecken zeichnen Kinder lieber aus freier Hand, weil das weniger Zeit kostet. Häufig fehlt Kindern die Übung mit dem Lineal. Sie benutzen es zu selten, um damit sicher umgehen zu können. Im Folgenden machen wir einige Vorschläge, an welcher Stelle das Lineal sinnvoll im Unterricht eingesetzt werden kann.

Zeichnen auf Faltlinien

- Tabellen
  Jede Lehrerin kennt die Schwierigkeiten von Kindern, wenn sie Tabellen zeichnen. Entweder sind die Spalten unterschiedlich breit oder die Tabelle sieht krumm und schief aus. Eine gute Vorbereitung zum Tabellenzeichnen sind Falttabellen. Man lässt die Kinder eine Tabelle falten. Die Faltlinien werden anschließend mit Lineal und Bleistift sichtbar nachgezeichnet.

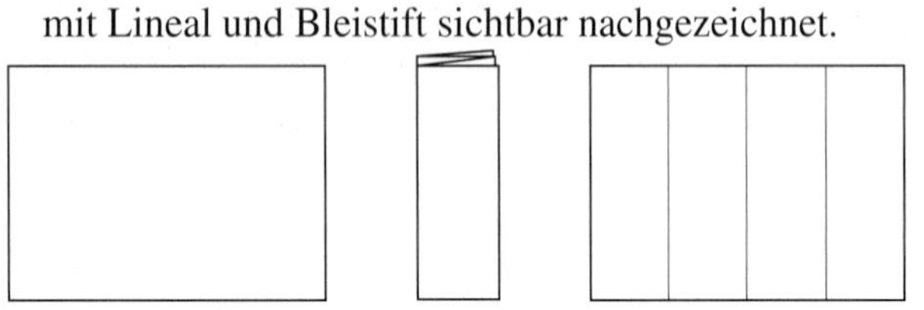

- Muster
  Benötigt werden unlinierte DIN-A4-Blätter, aus denen die Kinder jeweils ein großes Quadrate falten und schneiden. Anschließend werden die Quadrate verändert: Zweimal auf jeder Mittellinie gefaltet, entstehen im Ausgangsquadrat kleine quadratische Faltlinien. Sie werden mit dem Lineal nachgezeichnet und zu einem bunten Muster gefärbt. Ansprechender sehen Muster aus Dreiecken aus. Wer erfindet ein eigenes Faltmuster?

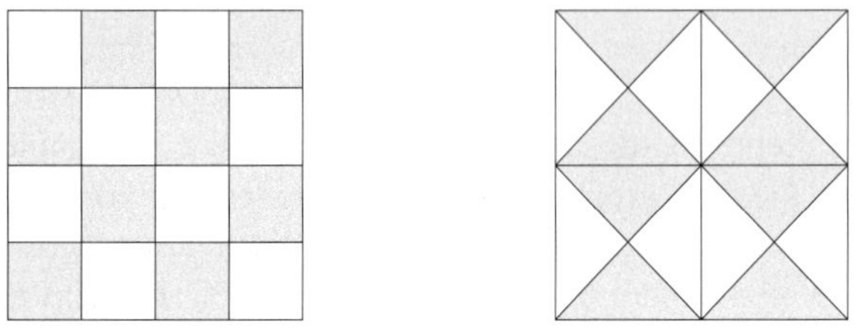

- Sterne
  Neben ihrem Lineal benötigen die Kinder eine Kreisschablone mit einem Durchmesser von mindestens 15 cm. Am besten geeignet sind Porzellanteller. Der Teller wird auf unliniertes Papier gelegt, mit dem Stift umfahren und ausgeschnitten. Anschließend falten die Kinder den Kreis nach folgender Vorschrift:

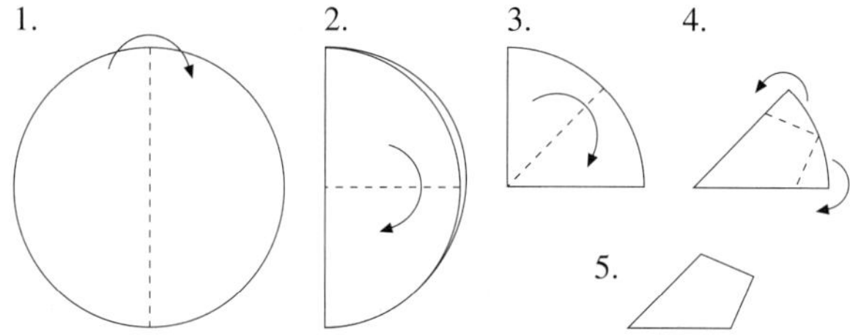

  Es enstehen Faltlinien, die einen Stern darstellen. Es bleibt der Kreativität der Kinder überlassen, welche Faltlinien sie nachzeichnen wollen. Eingefärbt wirken die Sterne am schönsten. Wem gelingt es einen Kreis so zu falten, dass ein Stern mit 4, 6, 12 oder 16 Zacken entsteht?

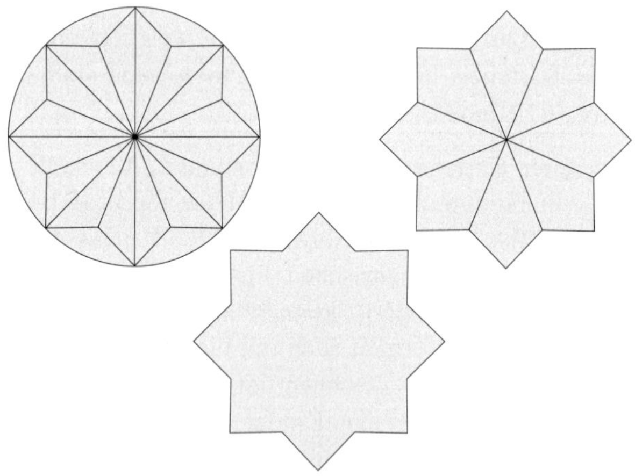

- Ein Lineal aus Papier
  In Möbelhäusern liegen häufig Papiermaßbänder aus, mit denen die Kunden Möbelstücke ausmessen können. Ein solches Maßband kann mit Kindern im Unterricht hergestellt werden. Die Lehrerin muss dazu Papierstreifen von 8 cm, 16 cm oder 32 cm bereitstellen. Anschließend werden die Papierstreifen fortlaufend auf der kurzen Mittellinie gefaltet, bis der Faltabschnitt 1 cm beträgt. Nach dem Auffalten des Streifens tragen die Kinder die Skala ein, indem sie nach jedem Zentimeterabschnitt eine Linie ziehen und die Maßzahl notieren.

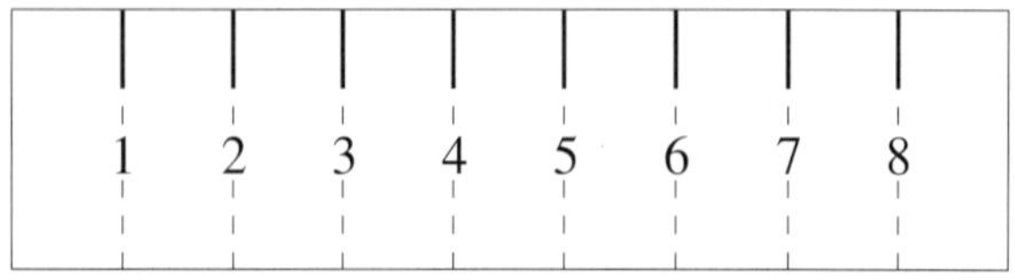

Punkte verbinden

Um zwei Punkte durch eine Strecke miteinander zu verbinden, muss das Lineal genau platziert werden. Die Fähigkeit des genauen Zeichnens entwickeln die Kinder im

Umgang mit Punktrastern aus quadratisch angeordneten Punkten (vgl. Abschnitt 3.3.4.) In verschieden große Punktefelder zeichnen die Kinder Bilder ihrer Wahl. Wer kann erkennen, was dargestellt wurde?

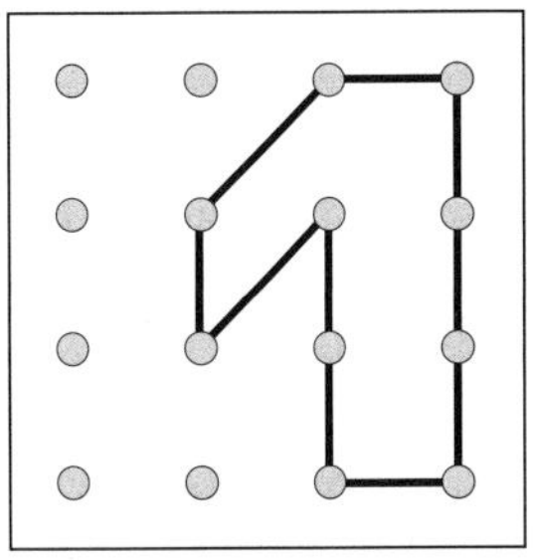

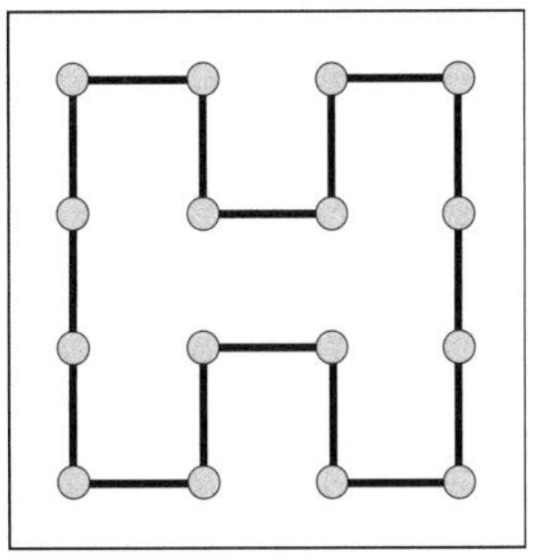

Die Vergrößerung einer Figur lässt sich im Punktefeld veranschaulichen. Die Kinder erhalten als Vorlage ein kleines Motiv, das sie mit Hilfe des Punktrasters vergrößern sollen. Als Einstieg ist es sinnvoll in einem besonderen Punktfeld zu arbeiten, das lediglich die Eckpunkte der Figur zeigt. Die geringere Punktanzahl erleichtert den Kindern das Zeichnen. Später werden Vergrößerungen auch im herkömmlichen Punktgitter vorgenommen.

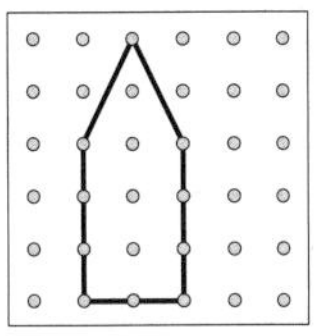

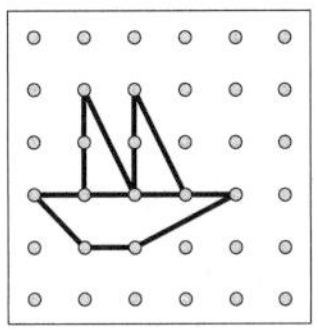

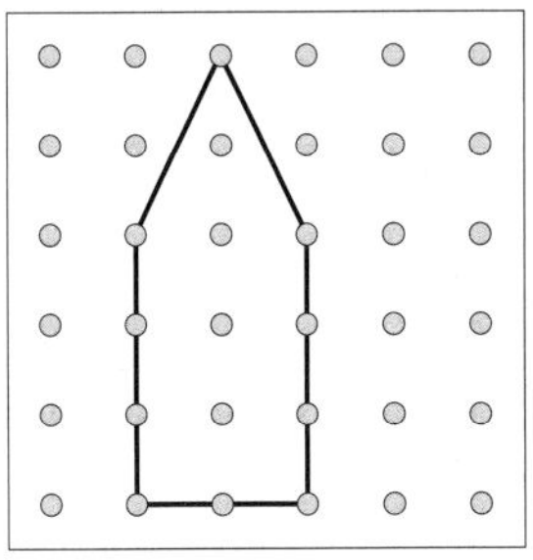

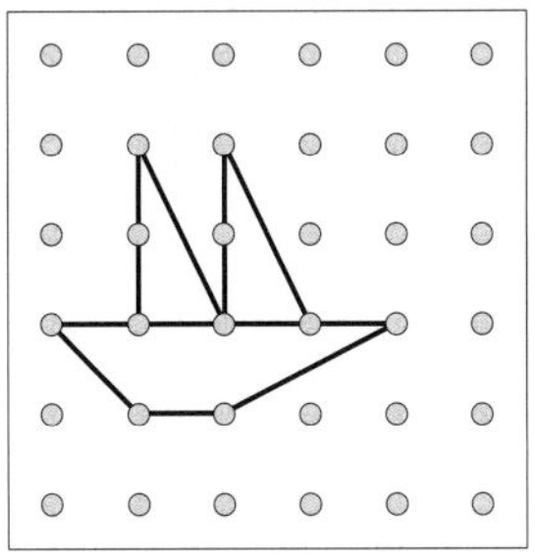

Das räumliche Vorstellungsvermögen muss gut ausgebildet sein, wenn das Bild, welches vergrößert gezeichnet wird, nicht in einem Punktraster dargestellt ist. Die Vergrößerung erfordert ein genaues Einschätzen von Längen und Lagen der einzelnen Strecken in der Figur. Die Kinder müssen vor dem Zeichenvorgang überlegen, wo die Figur im Punkteraster platziert sein kann. Dabei entstehen durchaus mehrere richtige Möglichkeiten.

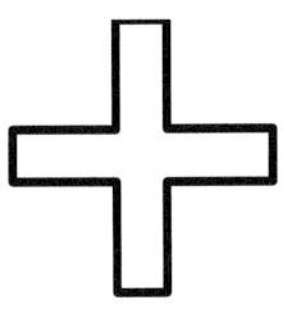

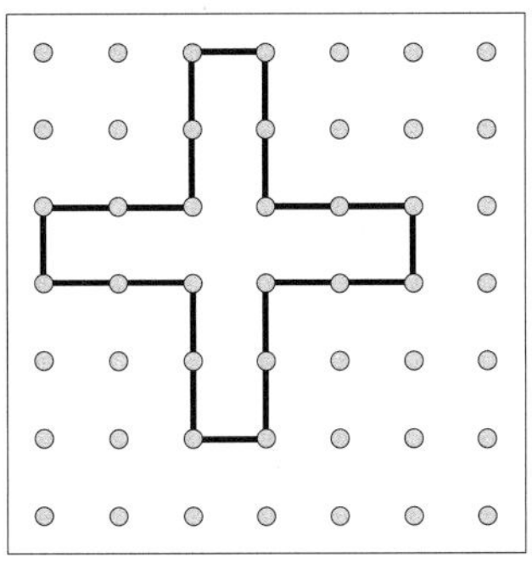

Es ergeben sich lustige Verzerrungen, wenn ein Bild in ein Punktraster mit rechteckig angeordneten Punkten übertragen werden soll.

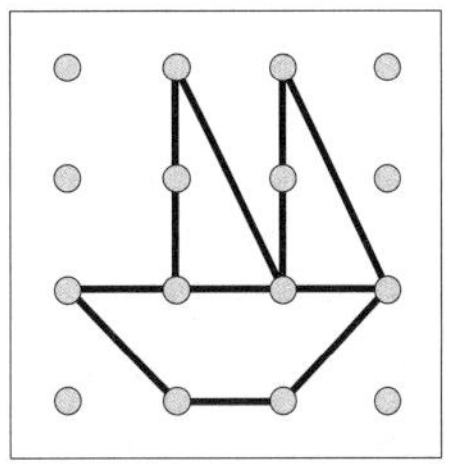

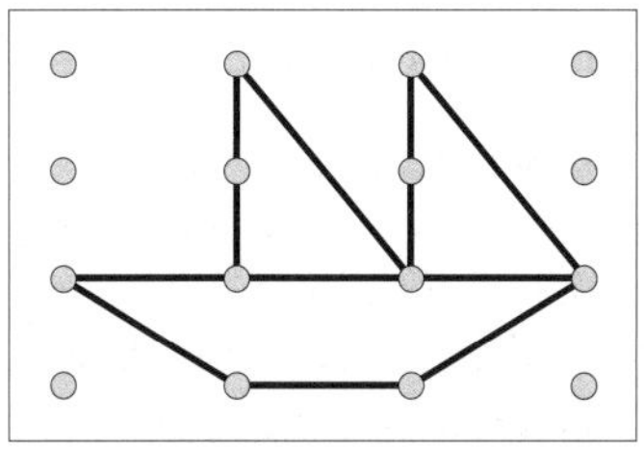

Übungen in Punktgittern, deren Punktabstand sehr gering ist, können anstatt mit dem Lineal auch mit freier Hand ausgeführt werden.

Schiffsreise im Nebel

Schiffsreise im Nebel (Abele u. a. 1997) ist ein Spiel zum Zeichnen mit dem Lineal für zwei Spieler. Folgender Spielplan liegt zu Grunde:

Zusätzliches Spielmaterial sind ein Würfel, für jeden Spieler ein Lineal und ein Setzstein. Die Spieler sitzen sich einander gegenüber. Das Spielfeld wird so in die Mitte gelegt, dass jeder vor einem Leuchtturm sitzt. Die Spielsteine werden auf den jeweiligen Startpunkt gestellt. Es wird abwechselnd gewürfelt. Mit dem Lineal muss jeder Spieler die Zentimeterstrecke einzeichnen, die der Würfel zeigt (1 = 1 cm). Inseln dürfen nicht berührt werden. Die Spielfigur wird immer wieder auf den neuen Endpunkt der Strecke gestellt. Von dort zeichnet der Spieler in der nächsten Runde weiter. Beendet ist das Spiel, wenn einer der beiden Spieler die Insel des anderen erreicht hat.

3.7 Leistungsbewertung im Geometrieunterricht

Geometrische Inhalte werden im Vergleich zur Arithmetik zu wenig im herkömmlichen Mathematikunterricht der Grundschule berücksichtigt. Wenn dann kurz vor den Ferien mal geometrische Übungen durchgeführt werden, sind die Kinder mit Feuereifer dabei. Der Unterricht macht ihnen Spaß, was nicht nur in der Natur der Sache begründet liegt, sondern auch darin, dass Geometrie überwiegend einen bewertungsfreien Raum im Gesamtmathematikunterricht darstellt. Schwache Rechner zeigen sich erfolgreich bei geometrischen Aufgabenstellungen. Ihre Lernmotivation im Fach Mathematik beginnt wieder zu steigen. Vielen Lehrerinnen fehlen Bewertungsmaßstäbe, um geometrische Leistungen beurteilen zu können. In der didaktischen Fachliteratur sind kaum hilfreiche Anregungen zu finden. Wir möchten im Folgenden Hinweise geben, wie auch Leistungen im Geometrieunterricht beurteilt werden können. Das bedeutet nicht, dass wir die Geometrie zu einem Leistungsfach machen wollen. Aber in vielen Zeugnissen wird man dem Leistungsverhalten der Kinder im Fach Mathematik gerechter werden, wenn auch geometrische Fähigkeiten mit berücksichtigt werden. Die Motivation und das Selbstbewusstsein vieler Schüler wird positiv beeinflusst, wenn im Berichtszeugnis des 2. Schuljahres auch steht:

- Lisa bearbeitet erfolgreich Aufgaben aus dem Bereich der Geometrie.
- Sandra kann ihre Lösungswege für geometrische Aufgabenstellungen besonders gut in Text und Bild ausdrücken.
- Olaf hat kreative Ideen, um geometrische Aufgabenstellungen zu lösen. Er kann seine Vorschläge auffallend gut mündlich erklären.

Vielleicht ist es in „einer der" nächsten mathematischen Fachkonferenzen schulintern möglich, sich mit der Aufnahme von geometrischen Leistungen im Zeugnis auseinander zu setzen.

Anregungen für mögliche Bewertungskriterien geometrischer Leistungen

Zufällige Gelegenheitsbeobachtungen reichen nicht aus, um Leistung bewerten zu können. Systematisches Vorgehen nach festgelegten Kriterien in gewissen zeitlichen Abständen ist nötig (Jürgens 1996, S. 9). Ob Beobachtungen auf losen Zetteln, Karteien in Heften oder Bewertungsbögen festgehalten werden, bleibt jeder Lehrerin selbst überlassen. Obwohl die gesellschaftliche Dimension von Schule eine vorrangig ergebnis- und produktorientierte Leistungsbewertung (richtige Ergebnisse) erwartet, muss die pädagogische Dimension von Schule (Lern- und Lösungswege bewerten) sehr viel deutlicher ins Blickfeld gebracht werden. Sechs miteinander verknüpfte Kriterien werden als Grundlage für die Bewertung geometrischer Leistungen herangezogen.

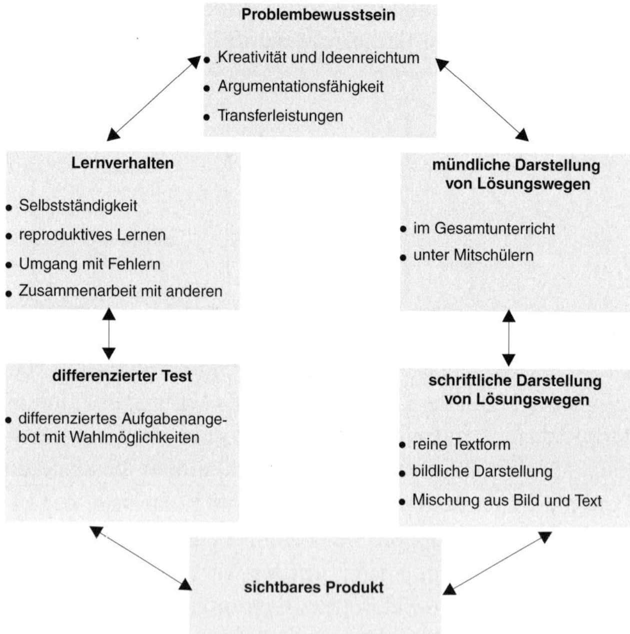

Es hängt vom jeweiligen Unterrichtsthema und der Entscheidungen der Lehrerin ab, ob ein differenzierter Test geeignet ist. Das individuelle Verhalten eines jeden Kindes steuert seine Entscheidung, ob ein Lösungsweg schriftlich bzw. mündlich dargestellt wird. Um die Bewertungsmaßstäbe zu erläutern, beziehen wir uns auf das in diesem Buch dargestellte Thema Bauen mit Verpackungen (Abschnitt 3.3.1) und die Lernleistungen eines 2. Schuljahres.

Problembewusstsein

Die Klasse erhielt den Auftrag eine Stadt aus Verpackungen zu bauen. Eine große Kiste mit verschiedenen Schachteln genügte allen Kindern als Motivation. Sie entschieden selbstständig, ob sie Häuser, Kirchen, Autos oder etwas anderes bauen wollten. Zwei Jungen bauten Schiffe, weil sie meinten, dass jede Stadt einen Fluss oder Kanal hätte. Ein Zirkus und ein Freilufttheater entstanden nach eigenen Ideen.

Sonja und Claudia entschieden, dass sie für ihren Zirkus ein großes Zeltdach brauchen. Zu Beginn der Unterrichtseinheit hatten alle Kinder nach der Vorlage der Lehrerin die Konstruktion eines Papierkegels als eine mögliche Dachform für Türme und Häuser erarbeitet. Die Kinder nannten den Kegel „Chinesenhut". Sonja und Claudia überlegten lange, wie sie ein großes Zelt basteln könnten. Schließlich entschieden sie sich den Papierkorb der Klasse als Kreisschablone zu verwenden. Sie stellten den Eimer auf ein Papier, umrandeten ihn mit einem Stift und schnitten den Kreis aus. Vom Rand bis zum Mittelpunkt brachten sie einen Schnitt an. Sie formten einen Kegel daraus, die übereinander liegenden Kreisausschnitte klebten sie fest – fertig war das Zeltdach! Es wurde mit Wollfäden als Zeltstangen an einer Papiersäule befestigt. Der Einfallsreichtum der beiden Mädchen war beeindruckend, ebenso ihre Transferleistung einen großen Zylinder zu bauen.

Viele Kinder versuchten ihre Schachteln mit Papier zu bekleben, um sie besser anmalen zu können. Auch hier war das Problembewusstsein der Kinder sehr unterschiedlich. Einige klebten große Papierstücke an eine Fläche und schnitten die überstehenden Ränder ab. Andere wickelten die Schachtel wie ein Geschenk ein. Zwei Jungen entschieden sich die Form des benötigten Papiers vor dem Festkleben aufzumalen. Sie wickelten die Schachtel ab, d. h. sie stellten eine Fläche der Schachtel auf ein Papier und umrandeten sie mit dem Stift. Dann kippten sie die Schachtel so, dass wieder eine Fläche auf dem Papier lag. Es gelang ihnen fast ein vollständiges Quadernetz. Anna beobachtete interessiert, was die beiden Jungen taten. Zielstrebig holte sie sich ein Holzprisma mit dreieckiger Grundfläche, das die Kinder zu Unterrichtsbeginn als langes Dach bezeichnet hatten und zeichnete, die Technik der Jungen anwendend, ein Netz. Sie faltete es zu einem Dach.

Lernverhalten

Jenny brauchte bei jeder Entscheidung die Hilfe der Lehrerin. Zuerst wusste sie nicht, was sie bauen wollte, dann konnte sie sich nicht für eine Schachtel entscheiden. Schließlich beschloss sie einen Turm so wie Daniel zu bauen. Sie bastelte ihn perfekt nach. Anila wollte eine Pyramide als Dach für ihren Turm bauen. Sie fand keine passende Schachtel. Die Lehrerin sollte helfen. Diese öffnete eine Faltpyramide aus Pappe, sodass das Netz flach auf dem Tisch lag. „Ach so", kommentierte Anila. Sie stellte ihren Turm mitten auf ein Papier und umrandete ihn. An jede Seite zeichnete sie aus freier Hand ein Dreieck. Alles schnitt sie aus und verklebte die Kanten mit Kreppband. Die Pyramide war zwar schief und ungenau, aber das störte Anila nicht. Viele Kinder arbeiteten sehr selbstständig. Sie halfen sich oft untereinander oder begegneten sich mit den Worten: „Zeig mir mal, wie du das gemacht hast." Misserfolge und Fehler schienen einige Kinder sehr wenig zu stören. Kurz entschlossen stampften sie ihr Fehlprodukt ein und begannen von neuem. Die Kommunikation zwischen den Kindern war besonders in solchen Situationen sehr hoch. Sie besprachen und kommentierten überwiegend nur fachbezogen Dinge.

Mündliche Darstellung von Lösungswegen

Als zu Beginn der Unterrichtseinheit ein Kegel aus Papier gezeigt wurde, wirkten viele ratlos, wie der wohl entstanden sei. Ein Mädchen kommentierte spontan: „Das ist ein Chinesenhut. Du brauchst einen Kreis." Nach dem Auffalten des Kegels wurden die Aussagen des Mädchens sofort ergänzt. „Du musst den Kreis einschneiden. Die Mitte triffst du nur, wenn du den Kreis faltest." Ein Junge sagte nach einer Weile: „Ein halber Kreis reicht doch auch, oder?" Er hatte natürlich recht. Die mündlichen Erklärungen der Kinder waren sehr unterschiedlich, als sie erzählten wie ihre Bauwerke entstanden seien. Einfache Aussagen beinhalteten schlichte Angaben wie: „Diese beiden Schachteln habe ich zusammengeklebt." Andere beschrieben detailliert die einzelnen Arbeitsschritte.

Schriftliche Darstellung von Lösungswegen

Nicht alle Kinder konnten ihre Ergebnisse schriftlich fixieren. Dies war ein differenziertes Lernziel. Wie sich Lernwegdokumente qualitativ unterscheiden zeigen folgende Schülerprotokolle:

Anna hat ihr Haus so gezeichnet, wie sie es von vorne sieht. Sie hat es in Originalfarben bemalt.

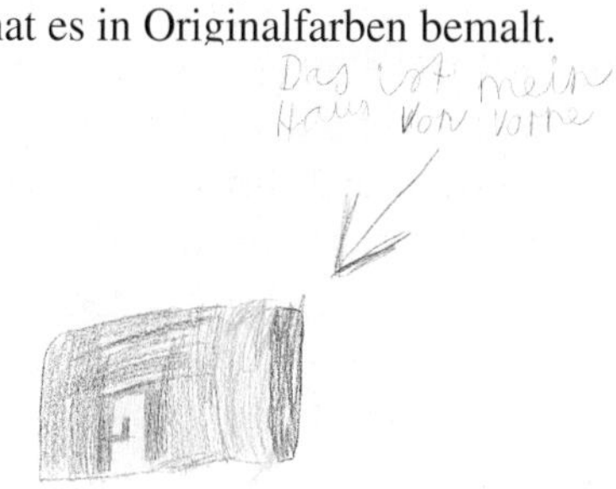

Patrick wollte sein Auto ganz genau darstellen. Er schaute darunter und malte auf, wie sein Auto von unten aussieht. Analog verfuhr er mit den übrigen Ansichten. Die Lagebegriffe hat er zur Verdeutlichung dazugeschrieben.

Daniel schrieb eine Bauanleitung. Er hat die einzelnen Arbeitsschritte dargestellt. Die notwendigen Tätigkeiten werden mit einem Verb beschrieb, das Material und die entstehenden Einzelteile seiner Fabrik hat er aufgemalt.

Sandra beschreibt ihre Vorgehensweise in fast vollständigen Sätzen. Diese enthalten Angaben über Material und Arbeitsvorgänge. Zur Veranschaulichung zeichnet sie dazu.

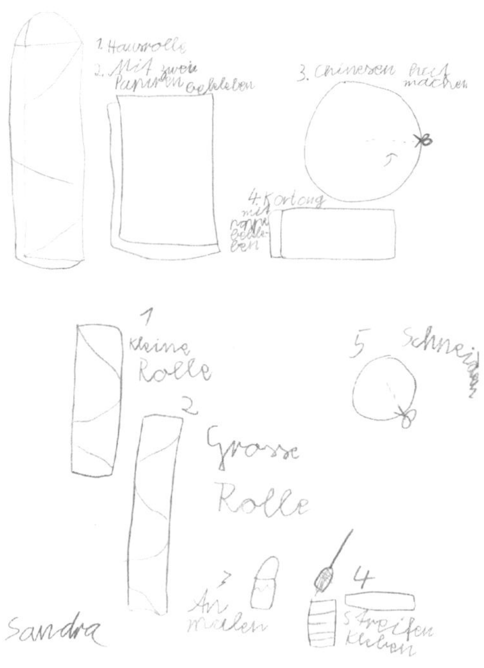

Sichtbares Produkt

Ein fertiges Produkt war die einzige Lernzielvorgabe, die für alle Kinder galt. Wie es aussehen und entstehen sollte, war jedem Kind freigestellt. Auch über die Intensität fremder Hilfe entschied jeder selbst. Die fertigen Ergebnisse der Kinder sind von unterschiedlicher Qualität:

- komplette Schachteln zu einem Objekt zusammengeklebt (z. B. Schiff)
- Gebäude, aus in Form geschnittenen Schachteln (z. B. Schachtel mit Loch als Bushaltestelle)
- Bauwerke mit selbst gebastelten Einzelteilen (z. B. Häuser und Türme mit Dächern)
- komplexe Bauwerke mit selbst gebastelten Einzelteilen (z. B. Kirche, Schule, Fabrik)

Differenzierter Test

Differenzierte Diktate sind weitaus bekannter als differenzierte Mathematikarbeiten. In herkömmlichen Mathematikarbeiten sollen alle Kinder die gleichen Aufgaben, im Fortlauf des Tests mit steigendem Schwierigkeitsgrad, in derselben Zeit bearbeiten. Unterschiedliches Lern- und Leistungsverhalten wird in derartig konzipierten Tests nicht berücksichtigt. Geringe Lernfortschritte bleiben unbeachtet und viele Kinder wissen schon im voraus die Bewertung ihrer Arbeit. Ein differenziertes Aufgaben-Wahlangebot (Wolk 1996), basierend auf einem pädagogischen Verständnis vom Leistungsbegriff, bietet allen Kindern die Chance, so viel zu leisten wie sie können. Gerade im Geometrieunterricht geht die Leistungsschere sehr weit auseinander, sodass differenzierte Tests unumgänglich sind.

Ein Test sollte zweispaltig konzipiert werden. Für jeden Aufgabentyp werden zwei Varianten angeboten. Die erste orientiert sich an den geometrischen Grundanforderungen, die zweite an weiterführenden Anforderungen. Beide Varianten unterscheiden sich durch die angebotene Lernhilfe oder die Art der Aufgabenpräsentation. Den Kindern bleibt es freigestellt, ob sie beide oder eine Variante des Aufgabentyps bearbeiten wollen. Bei jeder Aufgabe entscheidet das Kind von neuem, ob es die leichtere oder die schwerere Aufgabe bearbeiten möchte. Dies setzt voraus, dass Kinder im Unterricht gelernt haben, ihr individuelles Leistungsverhalten selbst einzuschätzen. Die Erfahrung zeigt, dass schwächere Schüler nicht immer nur die leichteren Aufgaben bearbeiten. Sie wechseln auch zu den höheren Anforderungen. Die Erfolgschancen in Mathematikarbeiten steigen, ebenso die Lernmotivation. Auf **der nächsten Seite** sehen Sie als Beispiel für einen differenzierten Test einen Ausschnitt aus einer Mathematikarbeit zum Thema „Symmetrie“.

Die linke Spalte zeigt Aufgaben mit Grundanforderungen, die rechte Aufgaben mit weiterführenden Anforderungen. Die Aufgaben 2 und 4 (linke Spalte) können mit konkretem Material bearbeitet werden. Das Geobrett (Aufgabe 2) und geometrische Formen (Aufgabe 4) stehen als Lernhilfe für die Kinder zur Verfügung. In Aufgabe 1 (linke Spalte) wird von den Kindern gefordert, dass sie möglichst genau die Maske aus freier Hand vervollständigen. Das Spiegelbild im Karoraster (rechte Spalte) ist deutlich schwerer zu zeichnen, da durch die Karostruktur das Spiegelbild sehr genau wiedergegeben werden muss. Aufgabe 3 thematisiert Faltschnitte. Im Faltschnitt eine gegenständliche Figur herzustellen ist eine Aufgabe mit geringerem Niveau als einen abstrakten Buchstaben zu schneiden. Auch differenzierte Tests müssen bewertet werden. In schulinternen Fachkonferenzen müssen Bewertungsmaßstäbe im Kollegium abgesprochen werden. Differenzierte Tests bewirken keine gerechtere Zensurengebung, aber die Kinder werden mit ihren individuellen Fähigkeiten in die Gestaltung des Tests mit einbezogen.

„Zensieren wir so gut wie möglich, so diskret wie möglich und so selten wie möglich! Hüten wir uns davor, bei den Kindern die Illusion zu erzeugen, Noten seien gerecht. Noten sind immer Willkür. Für manche Kinder sind sie vernichtend.“

(Holt 1975)

Geometrie: Differenzierter Test

1. Zeichne das Spiegelbild.

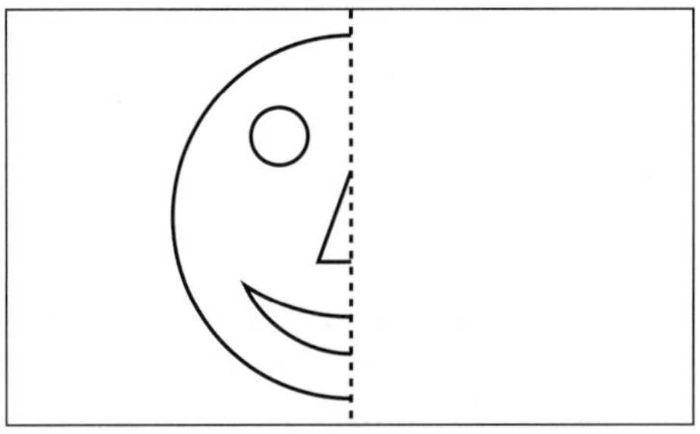

2. Falte ein Blatt Papier in der Mitte. Schneide ein Herz, ein Haus oder eine andere Figur aus.

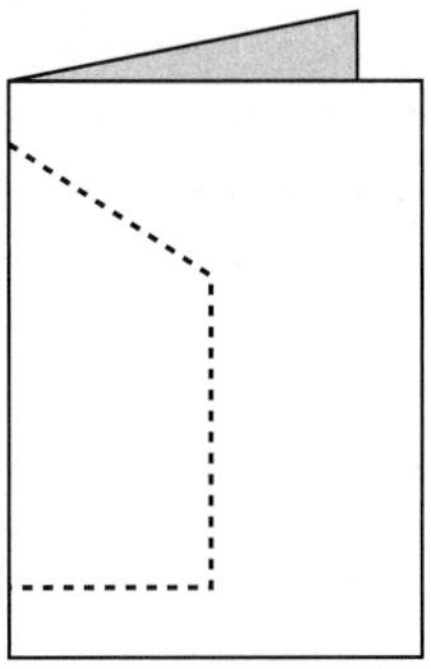

3. Nimm zwei Geobretter. Spanne auf dem ersten Brett diese Figur. Spanne auf dem zweiten das Spiegelbild. Zeichne es auf.

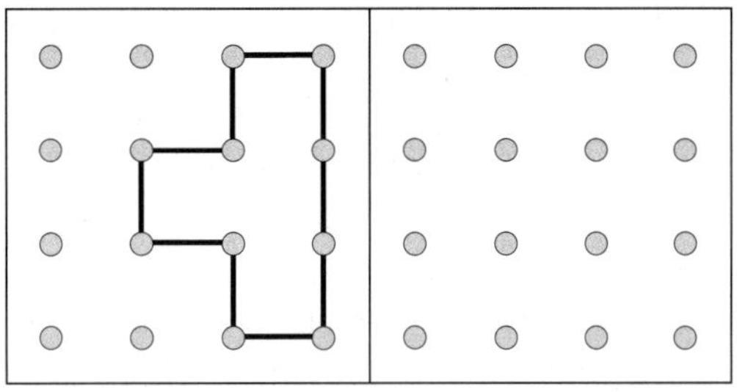

4. Schneide die Formen unten aus.

Klebe das Spiegelbild zu dieser Figur

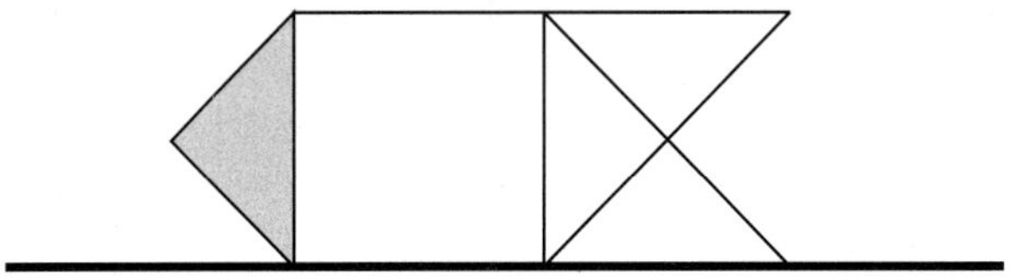

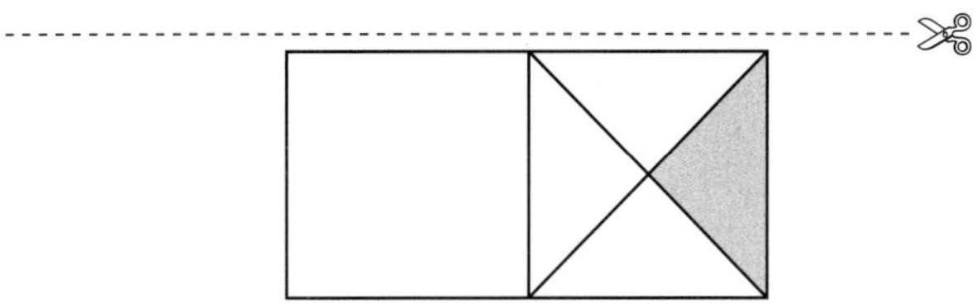

1. Zeichne das Spiegelbild.

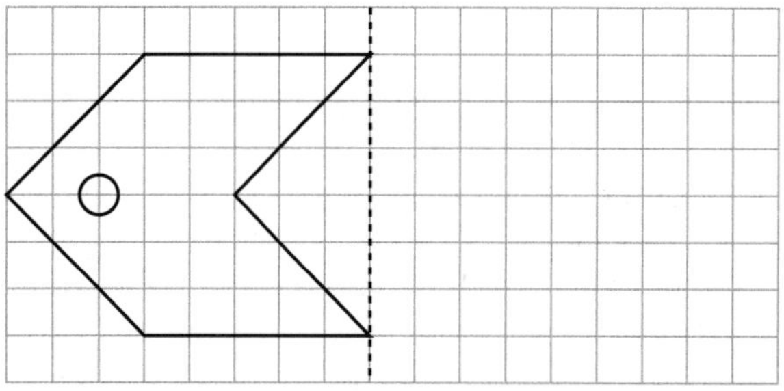

2. Falte ein Blatt Papier in der Mitte. Schneide einen Buchstaben aus.

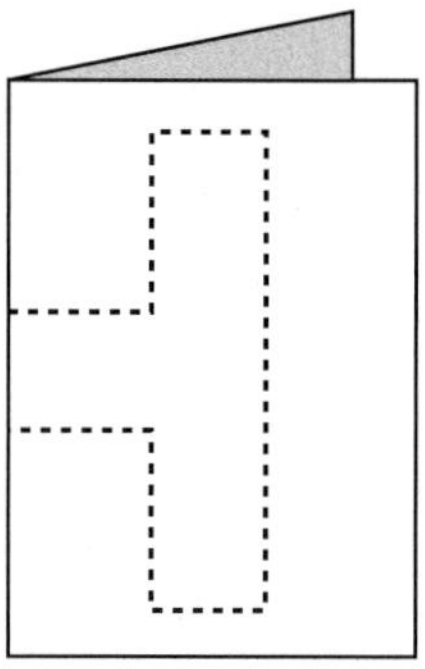

3. Zeichne das Spiegelbild.

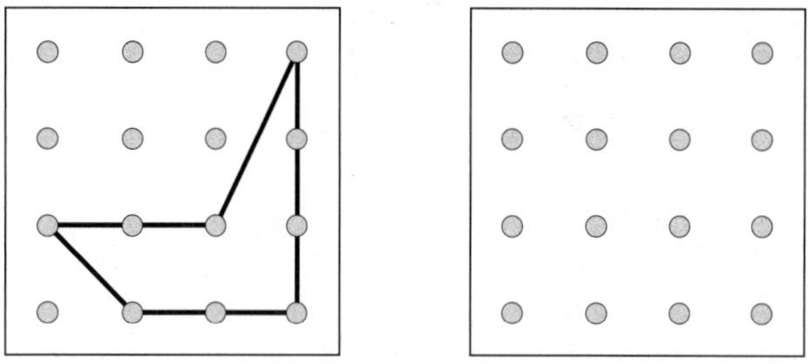

4. Zeichne das Spiegelbild.

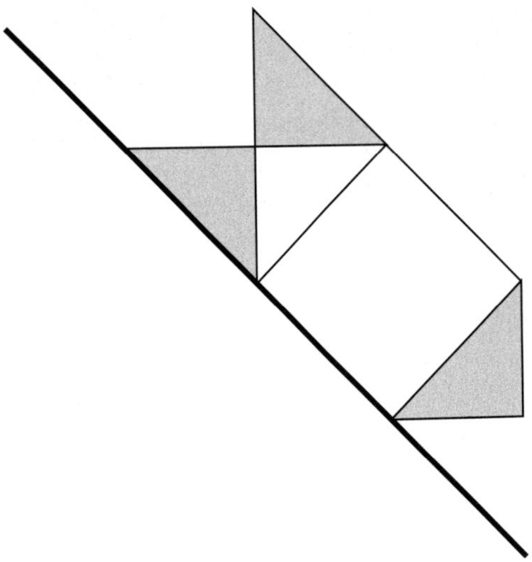

4. Sachrechnen und Größen

4.1 Voraussetzungen, Formen und Einordnung des Sachrechnens

Im 1. Schuljahr wurden bereits vom ersten Schultag an durch zahlreiche Erkundungen, Beobachtungen und Untersuchungen wichtige Grundlagen für den Aufbau eines systematischen Sachrechenunterrichts geschaffen. Im 2. Schuljahr können unterschiedlich ausgeprägte Lesefähigkeiten bei den Schülern vorausgesetzt werden, sodass der Sachrechenunterricht nach den bereits im 1. Schuljahr dominierenden Leitideen weitergeführt werden kann:

- Bereitstellung sinnstiftender Lernanlässe
- Lernen auf eigenen Wegen
- Erstellen von eigenen Notationsformen
- gemeinsame Reflexion der Eigenprodukte
- fortschreitende Schematisierung bzw. Mathematisierung

Diese Art der Öffnung des Sachrechenunterrichts beschreibt die fruchtbare Synthese zwischen schülerorientiertem Lernen und lehrer- bzw. lehrgangsorientierten Phasen. Lernanlässe aus Um- und Mitwelt werden bereitgestellt. „So wichtig es ist, ein ausreichendes Fertigkeitsniveau anzustreben und zu halten, so wichtig ist es auch, die Fähigkeiten des Denkens, Sich-Zurechtfindens, Sich-Behelfens, ja ‚Durchwurstelns' verbunden mit einer selbstgesteuerten kritischen Einschätzung und Kontrolle aufzunehmen und zu sicheren Verfahren hin zu entwickeln" (Bauersfeld 1991, S. 10).

Interessante Texte und Aufgabenstellungen regen die Kinder an, gründlich über Sachsituationen nachzudenken. Der Primat der Sache wird favorisiert. Der Weg ist das Ziel und das Ziel ist nicht nur ein quantitativer Wert, sondern ebenso auch oder gerade eine qualitative Bewertung. „Jedenfalls sollte die Schulung der Problemlösefähigkeit sich nicht (nur) auf mathematischen Spielwiesen abspielen, vielmehr nach Möglichkeit mit Lebenswelterschließung verbunden werden" (Winter 1991, S. 35).

Damit die Kinder im Laufe der Grundschulzeit lernen ihre Umwelt mit mathematischen Mitteln zu erschließen, indem sie Lösungen für Sachaufgaben in verschiedenen Darstellungsrahmen finden und begründen können, sollte das Sachrechnen langfristig angelegt und systematisch aufgebaut werden. Die Grundlegung der anzustrebenden Fähigkeiten erfolgt bereits im 1. Schuljahr. Als methodische Varianten stehen dabei originale Begegnungen in Form von Unterrichtsgängen, Bildgeschichten, bildliche Darstellungen, Erzählungen, Rechengeschichten, Rollenspiele, Erkundungen und Untersuchungen im Vordergrund.

Auch im 2. Schuljahr sind diese Präsentationsformen durchaus für den Sachrechenunterricht geeignet, denn gerade diese Methoden ermöglichen jederzeit die Verwandlung von Texten und Aufgabenstellungen in durchschaubare Handlungsabläufe. Das vorhandene Leseverständnis bei Zweitklässlern lässt weitere Möglichkeiten der Präsentation wie Textaufgaben, Bildaufgaben, Lückentexte, offene Aufgabenstellungen u. a. zu (vgl. Tabelle auf S. 169).

Das bereits im Handbuch für das 1. Schuljahr beschriebene „Sachrechencurriculum" wird in diesem Handbuch für das 2. Schuljahr ergänzt. Es wird noch einmal betont, dass Sachrechnen in der Grundschule nicht als eigenständiger Lehrgang verstanden werden kann, sondern in enger Verbindung zu arithmetischen und geometrischen Themen steht.

In der folgenden Tabelle wird ein Spiralcurriculum zum Sachrechnen beschrieben, in dem zum einen aufeinander aufbauende Arbeitsformen und zum anderen bewährte Methoden auf höherem Niveau angeboten werden. Die Übergänge zwischen Arbeitsweisen im 1. und 2. Schuljahr sind fließend, d. h. dass die Übungsformen für beide Schulstufen geeignet sind.

Tabellarische Übersicht zum Aufbau einer sich entwickelnden Unterrichtskultur beim Sachrechnen: „Sachrechencurriculum“

	Präsentationsform	Art der Aufgaben	Sinnstiftende Lernanlässe	Bearbeitungshilfen	Lösungswege
1. Schuljahr	- Rollenspiel - Unterrichtsgang - originale Begegnung - szenische Darstellung - Zahlen aus der Umwelt - Bilder, Schilder, Prospekte	- Bildergeschichten - Puzzle- und Bildergeschichten - Erzählgeschichten - Wortgeschichten - selbst gemalte Sachaufgaben - Sachaufgaben	- Schulweg-beschreibungen - Wir fahren im Schulbus - Garderobenhaken-anordnung - Zahlen in meiner Klasse - unsere Geburtstage - Jahreskalender - mein Schultag - unsere Haustiere - Einkaufssituationen ...	- Bildaufgaben zeichnerisch variieren - Bildaufgaben ergänzen, reduzieren - tabellarische Darstellungen - symbolische Darstellungen - zu symbolischen Darstellungen Kontexte konstruieren - von Bildfragmenten zu vollständigen Bildaufgaben kommen	- Bilder vergleichen, - Rollenspiele verändern - Strategiekonferenzen
	↓ ↑	↓ ↑	↓ ↑	↓ ↑	↓ ↑
2. Schuljahr	- offene Sachaufgaben - Textaufgaben - Bildaufgaben - Lückentexte	- Entscheidungs-aufgaben - Vergleichsaufgaben - Interpretations-aufgaben - Rechengeschichten - selbst geschriebene Sachaufgaben - Kapitänsaufgaben - Denksport-Sachauf-gaben	- Tagesaktivitäten - Stundenplan - Jahreszeiten, Feiertage - meine Zähne - Körpermaße - Arztbesuch, - Öffnungszeiten - Schulweg-beschilderung - Postversand, -gebühren - Schulmilchbestellung ...	- Diagramme zeichnen - Schaubilder erstellen - Fragen sammeln - Lückentexte mit sinnvollen Zahlenangaben ausfüllen - Texte markieren, unterstreichen oder durchstreichen - Aufgabe spielen - Aufgabe mit anderen Worten erzählen oder aufschreiben - unsortierte Aufgaben ordnen	- Lösungswege diskutieren - Lösungswege zu Aufgaben zuordnen - Aufgaben zu fertigen Lösungswegen zuordnen - Lösungen begründen - Sachaufgaben in ihrer Struktur miteinander vergleichen

Die tabellarische Darstellung erhebt keinen Anspruch auf Vollständigkeit. Sie dient als Anregung. Es ist zu wünschen, dass die Angebote durch authentische oder spontane Lernanlässe, die sich durch das aktuelle Schulleben, das schulische Umfeld, Fragen der Kinder o. Ä. m. ergeben, ergänzt werden. Denn diese Angebote beleben den Sachrechenunterricht, während beim mehr oder weniger fantasielosen traditionellen Sachrechnen Daten nur zum Ausrechnen eines weiteren Wertes benutzt werden und „von einer höchst lebendigen Situation, in der viel gehandelt werden könnte,“ „nur eine Abbildung als quasi ‚eingefrorener Augenblick‘ übrigbleibt, den die Kinder dann verständnissuchend ‚betrachten‘ können, um hinter die Dinge zu kommen“ (Claussen 1995, S. 19). Kinder identifizieren sich mit den angebotenen Lernanlässen.

Kinder wollen etwas leisten, man muss sie nur lassen und es ihnen zutrauen. Sie blenden um der Mathematik willen nicht von selbst ihre persönlichen Interessen und Fragestellungen aus, wie Pippi Langstrumpf herzerfrischend zeigt:

Lehrerin: „Jetzt bekommst du eine Aufgabe, Annika. Gustav war mit seinen Kameraden auf einem Schulausflug. Er hatte eine Krone, als er abfuhr, und 7 Öre, als er zurückkam. Wieviel hatte er verbraucht?“

Pippi unterbricht.

Pippi: „Ja, gewiß, und dann möchte ich wissen, warum er so verschwenderisch war, und ob er Limonade gekauft hat, und ob er sich die Ohren richtig gewaschen hatte, bevor er von zu Hause wegging.“ (Astrid Lindgren 1972, S. 64)

4.2 Handlungserfahrungen und Sachrechnen mit Größen

Ein Ziel des Sachrechenunterrichts im 2. Schuljahr ist es, sowohl die bereits im 1. Schuljahr erworbenen Kenntnisse zu vertiefen als auch dem Schüler ein lebenspraktisch bedeutsames Wissen über den Umgang mit Größen zu vermitteln.

Der Erwerb von Größenvorstellungen und Größenbegriffen ist ein wichtiges Anliegen der Grundschule. Realistische Größenvorstellungen leiten sich aus Erfahrungen ab, die in vielfältigen Sach- und Spielsituationen gemacht werden. Kinder, die in ihren Alltagsanforderungen mit Größen umgehen müssen, besitzen nicht nur gute Kenntnisse von Größen, sondern wenden sie kontextgebunden geschickt und sicher an. Deshalb ist es wichtig durch Lernen in Realsituationen oder im Nachspielen eine solide Erarbeitung der Größen im 2. Schuljahr anzubahnen.

4.2.1 Klassischer Stufengang

Es gibt verschiedene Formen der Behandlung von Größen im Unterricht. Zur Unterstützung des Begriffsbildungsprozesses erweisen sich Aktivitäten aus dem klassischen Stufengang beim Umgang mit Größen als günstig.

Klassische Stufenfolge bei der Erarbeitung von Größen

(1) Erfahrungen in Sach- und Spielsituationen sammeln
(2) Direktes Vergleichen von Repräsentanten einer Größe
(3) Indirekter Vergleich mit Hilfe von selbst gewählten Maßeinheiten
(4) Indirekter Vergleich mit Hilfe standardisierter Maßeinheiten, Messen mit vielerlei technischen Hilfsmitteln wie Meterstäben, Uhren, Waagen, Messbechern usw.
(5) Abstrahieren von Größenbegriffen aus vielen Beispielen
(6) Wechseln der Messbereiche, sodass sich günstige Zahlenverhältnisse ergeben (Verfeinern, Vergröbern), Umrechnen in benachbarte Einheiten

Der klassische Stufengang bietet einen groben Orientierungsrahmen für die unterrichtliche Arbeit. Die Übergänge zwischen den einzelnen Stufen sind fließend. Die klassische Stufenfolge ist sicherlich im Sinne der Begriffsbildung notwendig. Das heißt aber nicht, dass man den Stufengang zwingend kleinschrittig Stufe für Stufe abarbeiten muss. Die Stufenfolge ist als heuristische Strategie zu verstehen, von der bei Bedarf abgewichen werden kann, und aus der sich sowohl Konsequenzen für den Unterricht als auch unterrichtliche Ideen entwickeln können. Dabei ist es wichtig, immer wieder auf Spielsituationen zurückzugreifen. Handlungsorientierte Zugänge, die durch die Lernwege der Kinder entstehen bzw. durch die Lehrkraft angeregt werden, dominieren in der Unterrichtspraxis.

Exemplarisch wird der klassische Stufengang beim Umgang mit Längen beschrieben.

Didaktische Stufenfolge beim Umgang mit Längen

(1) Die Kinder setzen sich in Sach- und Spielsituationen mit der Längenrelation auseinander. Sie gehen mit den Begriffen „länger–kürzer“, „breiter–schmaler“, „höher–niedriger“, „dicker–dünner“, „flacher–tiefer“ durch Hantieren, Bauen, Malen usw. um.
(2) Kinder werden der Größe nach aufgestellt, Arme werden ausgebreitet und ihre Spannweiten miteinander verglichen. Die Größenverhältnisse werden beschrieben: A ist länger als B / A und B sind gleich lang / A ist genauso lang wie B / A ist kürzer als B.
(3) Mit körpereigenen Maßen wie Fingerspannen, Fußlängen, Daumenbreiten, Schrittlängen bzw. mit vereinbarten Hilfsinstrumenten wie Heften, Bauklötzen oder Cuisenaire-Stäben werden unterschiedliche Gegenstände hinsichtlich ihrer Länge miteinander verglichen.
(4) Mit standardisierten Maßeinheiten wird die Länge von Gegenständen bestimmt. Im 2. Schuljahr liegt der Schwerpunkt auf dem Messen mit Zentimeter und Meter: Einführung des Meterstabes, Messen mit dem Zentimetermaß, Messen mit dem Lineal, Messen mit dem Maßband, Messen mit dem Zollstock. Die Messergebnisse werden mündlich formuliert: 3 m, fast 3 m, ungefähr 3 m, ein bisschen weniger, mehr als 3 m.
(5) Zur Entwicklung von Längenvorstellungen ist es wichtig, Längen und Abstände vor dem Messvorgang zu schätzen und in der Vorstellung Vergleichsmaße zu haben.

Erwachsenenschritt:	ungefähr 1 m
Kinderschritt:	ungefähr 50 cm
Türbreite:	ungefähr 1 m
Türhöhe:	2 m
Autolänge:	ungefähr 4 m
Fingerspanne eines Kindes:	ungefähr 10 cm

(6) Es wird von einer Maßeinheit in eine andere mit überschaubaren Maßzahlen gewechselt. Die Länge der Laufbahn auf dem Sportplatz gibt man z. B. nicht in cm an!

Anhand von Alltagserfahrungen entwickeln Kinder beziehungshaltige Größenvorstellungen und -begriffe. Deshalb werden in den Kapiteln 4.3 bis 4.7 Lernanlässe vorgestellt, die zu Handlungserfahrungen anregen. Dabei werden das Umwandeln von sowie das Rechnen mit Maßzahlen möglichst lebensnah geübt und Größenvorstellungen handelnd, unter Beachtung der beschriebenen Stufenfolge entwickelt, um die Kinder für die Bewältigung von Alltagsanforderungen zu stärken.

4.2.2 Sinnstiftende Lernanlässe

Häufig sind Sachsituationen, mit denen sich Schüler im Sachrechenalltag auseinander setzen, relativ bedeutungslos für sie, oft sogar beliebig austauschbar, denn im Vordergrund steht die Einkleidung einer Rechenoperation. Stellen sich die Schüler im Laufe ihrer Grundschulzeit auf derartige Aufgaben und Probleme ein, ist der Teufelskreis „Entkleiden von Rechenoperationen" nur schwer zu durchbrechen. Die Gefahr besteht, dass die Schüler zu Rechenautomaten werden und sich eine „Negativ-Erwartungshaltung" gegenüber dem Sachrechnen entwickelt.

Deshalb ist es wichtig, dass das Mathematisieren von umweltlichen Situationen so oft wie möglich von sinnstiftenden Lernanlässen getragen wird. Wenn wir Schülern Situationen anbieten, die Interesse wecken, werden sie sich auch darauf einlassen. Sinnstiftende Lernanlässe bieten sich zum einen als authentische Situationen an, die einzelne Kinder, die ganze Klasse, die Schule usw. tatsächlich betreffen; zum anderen können ebenso provozierende Fragestellungen, interessante Texte, Berichte über Rekorde, Sachaufgaben mit Entscheidungsspielräumen, Kapitänsaufgaben u. v. m. Anreiz genug sein, sich mit einer Sachsituation sowohl auf sachlicher als auch auf mathematischer Ebene zu beschäftigen.

Die im Folgenden aufgeführten Lernanlässe sind nicht zwingend dem Rechnen mit einer Größe zugeordnet, sodass sie als Ausgangspunkt für schulisches Lernen ihren Platz sowohl in einem fachorientierten als auch in einem themenspezifisch bzw. fächerübergreifend organisierten Unterricht haben. So kann ein Lernanlass, ein Sachthema, „zu neuen Einsichten in Zusammenhänge beitragen, die für das Verständnis unserer Umwelt bedeutsam sind. Daher geht es nicht nur um rationales Verstehen, sondern auch um sachgerechtes Urteilen und Handeln. Sachrechnen ist ‚erziehender Unterricht'" (Floer 1991, S. 7).

Umwelterschließung und Mathematikunterricht lassen sich in einem fächerübergreifenden Unterrricht der Grundschule sehr gut miteinander verzahnen (vgl. insbesondere Kapitel 4.7).

Noch so gut gemeinte Bearbeitungshilfen werden ihr Ziel verfehlen, wenn die Kinder sie ausschließlich an bedeutungslosen, sinnleeren Sachaufgaben anwenden.

Wenn sinnstiftende Lernanlässe sowie ein breites Angebot an handlungsorientierten Bearbeitungshilfen den Sachrechenunterricht dominieren, erhöht sich die Chance, Schwierigkeiten beim Sachrechnen zu vermeiden und der Entstehung der dafür verantwortlich zu machenden Ursachen bereits in der Grundschulzeit entgegenzuwirken.

4.2.3 Bearbeitungshilfen beim Umgang mit Sachaufgaben und Sachtexten

„Wenn Kinder beim Anblick einer Textaufgabe nur eine Erwartung haben, z. B. die eingeschliffene Handlungskette: Frage-Rechnung-Antwort und Rasch-durch-zur-Lösung" (Bauersfeld 1991, S. 10), so kann das nur als Herausforderung verstanden werden das Spektrum an Bearbeitungsstrategien zu erweitern. Ebenso bedeutsam für die Entwicklung sachrechnerischer Kompetenz wie eine Erweiterung des Spektrums an Bearbeitungsstrategien sind eine nachträgliche Betrachtung, Reflexion und kritische Einordnung von Lösungswegen. Durch gezieltes Arbeiten an und mit Sachaufgaben kann das impulsive, häufig nicht reflektierte, sondern eher auf Zahlen und Größenangaben gerichtete Lösungsverhalten der Kinder modifiziert und die Entwicklung von flexiblen Problemlösestrategien angebahnt werden.

Vorgeschriebene Arbeitsschritte als Bearbeitungshilfe

Im traditionellen Sachrechenunterricht wird den Kindern in der Regel das Einhalten von Arbeitsschritten nahe gelegt, die unterschiedlich bezeichnet werden:

Wir fragen – Wir rechnen – Wir antworten
gegeben – gesucht – gelöst
Frage – Rechnung – Antwort

Manchmal wird den Kindern sogar ein detailliertes Ablaufschema vorgeschrieben:

1. Lies die Aufgabe (mehrmals) genau!
2. Erzähle den Text!
3. Unterstreiche im Text die Zahlen und Ausdrücke, die für die Rechnung wichtig sind!
4. Formuliere Teilüberschriften!
5. Stelle die Frage!
6. Rechne!
7. Antworte!
8. Vergleiche deine Antwort mit der Frage!

Dabei geht man von der Annahme aus, dass den Schülern durch derartige Hilfen eine mögliche Strategie zum Bearbeiten dieser und weiterer Sachaufgaben an die Hand gegeben wird. Diese Annahme bleibt fraglich. Die Nützlichkeit der skizzierten Bearbeitungsschemata sollte man nicht überschätzen. Sie können für einen Grundschüler als Hilfe zur Strukturierung seines Bearbeitungsweges dienen, werden aber nicht generell dazu beitragen, seine sachrechnerische Kompetenz auszubauen. Gerade leseschwache bzw. ausländische Kinder werden sich besonders schwer tun, z. B. die als Hilfen gedachten Schritte 3 und 4 zu erfüllen.

Auch das Herausarbeiten von Signalwörtern, die eine Übersetzung der umgangssprachlichen Information in eine mathematische Operation erleichtern könnten, hat seine Grenzen, denn die Sinnerschließung eines Textes erfolgt nicht über einzelne Wörter, sondern über das Sinnganze.

Die Signalwörter „Preisnachlass", „abnehmen", „weniger", „ausgeben", „Sonderangebot" müssen z. B. nicht zwingend zu einer rechnerischen Lösung durch Subtraktion führen (vgl. Maier/Schubert 1978, S. 79 f).

Bearbeitungshilfen der beschriebenen Art haben durchaus ihre Berechtigung im Unterricht. Sie reichen aber bei weitem nicht aus, Lösungsstrategien der Schüler überdauernd zu verbessern. Das Spektrum an Bearbeitungshilfen sollte deshalb erweitert werden.

In der tabellarischen Übersicht auf Seite 168 werden unter den Überschriften „Bearbeitungshilfen" sowie „Lösungswege" bereits gezielte Übungsformen angeboten, mit deren Hilfe die Chance vergrößert werden kann, Lösungsstrategien der Schüler aufzubauen, zu verändern oder zu erweitern.

Im Folgenden werden Übungsanregungen beschrieben, die das Spektrum an Bearbeitungshilfen über die traditionellen Formen hinaus erweitern und dazu geeignet sind, die sachrechnerische Kompetenz der Schüler zu erhöhen.

Gezielte Übungen an Sachaufgaben als Bearbeitungshilfen

Im Handbuch für das 1. Schuljahr wurde ein Sachrechenunterricht favorisiert, der durch einen handlungsorientierten Umgang mit schülergerechten Lernanlässen getragen wird.
An diesem Primat wird auch im Sachrechenunterricht des 2. Schuljahrs festgehalten. Es bietet sich an, Bearbeitungshilfen gezielt zusammenzustellen und diese als immer wiederkehrende Strategien bewusst einzusetzen. Die Schüler lösen nicht einzelne Sachaufgaben mit gerade erlernten Rechenverfahren, sondern setzen sich mit Hilfe eines konstanten Angebots an gezielten Übungsvarianten mit Sachaufgaben auseinander.

Es hat sich im Unterricht bewährt, einen Karteikasten oder einen Aktenordner bereitzustellen, in dem sich Sachaufgaben befinden, an denen die Schüler unterschiedliche Bearbeitungshilfen erproben und anwenden. Der Einsatz eines solchen Mediums bietet den Vorteil, dass Sachaufgaben nicht, wie im herkömmlichen Sachrechenunterricht, arithmetischen Inhalten, sondern gezielten Übungen zugeordnet werden. Damit steht die Aneignung von überdauernden Lösungsstrategien im Mittelpunkt und nicht das Lösen von einzelnen Sachaufgaben.

Die Sachaufgabe „Knut und Dirk haben zusammen 48 €. Wie viel hat Knut gespart?" könnte z. B. bei den folgenden zwei Übungsformen einer Sachrechenkartei auftauchen.

Karteikarte 1

Lehrer:
Stelle möglichst viele Fragen zu der Sachaufgabe!

Knut und Dirk haben zusammen 48 €.
Wie viel hat Knut gespart?

mögliche Fragen:
Wie viel hat Dirk gespart?
Hat Dirk auch gespart?
Haben beide gleich viel gespart?
Wollen sie gemeinsam etwas kaufen?
Was wollen sie kaufen?
Streiten sie sich?

Karteikarte 2

Lehrer:
Lege als Lösungshilfe eine Tabelle an!

Knut und Dirk haben zusammen 48 €.
Wie viel hat Knut gespart?

mögliche Tabelle (auch mit Spielgeld gelegt vorstellbar):

Knut	Dirk	zusammen
20 €	28 €	48 €
22 €	46 €	48 €
24 €	24 €	48 €

Wenn die Sachaufgaben, Kapitänsaufgaben, Sachtexte, Rechengeschichten, Bildaufgaben oder Schaubilder auf Karteikarten geschrieben bzw. geklebt werden, können diese zum Schutz mit Folie überzogen, mit einem Laminiergerät in Folie eingeschweißt oder einfach in eine Klarsichthülle gesteckt werden, damit die Schüler mit Folienstift arbeiten und die Aufgaben mehrfach verwendet werden können.

Es gibt verschiedene methodische Verfahren im Umgang mit einer solchen Sachrechenkartei. Entweder arbeiten die Schüler mit einem Folienstift auf einer Folie, in die sie die Karteikarte stecken, oder sie führen ein „Extra-Heft" für Übungen an Sachaufgaben. Die zuletzt genannte Variante hat sicherlich erhebliche Vorteile gegenüber der zuerst genannten, weil sie zu einem bleibenden Dokument über den Umgang mit Sachaufgaben führt, während die auf der Folie erstellten Arbeitsprodukte nach kurzer Zeit entfernt werden.

Als Sozialform bei der Arbeit an Sachaufgaben hat sich die Partnerarbeit besonders bewährt, weil sich die Schüler während der Problemlösung unterhalten und sich über ihre Überlegungen austauschen.

Vorschläge für gezielte Übungsformen
(Sie finden Beispiele dazu auf den in den Klammern angegebenen Seiten.)

- Spiele die Sachaufgabe, die Situation mit anderen nach! (S. 182 f.)

- Erzähle einem Mitschüler die Sachaufgabe, nachdem du sie gründlich durchgelesen hast, oder schreibe sie mit eigenen Worten auf! (S. 185)
- Lies die Sachaufgabe gründlich und schreibe sie aus dem Gedächtnis mit eigenen Worten auf! (S. 185)
- Stelle Fragen zu der Sachaufgabe und belege die Antworten! (S. 183 f., 204 f., 215)
- Ordne die Fragen zu der Sachaufgabe ein in
  - Fragen, zu denen du eine Antwort in der Sachaufgabe findest,
  - Fragen, zu denen du keine Antwort in der Sachaufgabe findest! (S. 183 f., 204 f., 215)
- Schreibe eine Sachaufgabe/Rechengeschichte zu dem Bild, zu dem Stichwort oder zu den Zahlenwerten auf! (S. 185, S. 204)
- Unterstreiche die Stellen im Sachtext, die für deine rechnerische Lösung wichtig sind! (S. 205 f., 215)
- Fertige eine Lösungsskizze zu der Sachaufgabe an! (S. 186, 198)
- Lege als Lösungshilfe eine Tabelle an! Erzähle, was die Tabelle aussagt! (S. 183, 207, 212, 215)
- Übertrage die Zahlen/Daten in eine zeichnerische Darstellung, ein Schaubild! (S. 192, 215)
- Stelle fest, was du bei der Aufgabe berechnen sollst! Ist das sinnvoll? (S. 198, 204)
- Verändere die Sachaufgabe/die Kapitänsaufgabe nach der Vorschrift! Hat sich dein Lösungsweg geändert? (S. 197 f., 205)
- Finde Gemeinsamkeiten und Unterschiede bei den Sachaufgaben und ihren Lösungswegen! (S. 197, 214 f.)
- Welcher Text passt zu welchem Lösungsweg? Ordne zu! (S. 184)
- Hier sind Aufgabenteile durcheinander geraten. Ordne sie! (S. 185)
- Knoble, probiere und kombiniere bei den kniffligen Denksport-Sachaufgaben! (S. 186, 188 f.)
- Fülle die Lücken aus! (S. 188, 214)

In den Kapiteln 4.3 bis 4.6 sind Beispiele für die aufgeführten Übungsvarianten zu finden. Die beschriebenen Übungsanregungen haben als Bearbeitungshilfen auch in den folgenden Schuljahren Bestand. Sie bleiben als verlässliche Übungen zur Erweiterung des Spektrums an Bearbeitungshilfen bestehen und können später sowohl im Schwierigkeitsgrad angehoben als auch durch weitere altersspezifische Übungsformen ergänzt werden.

4.3 Sachrechnen mit Geld

Im 1. Schuljahr haben die Kinder gelernt verschiedene Münzen sicher zu unterscheiden. Sie haben Geldbeträge unterschiedlich dargestellt, eingewechselt und bezahlt. In Kaufsituationen haben sie im Zahlenraum bis 20 vornehmlich mit 1-Cent-, 2-Cent-, 5-Cent- und 10-Cent-Stücken gerechnet.

Im 2. Schuljahr werden sich die Geldbeträge im Zahlenraum bis 100 und realitätsnah auch darüber hinaus bewegen. Durch handlungsorientiertes Vorgehen sollen die Schüler lernen

- durch Lernanlässe, in Sachsituationen und bei Sachtexten mit Geldbeträgen umzugehen,
- Beträge mit Banknoten und Münzen zu legen und zu notieren,
- in Kommaschreibweise angegebene Beträge in € und ct zu legen und zu benennen,
- Geldbeträge miteinander zu vergleichen und in verschiedener Weise mit Spielgeld darzustellen,
- Geldbeträge mit Spielgeld zu legen, zu benennen und nach ihrem Wert zu ordnen,
- mit Geldbeträgen zu rechnen.

Zahlverständnis und Abstraktionsvermögen sind bei den Kindern sehr unterschiedlich ausgeprägt. Deshalb wird immer wieder auf Alltagserfahrungen zurückgegriffen. „Die Schule knüpft an die Erfahrungen des Lebensumfeldes und die Interessen der Kinder an. In diesem Bereich sollten die Lehrer den Mut haben, das Schulbuch beiseite zu legen, denn dort finden sich weitgehend die sogenannten ‚eingekleideten' Aufgaben, die nur das Rechnen in den Vordergrund rücken. (...) Der Unterricht soll alltägliche Situationen aufgreifen. Die Kinder sollen diese mathematisieren und erkennen, wo sie mit Hilfe von Zahlen und mathematischen Operationen zu einer Lösung kommen können. Der Unterricht muß hier Hilfe zur Alltagsbewältigung anbieten." (Abele u. a. 1994, S. 125)

4.3.1 Entwicklung von Größenvorstellungen

Es ist nicht damit getan, dass Kinder anhand ihrer arithmetischen Kenntnisse im Zahlenraum bis 100 Geldwerte bestimmen oder miteinander vergleichen. Vielmehr sollte den Kindern ein Geldwertgefühl vermittelt werden, damit sie mit Geld nicht arglos umgehen und es wertschätzen.

Folgende Übungen sind geeignet, die Größenvorstellungen von Geld auszubilden: Man lässt z. B. die Kinder vermuten, wie viel die Dinge, die sie täglich benutzen, Gegenstände, die sie gern hätten, oder Spielzeug, das sie bereits besitzen, ungefähr kosten. In Katalogen, beim Kaufmann, im Supermarkt, beim Fachmann, in der Familie werden dann Informationen über die realen Preise eingeholt, damit die Schüler sich ein Urteil darüber bilden können, was preiswert, billig, teuer oder gar unerschwinglich ist. Auf einer Klassencollage kann mit Hilfe leerer Verpackungen sichtbar gemacht werden, was heutzutage „in" ist und welche Produkte von Kindern schwerpunktmäßig gekauft werden, sodass auch Gespräche zwischen den Kindern stattfinden, in denen Kaufverhalten und die Qualität von Produkten angesprochen werden.

Was kostet das?

Gegenstand	Ich schätze den Preis.	Ich weiß den Preis genau.	Ich kenne Gegenstände, die etwa gleich viel kosten.

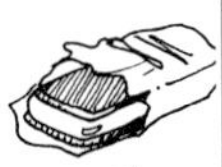			

Die Interessen der Kinder bestimmen die Eintragungen.

Zur Vertiefung der Entwicklung von Größenvorstellungen sind vielfältige Übungen, in denen Geld gewechselt wird oder die Anzahl von Münzen und Scheinen die Möglichkeiten des Einwechselns begrenzt, sowie Wertbestimmungen durch konkretes Legen und Überlegen erforderlich. Die Kinder werden in Handlungssituationen oder Lernanlässen

- Beträge legen und die Werte bestimmen,
- Beträge nach ihrem Wert ordnen und sie miteinander vergleichen,
- Geldwerte unterschiedlich darstellen oder Geldbeträge wechseln,
- Geldwerte in unterschiedlichen Schreibweisen angeben.

Diese Münzen und Scheine gibt es. Die Schüler sollen sie unterscheiden können.

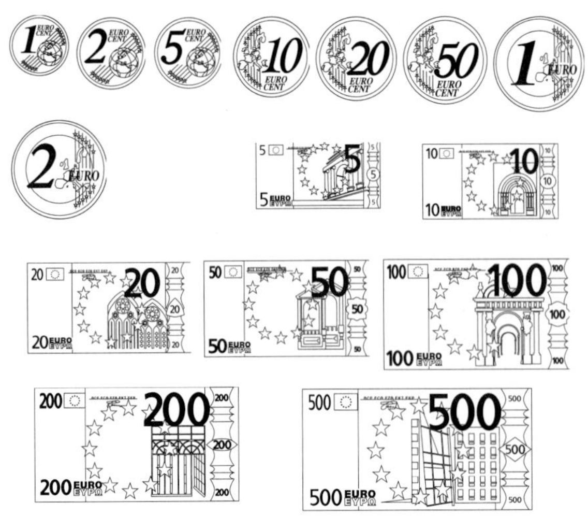

Wie viel Cent habe ich? Wie viel Euro habe ich?

	45 ct 0,45 €	etwas weniger als 50 ct
	19 ct 0,19 €	fast 20 ct
	47 €	ungefähr 50 €
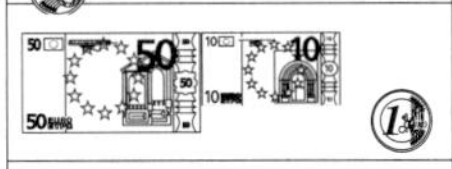	61 €	etwas mehr als 60 €
	5 € 60 ct 5,60 €	ungefähr 6 €
	6 € 50 ct 6,50 €	ungefähr 7 €

Je nach Leistungsvermögen der Kinder werden die Beträge mit Spielgeld gelegt, gemalt, gezählt und mit oder ohne Komma notiert. Wenn die Münzen keine Ziffern haben, sind die Kinder gefordert, die Münzen aufgrund besonderer Merkmale zu identifizieren.

Die Notation mit Kommaschreibweise ist in den Richtlinien nicht verbindlich vorgesehen. Diese Schreibweise begegnet den Kindern jedoch in vielen Alltagssituationen und wird nicht künstlich ausgeklammert. Allerdings kann das Schreiben von Geldbeträgen mit Komma nicht von allen Schülern erwartet werden. Deshalb sollte im Unterricht frühzeitig damit begonnen werden, die Beträge zur Vereinfachung auch gerundet anzugeben.

Die **Kopiervorlage SR 1** enthält eine Legetabelle, die sich, auf DIN-A3-Format vergrößert, gut zum übersichtlichen Legen von Spielgeld eignet. Immer dann, wenn Geldbeträge konkret auf dem Schultisch gelegt werden sollen, kann die Tabelle benutzt werden. Sie hat den Vorteil, dass die Kinder die systematisch nach Werten geordneten Beträge geschickt, nämlich mit dem höchsten Wert beginnend, zusammenzählen können.

Die Legetabelle kann auch ohne großen Arbeitsaufwand im Unterricht gemeinsam mit den Schülern erstellt werden, indem ein Zeichenblockblatt entsprechend der **Kopiervorlage SR 1** aufgeteilt wird und die Spielgeldmünzen und -scheine in die entsprechenden Spalten eingeklebt werden.

Wie viel Geld habe ich?

Die Begriffe „mehr", „weniger", „doppelt so viel", „halb so viel", „zusammen" werden gefestigt, indem zwei Partner ihre mit Spielgeld gelegten Beträge miteinander vergleichen und beschreiben, sodass Sachaufgaben der folgenden Art handelnd gelöst werden:

- Ich besitze drei 2-€-Stücke und zwei 5-€-Scheine.
- Ich habe noch einen 10-€-Schein und zwei 1-€-Stücke.

- Ich bekomme in der Woche 5 € Taschengeld. Ich habe es 3 Wochen gespart.
- Markus und ich haben zusammen 30 €. Ich habe doppelt so viel Geld wie Markus.
- Markus hat 25 €. Ich habe 8 € weniger als Markus.
- Markus bekommt 6 € Taschengeld. Ich bekomme doppelt so viel.

Wir vergleichen Sparbeträge miteinander.
Sybille besitzt 34 €, Anton 38 €, Birgit 32,50 €, Holger 31,50 € und Jan 39 €. Die Beträge werden in 5-€-Scheinen, 2-€-, 1-€-, 50-Cent- und in 10-Cent-Stücken dargestellt.

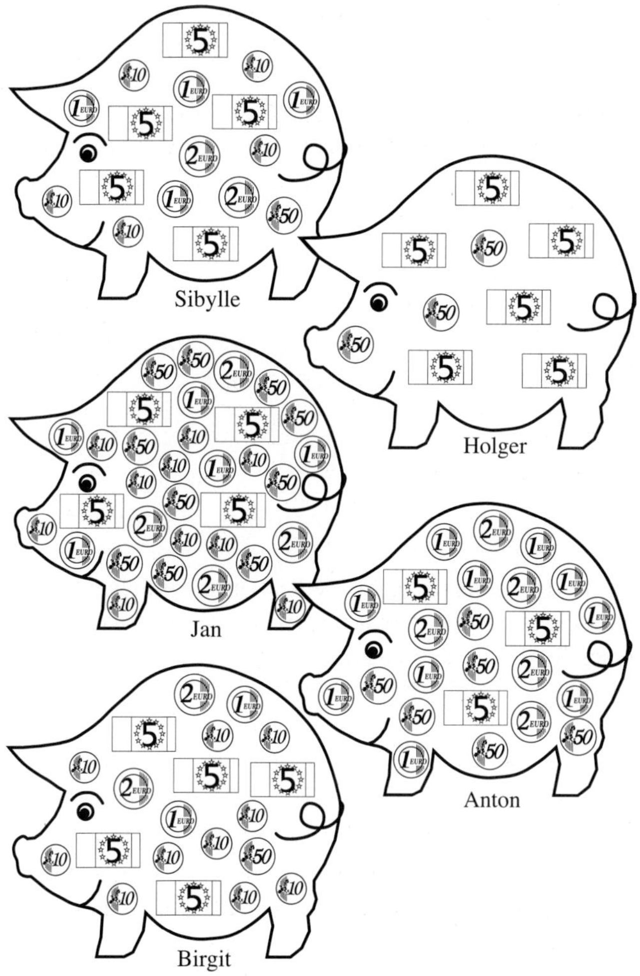

Mögliche Fragen dazu:
- Wie viel Geld hat jedes Kind gespart?
- Welches Kind hat am meisten gespart?
- Welches Kind hat am wenigsten gespart?
- Haben Kinder den gleichen Betrag gespart?
- Welches Kind hat/Welche Kinder besitzen genau 1 € mehr als ein anderes Kind?
- Welche zwei Beträge ergeben zusammen eine Schnapszahl?
- Wie viel Geld fehlt Sibylle noch bis 50 €?
- Welche beiden Beträge unterscheiden sich um 4 €?
- Welches Kind hat die meisten Münzen?
- Welches Kind hat die wenigsten Münzen?
- Gibt es Kinder, die gleich viele Münzen haben?

Mit welchen Münzen, Scheinen kann ich die Beträge bezahlen?
Hinter dieser Frage verbirgt sich eine Aufgabenstellung, bei der die Kinder viele verschiedene Möglichkeiten finden sollen. Je nach Leistungsvermögen der Kinder werden die Kombinationen mit Spielgeld gelegt, evtl. gemalt, und mit oder ohne Komma notiert.

Lege/Notiere viele unterschiedliche Möglichkeiten.

40 ct/0,40 €		10ct+10 ct+10 ct+10 ct 10ct+10ct+5ct+5ct+5ct+5ct 5ct+5ct+5ct+5ct+5ct+5ct+5ct+5ct
86 ct/0,86 €		
38 €/38,00 €		
65 €/65,00 €		
 19,95 €		
 49,95 €		

Anschließend bietet sich ein Ratespiel zu zweit an, bei dem der eine Partner nicht weiß, wie der andere Mitspieler die Geldbeträge gelegt bzw. notiert hat.

Ratespiel:
Schüler A: „Ich habe 38 € mit 3 Scheinen und 2 Münzen gelegt."

Schüler B kann seine Lösung durch aktives Legen oder auch auf höherem Abstraktionsniveau durch Vorstellen „im Kopf" finden.

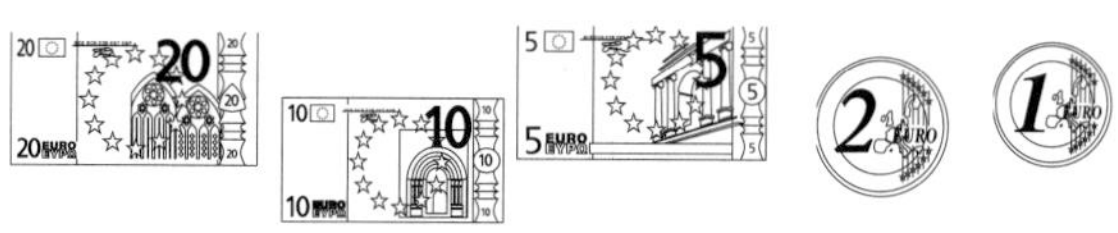

Lösung Schüler B:
20 € + 10 € + 5 € + 2 € + 1 €

Wie kann ich die Beträge bezahlen?
(Die Münzsorten werden beschränkt.)

65 ct	–	6	1
	1	–	3
	1	1	1
100 ct/1 €			
80 ct			

Je nach Leistungsvermögen der Schüler werden die Münzen gelegt, gemalt oder ihre Anzahl in die Tabelle eingetragen.

Lege 1 € immer in zwei Beträgen!
Leistungsschwache Kinder verwechseln €- und Cent-Werte, weil sie keinen Wertbegriff aufgebaut haben und sich nur an der aufgedruckten Zahl, nicht aber am Wert des Geldes orientieren.
1 € ist ein überschaubarer Betrag, an dem Wertvorstellungen entwickelt werden können, indem man z. B. 1 € in zwei Beträge zerlegt.

Immer 1 €/100 ct	
40 ct	60 ct
52 ct	48 ct
2 ct	98 ct
.	.
.	.
.	.

Ich wechsle Geld.
Die Kinder sind aufgefordert, mit einer begrenzten Anzahl von Münzen und Scheinen große Beträge zu legen und zu notieren.

Betrag	Anzahl der Scheine und Münzen	gelegt	notiert
100 €	2 Scheine	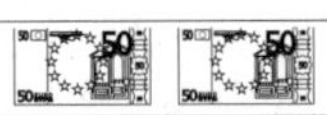	50 € + 50 €
100 €	5 Scheine	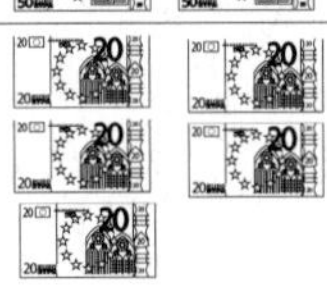	20 € + 20 € + 20 € + 20 € + 20 €
		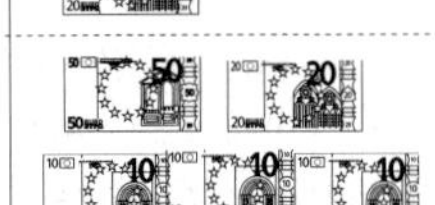	50 € + 20 € + 10 € + 10 € + 10 €
100 €	15 Scheine		10 €+ 10 € + 10 €+ 10 € + 10 €+ 5 € + 5 € + 5 € + 5 € + 5 € + 5 € + 5 € + 5 € + 5 € + 5 €
100 €	5 Scheine 10 Münzen	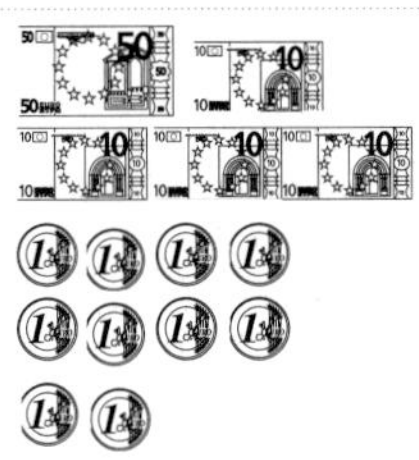	50 €+ 10 € + 10 €+ 10 € + 10 €+ 1 € + 1 € + 1 € + 1 €+ 1 € + 1 €+ 1 € + 1 €+ 1 € + 1 €

4.3.2 Einkaufen

Durch Übungen auf abstrakter Ebene kann die Vorstellung von Geldwerten bei Kindern nicht so gut aufgebaut werden wie durch reale bzw. nachgespielte Einkaufsituationen.

Wie bereits an anderer Stelle erwähnt, ist es wünschenswert, möglichst viele reale Einkaufsituationen zu nutzen. Man kann z. B. für ein gemeinsames Klassenfrühstück einkaufen oder einen Festbetrag für ein gemeinsames Klassenfest bestimmen und die Kinder als Hausaufgabe in umliegenden Läden die Menge an Knabbersachen und Getränken herausfinden lassen, die man für diesen Betrag ungefähr bekommen würde. Noch reizvoller gestaltet sich diese Hausaufgabe, wenn die Kinder in der Schule bereits eine Schätzliste von Knabbersachen und Getränken dazu aufschreiben, um diese am nächsten Schultag mit den realen Werten vergleichen zu können.

Kinder im 2. Schuljahr spielen gern Einkaufsituationen. Deshalb werden diese im Unterricht häufig mit Spielgeld durchgeführt. Beim Nachspielen von Einkaufsituationen ist jedoch zu beachten, dass die Realität nicht künstlich ausgeblendet wird. Es widerspricht in der Regel den realen Gegebenheiten, wenn man beim Einkaufen immer den Schein im Portmonee hat, der gerade „passt". 15,50 € muss ich nicht zwingend mit einem 20-€-Schein bezahlen. Ich kann den Betrag auch mit einem 50-€-Schein oder einem 10-€-Schein und zwei 5-€-Scheinen begleichen.

Das Versprachlichen des Herausgebens verdient besonderes Augenmerk, denn das ist für den Alltag wichtig. Ausgehend vom Preis der Ware wird der Rückgabebetrag in Schritten zum gegebenen Geldwert ergänzt. Das Versprachlichen wird in Käufer-Verkäufer-Gesprächen immer wieder im Unterricht geübt und gefestigt.

Beispiel: Ich kaufe Rollerskates. Sie kosten 78 €.

Ich gebe/lege mit Spielgeld: 90 €

50 €, 20 €, 20 € / 

Ich bekomme zurück: 12 €

10 €, 1 €, 1 € / 

Die Verkäuferin rechnet laut: (78), 79, 80, 90 €

Dabei legt sie das Rückgeld hin: 

Ich prüfe das Rückgeld nach:
10 €, 11 €, 12 €

Damit die nachgespielten Einkaufsituationen möglichst schülernah sind, bringen die Kinder Gegenstände von zu Hause mit, die sie mit Preisen auszeichnen, oder schneiden aus Katalogen diverse Spielwaren, Bücher oder Sport- und Schulbedarfsartikel aus und kleben damit Preisschilder, die die realen Waren repräsentieren (vgl. unten stehende Abbildung). Man kann ebenso DIN-A5-Pappen oder kleine Karteikarten zur Hälfte falten, sodass sie wie Preisschilder-Zelte aufgestellt werden können, nachdem sie auf beiden Seiten mit verschiedenen Produkten und Preisen beklebt worden sind. Schon die Herstellung der Preisschilder stellt für Kinder eines 2. Schuljahres eine große Herausforderung dar. Preise müssen korrekt übertragen und ggf. auch noch richtig auf volle €-Beträge gerundet aufgeschrieben werden, damit sichergestellt ist, dass auch die leistungsschwachen Schüler mit den authentischen Beträgen rechnen und Einkaufsituationen nachspielen können.

11 €

9,80 €
etwa 10 €

6,20 €
etwa 6 €

8,10 €
etwa 8 €

9,90 €
etwa 10 €

79,95 €
etwa 80 €

Es hat sich im Unterricht bewährt, dass pro Schülergruppe eine durch verschiedene Fächer abgeteilte Geldkasse zur Verfügung steht, in der das Spielgeld, nach Wert sortiert, aufbewahrt wird.

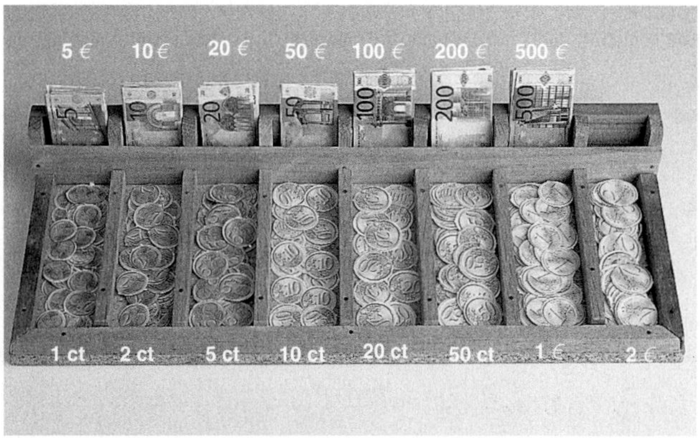

Aus dieser Kasse bezieht die Kassiererin bzw. Verkäuferin ihr Geld, ähnlich wie bei realen Einkaufsituationen. Darüber hinaus hat es sich als günstig erwiesen, wenn für den Käufer ein Festbetrag vorgegeben ist, der in etwa dem Betrag entspricht, mit dem die Kinder in Realsituationen allein einkaufen dürfen. Im skizzierten Unterrichtsbeispiel erhielten die Käufer jeweils 30 € in Scheinen und Münzen. Für die Einkaufsspiele bastelten sich die Kinder selbst ein Portmonee (vgl. Bauanleitung S. 132), in dem sie sowohl den ausgehändigten Festbetrag als auch anschließend das Rückgeld aufbewahrten.

Ich habe 30 Euro und kaufe ein.

Ich habe ...	Das Teil kostet ...	Ich gebe ...	Ich bekomme zurück ...	Ich habe noch ...
30 €	2,20 €	2,50 €	30 Cent	27,80 €
27,80 €	10,95 €	20 €	9,95 €	16,85 €
16,85 €	3,50 €	3,50 €	0,00 €	13,35 €
13,35 €	13,35 €	13,35 €	0,00 €	0,00 €

Ein Kaufprotokoll gibt den Verlauf einer Einkaufsituation recht gut wieder.

Im oben abgebildeten Beispiel hat Isabell als Erstes ein Teil für 2,20 € gekauft und dem Verkäufer, Kristof, 2,50 € gegeben. Dieser hat ihr 0,30 € Rückgeld ausgezahlt. Daraufhin hat Isabell das noch verbliebene Geld im Portmonee gezählt und mit 27,80 € notiert. Nun wurden die Rollen getauscht. Kristof bekam die Geldbörse mit den 27,80 € und spielte jetzt den Käufer, der ein Teil für 10,95 € kaufen wollte, während Isabell die Verkäuferinnenrolle übernahm. Die beiden protokollierten insgesamt 4 Einkaufsituationen. Offenbar hatten sich beide zum Ziel gesetzt, das gesamte ihnen zur Verfügung stehende Geld, hier 30 €, auszugeben. Isabell und Kristof sind zwei leistungsstarke Kinder, die bereits einwandfrei mit der Kommaschreibweise umgehen konnten. Das ist sicherlich nicht der Normalfall im 2. Schuljahr. Deswegen sollten, wie bereits erwähnt, Preisschilder vorhanden sein, auf denen sowohl genaue als auch gerundete Beträge angegeben sind, damit auch leistungsschwächere Kinder das Einkaufen nachspielen können. Das erfordert, dass das Runden auf volle €- bzw. Cent-Beträge im Unterricht thematisiert wird.

86 ct/0,86 €:

ungefähr

90 ct/0,90 €:

Das Wichtigste beim Nachspielen der Einkaufsituationen im 2. Schuljahr ist, dass die Geldbeträge mit Spielgeld konkret gelegt und erst danach im Kaufprotokoll notiert werden. Leistungsstarke Kinder schaffen es allerdings ohne konkretes Legen. Sie berechnen die Geldwerte gleich im Kopf. Die Gespräche zwischen „Käufer" und „Kassiererin/Verkäuferin" können, analog zum Kaufprotokoll, folgendermaßen ablaufen:

- Wie viel Geld habe ich?
  → Ich habe 30 €.
- Was möchte ich aus dem Angebot kaufen?
  → Ich möchte den Zeichenblock kaufen.
- Was kostet das Teil?
  → Es kostet 2,20 €/2 € 20 ct.
  (Je nach Leistungsvermögen gerundet oder nicht.)
- Wie viel Geld gebe ich der Verkäuferin?
  → Ich gebe ihr 2,50 €/2 € 50 ct.
- Wie viel Geld bekomme ich zurück?
  → Ich bekomme 30 ct zurück.
- Wie viel Geld ist übrig?
  → Ich habe noch 27,80 €/ 27 € 80 ct im Portmonee.

Bei den letzten beiden Schritten kommt dem Versprachlichen des Herausgebens, wie beim Rollerskateskauf (s. o.) skizziert, große Bedeutung zu. Durch das Ausfüllen des Kaufprotokolls wird die Kaufsituation in Reflexionsphasen gegliedert. Die Überschriften regen die Kinder zum Sprechen an.

Beispiel: Kaufprotokoll

Ich habe:	Das Teil kostet:	Ich gebe:	Ich bekomme zurück:	Ich habe:
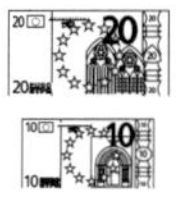	Der Preis wird verbal genannt: sechzehn € und fünfundachtzig Cent			
gerundet:	17 €			
30 €	16,85 €	20 €	2 € + 1 € + 10 ct + 5 ct = 3,15 €	10€ + 3,15€ = 13,15 €
	gerundet: 17€		2 € + 1 € = 3 €	10 €+ 3€ = 13 €

Zur besseren Übersicht sind sowohl der Lege- als auch der Notationsvorgang in einer Tabelle dargestellt.

Nur wenige Kinder werden im 2. Schuljahr mit Kommabeträgen rechnen können, sodass das Gros der Kinder mit glatten Beträgen arbeiten wird. Als **Kopiervorlage SR 2** wird ein Blanko-Kaufprotokoll für den Unterricht angeboten.

4.3.3 Schulmilchbestellung

Dieses Beispiel zeigt, dass bereits Grundschulkindern Verantwortung übertragen werden kann, die im Normalfall die Lehrerin übernimmt. Wenn Kinder die Aufgabe der Milchbestellung übernehmen, wissen sie, dass sie gewissenhaft und genau arbeiten müssen, damit die Kasse am Ende stimmt.

Auch hier, wie an vielen Stellen im Unterricht, ist ein Lernen auf eigenen Wegen fruchtbar, bei dem die Lehrerin den Schülern beratend zur Seite steht. Anfangs tragen die Kinder die Kürzel für die Getränkesorten erfahrungsgemäß nicht spaltengerecht ein, sodass sie Schwierigkeiten bei der Anzahlermittlung haben. Umso wichtiger sind die Gespräche über die unterschiedlichen Möglichkeiten der Notation, damit die Notwendigkeit einer einheitlichen Listenführung deutlich wird. Kinder erkennen, dass in jedem Fall eine Klassenliste zum richtigen Verteilen der Getränke notwendig ist.

Klassenliste zur Getränkebestellung

Judith				
Sören	K	K	K	K
Dmitri				
Stefanie		K		
Ramona	K			
Marc	K	K	K	K
Annika				
Juliane				
Irina	K	K		K
Christian	M	MM	K	
Sonja	K		M	M
Regina				
Thomas	M	MM		
Henrik	K	K		
Jan				
Mario		MM	J	J
Rebecca	K			
Tobias		J		J
Michele	M		M	M
Stefan	K		K	K
Elisabeth		J	J	
Franziska	K		K	K
Julian				
Franziska	J	J		J
Anna				
Sarah				
Nadine				
	8.1.- 12.1.	15.1.-19.1	22.1.-26.1.	29.1.-2.2

M = Milch MM = Milch-Mix
K = Kakao J = Joghurt

Allerdings merken sie auch, dass durch die gemischte Aufzählung der Getränke eine quantitative Auflistung der Getränkesorten erschwert wird. Daraus leitet sich die folgende nach Getränkesorten geordnete Übersicht ab, die in der Regel auch an den Hausmeister weitergegeben wird, damit dieser die Bestellung für die darauf folgende Woche vornehmen kann.

Getränkebestellung Klasse 2b v. 8.1. - 2. 2.

Sorte	8. - 12. 1.	15. - 19. 1.	22. - 26. 1.	29.1. - 2.2.
Kakao	||||/ ||||			
Milch-Mix	—			
Milch	|||			
Joghurt	/			
insgesamt	||||/ ||||/ |||			

Nur zur Gegenprobe wird die Gesamtzahl ermittelt. Für die Kassenprüfung ist dieser Wert nicht relevant, weil die Getränke unterschiedliche Preise haben. Die Einzelpreise der Getränke sowie die Preise für 5 Getränke in einer Schulwoche sind bekannt. Sie hängen sichtbar auf Preistafeln (vgl. Preislisten Schulmilchbestellung) in der Klasse. Die Wochenpreise wurden gemeinsam ermittelt.

Preislisten Schulmilchbestellung

Sorte	Einzelpreis	Wochenpreis
Kakao (K)	25 ct	1 € 25 ct
Milch-Mix (MM)	25 ct	1 € 25 ct
Milch (M)	20 ct	1 €
Joghurt (J)	30 ct	1 € 50 ct

Für die Kinder, denen es zu schwer fällt, die Endpreise pro Sorte für eine Woche zu ermitteln, können Listen bereit gehalten werden, aus denen die Preise einfach abgelesen werden können, z. B.:

Kakaogeld für 5 Tage				
1 Kind	→	1 € 25 ct	→	1,25 €
2 Kinder	→	2 € 50 ct	→	2,50 €
3 Kinder	→	3 € 75 ct	→	3,75 €
4 Kinder	→	5 €	→	5,00 €
5 Kinder	→	6 € 25 ct	→	6,25 €
6 Kinder	→	7 € 50 ct	→	7,50 €
7 Kinder	→	8 € 75 ct	→	8,75 €
8 Kinder	→	10 €	→	10,00 €
9 Kinder	→	11 € 25 ct	→	11,25 €
10 Kinder	→	12 € 50 ct	→	12,50 €

Nachdem die Kinder die Getränke bestellt und bei den verantwortlichen Schülern bezahlt haben, übertragen die für die Milchbestellung verantwortlichen Schüler die Daten aus der Klassenliste in die unten stehende Übersicht, die für die Kassenprüfung notwendig ist. Die Lehrerin unterstützt die beiden Verantwortlichen beratend.

Getränkebestellung 2b v. 8. 1. - 12. 1. (Kassenprüfung)

Sorte	Anzahl	Summe
Kakao	9	11 € 25 ct
Milch-Mix	0	0 €
Milch	3	3 €
Joghurt	1	1 € 50 ct
Insgesamt	13	15 € 75 ct

Folgende Vorgehensweise hat sich als Kassenprüfung für diese Altersstufe als relativ sicher erwiesen:

- Die Schüler legen das Geld geordnet nach Getränken aus und beginnen mit den € Beträgen.
  9-mal Kakao:

- In einem nächsten Schritt addieren sie die Einzelbeträge (fünf 20-Cent-Stücke = 1 €, zwei 5-Cent-Stücke = 10 Cent) und tragen die Summen in die vorgefertigte Liste.
  9 €, 10 €, 10 € 80 ct, 10 € 90 ct, 11 €, 11 € 10 ct, 11€ 10 ct, 11€ 20 ct, 11€ 25 ct.
- Für die anderen Getränkesorten wird ebenso verfahren.
- Die Geldstücke bleiben geordnet auf dem Tisch liegen, damit auch leistungsschwache Kinder in der letzten Phase des Addierens immer wieder die Möglichkeit haben, die Summen konkret zu überprüfen. Leistungsstarke Kinder brauchen diese Hilfe nicht. Sie lösen die Additionsaufgaben ohne Hilfsmittel im Kopf. Der Taschenrechner dient an dieser Stelle als sinnvolles Kontrollinstrument. Der Umgang mit diesem Gerät wird gleichzeitig geübt.

Den Kindern wird etwas zugetraut. Sie sind sehr stolz, wenn ihre Bilanz stimmt. Der Umgang mit dem Geld findet in einer realen Situation statt. Auch das leistungsschwache Kind kann durch Legen der Münzen die Summen ermitteln und sich an dieser Stelle beweisen. Das Kind hat eine große Eigenverantwortung übernommen, die es mit mathematischen Mitteln erfüllt. Der Unterricht geht von einem aktuellen Lernanlass aus. Damit ist erreicht, dass nicht alle Schüler nur Sachaufgaben zu einer fiktiven Getränkebestellung (z. B. aus dem Schulbuch) lösen. Stattdessen führen je zwei Kinder mindestens zweimal im Laufe des Schuljahrs die aktuelle Getränkebestellung durch. Auch zu diesem Thema können Fächer übergreifende Aspekte abgeleitet werden, indem z. B. ein Projekt entsteht, das auf gesunde Ernährung, Getränkekonsum oder Getränkeverpackungen ausgeweitet wird.

Jeweils am Monatsende könnten die Kinder beweisen, ob sie die Getränketabellen lesen und in andere Formen übertragen können. Die Schüler erhalten die Aufgabe, die Klassenliste wochenweise auf eine Monatsübersicht zu übertragen. Der Auftrag könnte lauten: Übertrage die Werte aus der Klassenliste für eine der Wochen im Januar in die folgende Tabelle und berechne die Preise. Kontrolliere deine Tabelle an der echten Bestellliste.

Die leistungsstarken Kinder sind an dieser Stelle motiviert, sowohl die Stückzahl als auch die Summen sogar für den gesamten Monat zu ermitteln, während die leistungsschwächeren Kinder die Wochenpreise über den konkreten Legeprozess bzw. anhand der vorgefertigten Listen (s. o.) ermitteln.

Beispiel für die 1. Woche:

Getränkebestellung Klasse 2b vom 8. 1. - 12. 1.

		Stückzahl		Preis (gelegt oder notiert)
Kakao	1 € 25 ct	IIIII IIII	9	11 € 25 ct
Milch-Mix	1 € 25 ct		0	
Milch	1,00 €	III	3	
Joghurt	1 € 50 ct	I	1	
insgesamt		IIIII IIIII III	13	

Sowohl die Wochen- als auch die Monatslisten können miteinander verglichen werden. Vielleicht sind die Bestellgewohnheiten im Juli anders als im Januar?

Die Bestelllisten legen ebenfalls nahe, einigen interessanten Fragen nachzugehen:

- Wie viele Kinder bestellen gar nichts? Warum? Was trinken diese Kinder in den Pausen?
- Wie viele Kinder bleiben bei einer Sorte? Warum?
- Warum organisieren wir überhaupt eine Getränkebestellung in der Schule?

So werden nicht nur quantitative, sondern auch qualitative Aspekte bei der Getränkebestellung berücksichtigt.

4.3.4 Postversand

In der Vorweihnachtszeit sind die Schüler einer 2. Klasse sicherlich von der Idee zu begeistern, an den Nikolaus zu schreiben. Seit mehr als 30 Jahren besteht eine Einrichtung „Kinderweihnachtspost Himmelsthür" in der Nähe von Hildesheim, deren Mitarbeiter alljährlich die Briefe der Kinder, die an den Nikolaus gerichtet werden, beantworten.

Wenn die Schüler an den Nikolaus schreiben, lernen sie, wie sie einen Brief richtig beschriften und frankieren müssen. Sie sprechen über die Inhalte, die in ihren Briefen stehen sollen. Die einen schreiben ihren Wunschzettel, die anderen ein Weihnachtsgedicht oder gar eine Geschichte und eine kleine Gruppe schreibt sich Freude oder Frust über die Schule von der Seele. Nach der Schreibarbeit tauschen die Schüler ihre Briefe zum Lesen aus und stecken sie schließlich in ihre weihnachtlich verzierten Briefumschläge.
Wenn es um den Versand geht, taucht die Frage auf: Schicken wir die Briefe alle einzeln oder zusammen weg?
Das Postamt kann aufgesucht werden, um die günstigste Versandart herauszufinden. Der Postbeamte gibt beratend Auskunft: "Jeder Brief muss von euch mit je einer 56-Cent-Briefmarke frankiert werden. Wenn ihr statt dessen die Briefe gemeinsam verschickt, benötigt ihr einen großformatigen Umschlag und auf diesen müsst ihr dann eine 153-Cent-Briefmarke kleben." (Stand Januar 2002)
Die Kinder erfahren, dass Porto abhängig vom Gewicht und von der Größe eines Briefes entrichtet werden muss. In der von der Post ausgehändigten Gebührentabelle wird das Wichtigste über Postkarten, Standardbriefe und Großbriefe nachgelesen. Unterschiede zwischen Postkarte, Standardbrief und Großbrief werden erörtert und es wird darüber gesprochen, welche Versandform wann benötigt wird. Die in der Broschüre angegebenen Höchstmaße und Gewichtsangaben werden an den eigenen Briefen der Schüler mit Hilfe eines Lineals und einer Briefwaage überprüft. Damit werden bereits an dieser Stelle die Größenbereiche "Gewichte" und "Längen" angesprochen.

Im durchgeführten Unterrichtsbeispiel entscheidet sich die Klasse 2b (23 Kinder) für den sparsameren Versand mit einem großformatigen Umschlag, nachdem im Unterricht gemeinsam ein Preisvergleich auf folgende Weise durchgeführt wurde:
Mit Hilfe von Rechengeld legen die Kinder zunächst die Portokosten für einen Großbrief. Danach legen sie fortlaufend die Portokosten für einen Standardbrief, für zwei solche Briefe usw.

Großbriefporto:			
			1 € 53 ct
Standardbrief/Einzelversand			
Brief 1			
Brief 2			

Brief 3			 1 € 68 ct 168 ct

Die Kinder sehen, dass bereits drei Standardbriefe teurer sind als ein Großbrief. Die Entscheidung ist gefallen: Alle 23 Briefe in einem Großbrief zu verschicken ist viel günstiger als alle Briefe einzeln zu versenden.
Manche Kinder geben sich damit nicht zufrieden und wollen es noch genauer wissen. Einige pfiffige Schüler finden gleich heraus, dass das Porto für den Einzelversand bei mehr als 20 Schülern dann mehr als 11 € kosten müsste. Sie haben erkannt, dass sie den Betrag für 10 Briefmarken nur verdoppeln müssen. Diese Schüler schaffen es auch, die Portokosten für 23 Schüler zu berechnen, indem sie zum verdoppelten Betrag von 5 € 60 ct, also 11 € 20 ct, noch 1 € 12 ct für zwei weitere Briefmarken und 56 ct für die dreiundzwanzigste addieren. Die meisten Schüler im 2. Schuljahr sind jedoch mit dieser Berechnung überfordert, so dass man sich durchaus mit dem ersten Ergebnis zufrieden geben sollte: Es ist viel günstiger, alle Briefe gemeinsam als Großbrief zu verschicken.
Als die Schüler der Klasse 2b zur Post gehen, um gemeinsam den korrekt beschrifteten Großbrief auf die Reise zu schicken, meint Julian ganz stolz: "Nun sparen wir ungefähr 10 Euro", und nachdem bereits 5 Tage später die 23 Antwortbriefe vom Nikolaus ebenfalls in einem Großumschlag ankommen, heißt es: "Der Nikolaus hat genauso viel gespart wie wir."

Schüler im 2. Schuljahr versenden erfahrungsgemäß privat nur Postkarten oder Standardbriefe. Deshalb reicht es aus, wenn diese im weiteren Unterricht berücksichtigt werden. Die folgenden Übungsformen machen die Schüler sicherer im Umgang mit den beiden Versandarten:

- Beschrifte die Postkarte und den Brief. Beides wird an das Schulbuchzentrum Braunschweig, Georg-Westermann-Allee 66 in 38104 Braunschweig adressiert. Male die benötigte Briefmarke an die richtige Stelle.

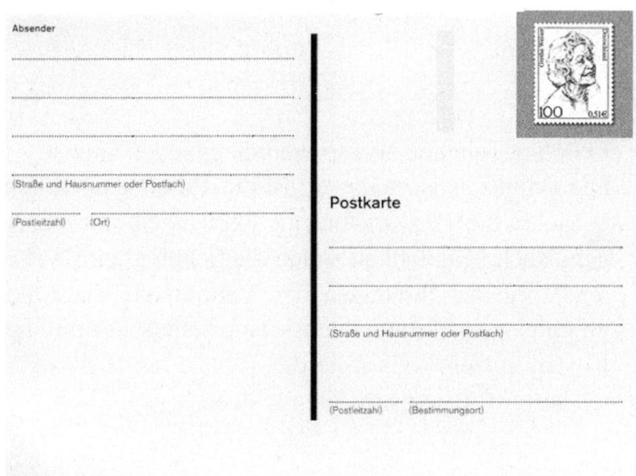

- Bestimme die Portokosten.
  Wichtig ist es, dass die Schüler die Beträge mit Rechengeld legen oder sie aufmalen.

Lege die Portokosten mit Rechengeld. Male die Münzen dazu auf.

a)		 oder ...
b)		
c)		

Lege die Portokosten mit Rechengeld. Schreibe die Beträge mit Euro und Cent auf.

a)		0 € 56 ct
b)		0 € 51 ct
c)		1 € 53 ct

Lege mit Rechengeld und berechne die Portokosten.

a)		Porto gesamt:
b)	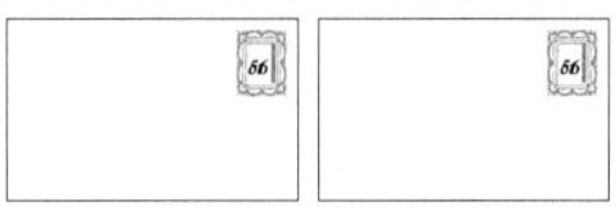	Porto gesamt:
c)		Porto gesamt:

- Fülle die Tabellen aus, so weit du es schon kannst.
  Die Schüler müssen, bevor sie die Tabellen ausfüllen, zunächst die Portokosten mit Rechengeldmünzen legen. Nach Möglichkeit sollen die Schüler beim weiteren Vorgehen Strategien des Verdoppelns bzw. des geschickten Zusammenfassens bereits ermittelter Kosten nutzen, sodass sie die Tabelle bis 10 Postkarten bzw. 10 Briefe ausfüllen können,

Preistabelle/Postkartenporto

Anzahl der Postkarten	10	1	Portokosten in ct	Portokosten in € und ct
1	5	1	51 ct	0 € 51 ct
2	10	2	102 ct	1 € 2 ct
3				

Entsprechend ist eine Preistabelle für das Briefporto anzufertigen. Beide Tabellen werden zum Lösen der folgenden Sachaufgaben benötigt: (Bei der 2. Sachaufgabe verrät bereits die Einerstelle beim Cent die Lösung.)

- Löse die Sachaufgaben mit Hilfe der Preistabelle.

Frau Sievers hat nur Postkarten verschickt. Kann es sein, dass sie dem Postbeamten 4 € 8 ct gegeben hat?

Herr Nowack hat nur 56 ct-Briefmarken gekauft. Kann er dafür 3 € 91 ct bezahlt haben?

- *Finde verschiedene Möglichkeiten, wie du bezahlen kannst.*

	1	50	20	10	5	2	1
		1			1		1
			2	1		3	
		1				2	2
		1					1
			2	1			1
				5			1
	1	1				1	1
		3				1	1
		2	2	1			

4.3.5 Gezielte Übungen an Sachaufgaben

Rollenspiele

Grundschulkinder, besonders in den ersten beiden Schuljahren, schlüpfen gern in andere Rollen. Es ist nicht aufwendig im Schulalltag Sachsituationen nachspielen zu lassen. Schon wenn die Schüler miteinander die Rollen festlegen, setzen sie sich gedanklich mit der Handlung auseinander. Eine Lösung kann sich in handelnder Auseinandersetzung im Rollenspiel ergeben.

Es gibt mehrere Möglichkeiten im Unterricht Rollenspiele zu initiieren:

- Die Schüler bekommen eine Sachaufgabe in Textform. Eine Gruppe spielt sie vor.
  Beispiel:

  Frau Berger kauft im Baumarkt ein. Sie muss 27 € bezahlen. Sie bezahlt mit einem Geldschein. Der Kassierer gibt ihr 2 Scheine und 2 Münzen zurück.

  Die Situation kann mehrmals gespielt werden, weil sie unterschiedliche Lösungen zulässt. Die Spielergruppe teilt den Mitschülern mit, welche Gedanken sie sich zum Vorspielen machen musste.
  Das Rollenspiel kann auch so organisiert werden, dass nur der Spielergruppe der Text bekannt ist und die Mitschüler im Anschluss an das Rollenspiel erzählen sollen, was ihnen vorgespielt wurde.
- Einkaufsituationen werden als Bild angeboten oder im Klassenraum mit Preisschildern nachgestellt. Die Schüler können dazu frei spielen oder sie werden durch Vorgaben der Lehrerin im Rollenspiel eingeengt. Wenn bestimmte Vorgaben eingehalten werden sollen, sind genaue Absprachen der Mitschüler für das Rollenspiel erforderlich. Anschließende Gespräche über die Rollenspiele sind ebenso wichtig wie die Rollenspiele selbst.

Anlegen von Tabellen

In Form von Tabellen können Daten übersichtlich dargestellt und interpretiert werden. Im Handbuch für das 1. Schuljahr wurden bereits mehrere Formen der tabellarischen Darstellung vorgestellt (vgl. Band 1, Abschnitt 6.2.4).

Zum Themenbereich „Geld" gibt es eine Vielzahl von geeigneten tabellarischen Darstellungen, z. B. ein Kaufprotokoll (**Kopiervorlage SR 2**), Getränkebestelllisten (S. 179 ff.) oder Portolisten (S. 182).

Anhand der folgenden Aufgabenstellung soll den Schülern deutlich werden, dass eine Tabelle äußerst hilfreich, manchmal sogar notwendig sein kann, um Daten übersichtlich zu ordnen. Die Aufgabenstellung bezieht sich auf die Abbildung mit den Sparschweinen auf Seite 175.

Mögliche Fragen dazu:

- Wie viel Geld besitzt jedes Kind?
- Wer hat die meisten 5-€-Scheine?
- Wie viele 5-€-Scheine haben alle gemeinsam gespart?
- Wer hat die wenigsten Geldstücke?

Es fällt schwer die Fragen zu beantworten, weil die Informationen in der bildlichen Darstellung ungeordnet sind. Eine tabellarische Übersicht hilft die Informationen übersichtlich zu ordnen, sodass auch Fragen dazu leichter beantwortet werden können.

Der Auftrag für die Schüler lautet: „Fülle die Tabelle aus, damit du die Fragen beantworten kannst!"

	5 €	2 €	1 €	50 ct	10 ct	Anzahl	Gesamtbetrag
Sibylle	𝍸	𝍷𝍷	𝍷𝍷𝍷𝍷	𝍷	𝍸	17	34 €
Holger	𝍸𝍷			𝍷𝍷𝍷		9	31 € 50 ct
Anton	𝍷𝍷𝍷	𝍸	𝍸𝍸	𝍸𝍷		24	38 €
Birgit	𝍸	𝍷𝍷	𝍷𝍷	𝍷	𝍸𝍸	20	32 € 50 ct
Jan	𝍷𝍷𝍷𝍷	𝍷𝍷𝍷𝍷	𝍸	𝍸𝍷𝍷𝍷𝍷	𝍸𝍸𝍸	37	39 €
Anzahl	23	13	21	20	30	107	

Bei dieser aufwendigen Aufgabe ist eine arbeitsteilige Gruppenarbeit zu empfehlen. Am Gruppentisch ist jeweils ein Schüler für die Sparschweininhalte eines Kindes verantwortlich. In einem zweiten Schritt trägt die Gruppe ihre Einzelergebnisse zusammen und überträgt die Daten in die Gesamtliste. Sicherlich machen viele Kinder davon Gebrauch, die Geldstücke konkret zu legen, bevor sie sie in Strichlisten übertragen.

Fragen stellen und Antworten belegen

Kinder sollen angeregt werden möglichst viele Fragen zu Sachaufgaben zu stellen. Das dient zum einen der besseren Sinnerfassung, zum anderen wird den Schülern bewusst, dass nicht alle Fragen auf das gleiche (evtl. nur rechnerische Ziel) hinauslaufen. Deshalb ist es ratsam, die Kinder nur Fragen sammeln zu lassen, ohne die Aufgaben lösen zu müssen. Den Kindern wird es schwer fallen, selbst viele Fragen zu stellen. Im 2. Schuljahr ist es eher angebracht, dass die Lehrerin diese Rolle übernimmt und möglichst viele Fragen zu einer überschaubaren Aufgabe stellt. Wichtig ist es, dass die Kinder eng am Text oder am Bild arbeiten und die Fragen beantworten, indem sie Textstellen bzw. Bildausschnitte als Belege nennen. So werden die Schüler sensibler für mögliche Fragestellungen und lernen, zunehmend zu unterscheiden zwischen Fragen, die aus dem Kontext heraus zu beantworten sind, und solchen, die unsinnig bzw. nicht mit den gegebenen Informationen zu beantworten sind. Schließlich sind die Schüler so weit, dass sie sich paarweise Fragen zu Sachaufgaben stellen und die Antworten dazu am Text oder am Bild belegen können. Beispiel 1:

Roland kauft für sein Mountainbike vier Katzenaugen. Er bezahlt mit einem 20-€-Schein und erhält 16 € zurück.

Fragen:

- Was kauft Roland?
- Wofür kauft Roland die Katzenaugen?
- Wie viele Katzenaugen kauft er?
- Muss er so viele kaufen?
- Warum kauft Roland Katzenaugen?

- Wie alt ist Roland?
- Womit hat Roland bezahlt?
- Wie viel € hat Roland zurückbekommen?
- Wie viel € hat Roland bezahlt?
- Ist das ein echter Preis?
- Wie alt ist der Fahrradhändler?

Beispiel 2:

An der Straßenkreuzung

Bei dieser Bildvorlage bietet sich Partnerarbeit an. Zwei Schüler arbeiten zusammen, stellen sich gegenseitig Fragen und beantworten sie, indem sie die Bildausschnitte zeigen, mit deren Hilfe sie die Fragen beantworten können. Die Schüler können auch unsinnige Fragen stellen. Ebenso können Fragen gestellt werden, die zwar sinnvoll, jedoch mit Hilfe der bildlichen Darstellung nicht zu beantworten sind. Wichtig ist, dass die Schüler zunehmend lernen, die Fragen auch entsprechend zu klassifizieren und Antworten nicht nur auf Grund von Vermutungen oder Interpretationen zu geben.

Mögliche Fragen zur Bildvorlage:
- Wie viele Autos siehst du?
- Warum steht ein Lastwagen auf dem Parkplatz?
- Welchen Beruf hat der Radfahrer, der sein Fahrrad schiebt?
- Warum schiebt er das Fahrrad?
- Welche Farbe leuchtet für die Autofahrer der Bahnhofstraße?
- Wie viele Gänge hat das Fahrrad auf der Kreuzung?
- Warum schreien die Zwillinge in dem Kinderwagen?

Ordne zu: Welcher Text passt zu welchem Rechenweg?

Beispiel:
- Wie viel Geld habe ich? Ordne zu.
- Welche gelegte Aufgabe passt zum Text?
- Welche Rechnung passt zum Text?

Sachaufgabe	mit Spielgeld gelegte Lösung	rechnerische Lösung
Ich besitze drei Zwei-Euro-Stücke und zwei Fünf-Euro-Scheine	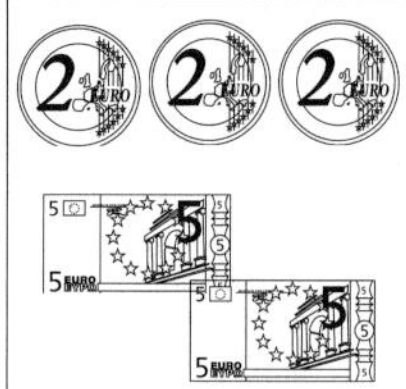	2 € + 2 € + 2 € + 5 € + 5 € = 16 €
Ich habe einen Zehn-Euro-Schein und zwei Ein-Euro-Stücke.	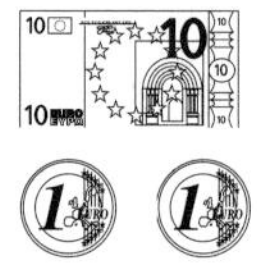	10 € + 1 € + 1 € = 12 €
Ich bekomme in der Woche 2 € Taschengeld. Ich habe das Geld 3 Wochen gespart.	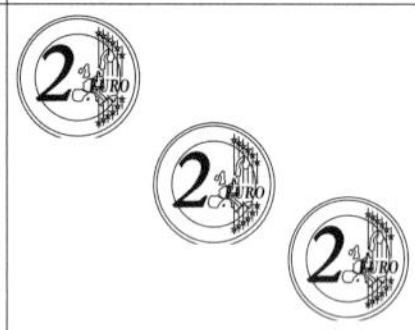	2 € + 2 € + 2 € = 6 € 3 · 2 € = 6 €
Ich habe im Sparschwein zwei Scheine.	Verschiedene Möglichkeiten! Lege sie!	Verschiedene Möglichkeiten! Schreibe sie auf!

Es geht hier nicht um das reine Lösen von einzelnen Sachaufgaben, sondern darum, die 3 passenden Teile, den Text, die mit Spielgeld gelegte Darstellung und die dazugehörige rechnerisch ermittelte Lösung herauszufinden und zusammenzulegen. Der Schüler muss also den Text in Beziehung setzen zu den angebotenen Lösungswegen und umgekehrt auch von den Lösungswegen her Rückschlüsse auf den Text ziehen.

Dazu wird die oben stehende Vorlage vergrößert und anschließend in die 15 Teilkarten zerschnitten. Für leistungsstarke Kinder sind die 3 Leerkarten gedacht. Darauf können die Schüler selbst eine Puzzle-Sachaufgabe entwerfen. Die ausgeschnittenen Karten werden in einem Briefumschlag aufbewahrt. Jeder Schüler bekommt einen dieser Briefumschläge. Jeweils 3 Karten passen zusammen. Die Schüler müssen den Text jeder Sachaufgabe also genau lesen, die Aufgaben mit Spielgeld legen oder den Legeprozess in der Vorstellung vollziehen und die passenden zwei Kärtchen zum Text finden. Die Schüler lösen die Aufgaben, indem sie mögliche Lösungswege handelnd oder gedanklich nachvollziehen.

Rechengeschichten erzählen oder/und aufschreiben

Der Hausmeister bestellt: ___ Schwämme	Preis für einen Schwamm: 2 € 50 ct	Die Rechnung für die Schwämme: 25 €

Sandra hat: 5 €	Sandra kauft: 2 Markierstifte	Preis für 1 Markierstift: 1 € 20 Cent

Die Schüler erhalten jeweils eine Aufgabe, die in Kurzfassung aufgeschrieben ist. Sie lesen die Angaben genau und erzählen danach einem Partner oder der Lehrerin mit eigenen Worten, was sie beim Lesen erfahren haben. Es wird nicht erwartet, dass sie die Aufgabe auch lösen. Im Anschluss daran sollen die Kinder die knappen Angaben zu einer Rechengeschichte ausschmücken. Diese Übung dient der Schulung des genauen Lesens und der besseren Sinnerfassung. Wenn die Kinder die Rechengeschichten mit ihren subjektiven Erlebnissen ausschmücken, sind die nüchternen Werte durch eigene Erfahrungen belebt. Die Kinder können sich besser in die Sachsituation hineinversetzen, weil sie ihr einen „Sinn" geben.

Je nach Leistungsvermögen können die Schüler Rechengeschichten erzählen, auf Kassette sprechen oder aufschreiben. Diese Aufgaben können dann Mitschüler zum Lösen bekommen.

Die folgenden beiden Sachaufgaben wurden von Schülern zu der Vorlage erzählt:

Der Hausmeister bestellt Tafelschwämme. Ein Schwamm kostet 2 € 50 ct. Nach zwei Wochen bekommt er die Rechnung. Die Schwämme kosten 25 €. Wie viele hat er bestellt?

Sandra hat von ihrer Mutter 5 € bekommen. Sie braucht neue Markierstifte. Sandra kauft sich bei Minimal einen gelben und einen grünen in Leuchtfarben. Ein Markierstift kostet 1 € 20 ct. Reicht ihr Geld?

Durcheinander geratene Aufgaben ordnen, dazu Rechengeschichten erzählen und/oder aufschreiben

Auf einem Arbeitsblatt sind die knappen Angaben von 3 Sachaufgaben durcheinander geraten (vgl. nachfolgende Abbildung). Jede Sachaufgabe besteht aus drei Teilen, die deshalb mit drei unterschiedlichen Symbolen (Stern, Herz, Gesicht) gekennzeichnet sind. Die Schüler sollen die 9 Teile ausschneiden und einander zuordnen, sodass immer ein Teil mit einem Herz, mit einem Gesicht und mit einem Stern zusammengehören.

Wenn die Schüler die Sachaufgaben gefunden haben, verfahren sie wie im vorhergehenden Beispiel und erzählen oder schreiben ihre Rechengeschichten.

Durcheinander geratene Sachaufgaben

Schülerbeispiele von Rechengeschichten

1.) Sandra besitzt 5 € Taschengeld.
Sandra kauft sich 2 Markierstifte für die Schule. Der Preis für einen Markierstift beträgt 1 € 20 Cent.

2.) Onkel Erwin kauft heimlich für sein Enkelkind Rollerskates für 58 €, er gibt der Verkäuferin 70 €. Wie viel Geld bekommt er zurück?

3.) Der Hausmeister bestellt Tafelschwämme für je 2 € 50 Cent. Zwei Wochen später bekommt er die Rechnung: 25 €. Auf eine Nachfrage, wie viel er bestellt hat, antwortet er : „ ... Tafelschwämme."

Knifflige Denksport-Sachaufgaben

Diese Art von Aufgaben sollte im Sachrechenunterricht nicht fehlen. Denksportaufgaben dienen der Schulung des Denkens im Allgemeinen. Durch sie werden heuristische Strategien bewusst gemacht. Es handelt sich nicht um Routineaufgaben, in denen dem Text sofort zu entnehmen ist, welche Operation vom Gegebenen zum Gesuchten führt. Durch aktives Legen mit Spielgeld probieren und kombinieren die Schüler, um die Lösungen herauszufinden. Viele dieser Aufgaben eignen sich auch dazu, Lösungsskizzen anzufertigen.

Beispiele:

Benjamin kauft zwei Comichefte zum gleichen Preis. Er zahlt dafür mit einem 5-€-Schein, einem 2-€-Stück und einem 1-€-Stück. Wie teuer ist ein Comicheft?

Roger kauft ein Buch für 17 €. Er bezahlt mit vier Scheinen und erhält zwei Münzen zurück. Mit welchen Scheinen hat er bezahlt und welche Münzen erhält er zurück?

Linda hat 8 € gespart, ihre kleine Schwester 6 € und die große Schwester hat sogar doppelt so viel gespart wie die beiden Kleinen zusammen.

Kevin will Geburtstag feiern. Er überlegt :
Wenn ich gleiche Preise zu je 3 € kaufe, verbrauche ich mein ganzes Geld.
Wenn ich gleiche Preise zu je 2 € kaufe, behalte ich 5 € übrig.
Wie viel Geld hat Kevin und wie viele Preise für seine Geburtstagsfeier will er kaufen?

Lösungsskizzen anfertigen

Lisa steht vor der Eisdiele und möchte sich drei Kugeln Eis kaufen. Sie mag am liebsten Schoko, Himbeer oder Banane. Wie kann sie wählen?
Male die verschiedenen Möglichkeiten auf!

Lisa kauft drei Kugeln Eis. Eine Kugel kostet 60 ct. Sie hat ein 2-€-Stück, zwei 1-€-Stücke, zwei 50-Cent-Stücke, fünf 10-Cent-Stücke und zwei 5-Cent-Stücke in ihrem Portmonee. Wie kann sie bezahlen? Male drei verschiedene Möglichkeiten auf!

(Sie erhält Rückgeld)

Annika hat in ihrer Hosentasche 2 Münzen. Wie viel Geld kann das sein? Male verschiedene Möglichkeiten auf!

...

4.4 Sachrechnen mit Gewichten

Es ist wichtig Grundschulkindern im Unterricht vielfältige Gelegenheiten anzubieten, konkrete Handlungserfahrungen zu machen und Gewichte miteinander zu vergleichen, um zu gewährleisten, dass sie eine Vorstellung von Gewichten aufbauen.

Als so genannter propädeutischer Gewichtsvergleich kommt auf dieser Altersstufe dem unmittelbaren Vergleichen große Bedeutung zu. Gegenstände werden hinsichtlich ihres Gewichts nach Gefühl, durch Anheben oder durch Legen von zwei Gegenständen auf eine Balkenwaage miteinander verglichen. Die Schüler schätzen durch diese Handlungen, ob etwas schwerer oder leichter ist. In der Klasse, bei Unterrichtsgängen oder in der Turnhalle gibt es viele Gegenstände, mit denen unmittelbare Vergleiche durchgeführt werden können.

Die Grundidee des Wiegens wird durch das Auswiegen mit selbst gewählten Maßeinheiten wie Schrauben, Nägeln oder Steckwürfeln auf einer Balkenwaage bei mittelbaren Vergleichen verkörpert. Unmittelbares sowie mittelbares Vergleichen sollten dem Messen mit standardisierten Maßen jeweils vorausgehen, weil beiden Stufen eine wichtige Bedeutung bei der Bildung von Größenbegriffen zukommt. Im 2. Schuljahr stehen deshalb unmittelbare und mittelbare Vergleiche mit willkürlichen Maßeinheiten als altersgemäße Handlungserfahrungen im Mittelpunkt.

4.4.1 Wir bauen eine Waage

Mit den elektronischen Anzeigen und feinen Skalierungen auf Waagen sind Kinder im 2. Schuljahr überfordert. Die Vorstellungen „ist schwerer/leichter als", „ist genauso schwer wie" lassen sich einsichtiger durch eine selbst gebaute Waage vermitteln.

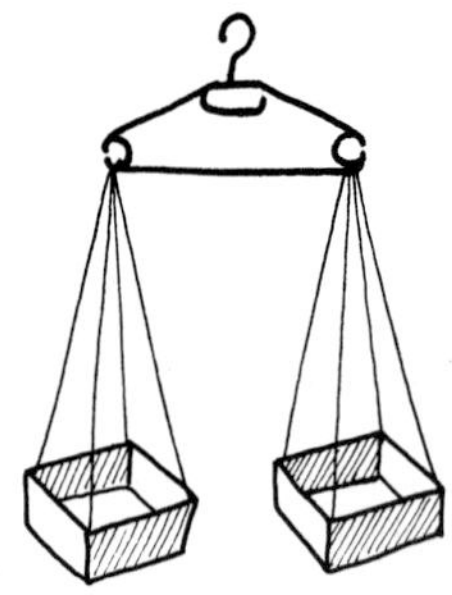

Benötigtes Material:

- ein Holzkleiderbügel mit eingedrehten Schrauben oder ein Plastikbügel mit Haken,
- zwei gleich große eckige Pappschachteln, leere Käseschachteln oder von Schülerhand selbst gefaltete Schachteln,
- Bindfaden und passende Nähnadel,
- Klebeband.

Bauanleitung für eine Kleiderbügel-Waage:

- Die Pappschachteln werden in der Schule nach der Anleitung auf Seite 131 f. hergestellt.
- An den vier Ecken der Pappschachteln werden mit Hilfe der Nähnadel jeweils gleich lange Zwirnsfäden befestigt, die zusammengeführt, miteinander verknotet und jeweils rechts und links am Kleiderbügel eingehängt werden. Während dieser Arbeit unterstützen sich die Tischnachbarn. Wenn ein Werkraum in der Schule vorhanden ist, können die Bügel bei der Fertigstellung auch in fest montierte Schraubstöcke auf den Werktischen eingeklemmt werden.
- Entweder besteht die Möglichkeit den Kleiderbügel einfach an seinem Haken frei schwingend an einen Nagel zu hängen oder man bindet einen reißfesten Bindfaden an den Kleiderbügelhaken und klebt den Bindfaden mit Paketklebeband auf dem Schultisch fest, sodass die Waage frei schwingen kann.
- Zuletzt wird die Waage justiert und, wenn nötig, mit Hilfe von Klebeband, das auf die leichtere Seite geklebt wird, ins Gleichgewicht gebracht.

Unmittelbares Vergleichen

Jetzt kann das unmittelbare Vergleichen von Gegenständen auch mit der selbst gebauten Waage beginnen:
Die Partner wechseln sich ab. Sie nehmen Gegenstände in die Hand und vergleichen deren Gewichte miteinander. Bevor sie die Gegenstände mit Hilfe der Waage vergleichen, formulieren sie Schätzaussagen: „Ich glaube, der Bleistift ist leichter als der Füllfederhalter." „Die Patrone ist genauso schwer wie mein Radiergummi."... Anschließend werden die Aussagen mittels der Waage überprüft und die Trefferquoten in die Strichliste übertragen. Im Beispiel hat Jan gewonnen, weil er bei fünf Vergleichen viermal richtig vermutet hat.

	richtig	falsch
Jens	|||	||
Jan	||||		

Mittelbares Vergleichen

Nach diesen wichtigen Grunderfahrungen bieten sich mittelbare Vergleiche mit der selbst gebauten Waage oder mit einer in der Schule vorhandenen Balkenwaage an.

Wann steht die Waage im Gleichgewicht?
Zwei Schüler arbeiten zusammen. Ihnen stehen eine Waage und mehrere leichte Gegenstände zur Verfügung, z. B.:

- Füllerpatronen,
- Streichhölzer,
- Erbsen,
- Büroklammern,
- Pinnnadeln.

Vorschlag: Schüler Jens legt 4 Füllerpatronen in die eine Waagschale. Nachdem die Veränderung der Waage beobachtet werden konnte, vermuten beide Partner, wie viele Teile von einer zweiten Sorte von Gegenständen, evtl. Pinnnadeln, benötigt werden, um die Waage ins Gleichgewicht zu bringen. Jens und Jan schätzen und schreiben ihre Zahlen auf. Erst danach wird gewogen. Der Schüler, der am besten geschätzt hat, erhält einen Strich in der Trefferquotenliste (s. o.).

Wie viele Steckwürfel, Büroklammern o. Ä. werden benötigt, um die Gegenstände auszuwiegen?

	Steckwürfel	Büroklammern
Briefumschlag		
2-€-Stück		
Tintenpatrone		
Anspitzer		

Das Abschätzen von Gewichten ist förderlich für die Entwicklung des Größenbegriffs. Deshalb werden in einem nächsten Schritt Gegenstände herausgefunden bzw. von zu Hause mitgebracht, die ungefähr 1 g, 100 g oder 1000 g/ 1 kg wiegen. Die Kinder sollen ein Gefühl für Gewichte entwickeln. Mit Hilfe der an der Schule vorhandenen Waagen werden die mitgebrachten Gegenstände mit Repräsentanten der drei Gewichtsklassen, z. B. einer Büroklammer (ca. 1 g), einem DIN-A4-Heft (ca. 100 g) und einer Mehltüte (1 kg) in Beziehung gesetzt. Die Schüler vergleichen und formulieren:

- Mein Schuh ist leichter als eine Mehltüte oder ist leichter als 1 kg.
- Ein Reißbrettstift wiegt ungefähr so viel wie eine Büroklammer oder wiegt ungefähr 1 g.
- Mein Lesebuch wiegt nicht ganz so viel wie eine Mehltüte oder wiegt nicht ganz so viel wie 1 kg.

4.4.2 Das Gewicht meiner Schultasche

Wenn es auch noch nicht Ziel für alle Kinder im 2. Schuljahr sein kann, Umwandlungen von Gramm in Kilogramm vorzunehmen oder mit den Maßzahlen gar zu rechnen, so gibt es doch Bereiche zum Thema „Gewichte", von denen bereits Grundschulkinder betroffen sind, und die deshalb möglichst auch in der Grundschule angesprochen werden sollten.

Gesundheitsexperten fordern, dass die Schultasche eines Grundschulkindes nur 10 % des Körpergewichts wiegen darf. Diese Forderung hat sicherlich ihre Berechtigung. Geht man davon aus, dass Grundschulkinder in der Regel zwischen 25 und 30 kg wiegen, dann dürfte eine Schultasche max. 3 kg wiegen.

Kinder erfahren das Gewicht ihrer Schultasche täglich auf ihrem Rücken. Deshalb kann ein Lernanlass, in dem das Gewicht der eigenen Schultasche im Mittelpunkt steht, im Unterricht mit der Fragestellung aufgegriffen werden: Was kann alles in meiner Schultasche eingepackt werden, ohne dass das Gewicht von 3 kg überschritten wird? Damit das Gewicht möglichst ohne großen Aufwand kontrolliert werden kann, haben die Hersteller in den Griff eine Federwaage integriert, die das Gewicht von 1–3 kg anzeigt.

Eine Woche lang wird jede Schultasche täglich mit Hilfe der Federwaage gewogen. Wiegen viele mehr als 3 kg, wird im Gesprächskreis erörtert, welche Lehr- und Lernmaterialien zur Entlastung des Rückens im Eigentumsfach bzw. unter dem Schultisch bleiben können. So entsteht ein handlungorientierter Unterricht, der ebenso der Gesundheitserziehung der Kinder Rechnung trägt.

Auf einer Übersicht kann in Anlehnung an den klasseninternen Stundenplan eingetragen werden, welche Unterrichtsmaterialien an den verschiedenen Wochentagen in die Schultasche gepackt werden müssen. Bei der Realisierung dieses Vorhabens ist das Kind auf die Unterstützung von Erwachsenen angewiesen, die den Inhalt der Schultasche gemeinsam mit dem Kind überprüfen müssten.

Packplan für die Schultasche

Montag	Dienstag	Mittwoch	Donnerstag	Freitag
Lesebuch		...	...	...
	Sprachbuch	...	...	...
Mathebuch	Mathebuch	...	...	...
Schreibhefte	Schreibhefte	...	...	...
Rechenhefte	Rechenhefte	...	...	...
Federmappe	Federmappe	Federmappe	Federmappe	Federmappe
	Sportzeug	...	...	...
Frühstück	Frühstück	Frühstück	Frühstück	Frühstück
< 3 kg	**< 3 kg**	**< 3 kg**	**< 3 kg**	**< 3 kg**

4.4.3 Gezielte Übungen an Sachaufgaben

Lückentexte mit sinnvollen Angaben füllen

Lückentexte lassen sich zwar besser zu mehreren Größenbereichen erstellen, ein Beispiel sei dennoch vorgestellt, an dem die Schüler zeigen können, ob sie ein grobes Größenverständnis von Gewichten erworben haben. Die Lückenfüller müssen kontextgebunden eingefügt werden.

> Ich heiße Andrea und gehe in die 2. Klasse.
>
> Bei meiner Geburt habe ich____________________ ein Wellensittich gewogen.
>
> Ich wiege heute ____________________________.
>
> Meine Mutter ist ______________________________ ich.
>
> Meine Mutter wiegt ____________________________ unser Auto.
>
> Meine große Schwester wiegt schon________________________meine Mutter.
>
> Schneide die folgenden Teile aus und lege sie in die richtige Textlücke. Lies den Text erst leise allein und wenn du dir sicher bist, einem Partner vor.
>
> | schwerer als | 23 Kilogramm | viel weniger |
> |---|---|---|
> | genauso viel wie | viel mehr als | |

Knifflige Denksport-Sachaufgaben

Denksport-Sachaufgaben sind die Lösungen nicht auf den ersten Blick anzusehen, d. h. die Strategie, „blind darauf losrechnen", funktioniert hier nicht. Die Schüler müssen versuchen, durch Kombinieren und Probieren Lösungsmöglichkeiten zu finden.

Doris meint: „Meine Mutter wiegt mehr als 50 kg, aber noch keine 60 kg." Wie viel wiegt Doris Mutter?

Julian sagt zu Andreas: „Wenn ich meine Schultasche aufsetze und mich damit wiege, zeigt die Waage 2 kg weniger an als bei Simon. Simon wiegt genau 26 kg und meine Schultasche wiegt 3 kg. Nun rate einmal, wie viel ich wiege!"

Sebastian sagt: „Mein Meerschweinchen wiegt mehr als 100 kg ..." Bastian unterbricht ihn: „Du Angeber übertreibst!" Sebastian lacht: „Lass mich doch auch ausreden. Mein Meerschweinchen wiegt wirklich über 100 kg zusammen mit meinem Vater. Mein Vater wiegt nämlich viermal so viel wie ich und ich wiege 25 kg." Sagt Sebastian die Wahrheit?

Frank hilft seiner Mutter beim Einkaufen. Sie kauft 5 kg Kartoffeln, 1 kg Zwiebeln, 3 kg Äpfel und 2 kg Tomaten. Peter kann mit dem dünnen Einkaufsnetz höchstens 7 kg tragen. Welche Lebensmittel könnte er auf einmal tragen?

Finde heraus, wie viel die 5 Kinder Andrea, Fritz, Katrin, Otto und Sybille wiegen!

Sibylle ist leichter als Katrin und als Andrea.
Fritz ist leichter als Otto.
Otto wiegt mehr als Katrin.
Andrea wiegt weniger als Fritz.
Katrin ist schwerer als Andrea.
Otto ist schwerer als Fritz.
Welches Kind wiegt 30 kg, welches 20 kg, welches 29 kg, welches 25 kg und welches wiegt 27 kg?

(Zur Differenzierung für leistungsschwächere Kinder die Hilfe: Otto ist am schwersten. Sybille wiegt am wenigsten.)

Lösung: ________________ *wiegt 20 kg.*
________________ *wiegt 25 kg.*
________________ *wiegt 27 kg.*
________________ *wiegt 29 kg.*
________________ *wiegt 30 kg.*

Schneide die Namenskärtchen aus, lege sie in die Lücken und prüfe anhand der Sätze nach, ob deine Lösung stimmt.

Andrea	Fritz	Katrin	Otto	Sybille

4.5 Sachrechnen mit Längen

Bei der Behandlung des Größenbereichs „Längen" geht es vornehmlich darum, Situationen zum Vergleichen und Messen von Längen und Entfernungen zu schaffen, damit die Kinder eine Vorstellung von Längen und Längenmaßen entwickeln können. Durch praktische Längen- und Größenvergleiche sollen die Relationen „länger als", „so lang wie", „kürzer als", „größer als", „niedriger als", „so breit wie", „enger als", „dicker als" mit Inhalt gefüllt werden.

Körpergrößen, Schrittgrößen, Fingerspannen, Sprungweiten oder Fußgrößen der Schülerinnen sowie Gegenstände aus dem Klassenzimmer und der Schultasche werden direkt miteinander verglichen. Das Messen mit willkürlichen Maßeinheiten schließt sich an. Dabei erfahren die Kinder, dass willkürliche Maßeinheiten keine einheitlichen Maßzahlen liefern. Die Maßeinheiten müssen demnach zwingend vereinheitlicht, normiert, werden.

4.5.1 Körpermaße und Maße in der Schule

Körpergröße und Körpermaße sind geeignete Bezugsgrößen, um die Entwicklung einer Vorstellung der standardisierten Maßeinheiten bei Grundschülern zu unterstützen.

Es ist verfrüht, Körpermaße in Beziehung zu Konfektionsgrößen zu setzen. Die Zusammenhänge sind zu komplex, um sie im 2. Schuljahr zu thematisieren. Hier geht es vielmehr um die für direkte Vergleiche geeigneten Körpermaße wie

- Daumenbreite,
- Fingerspanne,
- Armspanne,
- Fußlänge,
- Schrittlänge.

Unmittelbare Vergleiche

Zunächst werden Gegenstände gleicher Sorte miteinander verglichen:
- Stefanies Radiergummi ist breiter als Kurts.
- Dirks Federtasche ist genauso lang wie Peters.
- Melanies Schrittlänge ist kleiner als Petras.
- Georgs Fußlänge ist kürzer als Martinas.

Durch direkten Vergleich mit den eigenen Körpermaßen werden Gegenstände in der Klasse oder draußen miteinander verglichen:
- Ich bin kleiner als die Klassentür.
- Mein Radiergummi ist breiter als mein Daumen.
- Der Schultisch ist länger als meine Schrittlänge.

Mittelbare Vergleiche

Es bietet sich an, Fensterbänke mit Büchern, Schultische mit Federmappen, Cuisenaire-Stäben, Fingerspannen oder anderen Materialien auszulegen, die in der Klasse vorhanden sind.

Beim Messen durch mittelbare Vergeiche sollen die Kinder u. a. lernen, ein geeignetes Körpermaß zu wählen; denn es wäre recht mühsam und zudem ungenau, wenn man die Höhe der Klassentür z. B. mit Daumenbreiten ausmessen würde. Die Ergebnisse werden formuliert, ggf. auch notiert:
- Der Klassenraum ist 18 Schritte lang.
- Mein Füller misst eine Fingerspanne.
- Der Schultisch ist ungefähr zwei Schrittlängen lang.
- Das Schulbuch ist 20 Steckwürfel lang.
- Der Bleistift misst 12 Steckwürfel.

Messen mit standardisierten Maßeinheiten

Der nächste Schritt ist das genaue Messen. Auch auf dieser Stufe sollen zunächst die Körpermaße, mit denen der Größenbegriff bis jetzt erarbeitet wurde, als Brücke auf dem Weg zur Einführung standardisierter Maßeinheiten dienen.

Messen mit dem Lineal (vgl. hierzu auch die Ausführungen in Abschnitt 3.4.2, S. 147 ff.)

Die Maße von Daumen und Fingerspanne werden ermittelt, indem das 30-cm-Lineal hinzugezogen wird, das die Schüler zum Schuljahresbeginn angeschafft haben. Schüler zeigen auf einem auf dem Tageslichtprojektor liegenden Folienlineal, wie sie ihre Daumenbreite und ihre Fingerspanne messen und beschreiben den Vorgang. (Gut zu sehen ist beim Messen der Fingerabdruck. Es hat sich bewährt Daumen und Zeigefinger mit Stempelfarbe zu versehen.) Die Schüler beschreiben den Messvorgang genau, denn er ist wichtig für das genaue Messen mit dem Lineal.

Messen der Daumenbreite:
„Ich lege meine linke Daumenseite bei 0 an und lese an der anderen Seite ab. Meine Daumenbreite beträgt ungefähr 1 cm."

Messen der Fingerspanne:
„Ich lege meinen Daumen bei 0 an. Mein Zeigefinger reicht bis dicht an die 10. Meine Fingerspanne beträgt fast 10 cm."

Wenn man die Fingerspanne von Kindern als Hilfsgröße beim Messen mit ungefähr 10 cm Länge benutzt, kann man dieses Maß auch verfeinern und im Unterricht ein 10-cm-Lineal herstellen lassen, mit dem man Gegenstände ausmisst.

Man kann ein solches Lineal herstellen, indem man den Daumen mit Finger- oder Stempelfarbe einfärbt und durch 10-maligen Abdruck eine „Daumeneinteilung" erzeugen, die der einer Zentimeterlänge grob entspricht. Genauer wird es, wenn man ein 10-cm-Lineal mit Hilfe der **Kopiervorlage SR 3** herstellt. Dort wird ein 10-cm-Lineal angeboten, dass nur cm-Markierungen enthält, und deshalb für Kinder eines 2. Schuljahrs klarer strukturiert ist als die herkömmlichen, käuflich zu erwerbenden Lineale mit zusätzlicher mm-Einteilung. Das Lineal kann bei Bedarf verlängert werden. Die 5er-Zäsur wurde gewählt, um den Kindern einerseits eine Orientierungshilfe beim Messen zu geben und um andererseits den Bezug zur Arithmetik herzustellen.

Das Lineal verfügt nach der Fertigstellung über eine beschriftete und eine unbeschriftete Seite. Damit bietet es auch die Möglichkeit, Längenmaße simultan bzw. als Addition von 1-cm-Teilen oder mit Hilfe der Fünferzäsur zu bestimmen, ohne die Maßzahlen dabei zu sehen.

- Wie oft passen mein Daumen und meine Fingerspanne (oder das selbst gebaute 10-cm-Lineal) auf mein großes Schullineal?
  Die Schüler finden heraus, dass das Lineal ca. 30 Daumenbreiten und ca. 3 Fingerspannen misst. Das Lineal ist 30 cm lang.
- Wie ist das 30-cm-Lineal eingeteilt?
  Die Daumenbreiten sind in 1-cm-Einteilungen mit längeren Strichen und mit Maßzahlen markiert. Die Schüler strukturieren ihr Lineal übersichtlich. Die 0-cm-, 10-cm-, 20-cm- und 30-cm-Markierungen werden mit einem roten wasserfesten Folienstift nach unten verlängert. So lassen sich Messwerte schneller ablesen und darüber hinaus werden die 3 Fingerspannen sichtbar.
- Wie messe ich Gegenstände genau?
  Nach diesen vorbereitenden Übungen werden Gegenstände mit dem 30-cm-Lineal genau abgemessen und der Messvorgang (s. o.) immer wieder beschrieben. Das Lineal muss bei 0 angelegt werden!

Wir schätzen und messen.

Gegenstand	geschätzt	gemessen	Unterschied
Nagel	8 cm	7 cm	1 cm

Ein selbst gemachtes Zentimetermaß
Wie können wir Gegenstände, die länger als unser 30-cm-Lineal sind, genau messen? Die Kinder bringen „Messgeräte" von zu Hause mit und stellen sie in der Klasse vor. Sie erzählen, was sie bereits darüber wissen. Damit die Kinder handelnd erfahren, dass ein Meter 100 cm hat, wird ein Metermaß selbst hergestellt.

Die Kinder kennen eher einen Meter als kleinere Maßeinheiten. Deshalb wird hier vorgeschlagen, vom Meter ausgehend das Metermaß über sukzessive Verfeinerungen zu erzeugen. Dazu wird den Kindern ein Pappstreifen von 1 m Länge zur Verfügung gestellt. Mit diesem Meterstreifen wird spontan im Klassenraum gemessen, damit die Vorstellung von der Größe eines Meters gefestigt wird.

- Was ist alles ungefähr einen Meter lang, breit oder hoch? Eine Tafelklappe ist 1 m breit und hoch, die Klassentür ist 1 m breit, die Armspanne entspricht ungefähr 1 m.
- Wie oft passt eine Daumenbreite auf das Metermaß?
  Diese Frage zielt darauf ab, die Einteilung in Zentimeter vorzubereiten. Es wird erneut auf ein vertrautes Körpermaß zuückgegriffen. Mit einem Partner werden abwechselnd die Daumen auf das Metermaß gedrückt und die Anzahl der Daumenbreiten durch Mitzählen ermittelt. Sicherlich werden unterschiedliche Werte als Ergebnisse genannt. Gemeinsam werden dann, da die Daumenbreite bereits vorher als Vertreter für einen Zentimeter ermittelt wurde, die 0 cm zu Beginn und die 100 cm am Ende des Metermaßes markiert.
- Wie finde ich die 50-cm-Markierung?
  Ein Schüler oder die Lehrerin schlägt eine Halbierung

des Pappstreifens vor, denn die Hälfte von 1 m bzw. 100 cm sind 50 cm. Diese werden markiert und benannt.

- Wie finde ich weitere Zentimetereinteilungen?
  Es wird eine weitere Halbierung des Pappstreifens vorgenommen. Die Hälfte von 50 cm sind 25 cm, 50 cm + 25 cm = 75 cm. Beide Stellen werden markiert und benannt.

Das Zentimetermaß würde sehr ungenau werden, wenn die Schüler nacheinander hundert 1-cm-Einteilungen abtragen müssten. Deshalb sind die Einteilungen, die über zweimaliges Halbieren entstanden sind, entscheidende Hilfen für die Schüler. Jetzt können die Schüler mit Hilfe ihres 30-cm-Lineals die weiteren Einteilungen jeweils innerhalb von 25-cm-Intervallen vornehmen. Damit der eigene Meterstreifen übersichtlich bleibt, werden die Farbgebung und die Strichstärke übernommen, wie sie bereits vom 30-cm-Lineal vertraut sind.

Nachdem der eigene Meterstreifen fertig gestellt ist, wird er mit dem großen Klassenlineal bzw. mit den mitgebrachten „Messgeräten" verglichen.

Wir messen nun mit dem selbst hergestellten Metermaß: Die Körpermaße werden ausgemessen. Sie kommen aus dem Erfahrungsbereich der Schüler und dienen als Standardbeispiele für Längen, die in der Vorstellung präsent sein sollten. Gemeinsam wird die folgende Vereinheitlichung gefunden und als Plakat in der Klasse angebracht:

Daumenbreite:	etwa	1 cm
Fingerspanne:	etwa	10 cm
Armspanne:	etwa	1 m
Fußlänge:	etwa	20 cm
Schrittlänge:	etwa	80 cm

Es werden Gegenstände im Klassenraum und aus der Schultasche gesucht, die ungefähr so lang sind wie die eigene Fingerspanne, die Armspanne oder die Schrittlänge. Damit verfeinern die Schüler ihre Vorstellung von Längen und deren Maßen. Für das Schätzen von Längen sind diese Maße eine entscheidende Orientierungshilfe.

Mit dem selbst hergestellten Metermaß werden nun Gegenstände in der Klasse, in der Schule oder zu Hause genau ausgemessen:

	lang/tief	breit	hoch
Schultisch			
Wandtafel			
Klassentür			

Wichtig sind Gespräche über die Notwendigkeit bestimmter Mindestmaße oder die Normierungen: Warum ist eine Tür 2 m hoch? Warum ist der Schultisch für zwei Schülerinnen mehr als einen Meter lang? Wie sind die Wandtafeln mit ihren Klapptafeln aufeinander abgestimmt? Nicht quantitative Messungen alleine, sondern gerade qualitative Feststellungen verfeinern die Vorstellung von Größen.

In der Sportstunde kann in Kleingruppen ein „Längen-Dreikampf" stattfinden. Die schulischen sowie die selbst hergestellten Maßbänder werden eingesetzt.

Längen-Dreikampf

Name	Medizinball-werfen	Wattepusten	Einbeinsprung
Rosina			
Stefanie			
Thomas	3 m 50 cm	50 cm	60 cm
Bernd			

Es kann auch ein Papierschwalben-Weitflug-Wettbewerb mit der gesamten Klasse oder in Gruppen auf dem Schulhof durchgeführt werden, bei dem folgende Wettkampfliste eingesetzt wird.

Papierschwalben-Weitflug-Wettbewerb

Name	Flugweite in m und cm	Flugweite in cm	Flugweite in Komma-schreibweise
Rosina			
Stefanie			
Thomas			
Bernd			

Es ist ratsam, bereits vor der Durchführung des Wettbewerbs mit Kreidestrichen Metermarkierungen vorzunehmen, damit nur noch die Zentimeter innerhalb von 1-m-Spannen ausgemessen werden müssen.

Die Schüler interpretieren die Ergebnisse mündlich oder indem sie die Lücken ausfüllen:

> Sieger ist die Schwalbe von____________. Sie ist am weitesten geflogen, ____________weit.
> Den kürzesten Flug hatte die Schwalbe von ____________. Sie ist nur ____________ geflogen.
> Der Unterschied zwischen dem weitesten und dem kürzesten Flug beträgt ____________.
> Der Unterschied zwischen der Flugweite von ... und ... Schwalbe beträgt____________.

Körpermaße (Klassenliste)

Name	Katrin	Bernd	Jessica	Olaf
Körpergröße	136 cm	128 cm	134 cm	130 cm
Fußlänge	22 cm	20 cm	23 cm	21 cm
Schuhgröße	33	29	35	32
richtige Schuhgröße	ja	eine Nr. zu klein	ja	ja

Die Kinder messen gegenseitig ihre Körpergröße mit Hilfe einer Messleiste, die in den Klassentürrahmen geklebt wurde, und ihre Fußlänge mit ihrem Metermaß. Ob ihre Schuhgröße passend zur Fußlänge richtig gewählt wurde, kontrollieren die Schüler mit Hilfe einer Fußmessleiste. Diese wird nach der Vorlage eines Schuhmessgerätes erstellt, wie es im Schuhfachhandel verwendet wird.

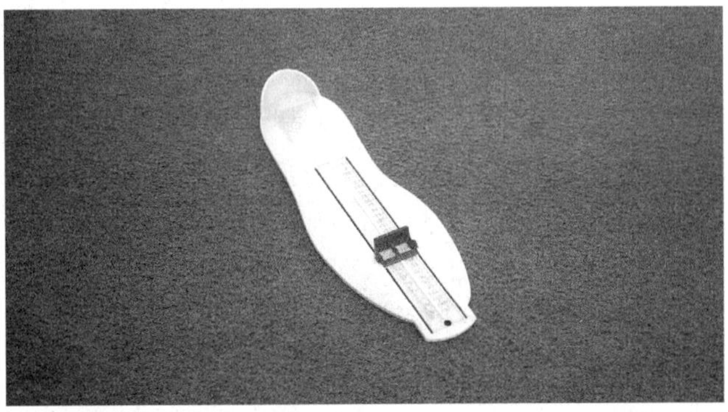

Mit Hilfe der **Kopiervorlage SR 4** kann bei Bedarf für jeden Schüler eine Fußmessleiste zur Verfügung gestellt werden. Die Funktion der Fußmessleiste wird besprochen.
Schuhe kauft man nicht zu knapp, deswegen reicht es aus, wenn man hier auf ganze Zentimeter rundet. Vielleicht wird es die Kinder erstaunen, wenn sie feststellen, dass z. B. die gemessene Fußlänge 21 cm etwa der Schuhgröße 33 entspricht. Für die Umrechnung von Fußlängen in Schuhgrößen gibt es Faustformeln, die innerhalb gewisser Grenzen hinreichend genaue Berechnungen zur Ermittlung der Schuhgröße liefern. Weit verbreitet ist folgende Formel:

$$\text{Schuhgröße} = \frac{(\text{Fußlänge} + 0{,}7) \cdot 3}{2}$$

Diese Formel liefert für Fußlängen von 11 bis 25 cm hinreichend genaue Werte wenn die rechnerisch ermittelte Dezimalzahl grundsätzlich aufgerundet wird.
Beispiel: Fußlänge 21 cm, rechnerischer Wert 32,55; Schuhgröße 33. Verbreitet ist auch folgende Faustformel:

$$\text{Schuhgröße} = \frac{(\text{Fußlänge} + 1{,}5) \cdot 3}{2}$$

Bei Anwendung dieser Formel sollte der rechnerische Wert (33,75) grundsätzlich abgerundet werden, auch hier kommt man dann zur Schuhgröße 33.
In den in Schuhgeschäften üblichen Fußmessleisten sind solche Faustformeln bereits integriert. Ein einfaches Modell liefert die Kopiervorlage SR 4.

Körpergrößen–Darstellung im Balkendiagramm
Die in der Klassenliste eingetragenen Körpergrößen stehen beim nächsten Lernanlass im Mittelpunkt. Längenrelationen werden von den Schülerinnen in Worte gefasst, indem sie z. B. immer drei Kinder miteinander vergleichen: Katrin ist größer als Bernd, Jessica ist kleiner als Katrin, trotzdem hat sie größere Füße ...

Die Schülerinnen legen Tabellen an, in denen sie die Kinder nach Körpergrößen ordnen. Sie stellen z. B. in einem Balkendiagramm dar, welche Körpergrößen im Alter von 7 – 8 Jahren am häufigsten vertreten sind.

Balkendiagramm Körpergröße Klasse 2 b (26 Kinder)

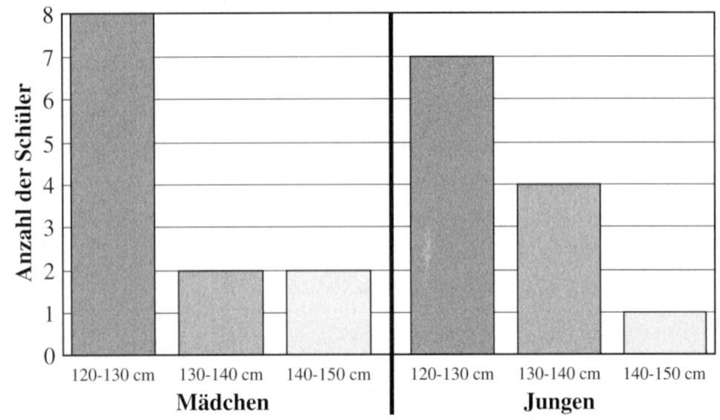

In den Unterrichtsgesprächen über das Balkendiagramm wird festgestellt, dass in diesem Alter Mädchen und Jungen etwa die gleiche Körpergröße haben. Es gibt nur wenige „Riesen" oder „Zwerge" unter ihnen.
Interessant wird es, wenn man dieses Diagramm im 4. Schuljahr wieder hervorholt und ein weiteres für diese Altersstufe anfertigt. Wird man dann vielleicht feststellen, dass die Mädchen einen Riesenschub gemacht haben und die Jungen in Bezug auf die Körpergröße überholt haben? Man kann den jährlichen Wachstumsschub anhand einer Tabelle berechnen. Weil die mathematischen Kenntnisse im 2. Schuljahr dazu noch nicht ausreichen, wird dieser Unterrichtsgegenstand im 4. Schuljahr noch einmal aufgegriffen und im Handbuch 4 beschrieben.

4.5.2 Kindgerechte Schulmöbel

Haltungsschäden bei Schulkindern können durch falsch gewählte Stuhlgrößen entstehen oder verschlimmert werden. Ein Stuhl, der zu Beginn des Schuljahres ausreichend für das Kind war, ist in der Mitte des Jahres vielleicht schon zu klein. Ein Stückchen Eigenverantwortung für die eigene Gesundheit kann auf die Kinder übertragen werden. Durch Messübungen kontrollieren die Kinder, ob die Stuhlgröße in der Schule die für sie geeignete ist.

Körpermaße und Schulmöbelgröße
In der Regel sind Schulmöbel für Grundschüler mit einem Farbpunkt markiert. Die Farbmarkierung steht für bestimmte Körpermaße und erleichtert die Zuordnung zwischen Körpergröße und Stuhlgröße. So bedeutet z. B. eine gelbe Farbmarkierung, dass der Stuhl für Körpergrößen von 128 cm – 142 cm geeignet ist.

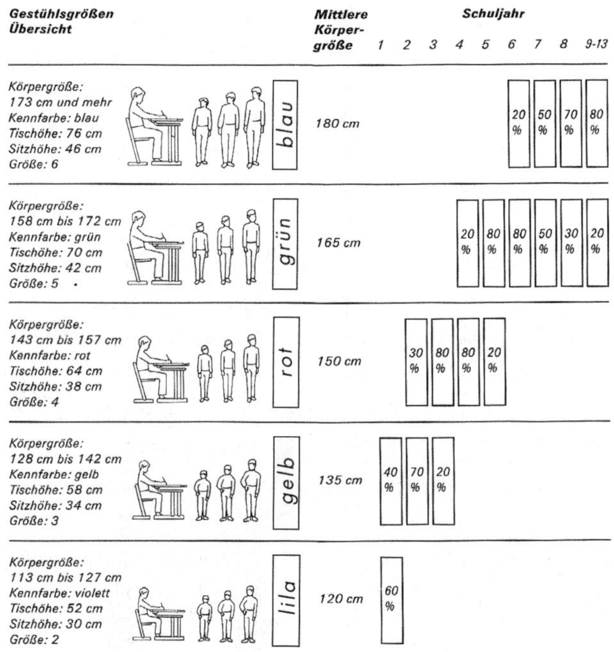

Im Klassentürrahmen klebt eine Messleiste, bei der die Skalierung in der gleichen Farbgebung wie an den Schulmöbeln vorgenommen wurde.
Der Bereich von 128 cm–142 cm wurde also gelb unterlegt. Durch die farbigen Hervorhebungen an der Messleiste wird den Kindern das Zuordnen zwischen Körpergröße und passendem Schulmöbel erleichtert.

Die Kinder messen sich paarweise und tragen ihre Werte in die Klassenliste ein, die in der Klasse hängen bleibt und im Laufe des Schuljahres verändert werden kann. Die Kinder sind selbst betroffen und deswegen sicherlich daran interessiert, das optimale Schulmobiliar für sich zu bestimmen. Zum einen müssen sich die Kinder gegenseitig messen, zum andern müssen sie den gemessenen Wert dem entsprechenden Größenintervall zuorden, um den Stuhl mit der richtigen Farbmarkierung zu erhalten.

Sitze ich richtig?

Name	Körpergröße	Körpergröße von - bis	Tisch/Stuhl Farbe
Katrin	136 cm	128 cm-142 cm	gelb
Bernd	128 cm	128 cm-142 cm	gelb
Jessica	134 cm	128 cm-142 cm	gelb
Martin	145 cm	143 cm-157 cm	rot

4.5.3 Wir beobachten und messen das Wachstum von Bohnen

Die Geschichte von Rosa, der schnellsten Bohne der Stadt (Björk u. a. 1983, S. 14 ff.) dient als Einstieg. Die Kinder möchten, dem Beispiel von Rosa folgend, Feuerbohnen im Unterricht beobachten. Feuerbohnen eignen sich bekanntlich sehr gut zum Beobachten, weil das Wachstum sehr schnell fortschreitet und die Kinder gleich etwas zu beobachten haben.

Die Kinder bringen Blumentöpfe mit und versehen diese mit ihren Namen. Blumentopferde und ein Paket Feuerbohnen werden besorgt. Die Erde wird in die Töpfe gefüllt und ein Teller, der überflüssiges Gießwasser auffangen soll, unter jeden Blumentopf gestellt. Bei einem Unterrichtsgang werden möglichst gerade gewachsene Weidenstöcke geschnitten, an denen die Bohnen hochranken können. Die Länge der Weidenstöcke wird geschätzt, anschließend genau gemessen und die Werte werden mit wasserfesten Folienstiften auf die Stäbe übertragen. Die Stäbe werden in die Blumentöpfe gesteckt. Jedes Kind bekommt eine Feuerbohne, die es 2 cm tief in die im Blumentopf befindliche Erde drückt. Was alles zur Pflege bedacht werden muss, damit eine Pflanze gedeihen kann, wird besprochen. Für regelmäßiges Gießen ist jedes Kind selbst verantwortlich. Dafür steht eine Gießkanne bereit. Während des Beobachtungszeitraumes werden die Kinder sachlich darüber informiert, was eigentlich geschieht, wenn etwas keimt, denn dieser Lernanlass lässt sich eng mit anderen Fächern verzahnen. Bei einigen Kindern schaut bereits nach 4 Tagen eine kleine grüne Spitze aus der Erde. Die „Bohnenolympiade“ kann beginnen! Für jedes Kind wird nun eine Beobachtungsliste angelegt

Patriks Beobachtungen

Datum	Länge der Pflanze	Wachstum	Beobachtungen
1. April	0 cm	–	nichts zu sehen
2. April	?	?	Samstag schulfrei
3. April	?	?	Sonntag schulfrei
4. April	0 cm	0 cm	nichts zu sehen
5. April	1 cm	1 cm	Tagessieger
...	...	...	...

Die Kinder messen täglich die Länge der Feuerbohnenranken, markieren die Messwerte an dem Weidenstock und tragen sie in ihre Liste ein.

Patrik hat notiert:		Nina hat notiert:	
5. April	1 cm	5. April	0 cm
10. April	8 cm	10. April	7 cm
15. April	13 cm	15. April	14 cm
20. April	19 cm	21. April	21 cm

In Unterrichtsgesprächen wird festgestellt, dass die Pflanzen nicht regelmäßig gleich viel wachsen, dass ihr Wachstum sowohl von der Wärme- und Lichtzufuhr als auch von der Feuchtigkeit abhängt.

In Einzel- oder Kleingruppenarbeit berechnen die Kinder die Wachstumsraten ihrer Pflanzen in bestimmten Zeitintervallen.

Wie viel cm ist deine Pflanze gewachsen?

1. – 5. April ⟶ 1 cm

5. – 10. April ⟶ 7 cm

10. – 15. Apri ⟶ 5 cm

15. – 20. April ⟶ 6 cm

Die Schüler vergleichen ihre Eintragungen mit denen eines Mitschülers und berechnen den Unterschied zwischen den Längen beider Pflanzen in den angegebenen Zeiträumen.

Die Kinder messen Längen und rechnen kontextgebunden mit Zentimetern. Damit sind die wesentlichen Merkmale eines handlungsorientierten Unterrichts erfüllt.

Einen sehr schönen Abschluss findet dieses Projekt, wenn sich ein Elternteil bereit findet, in seinem Garten ein Stück Land zur Verfügung zu stellen, auf dem alle Bohnenpflanzen weiter wachsen, beobachtet und gepflegt werden können, damit die Bohnen auch noch abgeerntet und verarbeitet werden können.

4.5.4 Messen und Zeichnen mit dem Lineal

Im Abschnitt 4.5.1 wurde bereits ein handlungsorientierter Zugang zum genauen Messen bei einem schülerzentrierten Lernanlass, nämlich bei Körpermaßen, detailliert beschrieben. Genaues Messen und Zeichnen mit dem Lineal können unmittelbar im Zusammenhang mit den Körpermaßen, im Anschluss daran oder aber an anderer Stelle im Unterricht behandelt werden. Der Grundstein für genaues Messen und Zeichnen mit dem Lineal wird im 2. Schuljahr gelegt. Deshalb wird diesem Unterrichtsgegenstand ein eigenes Unterkapitel gewidmet.

Die Kinder haben bereits den sorgfältigen Umgang mit dem Lineal geübt. Wichtig ist die Beachtung der Regel, das Lineal immer bei 0 anzulegen. Die Kinder sollten Messwerte im voraus abschätzen und auf Zentimeter-Genauigkeit angeben können. Deshalb werden diese Übungen im Unterricht immer wieder aufgegriffen.

Nachdem Gegenstände ausgemessen wurden, wird die Technik des Messens gefestigt an Strecken bis zu 30 cm Länge, weil das Lineal nur 30 cm lang ist. Das Karopapier im Rechenheft bietet sich zum Zeichnen von Strecken an. Der Anfangspunkt einer Strecke wird als ein Gitterpunkt definiert, durch einen Strich gekennzeichnet, die Strecke in entsprechender Länge mit Hilfe des Lineals und einem angespitzten Bleistift abgetragen und der Endpunkt ebenfalls markiert.

Leider haben die im 2. Schuljahr verbreiteten Rechenhefte ein ungünstiges Karomaß von 0,7 cm Länge, sodass es ratsam erscheint, für einige Übungen Blätter mit kleinen Karos zu benutzen, damit die Gitterpunkte als Genauigkeitskontrollen herangezogen werden können. Die Kinder sollen lernen, Strecken sowohl orthogonal als auch horizontal und diagonal zu zeichnen, damit der Umgang mit dem Lineal unabhängig von Hilfslinien geschult wird. Deswegen ist es wichtig, dass die Kinder ebenso auf Zeichenpapier ohne Karoeinteilung zeichnen lernen.

Messübungen wie die folgenden bieten sich an:

- Miss die Strecken und schreibe die Länge jeder Strecke in cm auf!

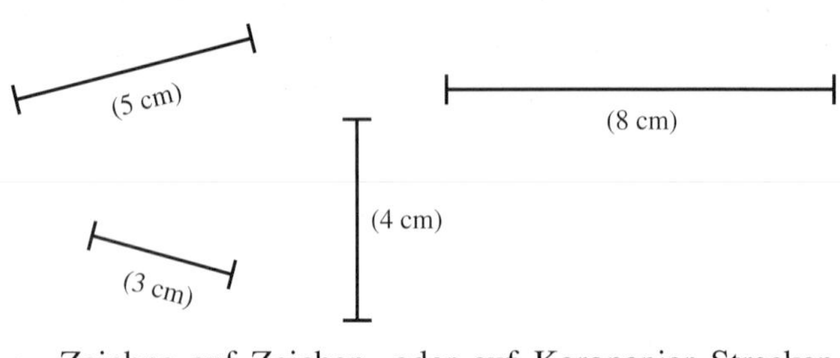

- Zeichne auf Zeichen- oder auf Karopapier Strecken mit einer Länge von 5 cm, 4 cm, 12 cm, 8 cm.
- Miss die Seiten des gemusterten Rechtecks! Zeichne die 4 Seitenlängen des Rechtecks doppelt so lang! Wie lang sind sie jetzt?

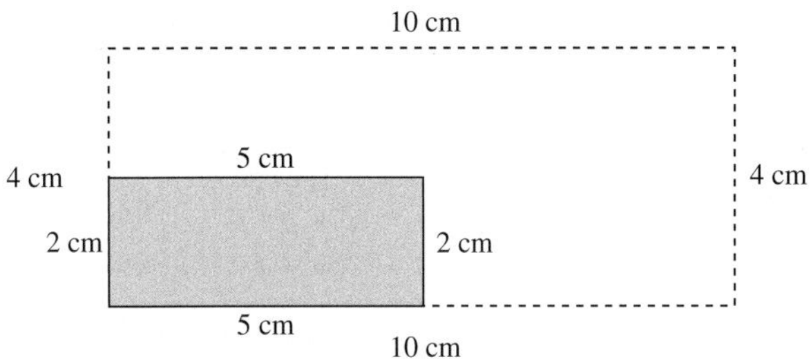

Mögliche Fragen dazu:

– Eine Schnecke ist auf den 4 Seiten des kleinen Rechtecks entlanggekrochen. Wie lang ist ihre Kriechspur?
– Die Schnecke ist auf den 4 Seiten des großen Rechtecks entlanggekrochen. Wie lang ist die Kriechspur jetzt?
– Wie oft passt das kleine Rechteck in das große Rechteck?

- Miss alle Strecken am Schiff! Wie viel cm Garn benötigst du (ungefähr), wenn du ein Fadenbild von dem Schiff herstellen möchtest?

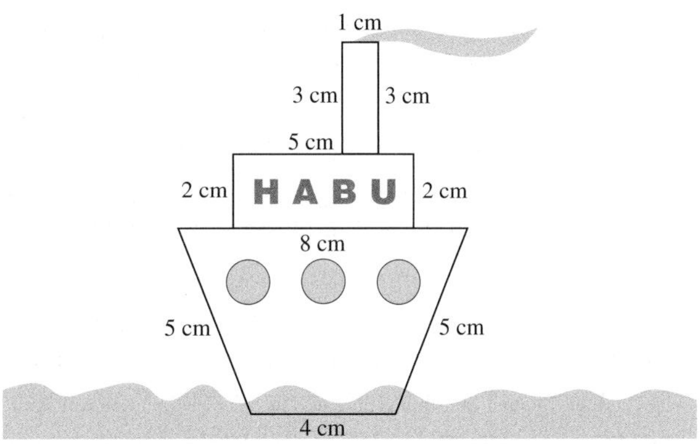

- Die Maus möchte in eins der Mauselöcher. Finde den kürzesten Weg für sie heraus.
  Zur Bewältigung dieser Aufgabenstellung benötigt man die **Kopiervorlage SR 5**, weil die Wege der Maus sich an dieser Stelle schlecht stark verkleinert darstellen lassen.

  Die Schüler messen die einzelnen Wegabschnitte aus, schreiben die gemessenen Werte in cm an die Abschnitte, addieren die Werte der Teilstrecken, die zu einem Mauseloch führen, und ermitteln schließlich anhand der Gesamtlänge den kürzesten Weg.

Weg zum Mauseloch ■ 3 cm + 8 cm + 11 cm = ______
Weg zum Mauseloch ● ______
Weg zum Mauseloch ▼ ______
Weg zum Mauseloch ✱ ______
Weg zum Mauseloch ❤ ______
Der kürzeste Weg ist ____ cm lang.
Er führt zum Mauseloch ____.

- Wie lang sind die Leuchtspuren der Ziffern auf der Digitalanzeige?
  Beispiele: Wie lang sind die Leuchtspuren der Ziffern 3, 8 und 2?

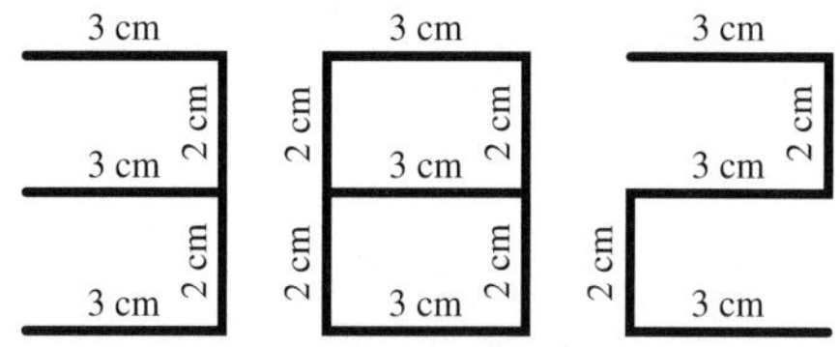

Die Leuchtspur der Digitalziffer 3 ist z. B. $3 \cdot 3$ cm + $2 \cdot 2$ cm = 9 cm + 4 cm = 13 cm lang.

Den Kindern wird ein Rahmen zum Eintragen der Digitalziffern (Maße wie oben) vorgegeben. Ihnen wird der Auftrag erteilt, die Leuchtspurlängen der Digitalziffern 0, 1, 2, 3, 4, 5, 6, 7, 8, 9 auszumessen. Dazu zeichnen sie mit rotem Buntstift unter Zuhilfenahme des Lineals die entsprechende Leuchtspur in dem vorgezeichneten Rahmen nach, messen deren Teillängen in cm aus, addieren die Maßzahlen und geben die Länge der Leuchtspur in cm an.

- Zu den Messübungen, die an den Ziffern einer Digitalanzeige durchgeführt werden, kann **Kopiervorlage SR 6** benutzt werden, auf der die horizontalen Teilstrecken der Digitalanzeige jeweils 3 cm und die vertikalen je 2 cm lang sind (s. o.).
  Mögliche weiterführende Fragestellungen zur Leistungsdifferenzierung:

Die Digitaluhr zeigt 8.45 Uhr. Wie lang ist die Leuchtspur? Sie springt um auf 8.46 Uhr. Wie lang ist die Leuchtspur? Es ist eine Stunde später. Wie lang ist die Leuchtspur jetzt? Welche Uhrzeit hat die kürzeste, welche die längste Leuchtspur?

- Welche Buchstaben lassen sich in Digitalform darstellen? Die Schüler sollen, bevor die Messaufträge auch auf Buchstaben übertragen werden, durch Probieren herausfinden, welche Buchstaben sich in Digitalform darstellen lassen. Es bietet sich an, für jede der 7 Teilstrecken der Digitalanzeige ein Streichholz zu nehmen, sodass die Kinder durch Umlegen und Wegnehmen die möglichen Buchstaben herausfinden. (Beim Legeprozess spielt es keine Rolle, dass die Streichhölzer gleich lang sind, denn es geht nur darum, das digitale Bild eines Buchstaben herauszufinden.)
  Die Buchstaben, die die Schüler durch Legen mit Streichhölzern als Digitalbuchstaben herausgefunden haben, werden schließlich in den Rahmen der Digitalanzeige (**Kopiervorlage SR 6,** oben) eingezeichnet. Folgende 15 Buchstaben lassen sich auf einer Digitalanzeige darstellen:

A	B	C	E	F	G	H
A	B	C	E	F	G	H

I	J	L	O	P	S	U
I	J	L	O	P	S	U

Die Messübungen an den Leuchtspuren der Buchstaben können wie an den Ziffern durchgeführt werden.

Leistungsstarke Kinder können auch folgende Aufgaben erhalten (Der Rahmen der Digitalanzeige hat die Maße der **Kopiervorlage SR 6**):

– Finde ohne Nachzumessen heraus, welche der Buchstabenleuchtspuren 17 cm, 15 cm, 14 cm, 13 cm, 12 cm, 11 cm, 10 cm, 7 cm oder 4 cm lang sind!
– Finde heraus, welche Längen (in cm) die Leuchtspuren der Buchstaben haben können!
  Beispiel:
  Beim Buchstaben A setzt sich die Länge der Leuchtspur aus zwei 3-cm-Teilen und vier 2-cm-Teilen zusammen. Also beträgt die Länge der Buchstabenleuchtspur von A 14 cm.
– Welche Buchstaben bestehen aus den gleichen Teilstrecken? Welche Gesamtlängen gibt es noch?

Die Kombinationsgabe wird noch stärker gefordert, wenn es gleichzeitig um mehrere Buchstaben geht. Die Digitalanzeige verfügt über max. 4 Anzeigefelder. Für einige Schüler wäre es sicherlich eine Herausforderung, in Gruppen-, Partner- oder auch in Einzelarbeit durch Umlegen von 14, 21 bzw. 28 Streichhölzern digital darstellbare Wörter mit zwei, drei oder gar vier Buchstaben herauszufinden und diese in die Digitalrahmen zu übertragen.

Mögliche Schülerbeispiele

– für zwei Leuchtspuren
  Wörter/Autokennzeichen mit 2 Buchstaben:

  AU AB OB EI PO SO HH HB

– für 3 Leuchtspuren
  Wörter mit 3 Buchstaben:

  AUF POL LOB HUF AUS AAL UPS

– für 4 Leuchtspuren
  Wörter mit 4 Buchstaben:

  CHEF PAUL HASE OPEL FASS HAUS AFFE

Vielleicht reicht die Motivation einiger Schüler so weit, dass sie sogar noch an Wörtern Messübungen durchführen möchten.

Man kann bei den Digitalwörtern aber auch der Fragestellung nachgehen:

– Kannst du (aus der Vorstellung) sagen, welches der Wörter mit 2, 3, 4 Buchstaben die längste/kürzeste Leuchtspur hat? Gibt es zwei mit gleich langer Leuchtspur? Nimm den Digitalrahmen zu Hilfe! Beispiel:
  AU AB

  Der Schüler muss erkennen, dass sich die Länge der Leuchtspur beim A aus zwei 3-cm-Teilen und vier 2-cm-Teilen zusammensetzt. Diese Komponente ist in beiden Wörtern gleich. Das U und das B müssen ebenso überprüft werden. Da das B aus drei 3-cm-Teilen und vier 2-cm-Teilen besteht, während sich das U nur aus einem 3-cm-Teil und vier 2-cm-Teilen zusammensetzt, hat das Wort AB eine längere Leuchtspur als das Wort AU.

Das Messen von Strecken kann auch in spielerischer Form mit dem „Käsekästchenspiel" (**Kopiervorlage SR 6,** unten) geübt werden.

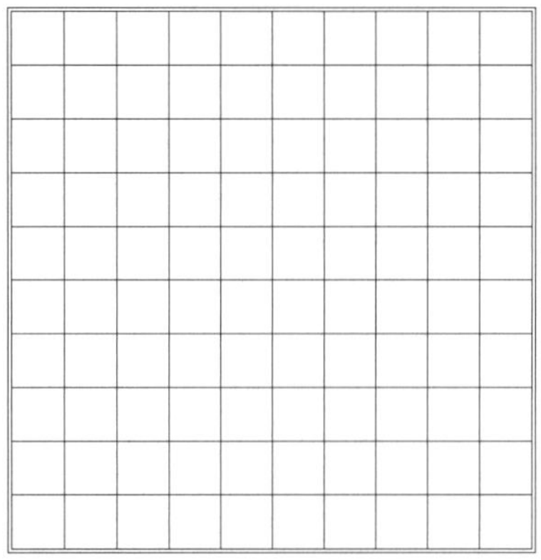

„Käsekästchen" ist ein Zweikampf. Die Teilnehmer benötigen zu zweit ein Karofeld, je ein Lineal und je einen Buntstift in unterschiedlicher Farbe. Jeder Mitspieler zieht mit dem Stift seiner Wahl unter Zuhilfenahme seines Lineals abwechselnd einen Strich entlang einer Karoseite mit dem Ziel, ein Karo zu schließen und damit ein Käsekästchen zu bauen. Da aber nur derjenige das Käsekästchen sein eigen nennen darf, der die letzte, die vierte Seite des Karos nachzieht, ist strategisches Denken gefragt. Deshalb sind Umsicht und Vorsicht bei der dritten Karoseite geboten. Hat ein Spieler ein Käsekästchen gebaut, setzt er sein gewähltes Symbol, z. B. ein Kreuz, einen Kreis, ein Herz o. Ä. ein, um das Kästchen als seine Eroberung zu kennzeichnen. Nun darf er noch einmal eine Linie ziehen. Käsekästchen-König ist der, der am Ende die meisten Karos belegt hat.

Und wer ist der Streckenkönig? Im Anschluss an das Spiel wird mit dem Lineal nachgemessen oder es werden die 1-cm-Karoseiten abgezählt, die in einer Farbe nachgezogen worden sind. So können bei dieser spielerischen Variante 2 Sieger hervorgehen, nämlich der Käsekästchen- und der Streckenkönig

4.5.5 Gezielte Übungen an Sachaufgaben

Unterschiede/Gemeinsamkeiten

Die Kinder werden angehalten, je zwei Sachaufgaben miteinander zu vergleichen, um Gemeinsamkeiten und Unterschiede festzustellen und damit sowohl die semantische als auch die mathematische Struktur von Sachaufgaben besser durchdringen zu können. Je zwei Kinder bekommen z. B. zwei auf Karteikarten notierte Sachaufgaben und erhalten den Auftrag, ihren Mitschülern über bestehende Gemeinsamkeiten und Unterschiede zu berichten.

Sachaufgabe 1:

Die Schüler wollen selbst ein Metermaß basteln. Ramon hat den Pappstreifen für sein Metermaß verschnitten. Er ist leider 5 cm zu kurz geraten.

Sachaufgabe 2:

Die Schüler wollen selbst ein Metermaß basteln. Georg hat den Pappstreifen für sein Metermaß verschnitten. Er ist leider 5 cm zu lang geraten.

Als Gemeinsamkeiten könnten genannt werden:

- In beiden Sachaufgaben soll ein Metermaß gebastelt werden.
- In beiden Sachaufgaben ist der Pappstreifen verschnitten worden.
- In beiden Sachaufgaben könnte man die Frage stellen: Wie lang ist der Pappstreifen?

Als Unterschiede könnten genannt werden:

- In Sachaufgabe 1 heißt der Schüler Ramon, in Sachaufgabe 2 heißt er Georg.
- In Sachaufgabe 1 rechnet man:
  100 cm – 5 cm = 95 cm.
  Die Antwort lautet: Der Pappstreifen ist 95 cm lang.
  In Sachaufgabe 2 rechnet man:
  100 cm + 5 cm = 105 cm.
  Die Antwort lautet: Der Pappstreifen ist 105 cm lang.
- Ramon muss noch einmal neu anfangen oder ein Stück ankleben, weil sein Pappstreifen zu kurz ist. Georg muss nur 5 cm von seinem Pappstreifen abschneiden, dann hat er 1 m.

Sachaufgaben verändern

Das impulsive, unreflektierte, nur auf Zahlen gerichtete Lösungsverhalten von Kindern soll gebremst werden. Kinder müssen intensiv über den Kontext einer Aufgabe nachdenken, wenn sie selbst Sachaufgaben verändern oder aber bereits vorgenommene Veränderungen beschreiben sollen. Wichtig ist, dass im Anschluss daran über mögliche Konsequenzen bzgl. der Lösungswege gesprochen wird. Sachaufgaben können nach einer bestimmten Vorschrift verändert werden, die in der Regel die Lehrerin vorgibt. Sachaufgaben können auch in sinnlose „Kapitänsaufgaben“ verwandelt werden. Für Kapitänsaufgaben ist charakteristisch, dass sie keinen Sinn ergeben. Die in ihnen angegebenen Daten können unvollständig sein oder ggf. nichts mit der Fragestellung zu tun haben. Man kann ebenso den umgekehrten Weg gehen und Kapitänsaufgaben in sinnvolle, auch rechnerisch lösbare Sachaufgaben umändern.

Variante 1:
Auf Karteikarten werden jeweils eine Grundaufgabe und eine Veränderungsvorschrift geschrieben. Die Schüler schreiben in Einzel- oder Partnerarbeit die nach Vorschrift veränderte Aufgabe ins Heft oder auf die mit Folie überzogene Karteikarte.

Grundaufgabe:

Peter hat einen 1 m langen Pappstreifen in drei Teile geschnitten. Der 1. Teil ist 40 cm lang, der 2. Teil ist 30 cm lang. Wie lang ist der 3. Teil?

1. Verändere die Sachaufgabe so, dass bei dem 1-m-langen Pappstreifen alle 3 Teile verschieden lang sind.
Eine von vielen Lösungsmöglichkeiten:

Peter hat einen 1 m langen Pappstreifen in drei Teile geschnitten. Der 1. Teil ist 20 cm lang, der 2. Teil ist 30 cm lang. Wie lang ist der 3. Teil?

2. Verändere den Text so, dass Peter nur einmal schneidet.
Eine der Lösungsmöglichkeiten:

Peter hat einen 1 m langen Pappstreifen in zwei Teile geschnitten. Der 1. Teil ist 35 cm lang. Wie lang ist der 2. Teil?

3. Verändere die Sachaufgabe so, dass die Länge der Teile gar nicht festgelegt ist.
Mögliche Lösung:

Peter hat einen 1 m langen Pappstreifen in drei Teile zerschnitten. Schreibe mindestens 5 Möglichkeiten auf.

4. Wie muss der Text lauten, damit vier gleich lange Teile entstehen?
Mögliche Lösung:

Peter hat einen 1 m langen Pappstreifen in vier Teile geschnitten. Alle Teile sind gleich lang.

5. Mache aus der Sachaufgabe eine sinnlose Kapitänsaufgabe!
Beispiel einer Kapitänsaufgabe:

Peter hat einen 1 m langen Pappstreifen zerschnitten. Der 1. Teil ist 40 cm, der 2. Teil 30 cm und der 3. Teil 30 cm

Variante 2:
Sowohl die Grundaufgabe als auch die von der Lehrkraft veränderte Aufgabe werden einander gegenübergestellt. Jetzt müssen die Schüler herausfinden, was sich verändert hat und welche Konsequenzen sich für den/die Lösungsweg/-e daraus ergeben.

Besonders wichtig ist bei diesen Übungsformen die nachträgliche Reflexion, in der die Grundaufgabe und die veränderte Aufgabe miteinander verglichen und Konsequenzen für die Art der evtl. veränderten Lösungswege erörtert werden.

- Was musste man bei der Veränderungsvorschrift bedenken?
- Warum gab es bei Nr. 3 plötzlich mehrere Möglichkeiten?
- Wie bist du bei der Kapitänsaufgabe vorgegangen?
- Welche Textstelle hast du besonders beachtet?

Diese und andere Fragestellungen können beim Verändern von Sachaufgaben im Mittelpunkt stehen.

Was sollst du hier berechnen? Ist das sinnvoll?

Unter dieser Kategorie haben Aufgaben ihren Platz, die eigens unter arithmetischen Gesichtspunkten konstruiert wurden und deshalb nur aus arithmetischer Sicht oder durch eine verschulte Brille gesehen eine Lösung haben. Es sind eigentlich keine Kapitänsaufgaben, sondern sinnleere Aufgaben, die mit Lebensrealität wenig zu tun haben:

Ein Holztransporter wird mit 8 Brettern beladen. Jedes Brett ist 4 m lang.

Der Schulhof bekommt einen 35 m langen Lattenzaun. 30 m davon sind schon aufgestellt.

In der Schülerbücherei stehen auf jedem Regal 40 Bücher. Jedes Buch ist 3 cm dick.

Sollen die Kinder tatsächlich herausfinden, dass der Transporter 32 m Bretter transportiert, dass noch 5 m Lattenzaun fehlen oder dass alle Bücher zusammen 1m 20 cm dick sind? Lernen die Kinder ihre Umwelt mit mathematischen Mitteln zu erschließen, wenn sie Sachaufgaben dieser Art rechnerisch lösen? Sicher nicht.

Es wird deshalb empfohlen Schülern im Sachrechnen Aufgaben der beschriebenen Art nicht zum Lösen, sondern z. B. unter der Fragestellung zu geben: „Ist das sinnvoll, was du hier berechnen sollst? Was meinst du? Erkläre!" Vielleicht wird damit erreicht, dass sie Sachaufgaben mit kritischeren Augen lesen und nach Bezügen zur erlebten Wirklichkeit suchen, statt erlernte Rechenverfahren anzuwenden, ohne über den Sachverhalt bzw. die Aussagekraft der gefundenen Lösung nachgedacht zu haben.

Lösungsskizzen anfertigen

Heuers haben ein Schwimmbecken in ihren Garten gebaut. Es ist 20 m lang und 12 m breit. Sven traut sich noch nicht so ganz, er schwimmt nur einmal eine Runde direkt am Rand entlang. Seine Freundin Iris schwimmt die lange Strecke gleich zweimal hin und zurück. Wer schwimmt die längere Strecke?

Maren und Thomas haben im Unterricht Stickbilder angefertigt. Marens ist 60 cm lang und 25 cm breit geworden. Thomas´ Stickbild ist noch größer geworden. Es ist 75 cm lang und 30 cm breit. Maren und Thomas möchten die Ränder ihrer Stickbilder noch mit Glitzerband verschönern. Sie haben im Baumarkt Glitzerband entdeckt, das ihnen gefallen würde. Das Band gibt es in 2-m und in 5-m-Rollen.

Grobe Skizzen sind häufig hilfreich beim Lösen von Sachaufgaben. Die zwei Aufgaben sind geeignet Kindern zu zeigen, wie man Skizzen anlegt und wie man aus ihnen den Lösungsweg ablesen kann. Die Beratung durch die Lehrerin ist besonders wichtig, denn Kinder im 2. Schuljahr tun sich schwer eine Zeichnung als Lösungshilfe anzufertigen.

4. 6 Sachrechnen mit Zeit

Auch bei diesem Größenbereich geht es einerseits darum, die Kenntnisse fortzuführen, die im 1. Schuljahr erworben worden sind, nämlich Einteilung des Tages in Stunden und des Monats in Tage, und andererseits die Kenntnisse über Uhr und Kalender auszudifferenzieren. Vorrangiges Ziel soll sein, die Zeit erfahrbar zu machen, ein „Zeitgefühl" zu entwickeln.

Die Schüler sollen
- Zeitpunkte und Zeitspannen bestimmen und berechnen können,
- die Jahreseinteilung in Jahreszeiten, Monate, Wochen und Tage kennen,
- die Jahreszeiten und Monatsnamen nennen können,
- mit den Begriffen Jahr, Monat, Woche und deren Anzahl an Tagen vertraut gemacht werden,
- ein Jahr in Wochen oder Monaten, einen Monat in Wochen oder Tagen, einen Tag in Stunden, eine Stunde in Minuten und eine Minute in Sekunden angeben können.

Als besonders schwierig erweist es sich bei der Behandlung des Größenbereichs „Zeit", dass hier keine konkreten Repräsentanten sichtbar sind und begreifbar gemacht werden können. Ein Zeitpunkt fixiert den Beginn oder das Ende einer Aktion, eine Zeitspanne beschreibt die Dauer eines Handlungsablaufs. Aus dieser Schwierigkeit leitet sich die Konsequenz ab, von lebens- und situationsbezogenen Anlässen Fragen und Probleme der Zeiteinteilung und der Zeitplanung im Unterricht zu thematisieren. Durch vielfältige praktische Erfahrungen soll ein Zeitgefühl entwickelt, sollen realistische Vorstellungen aufgebaut werden.

Wenn die Kinder im Besitz einer Armbanduhr sind, können sie jederzeit Zeitpunkte ablesen und Zeitspannen kontrollieren. Auf einer Digitaluhr ist ein zeitlicher Ablauf nicht zu verfolgen, da auf ihr nur statische Momente sichtbar gemacht werden können. Zeitspannen können besser einer Analoguhr entnommen werden. Deshalb ist Eltern und Kindern zu empfehlen, für die Grundschulzeit eine Analoguhr mit herkömmlichen Stunden- und Minutenzeigern zu kaufen.

Direktes Vergleichen

Zunächst werden Zeitabläufe direkt miteinander verglichen unter den Fragestellungen:
- Was dauert länger, was dauert kürzer, was dauert etwa gleich lang?
- Wer schafft es am längsten?
- Wer schafft es am schnellsten?

Es werden Zeitspannen erst geschätzt und dann auf aktive Handlungen übertragen.

Beispiele:
- Luft anhalten
- das ABC aufsagen
- von 50 ab rückwärts zählen
- Federmappe ausräumen, einräumen
- auf einem Bein stehen
- Einmaleins der 7 aufsagen
- den Satz aufschreiben: „Wie lange brauche ich, um diesen Satz zu schreiben?“

Indirektes Vergleichen

Wenn man die Aufgaben nacheinander und nicht mehr parallel ausführen lässt, kann man die Zeitspannen nicht mehr direkt vergleichen. Man benötigt ein einheitliches Messinstrument, z. B. gleichmäßiges Klatschen, einen tropfenden Wasserhahn oder Schläge auf ein Tambourin. Es ist ebenso möglich, eine Sanduhr bereitzuhalten, ein 1-m-Pendel (ein Hin- und Herschwung dauert etwa 1 Sekunde) im Unterricht herzustellen oder ein Metronom einzusetzen (vgl. Guder 1996).

Einige Kinder verfügen evtl. über eine in die Armbanduhr integrierte Stoppuhr. Sofern die Kinder mit der Stoppuhr umgehen und diese auch ablesen können, werden sie als Kontrollgruppe eingesetzt. Folgendes Vorgehen im Unterricht wäre denkbar:
Die Schüler werden in Gruppen eingeteilt. Jede Gruppe bekommt ein anderes Messinstrument zugeteilt sowie eine vorgefertigte Tabelle, in die die Ergebnisse aller Messgruppen eingetragen werden. Der Auftrag wird für alle sichtbar an die Tafel oder für jede Gruppe auf eine Karte geschrieben, z. B. „Sage das Einmaleins der 7 auf!“ Jede Gruppe schätzt vorab, wie lange man für die Ausführung des Auftrags braucht. Die „Pendelgruppe“ vermutet: „Etwa 5 Pendelschläge.“ Danach führt ein Kind die Aufgabe für die ganze Klasse bzw. für alle Gruppenmitglieder sichtbar aus. Währenddessen messen die Gruppen mit dem ihrem Messinstrument.

Ein Kind benötigt z. B. für das Aufsagen des Einmaleins der 7
- 7 Pendelschläge,
- Zählen von 21 bis 28,
- 9 x klatschen
- oder 8 Sekunden.

Abschließend werden die Ergebnisse für alle genannt und in die Tabelle eingetragen. Zum Schluss werden die gemessenen Werte mit den Schätzwerten verglichen, Erfahrungen ausgetauscht und die Gemeinsamkeiten bzw. Unterschiede der erhaltenen Messwerte herausgestellt.

Wie lange dauert es?

		Gruppe 1	Gruppe 2
Vorgang	schätzen	Pendel	zählen ab 21
1x1 der 7 aufsagen	?	7-mal	21, ..., 28
4-zeiligen Text abschreiben	?	170-mal	21, ...,198

	Gruppe 3	Gruppe 4
Vorgang	klatschen	Stoppuhr
1x1 der 7 aufsagen	9-mal	8 s
4-zeiligen Text abschreiben	190-mal	3 min/180 s

Voraussichtlich kristallisiert sich im anschließenden Unterrichtsgespräch heraus, dass es äußerst mühsam war, das gleichmäßige Klatschen bzw. die Pendelschläge oder die Zahlen ab 21 in hoher Anzahl mitzuzählen, besonders beim Auftrag, einen 4-zeiligen Text zu schreiben. Es erweist sich deshalb als notwendig, standardisierte Einheiten als Messinstrumente zu verwenden.

Einführung standardisierter Einheiten

Nach diesen wichtigen Erfahrungen mit Zeitspannen schließt sich die Einführung der standardisierten Maßeinheiten „Stunde“ und „Minute“ an. Verschiedene Uhren wie Turmuhren, Kuckucksuhren, Wecker, Parkuhren, Taschenuhren, Armbanduhren, Sanduhren, Sonnenuhren usw. werden in Unterrichtsgängen besichtigt oder als Original bzw. als Bild in den Unterricht mitgebracht. Anschließend wird die Verwendbarkeit der Uhren im Gespräch erörtert. Parkuhren messen gewöhnlich maximal ein zweistündiges Intervall, Eieruhren laufen in der Regel innerhalb von 5 Minuten ab.

Passend zum Thema kann das folgende Lied gesungen werden:

Große Uhren, kleine Uhren Text und Melodie: Karl Karow (1790–1863)

Wie lang eine Minute ist, sollen die Schüler anhand von praktischen Übungen selbst erfahren. Guder (1996) stellt in seinem Aufsatz „Wie lang ist eine Minute?" eine Unterrichtseinheit dar, in der es den Schülern ermöglicht wird, „den Begriff ‚Minute' mit Leben, Erfahrung und Anschauung zu füllen, um von da aus Stunde und Tag als Vielfache der Minute wenigstens im Gedankenexperiment zu ‚erleben.' Diese Selbsterfahrung ist eine wichtige Grundvoraussetzung dafür, den ganzen Tag als Zeiteinheit einordnen zu können."

4.6.1 Mein Tageslauf

Beim Lesen der Uhr bringen Kinder häufig Stunden- und Minutenangaben durcheinander. Um dieser Schwierigkeit entgegenzuwirken, sollen im Unterricht die Zeiger der Uhr regelmäßig beobachtet werden. Es ist deshalb zu empfehlen, pro Schultisch eine funktionstüchtige Uhr mitzubringen. Zu Unterrichtsbeginn, evtl. um 8.00 Uhr, wird die Zeigerstellung der Uhr beschrieben und in das 1. Uhrenbild eines Stundenprotokolls eingezeichnet. Es hat sich bewährt, den kleinen Stundenzeiger zur besseren Unterscheidung vom Minutenzeiger mit einem „S" für Stunde zu versehen. Damit die Kinder die Zeitdauer einer Stunde bewusst erfahren und mit der Veränderung der Zeigerstellung in Einklang bringen, wird der Untericht zu jeder vollen Stunde unterbrochen. Es wird besprochen, was alles in der vergangenen Zeitstunde passiert ist, was die Schülerinnen alles gemacht haben, was ihnen besonderen Spaß gemacht oder gar nicht gefallen hat, was gar nicht vergehen wollte oder was sie gern noch fortgesetzt hätten. Nach dem Verlauf einer Stunde wird die veränderte Zeigerstellung beschrieben und ins Tagesprotokoll übertragen. Das Stundenprotokoll besteht aus drei Spalten. In der linken Spalte wird der Verlauf einer Stunde durch zwei Zifferblätter dargestellt, in der Mitte wird die Zeitspanne in Worten angegeben und in der rechten Spalte wird aufgeschrieben, was man alles in einer Stunde gemacht hat. (Ein Ziffernblattstempel ist auf die Dauer kostengünstiger als zahlreiche Kopien. Man kann ihn u. a. beim Bergedorfer Lehrmittelservice oder im Persen-Verlag beziehen.) Das Stundenprotokoll wird exemplarisch für ein bis zwei Stunden während der Schulzeit sowie als Hausaufgabe für ein bis zwei Stunden am Nachmittag ausgefüllt.

Am nächsten Tag berichten die Schüler in der Schule über die unterschiedlichen Tätigkeiten. Zeit wird so nicht nur bewusst erlebt, sondern Zeiteinteilung an dieser Stelle auch mit kritischen Augen hinterfragt werden. Die Tageszeiten werden noch einmal (vgl. Handbuch 1, Kopiervorlage SR 5) bewusst gemacht und mit typischen Tätigkeiten des eigenen Tagesverlaufs in Verbindung gebracht.

4.6.2 Die Uhr

Im Mittelpunkt steht das Ziel, Uhrzeiten lesen und schreiben zu lernen.

Die Einteilungen der Uhr werden genauer betrachtet:

- Eine Zeitstunde wird in Viertelstunden eingeteilt, sodass man die Zeiten besser ablesen kann.
  Die Zifferblätter einiger Armbanduhren tragen diesem Sachverhalt Rechnung, indem sie die Ziffern 3, 6, 9 und 12 besonders hervorheben oder unterlegen.
- Eine Stunde ist in 60 Minutenstriche eingeteilt.
- Eine halbe Stunde hat 30 Minuten.

Mein Stundenprotokoll: Was ich alles in einer Stunde gemacht habe.

Uhrzeit	Zeitdauer	Das habe ich gemacht
	von 8.00 Uhr bis 9.00 Uhr	
	von 9.00 Uhr bis 10.00 Uhr	

- Eine Viertelstunde hat 15 Minuten.
- Die 60 Minuten einer Stunde sind in „Fünfergruppen" gegliedert. Deshalb wird jeder 5. Minutenstrich auf dem Zifferblatt stärker hervorgehoben. (Es bietet sich die parallele Erarbeitung des 1 x 5 an, denn 15 min = 3 · 5 min, 30 min = 6 · 5 min, 60 min = 12 · 5 min.)
- An jedem 5. Minutenstrich befindet sich eine Ziffer, die die Stunde angibt. Bei 5 Minuten befindet sich z. B. die 1, bei 10 Minuten die 2 usw.
- Auf dem Zifferblatt einer kleinen Uhr finden nur die Stundenziffern von 1 bis 12 Platz. Das hat zur Folge, dass die Uhrzeiten von 13. 00 Uhr bis 24. 00 Uhr nicht direkt abgelesen werden können. Sie müssen analog dazu, d. h. durch Addition von 12 Stunden, bestimmt werden. Das bereitet einigen Kindern besondere Schwierigkeiten. Es empfiehlt sich deshalb, das vergrößerte Modell einer 24 Stunden-Uhr (vgl. **Kopiervorlage SR 7**, oben) in der Klasse aufzuhängen, damit die Schüler eine visuelle Stütze haben, wenn es z. B. darum geht, für 2.00 Uhr nachts die entsprechende Tageszeit, nämlich 14.00 Uhr, herauszufinden.

Anhand einer Analoguhr kann man am besten lernen Uhrzeiten abzulesen und Zeitabschnitte zu verfolgen. Weil viele Kinder heutzutage über eine Digitaluhr verfügen, die den Nachteil hat, dass sie nur Zeitpunkte angibt, Zeitspannen auf ihr hingegen nicht abgelesen werden können, sind Übungen wichtig, bei denen digitale Zeitangaben in analoge übertragen werden und umgekehrt. Dazu wird ein Uhrenmodell für die Hand des Schülers hergestellt, an dem er digitale Uhrzeiten einstellen und ablesen kann.

Auf eine Kopiervorlage mit einer Analoguhr wird verzichtet, da sie in der Regel als Schulbuchbeilage vorhanden ist oder dem Handbuch für das 1. Schuljahr, Kopiervorlage SR 4, entnommen werden kann. Es wird auch hier empfohlen, den kleinen Stundenzeiger bei Analoguhren zur besseren Kenntlichmachung mit einem „S" für Stunde zu versehen.

Wir basteln eine Digitaluhr (**Kopiervorlage SR 7**, unten)
- Die Maus und die 4 Streifen werden auf Pappe kopiert.
- Die Schüler schneiden sowohl die Maus als auch die 4 Streifen aus.
- Mit einem Bastelmesser werden die 8 Schlitze in die Zifferfenster A, B, C und D geritzt.

Bevor weiter gebastelt werden kann, müssen die folgenden Überlegungen angestellt werden:
- Warum gibt es einen Streifen mit nur 3, einen mit 6 und zwei mit 10 Ziffern? Begründe!
- Durch welches Anzeigefenster auf der Digitaluhr müssen der Streifen mit 3 Ziffern, der mit 6 Ziffern und mit 10 Ziffern gezogen werden? Probiere aus! Begründe!

Die Schüler sollen die ausgeschnittenen Streifen durch die Schlitze ziehen und durch Probieren, d. h. durch Umstecken der Streifen, Begründungen finden und dadurch die richtige Zuordnung zwischen Streifen und Zifferfenstern ermitteln.

In Zifferfenster A gehört der Streifen mit den Ziffern 0, 1 und 2, weil es z. B. keine Uhrzeit mit einer 3 als Zehner (z. B. 36.00 Uhr) gibt.

Der Streifen mit den 6 Ziffern muss durch Zifferfenster C gezogen werden, weil in ihm die Zehner der Minuten angegeben werden. Es gibt an dieser Stelle nur 0, 1, 2, 3, 4, 5 als Zehnerziffern, weil nach 60 Minuten eine volle Stunde vergangen ist und die Anzeige auf 0 umspringt (eine Uhrzeit wie 23.64 Uhr gibt es nicht!).

Nachdem die Schüler diese Erkenntnisse gewonnen haben, kann die Digitaluhr fertig gestellt werden.
- Die Kinder ziehen den Streifen mit den 3 Ziffern von hinten durch den unteren Schlitz von Zifferfenster A und führen ihn durch den oberen Schlitz wieder hinaus.
- Den Streifen mit den 6 Ziffern ziehen sie ebenso von hinten durch den unteren Schlitz von Zifferfenster C und führen ihn ebenfalls durch den oberen Schlitz wieder nach hinten.
- Das gleiche Verfahren wendet man bei den restlichen zwei Streifen mit den 10 Ziffern und den Zifferfenstern B und D an.
- Die Streifen werden erst dann an der schraffierten Klebelasche zu einem Ring zusammengeklebt, wenn noch einmal kontrolliert wurde, ob sie durch die richtigen Zifferfenster gezogen worden sind.

Nun können Übungen folgen, in denen Uhrzeiten sowohl an der Digital- als auch an der Analoguhr abgelesen und eingestellt werden. Wenn Schüler A eine Analoguhr hat und Schüler B eine Digitaluhr, können Uhrzeiten miteinander verglichen werden. Auch folgendes Partnerspiel kann mit Hilfe einer Digital- und einer Analoguhr gemacht werden: Schüler A nennt die Ziffernreihenfolge der auf seiner Digitaluhr eingestellten Uhrzeit, z. B. eins, vier, null, fünf. Schüler B muss die Uhrzeit erkennen, auf seiner Analoguhr einstellen und aufschreiben. Danach werden die Rollen getauscht.

Im Weiteren geht es darum, Uhrzeiten mit Minuten genau abzulesen und zu notieren.

Stelle auf der Uhr ein und lies!

5.48 Uhr oder 05:48 Uhr

→ fünf Uhr achtundvierzig
→ fünf Uhr und achtundvierzig Minuten
→ 48 Minuten sind seit fünf Uhr vergangen
→ 12 (Minuten) vor 6
→ kurz vor 6

Der richtigen Sprechweise soll besondere Bedeutung beigemessen werden. Auch umgangssprachliche Wendungen wie „kurz vor zwölf“ oder „fünf nach halb zwei“ werden toleriert und verwendet. Die Entwicklung des Zeitverständnisses und der Umgang mit der Uhr sind Prozesse, die mit dem 2. Schuljahr nicht abgeschlossen sind. Die Lehrerin wird die Schüler beobachten und entscheiden, wie differenziert das Ablesen der Uhrzeit in Stunden und Minuten von einzelnen Kindern erwartet werden kann.

Zur ständigen Orientierung kann ein Plakat sichtbar für alle Kinder in der Klasse aufgehängt werden, das das Ablesen der Uhrzeit in Stunden und Minuten unterstützt. **Kopiervorlage SR 8** kann vergrößert und auf Pappe geklebt als Plakat verwendet werden.

Welche Zeit kannst du ablesen?
Schreibe zu jeder Uhr zwei Zeiten auf!

9.25 Uhr morgens
21.25 Uhr abends

0.50 Uhr nachts
12.50 Uhr mittags

Zeichne Zifferblätter, die folgende Zeiten anzeigen!

22.50 Uhr

13.15 Uhr

Zeichne die fehlenden Zeiger oder die fehlenden Ziffern ein!

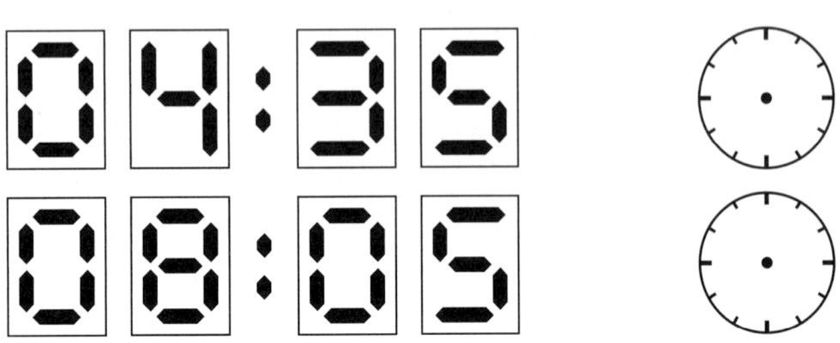

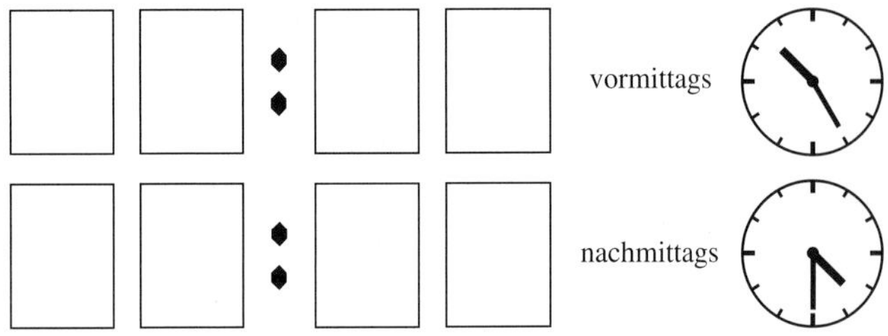

Zeichne die Zeitangabe so, wie du sie bei einer Digitalanzeige sehen würdest.

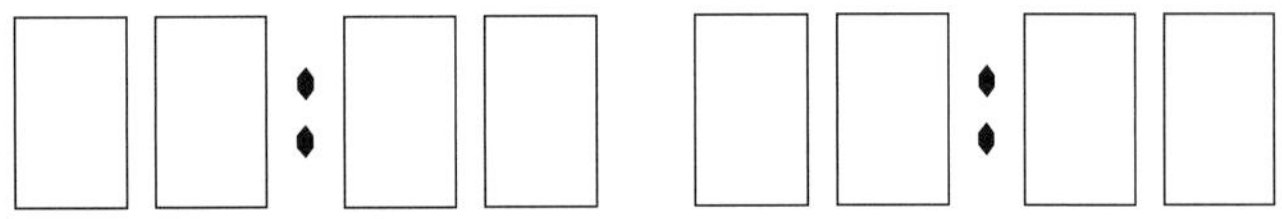

4.30 Uhr 15.20 Uhr

4.6.3 Mein Stundenplan

Im 2. Schuljahr eignet sich besonders gut der aktuelle Stundenplan, um Zeitpunkte zu bestimmen und Zeitspannen auszurechnen, weil die Zeit miterlebt werden kann und Aussagen jederzeit am Plan kontrolliert und belegt werden können. Die Dauer einer Schulstunde wird mit einer Zeitstunde verglichen: Eine Zeitstunde hat 60 Minuten, eine Schulstunde dauert nur 45 Minuten.

Zeitstunde	Schulstunde
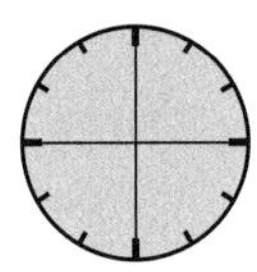 eine volle Zeitstunde	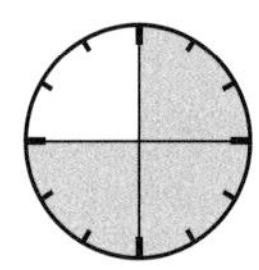 3-mal 15 Minuten 3-mal eine Viertelstunde
Schulstunde	Schulstunde
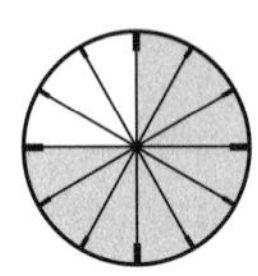 9-mal 5 Minuten	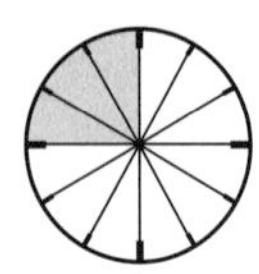 15 Min. fehlen/eine Viertelstunde fehlt bis zur vollen Stunde

In Unterrichtsgesprächen wird z. B. den folgenden Fragen nachgegangen: Warum dauert bei uns eigentlich eine Schulstunde nur 45 Minuten und nicht 60 Minuten? Warum haben wir an unserer Schule drei zweistündige Unterrichtsblöcke mit zwei großen Spielpausen dazwischen?

Eine Reflexion über die in der Schule erlebten Zeitspannen kann sich förderlich auf die angestrebte Entwicklung eines Zeitgefühls auswirken.

Übungen am Stundenplan

Wie viele Schulstunden hast du täglich?
Montag: 8.45 – 12.35
Von der 2. bis zur 5. Stunde sind es 4 Schulstunden.

Dienstag: ...

Leistungsstarke Kinder bestimmen auch die sich daraus ergebenden Zeitstunden und Minuten ohne Hilfe. Die leistungsschwächeren können versuchen, die Umwandlung von Schul- in Zeitstunden nach dem in der folgenden Aufgabe beschriebenen Verfahren vorzunehmen.

Wie viele Schulstunden in der Woche hast du bei jeder Lehrerin?

Frau Berner: 6 Schulstunden
Frau Schmidt: ...

Wie viele Stunden und/oder Minuten sind das?

Die Schüler können die Umrechnungsaufgabe bewältigen, indem sie die Zeiger einer Lernuhr pro Schulstunde 45 Minuten weiter drehen, und dabei die übersprungenen vollen Stunden zählen, z. B. für 6 Schulstunden:

→ 1 Schulstunde dauert 45 Minuten

Wenn der Minutenzeiger weitergedreht wird, überspringt er nach 15 Minuten eine volle Stunde.
(1 Stunde)

Er muss noch 30 Minuten weitergedreht werden, dann kann man ablesen, wie lange 2 Schulstunden dauern.

→ 2 Schulstunden dauern 1 Stunde und 30 Minuten
(2 Stunden)

→ 3 Schulstunden dauern 2 Stunden und 15 Minuten
(3 Stunden)

→ 4 Schulstunden dauern 3 Stunden

→ 5 Schulstunden dauern 3 Stunden und 45 Minuten
(4 Stunden)

→ 6 Schulstunden dauern 4 Stunden und 30 Minuten

Mit Hilfe der Lernuhr wurde ermittelt, dass 6 Schulstunden 4 Zeitstunden und 30 Minuten dauern.

Wie viele Minuten fehlen nach jeder Schulstunde bis zur nächsten vollen Zeitstunde? Stelle mit der Lernuhr ein!

1. Schulstunde: 8.45 – 9.00
   → 15 Minuten oder eine Viertelstunde fehlen bis 9.00 Uhr.
2. Schulstunde: 9.30 – 10.00
   → 30 Minuten oder eine halbe Stunde fehlen bis 10.00 Uhr.

Wie viele Minuten Pause hast du an jedem Schultag? Nimm die Lernuhr zu Hilfe!

Montag:
1. Pause: 9.30 – 9.55 → Das ergibt 25 Minuten.
2. Pause: 11.25 – 11.50 → Das ergibt 25 Minuten.

Insgesamt ergeben sich 50 Minuten Pause.

Wie viele Stunden und Minuten Pause hast du in der ganzen Woche?

Gespräche über Anteile von Schulstunden und Pausen bieten sich an: Warum haben wir bei 5 Schulstunden insgesamt mehr als eine Schulstunde Pausenzeit? Das deutliche Herausstellen von notwendigen Entspannungsphasen nach Anstrengungen unterstützt das bewusste Erleben von Zeit und strukturiert den Tagesablauf der Kinder in unterschiedliche Phasen.

Beispiel eines Stundenplans einer 2. Klasse

Zeit	Montag	Dienstag	Mittwoch	Donnerstag	Freitag
1. Stunde 8.00 - 8.45	—	—	Schmidt Förderunterricht	Berner Schwimmen	—
2. Stunde 8.45 - 9.30	Schmidt Mathe	Berner Sport	Schmidt Mathe	Berner Sachunterricht	Berner Sport
1. Pause					
3. Stunde 9.55 - 10.40	Schmidt Deutsch	Schmidt Deutsch	Schmidt Deutsch	Schmidt Deutsch	Schmidt Mathe
4. Stunde 10.40 - 11.25	Schmidt Religion	Schmidt Mathe	Schmidt Musik	Schmidt Mathe	Schmidt Mathe
2. Pause					
5. Stunde 11.50 - 12.35	Schmidt Förderunterricht	Berner Kunst	—	—	Schmidt Religion
6. Stunde 12.35 - 13.20	—	Berner Sachunterricht	—	—	—

Welche Schulstunde, welche Pause beginnt bzw. endet bei den folgenden Uhrzeiten? Zeichne die Zeiger ein! Beantworte die Frage!

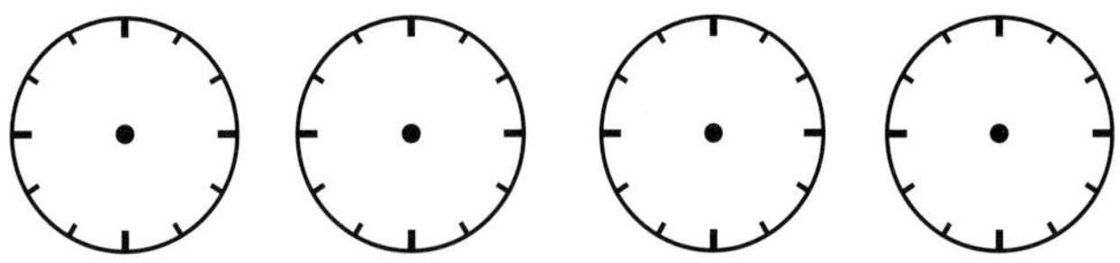

13.20 Uhr Ende 6. Std. | 11.25 Uhr Ende 4. Std. Beginn 2. Pause | 8.45 Uhr Ende 1. Std. Beginn 2. Std. | 12.35 Uhr Ende 5. Std. Beginn 6. Std.

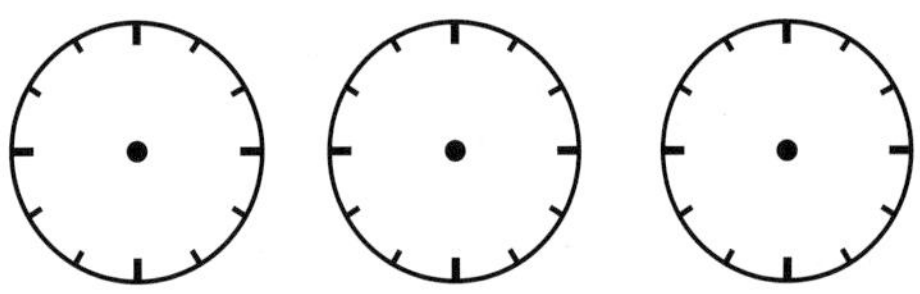

8.00 Uhr Beginn 1. Std. | 9.55 Uhr Ende 1. Pause Beginn 3. Std. | 9.30 Uhr Beginn 1. Pause Ende 2. Std.

4.6.4 Gezielte Übungen an Sachaufgaben

Sachaufgaben/Rechengeschichten zum eigenen Tageslauf schreiben

Die Schüler erhalten ein Zifferblatt mit einer eingetragenen Uhrzeit und ein dazugehöriges Stichwort.

Aufgabe 1: | Aufgabe 2: | Aufgabe 3:

Unterrichtsende | Hausaufgaben | Fernsehen

Die folgende Aufgabe schrieb ein Schüler zum Stichwort „Unterrichtsende" in Aufgabe 1:

„Um 13.20 Uhr war der Unterricht zu Ende. Dann bin ich mit dem Schulbus gefahren. Dann habe ich mit meiner Mutter Reisbrei gegessen."

Die Schüler bekommen eine Zeitspanne genannt und sollen eine Rechengeschichte von ihrem eigenen Tageslauf schreiben, in der die Zeitspanne vorkommt.

Aufgabe 4: 45 Minuten

Aufgabe 5: 2 Stunden

Aufgabe 6: 2 Minuten

Schülerbeispiel zu Aufgabe 6 (2 Minuten):

„Ich wohne in der Nähe der Bushaltestelle und bin in 2 Minuten da. Wie viele Minuten gehe ich in einer Schulwoche zum Bus?"

Es ist vorteilhaft, die selbst geschriebenen Aufgaben in der Klasse untereinander paarweise auszutauschen. Wenn ein anderes Kind die Aufgabe lösen soll, kommen automatisch Gespräche über die Aufgaben zustande. Das Kind, das die Aufgabe lösen soll, stellt Rückfragen an den Schreiber. Zu Aufgabe 1 z. B.: „Was soll ich denn da rechnen?"/„Wie lange bist du denn mit dem Bus gefahren?"/„Weißt du noch, wann du gegessen hast?" Nachdem die Schüler erkannt haben, dass die selbst geschriebene Aufgabe zu wenige Angaben für eine rechnerische Lösung enthält, sollen sie die Aufgabe so verändern, dass eine rechnerische Lösung möglich ist. Der Schreiber von Aufgabe 6 wird ggf. gefragt, ob er auch an den Hin- und Rückweg gedacht hat.

Erfahrungen im Unterricht haben gezeigt, dass Kinder sich intensiver mit selbst geschriebenen Aufgaben auseinander setzen als z. B. mit Schulbuchaufgaben. Vielleicht liegt es daran, dass Schüler selbst geschriebene Aufgaben mehr als unfertige Produkte ansehen, an denen noch gefeilt werden kann, während sie Schulbuchaufgaben als fertige Endprodukte betrachten, die perfekt sind. Bleibt zu hoffen, dass der kritische Blick, den Kinder bei selbst geschriebenen Aufgaben entwickelt haben, sich auch auf andere Aufgaben beim Sachrechnen überträgt.

Fragen stellen

Dieter hat um 13.20 Uhr Schulschluss. Er geht zum Mittagessen mit zu seinem besten Freund. Nach 15 Minuten sind sie da. Hungrig setzen sie sich an den gedeckten Tisch.

Den Schülern wird es schwer fallen, selbst viele Fragen zu der Aufgabe zu formulieren. Umso wichtiger ist es, dass die Lehrerin im Unterricht zu Sachaufgaben mehrere Fragen formuliert, damit die Schüler sensibel dafür gemacht werden. Die Schüler sollen ihre Antworten mit entsprechenden Textstellen belegen oder erkennen, dass sie zu einigen Fragen keine Antwort im Text finden. Die Lösung der Aufgabe ist dabei zweitrangig.

Mögliche Fragen:

- Hat Dieter einen Freund?
- Hat Dieter seinen Tornister mit?
- Was gibt es zu essen?
- Wie alt ist Dieters Freund?
- Isst Dieter zu Mittag?
- Wann sind beide angekommen?

Eine weitere Übungsvariante:
Lies die Sachaufgabe! Lies jede Frage genau und ordne die Fragen anschließend in die Tabelle!

Ich finde eine Antwort im Text.	Ich finde keine Antwort im Text.
Hat Dieter einen Freund? Isst Dieter zu Mittag? Wann sind beide angekommen?	Hat Dieter seinen Tornister mit? Was gibt es zu essen? Wie alt ist Dieters Freund?

Die Fragen müssen nicht zwingend in eine solche Tabelle eingetragen werden. Es bietet sich auch an, die Textstellen zu unterstreichen, die die Antworten auf eine Frage belegen.

Die Schüler sollen anhand dieser Übungen lernen, Sachsituationen zu durchdringen und vom unreflektierten Lösen einer Sachaufgabe abgehalten werden. Hierzu eignet sich jede Schulbuchaufgabe. Sachaufgaben aus alten Schulbüchern werden ausgeschnitten und auf Karteikarten geklebt. Die Lehrerin oder Schüler schreiben viele Fragen darunter. Als letztes wird der Auftrag für die Schüler auf die Karte geschrieben. Nach und nach entsteht eine Kartei zum Sachrechenunterricht, die sinnvolle Übungen zum genauen Lesen und Sinnentnehmen enthält.

Kapitänsaufgaben einsetzen

Kinder neigen dazu, aus gegebenen Zahlen gesuchte Zahlenwerte zu berechnen, ganz gleich, ob es sinnvoll ist oder nicht. Dieses Verhalten wird sicherlich durch einen Unterricht verstärkt, in dem nur Sachaufgaben vorkommen, die eine rechnerische Lösung haben müssen. Eine Möglichkeit, dem Fehlverhalten der Schüler entgegenzuwirken, besteht darin, sinnlose Kapitänsaufgaben häufig im Unterricht einzusetzen.

Beispiele:

Ein Ei kocht 5 Minuten. Wie lange kochen 4 Eier?

Für den Weg zum Musikraum braucht Britta 4 Minuten. Welche Zeit benötigen Britta und Bianca für den Weg?

Britta macht zuerst Hausaufgaben. Um 15.00 Uhr geht sie zu ihrer Freundin zur Geburtstagsfeier. Als sie mit ihren Hausaufgaben fertig ist, ist es 16.30 Uhr. Wie lange hat sie Geburtstag gefeiert?

Die Schüler bekommen eine der Sachaufgaben. Entweder erkennen sie die Sinnlosigkeit der Aufgabenstellung selbst oder sie wird ihnen mitgeteilt. Anschließend erhalten sie z. B. folgenden Auftrag:

Mache aus der Kapitänsaufgabe eine Aufgabe, bei der du eine Frage stellst, die du mit Hilfe des Textes beantworten kannst!

Britta geht um 15.00 Uhr zu ihrer Freundin zum Geburtstag. Um 19.30 Uhr kehrt sie nach Hause zurück. Wie lange hat sie Geburtstag gefeiert?

Genauso wichtig, wie es ist, sinnlose Aufgabenstellungen in Sachaufgaben zu erkennen, ist es auch, Sachaufgaben in sinnlose Aufgaben zu verwandeln. Damit wird der Einsatz von Kapitänsaufgaben zu einer Art Bearbeitungshilfe. Schließlich sind Kapitänsaufgaben nicht dazu da, Kinder hereinzulegen.

Verändere die Sachaufgabe so, dass eine Kapitänsaufgabe daraus wird! Leg sie dann einem Mitschüler vor und sprich mit ihm darüber.
Beispiel:

Dieter hat um 13.20 Uhr Schulschluss. Er geht zum Mittagessen mit zu seinem besten Freund. Nach 15 Minuten sind sie da.

Modifizierte Aufgabe:

Dieter hat um 13.20 Uhr Schulschluss. Er geht zum Mittagessen mit zu seinem besten Freund. Nach 15 Minuten sind sie angekommen.

4.7 Mini-Projekte

Schule hat u. a. die Aufgabe, Schülern geeignete Themenstellungen anzubieten, die sie anregen, das ihnen vermittelte Fachwissen in den einzelnen Fächern miteinander zu vernetzen oder notwendige Transferleistungen zu erbringen. Fächerverbindender Unterricht geht von der Lebenswirklichkeit der Kinder aus und zerlegt die Wirklichkeit nicht in voneinander getrennte Ausschnitte. Im Projektunterricht werden neben inhaltlichen Zielen auch wichtige soziale Ziele verfolgt. Die Schüler sollen lernen

- zunehmend selbstständig zu planen und zu arbeiten,
- Informationen einzuholen, auszuwerten und zu bewerten,
- zu kooperieren, sich gegenseitig zu ergänzen und zu bereichern,
- sich selbsttätig mit einer Aufgabenstellung auseinander zu setzen,
- im gegenseitigen Austausch Lösungen zu finden und zu interpretieren,
- Transferleistungen auf andere Bereiche zu erbringen.

Bei projektartigem Lernen erhält das Kind die Möglichkeit, Themen aus seiner Lebenswirklichkeit mit Kopf, Herz und Hand zu bearbeiten. Ein Sachrechnen im Dienste der Umwelterschließung, das diese Merkmale aufweist, lässt sich gut in Mini-Projekten realisieren.

4.7.1 Das bin ich

Ein neues Schuljahr beginnt, die Zweitklässler sind nicht mehr die Kleinen. Erwartungsvoll kommen sie zum Schuljahresbeginn in die Schule. Im 1. Schuljahr wurden bereits Bilder mitgebracht, die Familie stand schon im Mittelpunkt der Gespräche. Diese Erinnerungen werden wachgerufen und zum Anlass genommen, sich an die Zeit seit dem Schulanfang zu erinnerm, um auf einer weiteren Stufe daran anschließen zu können. Ein Wissen von der eigenen Biografie kann auf dieser Altersstufe bereits angebahnt werden.

Auf einem Lebenslauf-Blatt (vgl. **Kopiervorlage SR 9**) oder auf einem 8-blättrigen Leporello kann jedes Kind seine Lebensgeschichte in Bild oder Schrift festhalten, und so dokumentieren, an was es sich selbst erinnert, oder was es aus Erzählungen von Verwandten erfährt. Die Kinder können als Hausaufgabe bekommen, ihren eigenen Lebenslauf mit elterlicher Hilfe oder anhand von Erzählungen von Verwandten aufzuschreiben und Bilder dazu mitzubringen.

Unter sozialen Gesichtspunkten ist das Thema sicher kritisch zu sehen. Die Lehrerin muss ein Gespür dafür entwickeln, was sie in ihrer Lerngruppe vertiefen, lieber behutsam oder besser gar nicht anschneiden sollte. Es ist ratsam Vorhaben wie diese, die die private Intimsphäre betreffen, auf einem Elternabend vorzustellen und die Meinung der Erziehungsberechtigten dazu zu hören.

Eventuell wird eine Geburtsanzeige mitgebracht, der Verwandtschaftsbeziehungen entnommen werden können.

Leifs Geburtsanzeige

Die Schüler erzählen, was sie der Geburtsanzeige entnehmen können:

- großer Sohn: Jan
- kleiner Sohn: Leif
- Mutter: Sonja
- Vater: Christian
- Sonja und Christian haben einen weiteren Sohn, Leif, bekommen. Sie sind die Eltern.
- Christian ist der Mann von Sonja und der Vater von Jan und Leif.
- Sonja ist die Frau von Christian und die Mutter von Jan und Leif.
- Sonja und Christian haben schon einen großen Sohn, Jan.
- Jan hat einen Bruder bekommen. Jan ist der Bruder von Leif und Leif ist der Bruder von Jan.

Die Verwandtschaftsbeziehungen werden nicht nur benannt, sondern in einem Rollenspiel verkörpert. Jedes der mitspielenden Kinder bekommt ein Band um den Hals gelegt, an dessen Enden je eine Wäscheklammer angebracht ist. Mit Hilfe dieser Wäscheklammern werden die entsprechenden Namensschilder Jan, Christian, Sonja und Leif befestigt. Die vier Kinder nehmen im Innenbereich des Stuhlkreises Platz und setzen sich gegenüber. In der Mitte auf dem Boden liegt ein Wollknäuel. Jan bekommt es z. B. als Erster. Die im äußeren Kreis sitzenden Schüler geben jetzt Verwandtschaftsbeziehungen an, die mit Hilfe des Wollfadens dargestellt werden:

- Jan ist der Sohn von Christian. (Jan wirft das Wollknäuel zu Christian.)
- Christian ist der Vater von Leif. (Christian wirft das Knäuel zu Leif)
- Leif ist der Bruder von Jan.
- Jan ist der Sohn von Sonja.

Ein gezeichnetes Pfeildiagramm ist zu unübersichtlich für Kinder eines 2. Schuljahres. Das Wollfaden-Rollenspiel kann mehrfach mit anderer Besetzung durchgespielt werden und hat den Vorteil, dass es fortgesetzt werden kann, indem die Wolle wieder aufgewickelt und damit die Verwandschaftsbeziehungen als Umkehrrelationen erneut benannt werden:

- Sonja ist die Mutter von Jan. (Sonja wirft die Wolle zu Jan.)
- Jan ist der Bruder von Leif. (Jan wirft die Wolle zu Leif.)
- Leif ist der Sohn von Christian.
- Christian ist der Vater von Jan.

Anhand der Geburtsanzeige kann ebenso über Altersunterschiede gesprochen werden. Als Hausaufgabe können die Schülerinnen das Alter ihrer Eltern und Geschwister aufschreiben. Auch an dieser Stelle muss die Lehrerin sensibel mit Daten aus dem Privatleben der Kinder umgehen, offen für Einwände sein und Ablehnung tolerieren.

Wie alt sind die Familienmitglieder im April 1997?

Leif:	8 Jahre
Bruder Jan:	11 Jahre
Mutter:	36 Jahre
Vater:	35 Jahre

Leif kann sagen: „Mein Bruder ist 3 Jahre älter, meine Mutter 28 Jahre älter und mein Vater 27 Jahre älter als ich.

Wie war das bei meiner Geburt 1988? Wie war das im Jahr meiner Einschulung 1995, wie ist das im Jahr 2000?" Die Altersunterschiede bleiben immer gleich.

Wie alt waren der Bruder, die Mutter, der Vater bei Leifs Geburt oder im Jahr der Einschulung? Wie alt werden alle im Jahr 1998 und im Jahr 2000?

Name	1988	1995
Leif	0 Jahre	7 Jahre
Bruder Jan	3 Jahre	10 Jahre
Mutter Sonja	28 Jahre	35 Jahre
Vater Christian	27 Jahre	34 Jahre
Name	1998	2000
Leif	10 Jahre	12 Jahre
Bruder Jan	13 Jahre	15 Jahre
Mutter Sonja	38 Jahre	40 Jahre
Vater Christian	37 Jahre	39 Jahre

Einige interessante Fragestellungen dazu an Leif:

- Ist es möglich, dass dein Bruder doppelt so alt wie du sein kann?
- Kannst du mit deinem Vater zusammen 60 Jahre alt sein?
- Ist es möglich, dass deine Mutter doppelt so alt wie du sein kann?
- Kannst du mit deinem Bruder zusammen 20 oder 50 Jahre alt sein?
- Können deine Eltern zusammen 100 Jahre alt sein?

Den Schülern wird geraten, eine Tabelle anzulegen, damit sie leichter Antworten auf die Fragen finden.

Jahr	1988	1989	
Leif	0 Jahre		
Jan	3 Jahre		
Mutter	28 Jahre		
Vater	27 Jahre		

Es ist ratsam, keine weiteren Jahreszahlen vorzugeben. Die Schüler haben ohne Jahresvorgaben die Möglichkeit, ökonomischere Strategien anzuwenden, indem sie z. B. das Alter gleich in Abständen von 5 Jahren und nicht sukzessive in einjährigen Abständen bestimmen. Wünschenswert wäre, dass einige Kinder die gefundenen Antworten auch noch begründen können.

Weitere Angaben über ihre Person können die Kinder in Form eines Steckbriefes (Deutschunterricht) zusammenfassen. Eine Vereinheitlichung in 10 Punkten wird angestrebt. Darüber hinaus kann jedes Kind den Steckbrief nach eigenen Prioritäten ausweiten.
Gesucht wird:

1. Wie heiße ich?
2. Wo wohne ich?
3. Wie alt bin ich?
4. Wie groß bin ich?
5. Wie viel wiege ich?
6. Welche Telefonnummer habe ich?
7. Wie viele Geschwister habe ich?
8. Welches ist mein Lieblingsfach?
9. Welches ist mein Lieblingstier?
10. Welche Hobbys habe ich?

Mit dieser Datensammlung lassen sich zahlreiche Untersuchungen anstellen, die mehrere Größenbereiche miteinander in Beziehung setzen (vgl. Handbuch für das 1. Schuljahr, S. 165 f.). Aber auch kleine Rätsel können anhand der ausgestellten Steckbriefe gestellt werden.

Errätst du, wer es ist?

- Sein Lieblingstier ist ein Meerschweinchen. Er ist größer als 1m 20 cm und in seiner Telefonnummer ist die 844 versteckt.
- Ihr Hobby ist Schwimmen. Sie ist 1 Jahr älter als Lisa und ihr Vater heißt Rudolf.

Im Sinne ganzheitlichen Lernens kann eine „ICH-BIN-ICH"-Figur im Kunst- oder Religionsunterricht gebastelt werden.

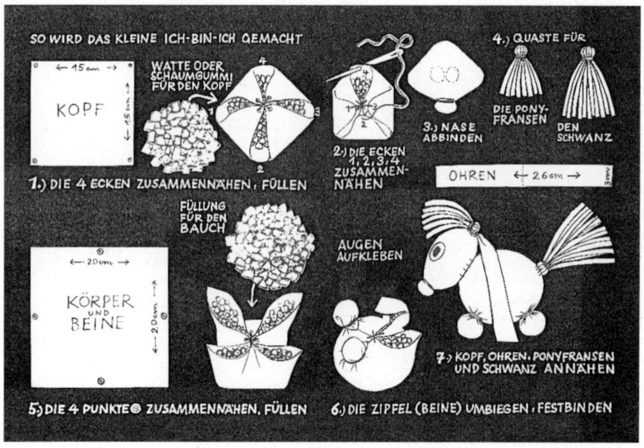

Aus: Lobe, M. (1972): Das kleine Ich bin Ich. München: Jungbrunnen.

In Musik kann beispielsweise das Lied „Ich bin ich" gesungen werden.

Ich bin ich © Text und Melodie: Rudolf Stiens

Im Folgenden soll das Wachstum der Schüler im 2. Schuljahr als Lernanlass im Mittelpunkt stehen unter der Fragestellung: Wie schnell wachse ich im Laufe des 2. Schuljahres?

Damit am Schuljahresende auf reale Daten zurückgegriffen werden kann, wird die Vereinbarung getroffen, dass sich jedes Kind an jedem 1. des Monats misst und die Größe in seine Wachstumstabelle einträgt.

Leifs Wachstumstabelle

Monat	Körpergröße	Wachstum
September	1m 22 cm	
Oktober	1m 22 cm	
November	1m 22 cm	
Dezember	1m 24 cm	2 cm
Januar	1m 25 cm	1 cm
Februar	1m 26 cm	1 cm
März	1m 27 cm	1 cm
April	1m 27 cm	
Mai	1m 27 cm	
Juni	1m 28 cm	1 cm
		insgesamt 6 cm

Wenn am Schuljahresende die Eintragungen in den Tabellen miteinander verglichen werden, können Kinder z. B. feststellen, dass einige Mitschüler in dem zurückliegenden Zeitraum fast überhaupt nicht gewachsen sind und dass andere wiederum sehr viel gewachsen sind. Eventuell sind an einer Tischgruppe nur die Kleineren viel gewachsen oder in einer weiteren Gruppe gerade die Großen. Leif erzählt: „Ich bin in diesem Schuljahr 6 cm gewachsen, am meisten im Winter." Er kann sein Geburtsgewicht von der Geburtsanzeige ablesen. Deswegen kann er auch der Frage nachgehen: „Wie groß wäre ich jetzt, wenn ich jedes Jahr 6 cm gewachsen wäre? Bei meiner Geburt war ich 53 cm groß." Leif nimmt einen Zollstock. Er beschriftet kleine Klebeetiketten oder Büroaufkleber mit den Jahreszahlen 1988 bis 1997. Das Etikett mit seinem Geburtsjahr 1988 klebt er auf die 53-cm-Markierung am Zollstock, 1989 auf die 59-cm-Markierung usw. Das Etikett mit 1997 wird auf die 107-cm-Markierung geklebt.

Leif kann die Ausgangsfrage beantworten: „Wenn ich jedes Jahr 6 cm gewachsen wäre, wäre ich jetzt erst 1m 7cm groß." Die anderen Kinder verfahren wie Leif. Schließlich werden einige Ergebnisse vorgestellt und Vermutungen über Wachstumsraten angestellt.

4.7.2 Mein Kalender/Mein Jahreslauf

Die Kinder sollen in diesem fächerverbinden Mini-Projekt Kenntnisse erwerben über

- Wochentage und deren Namen,
- die korrekte Form von Datenangaben,
- Monate und deren Namen,
- Besonderheiten einiger Monate und Tage,
- Brauchtümer im Laufe des Jahres,
- die Jahreszeiten,
- den Aufbau des Kalenders.

Der Jahresanfang während des 2. Schuljahres ist ein geeigneter Zeitpunkt, den Kalender und die mit dem Jahreslauf verbundenen 4 Jahreszeiten, 12 Monate, 52 Wochen oder 365 (366) Tage zu thematisieren. Ein Abreißkalender, an dem z. B. bereits die ersten 7 Ferientage abgerissen werden, wenn der 1. Schultag im neuen Jahr beginnt, hat einen hohen Aufforderungscharakter. Täglich wird ein neues Kalenderblatt abgerissen und das Datum an die Tafel geschrieben. Die Kinder sprechen dazu.

> Welcher Tag ist heute?
> → Heute ist Montag, der 7. Januar/ Mo, 7. 1. 1996.
>
> Welcher Tag war gestern?
> → Gestern war ...
>
> Welcher Tag ist morgen?
> → ...

Die abgerissenen Kalenderblätter werden nicht weggeworfen, sondern als vergangene Tage auf eine Pappe geklebt, sodass ein Gesamtüberblick jedes Monats zur Verfügung steht. Darauf können wichtige Ereignisse der Klasse eingetragen werden. Die Möglichkeiten des Aufhängens im Klassenraum sind begrenzt. Wünschenswert wäre, dass dennoch wenigstens drei Monatsblätter nebeneinander aufgehängt werden, damit man Vergleiche anstellen und die Anzahl der Tage und Wochen eines Vierteljahres darstellen kann.

Kalenderblätter vom Januar 1996

Mo	Di	Mi	Do	Fr	Sa	So
1 Neujahr	2 Annikas Geburtstag	3	4	5	6	7
8 1. Schultag	9	10	11	12 Schneeman gebaut	13	14
15	16	17	18	19 Gem. Frühstück	20	21
22	23	24	25	26 Halbjahres-Zeugnis	27	28
29	30	31				

Folgende Bereiche können angesprochen und anhand der Monatsübersichten belegt werden:

- Der Januar hat 31 Tage oder vier volle Wochen bzw. 28 Tage und 3 Tage gedauert.
- Wie viele Tage, Sonntage, schulfreie Tage hatten wir im Januar?
- Heute ist Montag, der 15. Januar. Wie viele Tage sind es noch bis zum Monatsende?
- Wie viele Tage sind seit Annikas Geburtstag vergangen?
- Wie viele Tage sind es von Annikas Geburtstag noch bis zum 9. Februar? Fällt der auch auf einen Dienstag?
- Welcher Wochentag ist der 8. Januar?
- Schreibe die Daten der Donnerstage der Reihe nach auf. Was fällt dir auf? Das 7-ner Muster einer Woche wird herausgestellt und das Einmaleins der 7 aufgegriffen.
- Der 8. Januar war ein Montag. Wie heißen die weiteren Montage im Januar? 15., 22., 29. Januar. Wie geht es im Februar weiter?

Weitere Übungsangebote:

Wie viele Tage sind vergangen in
3 Wochen, 6 Wochen oder 9 Wochen?

Wie viele Wochen sind vergangen innerhalb von
14 Tagen, 28 Tagen, 23 Tagen, 10 Tagen oder 56 Tagen?

Schreibe den Wochentag und das Datum!

vor einer Woche	gestern	heute	morgen	in einer Woche
		Do, 11. Januar		
		So, 28. Januar		

Im Musikunterricht könnten die Lieder „Und wer im Januar geboren ist" (Wolf 1978) sowie „Ich lieb den Frühling" (Küntzel 1995) gesungen werden. Beide eignen sich gut dazu, Gelerntes zum Thema Jahreszeiten zu festigen.

Und wer im Januar geboren ist volkstümlich

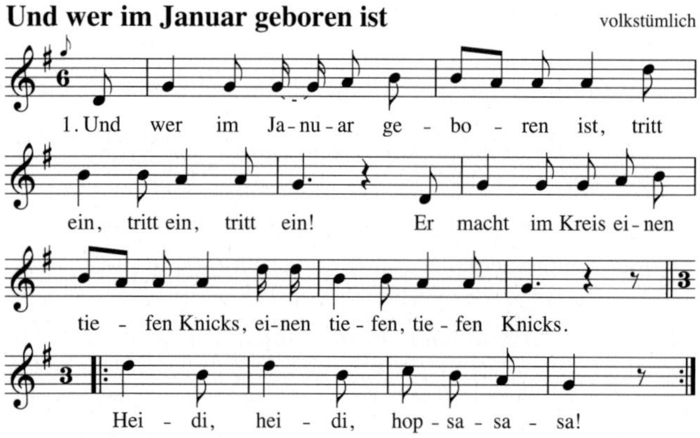

2. Und wer im Februar geboren ist ...

Ich lieb' den Frühling

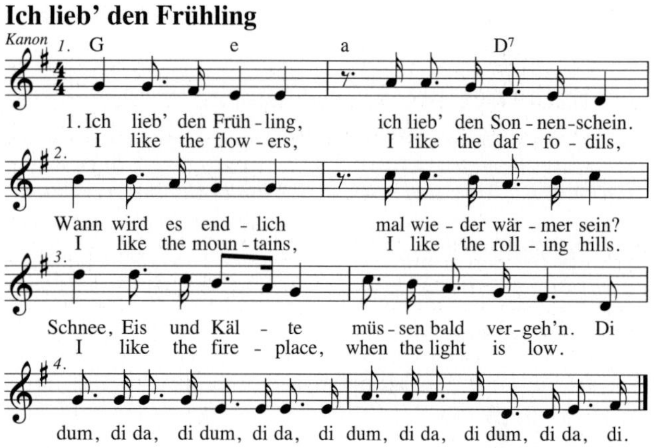

Aus: Küntzel, B./Lugert, W.-D. L. (1995): Kolibri – Das Musikbuch 3/4. Hannover: Metzler.

Durch Hüpfspiele (vgl. Handbuch für das 1. Schuljahr, S. 118) auf dem Schulhof können sich die Kinder die richtige Reihenfolge der Wochentage eingeprägen.

Die Kinder bringen Jahresmonatskalender mit. Kalender, die am Jahresende häufig als Zeitungsbeilagen versendet werden, sind für den Einsatz im 2. Schuljahr besser geeignet als Taschenkalender, weil sie ein größeres Format haben und dadurch übersichtlicher sind.

Die Länge der Monate kann man sich mit der bekannten Faustregel merken: *Alle Monate auf den Handknöcheln haben 31 Tage, alle Monate zwischen den Knöcheln haben 30 Tage, der Februar hat 28 und im Schaltjahr 29 Tage.*

Nachdem jedes Kind die Geburtstage aller Schüler auf seinen Jahresmonatskalender übertragen hat, finden Übungen statt, die der Orientierung im Kalenderjahr dienen.

Orientierung im Kalenderjahr

- Wann hat Annika Geburtstag? Schreibe das Datum!
  Dienstag, 9. Januar, 9. 1. 1996
- Wann haben die anderen Kinder Geburtstag? Schreibe den Wochentag und das Datum auf!
  Simone: Freitag, den 12. Januar, 12. 1. 1996
- Wähle zwei Kinder aus. Beschreibe mit Worten, wie weit ihre Geburtstage (ungefähr) auseinanderliegen!
  Simone hat 3 Tage später als Annika Geburtstag.
  Peter hat 10 Tage später Geburtstag als Annika.
  Herbert hat eine Woche früher als Annika Geburtstag.
  Lisa hat zwei Wochen früher Geburtstag als Peter.
  Alex hat einen Monat später Geburtstag als Annika.

Schau auf den Kalender! Beschreibe den Tag und notiere das Datum!

- 4. Januar
  Weihnachtsferien, Donnerstag, 4. 1. 1996
- 26. Januar
  Halbjahreszeugnisse, Schultag, Freitag, 26. 1. 1996

Rätsel schließen sich an:

SCHÜLER A: *„Ich habe in einem Monat mit 31 Tagen Geburtstag, da ist es meistens warm."*

Schüler B: „Mai, Juli, August? Beschreibe ihn genauer!"

A: „Er hat 3 Buchstaben."

B: „Mai."

12 Kärtchen mit den Monatsnamen liegen verdeckt in einer Kiste. Ein Kind zieht ein Kärtchen, die anderen Kinder müssen den Monat mit möglichst wenig Fragen erraten. Die Kinder lernen spielerisch Besonderheiten und Feiertage der Monate kennen.

Es hat sich bewährt, einmal im Monat einen Unterrichtsgang zu machen, der immer den gleichen Weg entlang führt, damit jahreszeitliche Veränderungen an Blumen und Pflanzen wahrgenommen werden können. Die Schüler beschränken sich auf einen kleinen Ausschnitt der Natur, z. B. eine Kastanie, und beobachten ihn. Der Unterrichtsgang wird zwölfmal wiederholt und die dabei gemachten Beobachtungen werden in die Jahresuhr eingetragen (**Kopiervorlage SR 10**). Die aufgenommenen Eindrücke sollen helfen, das Jahr mit seinen jahreszeitlich bedingten Besonderheiten strukturieren zu lernen.

Im Unterricht können Gruppen gebildet werden, die unterschiedliche Aufgaben erfüllen. Eine Schülergruppe schreibt z. B. Fragen und dazugehörige Antworten, die sie den für die Klassenbibliothek mitgebrachten Sachbüchern entnimmt, auf Karten. Durch das Herstellen von Frage- und Antwortkarten eignen sich die Schüler sachliches Hintergrundwissen über den Jahreslauf an. Mitschüler benutzen die Karten und versuchen die richtigen Frage- und Antwortpaare zu finden.

Mit Hilfe der **Kopiervorlage SR 11** kann ein Frage-Antwort-Spiel hergestellt werden. Es gibt verschiedene Möglichkeiten der Herstellung.

1. Möglichkeit:
Man schneidet die obere Hälfte mit den 12 Fragekarten sowie die untere Hälfte mit den 12 Antwortkarten in einem Stück aus. Danach klebt man die untere Hälfte auf die Rückseite der oberen Hälfte, sodass sich die Antworten zur Selbstkontrolle für die Schüler auf der Rückseite der Fragen befinden. Erst jetzt werden die 12 Karten zerschnitten und in einem Briefumschlag aufbewahrt. Damit das Frage-Antwort-Spiel stabiler wird, kann man die Kopiervorlage auch, bevor man anfängt auszuschneiden, mit Pappe verstärken.

2. Möglichkeit:
Die Kopiervorlage wird aus Stabilitätsgründen auf Pappe geklebt. Danach schneidet man sowohl die 12 Frage- als auch die 12 Antwortkarten einzeln aus. Bei dieser Variante besteht keine Möglichkeit der Selbstkontrolle. Die Schüler müssen passende Frage-Antwortpaare finden. Sie können ihre Lösungen am Kalender kontrollieren.

Eine weitere Schülergruppe bastelt eine Jahresuhr. Besondere Ereignisse des Monats werden darauf eingetragen oder für den Monat Typisches wird gebastelt und aufgeklebt. Mit Hilfe der Jahresuhr können die Schüler Fragen der folgenden Art beantworten:

- Es ist Herbst. Welche Jahreszeit folgt? Welche war vorher?
- Wir haben September. Welcher Monat war davor? Welche Monate folgen bis ans Jahresende?
- Wie heißen die Sommermonate ?

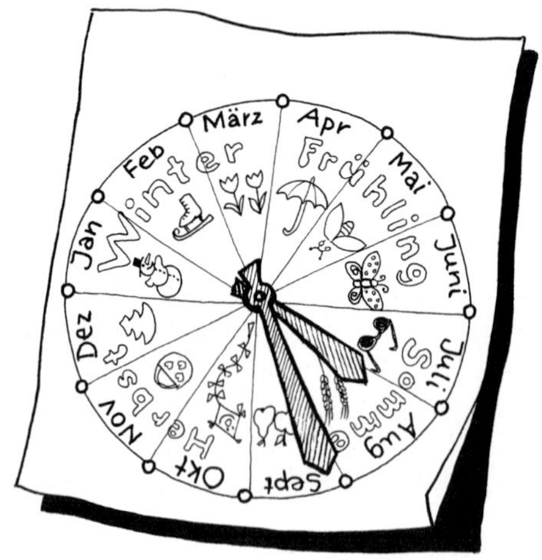

Eine dritte Gruppe legt eine Zeitleiste an, die für alle sichtbar auf dem Schulflur aufgehängt wird. Auf dieser Zeitleiste wird das Klassenschuljahr dargestellt. Schulische Aktivitäten wie Vorführungen, Feste oder Ausflüge sowie Geburtstage und Ferienzeiten werden dort notiert. Bilder werden zur Erinnerung dazugehängt.

Eine vierte Gruppe legt ggf. einen Geburtstagskalender für die Klasse an.

Das beschriebene Projekt „Mein Kalender/Mein Jahreslauf" wird etwa einen 14-tägigen Zeitraum umfassen. Allerdings werden bestimmte Rituale am Monatsbeginn oder beim Jahreszeitenwechsel sowie das Nennen und Schreiben des Tagesdatums das ganze 2. Schuljahr über beibehalten.

Mit dem Lied „Die Jahresuhr" und dem dazu passenden Video von Rolf Zuckowski (1993) lässt sich die Reihenfolge der Monate recht gut einprägen. Notenhefte dazu sind zu beziehen im Musikverlag Hans Sikorski, Johnsallee 23, 20148 Hamburg.

Die Jahresuhr:

„Januar, Februar, März, April,
die Jahresuhr steht niemals still.
Mai, Juni, Juli, August,
weckt in uns allen die Lebenslust.
September, Oktober, November, Dezember,
und dann und dann,
fängt das Ganze schon wieder von vorne an."

Aus: Zuckowski, R. (1993): Rolfs Liederkalender. Hamburg: Polydor.

Am Ende des Kalenderjahres werden die zusammengeklebten Monatsblätter (s. o.) nebeneinander gelegt, um alle 365 Tage bzw. 52 Wochen vor Augen zu haben. Man kann sehen, welche Monate die längsten sind oder welcher Monat der kürzeste ist. Damit die Schüler die richtige Reihenfolge der Monate lernen, können folgende Übungen hilfreich sein:

- Die Reihenfolge der Monatsblätter wird verändert. Die Schüler stellen sie richtig.
- Einige Monatsblätter werden umgedreht oder entfernt. Die Kinder müssen die fehlenden benennen.
- Die letzte Kalenderblattreihe eines Monatsblattes wird umgeknickt. Die Schüler müssen wissen, wie viele Tage der Monat hat.
- Die Monatsblätter werden zu vier Jahreszeitenblöcken zusammengefasst. Dabei müssen die Schüler beachten, dass Jahreszeitenwechsel mitten im Monat stattfinden. Das hat zur Folge, dass z. B. der März sowohl zum Winter- als auch zum Frühlingsblock gehört.

Fächerübergreifende Übungsmöglichkeiten für den Deutschunterricht

- Die richtige Schreibweise der Tages- und Monatsnamen sowie der Jahreszeiten wird geübt.
- Wortfamilien werden zusammengestellt: Es werden Namenwörter angeboten, mit denen zusammengesetzte Nomen gebildet werden.
  Morgen, Abend, Wetter, Himmel, Nebel, Sonne, Nacht → Septembermorgen, Septembernebel, Septemberwetter
- Fehlende Selbstlaute müssen eingesetzt werden:
  Mntg, Jnr, Frtg, Dzmbr → Montag, Januar, Freitag, Dezember
- Pro Monat schreiben jeweils zwei Kinder eine Monatsgeschichte, die am Ende des Monats vorgelesen wird.
- Ein mit Lücken versehenes Jahreszeiten-Gedicht wird von Schülergruppen vervollständigt.

Auf **Kopiervorlagen SR 12 und SR 13** wird ein Jahreszeiten-Gedicht angeboten. Jede Kopiervorlage wird in 2 Teile zerschnitten (jeder Teil entspricht einer Jahreszeit). Jeder Gruppe wird ein Teil ausgehändigt. Die Schüler schneiden sowohl die 3 Monatsteile als auch die in den Kästen angebotenen Wörter aus. Die Schülergruppen müssen nun die ausgeschnittenen Wörter in die richtigen Lücken kleben und die Monatsverse in die richtige Reihenfolge bringen. Zum Schluss lernt jede Gruppe ihre Jahreszeitenstrophe auswendig und trägt sie vor.

4.7.3 Unsere Klasse in Zahlen

Mit den Daten, die jedes Kind von sich als Steckbrief zusammengestellt hat, kann im Sachrechenunterricht handlungsorientiert umgegangen werden. Ziel ist, möglichst viele Informationen von der Klasse übersichtlich darzustellen. Der Unterricht wird bei diesem Lernanlass so organisiert, dass Schülergruppen an unterschiedlichen Fragestellungen arbeiten und ihren Mitschülern die Produkte am Ende vorstellen.

Folgende Vorgehensweise ist denkbar:
Die Schüler oder die Lehrerin schlagen Fragestellungen vor, die sich entweder aus den Steckbriefen der Kinder ableiten oder die darüber hinaus möglichst viele Kinder interessieren:

- Welche Buchstaben kommen in den Vornamen am meisten vor?
- Aus welchen Wohnorten kommen die meisten Kinder?
- Welches Alter haben die meisten Kinder der Klasse?
- Welche Größe haben die meisten Kinder der Klasse?

- Welches Gewicht haben die meisten Kinder der Klasse?
- Welche Ziffern kommen in unseren Telefonnummern am häufigsten vor?
- Wie viele Geschwister haben die meisten Kinder?
- Welche Schuhgröße haben die meisten Kinder der Klasse?
- Welche Haustiere werden am meisten gehalten?
- Welche Hobbys werden in der Klasse am meisten ausgeübt?
- Welche Lieder werden am liebsten gehört?
- Welche Bücher werden am liebsten gelesen?
- Wie viele Kinder haben welche Schwimmabzeichen erworben?
- Welches sind die Lieblingsfächer in der Klasse?

In einem nächsten Schritt wählen Schülergruppen einen Schwerpunkt aus, den sie bearbeiten möchten. Nachdem eine Themenauswahl getroffen wurde, werden Namenslisten der Schüler ausgeteilt. In diese Listen trägt jedes Kind seine Merkmale ein.

Beispiel für die beiden Fragestellungen:

Wie viele Kinder haben welche Schwimmabzeichen erworben?/Welches sind die Lieblingsfächer in der Klasse?

Name	Lieblingsfach	Schwimmabzeichen
René	Sport	keins
Marian	Mathematik	Seepferdchen
Anke	Sachunterricht	Seepferdchen
Dilek	Musik	Bronze

Die Schülergruppe, die sich mit den Schwimmabzeichen beschäftigen möchte, wird z. B. durch die Lehrerin angeregt, die Anzahl der Schwimmabzeichen in eine Strichliste, in eine Strichmännchen-Darstellung, die in Band 1 (S.165) als „anschaulicheres" Streifendiagramm bezeichnet wird, oder in ein Säulendiagramm zu übertragen.

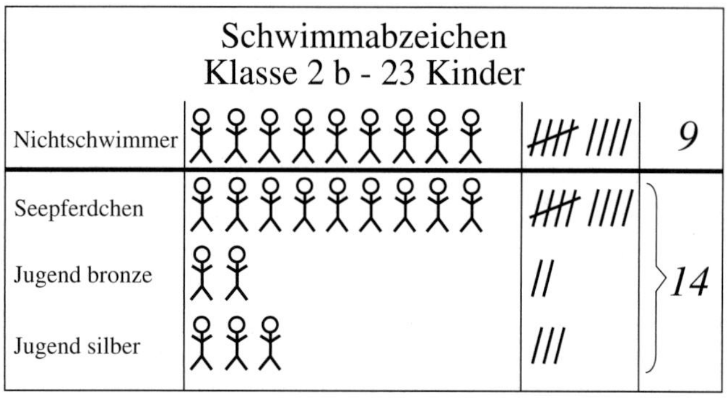

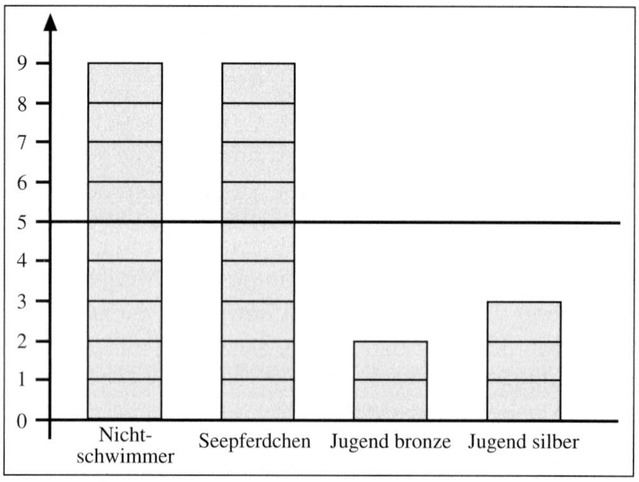

Die Grafik über die Schwimmabzeichen kann im Laufe des Schuljahrs dynamisch fortgeschrieben werden, indem Nichtschwimmer weggestrichen oder überklebt werden und weitere Schwimmer hinzugemalt werden, wenn weitere Abzeichen erworben werden.

Die Gruppe, die die Lieblingsfächer der Klasse herausfinden und die Mitschüler darüber informieren möchte, kann angeregt werden, ein Säulendiagramm mit Symbolen auf ein großes Pappposter zu übertragen. Die Kinder malen ein lachendes Gesicht für jede Positivnennung.

Welches sind die Lieblingsfächer in der Klasse?

Deutsch	Kunst	Mathematik	Musik	Religion	Sachunterricht	Sport
						☺
		☺				☺
		☺			☺	☺
	☺	☺			☺	☺
☺	☺	☺		☺	☺	☺
☺	☺	☺	☺	☺	☺	☺
II	III	IIII/	I	II	IIII	IIII/ I

Besonders wichtig sind die gemeinsamen Phasen, in denen die Kinder ihre Form der grafischen Darstellung, ihre Vorgehensweisen und ihre Erkenntnisse den Mitschülern mitteilen. Nachdem die Schülergruppen die Daten übersichtlich in Schaubilder übertragen haben, stellen sie ihre Ergebnisse vor und erläutern sie der Klasse mit Worten. Evtl. versuchen auch einige Kinder, die Ergebnisse zu interpretieren. Damit die Schaubilder, die auf kleine Blätter gezeichnet sind, ebenfalls für alle Schüler sichtbar, erläutert werden können, werden diese auf Folien kopiert.

Von Vorteil ist, dass die Interpretation der Darstellungen im Unterricht überprüft werden kann. Es sind schnell Seile als Mengendiagramme auf den Fußboden gelegt, in denen sich z. B. Nichtschwimmer, Seepferdcheninhaber oder Freischwimmer aufstellen können, um die Aussagekraft von den erstellten Tabellen, Schaubildern oder Diagrammen zu belegen. Das ist sicherlich eine wichtige Kontrollphase für Kinder im 2. Schuljahr.

Die von den Gruppen erstellten Schaubilder können auf DIN A4 verkleinert und anschließend kopiert werden, damit ein jedes Kind am Jahresende ein Klassenstatistik-Buch bekommen kann.

Welche Ziele werden mit dieser Art von schülerorientiertem Sachrechenunterricht erreicht?

- Mathematische Instrumente helfen den Kindern, ihre Lebenswirklichkeit zu erklären und zu verstehen.
- Durch konkretes Tun werden den Kindern mathematische Grundstrukturen verdeutlicht.
- Sie wenden grundlegende Lösungsstrategien an. Dass bei bzw. parallel zu anwendungsorientiertem Arbeiten auch formales Rechnen intensiv geübt werden muss, versteht sich von selbst. Das wird aber ohnehin im Unterrichtsalltag nicht vernachlässigt, während Unterrichtsformen der beschriebenen Art eher nur sporadisch im Unterricht zu finden sind.

4. 8 Leistungsmessung zum schülerorientierten Sachrechnen

Handlungs- und schülerorientierte Unterrichtsformen verlangen eine pädagogisch orientierte Leistungsmessung, die den Bearbeitungsweg und nicht nur das Endprodukt bewertet. In der Grundschulpraxis dominiert nach wie vor ein ergebnisorientiertes Leistungsverständnis, das auf eindeutig lösbare Aufgaben und Ergebnisse ausgerichtet ist. Gerade im Sachrechenunterricht lernt die Schülerin während ihrer Grundschulzeit, dass jede Aufgabe eine, nämlich genau die in die Aufgabe hineingelegte Lösung hat. Die Schüler lösen in der Regel voneinander isolierte Sachaufgaben. Mit dieser Vorgehensweise werden Schüler jedoch nicht für die Bearbeitung weiterer Sachaufgaben befähigt.

Für die Herausbildung einer Sachrechenkompetenz sind eine Reflexion über Lösungswege sowie das Aneignen vielfältiger Bearbeitungsstrategien notwendig. Genau diese beiden Kriterien sollten zu einer Leistungsmessung und Bewertung in einem schülerorientierten Sachrechenunterricht herangezogen werden.

Es kann nicht sinnvoll sein, bei der Bewertung von schriftlichen Leistungen Lernkontrollen so aufzubauen, dass mehr als ¾ der Lernkontrollen dazu benutzt werden, um zu erfahren, in welcher Zeit das Kind wie viele Ergebnisse richtig aufschreibt. Der klägliche Rest verbleibt für eine Sachaufgabe, an der das Kind beweisen muss, dass es die Aufgabe entkleiden bzw. die Zahlenwerte bloßlegen kann, damit es eine Anwendungssituation für erlernte arithmetische Verfahren vor sich hat.

Beispiel:

16 Äpfel werden an 4 Kinder verteilt.	
Frage:	1 Punkt
Zeichnung:	1 Punkt
Durchaufgabe oder Malaufgabe:	1 Punkt
Antwort:	1 Punkt

Wo wird bei dieser Aufgabe eine eigenständige Denkleistung gefordert? Das Kind, das gut gelernt hat, was die Lehrerin möchte, das das Einüben ähnlicher Schritte zurückerinnern kann, wird das Richtige hinschreiben und die volle Punktzahl erreichen. Ein Transfer auf ähnliche Situationen ist damit nicht gesichert. Andere Kinder werden den Einwortbefehlen blind gehorchen und, wenn sie Glück haben, die richtige Zahlenkombination in die richtige Lücke schreiben. Das kann nicht Leistungsmessung und -bewertung von sachrechnerischer Kompetenz sein.

Die Lehrerin ist überfordert, wenn sie während einer schriftlichen Lernkontrolle die unterschiedlichen Lösungswege der Schüler verfolgen oder sich ein Bild über individuelle Interpretationen und Entscheidungen einzelner machen will. Das Zahlenergebnis gibt keine Auskunft über die Denkleistungen im Problemlösungsprozess. Gerade diese sollten jedoch in einem schülerorientierten Sachrechenunterricht bewertet werden.

Im Sachrechenunterricht geht es vornehmlich um mündliche Beobachtungen. Als Lehrerin können Sie die Qualität der Beiträge in sachgebundenen Gesprächen gut beurteilen. Sie können ebenso die Lösungsschritte, die Lösungsversuche, die qualitativ unterschiedlichen Strategien, die zeichnerischen Darstellungen während schriftlich zu lösender Problemstellungen in ihre Leistungsbewertung aufnehmen.

Gezielte Übungen an Sachaufgaben, die in jedem Kapitel dieses Handbuchs zu finden sind, eignen sich gut für Beobachtung und Bewertung von Lösungsstrategien im Sachrechenunterricht. Bei diesen Übungen können die Kinder beobachtet und ihre unterschiedlichen Lösungswege bewertet werden.

Beispiel: *Fülle die Lücken aus!*
Dem Schüler wird eine Aufgabe gegeben, bei der er die Lücken sinnvoll ausfüllen soll. Die Lehrerin setzt sich neben diesen Schüler und beobachtet ihn beim Bearbeiten. Während der Beobachtungsphase kann der Schüler nach seinen Vorgehensweisen befragt werden. Er muss seine Entscheidungen begründen. Die individuelle Schülerleistung kann so in ihrem Prozess bewertet werden. Die Lehrerin kann Notizen über ihre Beobachtungen z. B. in den Beobachtungsbogen (vgl. S. 9) eintragen. Für den Bereich Sachrechnen kann aber auch ein spezieller Beobachtungsbogen angelegt werden, der als Beobachtungskriterien die Übungsformen, die im Unterricht als Bearbeitungshilfen eingesetzt werden, enthält.

So könnte ein solcher Bogen, hier in einem Ausschnitt mit vier Beobachtungskriterien zusammengestellt, für die Leistungsbeurteilung in einem schülerorientierten Sachrechenunterricht aussehen:

Beobachtungsbogen Sachrechnen

Name	Lückentexte ausfüllen	Fragen stellen
Anton	...	...
Emil	...	o 3.10.96
Sina	...	...
Tonia	++ 4.12.96	...

Name	Gemeinsamkeiten/ Unterschiede herausfinden	Tabellen anlegen und interpretieren
Anton	+ 4.9.96	...
Emil	++ 5.11.96	...
Sina	...	– 4.12.96
Tonia	...	...

Die im Sachrechenunterricht dominierenden Übungsformen werden in den Beobachtungsbogen übertragen. Die Schüler werden bewertet nach der groben Skala:

++	herausragende Leistungen
+	gute Leistungen
o	durchschnittliche Leistungen
–	nicht zufriedenstellende Leistungen

Die Bewertungen können ebenso gut in Stichworten notiert werden.

Im Folgenden wird an vier ausgewählten Beispielen eine Leistungsmessung beschrieben, bei der individuelle Lösungswege der Schüler bewertet werden.

Mögliche Bewertungskriterien beim Sachrechnen

Lückentexte ausfüllen
Der Schüler/die Schülerin soll die passenden Uhrzeiten in die Lücken einsetzen.

Holgers Mutter ist Verkäuferin. Sie beginnt etwa um ___________ mit der Arbeit.

Holgers Lehrer hat erzählt, dass er an jedem Schultag um ___________aufsteht.

Holgers Vater arbeitet in der Nähe der Wohnung. Deshalb kommt er immer um ___________ zum Mittagessen nach Hause.

Holger hat sich nach der Schule mit seinen Freunden für _____________im Schwimmbad verabredet.

Lies den Text genau! Schneide die Uhrzeitenteile aus und lege sie in die richtige Lücke! Kontrolliere, ob der entstandene Satz sinnvoll ist!

12.30 Uhr	6.30 Uhr	8.30 Uhr	15.15 Uhr

Die Lehrkraft kann den Schüler während seiner Bearbeitungsphase beobachten und/oder ihn anschließend befragen: „Wie hast du das herausgefunden? Beschreibe mir deine Vorgehensweise! Begründe deine Entscheidungen!" Wenn ein Schüler die Zeiten chronologisch von 6.30 Uhr bis 15.15 Uhr eingesetzt hat, kann ich sagen, dass er die Zeitangaben in einen Tagesverlauf einordnen kann. Dieser

Schüler kann aber offenbar dem Kontext nicht selbstständig entnehmen, mit welchen Angaben die Lücken sinnvoll zu füllen wären.

Wenn ein Schüler z. B. sagt, dass „nach der Schule" nur 12.30 Uhr oder 15.15 Uhr oder „zum Mittagessen" nur 12.30 Uhr heißen kann, so kann ich diese Begründung so interpretieren, dass der Schüler die Zeitangaben kontextgebunden überprüft hat. Der Schüler hat stichhaltige Begründungen für seine Lösungen geben können. Deshalb kann ich seine Leistung in der Übungskategorie „Lücken-texte" mit „++" bewerten.

Fragen stellen

Bert hat bereits die Hälfte von seinem Taschengeld ausgegeben. Jetzt hat er noch 6 €.

Lies die Sachaufgabe genau!
Lies jede Frage und unterstreiche die Textstelle, mit der du die Frage beantworten kannst!
1. Wer hat Taschengeld ausgegeben?
2. Warum hat er das Geld ausgegeben?
3. Was hat Bert sich für das Geld gekauft?
4. Wie viel Geld hat Bert noch?
5. Wie viel Taschengeld bekommst du selbst?
6. Wie viel Geld hat Bert ausgegeben?

Auf welche Frage findest du eine Antwort im Text? Gib die Nummer an!
Frage 1: → Bert
Frage 4: → 6 €
Frage 6: → die Hälfte von seinem Taschengeld

Bei dieser Übungsvariante kann man sehen, ob der Schüler die Sachsituation verstanden hat. Der Schüler soll dem Text gezielt Informationen entnehmen, nach denen er gefragt wird. Die Lehrerin unterhält sich während der Bearbeitung wieder mit dem Schüler über seine Entscheidungen und trägt ihre Beobachtungen in den Beobachtungsbogen ein.

Gemeinsamkeiten und Unterschiede herausfinden

Vater hat 8 belegte Brote geschmiert. Bert isst heißhungrig die Hälfte davon auf.

Bert gibt die Hälfte von seinen 12 Euro Taschengeld aus.

Bei dieser Aufgabenstellung bietet es sich an, vornehmlich in einem mündlichen Gespräch etwas über die Denkweise des Schülers zu erfahren, denn nur wenige Schüler eines 2. Schuljahres sind in der Lage, Unterschiede oder Gemeinsamkeiten schriftlich zu fixieren.

Ziel dieser Vorgehensweise ist, dass die Schüler ein Gespür für wiederkehrende Strukturen von Sachaufgaben bekommen, um für die zukünftige Auseinandersetzung mit Sachaufgaben zu lernen.

Was ist in beiden Sachaufgaben gleich?
- Bert
- die Hälfte
- es ist die Hälfte weg

Was ist unterschiedlich?
- Brote-Geld
- aufessen-ausgeben (oder ist das das Gleiche?)
- 8-12

Nachdem der Schüler Unterschiede und/oder Gemeinsamkeiten gefunden hat, soll er rechnerische Lösungen beleuchten: Löse die beiden Sachaufgaben!

Erkennt der Schüler, dass der Rechenweg trotz unterschiedlicher Kontexte bei beiden Sachaufgaben gleich ist? Die Beobachtungen werden in den Bewertungsbogen eingetragen.

Tabellen anlegen und interpretieren
In der Klasse hängen die Klassenlisten aus, wie sie im Abschnitt 4.7.3 beschrieben wurden. Der Schüler erhält die Aufgabe, eine der Klassenlisten in eine Tabelle zu übertragen.

Beispiel:
In der Klasse 2b sind 23 Kinder.
Aus welchen Wohnorten kommen die meisten Mädchen?

Name	Wohnort
René	Badenhausen
Marian	Badenhausen
Anke	Gittelde
Dilek	Teichhütte

Stelle die Daten aus der Klassenliste übersichtlich zusammen!
Beispiel:

Badenhausen:	M M M M M M M M
Gittelde:	M M M M M
Teichhütte:	M M

Badenhausen:	𝍸 |||
Gittelde:	𝍸
Teichhütte:	||

Wiederum wird der Schüler bei der Bewältigung der Aufgabe beobachtet. Braucht er ständig Hilfe oder Denkanstöße? Welche Schaubilder kann er machen?

Oder der Schüler erhält die Aufgabe, eine bereits ausgefüllte Tabelle in ihrer Aussagekraft zu erläutern.

Anzahl der Mädchen aus den Ortschaften

❍		
❍		
❍		
❍	❍	
❍	❍	
❍	❍	
❍	❍	❍
❍	❍	❍
Badenhausen	Gittelde	Teichhütte

Erzähle, was dir die Tabelle sagt!

Kann der Schüler Schaubilder dieser Art interpretieren? Was erzählt er? Die gemachten Beobachtungen werden notiert.

Bei allen vorgestellten Beispielen wurde der Entstehungsprozess gewürdigt und bewertet. Es können natürlich genauso gut andere Schwerpunkte der unterrichtlichen Arbeit in den Mittelpunkt der Beurteilung und Bewertung gestellt werden. Die Übungsformen, die vornehmlich im Sachrechenunterricht vorkommen, werden auch für die Bewertung herangezogen. Wenn viele Übungsformen zur Bewertung herangezogen werden können, wird das Spektrum an Beurteilungskriterien erweitert. Damit kann sachrechnerische Kompetenz der Schüler differenzierter erfasst und bewertet werden als wenn nur einseitig nach dem Kriterium beurteilt wird: „Hat der Schüler die zahlenmäßig richtige Lösung der Sachaufgabe produziert?“

Auf eine Gefahr sollte an dieser Stelle noch aufmerksam gemacht werden. Im Sachrechenunterricht spielt das Sprachvermögen und damit verbunden das sinnentnehmende Lesen eine große Rolle sowohl beim Erwerb als auch bei der Beurteilung heuristischer Strategien. Deshalb sollten auch sprachfreie Kriterien in den Beurteilungskatalog aufgenommen werden, z. B.:

- Wie hat der Schüler sich Daten, Informationen geholt?
- Hat der Schüler einen Umweltbezug hergestellt und selbstständig Material dazu mitgebracht?
- Wie werden diese Materialien präsentiert, vorgestellt und dem aktuellen Unterrichtsgeschehen zugeordnet?

Die Beurteilung und Bewertung der Leistungen im Sachrechenunterricht ist nach wie vor eine schwierige Angelegenheit. Es ist zu wünschen, dass sich durch realitätsnahe Lernanlässe, die die Unterrichtsarbeit bestimmen, durch offene Unterrichtsformen, die den Unterrichtsalltag ergänzen, und eine Verfeinerung der Bearbeitungshilfen auch die Art der Bewertungskriterien beim Sachrechnen im beschriebenen Sinne verändert.

Hunderter-Tafel für die Hand der Kinder

A 1

1	2	3	4	5	6	7	8	9	10
11	12	13	14	15	16	17	18	19	20
21	22	23	24	25	26	27	28	29	30
31	32	33	34	35	36	37	38	39	40
41	42	43	44	45	46	47	48	49	50
51	52	53	54	55	56	57	58	59	60
61	62	63	64	65	66	67	68	69	70
71	72	73	74	75	76	77	78	79	80
81	82	83	84	85	86	87	88	89	90
91	92	93	94	95	96	97	98	99	100

Herstellung der Hunderter-Tafel für die Hand der Kinder

- Diese Vorlage in der benötigten Anzahl kopieren und ausschneiden (lassen)
- Eine stabile Pappe passender Größe ausschneiden
- Vor- und Rückseite der Hunderter-Tafel um die Pappe falten und ankleben
- Die fertige Hunderter-Tafel in eine Rezepthülle einlegen
- Die Rezepthülle mit Tesafilm wasserdicht verschließen

1	2	3	4	5	6	7	8	9	10
11	12	13	14	15	16	17	18	19	20
21	22	23	24	25	26	27	28	29	30
31	32	33	34	35	36	37	38	39	40
41	42	43	44	45	46	47	48	49	50
51	52	53	54	55	56	57	58	59	60
61	62	63	64	65	66	67	68	69	70
71	72	73	74	75	76	77	78	79	80
81	82	83	84	85	86	87	88	89	90
91	92	93	94	95	96	97	98	99	100

Hunderter-Tafel (Rückseite)

A 3

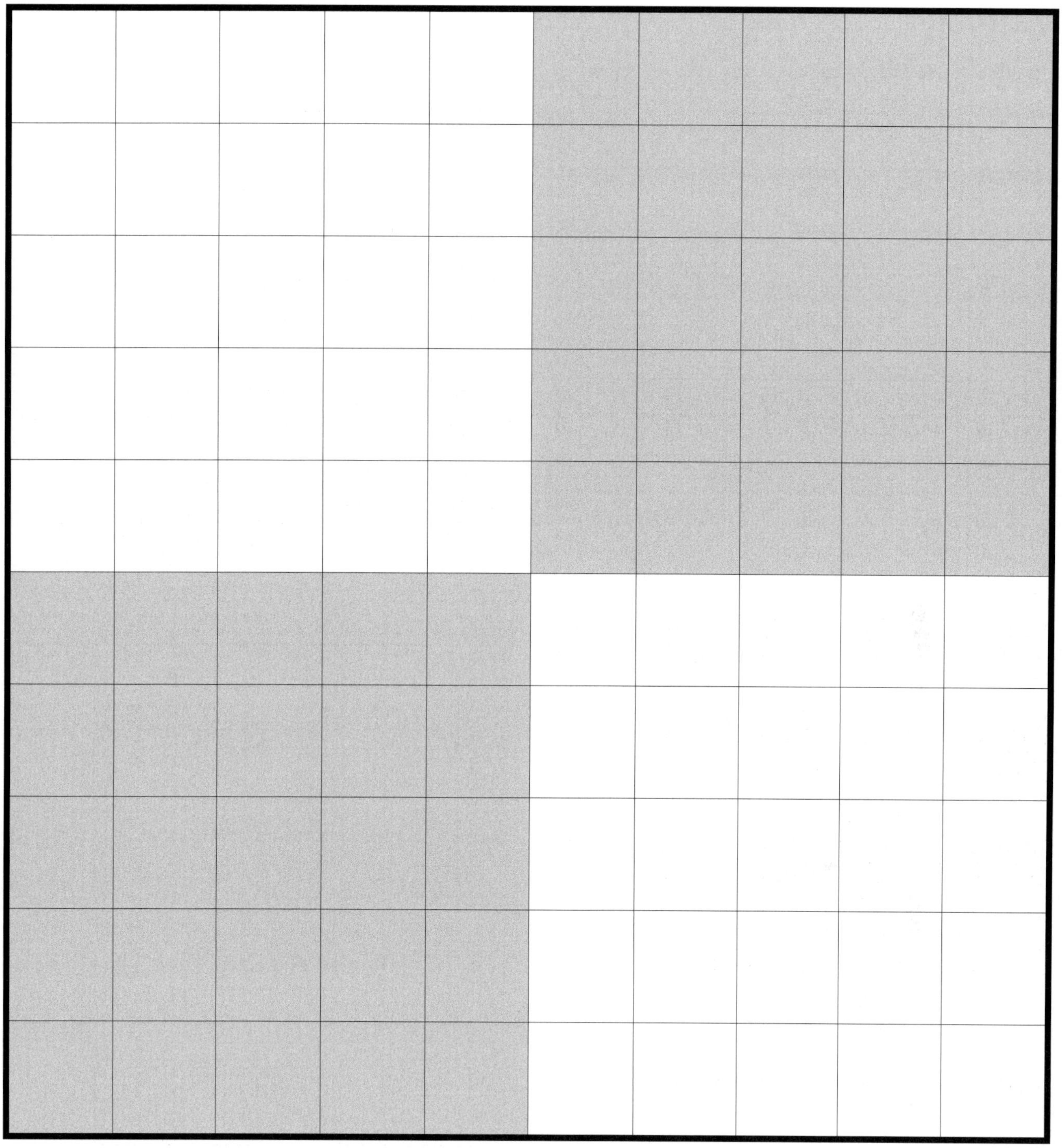

Ausschnitte aus der Hunderter-Tafel

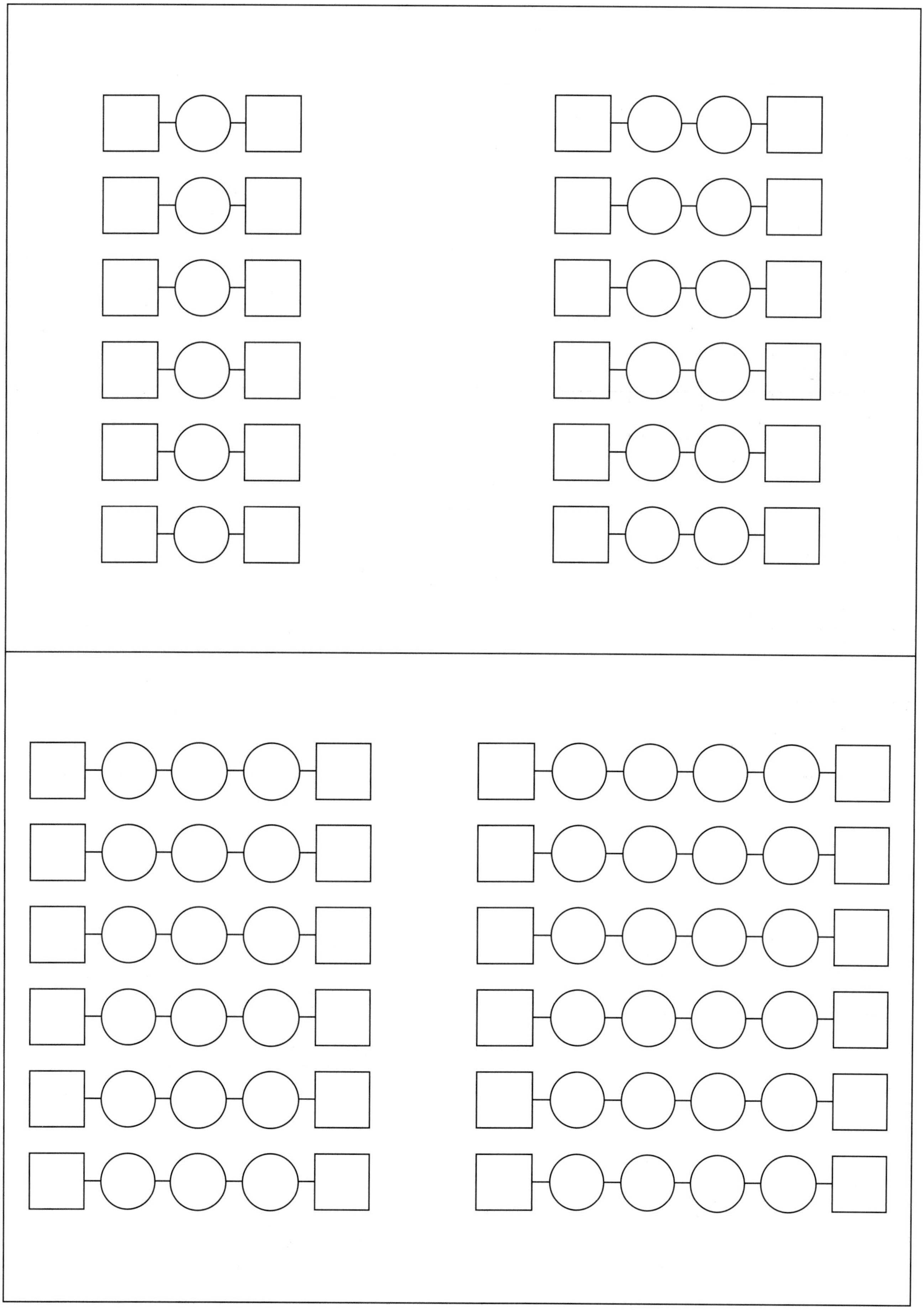

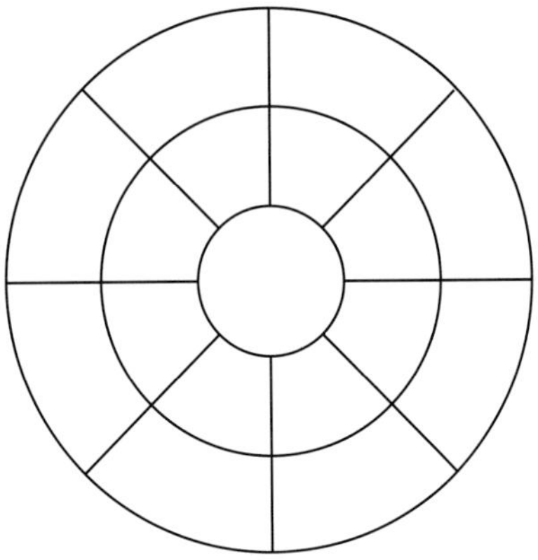

Notiere hier deine Rechnung.

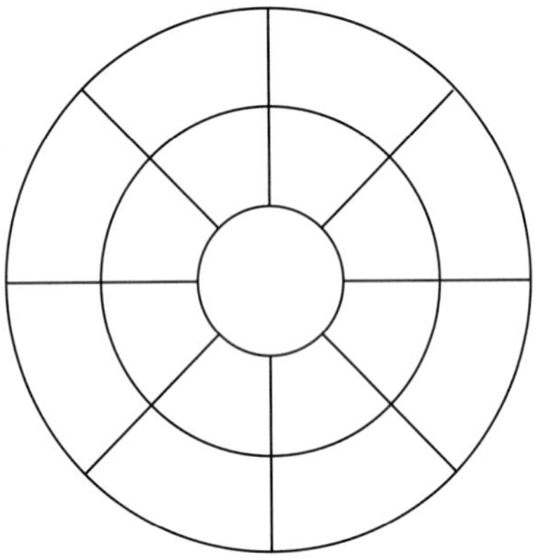

Notiere hier deine Rechnung.

Bauanleitung für ein Recheneinstellrad

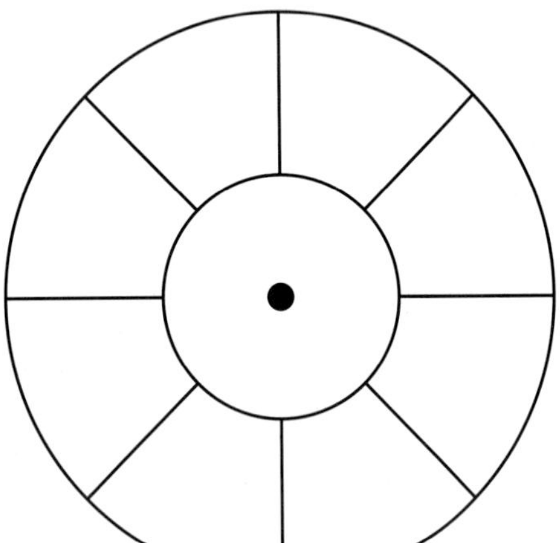

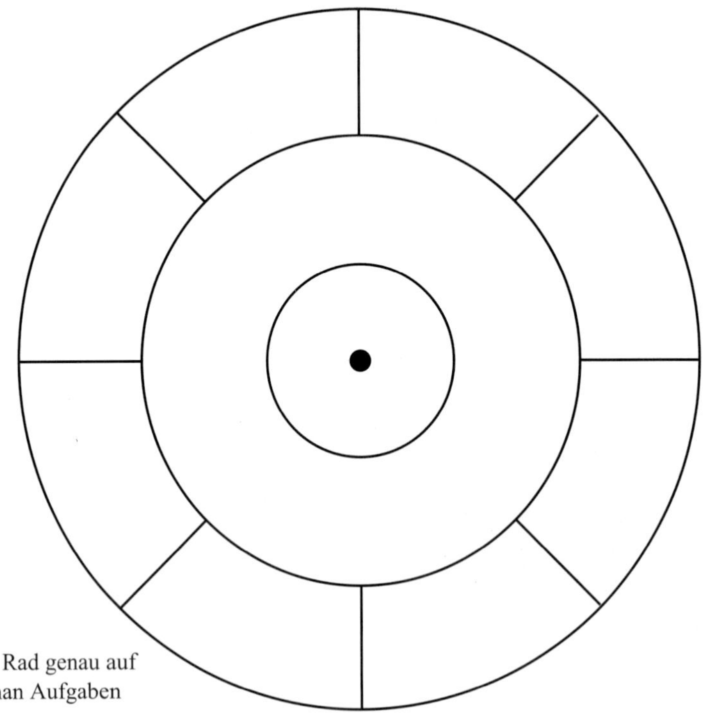

Schneide die beiden Rechenräder aus. Lege das kleinere Rad genau auf das größere. Lass dir von deiner Lehrerin erkären, wie man Aufgaben mit dem Rechenrad stellt.

Du kannst die beiden Räder auch miteinander verbinden. Durchbohre die beiden Mittelpunkte mit einer Nadel. Lege je einen kleinen Druckknopf genau unter und auf die beiden Räder und drücke sie durch das Loch zusammen.

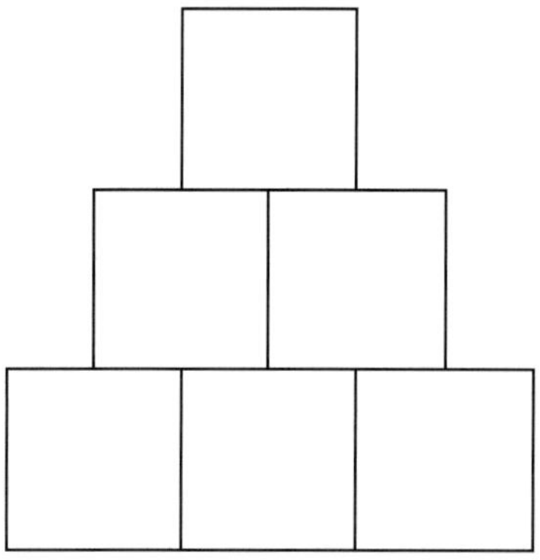
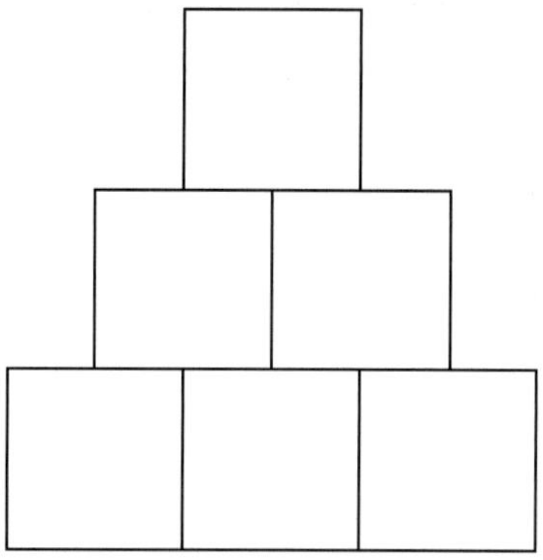
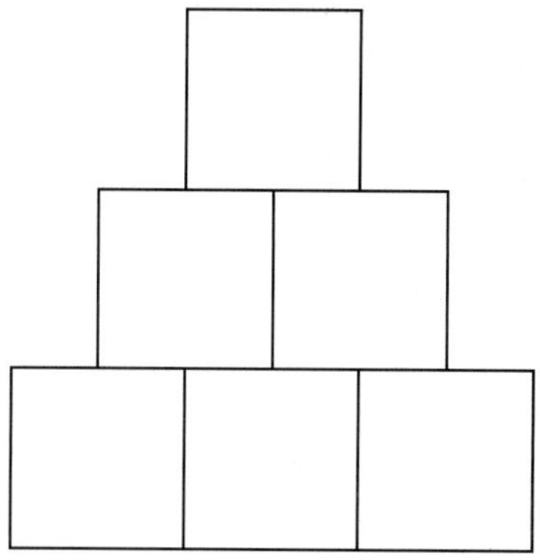
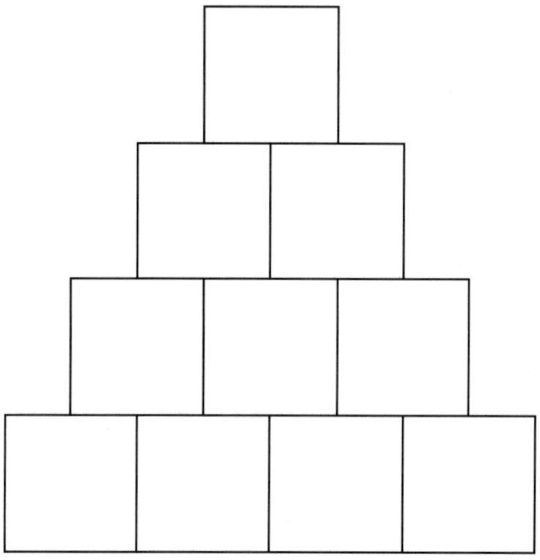
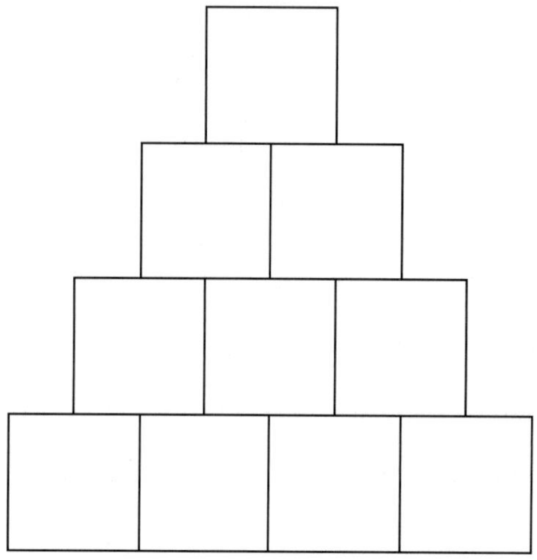
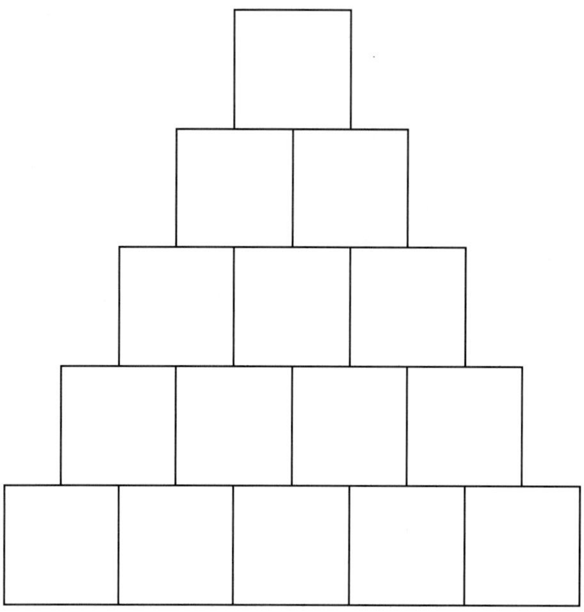
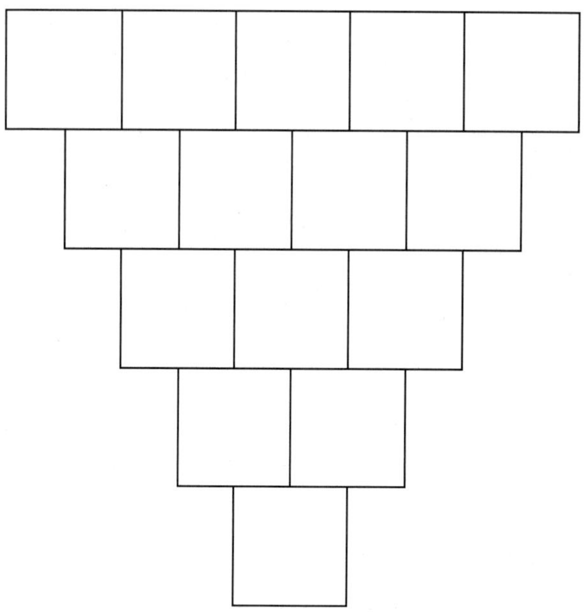

○			

○				

○					

a	b	a + b	a – b

○					

Hier hast du Platz für deine Rechnungen und Notizen.

○					

Hier hast du Platz für deine Rechnungen und Notizen.

○						

Dies sind Pandos.

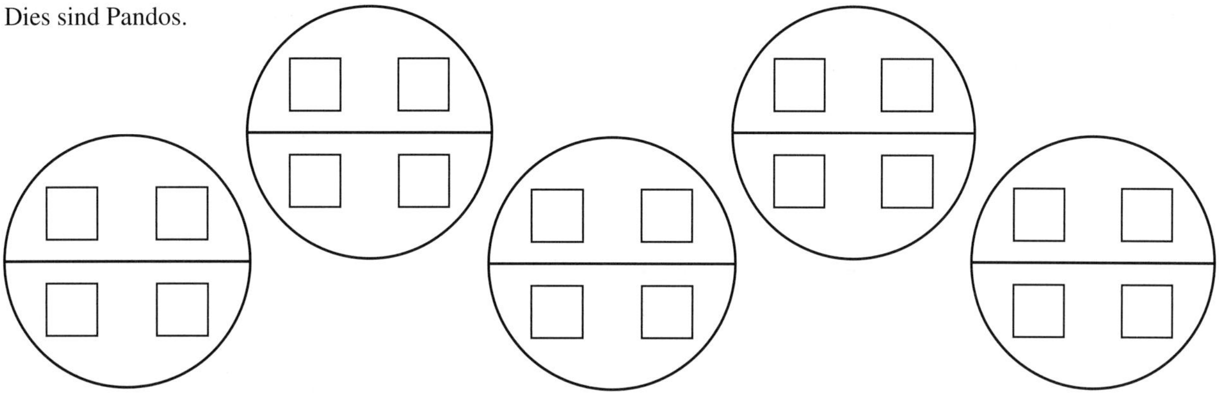

Dies sind keine Pandos.

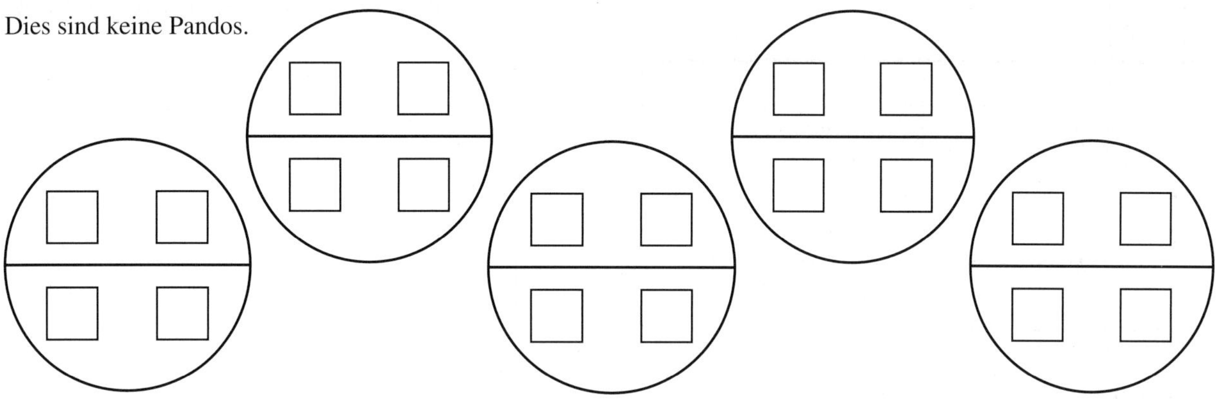

Welche von diesen sind Pandos?

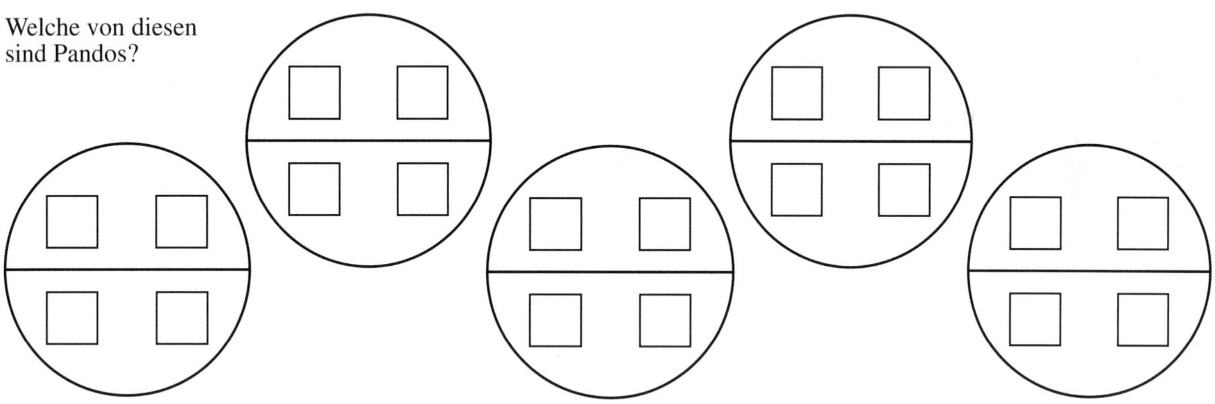

Diese möchten Pandos werden. Schreibe die fehlenden Zahlen dazu.

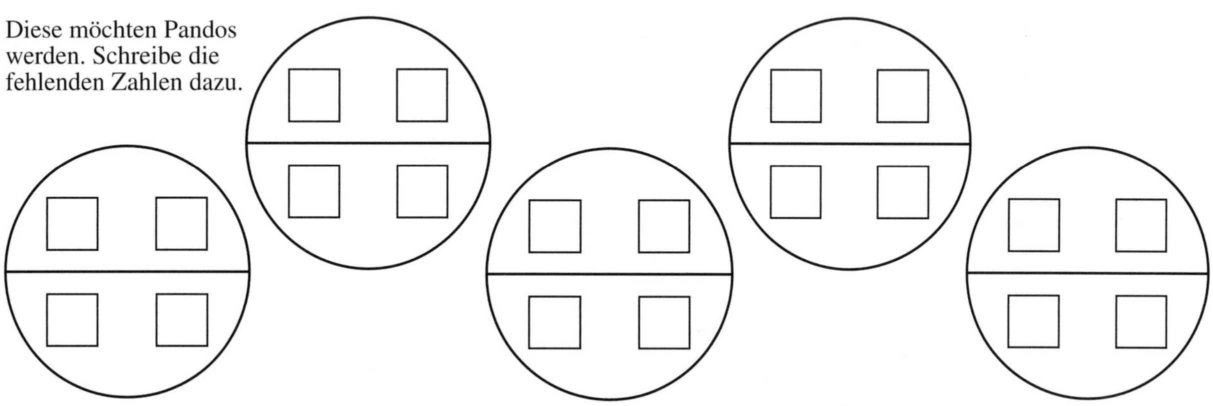

Wie wertvoll ist mein Name?

9	10	11	12	13	14	15	16	17	18
I	J	K	L	M	N	O	P	Q	R

8	H
7	G
6	F
5	E
4	D
3	C
2	B
1	A

S	19
T	20
U	21
V	22
W	23
X	24
Y	25
Z	26

Die heißbegehrte 100

	+		+		=	
	+		+		=	
	+		+		=	
	+		+		=	
	+		+		=	
	+		+		=	
	+		+		=	
	+		+		=	
	+		+		=	
	+		+		=	
	+		+		=	
	+		+		=	

1	2	3	4
5	6	7	8
9	10	11	12
13	14	15	16
17	18	19	20
21	22	23	24

25	26	27	28
29	30	31	32
33	34	35	36
37	38	39	40
41	42	43	44
45	46	47	48

+	+	+	+
−	−	−	−
•	•	•	•
:	:	:	:
=	=	=	=
49	50	0	0

Rechenspirale

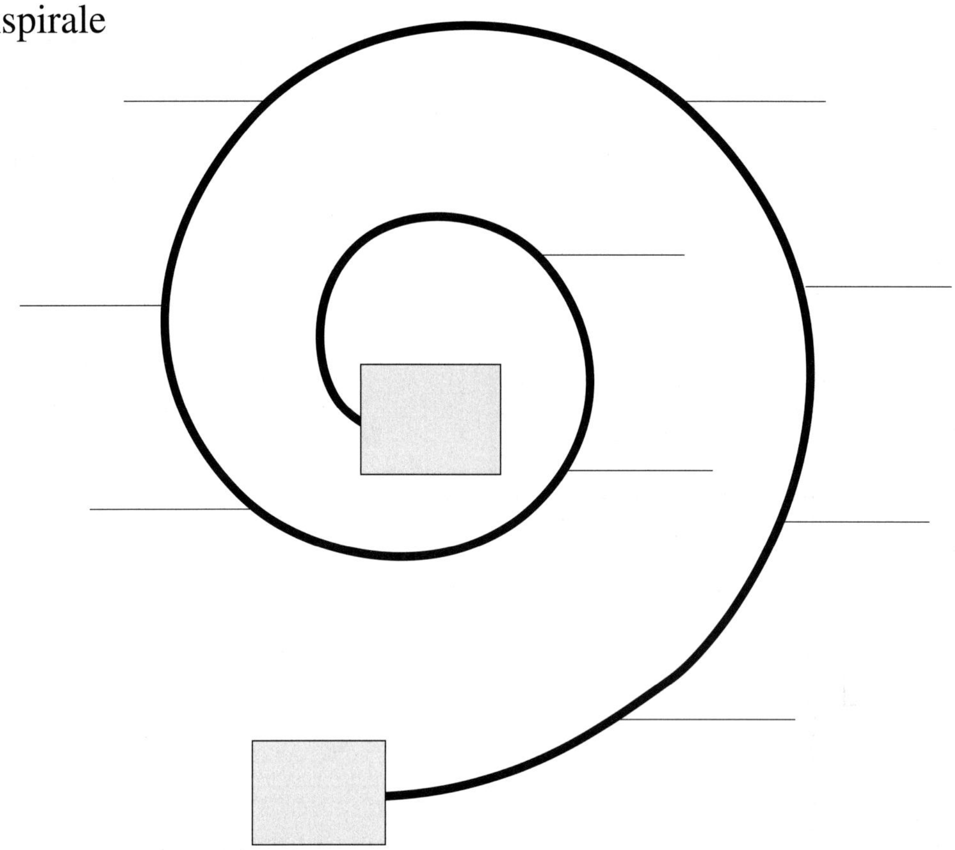

Die ewige Rechenkette I

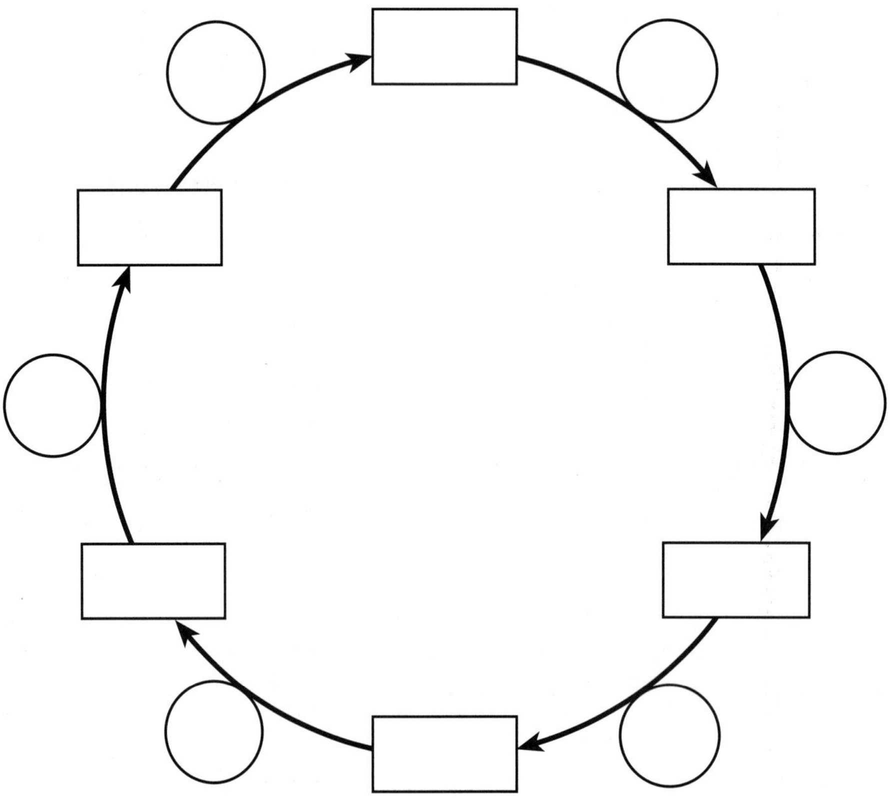

Rechentreppe

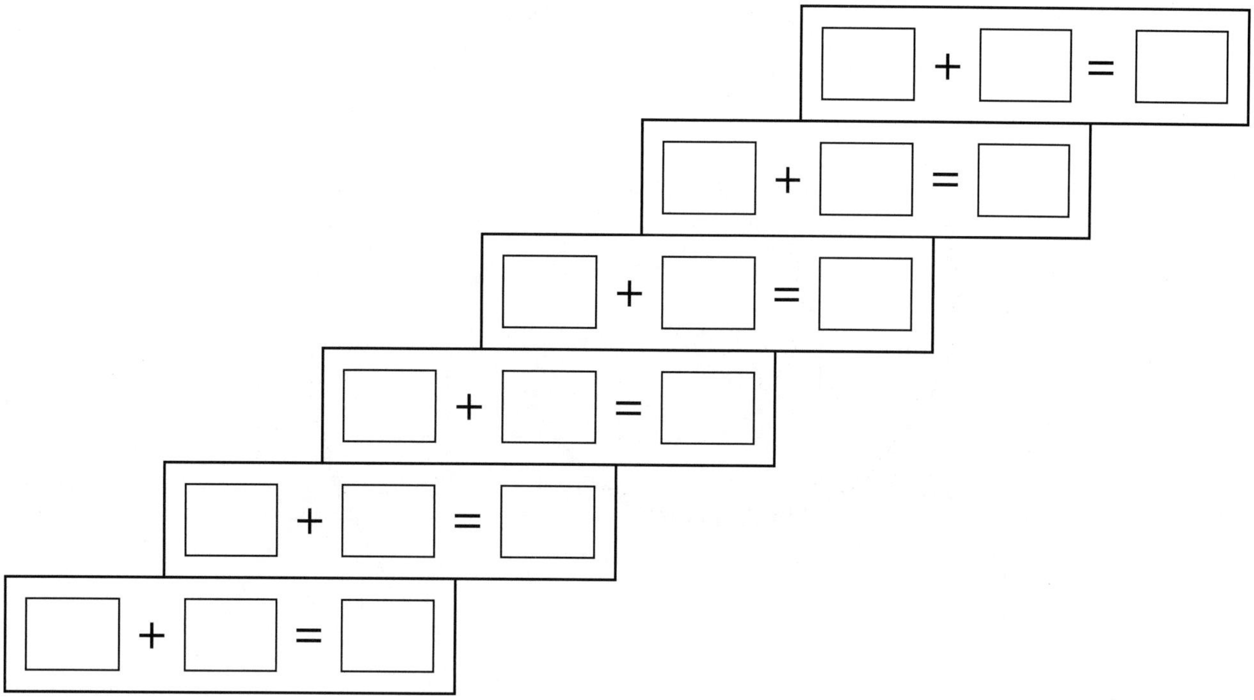

Rechenfeld

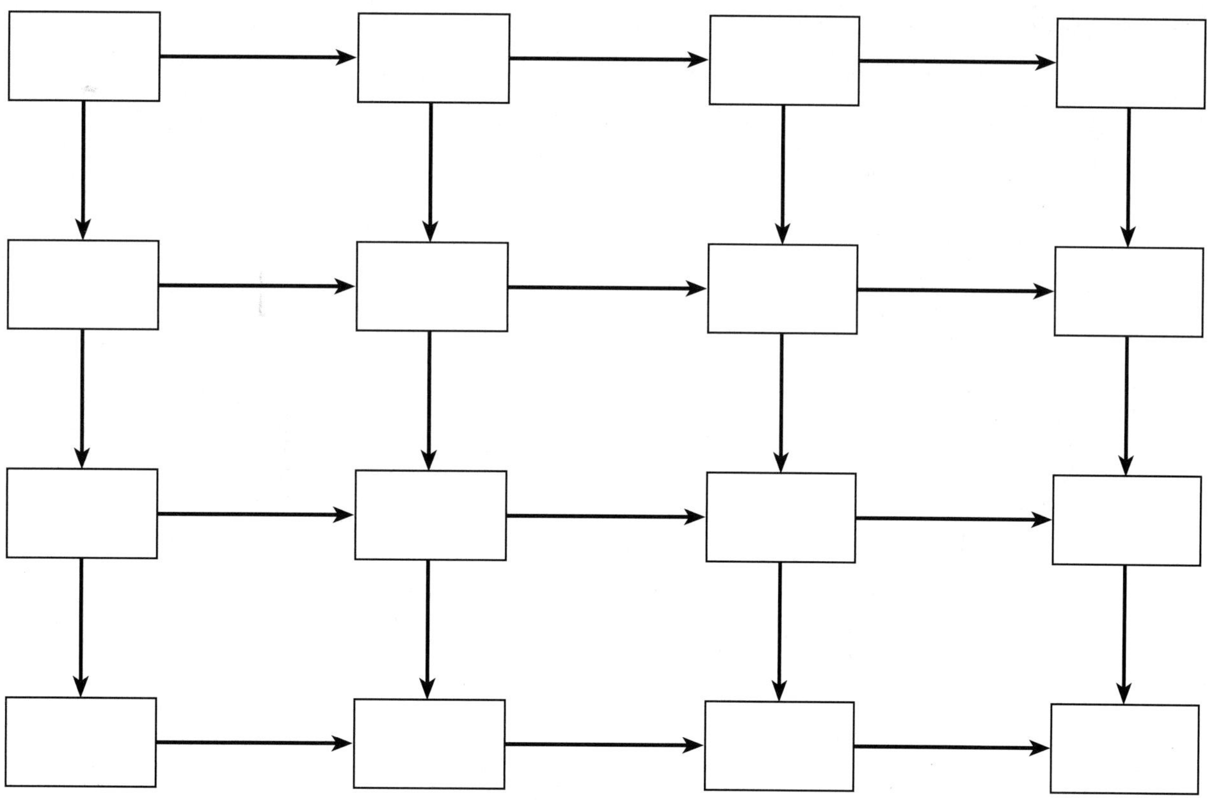

Zauberdreieck

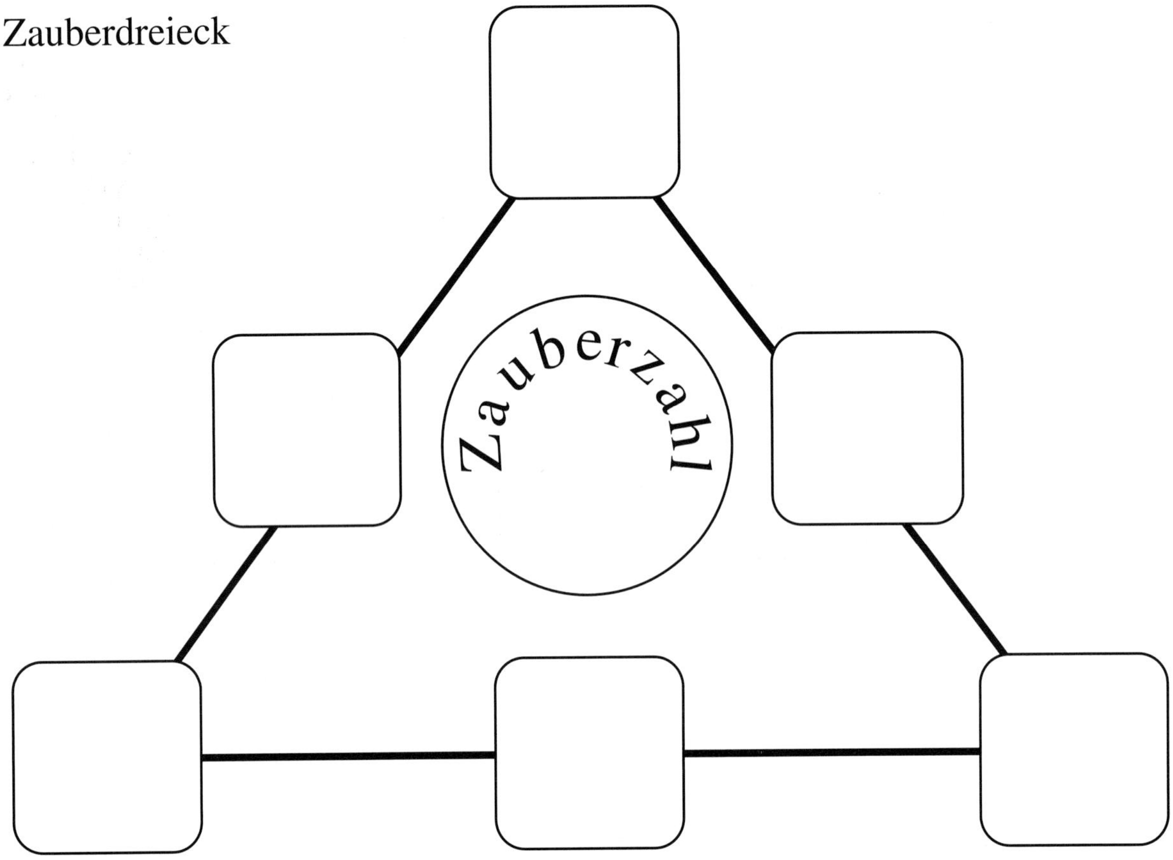

Zauberdreieck - Antwortkarten

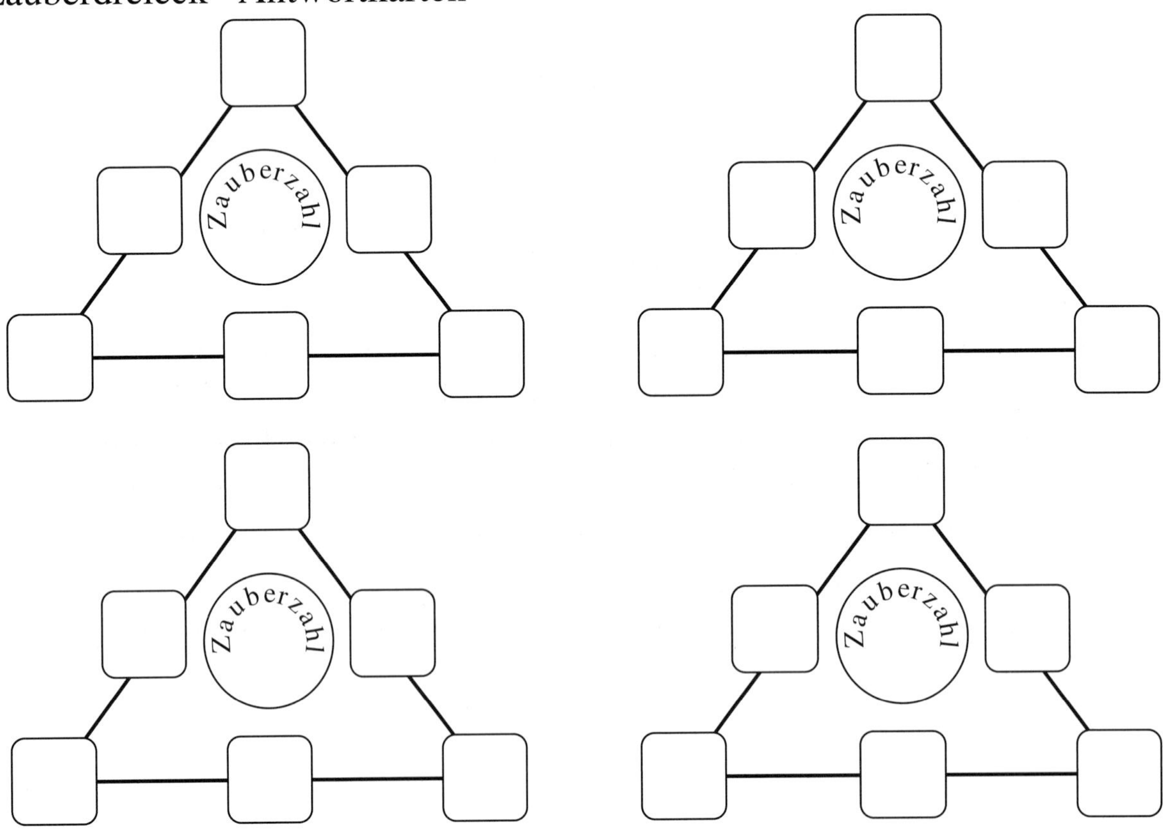

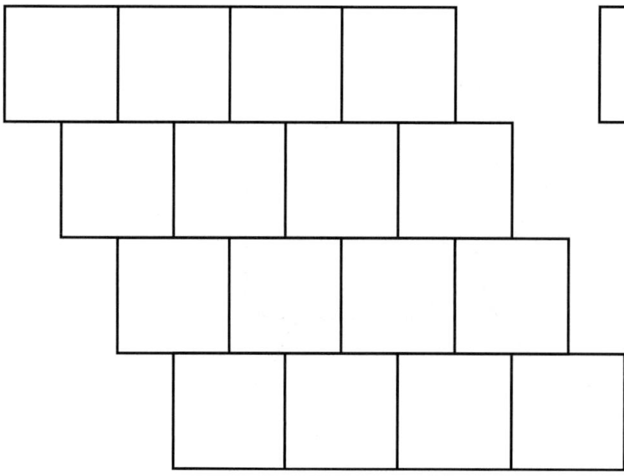

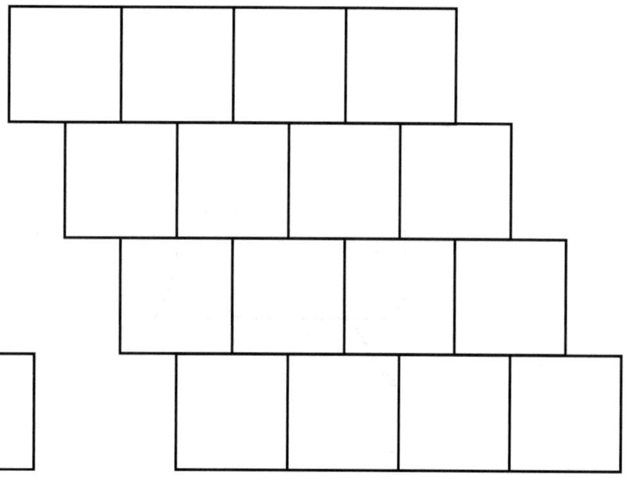

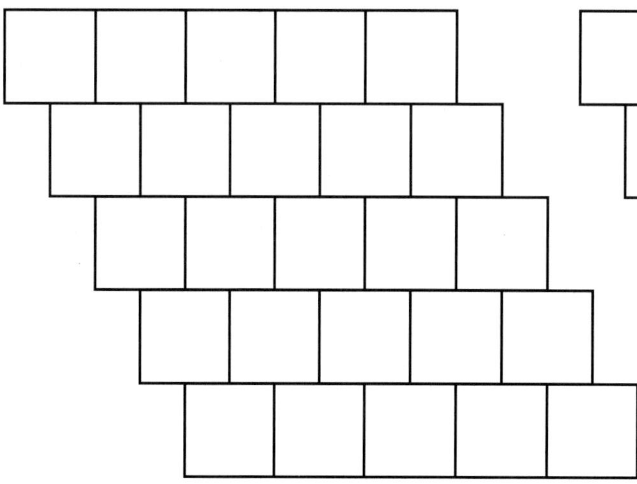

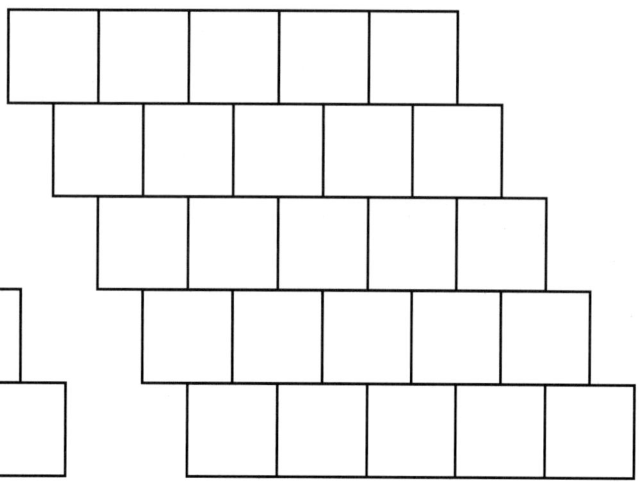

Wie viel Cent?	
	____ Cent
	____ Cent
	____ Cent
	____ Cent
	____ Cent

Wie viel Euro?	
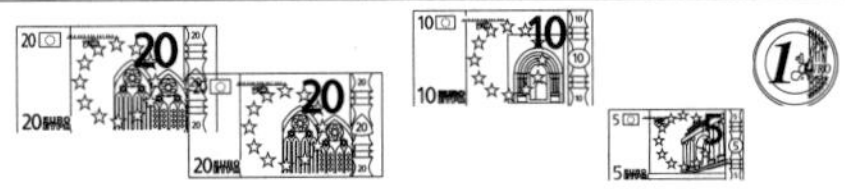	______ €
	______ €
	______ €
	______ €
	______ €

Mo	Di	Mi	Do	Fr	Sa	So
		1	2	3	4	5
6	7	8	9	10	11	12
13	14	15	16	17	18	19
20	21	22	23	24	25	26
27	28	29	30			

Mo	Di	Mi	Do	Fr	Sa	So
			1	2	3	4
5	6	7	8	9	10	11
12	13	14	15	16	17	18
19	20	21	22	23	24	25
26	27	28	29	30	31	

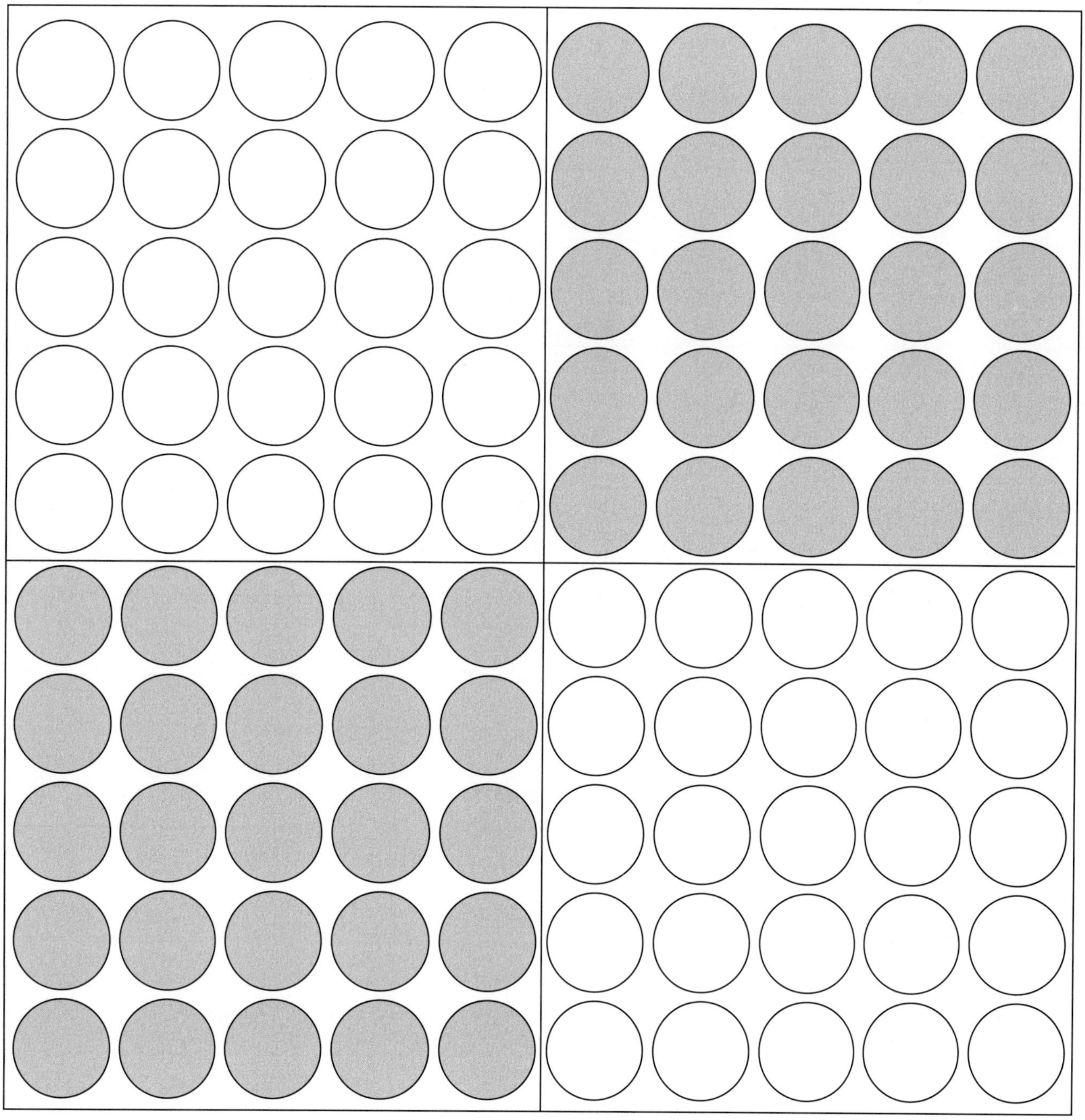

Königsaufgaben zum
Einmaleins der ____

0 · ____

1 · ____

2 · ____

3 · ____

4 · ____

5 · ____

6 · ____

8 · ____

7 · ____

9 · ____

10 · ____

Die Einmaleins-Tabelle

•	0	1	2	3	4	5	6	7	8	9	10
0											
1											
2											
3											
4											
5											
6											
7											
8											
9											
10											

Einmaleinsreihen

Die Zweierreihe

1	2	3	4	5	6	7	8	9	10
11	12	13	14	15	16	17	18	19	20

Die Dreierreihe

1	2	3	4	5	6	7	8	9	10
11	12	13	14	15	16	17	18	19	20
21	22	23	24	25	26	27	28	29	30

Die Viererreihe

1	2	3	4	5	6	7	8	9	10
11	12	13	14	15	16	17	18	19	20
21	22	23	24	25	26	27	28	29	30
31	32	33	34	35	36	37	38	39	40

Die Fünferreihe

1	2	3	4	5	6	7	8	9	10
11	12	13	14	15	16	17	18	19	20
21	22	23	24	25	26	27	28	29	30
31	32	33	34	35	36	37	38	39	40
41	42	43	44	45	46	47	48	49	50

Die Sechserreihe

1	2	3	4	5	6	7	8	9	10
11	12	13	14	15	16	17	18	19	20
21	22	23	24	25	26	27	28	29	30
31	32	33	34	35	36	37	38	39	40
41	42	43	44	45	46	47	48	49	50
51	52	53	54	55	56	57	58	59	60

Die Siebenerreihe

1	2	3	4	5	6	7	8	9	10
11	12	13	14	15	16	17	18	19	20
21	22	23	24	25	26	27	28	29	30
31	32	33	34	35	36	37	38	39	40
41	42	43	44	45	46	47	48	49	50
51	52	53	54	55	56	57	58	59	60
61	62	63	64	65	66	67	68	69	70

Die Achterreihe

1	2	3	4	5	6	7	8	9	10
11	12	13	14	15	16	17	18	19	20
21	22	23	24	25	26	27	28	29	30
31	32	33	34	35	36	37	38	39	40
41	42	43	44	45	46	47	48	49	50
51	52	53	54	55	56	57	58	59	60
61	62	63	64	65	66	67	68	69	70
71	72	73	74	75	76	77	78	79	80

Die Neuner- und die Zehnerreihe

1	2	3	4	5	6	7	8	9	10
11	12	13	14	15	16	17	18	19	20
21	22	23	24	25	26	27	28	29	30
31	32	33	34	35	36	37	38	39	34
41	42	43	44	45	46	47	48	49	50
51	52	53	54	55	56	57	58	59	60
61	62	63	64	65	66	67	68	69	70
71	72	73	74	75	76	77	78	79	80
81	82	83	84	85	86	87	88	89	90
91	92	93	94	95	96	97	98	99	100

das Einmal ______

0 · ____ = ____

1 · ____ = ____

2 · ____ = ____

5 · ____ = ____

10 · ____ = ____

Wie rechnest du?
Welche Aufgaben kannst du schon?

das Einmal ______

0 · ____ = ____

1 · ____ = ____

2 · ____ = ____

5 · ____ = ____

10 · ____ = ____

Wie rechnest du?
Welche Aufgaben kannst du schon?

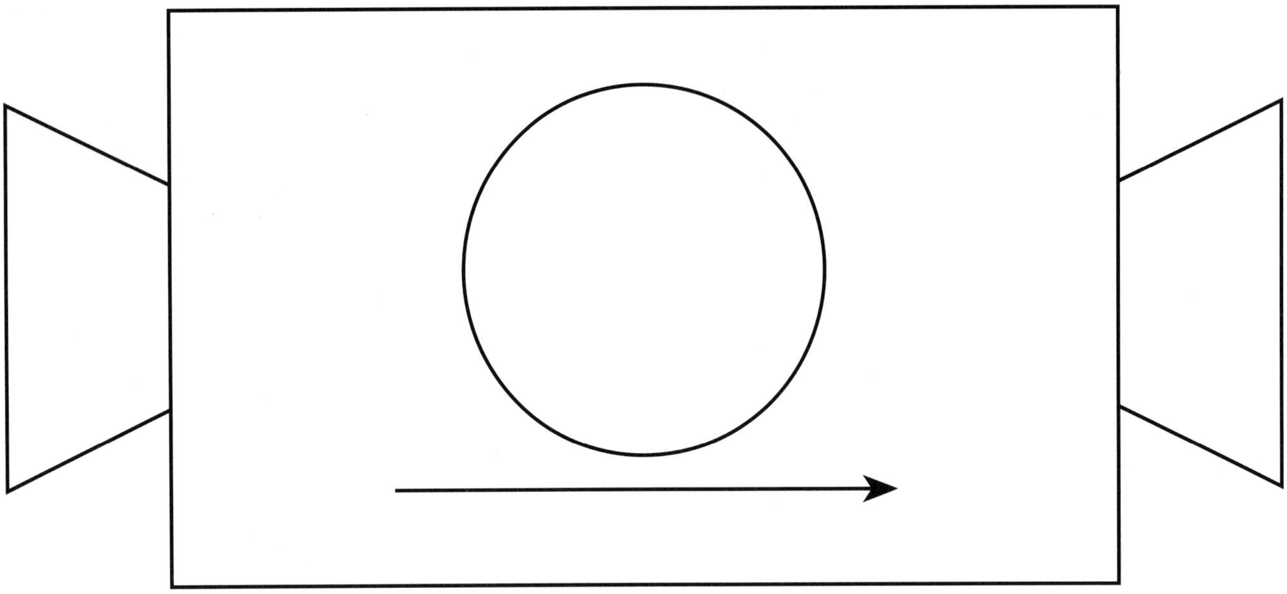

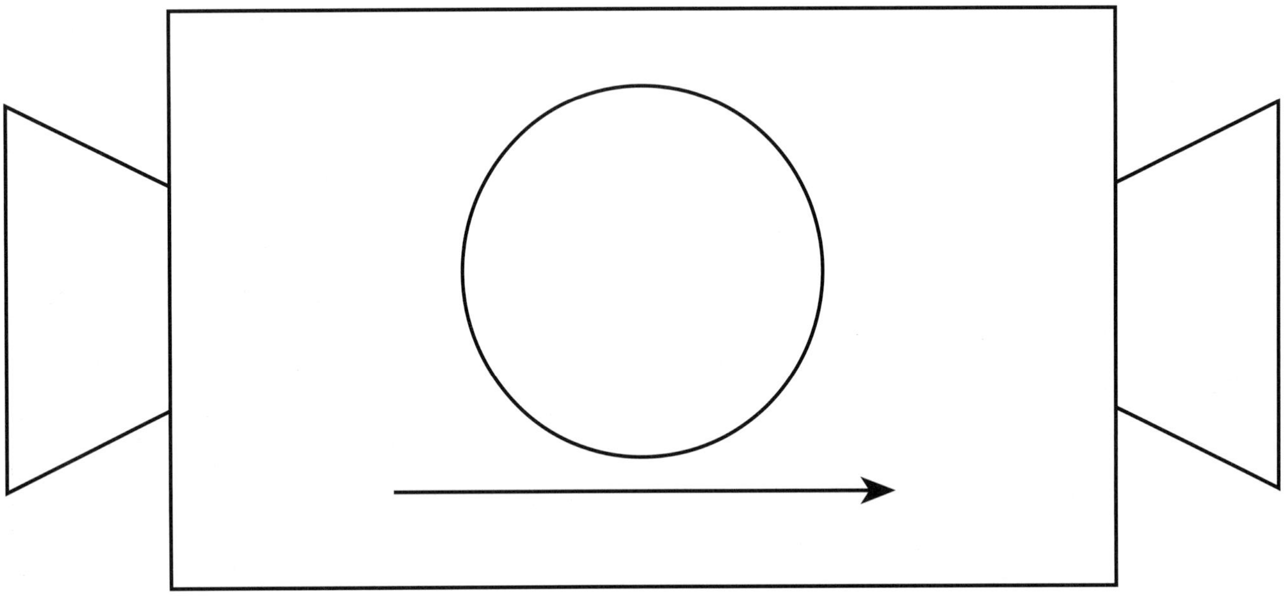

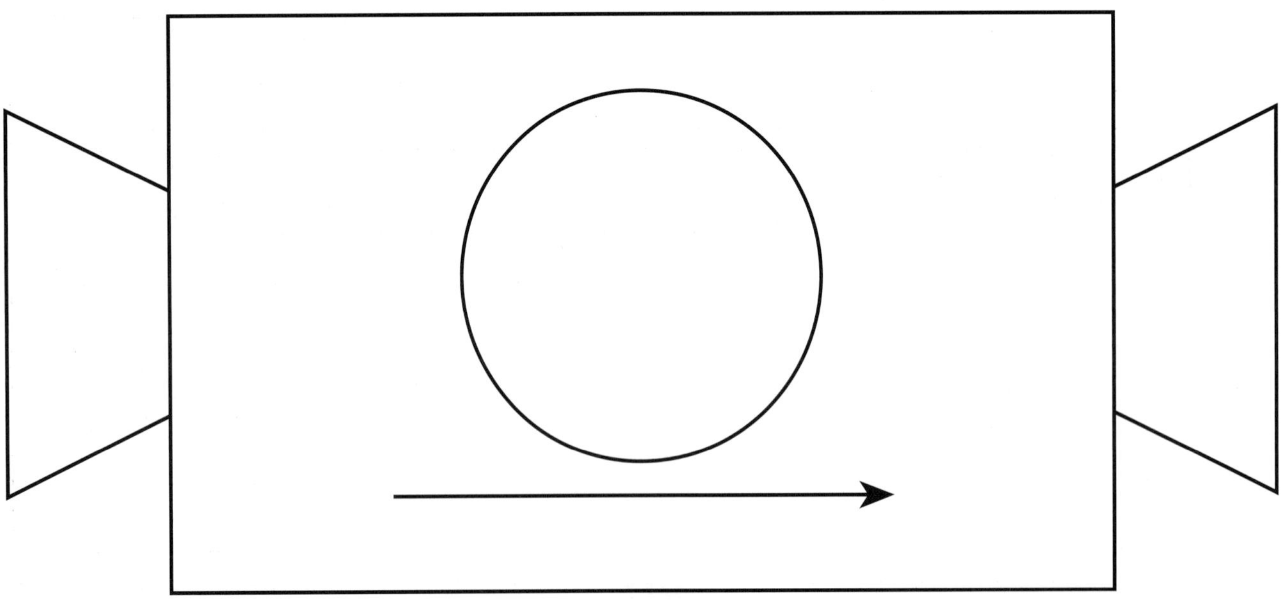

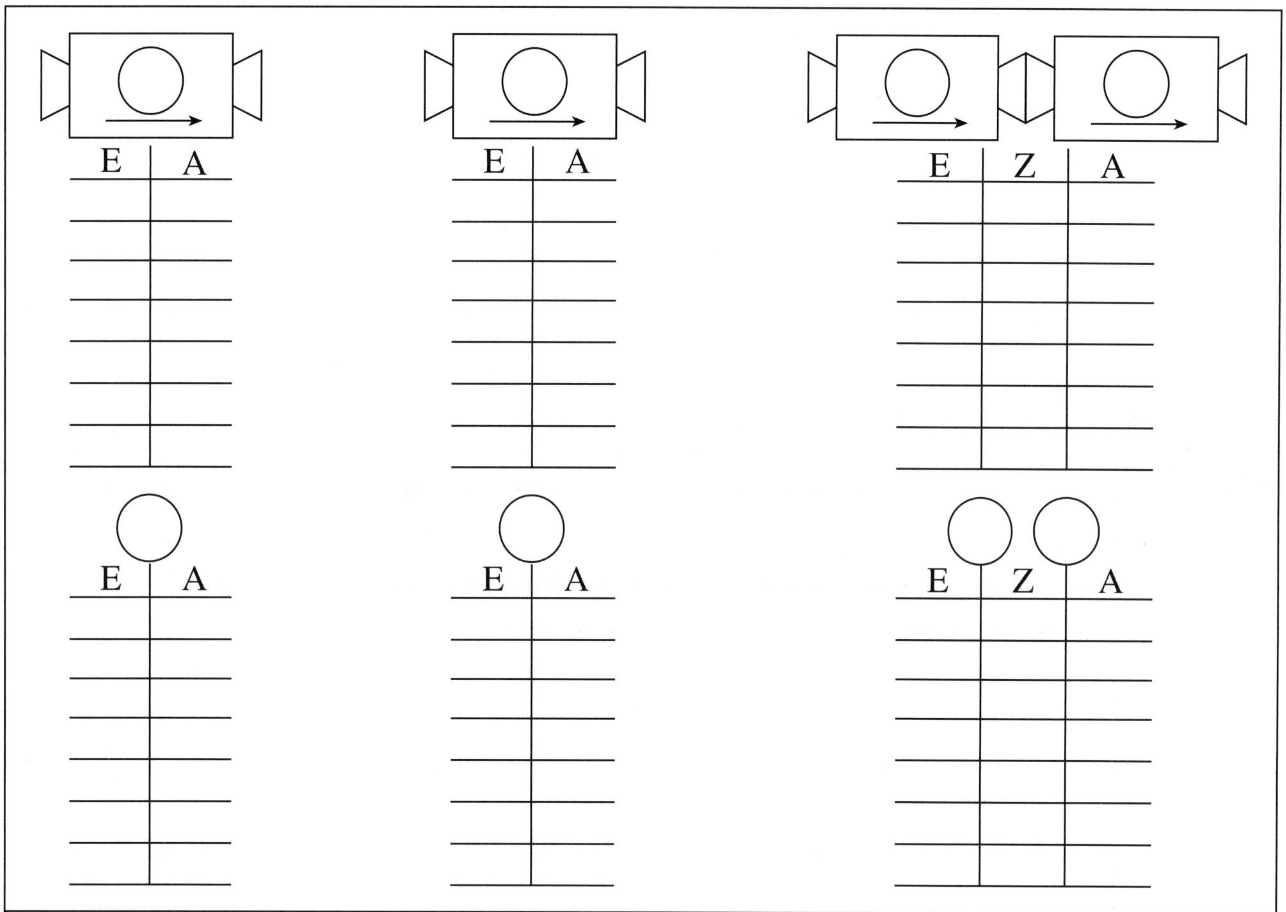
E A
E A
E Z A
E A
E A
E Z A

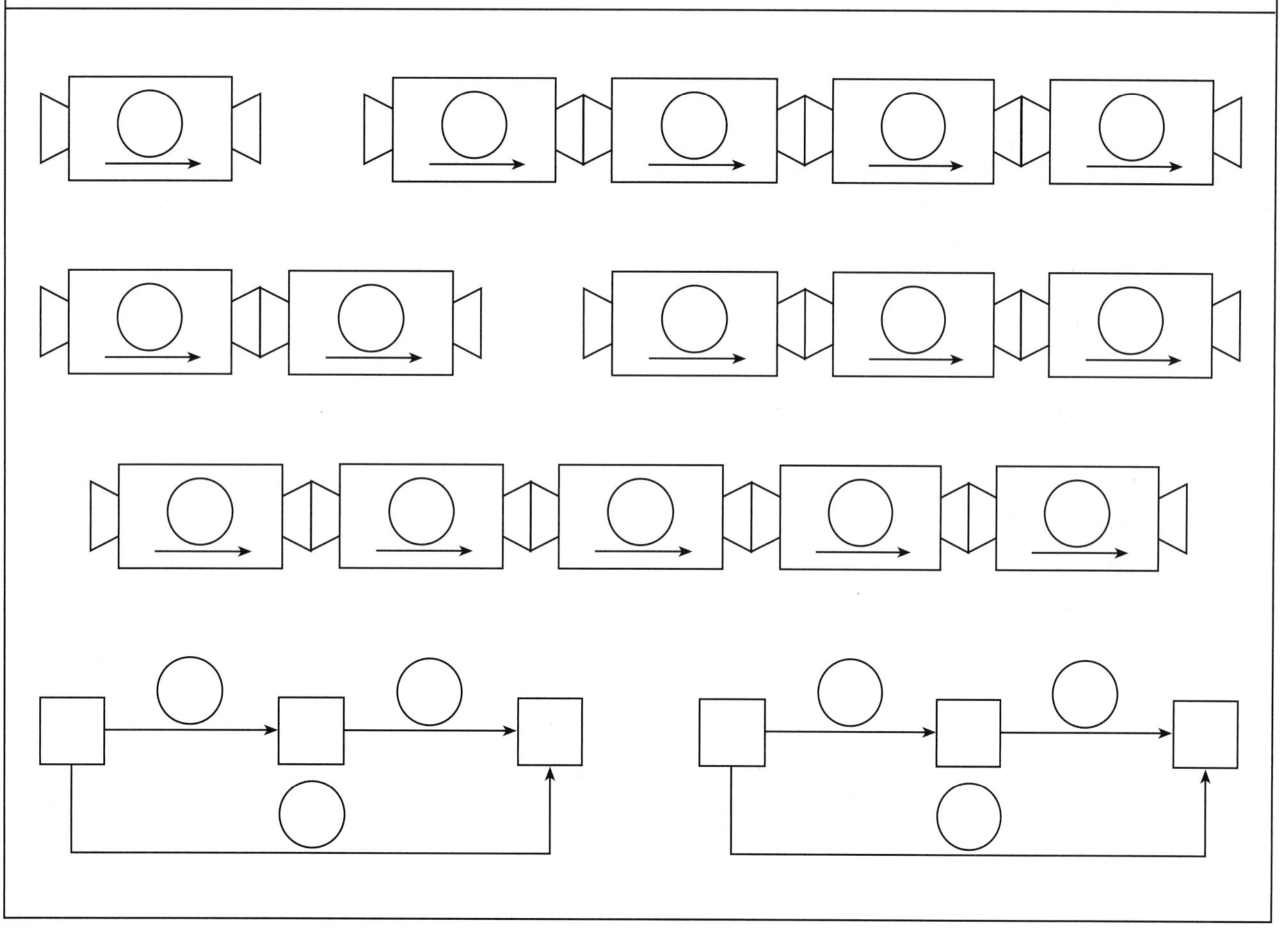

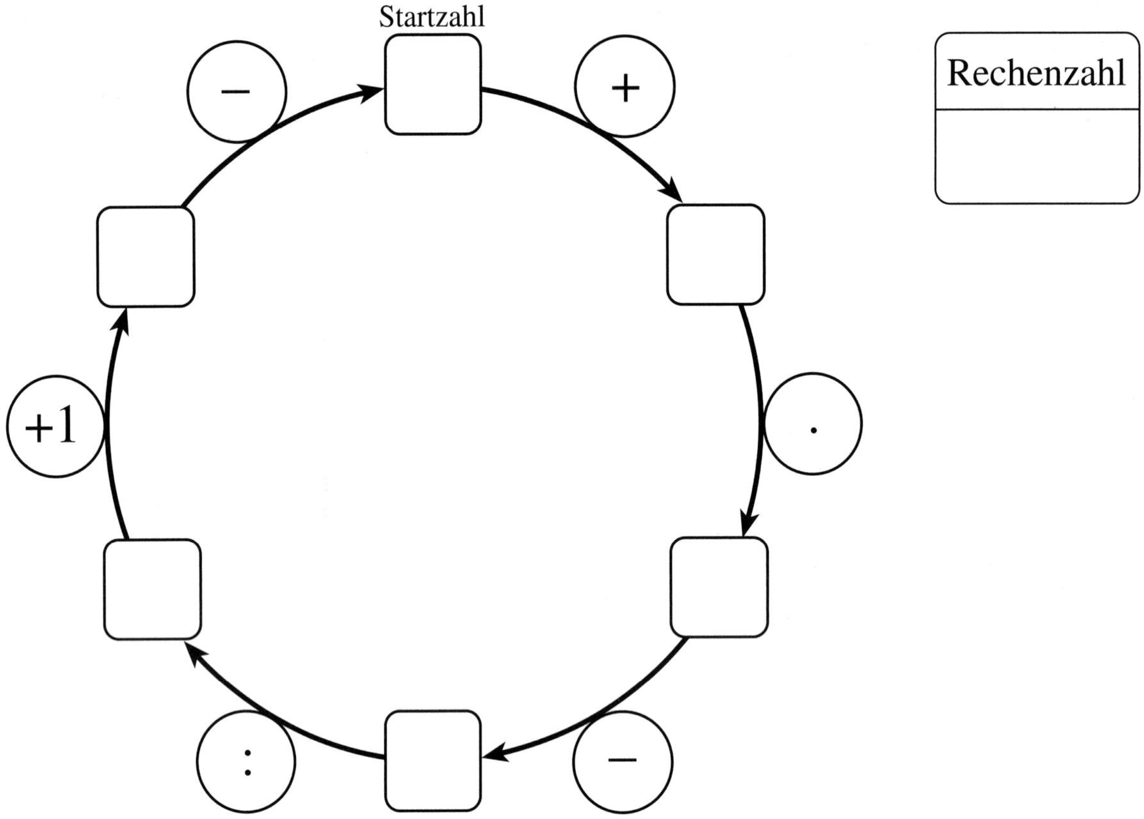
Startzahl
−
+
·
−
:
+1
Rechenzahl

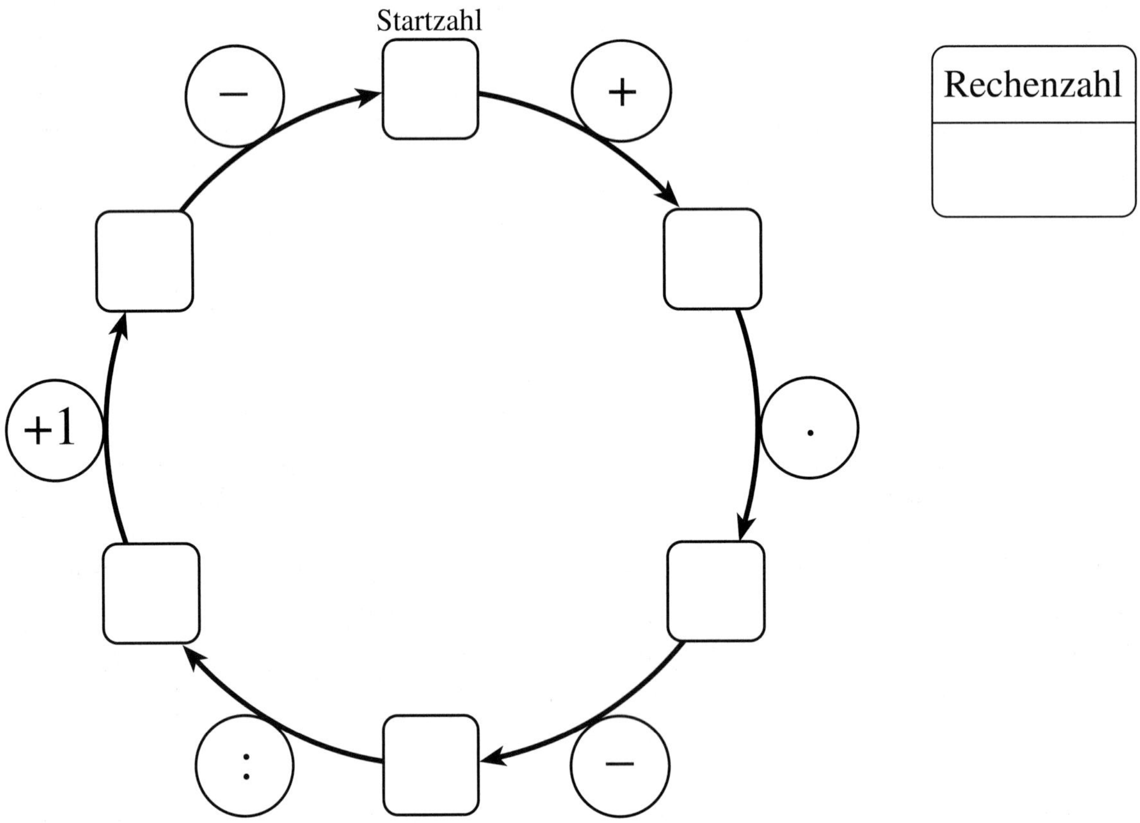
Startzahl
−
+
·
−
:
+1
Rechenzahl

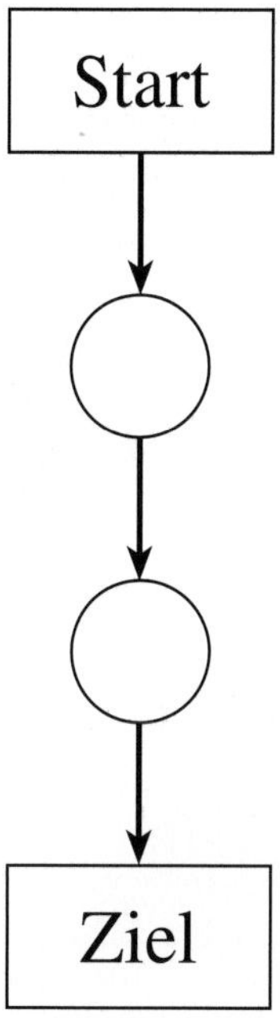

Start	Ziel

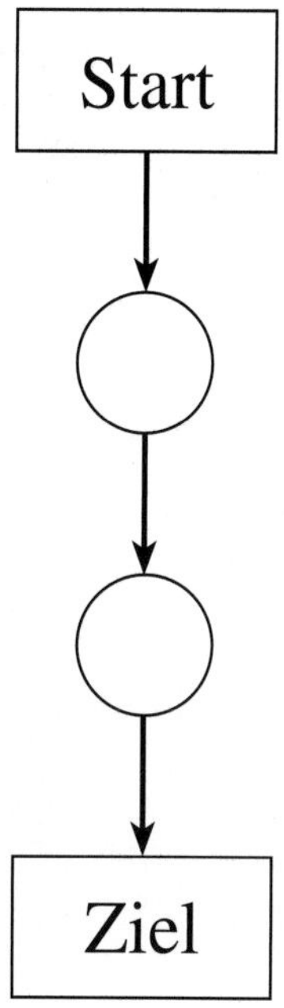

Start	Ziel

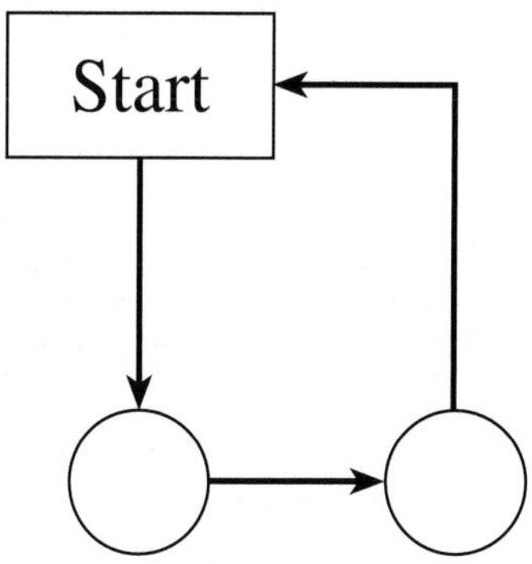

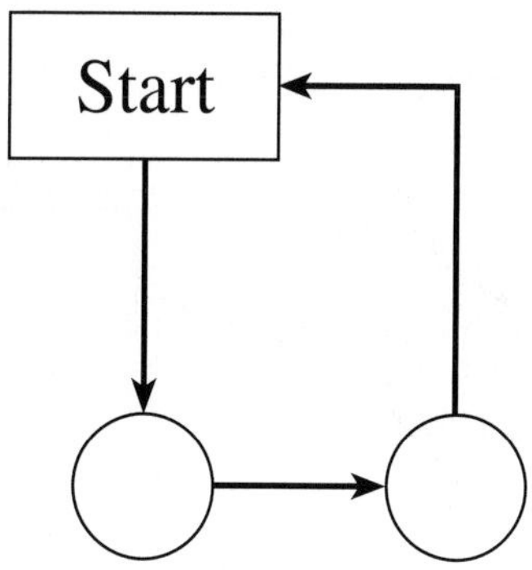

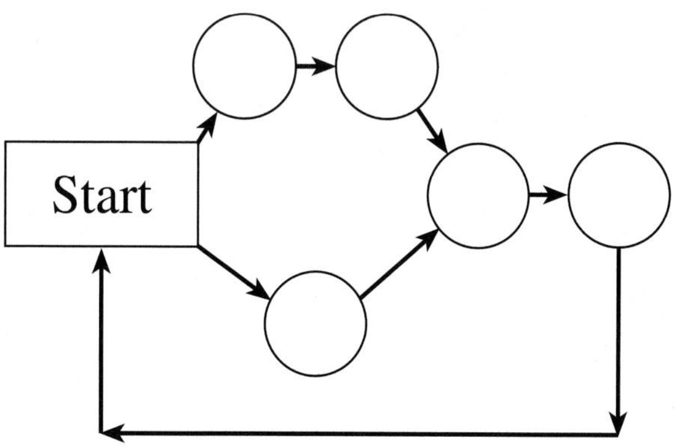

Lege eine Tabelle an.

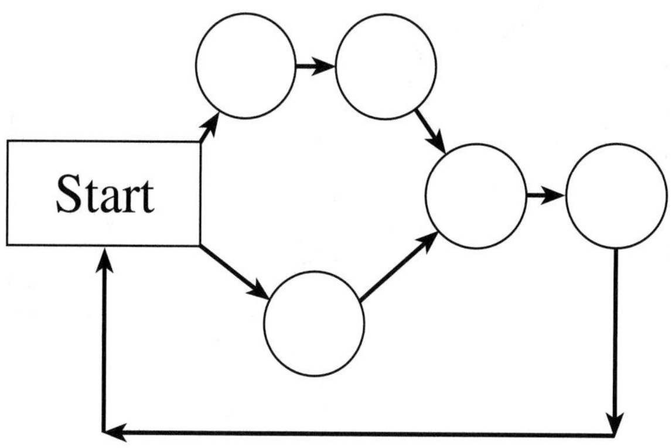

Lege eine Tabelle an.

Musterkarten I

1

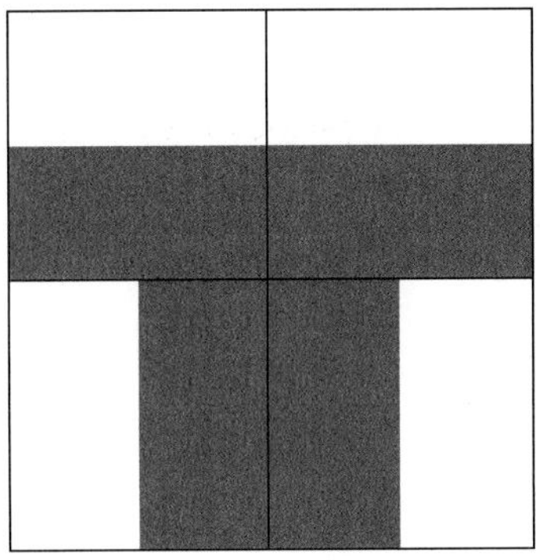
2

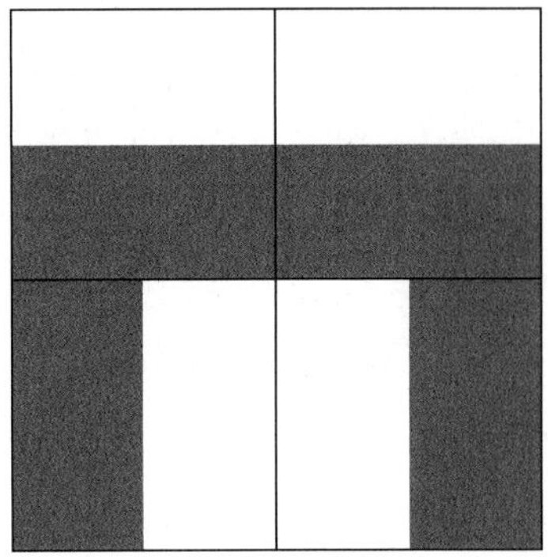
3

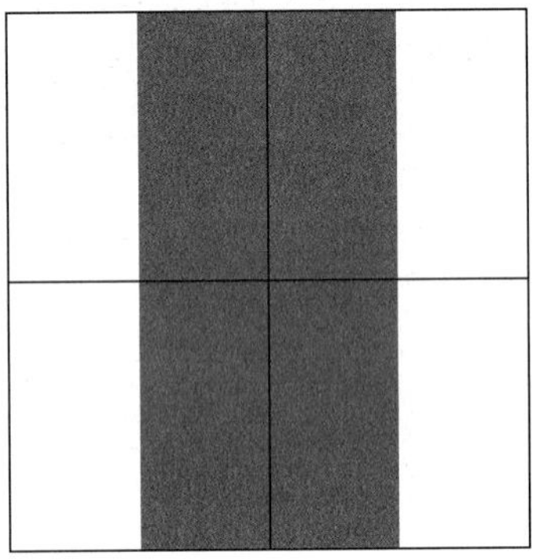
4

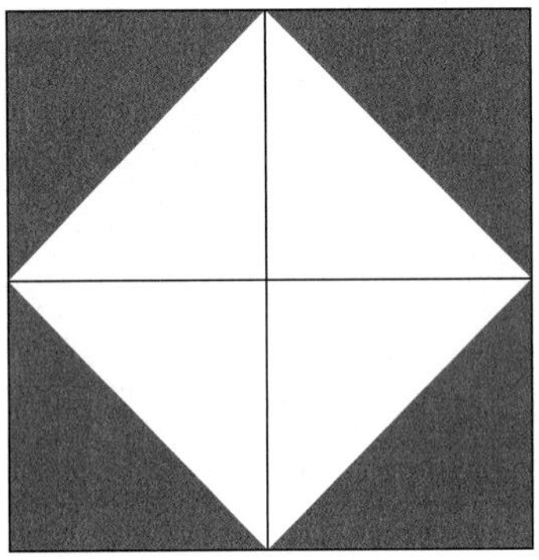
5

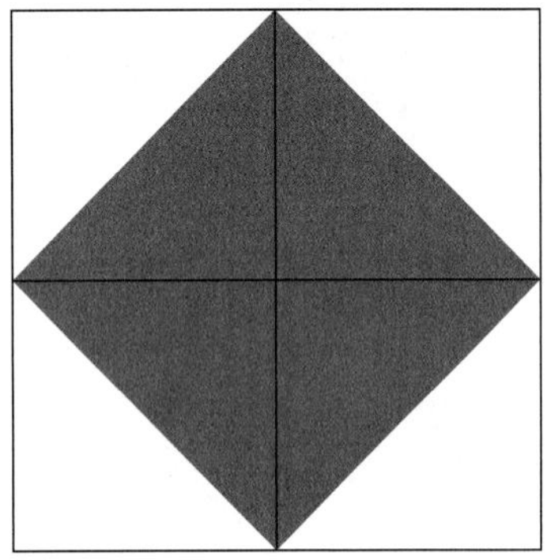
6

7

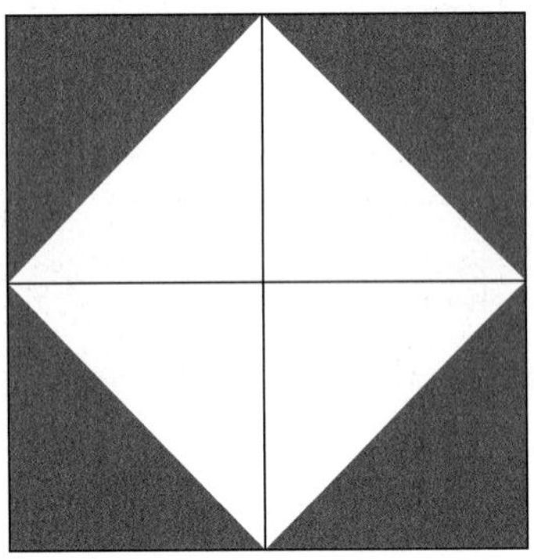
8

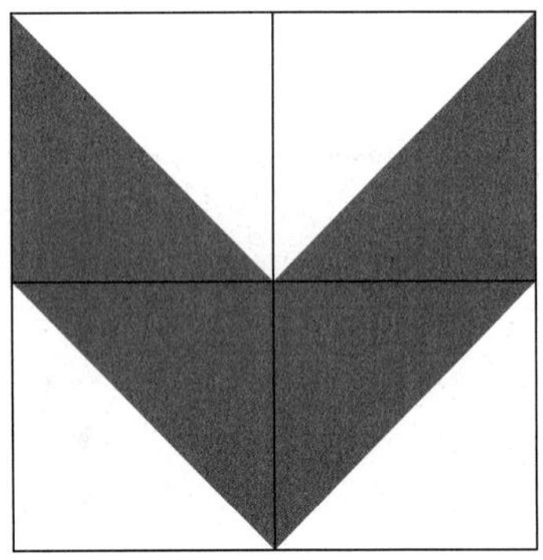
9

10

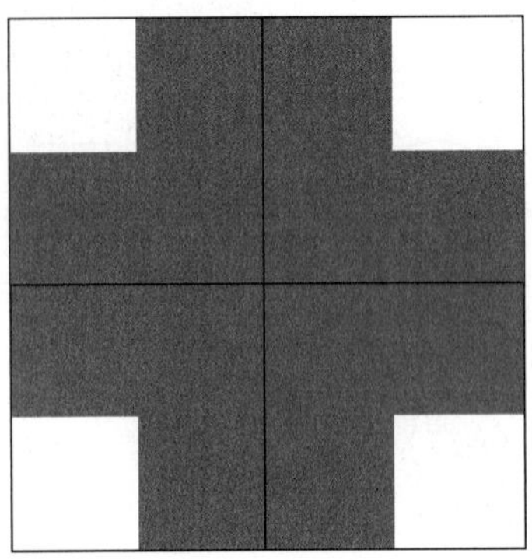
11

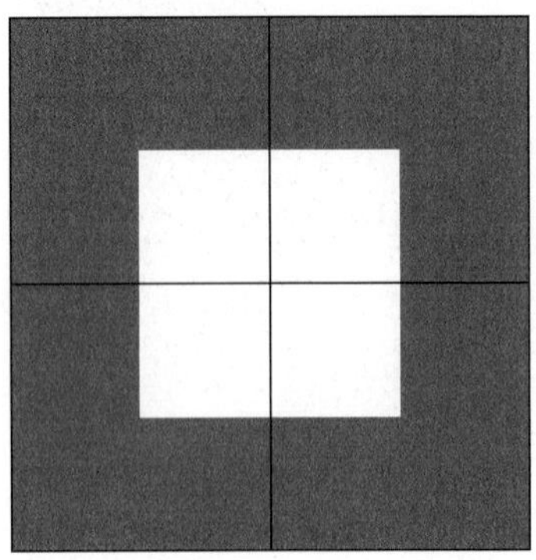
12

13

14

15

16

17

18

19

20

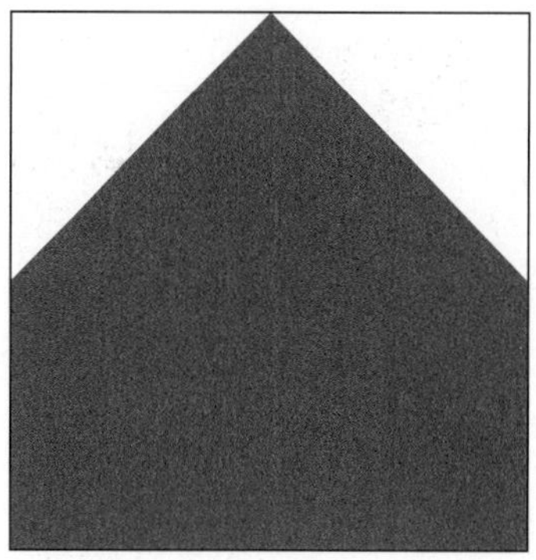
21

22

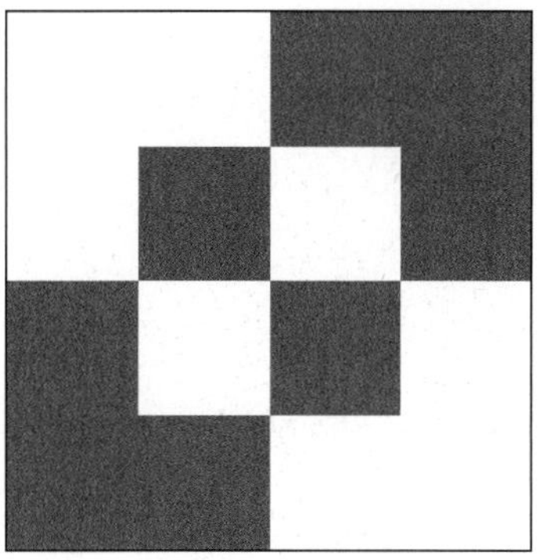
23

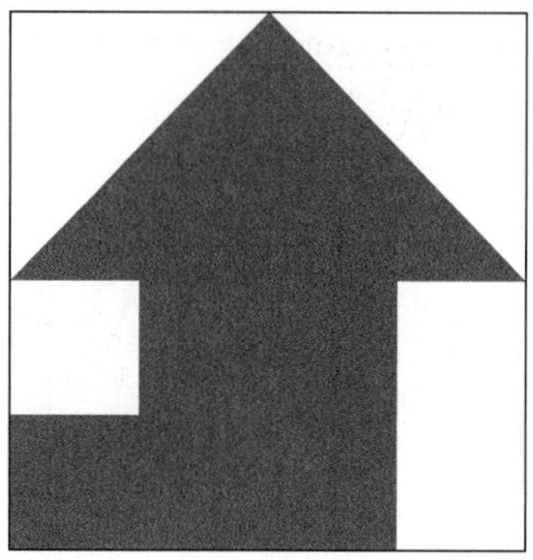
24

Karofelder zum Zeichnen von Mustern

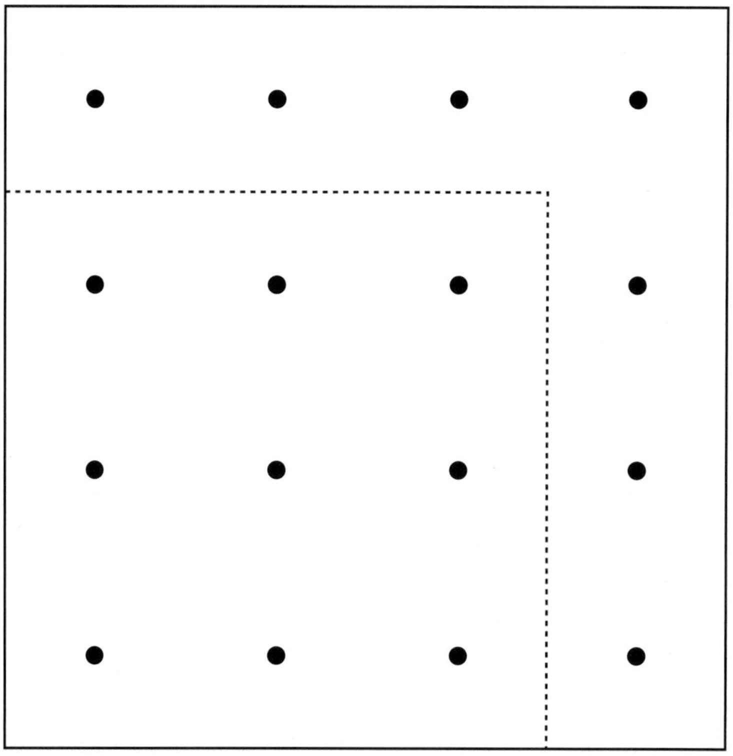

Schablone für das Geobrett:

- Vorlage auf 200 % vergrößern.
- Je nach Bedarf gesamte Vorlage ausschneiden (16-Nägel-Brett) oder entlang der gestrichelten Linie (9-Nägel-Brett).
- Löcher ausstanzen oder durchstechen.
- Schablone auf ein Brett legen und Punkte für die Nägel markieren.

Lochschablone für das Geobuch:

- Vorlage auf 200 % vergrößern, auf feste Pappe kleben und ausschneiden.
- Schablone evtl. mit Folie beziehen.
- Löcher ausstanzen oder durchstechen.
- Lochschablone auf Papier legen und 16-Punkte-Felder zeichnen.

Figuren auf dem Geobrett I

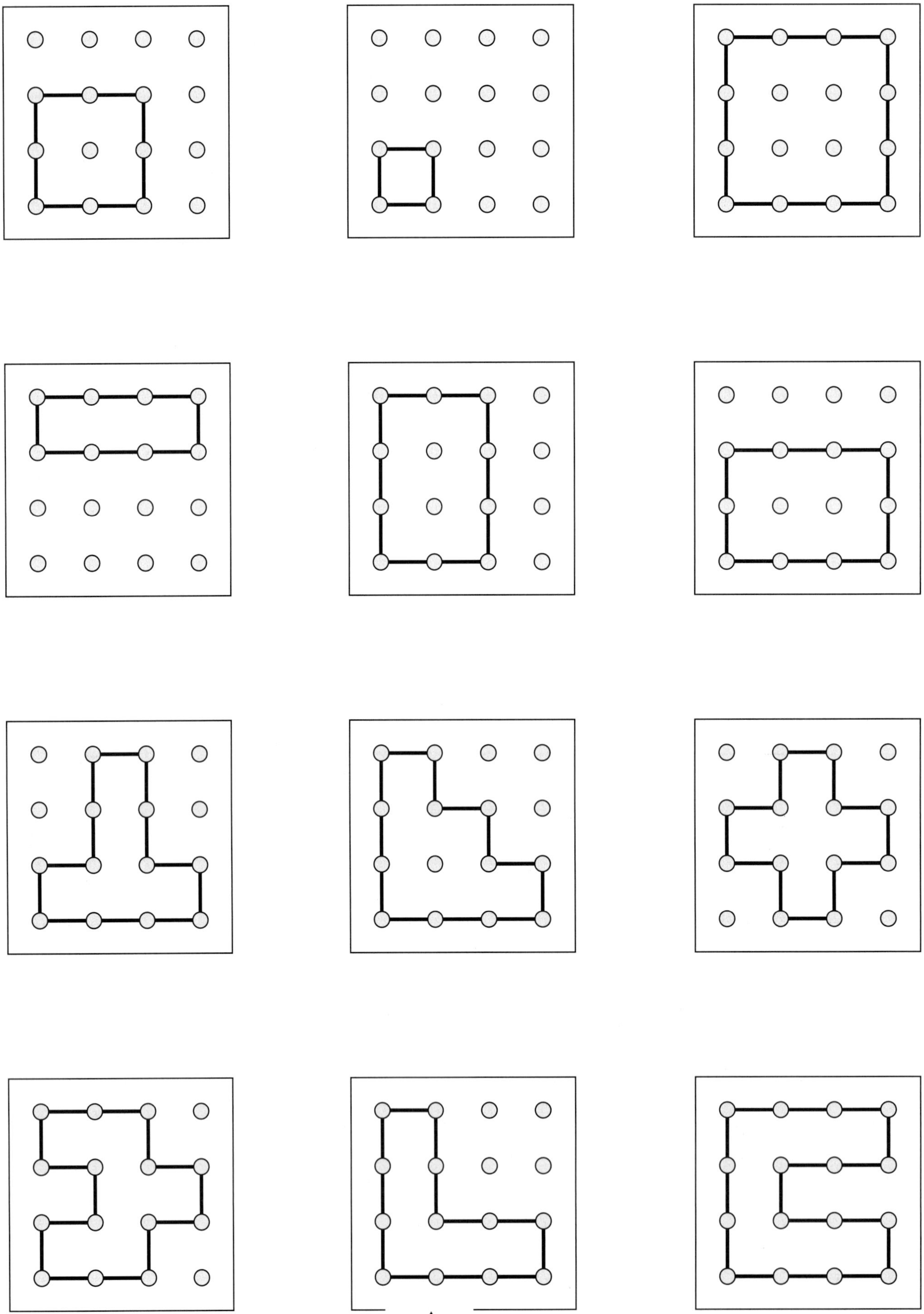

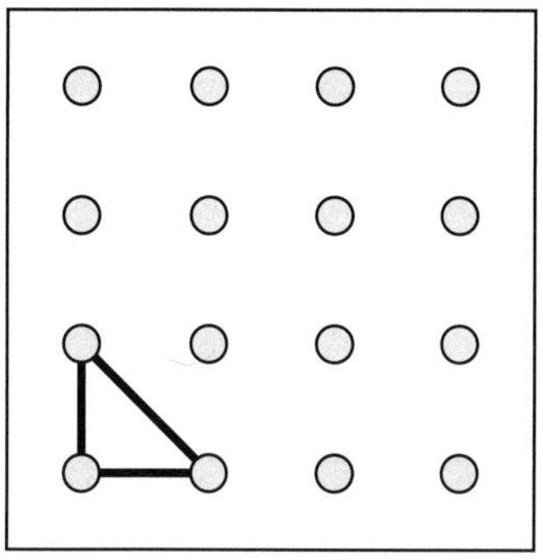
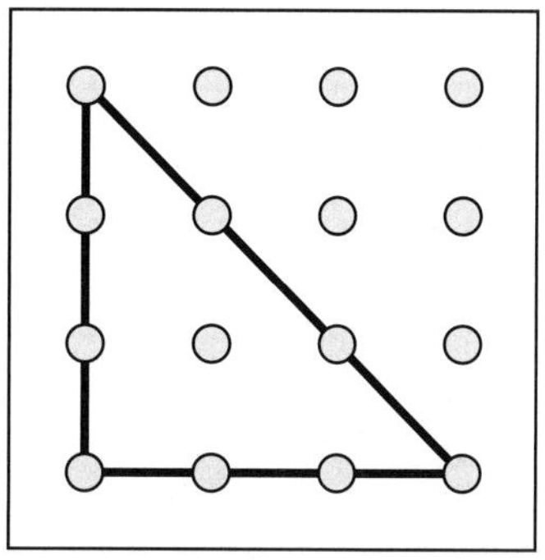
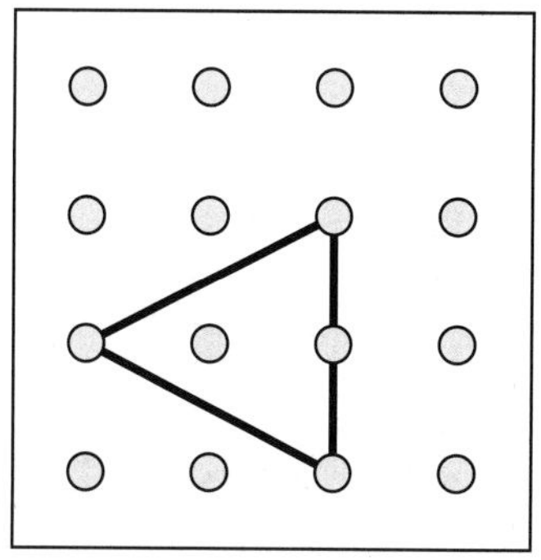
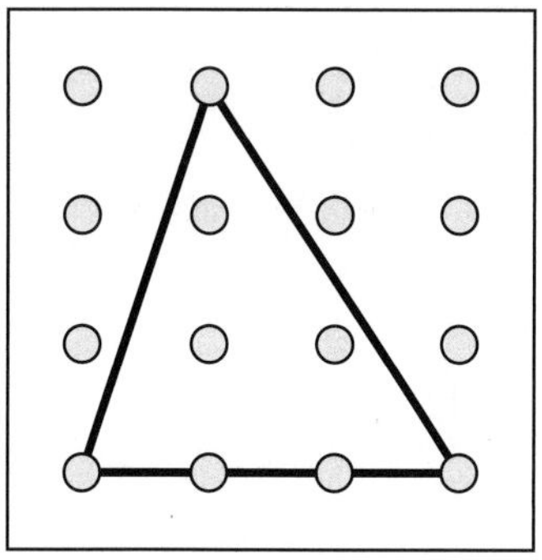
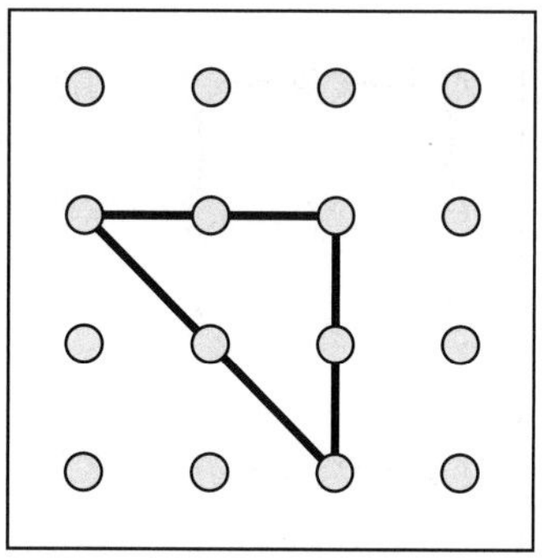
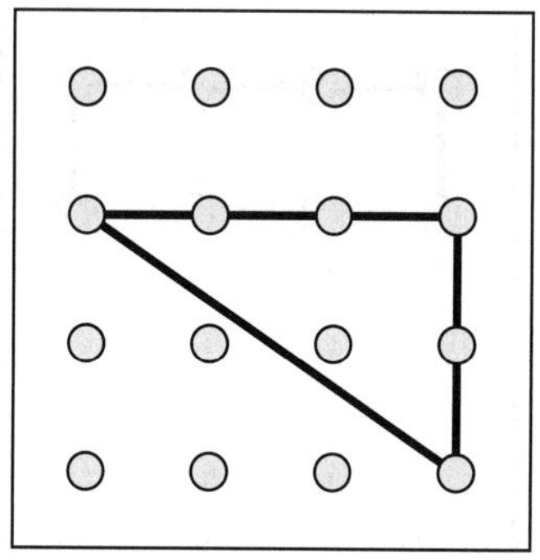
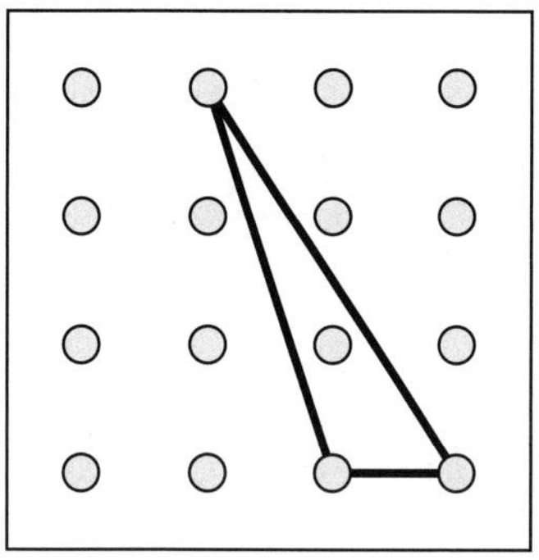
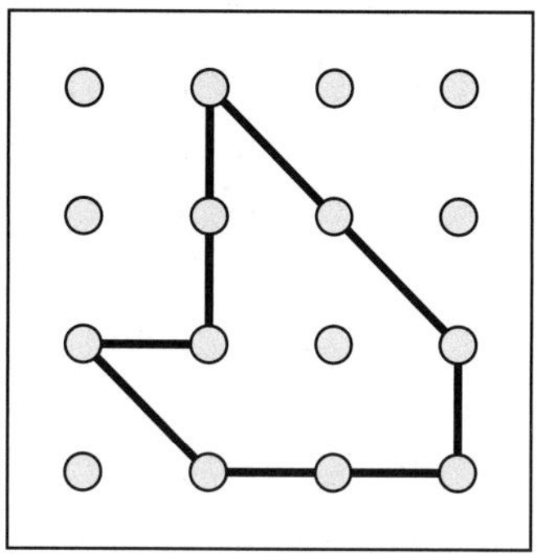
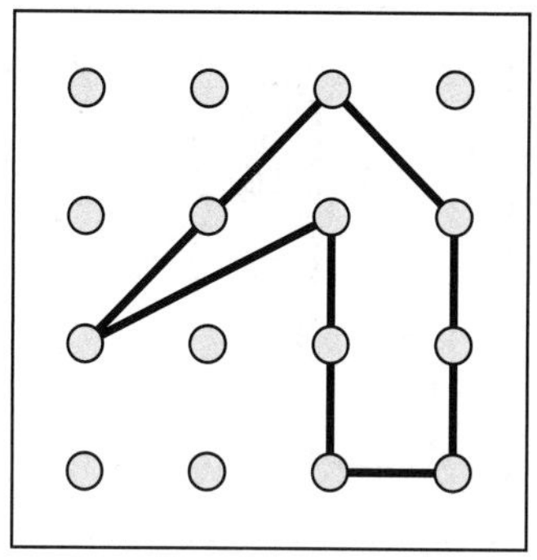
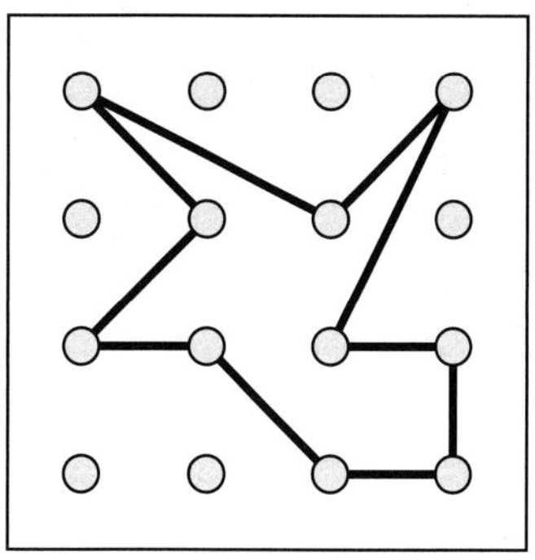
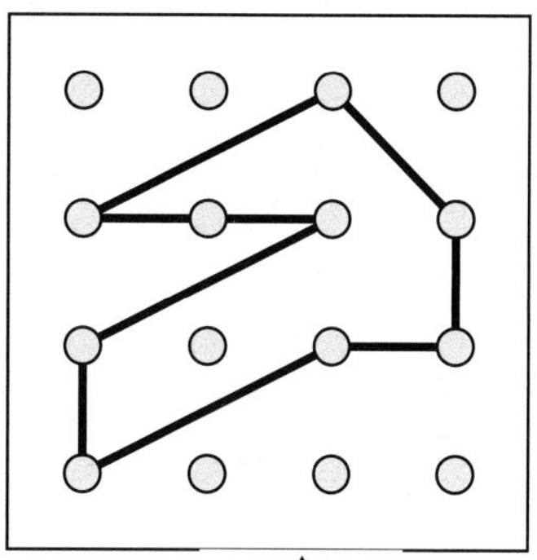
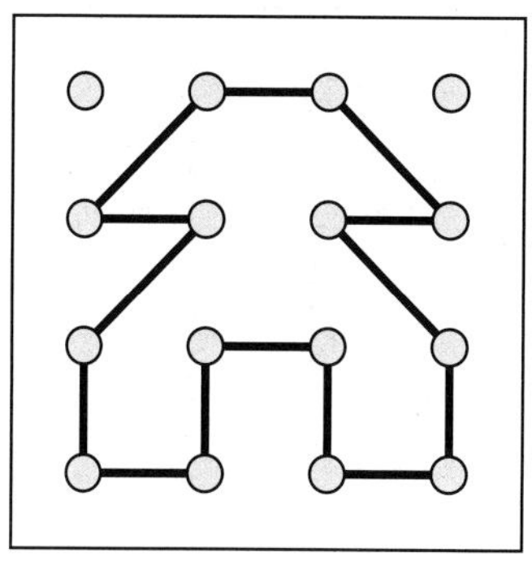

Figuren auf dem Geobrett III

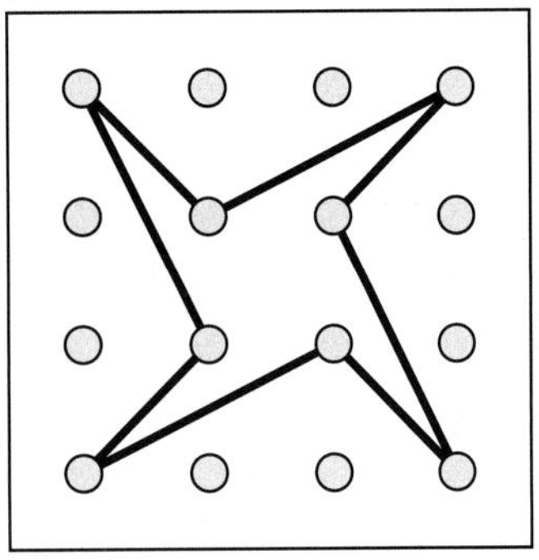
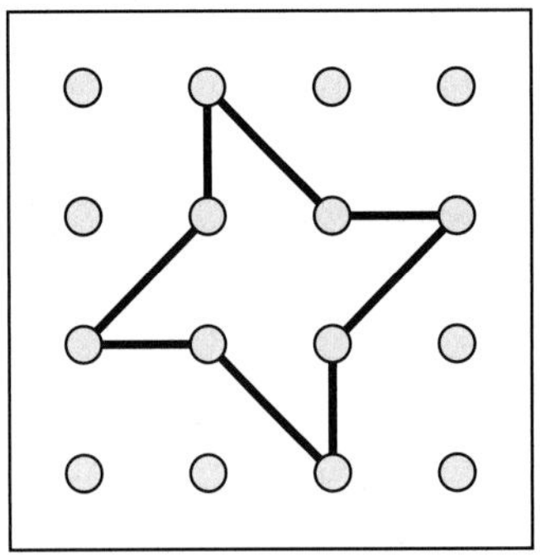
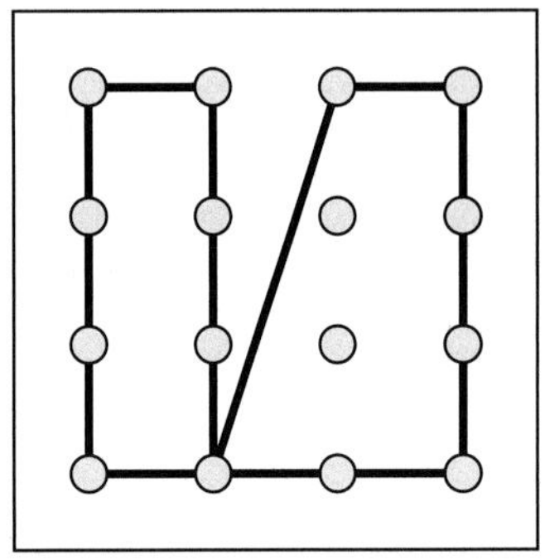
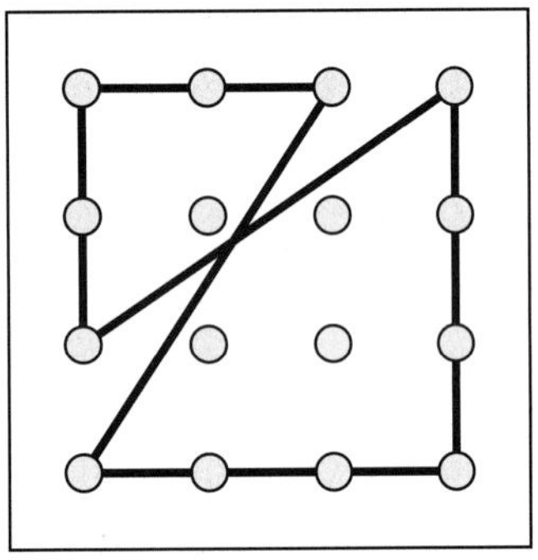
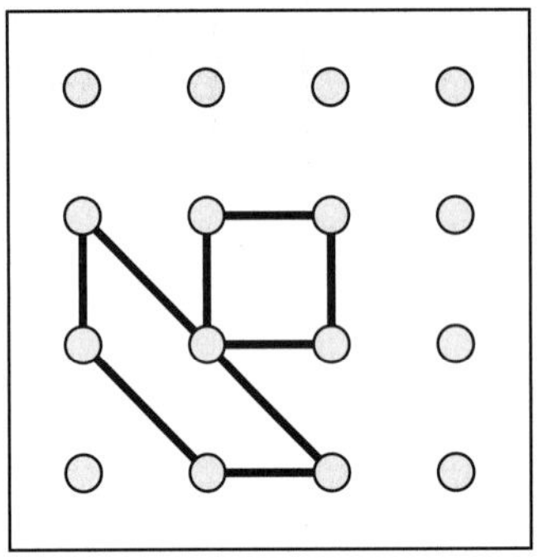
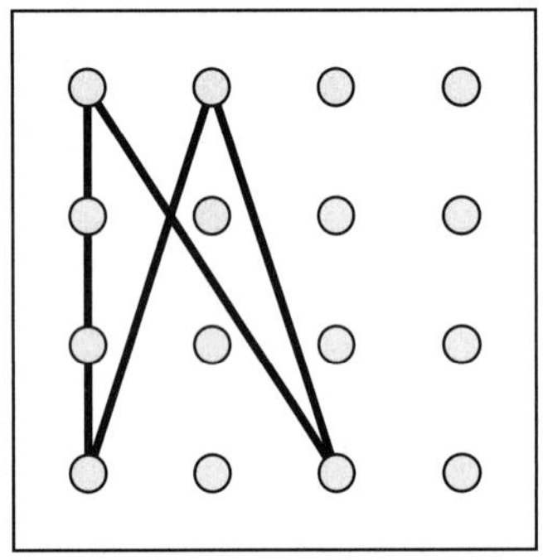
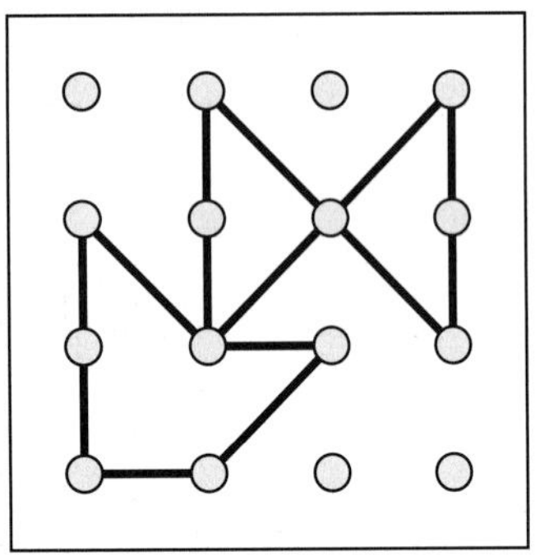
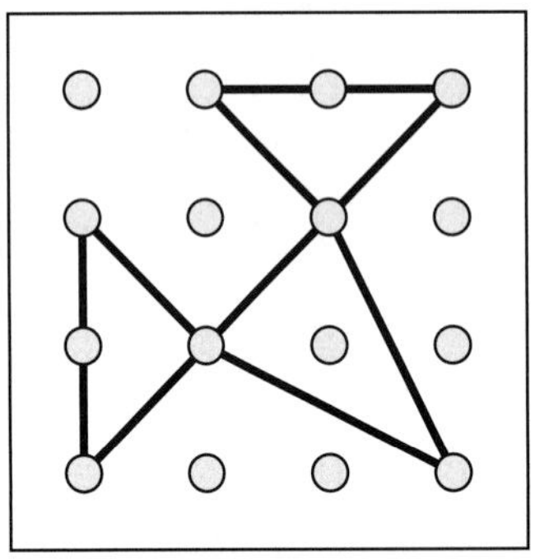
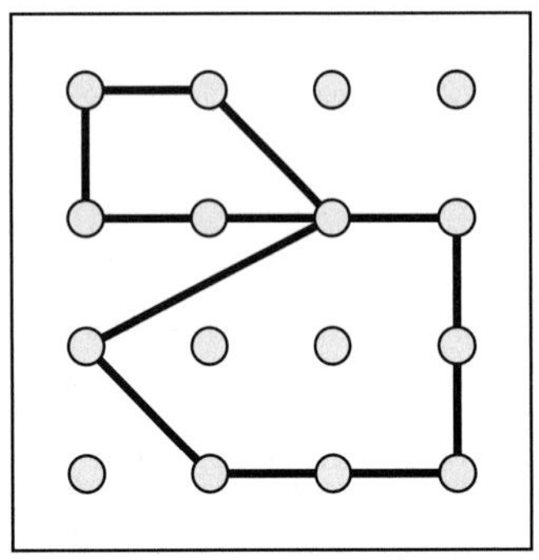
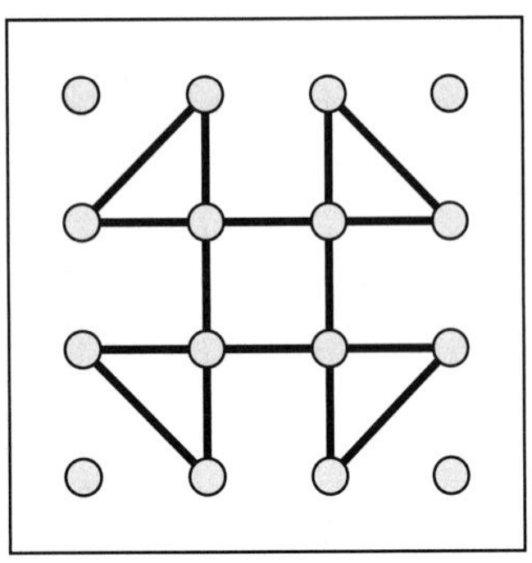
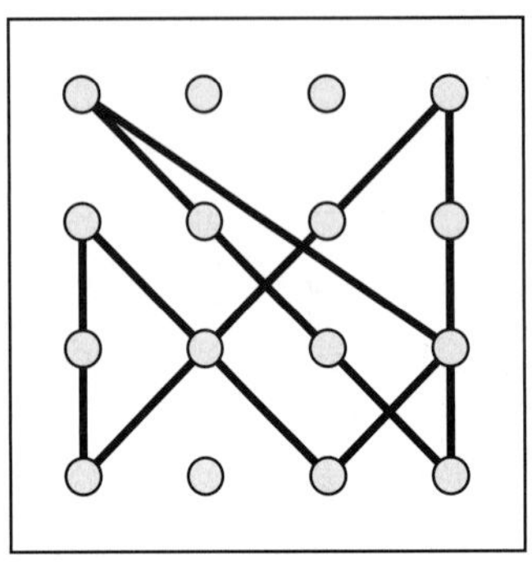
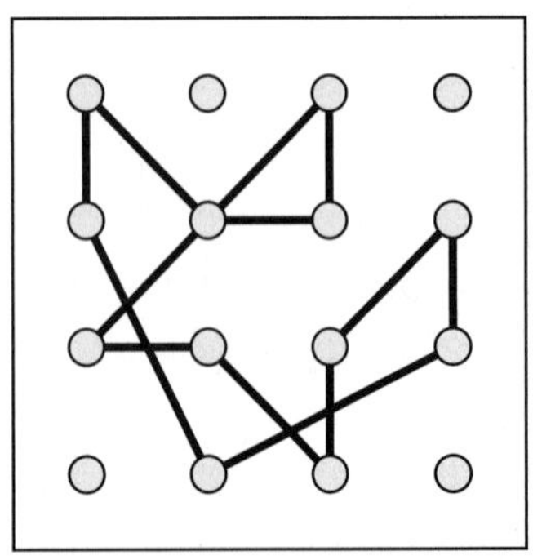

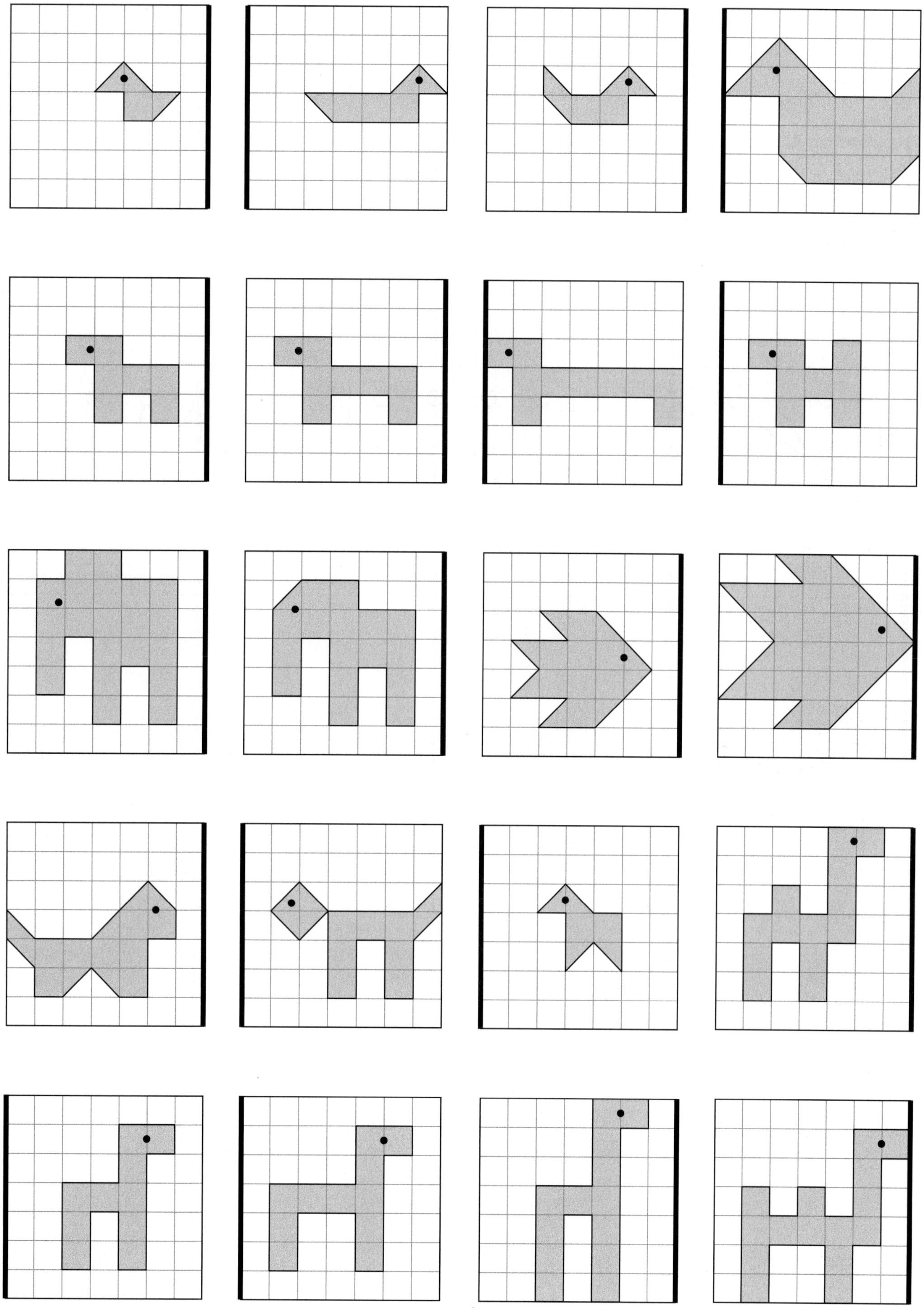

Symetriekarten (Tiere) II

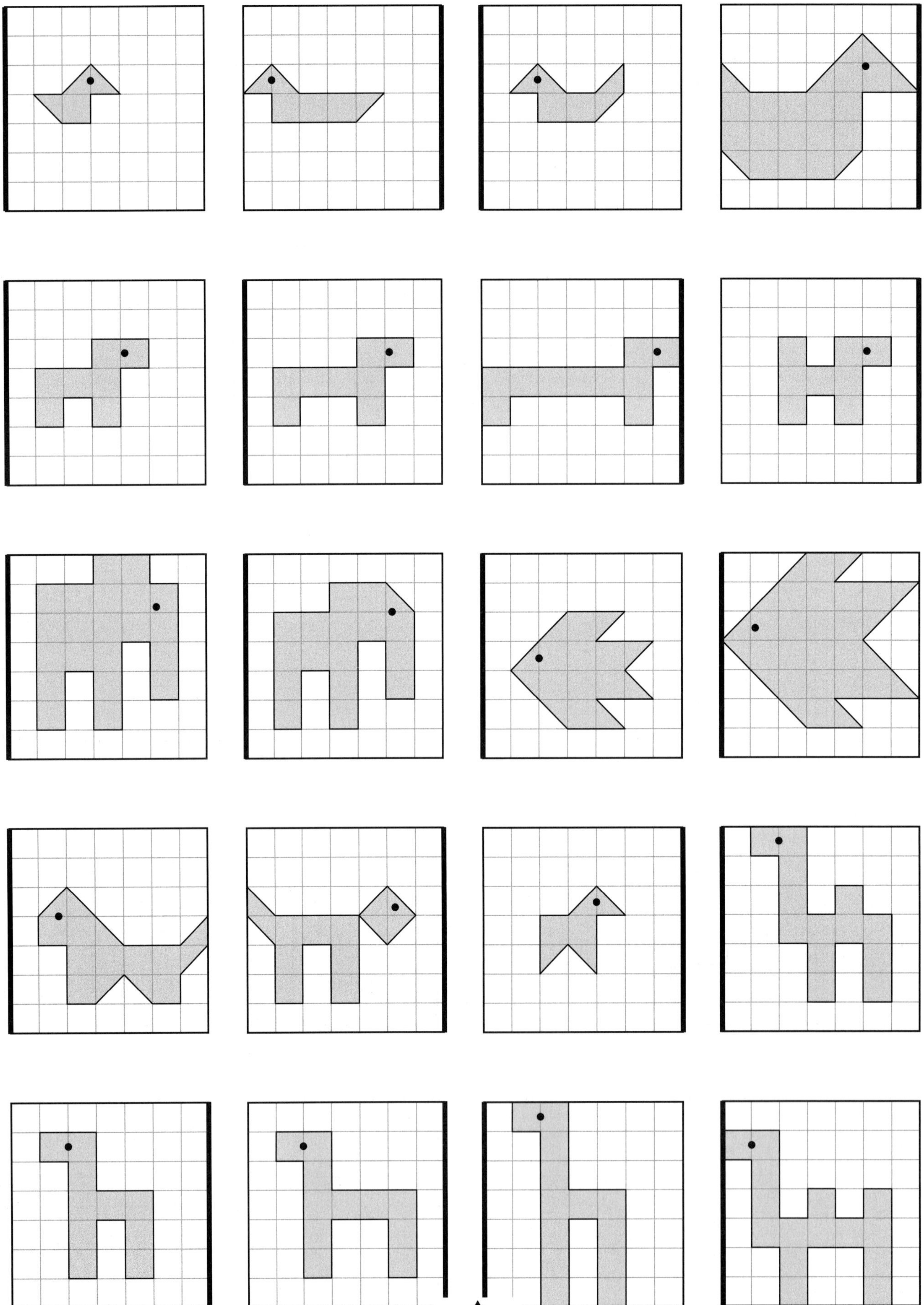

Symmetriedomino 1

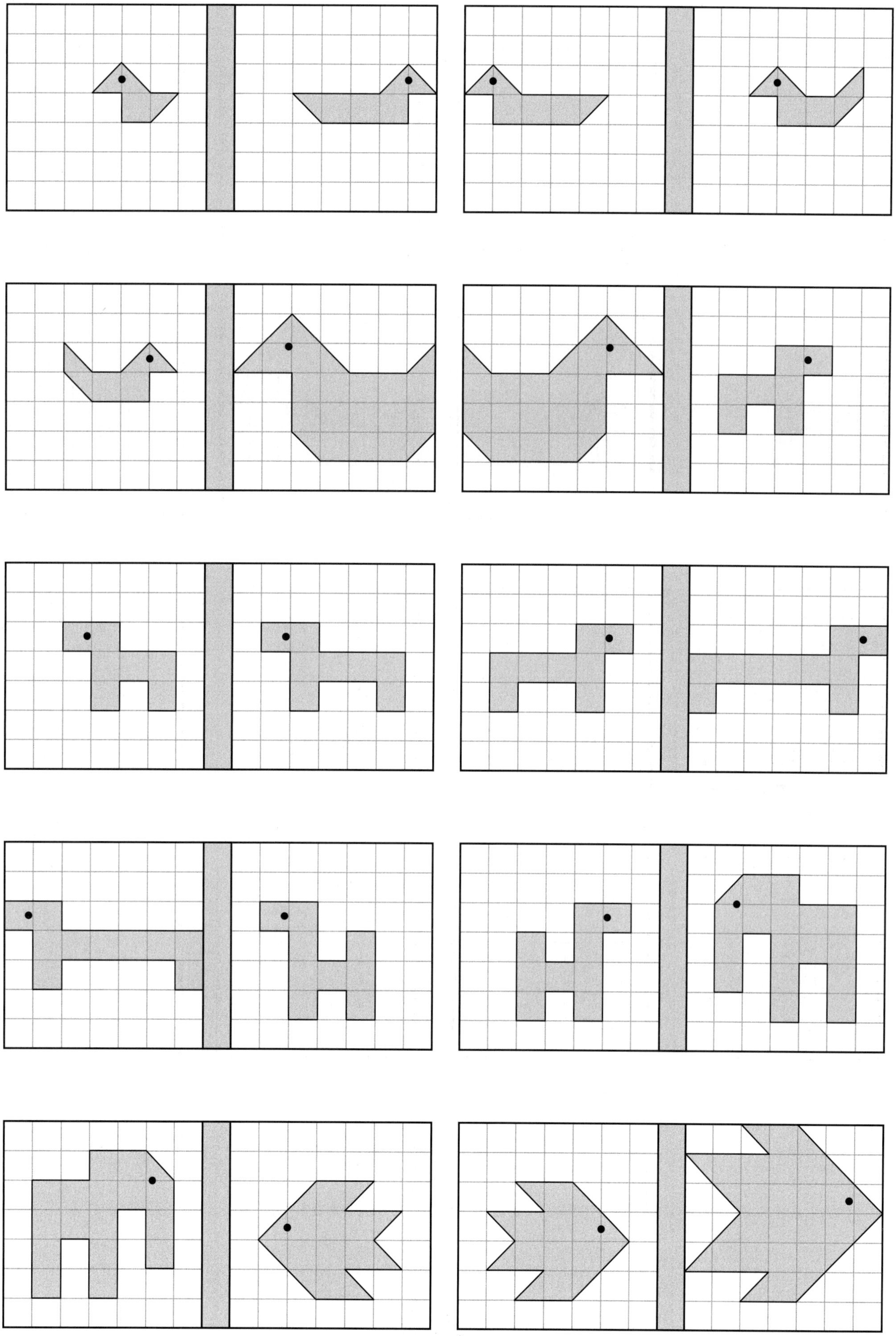

Symmetriedomino 2

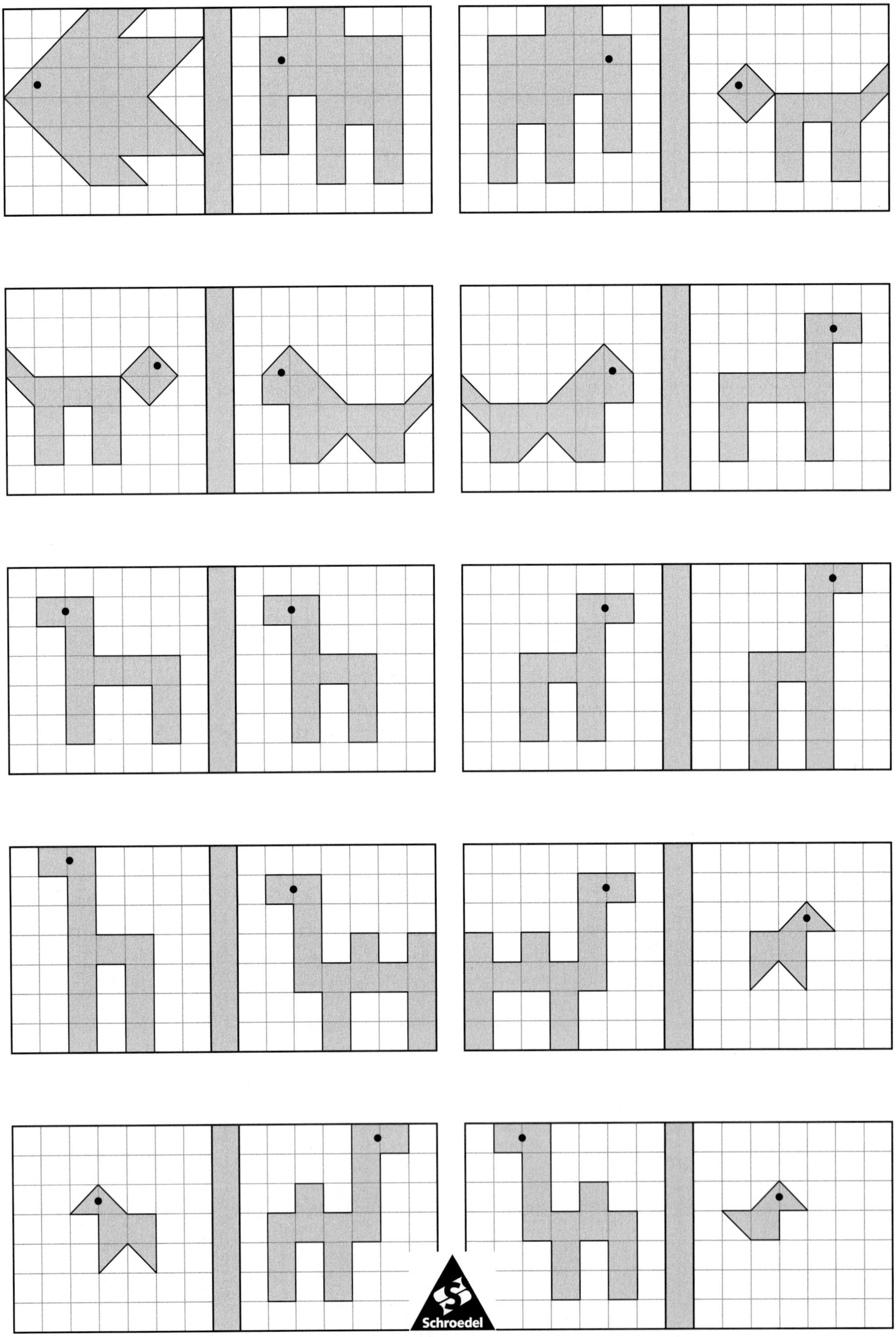

Symmetriekarten

Symmetrie-Lotto: Spielplan A

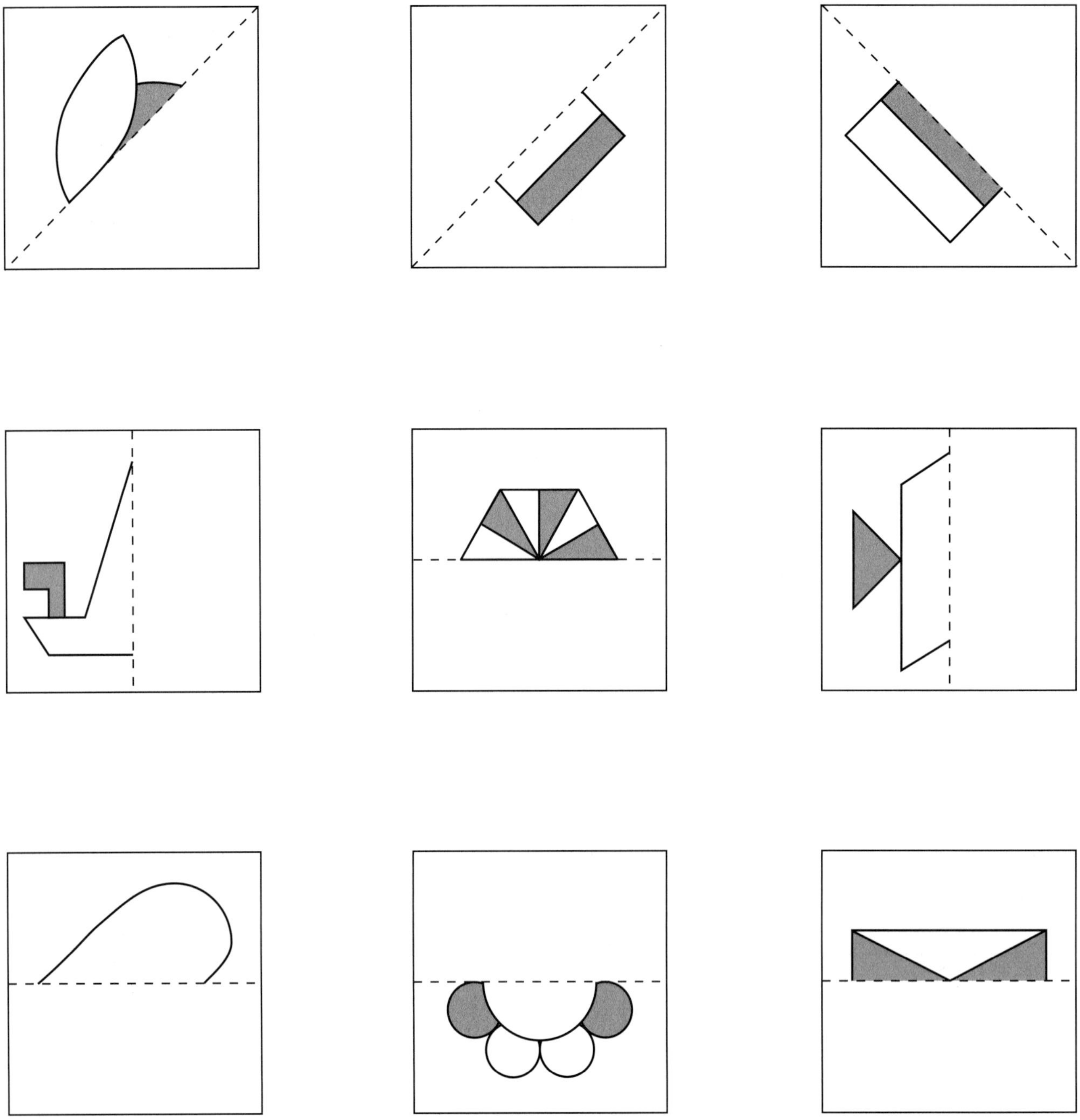

Symmetrie-Lotto: Spielplan B

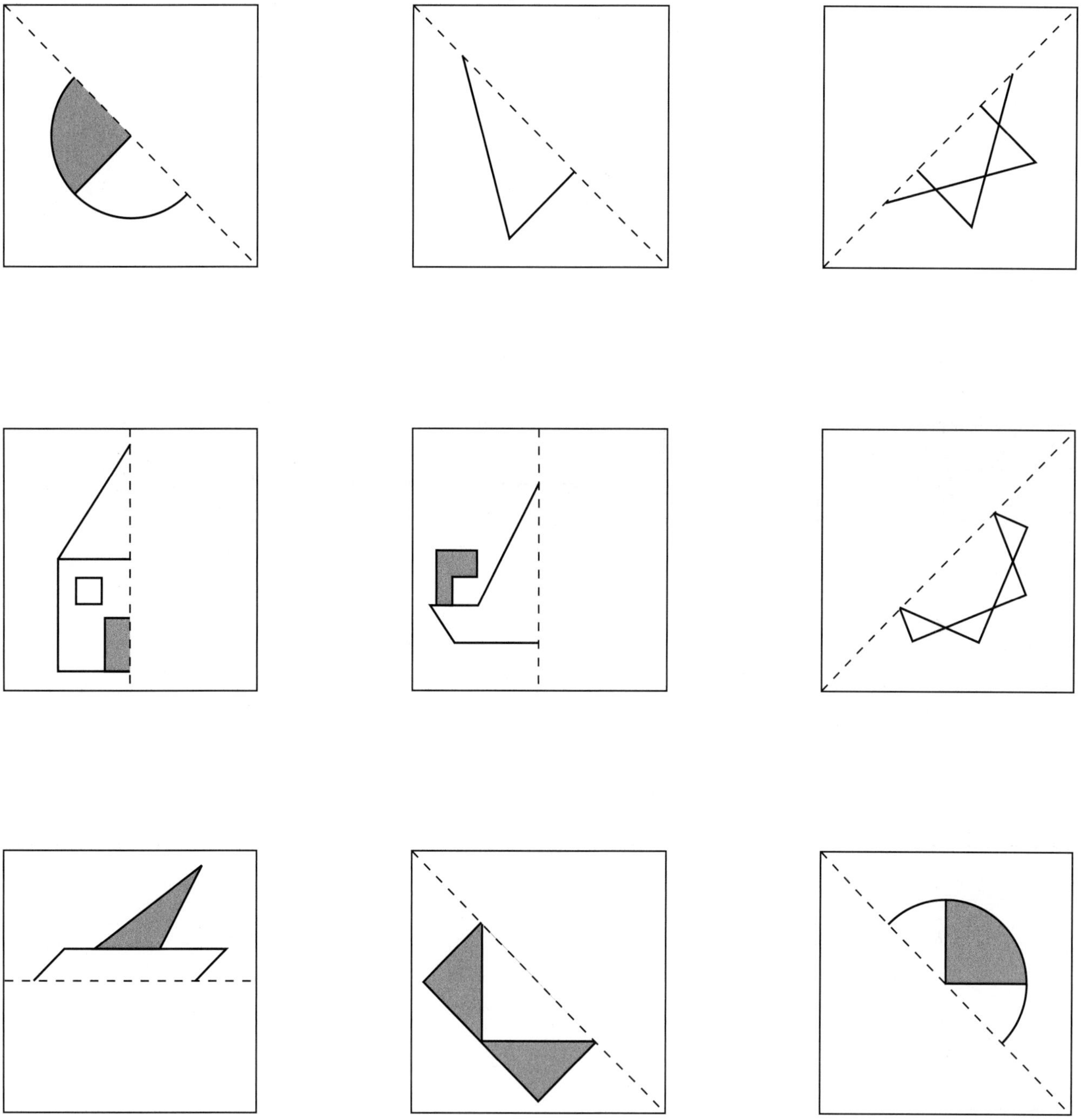

Verschiedene Karofelder

Legetabelle für Spielgeld

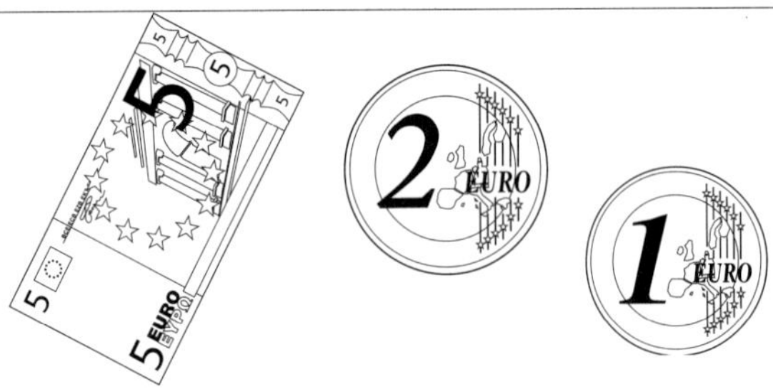	
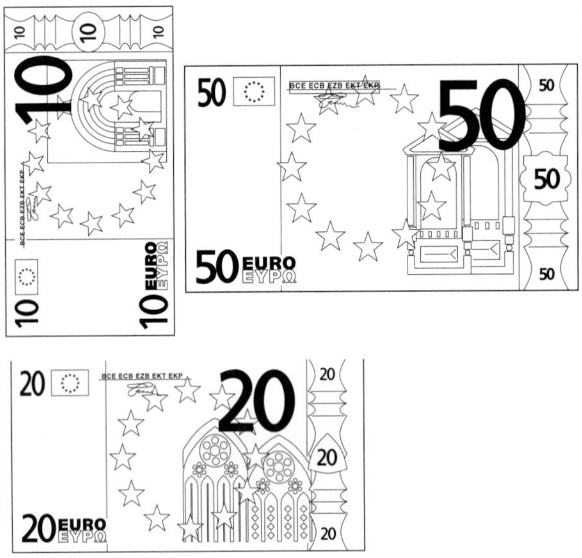	

Ich habe ...	Das Teil kostet ...	Ich gebe ...	Ich bekomme zurück ...	Ich habe noch ...

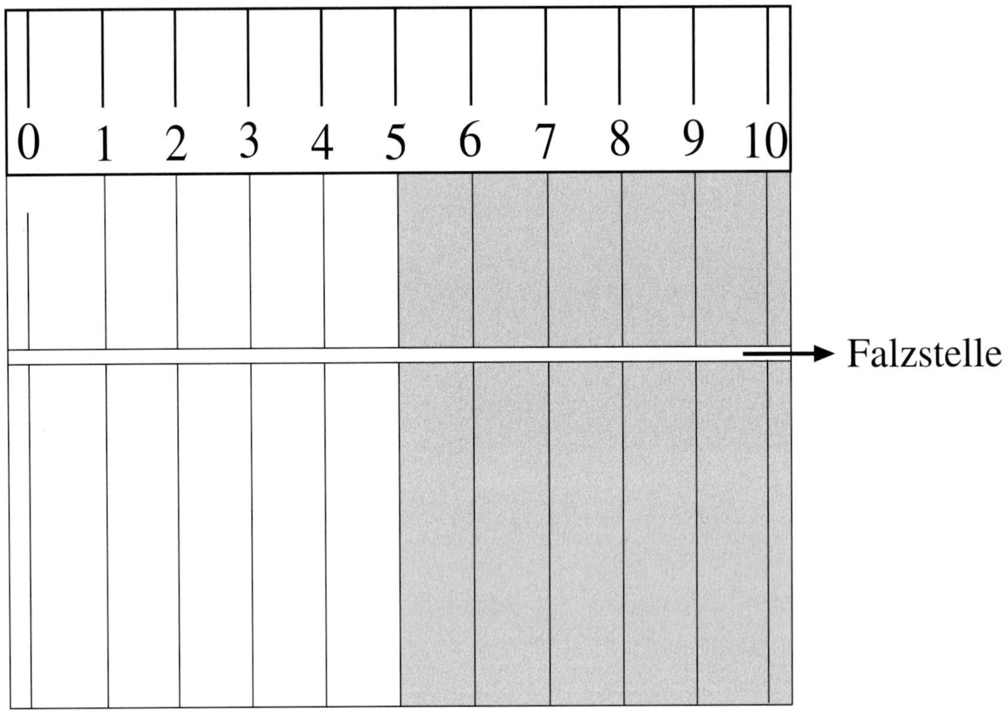

Bauanleitung:

Die Vorlage wird kopiert, an der Falzstelle umgeknickt, mit einer Pappeinlage zur Verstärkung versehen und zugeklebt.

Fußmessleiste

Schuhgröße messen

1. Stelle deinen Fuß auf ein Blatt Papier.

   Ein Mitschüler umfährt deinen Fuß mit einem Stift.

   Schneide deinen Fußabdruck aus und vergleiche ihn mit den Abdrücken anderer Kinder.

2. Stelle deinen Fuß auf die nebenstehende Messleiste. Wie lang ist dein Fuß?

   Welche Schuhgröße entspricht deiner Fußlänge?

   Trägst du die richtige Schuhgröße? Schau am Schuh nach.

Formel

$$\text{Schuhgröße} = \frac{(\text{Fußlänge} + 0{,}7) \cdot 3}{2}$$

Länge in cm	Schuhgröße (deutsche Größe)	Rechnerisch
Bis 25,7	40	39,6
Bis 25	39	38,55
Bis 24,3	38	37,5
Bis 23	36	35,55
Bis 21	33	32,55
Bis 19,7	31	30,6
Bis 17	27	26,55
Bis 15	24	23,55
Bis 14,3	23	22,5
Bis 13	21	20,55
Bis 11	18	17,55

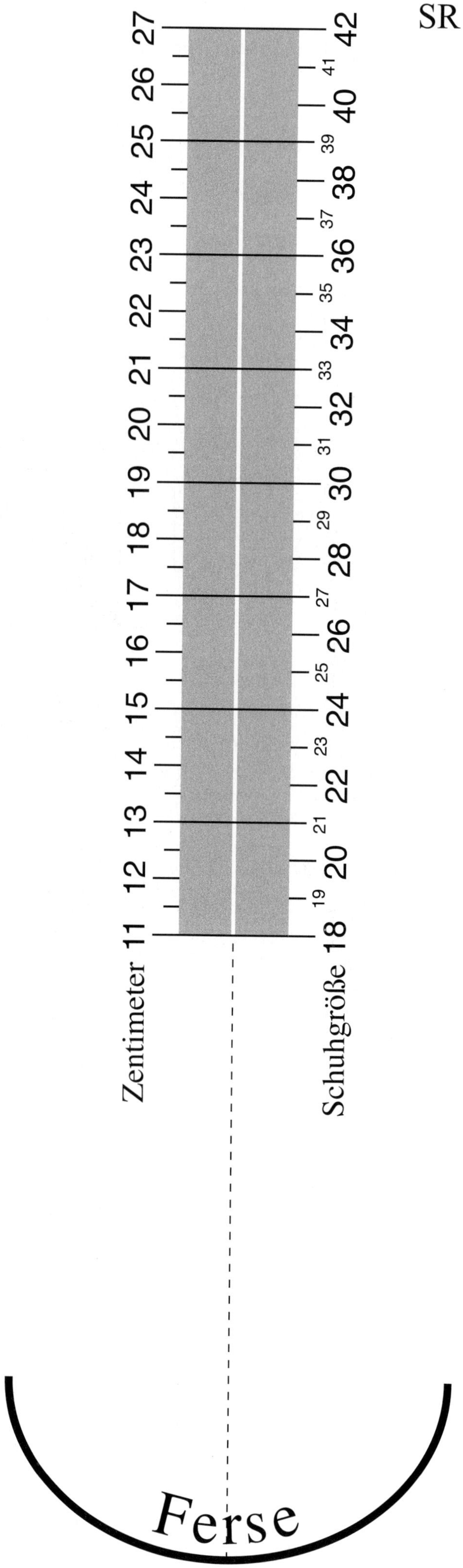

Schroedel

Die Wege der Maus ins Mauseloch

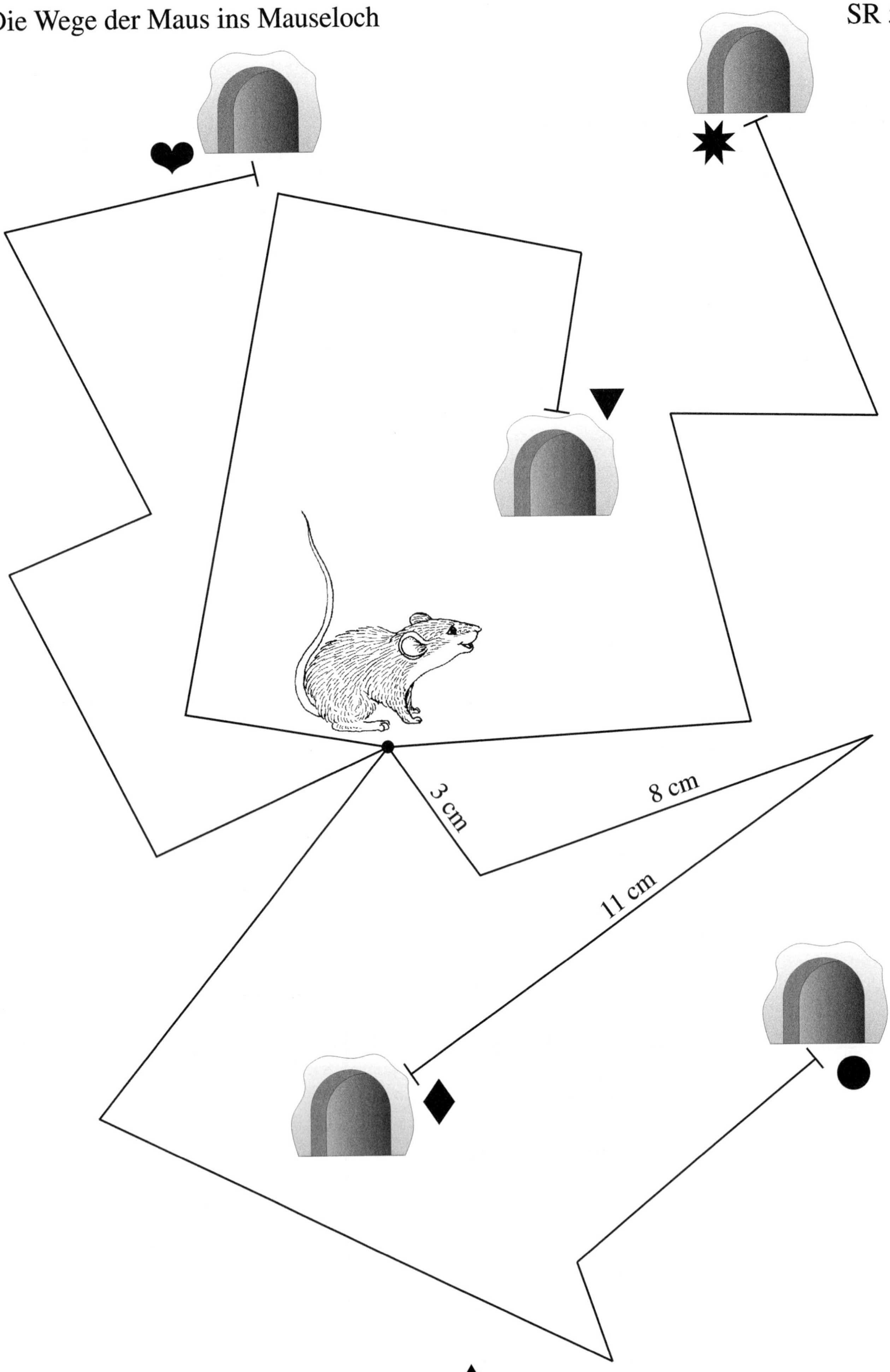

Digitalanzeige

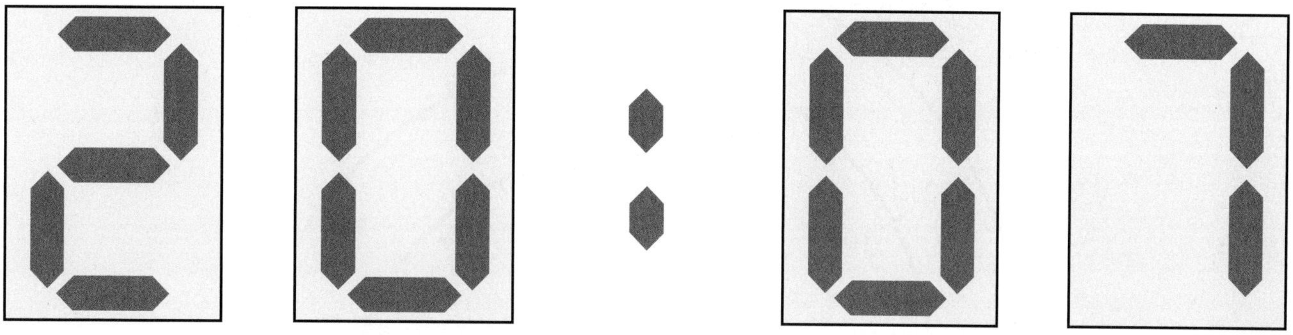

Es ist viel zu spät!

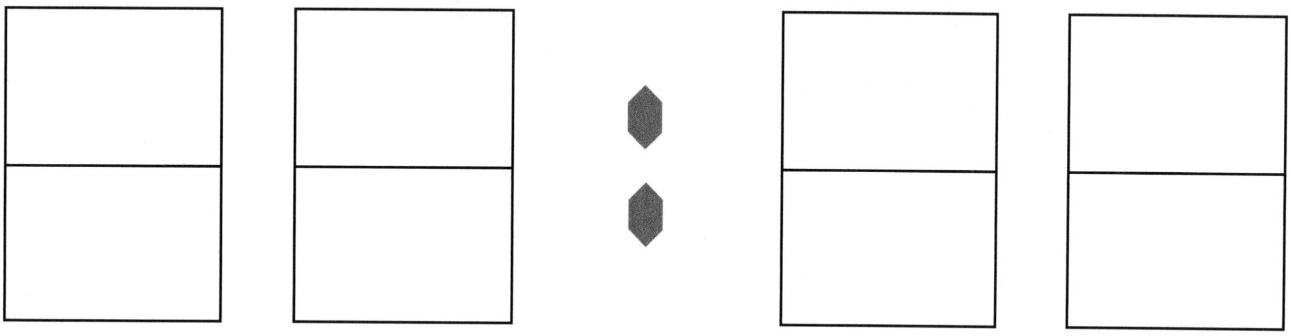

Käsekästchen

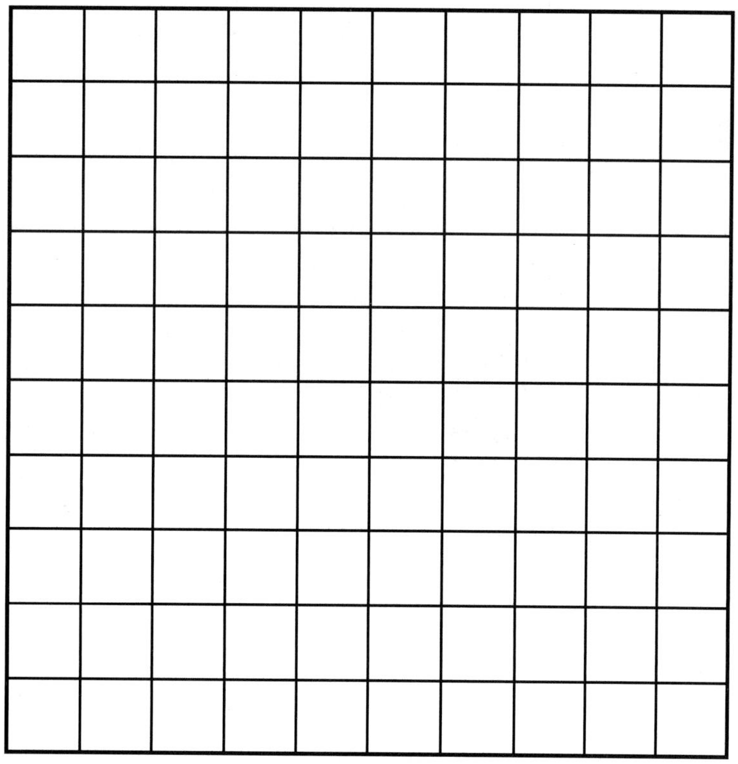

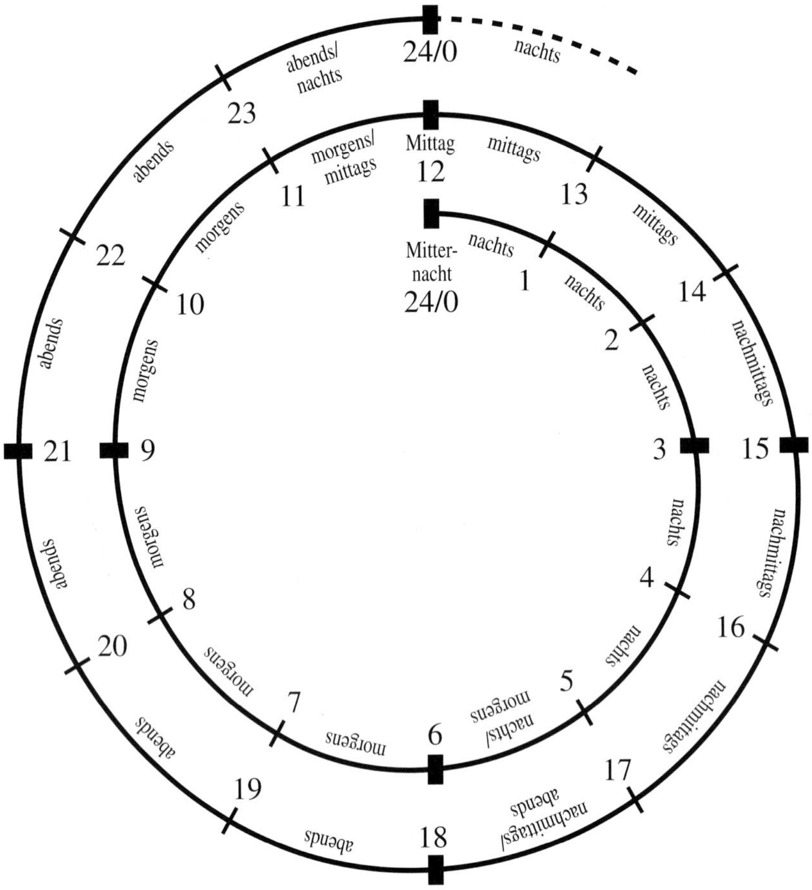

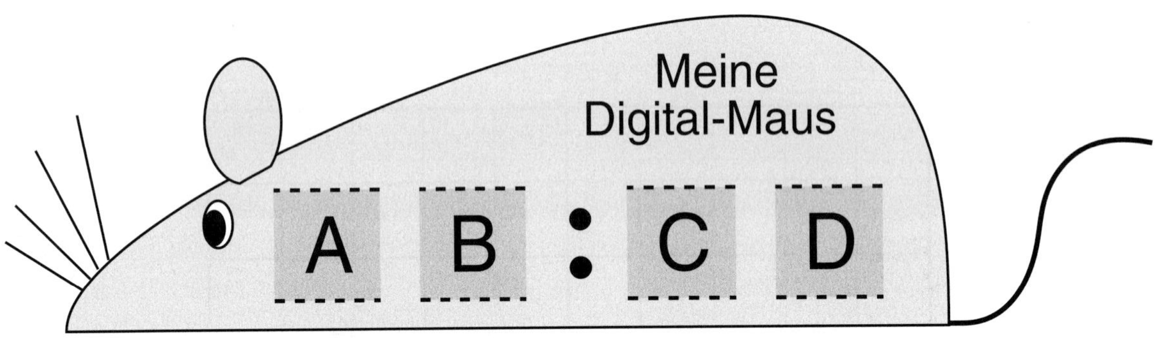

0	9	8	7	6	5	4	3	2	1	
0	9	8	7	6	5	4	3	2	1	
			0	5	4	3	2	1	
					0	2	1	

Wir lesen Teile von Stunden.

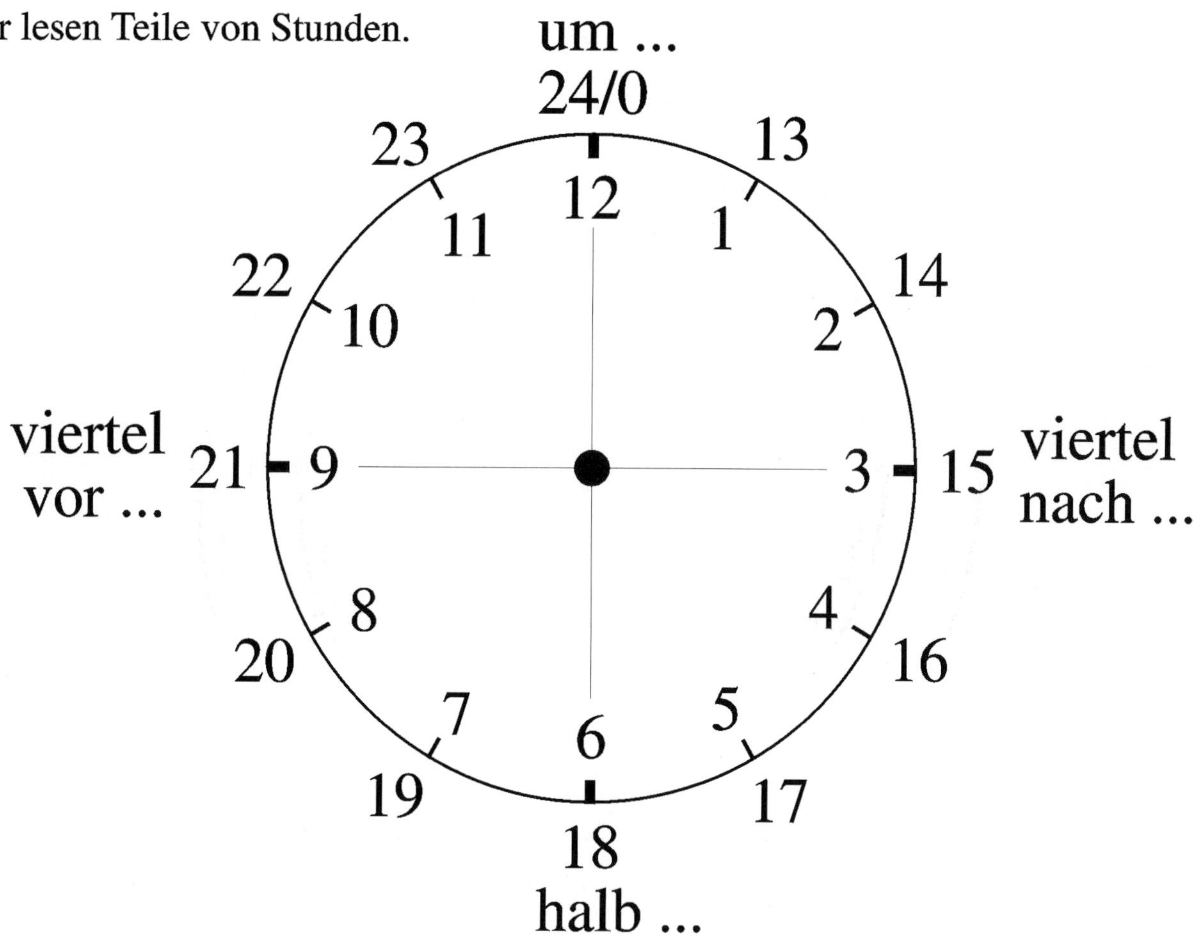

Wir lesen Minuten ab.

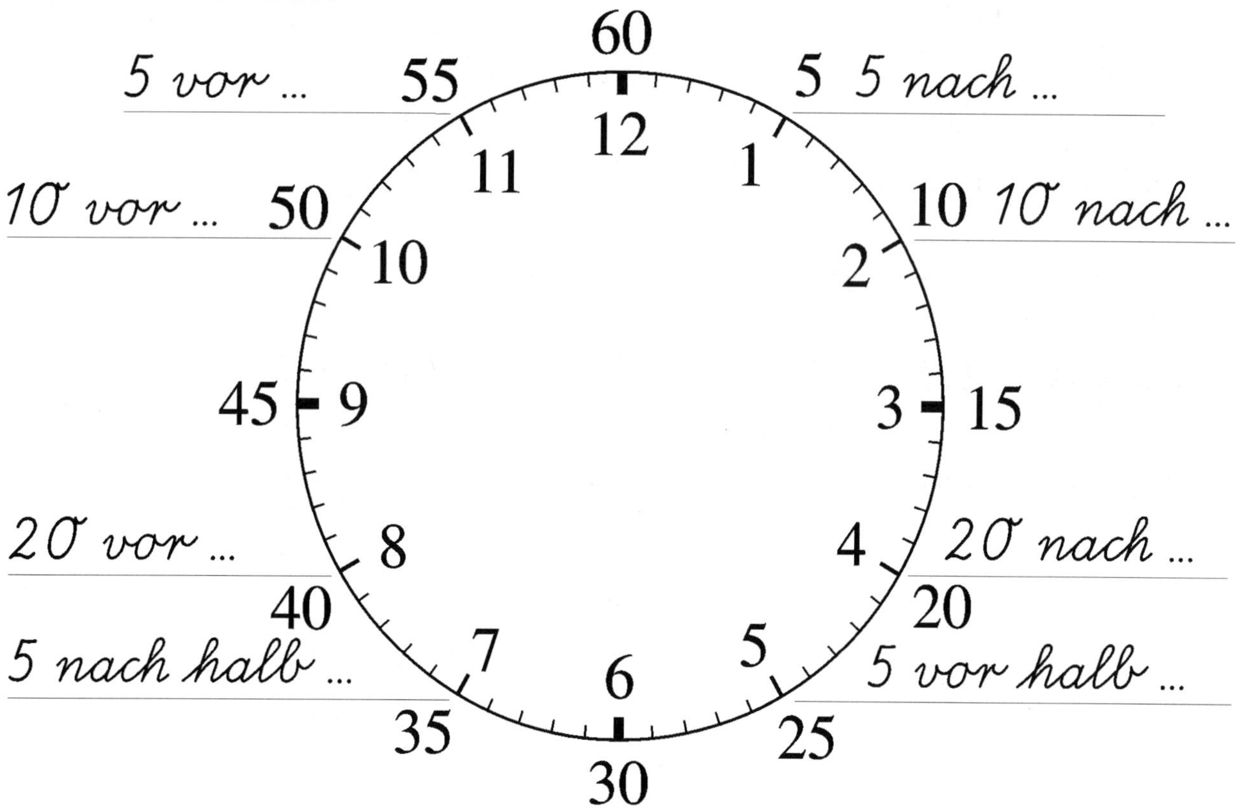

Mein Lebenslauf

19___ ________________

____

19___ ________________

____

19___ ________________

____

19___ ________________

____

19___ ________________

____

20___ ________________

____

20___ ________________

____

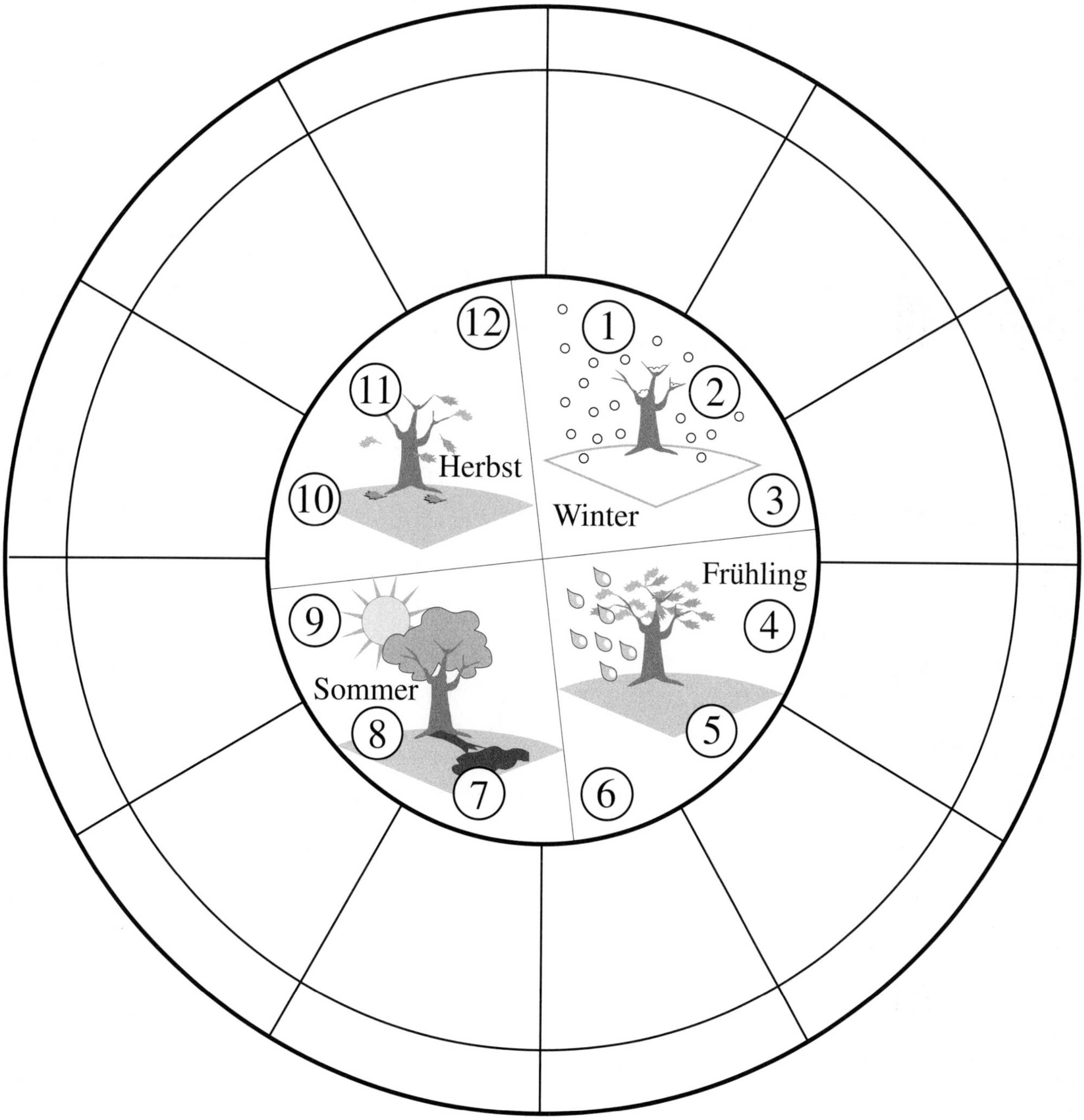
12
1
2
11
Herbst
10
Winter
3
Frühling
9
4
Sommer
5
8
7
6

Wie viele Tage hat ein Jahr?	In welchem Monat waschen wir uns am wenigsten?	In welcher Jahreszeit blühen Kirschbäume?
Welcher ist der kürzeste Tag im Jahr?	Was hat die Sonne mit dem Jahreslauf zu tun?	Wie viele Jahreszeiten gibt es?
Wann ist Frühlingsanfang?	An welchem Tag ist Heiligabend?	In welcher Zeit färben sich die Blätter bunt?
Wie viele Tage hat der April?	Wie heißen die 3 Sommermonate?	Wie heißt der letzte Tag im Jahr?
Im Frühling	Im Februar, weil er die wenigsten Tage hat.	Ein Jahr hat 365 Tage.
Es gibt vier Jahreszeiten.	Die Erde dreht sich im Laufe eines Jahres einmal um die Sonne.	Winteranfang, 21. Dezember
Im Herbst	Am 24. Dezember	Am 20. März
Sylvester	Juni, Juli, August	Er hat 30 Tage.

Im ______________ ist Schluss mit dem Karneval.
______________ ist der große Faschingsball.

Wir rodeln gern im ______________
und hoffen auf ______________ in jedem Jahr.

Im ______________ da zieht der Frühling ein.
Herr Winter stellt den ______________ ein.

Februar	Schnee	März	Schneefall	Januar	Rosenmontag

Der ______________ macht stets, was er will.
Richtig geraten, es ist der ______________ .

Im ______________ genießt du den Sommerduft,
ein Summen und Brummen liegt in der ______________ .

Wenn es ______________ , grünt und blüht.
singt im ______________ der Star sein schönstes Lied.

April	Monat	Juni	Luft	duftet	Mai

______________ und planschen mit voller Lust
kannst du bei Sonnenschein im ______________ .

Der ______________ ist bereits in Sicht,
wenn du von ______________ sprichst.

Im ______________ wirkt die Sonne schwächer,
______________ legt sich auf die Dächer.

August	Baden	Juli	Morgennebel	September	Sommerferien

Bunte ______________ hängen an fast jedem Baum.
Es ist schon ______________ , du glaubst es kaum.

Im ______________ leuchten am Christbaum die Kerzen,
in der ______________ strahlen die Kinderherzen.

Der ______________ droht mit Schnupfen und Husten,
weil die starken ______________ pusten.

Weihnachtszeit	Dezember	Winde	November	Oktober	Blätter

Literaturverzeichnis

Abele, A. u. a. (1994): Handbuch zur Grundschulmathematik, 1. und 2. Schuljahr. Stuttgart: Klett.

Abele, A. u. a. (1994): Handbuch zur Grundschulmathematik, 3. und 4. Schuljahr. Stuttgart: Klett.

Abele, Chr. u. a. (1996): LUMATRIX Geometrie–Kopiervorlagen, 1. und 2. Schuljahr. Hannover: Schroedel.

AID e. V. (1989): Auswertungs- und Informationsdienst, Landwirtschaft und Forsten. Bonn.

Akademie für Lehrerfortbildung Dillingen (1995): Rechenstörungen. Donauwörth: Auer.

Amann, H. u. a. (1985): Der kleine Singvogel. Söllhaben: Singvogel-Musikverlag.

Anderson L./Björk, C. (1983): Die schnellste Bohne der Stadt. München: dtv.

Baireuther; P. (1984): „Heitere" Folgen und „glückliche" Zahlen. In: Mathematische Unterrichtspraxis. Heft 4, S. 41 ff.

Bartl, A./Bartl, M. (1995): Spiele im Mathematikunterricht der Grundschule. Donauwörth: Auer.

Bartnitzky, H./Christiani, R. (Hrsg.) (1981): Handbuch der Grundschulpraxis und Grundschuldidaktik. Stuttgart: Kohlhammer.

Bauersfeld, H. (1978): Metagnose mit Problemaufgaben. In: Schriftenreihe des illM, Bd. 18, S. 227–269. Bielefeld: IDM.

Bauersfeld, H. (1991): Sachaufgaben! –Nichts als Ärger? In: Die Grundschulzeitschrift. Heft 42, S. 8 ff.

Bauersfeld, H. u. a. (1971): alef 2 –Wege zur Mathematik. Hannover: Schroedel.

Bauersfeld, H. u. a. (1972): alef 3– Wege zur Mathematik. Hannover: Schroedel.

Beishuizen, M. (1993): Mental Strategies and Materials or Models for Addition and Subtraction up to 100 in Dutch Second Grades. In: Journal for Research in Mathematics Education,4 (24), p. 294 ff.

Beishuizen, M., u. a. (1996): Hoe leerlingen zich ontwikkelen op de lege getallenlijn: twee portretten. In: Modellen, Meten en Meetkunde. Utrecht, S. 117 ff.

Beishuizen, M. u. a. (1988): Twee veelgebruikte oplos-sings manieren bij hoofdrekenen: de 1010– en de G10-procedure. In: Panamapost, 6, S. 32 ff.

Beishuizen, M. u. a.(1997): Mental Arithmetic and Strategy Use with Indirect Number Problems up to One Hundred. In: Learning and Instruction 7, No.1, pp. 87-106.

Besuden, H. (1979): Die Förderung der Raumvorstellung im Geometrieunterricht. In: Beiträge zum Mathematikunterricht. Hannover: Schroedel.

Bolt, B. (1987): Even More Mathematical Activities. Cambridge: University Press.

Bolt, B. (1993): Die dritte mathematische Fundgrube. Stuttgart: Klett.

Bönig, D. (1995): Multiplikation und Division. Münster: Waxmann.

Breidenbach, W. (1964): Raumlehre in der Volksschule. Hannover: Schroedel.

Brewer, R./Cramer, M. (1995): Tolle Ideen Mathe–Spiele. Mühlheim: Verlag an der Ruhr.

Bülow, E. (1994): „Tangram" –mehr als ein Legespiel. In: Sachunterricht und Mathematik in der Primarstufe. Heft 5, S. 223 ff.

Burton, G. M. (1993): Number Sense and Operations. Reston, Virginia: National Council of Teachers of Mathematics.

Büttner, W. (1910): Anleitung für den Rechenunterricht. Breslau: Hirt.

Christiani, R.. (Hrsg.) (1994): Auch die leistungsstarken Kinder fördern. Frankfurt: Scriptor.

Claussen, C. (1995): Öffnung des Sachrechnens–Sich mit Kindern auf den Weg machen. In: Grundschulunterricht. Heft 42, S. 19 ff.

Degner, R./Kühl, J. (1984): Kopfgeometrie. In: Der mathematisch-naturwissenschaftl iche Unterricht. Heft 6, S. 342 ff.

Dieler, A. (1994): Käpt'n Blaubärs Rätselbilder. Ravensburg: Ravensburger.

Dröge, R. (1995): Zehn Gebote für einen schülerorientierten Sachrechenunterricht. In: Sachunterricht und Mathematik in der Primarstufe. Heft 9, S. 413 ff.

Ebeling, A. (1995): Strategiekarten. In: Praxis Grundschule. Heft 3, S. 15 ff.

Ellrott, D./Aps-Ellrott, B. (1995): Förderdidaktik Mathematik Primarstufe. Offenburg: Mildenberger.

Erichson, Ch. (1997): Authentische Texte zum Mathematiklernen. In: Die Grundschulzeitschrift. Heft 102, S. 47 ff.

Feiks, D. u. a. (1995): Stundenblätter Spiele im Mathematikunterricht 1.-4. Schuljahr. Stuttgart: Klett.

Fingerhut, R./Manske, C. (1984): Ich war behindert an Hand der Lehrer und Ärzte. Reinbek: Rowohlt.

Floer, J. (1990): Taschenrechner in der Grundschule. In: Die Grundschulzeitschrift. Heft 31, S. 26 ff.

Floer, J. (1991): Die Kinder, das Rechnen und die „Sachen". Anmerkungen zu einer schwierigen Begegnung. In: Die Grundschulzeitschrift. Heft 42, S. 5 ff.

Floer, J. (1996): Mathematik-Werkstatt. Lernmaterialien zum Rechnen und Entdecken für Klassen 1 bis 4. Wein heim: Beltz.

Floer, J./Schipper; W. (1991): Zauberdreiecke und Zaubervierecke. In: Die Grundschulzeitschrift. Heft 47, S. 49 ff.

Fraedrich, A. M. (1987): Zwei Anregungen zur Behandlung der Achsensymmetrie in der Grundschule. In: Sachunterricht und Mathematik in der Primarstufe. Heft 15, S. 34 ff. und 77 ff.

Fraedrich, A. M. (1991): Flächen auslegen in der 1./2. Klasse. In: Grundschule. Heft 2, S. 20-23.

Franke, M. (1995): Auch das ist Mathe! Vorschläge für projektorientiertes Unterrichten. Köln: Aulis.

Franke, M. (1997): Was übrig bleibt bekommt die Lehrerin – Eine Brücke bauen zwischen Alltagserfahrungen und Sachrechnen. In: Mathematische Unterrichtspraxis. Heft 1, S. 17-32.

Franke, M. u. a. (1994): Taschenrechner für Grundschulkinder –Meinungen, Möglichkeiten, Grenzen (Teil I und II). In: Sachunterricht und Mathematik in der Primarstufe. Heft 3, S. 114-132, und Heft 4, S. 174-182.

Fricke, A./Besuden, H. (1972): Mathematik in der Grundschule 2. Stuttgart: Klett.

Gallin, P./Ruf, U. (1990): Sprache und Mathematik in der Schule: auf eigenen Wegen zur Fachkompetenz. Zürich: Verlag Lehrerinnen und Lehrer Schweiz.

Gray, E. M. (1991): An Analysis of Diverging Approaches to Simple Arithmetic. In: Educational Studies in Mathematics (22), pp. 551-574.

Gray, E. M./Tall, D. 0. (1995): Duality, Ambiguity, and Flexibility: A „Proceptual" View of Simple Arithmetic. In: Journal for Research in Mathematics Education 2 (25), pp. 116-140.

Guder, R. (1996): Wie lang ist eine Minute? In: Praxis Grundschule. Heft 6, S. 20 ff.

Hagstedt, H. (1994): Kann die Mathematik–Didaktik so frei sein wie die Mathematik? In: Grundschulzeitschrift. Heft 74, S. 7-10.

Heesch, H. (1968): Reguläres Parkettierungsproblem. Köln: Westdeutscher Verlag.

Heymann, H. W. (1996): Allgemeinbildung und Mathematik. Weinheim: Beltz.

Holt, J. (1975): Wozu überhaupt Schule? Ravensburg: Ravensburger.

Johnson, J. T, (1938): The Relativ Merits of Three Methods os Substraction. New York: Teachers College, Columbia University.

Jürgens, E. (1996): Leistungserziehung durch pädagogische Beurteilungsprozesse. In: Grundschule. Heft 2, S. 8-11.

Käpnick, F. (1994): Knobeln und Rechnen mit Zauberbuchstaben. In: Grundschulunterricht. Heft 5, S. 28-31.

Kaszemek, H.-J. (1986): Die pädagogische Dimension der Leistungsbewertung: In: Schulverwaltungsblatt Niedersachsen 4, S. 92-99.

Klafki, W. (1983): Leistung. In: Enzyklopädie Erziehungswissenschaften, Band 1. Stuttgart: Klett-Kotta.

Köhler (1994): Förderung der visuellen Wahrnehmung mit dem Geo-Brett. ln: Grundschule. Heft 5, S. 17-19.

Kohrs, K. W. u. a. (1993): Kinder, wie die Zeit vergeht. In: Bausteine Grundschule. Heft 3.

Krämel; U./Mühle, H. (1995): Das große Buch der Mathespiele. Mühlheim: Verlag an der Ruhr.

Krauthausen, G. (1995): Für die stärkere Betonung des halbschriftlichen Rechnens. In: Grundschule. Heft 5, S. 14-18.

Kruckenberg, A. (1935): Handbuch für den Rechenunterricht der Volksschule. Halle: Schroedel.

Kühnel, J. (1919): Neubau des Rechenunterrichts. Leipzig: Klinkhardt.

Küntzel, L./Lugert, W. D. (1995): Kolibri. Das Liederbuch. Hannover: Schroedel.

Le Bohec, P. (1994): Der freie mathematische Text– die natürliche Methode. Bremen: Pädagogische Kooperative.

Lefrancois, G. R. (1979): Psychologie des Lernens. Berlin, Heidelberg: Springer.

Leutenbauer, H. (1993): Symmetrische Grunderfahrungen. In: Mathematische Unterrichtspraxis. III. Quartal, S. 1-10.

Lindgren, A. (1972): Pippi Langstrumpf. Hamburg: Oetinger.

Lobe, M. (1972): Das kleine Ich bin Ich. München: Jungbrunnen.

Lörcher, G. A. (1985). Einmaleinskenntnisse bei Schülern der Sekundarstufe. In: Beiträge zum Mathematikunterricht, S. 191-194.

Lörcher, G. A./Rümmele, H. (1987): Didaktik des Taschenrechners. Freising: Stark.

Lorenz, J. H. (1991): Parkettierungen. In: Grundschule-Heft 2, S. 16-19.

Lorenz, J. H. (1995): Probleme der schriftlichen Subtraktion. In: Grundschule Heft 5 S.22-23.

Lorenz, J. H./Radatz, H. (1993): Handbuch des Förderns im Mathematikunterricht. Hannover: Schroedel.

Maar, P. (1980): Eine Woche voller Samstage. Gütersloh: Bertelsmann.

Maier, H./Schuber (1978): Sachrechnen. München: Ehrenwirth.

McChesney, J./Biddulph, F. (1995): Nurober Sense. In: The New Zealand Mathematics Magazine 32, No 1, pp. 38-45.

Meier, S. (1989): Sachrechnen. Aufgabensammlung 2./3. Schuljahr. Braunschweig: Westermann.

Milz, A. (1993): Rechenschwäche erkennen und behandeln. Dortmund: Borgmann.

Müller, G./Wittmann, E. (1977): Der Mathematikunterricht in der Primarstufe. Braunschweig: Vieweg.

Niedersächsischer Kultusminister (Hrsg.) (1984): Rahmenrichtlinien Mathematik. Hannover: Schroedel.

Niedersäsisches Kultusministerium (Hrsg.) (1992): Rahmenrichtlinien für die Schule für Lernbehinderte –Mathematik. Hannover: Schroedel.

Oehl, W. (1962): Der Rechenunterricht in der Grundschule. Hannover: Schroedel.

Padberg, F. (1986): Didaktik der Arithmetik. Mannheim: Wissenschaftsverlag.

Padberg, F. (1994): Schriftliche Subtraktion– Änderungen erforderlich! In. Mathematische Unterrichtspraxis. II. Quartal, S. 24-34.

Palzkill, L. u. a. (Hrsg.) (1993): Die Welt der Zah13. Hannover: Schroedel.

Pommerening, R. u. a. (1994): Pusteblume. Das Sachbuch, Arbeitsheft 2. Hannover: Schroedel.

Radatz, H,/Schipper, W:/Dröge, R./Ebeling, A. (1996): Handbuch für den Mathematikunterricht –1. Schuljahr. Hannover: Schroedel.

Radatz, H. (1997): Ein Tabu: Taschenrechner in der (Grund-)Schule. In: Schulverwaltungsblatt für Niedersachsen. Hannover: Hahnsche Buchhandlung.

Radatz, H./Rickmeyer K. (1991): Handbuch für den Geometrieunterricht an Grundschulen. Hannover: Schroedel.

Radatz, H./Rickmeyer, K. (1996): Aufgaben zur Differenzierung im Mathematikunterricht. Hannover: Schroedel.

Radatz, H./Schipper, W, (1983): Handbuch für den Mathematikunterricht an Grundschulen. Hannover: Schroedel.

Radatz, H./Schipper; W. (1996): Stoffplan Mathematik in den Schuljahren 1-4. In: Die Grundschulzeitschrift. Heft 96, S. 43-45.

Radatz, H./Schipper, W. (1997a): Eine Möglichkeit zur Öffnung des Mathematikunterrichts: Freigabe des Verfahrens der schriftlichen Subtraktion. In: Grundschulunterricht. Heft 3, S. 65.

Radatz, H./Schipper; W. (1997b): Freigabe des Verfahrens der schriftlichen Subtraktion. In: Grundschule. Heft 3, S. 26-27.

Radatz, H./Schipper; W. (1997c): Methodische Öffnung des Mathematikunterrichts. In: Die Grundschulzeitschrift. Heft 107, S. 52-53.

Rödel, H. (1991): Legen und Zerlegen von Figuren spielerisch gestalten. In: Grundschule. Heft 2, S. 40 ff.

Schattschneider, D./Walkel, W. (1987): M.C. Escher Kaleidozyklen. Berlin: TACO Verlagsgesellschaft.

Schaub, H. (1992): Sachunterricht in der Grundschule. Umgang mit der Zeit. NLI–Berichte, Bd. 49. Hildesheim: NLI.

Scherer, P. (1996): Zahlenketten –Entdeckendes Lernen im I. Schuljahr. In: Die Grundschulzeitschrift. Heft 96, S. 20-23.

Schipper; W. (1995): Auf den Spuren der Hunderter-Tafel. In: Praxis Grundschule. Heft 3, S. 19-26.

Schulz, A. (1994): Fördern im Mathematikunterricht –Was kann ich tun. Stuttgart: Klett.

Schütte, S. (1996): Mathematikunterricht– Hausaufgaben einmal anders. In: Grundschulunterricht. Heft 3, S. 57 ff.

Selter, Ch. (1993): Eigenproduktionen im Arithmetikunterricht der Primarstufe. Wiesbaden: Deutscher Universitätsverlag.

Selter, Ch. (1995): Eigene Wege zum Einmaleins. In: Grundschule. Heft 5, S. 10-13.

Senftleben H. G. (1996): Erkundungen zur Kopfgeometrie. In: Journal für Mathematik-Didaktik. Heft I, S. 49-72.

Sowder, J. (1992): Estimation and Number Sense. In: Grouws, D. A. (Eds.): Handbook of Research on Mathematics Teaching and Learning. New York: Macmillan Publishing Company, pp. 371-389.

Spiegel, H. (1988): Vom Nutzen des Taschenrechners im Arithmetikunterricht der Grundschule. In: Mathematikdidaktik –Theorie und Praxis. Bielefeld: Cornelsen, S. 177-189.

Steinbring, H. (1994): Frosch, Känguruh und Zehnerübergang – epistemologische Probleme beim Verstehen von Rechenstrategien im Mathematikunterricht der Grundschule. In: Maier, H.Noigt, J. (Hrsg.): Verstehen und Verständigung. Köln: Aulis, S. 182-217.

Stobbe, M./Grässle, W: (1992): Parkettieren – Kunst oder Mathematik? In: Mathematische Unterrichtspraxis III. Quartal, S. 35-46.

Stöcklin-Meier, S. (1996): Falten und Spielen. Ravensburg: Ravensburger.

Streefland, L. (Hrsg.) (1991) : Realistic Mathernatics Education in Primary School. Utrecht: Freudenthal Institute.

Streibel, H. (1976): Geo-Brett irn Unterricht. Göttingen: Kallmeyer.

Treffers, A. (1990): Het Honderdrek. In: Willern Bartjens 1 (10), pp. 46-47.

Treffers, A. (1991): Didactical Background of a Mathernatics Program for Primary Education. In: Streefland, S. 21-56.

Treffers, A./De Moor, E. (1989): Rekenen tot honderd. In: Willern Bartjens 2 (9), pp. 100-106.

Van de Walle, J. A. (1994): Elernentary School Mathernatics: Teaching Developmentally. White Plains, N .Y.: Longman.

Van Heesch, C./van Lanen, J. (1990): Het rekenrek van 100. In: Willern Bartjens 4 (9) S. 235-240.

Vassné-Varga, E. (1995): Beispiele zur Kombinatorik an ungarischen Grundschulen. In: Mathematische Unterrichtspraxis. I. Quartal 1995, S. 13-20.

Winter, H. (1991): Anwenden und Entdecken -Probleme des Sachrechnens in der Grundschule. In: Die Grundschulzeitschrift. Heft 42, S. 28 ff.

Winzen, W. (1988): Wir bauen eine Insel. In: Die Grundschulzeitschrift. Heft 18, S. 14 ff.

Wittman, E. C./Müller, G. N. (1990): Handbuch produktiver Rechenübungen, Bd. 1. Stuttgart. Klett.

Wolf, H. (1978): Unser fröhlicher Gesell. Wolfenbüttel. Möseler.

Wolk, S. (1996): Aufgabenangebote- Differenzierte Mathematikarbeiten in der Primarstufe. In: Barnbach, H./ Bartnitzky, H. u. a. (Hrsg.): Prüfen und Beurteilen. Seelze: Velber Verlag, S.72 ff.

Wunderlich, G. (1995): 1 · 1 mit allen Sinnen. Lichtenau: AOL.

Zuckowski, R. (1993): Rolfs Liederkalender. Harnburg: Polydor.

Querverweise Kopiervorlagen ⇨ Textseiten

Kopiervorlage		Hinweise auf Seite(n)
A 1	⇨	32, 36, 48, 86, 92, 93
A 2	⇨	32, 36, 40, 48, 59, 92
A 3	⇨	32, 36, 40, 48, 86, 93
A 4	⇨	36
A 5	⇨	37
A 6	⇨	60, 91, 102
A 7	⇨	60
A 8	⇨	61, 62, 91
A 9	⇨	62, 63
A 10	⇨	62, 63
A 11	⇨	65
A 12	⇨	67, 68
A 13	⇨	68
A 14	⇨	68
A 15	⇨	68
A 16	⇨	68, 69
A 17	⇨	69
A 18	⇨	70
A 19	⇨	73
A 20	⇨	73
A 21	⇨	85, 88, 93
A 22	⇨	88
A 23	⇨	89, 94
A 24	⇨	92
A 25	⇨	95
A 26	⇨	104
A 27	⇨	104
A 28	⇨	104
A 29	⇨	111

Kopiervorlage		Hinweise auf Seite(n)
G 1	⇨	127, 128
G 2	⇨	127, 128
G 3	⇨	127, 128
G 4	⇨	135
G 5	⇨	136
G 6	⇨	136, 138
G 7	⇨	136
G 8	⇨	160
G 9	⇨	160
G 10	⇨	160
G 11	⇨	160
G 12	⇨	161
G 13	⇨	161
G 14	⇨	161
G 15	⇨	161
G 16	⇨	161
SR 1	⇨	174
SR 2	⇨	178, 183
SR 3	⇨	190
SR 4	⇨	192
SR 5	⇨	195
SR 6	⇨	195, 196
SR 7	⇨	201
SR 8	⇨	202
SR 9	⇨	206
SR 10	⇨	210
SR 11	⇨	210
SR 12	⇨	211
SR 13	⇨	211

Sachwortverzeichnis